史园三忆

马军／编

上卷·远去的群星
上海社会科学院
历史研究所的逝者们

上海社会科学院出版社

本书谨献给所有在那一边的历史研究所人!

历史研究所所史是宝贵的精神财富

(代序)

马 军

2021年是上海社会科学院历史研究所建所65周年。65年以来，历史研究所作为一个科研机构、学术团体，是国家命运和发展道路的一个缩影。它有过光荣和艰辛，也有过苦难与迷茫，在那历史研究为无产阶级政治服务的年代，在赤浪滔天的"文革"岁月，在经济大潮猛烈冲击人文学科的日子里，历史研究所虽屡遇困境，却历久弥坚，终于发展成为南北学术界，乃至国际学术界公认的史学重镇。近年来，中国当代史研究成为史学研究的新学和显学，毫无疑问，上海社会科学院历史研究所所史——作为中华人民共和国历史的一部分——反映了中国发展之路的重要特征和基本逻辑，其本身就是当代史研究的优异选题和典型案例，内容精彩纷呈！

1956年以来，历史研究所贡献了一大批优秀的学术成果，积累了丰富的治学经验。如20世纪五六十年代的《上海小刀会起义史料汇编》《鸦片战争末期英军在长江下游的侵略罪行》《五四运动在上海史料选辑》《辛亥革命在上海史料选辑》，1978年复所以后的《五卅运动史料》《近代上海大事记》《现代上海大事记》《上海史》《上海工人运动史》《上海通史》(1999年版),等等。除此之外,还有为数众多,因各种原因而未竟的课题,其背后整箱整箱的未刊资料和相关档案留存至今。这笔丰厚的学术遗产,是底气,是骄傲,也是路标和指南。知古鉴今,当我们陷入迷途之时,它们是引领我们迈向未来的智慧之手。

在历史研究所的学术史上,不仅有李亚农、周予同、杨宽、徐崙、沈以行、方诗铭、汤志钧、唐振常等闻名遐迩的史学大师,也有章克生、马博庵、雍家源、叶元龙、吴绳海、倪静兰等功勋卓著的史译名家,真可谓群星辉映,灿若星辰! 65年来,来来往往、进进出出的数百名所内前辈同人,为求真、求实,青灯黄卷,殚精竭虑,克服各种干扰,忍受诸多委屈,奉献了宝贵的青春和年华。他们身上所体现出的学术之忱、信念之光和人性之美,超越时空,跨越生死,长相吾等后辈左右,终非极少数"魑魅魍魉"所能掩蔽。这就是历史研究所的精神!

历史研究所从初创时期位于徐家汇漕溪北路20号(后为40号),到暂借田林路2号3层,再到中山西路1610号1号楼14层,直到如今的2号楼8层东侧,曾经数易其地。虽然时光如梭,环境已变,再也回不到往昔的景象,但所图书资料室的20多万册旧藏,无不默默地诉说着过去的故事,它们似乎总在提醒今天的读者:在这个纷扰的世界中,应该怎样正确地对待自己的学术人生;历史研究所又应如何尽快地实现研究的国际化、图书资料的电子化和管理的制度化,以积极适应大时代的变迁……

2021年3月7日

目　　录

历史研究所所史是宝贵的精神财富（代序）……………　马　军(1)

悼念李亚农同志
——学习亚农同志坚持不懈、严肃认真的治学精神
　………………………………………………………　杨　宽(1)
周予同与新《辞海》………………………………　王修龄(7)
记特约研究人员江文汉 ……………………………　佚　名(11)
为我所史学工作辛勤劳动、卓著功效的吴绳海先生
　………………………………………………………　章克生(16)
余勇可贾正逢时
——访上海社会科学院特约研究人员祝鹏
　……………………………………… 王庆熊、苏瑞常(21)
甲骨、古史学家柯昌济先生近年来的学术研究 ……… 陈建敏(23)
深切悼念倪静兰同志 ……………………………… 章克生(27)
叶晓青同志对中国文化史的研究 ……………………　佚　名(32)
林则徐玄孙、历史所特约研究人员林永俣 …………　佚　名(38)
丹阳名人姜沛南 ……………………………………　佚　名(41)
王守稼同志的学术人生 …………………………… 刘修明(44)

马博庵教授晚年对史学的贡献 ·················· 陈奕民(52)

云水泱泱

——怀念吴德铎教授 ·················· 黄嫣梨(59)

喻友信同志悼词 ·················· 佚 名(62)

一位可亲可敬的师长

——怀念陆公志仁 ·················· 罗义俊(64)

深切怀念1949年后中国工人运动史研究的

开拓者——沈以行同志 ·················· 郑庆声(74)

悼念上海新方志工作的一位先驱——邬烈勋先生

·················· 姚金祥(88)

因叶元龙先生而想起的 ·················· 华士珍(90)

上海有个陈建敏 ·················· 李 零(98)

叶笑雪:历尽坎坷,痴心不改 ·················· 徐 明(106)

修竹清风为人民

——怀念故友罗竹风 ·················· 奚 原(110)

张凌青传略 ·················· 佚 名(115)

陈正书:查阅4万卷道契第一人 ·················· 佚 名(117)

革命前辈、文化耆宿季楚书 ·················· 杨玉伦(121)

我认识的王作求先生 ·················· 沈志明(126)

送别张敏寄哀思 ·················· 罗苏文(129)

我的同学、同事袁燮铭 ·················· 杨国强(144)

如切如磋,如琢如磨

——导师李华兴教授印象记 ·················· 吴前进(148)

仁厚的金德建先生 ·················· 张剑光(156)

梅花香自苦寒来
——雍家源先生传略 …………………… 王庆成(160)
引领我进入历史科学殿堂的第一人
——忆奚原同志 ………………………… 徐鼎新(167)
回忆姑母陈懋恒女士 ……………………… 陈　绛(171)
陈懋恒、赵泉澄先生印象记 ……………… 邹逸麟(176)
侠儒唐振常 ………………………………… 吴健熙(179)
楼大赋的非凡人生 ………………………… 金问涛(204)
怀念郁慕云 ………………………………… 汤志钧(209)
历史研究所和父亲方诗铭的学术研究 …… 方小芬(211)
任建树秉笔直书《陈独秀大传》 ………… 施宣圆(220)
记忆中的章克生先生 ……………………… 罗苏文(229)
伯伯顾长声的晚年 ………………………… 方毅丰(235)
我对杨康年先生的印象 …………………… 翁长松(240)
高风亮节话杨宽 …………………………… 谢宝耿(243)
从外国档案中发掘近代中国历史
——读《吴乾兑文存》 ………………… 李志茗(250)
怀念小丁
——《与病魔同行：我在美国治病与生活的经历》读后感
　………………………………………… 罗苏文(269)
我所知道的薛尚实同志 …………………… 郑庆声(279)
怀念徐崙同志 ……………………………… 华士珍(281)
忆修明，灵动生花笔一支 ………………… 司徒伟智(286)

附录：上海社会科学院历史研究所其他部分已故人员小传 ……（292）

江涛、陈敏紫、徐鼎新、李峰云、刘仁泽、刘振海、刘力行、
蒋哲生、刘成宾、刘鸿英、支冲、徐华国、谢圣智、沈恒春、
傅道慧、谯枢铭、朱微明、李茹辛、姜明、邓新裕、张鸿奎、
许映湖、焦玉田、曾演新

编后记 ……………………………………………………（338）

悼念李亚农同志

——学习亚农同志坚持不懈、严肃认真的治学精神

杨 宽

李亚农同志不幸于9月2日被疾病夺去了生命,和我们永别了!这是我们革命事业和科学研究事业的重大损失!多年来相叙一起,随从一起工作,一起切磋学问,得到教益匪浅,一旦永别,怎能不悲痛万分呢!

亚农同志把自己的一生献给了党和人民的革命事业,直到心脏跳动停止为止,对革命事业做出了贡献。在长期从事革命实际斗争的同时,他还顽强地坚持科学研究,直到病情十分严重,仍然不肯停笔,给我们留下了许多出色的历史著作。如今,我们一看到他的著作,就如见其人,如闻其声,对他的回忆就像电影似的,一幕幕地在脑海中涌现出来。

(亚农同志)值得我们悼念、回忆、学习的事情很多,这里,只就他从事科学研究方面的情况做一番回忆。

亚农同志科学研究的主要领域是中国古代史,目的在于探索中国历史的发展规律,依照社会发展规律来划分中国历史的发展阶段,尽可能根据可靠资料,具体地阐述各个阶段的社会生活情况,并分析其特点。用他自己常说的话,就是要替中国历史划出一个大体的框框。

这是亚农同志科学研究上的雄心大志,也就是他终生坚持不懈的奋斗目标。

亚农同志在科学研究上,一开始就具有认真、踏实的学风。研究中国古代史,必须要做好古代史料的搜集工作,在进行这方面的工作时,先要打通古文字学这一关,这可以说是古史研究的基本功。他在早年从事古文字学的探索,研究甲骨文和金文,就是为了练好这个基本功,以便将来能够踏实地研究中国古代历史。可是,在旧社会里要练好这个基本功,可不容易。因为当时的古文字学是带有浓厚的古董气息的,不是一般学者所得问津的。亚农同志为此下了很大决心,成了这方面的一员闯将,完全依靠自己的摸索钻研,闯通了这一关。他首先下了不少功夫,通读前人这方面的著作,学习和接受了前人的研究成果;继而就探索前人的研究方法,对前人成果进行批评和分析,使自己得到了提高。这方面的研究虽然不是他的主要目的,在不断的努力下,也先后著成了《铁云藏龟零拾》《殷契摭佚》《殷契摭佚续编》《金文研究》四书。

亚农同志对古代研究有着明确的目的,因此,尽管他埋头于故纸堆中,没有脱离实际的革命斗争。到1941年,他因为参加革命武装斗争,就停止了这方面的研究。1949年上海解放后,他到上海担任科学文化方面的领导工作,根据党的方针,整顿和发展科学研究机关,并负责筹办上海博物馆和上海图书馆。这时,他认为重新努力进行科学研究的时候已经到来,尽管工作极其繁忙,还是从百忙之中抽暇来从事研究,只要有一分钟时间都不轻易放过,有时就在汽车里阅读有关研究的资料。到1952年,就写成了《中国的奴隶制与封建制》一书,提出了自己对中国古史分期的见解。为了集思广益起见,曾把这部书的初稿印了出来,分送给同行朋友,请大家提意见;还曾在上海历史学会上提出学术报告，请大家讨论。由于他十分谦虚和诚恳，大家都畅所欲言，有的朋友指出了内容上的缺点，有的朋友提供了补充资料。当时他已被推选为中国史学会上海分会主席，这样带头虚心听取意见，就大大发扬了学术民主，鼓励了自由探讨的风气。

《中国的奴隶制与封建制》一书，经过他吸收了各方面意见之后，再三修改，到1954年才出版。这仅仅是他初步提出的一个中国古史分期的大纲，对各个阶段的历史情况只描绘了一个轮廓，许多重要的关键性问题尚待进一步探索。这部书是他对中国历史有系统研究的开端，也可以说是他的古史研究的一个"绪论"。他对中国历史的研究，是具有一套系统的计划的，接下来，就准备要划分阶段来做深入细致的探索，由氏族制而奴隶制，由奴隶制而封建领主制，由领主制而地主制，试图有系统地阐明各个发展过程中的关键问题，并有重点地说明各个历史阶段的特点，一共写成四本历史专著，把他二三十年来盘旋于脑海中的问题和见解，通过进一步研究，加以修正、补充和发展，写出来公之于世。他常说："作为一个科学工作者，必须这样做，才不算白活一世。"

这是亚农同志进行历史研究的庞大计划，要继《中国的奴隶制与封建制》之后，连续写成四部专著，就是要一共写成五部有连贯性的著作，这是多么艰巨的任务啊！不幸，他在1949年到上海工作后不久，就患风湿性心脏病，健康情况一天差一天，这更增加了他在科学研究工作上的艰巨程度。但是，他始终不怕艰巨，以顽强的革命精神，克服了种种困难，坚持不懈地要完成他自己拟订的计划。他常说："要改变我们科学文化上落后的状态，我们科学工作者必须加倍努力，急起直追，不可有一点松懈。"每当病情严重，不得不停止工作时，他还念念不忘研究计划的实现；在他生命受到威胁时，就考虑如何更抓紧时间来完成计划。

许多同志劝他好好休养,保重身体,暂时不宜进行研究和写作,他坚决不允,常常说:"有生之日,皆为人民服务之年,只要一息尚存,就应为祖国的科学事业继续努力。"他又常说:"和疾病做斗争,争取多活一天,就是为了多做一天工作,否则就是白活的。"由于他如此顽强、坚持,终于在10年内,继《中国的奴隶制与封建制》之后,陆续写成了《周族的氏族制和拓跋族的前封建制》《殷代社会生活》《西周与东周》《中国的封建领主制和地主制》等著作,完成了他自订的计划。

《周族的氏族制和拓跋族的前封建制》一书,写成于1954年。这书的主要贡献,我以为是开创了研究中国氏族制历史的新途径。亚农同志在刻苦钻研的同时,很讲究研究方法,设法开创新的研究途径。这也是很值得我们学习的地方。本来,要研究我国远古时期的氏族制,是有困难的,即使发掘到当时大量的生产工具和生活用具,但这些东西是哑的,不可能详细告诉你当时社会生活情况。现在经亚农同志的研究,知道周族的宗法制度是从父系家长制时期保留下来的,"礼"也是从那时沿袭下来的,因此,"三礼"中就保存有不少原始史料,可以用来探索周族的氏族制的特点,还可以由此说明宗法制度的起源、作用及其在中国社会得以残存两三千年的缘故。这样,就开创了一条新的研究途径,并且恢复了"三礼"应有的史料价值。在对拓跋族的研究中,同样有着创辟的见解,如认为均田制的内容带有"村社"性质,起源于"计口授田",是颇有道理的。

《殷代社会生活》一书,写成于1955年。我以为这书的主要贡献,在于运用甲骨文和出土文物,很具体生动地说明了殷代奴隶社会各个方面的情况。亚农同志是主张继承我国史学的优良传统的,认为历史书必须写得形象化,既要精确而无虚构,又要具体而生动。照例,运用甲骨文作为资料写成的历史,必然是考据式的,读起来枯燥无味,但是由于他严密的组织,尽力加以融会贯通,采用深入浅出的写法,避免了胪列史料的现象,有许多地方写来非常生动活泼,完全出于人们意料之外。这也是值得我们好好学习的地方。

《西周与东周》一书,写成于 1956 年。这是从西周和东周之际的变革中,企图进一步说明奴隶制转变为封建制的具体过程的。亚农同志为此曾广泛搜集资料加以钻研,对自己原有的见解做了很重要的补充,对周宣王时期的改革有了更详细的阐释,对周初民族的分布及其与黄土层、生产工具的关系,也有了很透彻的解说。他常常不满足于自己已有的看法,力求进一步加以充实,这就是他不断取得进步的主要原因之一。

当他写到最后一本书,即《中国的封建领主制和地主制》的时候,病情已很危险,在写作过程中时常发生需要接氧的险境。"几与阎王老子见面,不止一次",他还是坚持要完成计划,终于"一次一次地把阎王差遣来的无常赶回去了",在 1961 年春天把最后一本书写成。在这书里又对自己过去的看法做了重要补充,对春秋、战国之间变革做了详细的探讨,认为郑国子产的改革,剥夺了领主的兵权和司法权,使他们逐渐成为剥削农民实物地租而要向国家缴纳田赋的地主。此外,还对过去没有充分讨论过的问题,如我国古代是否存在"村社"等,做了详细的探讨,提出了自己的看法。

到此,亚农同志经过 10 年努力,在和疾病的斗争中,把自己预订的全部研究计划胜利地完成了。到此研究工作可以告一段落了,但是他又认为,这是应该回头去改订一下旧作讹谬的时候了,这是把旧作通盘拿出来整理一下的时候了。他说:"假如在纠正旧著的乖谬之前,竟淹忽下世，则贻误后来读者的责任，是逃不了的。"于是又急于完成修订和补充工作。经过一年时间，他终于把五部书修订补充完成，合编成为《欣然斋史论集》，并且写了一篇很长的"序言"，着重地谈论了科学研究上如何承前启后的问题。这篇"序言"是在严重咯血的情况下写成的。

等到这个《论集》编好，"序言"写成，古史研究工作告一段落，他又订出了一个从事中国美术史的研究计划，在严重咯血的情况下，写成了一篇两万字的论文，来谈论钱舜举的画。当时他自己早已认识到，将不久于人世，但是还在和疾病斗争，希望能够再坚持两三年，以便进行一系列的有关美术史的研究，因为他在这方面很有些见解想要写出来，但不幸被疾病夺去生命，无法实现了。

亚农同志为革命事业和科学研究事业奋斗了一生，表现了对党和人民的无限忠诚。他在疾病的折磨和威胁中，在科学研究上能够得到比一般健康的人更多的成果，主要由于他有着顽强的革命精神，有着坚持不懈、严肃认真的治学精神。我们悼念他的最好办法，就是学习他这种精神，进一步整理好他的遗著，在他已经取得的研究成绩上，继续努力前进。

李亚农(1906—1962)

（原载《文汇报》1962年9月20日，第3版）

周予同与新《辞海》

王修龄

收到国内寄来的中国第一部《辞海》,厚厚的三大册,封面金色的大字,它把我又带回到那10多年前的黄金年代。我抚摸着底页里所载的编辑委员会的每一个名字,轻轻地呼唤着他们,好像期望着再见这些十几年前的师友一样。因为我理解,新《辞海》的诞生是经过多少艰苦的岁月,每条词目的短短几行字又是经过多少战斗风霜洗礼,凝聚着多少战士的心血。恰恰在此刻,我得知《辞海》副主编、我的老师周予同先生身体不好的消息,更加使我怀念起他。予同老师是国际知名的学者、著名的经学家,日本出版的《世界名人大辞典》有他的名字,他的学识得到了世界上同行们的尊敬。

予同老师主编《辞海》的经学部分。中国的经典卷帙浩瀚,加上汉以来多于数倍经典的解经著作,要在这汗牛充栋的典籍中概括出每一条词目的释词,都是十分不容易。但予老一丝不苟,记得当时他正在主编《中国历史文选》,又要在学校上课,还加上历史研究所里繁忙的所务及学术活动,时间十分紧张。而他仍逐条逐字地审查词目。《辞海》的稿纸很小,只有180个字,每个条目最多两张稿纸,稿纸上要有"编写""初审""复审""决审"的签名,加上注明详细的资料来源。对于这些要求,予老都不含糊。他从"初审"到"决审"都参加。资料的出处,他更加严格。他办公室四壁皆书,除了一般典籍及工具书以外,大部分是《皇清经解》。他对经学有高深的造诣,所以有关词目都有了全面的解诂。比如对于"乾嘉学派"和他们的考据学,他肯定地指出,乾嘉学派"对于古籍和史料整理,有较大贡献"。同时,对于"考据"这条词目,仅用了89个字的释文,他仅说:"考据,也叫考证,研究历史、语言等的一种方法。根据事实的考核和例证的归纳,提供可信的材料,做出一定的结论。考据方法主要的是训诂、校勘和资料搜辑整理。清代乾隆、嘉庆两朝,考据之学最盛,后世称为考据学派,或乾嘉学派。"其实,予老是赞赏清代学者的治学方法的。他把清代学者治学归纳成一句话:"从文字训诂到经典研究到著书立说。"这就是说,在学问上要有成就,就必须经过文字训诂这道考据学的基本功。他推崇清代学者,上课时,经常引证梁任公的《清代学术概论》和《近三百年学术史》的有关章节来教导我们。但是,对于清代学者一些脱离实际的做法,也经常提醒我们注意。比如对于戴东原的《孟子字义疏证》,他要我读,认为只有认真读才能懂。但戴震慑于清廷的文字狱余威,虽然有不少切中时弊的疏证,但又隐晦得使人看不懂、读不通,有些未免过于脱离实际。在这部《辞海》中,他在"汉学"(即朴学)这条词目中就全面指出:"汉学对整理古籍,辨别真伪,有不少贡献,但也形成了一种为考据而考据的脱离实际的学风。"这条词目我对照了1965年《辞海》未定稿本,未定稿本在"但"字下还加了一句话,说"但为清廷钳制思想政策所利用,形成了一种为考据而考据的脱离实际的学风"。我认为,未定稿本中这样的观点是对的,不知为何新版竟删去这句话,应该这样来认识清代学者脱离实际的前因后果。其实,周老师的这个观点是得到郭沫若院长支持的。当年,《辞海》样稿出样之后,予老曾请郭院长提意见,后来郭院长给予老写了一封信,信中提出了对乾嘉学派的评价,还指出了他们脱离实际的原因。现在《辞海》中经学有关词目的提法还是郭院长的原话。这封信,予老给我看过。不知经过那动乱的岁月之后,这封信还无恙否?

予同老师精心治经,对于"经学"这条词目,他用了400多字来概括了自从汉武帝罢黜百家、独尊儒术以来2 000年的经学历史,他洋溢着满怀激情在这条词目中指出:"到了五四运动,摧毁封建文化,经学始告结束。""五四"运动是对中国封建文化的 次大冲击,予老的老师钱玄同是"五四"运动的一名健将,予老追随他老师,也参加了波澜壮阔的"五四"运动,他的名字就是意思同于钱玄同的。所以周老师的名字本身就是一种历史的见证。

予老曾幽默地给我们说,在《辞海》中,他的"经学"部分是附在"哲学"部分的尾巴上的,所以叫"扫垃圾"的工作,他说:"这部分垃圾是没人要扫,就由我来扫。"现在想起来,他的话是有双关之意的,一方面,中国经学经历了2 000多年来的发展、变化,经籍浩繁,往往被封建统治阶级所利用而失去了经典本身的面目,变成了垃圾般的糟粕,违背了经师的原意,这部分是应该加以清扫的。另一方面,10多年来治经的学者少了,只有寥寥无几的几位经学家,如范文澜先生等人。予老很担心后继无人,担心垃圾无人扫! 是的,在那"左"得"极左"的年代,有谁还愿意去皓首穷经呢? 记得那时,予老很希望我能够继续学习经学,趁着年青,多打基础。他意味深长地给我们说:"书缝里出文章!"这就是要我们认真读书。他亲切又风趣地背了王国维曾用过的那几首词来教导我:"昨夜西风凋碧树。独上高楼,望尽天涯路。""衣带渐宽终不悔,为伊消得人憔悴。""众里寻他千百度,蓦然回首,那人却在,灯火阑珊处。"

这是王静安在他的《人间词话》中提出的古人成大事业、大学问者必须经过的三个阶段,教育大家做学问要严肃认真,就像词中所说的第一是茫无头绪,第二是苦心焦思,第三是登堂入室。予老的话亲切感人,一直到现在我还觉得言犹在耳。他自己就是这样来对待《辞海》的编纂工作的。在这部洋洋巨著中沁透了周老师的汗水和心血。

周予同(1898—1981)

(原载《新华月报》文摘版 1980 年第 2 期,1980 年 2 月)

记特约研究人员江文汉

佚 名

历史研究所特约研究人员江文汉先生,虽已年逾古稀,但他自1979年5月来历史所后,仅在一年多的时间里写出了"基督教在华传教史"中的《景教》《中国的犹太人》和《元朝的也里可温》等计12万字的三部专著。消息很快传开,立即引起国内外学者的注意,"大百科"特邀他为百科全书撰写有关条目,英国、美国、澳大利亚的学者主动来信交换意见,并寄来最新的有关书籍供他写作参考。一位美国学者还来信提出,要为他的专著在美国出英文译本。是什么吸引着人们对他这几本专著产生如此浓厚的兴趣?

首先,他所写的这几个专题,确是50年来国内人士很少做过系统研究或予以注意的,如"景教"是基督教的一个支派——聂斯脱利派,早在唐太宗贞观九年即传入中国,到唐武宗"灭教"止,在西安、洛阳等地盛行过210年之久。这个史实在17世纪前已湮没,不为人们所知,直至明熹宗天启五年(1625年),相隔844年之后,"大秦景教流行中国碑"[唐德宗二年(781年)建立]在西安郊外出土后,人们才知道基督教早在唐朝即已传入中国,景教碑即是最有力的物证。从此对景教碑的研究逐渐为中、外学者所重视,日本学者佐伯好郎就专门研究景教碑达

20年之久。江先生的《景教》一书，不仅详细阐述了景教怎样在唐朝传入中国及其发展，还通过景教碑文的译释，使晦涩难解的两千字碑文，能够为一般读者所理解。

其次，"中国的犹太人"也是吸引中、外学者的一个课题。中国从元朝开始才有有关犹太人的记载。犹太教曾在中国流传最有力的见证，为河南开封的三块犹太碑，它们现存开封博物馆，最早的一块为明朝弘治二年碑(1489年建立)。犹太教当时被称为"一赐乐业教"，教徒被称为"蓝帽回回"(伊斯兰教教徒戴白帽，被称为"白帽回回")。明正德七年(1512年)，犹太人来华增多，在开封建立了一个犹太会堂名叫清真寺，因此一般人常把它与伊斯兰教混同起来。寺内原藏有《摩西五经》的经卷，清康熙二年碑文注有：殿中藏道经13部，方经、散经各数十册。该寺经一再修复保存达700年之久，于19世纪被毁，经卷也陆续落入外国人手里。据1489年弘治碑证明，犹太人是从宋朝开始来开封的，开封原为北宋首都，犹太人经商来北宋首都定居，除开封外南方的广州、西北的宁夏以及江浙的杭州、镇江、扬州等地，都曾有过犹太人的踪迹。这些犹太人来中国较早，留居开封的凡七十有三姓，至清初开封犹太人只余"七姓八家"了。上海的犹太人则是在鸦片战争后由欧洲转来中国的，如上海的沙逊、哈同即是。

"也里可温"是我国元朝蒙古人对基督教的称谓，这在元以前中国史书上是没有的，更缺少系统研究。陈垣于1923年曾著《也里可温教考》。景教在唐朝历史210年中断后，直至元朝又由中亚、蒙古一带再次来到中国，还有从罗马来的天主教方济各会的传教士，蒙古人统称他们为"也里可温"。元朝皇帝对"也里可温"予以支持，并资助其传播。1368年，明朝取代了元朝，实行"海禁"，不与欧洲通使达200年之久，由此基督教在元朝存在不到100年再次绝迹。

最近,美国犹太教教徒联合会的拉比菲利普哈亚特博士来信,谈到美国许多大学的学者、专家都注意研究中国的犹太人问题,很想看到江先生的专著。据说这一方面的研究,在美国拥有很多的读者。

江先生认为研究基督教教史,是了解西方文化的一个重要途径,同时研究基督教传播史与中西交通史、中国近代史都有关系。太平天国农民起义就与基督教有密切联系,如洪秀全创立的"拜上帝会"即来源于基督教,至于义和团运动义是从反洋教运动开始的。但是要研究这类问题,因外文资料较多,需要有较好的外文基础,还需要有广博的地理、历史、哲学以及神学等知识。江先生从小就学习英语,中学和大学都在过去的教会学校读书,以后又两次留美钻研历史与哲学,先后获得硕士与博士学位。他出国前后长期在基督教青年会工作,1949年后任全国基督教青年协会副总干事。研究基督教史为江先生的夙愿,无论在国内或在国外时都曾重视有关书籍和资料的搜集、收藏。可惜在十年浩劫中,多年心血积累的资料被抄掠一空,但江先生研究这一课题的志向未减。因此,当他一旦被宣布平反,趁尚未安排工作之际,即考虑对基督教教史的研究,拟定了一个大纲。他被介绍到历史所后,即向所领导交出了自己的研究大纲,并被列入历史所研究规划。

从事研究工作,必须搜集大量资料作为基础,故从1979年到历史所后,70余岁的老人不顾路远,连续三个月每天冒着炎夏酷暑从虹口区住处至徐家汇历史所图书馆,几乎翻遍了该所所有的外文藏书,以及中文的政治、哲学、历史、文学等书籍的目录。上海图书馆、藏书楼他也多次前去查阅,凡是与研究基督教有关的书目、篇章、页码等一一做出详细的活页笔记,再加以分门别类分析研究,然后着手写作。

根据大量的资料,基督教在世界上传播的途径有二:一是往西方罗马、希腊,然后遍及欧洲、北美;一是向东方的两河流域经中亚传入中国。后一条线在我国很少有人研究,江先生即确定从景教开始,系统介绍基督教由东线来中国的传播及其发展过程,而以突破景教碑的译释为重点。景教碑碑文不到 2 000 字,外国学者做过各种文字的翻译,单英文至少就有六种,然而各种译本差异很大。江先生在他们研究的基础上,将碑文译成近代汉语,并加以详细注释,这样就使一般读者都可看懂。

《景教》一书脱稿后,几位读过的同志均予以好评,该专著将由大百科全书出版社出版。市社联常务副主席罗竹风同志阅后评价说:"《景教》一书根据大量的资料,以及国际上对景教的研究成果分析和判断,加以吸收利用。全书共分八个单元,对景教的来龙去脉,得出了合乎科学的论断,其内在联系浑然一体,难能可贵。"为此,大百科全书出版社又特邀江先生为辞书写有关"基督教"的条目,而且时间紧迫,要求在 1980 年 10 月交稿。江先生社会活动、政协学习、外宾接待等工作很多,科研时间受到影响,为了按时交稿,江先生不得不"日夜兼程"。历史所特为江先生配备了助手,他终于如期完稿,除 12 万字的三部专著外,还有五万字为"大百科"写的五项条目全部按期交稿。目前,江先生又在着手研究明朝耶稣会传教士来华的专题。江先生总的计划规模颇大,不

江文汉(1908—1984)

仅要包括明、清以后各个时期的专题著作,还计划探讨基督教向西方传播的发展过程,以便修成一部完整的基督教教史书。

(原载上海社会科学院学术秘书室编《汇报》第 16 期,1981 年 2 月 2 日)

为我所史学工作辛勤劳动、卓著功效的吴绳海先生

章克生

吴绳海先生是一位勤勤恳恳地为历史研究事业添砖加瓦的学者。1934年,他在日本京都帝国大学史学系毕业,归国后曾任书局史地编辑和学校史地教师,一直从事史学著述和编译工作。他对历史科学有较深广的基础,又有丰富的编译经验,精通日文,并通晓英文。

他曾经撰写许多历史著作。其中《太平天国史》,系于1935年写成,这部书不是单纯地叙述历史事实,而是就太平天国革命时期的国内外形势、太平天国的各项政治改革与政策上的前后期变化、清朝反动当局的镇压措施,提出若干问题,加以分析研究,并对若干太平天国史料做了考察。这本书出版后曾经引起太平天国研究者的兴趣,罗尔纲先生曾为本书撰写书评,给予中肯的评价。

埋头苦干,严肃认真,卓著功效

吴绳海先生是1957年到历史所来参加史学研究和编译工作的。历史所在最初十年期间,出了几部比较有分量的资料集,主要是《上海

小刀会起义史料汇编》《五四运动在上海史料选辑》《辛亥革命在上海史料选辑》。吴先生参加了每部资料的编纂工作。他除了跟大家一道搜集、抄写、选译、整理、编排外,总是承担整本资料的最后校订工作,统看全部正文、注释,力求各条材料之间专名、术语的统一,标点符号的正确使用,注意按语、标题、本文、注解的款式、规格、字体、铅字号码等等。为了全面校订,他总是任劳任怨,日以继夜,反复核对,做到完全精确满意为止。他这种埋头苦干、甘心做史学研究领域里无名英雄的精神,值得我们学习。

在有关中国近现代史的大量史料中,外文资料无疑占相当大的比重。怎样勘探、整理和选译这些外文资料,确是中国近、现代史研究方面的一个重大课题。吴先生在这方面勇于实践,勇于创新,为我们提供了不少切实有效的工作方法。记得从1959年春天开始,我们历史所陆续委托北京图书馆复制我们所需要的日本外务省档案显微胶卷。不消说,第二次世界大战结束后,日本外务省档案显微胶卷的公开发行,为我们研究近现代史提供大量丰富而有用的第一手材料。老吴是历史所第一个能够掌握和使用该项现代化档案资料和阅读机的人。当时他以不懈怠的精神,接连几个月,每天在阅读机上看显微胶卷,做索引卡,编专题目录提要,接着又把本所研究项目所急需的材料,耐心细致、严肃认真地翻译出来。从勘探到选译资料,他为我们创造一连串的工作方法。首先,在他的设计下,根据显微胶卷材料,编成一本篇幅达数百页的《日本外务省档案总目》。任何专题想找日本外务省档案材料,先要查看这本总目,然后设法订购所需要的显微胶卷。但是单靠总目所列的标题,仍然无法知道各个胶卷的具体内容。为此,吴先生又做一道更加深入的工序。每逢一批预订的显微胶卷到达后,他就抽出大量时间,把胶卷装在阅读机上通看一遍,每卷做一张索引卡,把胶卷所载的所有文件的名称、日期、摘由、卷宗号码、页数都摘录下来。有了他所做的各个胶卷的索引卡,我们就能按图索骥,在短时间内找到各个研究专题所需要的原始资料了。多谢吴老先生的辛勤劳动,我们以索引卡为指南,还可以找到许多英、法文书刊所找不到的英、法文资料,因为日本驻外使节给外务省的报告经常附送正文所涉及的英、法文原件。例如,"五卅"运动期间六国调查团的法文电报、信札、会议记录,就是在日本外务省档案中找到的。这样看来,吴绳海同志所编成的日本外务省档案总目和各个显微胶卷索引卡,我认为对于我们今后的历史研究,是十分有用的。

对于一宗数量可观的外文史料,究应全译还是摘译,如果摘译,怎样选择最急需要的部分呢?这里仍然存在着工作方法问题。在这方面,吴先生为我们提供了出色的榜样。例如,篇幅达100万字的长期旅华日本人士宗方小太郎文书,无疑含有大量有关中国重大事件的亲身见闻材料,摘译之前究应如何解决取舍的问题呢?老吴的办法是首先通读一遍,订出一个摘译规划,也就是说,在通读的过程中,边看边做笔记,摘录篇名、写作日期、内容提要和初步取舍意见。摘译规划订定后,再经集思广益,根据需要,最后确定其篇目。至于日本外务省档案有关"五卅"运动材料的选译,也使用这种工作方法。译述显微胶卷,不用说比翻译一般书面材料要艰苦得多。"五卅"资料分散在20多个胶卷内,要在阅读机上逐卷细看,做好各个文件的内容提要,再翻译出来,这是需要相当大的毅力和耐力的。对老年人来说,看阅读机上黑底白字的材料,更容易损伤目力。尤其在夏季,天热再加上阅读机发出热量,更加容易令人感到昏沉疲劳。老吴在阅读机旁工作,不是一阵子,而是接连几个星期,甚至接连几个月。以日本外务省档案"五卅"运动材料而论,从初步勘探到译成30万字,试想在这中间他要耗费多少时间和工作量啊!如果不是怀着对祖国科学事业的满腔热忱和高度责任感,哪里来的那么强大的动力和埋头苦干、永不懈怠的精神呢?十年动乱期间,整个上海社科院被砸烂了,老吴被迫退休。在退休的几年内,他还是埋头苦干,退而不休,在家里继续翻译《今井武夫回忆录》等日文史料数十万字。自1978年本所重建以来,他又为本所做了大量的日文史料勘探、整理、选译工作,编成有关上海史的日文书目介绍。现在我们历史所的中心研究任务是中国近现代史、上海史,而上海地区所藏的可供我们利用的外文图书、报章、杂志、档案文献资料,数量之多,真是浩如烟海,有待于我们大家分工合作,以披荆斩棘的精神去开辟、勘探、搜集、整理和摘译。在这方面,吴绳海同志所创制的工作方法,可供我们参考借鉴。

热诚关心中青年,乐于助人

吴绳海先生热诚关心本所中青年对日文史料的阅读和翻译。他以古稀以上之年,不辞劳累,帮助他们提高业务水平。例如,近代史研究室青年王少普根据日本木村郁二郎的《中国劳动运动史年表(1557—1949年)》译成中文40万字。老吴从头至尾校订润色,有些地方,特别是涉及国际工运组织和人物的段落,是查看了有关历史书刊,根据日文假名查出这些专名的原文,再参照现行标准译法订正,从而使这份年表成为有用的参考资料。

老吴不仅对中青年如此关心,而且对我们年纪大的人也总是满腔热忱地给予最大限度的帮助。只要有求于他,他总是来者不拒,有问必答,如果答不上来,马上查看日文参考图书,找到满意的答案。在我们编译组,袁锟田先生、章涌麟先生和我查看英文报刊档案时,经常遇到日本人名和地名,苦于无法还原,只有向老吴请教,由于他拥有丰富的日本史地知识,对于我们的问题,如数家珍,能立时给予满意的解答。去年,上海电影制片厂准备拍摄《邹容》和《秋瑾传》两部影片,曾经请求老吴为该厂的导演、编辑、演员讲解过去的日本情况,老吴慨然允诺。他经过充分准备,为他们开过两次讲座:一次专讲日本风土人情,中国留日学生的生活概况,参加听讲者有三四十人;另一次专讲日本政治制度和社会结构,听讲者近二十人。由于结合切身经验,听者深为动容。老吴的朴素淳厚、助人为乐的事例是举不胜举的,这里不过列举其中比较突出的两三事罢了。

今年初,吴绳海同志因心肌梗塞症住进医院,现已脱离危险。我们衷心祝愿他早日康复,仍能为我所科研事业做出贡献。但毕竟年岁已高,今后应多加保养,减少工作,延年益寿,安度晚年,这是我们大家的愿望。

吴绳海(1905—1985)

(原载上海社会科学院历史研究所编《史学情况》第 19 期,1981 年 3 月 5 日)

余勇可贾正逢时

——访上海社会科学院特约研究人员祝鹏

王庆熊、苏瑞常

上海社会科学院历史研究所特约研究人员祝鹏,对我国历史地理的研究别有创见,撰写了多篇有价值的论文。最近,我们访问了他。

从谈话中,我们得悉,祝鹏原是上海铁合金厂的工程师,从事40多年工程技术工作。但是,他酷爱历史地理,陆续收集了历史地理书刊5 000余册。1972年,他退休了,就全力倾注于历史地理研究,为发掘祖国历史地理遗产付出了辛勤的劳动。他已对广东、安徽、山东、河北、河南等15个省许多地区的历史城池、政区名称及其位置的变迁做了考证和研究,绘出了沿革图和分朝代的行政区域图,撰写了《广东省韶关地区沿革地理》等考证论文。他绘制的《黄河故道》地图,描述了从春秋到五代黄河一带的历史变迁。去年,黄河水利委员会一位工程师得悉他绘制了此图,说这正是他们30年来很想研制的,就专程来沪访问他,请他做指导。

从春秋战国起,纵贯近3 000年的中国历史地理,朝代更迭,时过境迁,从何入手呢?在广东、安徽等15个省的历史地理研究中,祝鹏查阅了5 000余册文献和其他资料,对于各地区一城一镇、一山一水的历代变迁,都做了周密的考证,他做的研究卡片就有5 000多张。每张卡片写了3 000左右比绿豆还小的字,笔划刚劲有力,字字工整,像刻印一样。不难想见这一张张卡片、一幅幅地图,都是他的心血凝成的。

祝鹏拿出一张张地图,摆开在画图板上给我们看。这些地图是用75万之一大的比例尺画的,一道道线条纵横交错,像蜘蛛网似的。绘制地图,不仅要通晓历史地理,还要懂数学、工程、测绘技术。于是,他运用了工程技术的经验,设计出一种绘图法,取名为"改正正距圆锥投影画法",使地图绘得准确、清晰。

祝鹏治学严谨,一丝不苟。他对前人的结论既不盲目附和,又不轻易否定,经过周密考证,发现错误就纠正。"五岭逶迤腾细浪",毛泽东同志诗词中提到的"五岭",其中一岭叫"都庞岭",现在出版的地图说它在湖南省江永县西境,和广西交界。在《古都庞岭考》一文中,他经过考证说明,此岭是五岭中的第三岭,在广东省连县西北和湖南省接界处。祝鹏对《水经注》《水经注疏》等书,也做了补缺工作。像南北朝160多年的历史地理,历代学者限于当时条件,研究得较粗略,不能反映历史的真实面貌。他花了几年时间,基本上弄清了这段历史地理的变迁情况,并绘制了地图和沿革表,补了中国历史地理的一大空白。

祝鹏虽年已71,又是"孤军奋战",但他壮心不已,充满信心地说:"我身体还好,再搞10年没问题,争取有生之年完成一套正在研制的《中国历史地图》及其考证论文,献给伟大的祖国。"

祝鹏(1912—1992)

(原载《文汇报》1981年3月30日,第2版)

甲骨、古史学家柯昌济先生近年来的学术研究

陈建敏

柯昌济先生,字纯卿(后以字行),山东胶县人,现为上海社会科学院历史研究所特约研究人员,从事甲骨学、先秦史、典章制度沿革史等方面的研究。柯先生今年已经80多了,但他老当益壮,日以继夜地写作研究,近年来已陆续完成了几十万字的学术专著,为"四化"做出了贡献。

柯先生的父亲是清末大学者柯劭忞。柯劭忞是"二十五史"中《新元史》的作者,曾任"清史馆"代馆长、总纂,续修"四库全书"委员会委员长,另著《春秋穀梁传注》十五卷、《蓼园诗钞》一卷、《续钞》四卷,此外尚有《校刊十三经附札记》《佚史补》《尔雅注》《文选补注》《文献通考注》《蓼园文集》等文稿,为学者所重。柯劭忞与王国维、罗振玉有很深的交谊。柯昌济先生幼受庭训,博览群书,于经史、词章、金石、文字、训诂、音韵无不精研。王国维先生有一段时间曾住柯劭忞家,柯氏兄弟随王国维学业,很有长进,王国维赞扬说,柯昌济"年最少读书亦最多,尝以书问字于余,余叹其逸足,每思所以范之"(见《殷墟文字类篇·序》);又说柯昌济的哥哥柯昌泗"甚有才气,读书亦不少,与之语数事,声入心

通,与乃弟均为年少中所绝无","维屡有函与其弟,论考释古文字以厥疑为第一要诀,将来经事久,当日知之也"(见王国维1919年致罗振玉书,载《中国历史文献研究会集刊》第一辑,第38页)。后来,柯先生执教于北京中国大学、北京大学、北京师范大学等校,讲授金石甲骨、古代史等课,历年来著有《殷墟书契补释》《殷金文卜辞所见国名考》《甲骨文分类研究的商榷》《殷墟文字缀合释文》《金文分域编》《金文分域续编》《韡华阁集古录跋尾》和《韡华阁集古录跋尾续》(此书中"金文考释"被台湾著名学者周法高先生辑入《金文诂林》共计200多条)等等。

在"四人帮"横行时期,柯先生家遭到冲击,居住条件很差,柯先生写作研究的场地都没有,只能屈坐小板凳伏在半张床上写字;必要的参考书籍也散失殆尽。在这样的条件下柯先生仍锲而不舍,对祖国宝贵的文化遗产进行研究整理,在几十万字的学术专著中引用了数以千计的文献典籍、考古材料和金石文字资料,其中大部分都是靠记忆,有幸读稿者,无一不为之叹服!近年来,柯先生已完稿一批论著,其中主要有《甲骨文释文》十三册、《殷墟文字丙编上辑字例重释》《商周青铜器铭文研究》《商周青铜器文字之研究》《中华姓氏源流考》等,即可完稿的有《中华古代国族史》,同时正指导笔者结合甲骨文、金文资料,系统研究夏商周三代典章制度沿革史。

柯先生近年来的学术研究较之过去更为系统化,取得一些成绩。在甲骨学研究方面,柯先生对以前发表的甲骨材料重新进行考释,提出自己的见解,如《释铁云藏龟》《殷墟书契前编》《殷墟书契后编》《柏根氏旧藏甲骨文字》《新获卜辞写本》《战后京津新获甲骨集》《殷契粹编》《殷契佚存》《甲骨续存》等,对台湾张秉权先生的《殷墟文字丙编》也进行了重释。柯先生研究甲骨等古文字,更注意从甲骨卜辞、青铜器铭文以及竹简、鉨印、碑碣等实物文字资料中获取三代史料，用以考订史实。他所撰写的专著专论，几乎无一不引用，并不断有新发现。在《中华古代国族史》一书稿中，甲骨文金文中所见的国族名就有几百个，这些国族不见于传世文献资料，古代史学家们无从知道，现代甲骨学家得天独厚，以补古人之缺。柯先生研究古代国族史中，发现从国族名称中可以判别文字的起源问题，他指出："上古氏多用复字复称，而唐虞以降，则用单字单音，此说明是文字发明与未发明之分界线。"(《中华古代国族史》稿本第五节尾)这个问题虽还不能下定论，但此说论据较为充足，可备一说。柯先生另一新著《中华姓氏源流考》，收录了1 000多个姓氏，并做考实，通过对姓氏源流的研究，了解古代的国族、北族南迁、外族华化乃至人种体态特征等规律，在用姓氏研究古代历史方面获得了显著的成果。柯先生还在研究中考察了华夏族的起源，对法国著名汉学家伯希和的著作和观点，有所补充及质疑。如伯希和所提出的阿尔泰系三个种族中通古斯种，不认为是纯粹的突厥体系，而与中国夷族有相应关系；对华夏族源流一说，提出应以石器时代遗物研究入手，并注重其与西戎族氐羌体系文化语言的研究。

这些年柯先生没有发表研究成果，1979年我们上海青年古文字学社主办的《古文字》创刊后，柯先生十分支持这棵古文字学界的幼苗，积极给该刊撰稿，国内外一些学者见到后，很想了解柯先生的研究工作和生活，并

柯昌济(1902—1990)

转达了问候。上海社会科学院领导、历史研究所领导以及其他同志,十分关心和支持柯先生的学术研究工作。这都给了柯先生很大的鼓励,这位饱经风霜、忠厚勤勉的八秩老人,决心在有生之年全力搞好研究工作,把自己所知道所掌握的知识奉献给人民,为祖国实现"四化"做出成绩!

1981 年 3 月 15 日

(原载上海社会科学院历史研究所编《史学情况》第 20 期,1981 年 5 月 20 日)

深切悼念倪静兰同志

章克生

聪慧勤奋、多才多艺、毕生致力于科学研究事业的倪静兰同志,因患癌症,医治无效,不幸于1983年7月10日下午2时与世长辞了。她的逝世,使我们历史所许多同志禁不住淌下无限辛酸的眼泪,感到深切的悼念。倪静兰同志,正像她的名字所含蕴的,静如深谷之幽兰,而她的心灵深处,却又充满着对美好理想的满腔火样的热情。她跟同志们友好相处,朴素、真诚、婉约,有如和煦之春风,使大家感到温暖、开朗、融洽,谈言微中,多所启发。至于在文史学术领域里,她的眼光是敏锐的,胸襟是开阔的,知识、兴趣、才能和活动范围是多方面的;在史学研究和编译工作上,比翼双飞,并肩战斗,严肃认真,艰苦卓绝,披荆斩棘,勇于创新。尤其是近几年来,她以顽强而勇猛的战斗精神,与癌症这一凶恶的病魔搏斗,争分夺秒,坚持撰译,取得了光彩夺目的成果。她所完成的《上海法租界史》和《法国外交文件辛亥革命史料选辑》两种译著,便是最好的见证。

倪静兰同志于1956年毕业于北京大学西语系法文专业,曾在上海外国语学院任教,至1957年11月调来历史研究所。当时历史所尚在初创,洪廷彦、方诗铭、汤志钧等同志先已来所。领导上确定本所的方针任务,就是充分利用上海地区所收藏的中外文图书资料,以中国近代史研究为主体,从搜集资料入手,在全面掌握资料的基础上开展研究工作。在这方面,一直有大量外文资料需要通晓历史和熟悉外文的研究人员去探索、搜集、整理和选译。这就是为什么1957年下半年的几个月,吴绳海同志和我较早来所,接着便是倪静兰(法文)、贺玉梅(俄文)、顾长声(英文)、马博庵(英文)等同志先后调来本所的道理。已故所长李亚农同志当时说,不论熟悉外文还是熟悉中文资料的同志,都是研究人员,应当各自取长补短,相互学习,艰苦奋斗,争取有成。熟悉外文的同志,既要勘探和选译外文资料,也要研究历史,阅读和抄写中文资料,这样在阅览外文资料之际,才能心中有数,知道怎样选译,以便补充中文资料之不足。换言之,选译史料是历史研究的不可分割部分,勘探和选译的过程也就是研究的过程。如果脱离历史研究,历史翻译工作就难以做好。何况从事历史翻译者,也可以从事历史研究,两者并行不悖。倪静兰同志正是从事编译而力图在历史研究上做出贡献的有志之士。她的工作任务,并不以翻译和校订史料为限,她是历史研究领域的多面手。对于组织上交给的工作任务,她总是以积极主动的态度,饱满而乐观愉快的情绪,服从指挥,参加集体研究项目,竭尽所能贡献出自己的力量。她曾经参加1919—1927年大事长编组工作,也曾下乡下厂,参加社史和厂史的编写工作。此外,她还曾两次参加国际性质的会议。一次是1964年在北京举行的世界科学讨论会,上海方面派去口译人员多名,而她则是上海推派的唯一笔译工作者。另一次是1956年5月在北京召开的国际妇联理事扩大会议,她奉派担任法语口译。所有这些场合的工作实践和锻炼,使她能够扩大眼界,开拓胸襟,增长知识和才能。

不容置疑，倪静兰同志在本所期间，主要是参加外文资料的翻译和校订工作。1958年春夏之交，历史所着手编纂《上海小刀会起义史料汇编》。这是一部大型资料集，其中所收录的法文史料，包括《江南传教史》《上海法租界史》《贾西义号中国海上长征记》等译稿在10万字以上，占全书篇幅七分之一。法文史料译稿的校订全部由倪静兰同志承担。当时正值"大跃进"，她以一个生手，在短期间完成校订译稿的任务，无疑曾耗费极为艰苦的劳动。事实证明她的任务完成得令人满意。1962年起，本所着手编纂"五卅"运动资料，准备收录中外报章杂志的社论、报道，连带上海公共租界工部局和海外各国重要外交档案，汇成多卷本资料汇编，凡历时三载，积累资料达500万字。在此期间，倪静兰同志根据日本外务省档案所附的法文本，译成了《六国沪案调查报告》。除选译资料外，她还参加资料整理和编辑工作。1965年即"五卅"运动40周年，她撰写了多篇学术论文，其中一篇揭露"五卅"运动期间北京外交团组织六国沪案调查的骗局。文章登载在当年夏季的《学术月刊》上。

从70年代开始，倪静兰同志参加编纂《法汉词典》。那是国内出版的第一部大型法文词典。她作为主要编纂者和定稿人之一，以其认真细致的工作和精深独到的法文造诣，对提高词典的质量起了重要的作用。1977年，她不幸患乳腺癌症，仍然抱病工作，以惊人的毅力，译校完成了《上海法租界史》40万字。该书大量引证近代法国外交档案资料，涉及近代中国职官、田契，等等专业知识，若干章节中还插入拉丁文箴言和英文原始资料，因而难度较大。她在翻译过程中成功地解决这些方面的一系列问题。她的译作能忠于原著，准确表达原意，译文生动流畅。译文出版社编辑也认为译稿无须做很大加工，就能达到定稿水平。这部译稿已由出版社付印。1981年起，她在癌细胞扩散病情加剧的情况下，译成《法国外交文件辛亥革命史料选辑》。正如7月14日追悼会上汤志钧同志在悼词中所指出的"她在下肢瘫痪、卧床不起的情况下，翻译出法国外交文件。这是她把毕生精力献给祖国科研事业，为之忘我战斗到生命最后一刻的明证"。这部译稿，刻正由吴乾兑同志和我校订，并已征得武汉大学章开沅教授的同意，收录进《辛亥革命史料译丛》的最近一辑中。

倪静兰同志，安息吧！我们一定要从你那优秀的品质和德行中汲取鼓舞前进的力量。我们要学习你那襟怀坦白、待人诚恳的高尚情操，学习你那忘我工作，把毕生精力专注于祖国科研事业的献身精神，学习你那百折不挠，与病魔顽强拼搏的战斗精神。我们想到，当你年富力强，正可为祖国科研事业做出更大贡献之际，离开了我们，这使我们感到多么的痛心。尤其是我，作为从历史所初建以来与你多年共事的战友，作为癖好法国文学与语言的学生，再也没有机会与你谈论写作和译事，谈论拉辛、莫里埃、博马舍的戏剧，福楼拜、斯当达、巴尔扎克、普鲁斯特的小说，拉芳旦、波德莱、蓝波、梵乐希的诗歌了。如今看到你的遗著，你那秀逸挺拔的字迹，不禁想到你那出众的才华和深厚的文史学术素养，激起我的仰慕和痛惜之情，特填成新词一首，调寄《西江月》，用以表达我的悼念和哀思：

倪静兰（1933—1983）

映日红旗似画,凌云健笔生花。

呕心沥血显才华,永世教咱牵挂。

可恨癌魔败坏,幽兰自放奇葩。

星沉玉殒奈何她,怎禁神伤泪洒!

(原载上海社会科学院历史研究所编《史学情况》第 30 期,1983 年 9 月 1 日)

叶晓青同志对中国文化史的研究

佚 名

历史研究所青年研究人员叶晓青同志,在1983年初到所前后的几年中,发表了几篇论文。其中三篇较为出色:《近代西方科技的引进及其影响》《西学输入和中国传统文化》《论科学技术在中国传统哲学中的地位》。第一篇在1984年被《历史研究》杂志评为第一届优秀论文。第二篇在本院今年的成果评奖中也曾被历史所学术委员会推荐,因论文写作时作者在外单位工作(发表署名前注明中国建设银行上海市分行),不应作为本院成果,未予通过。第三篇则是今年8月间在北京召开的国际中国科学史讨论会上受到一些专家赞扬的文章。

叶晓青同志所发表的,虽然大都是关于西方科技引进和中国科技发展方面的论文,但她研究的中心实际是有关中国文化史的问题。上述三篇论文先后发表于1982年、1983年、1984年,可以看出其中贯穿的一条线索是,探索中国哲学思想乃至中国传统文化对中国科学发展的影响。她研究的是历史,而其研究为实现"四化"事业服务的目的则是明确的。她认为:"中国近代化的过程即是对待传统文化反省的过程。"她研究的这个课题也正是今天"四化"建设所迫切需要解决的问题。第一篇论文,一开始就提出:"十九世纪中叶以后,中国终于结束了闭关自守的局面,西方近代科学技术开始传入我国。从此,任何顽固人物再想把中国隔绝在世界潮流之外,已经绝对不可能了。在历史进程中,文化既经接触,必然要留下痕迹;文化既经交流,必然要相互发生作用,不管人们事先有什么样的认识和动机。"这个观点可以说是与我们党和国家今天实行开放政策的指导思想相一致的。在这个总的指导思想下,她提出了自己对所探索的问题的观点。在研究中,她提出了"中国古代科学技术曾有过辉煌的成就,……但中国何以未能产生近代科学"的问题。上述三篇论文就是她逐步地探索这个问题的答案的成果。

在第一篇论文中,她提出如下的观点:"不能因为中国古代科学发达而低估了近代科学引进中国的意义。中国古代科学技术长期停滞在现象描述阶段,缺乏实验手段去验证其普遍性,因而现象的观察再惊人也无法归纳为普遍法则。中国人的技艺一向很高,但对科学思想很少产生兴趣。……这里面既有小生产的经济基础对科学发展造成的限制,也有哲学传统对科学方法的束缚。如果这种状况不突破,中国的科技仍然只会在一个规范内徘徊。正是在这个意义上,近代科学引进的意义是极大的。……引进了微积分等新的数学工具后,使数学研究得以从宏观走入微观领域,从研究静止进入运动变化的状态。……符号代数学的出现突破了旧的表达方法,输入了新的科学思想。科学术语的形成和制订,建立了中国近代科学的系统性;化学中定性、定量分析方法的出现,改变了中国过去满足于似是而非、模棱两可的描述,走向了实验阶段;而实验手段的出现则改变了传统的'玄'的思辨方式。……这些工作使中国逐步建立了近代科学的系统性和实验性,使中国的科学发展在方法论上开始合上了世界的脉搏。"她接着提出对于在西学输入中有关严复的译著,特别是翻译《穆勒名学》,引进科学方法论的重大意义的看法。她认为:"十九世纪的科技技术在欧洲开始突飞猛进,其原因就是发现了科学的方法——实验定性和归纳法。……而在中国的科学发展中,始终没有产生出从经验上升到理论的中间环节——经验归纳法。……旧学中的科举八股、汉学考据、宋学义理,不是从客观实际出发,而是先验论的,所以……严复译《穆勒名学》介绍认识论和逻辑学,对中国现状具有极强针对性……"这里她提出了对中国古代技术发达而科学落后在方法论上的原因的分析。这是第一篇论文的成果。

在第二篇论文中,她进了一步,看到西方近代文化的输入,冲击了中国传统的价值观念的"两大支柱":"重义理轻艺事"和"贵义贱利"。这两个观念是互相密切联系的。关于"重义理轻艺事",她举清末顽固派反对洋务运动的言论为例,顽固派说:"立国之道当以义理人心为本,未有专持术数而能起衰振弱者。天文算学只为末技,即不讲习,于国家大计亦无所损,并非谓欲求自强必须讲明算法也。""窃恐天下皆将谓国家以礼义廉耻为无用,以洋学为难能,而人心因之解体,其从而习之者必皆无耻之人。洋器虽精,谁与国家共缓急哉。""宁可使中夏无好历,不可使中夏有洋人。"在以后一篇文章里,她还举了明太祖下令销毁前元司天监进献的元宫奇器"水晶刻漏",还说:"废万机之务,而用心于此,所谓作无益而害有益也,使移此心以治天下,岂至灭亡!"这是她对"重义理轻艺事"观念的本质的分析,也就是封建统治者唯恐过多用心于科技,有碍于把主要精力用于维护封建礼教,巩固封建秩序,不利于保证封建统治的稳定。关于"贵义贱利",她认为是封建统治阶级一贯坚持的"重农轻商""崇本抑末",也就是抑制商品经济发展,维护自然经济体制的路线的体现。这可以说是她对封建国家上层建筑、意识形态对生产力的阻碍，以及封建经济基础、生产关系对生产力的束缚的分析。这是第二篇论文的主要成就。

在这两篇论文所得到的成就基础上，她继续从思想、文化方面的原因上去探讨，就又进了一步，得到了第三篇论文的认识，提出中国古代技术先进而科学落后在思想路线上的一个重要根源——某种意义上的致用性和功利主义。尽管封建统治者"重义理轻艺事"，但古代中国的技术由于劳动人民的智慧和创造，仍是有很大的发展的，但是她发现，中国古代统治阶级唯恐陷于技术"小道""奇技淫巧"而贻误了维护奴隶制或封建制礼教的大事，因此他们对于已得到的技术上的发展，总是从中去悟出维护礼教的"人生"的"道"，就是所谓"技进于道"，而不是从技术发展的实践中去进一步探索其中反映的自然规律，研究其中包含的科学道理。她看到，"古代中国人对自然的观察并非不敏锐，技艺并非不惊人"，但是其中的规律"假如它不能启迪人心，告诉人们各种人生的道理的话"，就没有多大意义。"《论语》全书用了五十四例关于自然的材料，其中百分之七十是用作'观物比德'，借自然之物来比喻人生之理。如'为政以德，譬为北辰，居其所而众星拱之'……"她认为这个传统的影响极其深远，直到近代西学的积极引进者严复译《天演论》，也不是把它当作科学著作来介绍，而是"从中悟出了人类社会的道理"。"在中国哲学家看来，太阳每天从西边落下去，可到底是地球绕太阳转，还是太阳绕地球转这种问题，与我们的人生究竟又有多大关系？所以中国古代自然哲学不发达，也不重视本体论。""中国人执着地以生活为本位的人生观，无论技术还是知识，总要对人生有用才好。"她认为："中国古代没有为知识而求知识，与古希腊人迷恋智慧正好相反。希腊人'自愧愚蠢'，他们探索哲理只是为想摆脱愚蠢。显然他们为求知而从事学术,并无任何实用目的。而中国人孜孜以求的却是切近人生的道。"她以为中国古代人认为知识"总要对人生有用才好。而关于自然的知识和科学思想在早期却并不醒目地具有这种功能。出于浅近的功利的为人生的技术是有的,出于浅近功利目的的为人生的科学却没有""人们常说,中国人对科学技术的态度太实际了,也有人说中国古代科学理论的基本特点之一是'技术化倾向',说的都是中国古代科学技术的致用性"。在她看来,这就是中国古代技术发达而科学落后的思想原因。

叶晓青同志向国际中国科学史讨论会递交了这篇论文后,在大会发言时,为了避免片面性,除了略述了已经印发的论文的要点外,还着重讲了另一面,即强调科学研究为实际服务的观点。事后在本所的交流会上,她也提出这个看法:"外国学者在科研中都有很强的使命感和社会责任感。他们认为他们的研究工作应当对人类有益,应当保持科学造福于人类的社会功能。在科学史的讨论中,他们提到战争威胁等重大问题,与自己的研究相联系。相比之下,我们的学者就不太关心自己专业以外的问题。"她认为:"不论研究什么问题,只要有较强的社会责任感和使命感,研究工作就会有现实意义。如科学史的研究(尤其是近代科学史),将会有利于我们制定科技政策,等等。保持研究工作的严肃性和独立性并不等于与现实无关,对现实有益的研究工作更不等于庸俗地为现实做注解。"

对叶晓青同志的论文,也有一些专家认为其观点、论据还不尽完整、确切。但叶晓青同志是个自学成才的青年。她是68届初

叶晓青(1952—2010)

中毕业生,插队时开始自学马列著作和历史,插队八年后回到上海继续自学钻研,取得这样的成就是可贵的。叶晓青同志虽然受到各方面的赞扬,但始终能保持着谦虚谨慎的思想和态度,也是值得肯定的。

(原载上海社会科学院科研组织处编《科研动态》第 2 期,1984 年 10 月 12 日)

林则徐玄孙、历史所特约研究人员林永俣[①]

佚 名

林永俣,法学家、历史学家。字誉虎,晚号秋士,曾用笔名林咏、凌咏等,1914年6月8日生,福建闽侯县人,为林则徐玄孙,现任上海社会科学院特约研究员。少年时代,常听先辈谈及鸦片战争之抗英事迹,深受爱国主义教育,对其思想、志趣、工作深受影响。1936年北上投考北平燕京大学,专攻政治学,同年秋天在北平加入中华民族解放先锋队。芦沟桥事变爆发后,回福州借读于福建协和大学,并在借读生中筹组流亡学生救亡协会,从事抗日工作,毕业时获得法学士学位,毕业论文为《中国禁烟新政的检讨》。1940年夏,应上海青年会之聘,离平赴沪参加"孤岛"的学生工作,同时担任燕京大学驻沪办事处负责人职务。1942年秋,燕大在成都复校后,被任命为教务处校友课主任。1943年下半年,他抵达重庆,一面入东吴大学法律学院进修,专攻宪法,后又攻读英美社会立法;一面参加中华全国基督教协进会,主编《协进》月刊,并由沈钧儒、章乃器等介绍,加入中国民主同盟,当时,经常为《中国劳

---

① 原标题为《林永俣》,现标题为本书编者所改。

动》《协进》等刊物,撰写有关英国毕卫廉社会保险计划的介绍文章。抗战胜利后,在上海由黄炎培介绍转入中国民主建国会,发起创立民建上海分会组织,并担任首届理事。1946年,在中国共产党领导下,林永俣与上海各民主党派成员一起创立"改建学会"组织,号召广大知识分子,贡献各自才能,迎接解放,为建设新中国而献身。同年,在东吴大学法律学院以《近代英美社会立法的研究》为题,写成毕业论文,获得法律学士学位。1947年夏,赴美国芝加哥大学深造,专攻社会立法及各国社会保险制度,以优异成绩加入美国社会学学会,为美国社会工作者协会会员,并参加两会年会。1948年夏天,又入美国哈佛大学法律学院,在著名的宪法学教授鲍威尔(Thomas Reed Powell)指导下,研究宪法与社会立法的关系。返国后,他又跟随另一位著名宪法学权威、哈佛大学法律学院退休教授庞德(Roscoe Pound)研究有关中国立法问题。1948年底,基本上修毕英美社会安全(保险)制度之有关立法科目,放弃攻读博士学位之机,与丁瓒同志等束装返国,回国后先后担任上海《天风》周刊和《协进》月刊的主编。1949年后,曾担任民建上海临时工会委员、宣教委员、宣教处副处长,上海市镇压反革命案件审查委员会委员,区人代,政协委员等职。1950年,以上海代表团顾问身份,出席北京召开的第一次全国劳动局局长会议。1956年,在民建会评比中,被评为优秀会员,荣获一等奖。在基督教工作方面,有突出贡献。1949年前后,发表时论百余篇,散见于《天风》周刊、《协进》月刊、《上海民讯》《民建会讯》等报刊上。自50年代初期开始,到1966年"文革"止,15年间,专治近代帝国主义侵华史科目,并负责编写基督教反帝爱国史料,其主要论著有《近代第一个基督教传教士马礼逊在鸦片战争前夕的活动》《侵略台湾急先锋——伯驾(美医务传教士)》《绞杀太平天国运动的美国浸会传教士——罗孝全》《第二次鸦片战争时期美国传教士的活动》《小刀会与美国浸会传教士晏玛太》《内地会创始人戴德生与扬州教案》《英国浸会传教士李提摩太与"百日维新"》《英帝分子海维德在中国解放前后的活动》《"非基督教运动"的历史意义》等。1949年后林永俣主要从事林则徐专题研究,广泛收集外国学者与各方人士对林则徐评价资料及有关史迹与报道等,拟编撰《林则徐与中外关系》一书,宣传爱国主义教育。

近期主要新作有《评国外学者研究五四运动》(1979年,上海社会科学院《社会科学》第1卷第1期)、《最近三十年来国外对中国史研究初探》(1980—1981年度上海历史研究所研究人员科研成果展件)、《关于"剑桥中国史"》十四卷本(1980年,上海社会科学院《社会科学》第1卷第1期)、《外国研究地方史的新动向》和《外国研究中国地方史》(均见1980年中国地方史志研究会成立的参考文件)、《论李泰国:第一任中国海关英籍总税务司》(1981年,《上海史译丛》)、《国外研究中国近代史的新情况》(译文;1982年,上海《史学情报》总第23期)。目前正编写《上海史外文资料索引》工具书,并担任赖德烈的《基督教在华传教史》校稿任务(商务印书馆约稿)。

林永俣(1914—2002)

(原载王凤琴等编《中国社会科学家辞典》现代卷,兰州:甘肃人民出版社1986年版)

丹阳名人姜沛南[①]

佚 名

姜沛南,又名蒋演、江滨,男,汉族,1919年3月生于丹阳市蒋墅乡滕村。1938年2月在湖北加入中国共产党,现为上海社会科学院历史研究所研究员。他在1949年前因参加革命活动曾三次被学校开除,三次被国民党逮捕。1936年10月在省立常州中学读高三时,因参加救亡运动和拉丁化新文学研究会而被捕,关押三月,西安事变后才被释放出狱,因此被"省常中"开除出校,后转到上海一所私立中学读完高中。1939年6月在重庆蒙藏学校语文专修科攻读俄文,因订阅《新华日报》(共产党机关报)和组织进步读书会,被校方"勒令退学"。同年8月,他在四川江津一进步书店中被国民党军警逮捕,关押在宪兵营近三月,释放后即离开四川,去陕西城固西北大学读书。在西大三年,又因参加地下党组织的进步读书会活动,被开除出校。1942年夏离校后,在西安、洛阳教过中学,在兰州《西北日报》当过记者和编辑,直到1945年抗战胜利,才返回江南。他先在上海一中学教书,接着于1946年4月奉党组织命回丹阳原籍办报,开展地下工作,当时的公开身份是丹阳正报社社

---

① 原标题为《姜沛南》,现标题为本书编者所改。

长。为了取得掩护,还担任过国民党丹阳县参议会的议员。1949年3月,国民党丹阳县长王公常寻找借口,突然下令将他逮捕,经地下党组织通过合法途径进行营救,一周后即被交保释放,旋奉命转移到上海。解放初期,他奉调上海参与创办上海总工会的机关报——《劳动报》,担任副总编辑。"三反"运动中,因遭到错误处理,被扣上"阶级异己分子"的帽子,开除党籍和撤职,于1952年夏被调到上海工人运动史料委员会工作,1961年调入上海社会科学院历史研究所工作。1978年党的十一届三中全会以后,他的错案得到彻底平反,恢复了党籍,党龄从1938年2月起算,并被评为副研究员以及研究员,主持工运史研究室的工作。曾参加上海市历史学会、党史学会,并为中国史学会会员、中共党史人物研究会会员。

他30多年来,编过很多资料,写过很多论文和专著,约共一百数十万字,具有一定的学术价值和社会价值。专著有《"四一二"反革命政变的前前后后》(原载《上海工人运动历史资料》,后为中共《党史资料》及解放军政治学院所编的《中共党史参考资料》全文转载)、《回忆上海工人的三次武装起义》(与人合作,上海人民出版社1957年出版)和《战斗的五十年》(英美烟厂厂史,上海人民出版社1960年出版)。发表的论文有《首战告捷——党领导的第一次罢工》(与人合写,获1984年上海市社会科学院科研成果奖)、《重评陈独秀在五卅运动中的作用》。人物传记有《李启汉在上海》(1983年载上海党史学会编的《党史人物研究专辑》,获1986年上海市社会科学联合会

姜沛南(1919—2012)

优秀成果奖)、《沙文汉》(载《中共党史人物传》第34卷,获1988年社会科学院论文奖)等。1987年离休,被上海社会科学院聘为特聘研究员。

(原载政协丹阳市委员会文史资料研究委员会编《丹阳市名人录》,1988年12月印)

王守稼同志的学术人生[1]

刘修明

1988年11月,病魔缠身数年的王守稼同志,在查出脑瘤病根、决定动手术前的一个晚上,对我说:"彻底的唯物主义者是无所畏惧的。但是,动这样的手术,我不能不做两手准备。万一有意外,希望你老朋友帮我编本集子。"他说得很坦然。我安慰他,祝福他,期望他手术成功。我知道,他下决心开刀,是因为申报的国家社会科学基金项目"明清时期的人口问题"已获批准,他要争取手术后早日恢复健康,高质量地完成这个国家项目。我们都衷心祝福他顺利渡过脑外科手术这个关。万万没有料到,他在12月7日手术后不到10小时的深夜,就遽然告别了人世。他对我讲的话,竟成了遗嘱。手捧他的遗稿,沉重、惋惜之情和对亡友的责任心,使我越加感受到这叠文稿的分量。我向上海社会科学院历史研究所负责同志做了汇报,领导上让我担任王守稼同志遗稿的整理、编辑工作。

我和守稼相处近20年,他的史学论文我读了很多。俗话说,文如其人,守稼似乎"文胜其人"。谦诚的微笑,朴实的语言,内向的性格,他

---

[1] 原标题为"序言",现标题为本书编者所改。

就是这样一位温文尔雅、含而不露的一介书生。他的文章字里行间饱含着一种对科学、对真理热情追求的信念,文字表现形式也有一种不同凡响的新风格,具有一种勇往直前的雄浑而又清新的气势。更重要的是,他对历史的发掘和创新,每每能从人所常见的材料中,得出别人没有得出又能为人信服的结论。在编辑、整理他的遗著时,我不时感受到他那睿智之见的启示,真像炎夏掠过额头的习习凉风,令人精神为之一振,不由得击节称赏。难怪他的研究引起前辈史学家如谢国桢、汪向荣、宁可、洪焕椿等教授的注意和肯定,博得日本学者山根幸夫的赞扬。联系到他从中学时代起就对马克思主义下了功夫(如钻研《资本论》等),就不难理解他为什么能成为同时代同行中的佼佼者,在史学园地取得了相当丰硕的成果。

  章学诚说过,自古多文士而少史才。史家的成就,要史才、史学、史识三者具备,缺一不可。下功夫(史学),是从事历史研究的基础,但仅有功夫未必能成史家。没有相当的才气(很难确切地说明它的内涵)和卓远深邃的见解(史识),很难造就一个独具慧眼的、有成就的史家。我认为王守稼同志比较完善地具备了这些因素。他是一个出身贫寒,从小就热爱中国共产党、热爱社会主义、由新中国培养起来的新一代史学工作者,一个在马克思列宁主义、毛泽东思想抚育下成长起来的共产党员。中华人民共和国光辉、伟大而曲折的历史,使他在风云际会的切身体会中,大大加深和升华了对历史的认识,深化了他的史学研究。生活的磨炼和对学术探索的结合,迸发出思想的火花,也激励了他坚韧的意志。中国历史上许多著名的史家,是从荆棘丛生的道路上开创自己的学术事业的。守稼也走过这样的道路。"路漫漫其修远兮,吾将上下而求索。"在清贫的生活条件下,在个人的坎坷和病体的折磨中,他把自己对事业的追求,提高到他孱弱的体质所能承受的最高值。在去世前一年内,他以惊人的毅力,撰写了 10 多篇论文。他怀着一种悲剧性的热诚,埋头坚持着非常艰苦的史学研究工作。人的人格在常态下是那样平淡,只有在不寻常的情况下,才能显示出他的真正价值和分量。而这正代表着对祖国怀有深厚感情的中国知识分子的崇高品质。

从党的十一届三中全会以来的 10 年间,守稼在史学园地辛勤耕耘,写的史学论文虽然不算很多,但也不算少,几乎篇篇都有相当质量。了解他身体状况的人都知道,他是大大超额完成了任务。尤其要指出的是,他的研究工作有明确的计划性和系统性。他曾多次和我谈起研究中国封建社会的设想和计划。理论上的深厚修养,对中国社会和历史的宏观兼微观的认识,使他对中国封建社会的结构和相应的许多具体问题,有自己的独特见解。大学时代,在陈守实教授等老师的影响下,他对明史发生了浓厚的兴趣,毕业论文就是这方面的内容。工作以后,他又在先秦史、秦汉史、唐史、宋史等方面,做过探索和研究。近 10 年来,为了同我的封建社会前期历史研究形成"掎角之势",他又把重点转移到处女地很多的明清史领域,并扩展到封建社会后期的人口史、江南经济史和上海地方史的研究。可贵的是,他对中国历史诸段落、诸领域的研究,决不是浅尝辄止、蜻蜓点水式的,而是精耕细作、锲而不舍。我这样说,决非缅怀亡友而言过其实,而是有事实根据的。要说这是"才气"使然,不如说肯下功夫钻进去。马克思主义的思想武器和酣畅的文笔,又赋予他探究事物奥秘的钥匙和表述历史规律的技巧。

这种研究工作中的计划性和系统性,在他的研究选题和内容上,得到了实践。由于他英年早逝,还来不及把研究课题逐一变成专著。但在整理遗稿的过程中,我发现这种计划性和系统性早已包含在他的论文中。这就使我有可能把他单篇的论文,整理成一本系统的集子。守稼的论文,主要探究了中国封建社会特别是后期的发展规律和发展趋向,以及相应的某些具体问题,如江南经济和资本主义萌芽问题,江南知识分子和思潮问题,封建末世的人口问题,倭寇和御倭战争的性质问题,等等,主要是封建社会晚期的一些历史问题。因此,我把这本集子定名为《封建末世的积淀和萌芽》。为了全书风格的统一,我对有些文章的题目,做了不违忤作者原意的修改,以使它们尽可能地融合为一个有机的整体。

这本集子,包括内容前后相关的五个部分:

第一部分"关于中国封建社会的周期性危机",共收有两篇论文:《中国封建社会的周期性危机和特征》《有关中国封建社会长期延续原因若干观点的讨论》。这是80年代初中国史学界发生的一场有关中国封建社会发展规律和长期延续问题的争论的产物。守稼写了好几篇文章,这两篇集中了他的主要论点。在当时这场波及全国史学界的争论中,针对不少似曾相识的旧观点的新发挥,守稼旗帜鲜明地投入这场论争,提出自己的观点:中国封建社会的"周期性危机",实际上"是由于社会再生产的周期性中断和阶级矛盾定期激化引起的""社会再生产危机"。作为争鸣中的一家,守稼的观点提得很早,引起史学界的广泛注意。论文比较系统地代表了他有关中国封建社会发展规律的基本观点。这一部分只要补充材料,加以扩充,本来是可以写成一本专著的,这里只能把他的思想精髓献给读者了。有这一部分作为铺垫,以下有关明清时代江南经济史和资本主义萌芽的研究,就有了基础。

第二部分"封建硬壳的突破性试验",共有四篇论文,是讨论江南地区资本主义萌芽和上海古代地方史的。这几篇论文,不仅对江南地方经济史和上海古代地方史的探索有开创性的意义,也是对中国封建社会演变前途及其历史命运所做的区域型解剖。守稼从广义上剖析了明中叶以后江南地区的社会经济基础和阶级动向,具体分析了包括今天上海地区范围内资本主义萌芽的历史趋势。《松江府在明代的历史地位》一文,在理论上、史学上填补了古代上海研究的空白,为江南地区的资本主义萌芽问题找到了一个有说服力的史证。《明清时期上海地区资本主义的萌芽及其历史命运》,是他留下的最后一篇文章。1986年以来,守稼抱病承担国家社会科学"七五"规划小组委托的明清时期杭嘉湖经济史研究的任务。1988年夏天,他在病情转重的情况下,还给国情调查组写了松江县历史发展的文章。这里汇集的论文,是他思想和意志闪耀着光辉的结晶,代表了他学术成就的一个重要方面。

第三部分"晚明江南知识分子及其社会思潮",是颇具特色的一组文章。历史活动是人的活动,以知识分子为代表的思想意识层的活动,往往直接反映或折射那个时代的特征和趋势。封建后期江南地区的知识分子,有他们的时代特色:微弱的资本主义萌芽酝酿了陆楫的经济思想;在更换封建思想的选择中,造就了徐阶这位松江的阁臣,并在他周围聚集了一批阳明学派的信徒;作为历史巨人的徐光启和以艺术巨匠身份出现在上海地区的两个历史人物,在封建末世走着不同的道路,在历史的天平秤上显示了不一样的分量;而类似陈子龙这样的知识分子,在末世衰微的时代条件下,徒有经世之志,历史没有给他们提供施展抱负的时机和舞台,结局只能是悲剧。读者通过这种链索式的联结,不难看出封建末世的社会积淀和新因素的萌芽在相互冲击中形成的层层涟漪。

第四部分"封建末世的人口问题",包括三篇明代的人口问题论文和一篇清代人口问题的文章。这是对中国当代严重人口危机的历史回溯,是守稼近10年来耕耘的史学新领域。他从经济关系和阶级关系的角度,对经济基础和上层建筑做了综合性的研究,具体而微地分析了封建后期中国人口增长的突变性,提出不少新颖而有说服力的观点。他剖析了清代乾、嘉、道时期人口连续突破一亿、二亿、三亿大关,道光年间人口又超过四亿的社会经济原因。指出康熙年间取消新增人口的人头税,雍正时进一步实行摊丁入亩,"客观上起了鼓励人口增殖的作用","是"促进人口猛增的重要政策上的原因";封建社会的人口问题,实质上是农民的人口问题。封建末期超经济强制的削弱(取消人头税),必然刺激农业人口的骤增。人口的盲目再生产,也给统治者带来巨大的人口压力。守稼从事人口史研究时间不长,却独具慧眼比较深刻地分析了中国社会人口激增的关键原因,难怪得到了国内人口史专家的高度评价。他的另一篇论文《试论半殖民地半封建时期的中国人口问题》(刊于《中国社会经济史研究》季刊,1982年第2期)也是一篇有见地的人口史系列研究论文,由于体例的原因,没有收入本书,读者可以参阅。

第五部分"国内外矛盾的交叉和对外关系",也有四篇文章,论述了明末社会内外交叉的社会经济矛盾和对外关系(包括海外贸易)。其中特别要提到的是,他对嘉靖年间倭寇和御倭战争性质的论述。观点的形成,始于60年代守稼在复旦大学历史系学习时期。他以充分的论据,证明了御倭战争是一场反对中、日两国海盗,主要是反对以王直为代表的海盗集团的战争,而战争的主要性质是国内战争。《"争贡事件"故址考》是一篇有所发现的考证文章。考证的问题是,明代宁波市船司设置招待日本贡使的嘉宾馆遗址何在的问题。1981年,汪向荣教授曾对守稼谈起日本学者去宁波查访嘉宾馆无所得,还想再访事。守稼把这件事牢记在心。他在给汪先生的信中说:"您认为最好我们中国学者能找到嘉宾馆遗址,不要给人产生中国无人的坏印象。出于一种自尊心,您的这句话,我一直记在心上。"他利用去老家宁波养病的机会,不辞劳苦地查阅方志,实地踏勘,终于查明了嘉宾馆遗址,写出了这篇文章,博得中日关系史专家很高的评价。他怀着强烈的民族自尊心,为使祖国史学在国际学术界取得应有的地位而呕心沥血。

这本集子不包括守稼的全部遗稿。例如,他的《〈甲申三百年祭〉及其在中国史学史上的地位》(刊于《郭沫若研究》第一辑),曾被尹达先生生前誉为对环绕《甲申三百年祭》的大争论"做了总结"的论文。由于体例上的原因,也未能收入本书。其他收的文章还很多。华东师范大学历史系王家范同志哭守稼的挽联写得真切:"华亭良史丹册传音笔未辍兮心力瘁,江南贤士鸿篇蛰声才不尽兮魂魄归。"天若假之以年,守稼是能为中华史学园地增添更多朴实、芬芳的独具风格的奇葩的。呜呼!我们只能以这本不完备的集子,纪念这位只生活了46个春秋而英年早逝的史家。

王守稼(1942—1988)

论著中的某些文章,如《松江府在明代的历史地位》《两朝元辅一品乡官》《明代户口流失原因》等文,是王守稼同志和缪振鹏先生合作、共同著名的。论著的编辑出版,曾得到上海社会科学院历史研究所和古代史研究室的领导的大力支持。我们的恩师谭其骧先生以80高龄为守稼这本著作写了令人感动的题词,顾廷龙先生为本书写了题签。古代史研究室的丁之方同志,在协助整理编辑此书时,做了不少工作。上海人民出版社文史编辑部的王界云、吴慈生同志对本书的出版始终予以关心,并做了认真细致的工作,使我们铭感不已。这里一并加以说明,并致以衷心的谢意。

1990年2月于上海社会科学院历史研究所

(原载王守稼著《封建末世的积淀和萌芽》,上海人民出版社1990年8月版)

马博庵教授晚年对史学的贡献

陈奕民

仪征前辈学者马博庵先生,早在20世纪30年代就任金陵大学的历史系主任、系主任,兼政治系主任,是我国对外关系史和国内县政、乡村经济等学术领域的知名专家。新中国建立后,他愉快地服从党组织的安排,到了上海历史研究所,以马列主义、毛泽东思想为指针,满腔热情地进行近代中国人民反帝反封建历史的研究工作。不久前,我受仪征市地方志办公室、市政协文史委员会的委托,走访了上海社会科学院历史研究所原副所长汤志钧研究员、吴乾兑研究员、章克生编审和研究室党支部书记刘运承副研究员等马教授的老同事、知情者。专家们热情地向我介绍了马教授在史学上所做的重要贡献和可贵的奉献精神,使我对马先生油然而生敬意。我感到有责任向家乡人民介绍马博庵教授的学术贡献和高尚精神,以激励年轻一代在现代化建设事业中奋勇拼搏,多做贡献。

马博庵先生是1957年由中共上海市委统战部分配到中国科学院上海历史研究所的。上海社会科学院是1958年9月1日由中国科学院上海经济研究所和历史研究所等单位合并建成。马教授是在历史所筹建初期到所的。

马博庵到历史研究所编译组时，编译组已由早到几个月的章克生先生主持。章克生掌握英、法、德等多种外文，但当时自感编译历史文献还不能自如，马博庵来加入工作，他感到很得力。编译组还有三个人，他们是原中央大学会计系主任雍家源，原重庆大学校长、大同法学院院长叶元龙，和毕业于京都大学历史系的吴绳海。

根据历史所初建时对研究工作的设想，马博庵立即着手编译有关中国近代重大历史事件的资料。研究历史首先要掌握史料，有了翔实的资料才能弄清历史事件的来龙去脉。而上海历史研究所的专家们开张伊始就苦于缺乏史料：中文档案、文献因历史原因保存下来的不多，连清政府办的《邸报》《京报》亦残缺不全。为了开拓发展近代史的研究工作，编译组的教授、研究人员倾注全力从大量的外文报刊中进行艰苦细致的回译、采集史料的工作。小刀会起义是近代史上的一次重要革命活动，长期以来蒙受帝国主义和地主资产阶级的歪曲和污蔑，革命的史学工作者应当用史实来恢复它的本来面目，又因为小刀会这一重大事件发生在上海，编译组便确定《上海小刀会起义史料汇编》为本所的首译篇。马博庵教授参加这一工作。本来编译组打算选送一批外文报刊给马教授，让他在家里边阅边译，可他热情洋溢地坚持到所里来和大家一起坐班办公。凭借丰富的历史知识，马教授娴熟地从大量的外文报刊中选译了许多珍贵资料。

他们选译的资料，很大一部分取材于英文刊物《北华捷报》。《北华捷报》是1850年8月3日英国商人在上海创办的周刊，1859年起成为英国驻上海领事馆和商务参赞公署公布通告、发布消息的机关报，逐渐又成为英国驻华使馆的半官方报纸，代表在华的英国商人的利益，也是英国帝国主义者在华的喉舌。该刊虽然站在反动的立场上进行宣传，却保存了大量的第一手历史资料,编译组决定选译该刊30万字的资料。

当时正值"大跃进"的年代,一切讲究"多快好省"。他们决定《北华捷报》30万字的译文要在两个月内完成。可大家手头都各有任务,无法"集中力量打歼灭战"。历史所有困难的消息传出去后,上海外语学院的教师闻讯主动来支援,拿走了材料,翻译好了又送回来。历史研究所感谢他们的支援,还让他们取走了稿酬。马博庵、章克生两位先生便抓紧时间做校订工作,可当他们翻开译文一看却傻了眼:译文没有史料特色,有些名词概念欠准,行文过于"现代化",等等。显然,译者不熟悉那一段历史,不了解当时的社会情况和语言特点,也没有掌握史学译作的特点和规范。他们感到别无良法,只能返工重译。马教授当仁不让,接过来重新翻译,每天早来晚归拼命赶译。

凭借深厚的功力和极端负责的态度,马博庵又快又好地完成了艰巨的翻译任务。其中涉及上海道台与外国领事划定租界的边界、小刀会起义过程、每周战况及其颁布的布告等细节都译得一清二楚。马教授的准确回译还原了小刀会历史事件的真实面目。《上海小刀会起义史料汇编》终于在1958年9月7日——赶在国庆节前由上海人民出版社出版。该书送到北京,郭沫若同志看了后称赞:上海小刀会史料系统地运用外文回译,很有特色。太平天国历史博物馆馆长罗尔纲赞扬说:把小刀会当时的战况逐日回译过来,解决了很大问题。这本汇编有68.7万字,译文占70%,马博庵先生为此出了大力。该书的扉页上介绍编译人员,虽也提到马博庵,却未具体说明马教授的重要作用。这在当时是可以理解的。章克生先生回顾当时的情景说:马老为这本史料如期出版做出了很好的贡献,小刀会史料的出版为历史所的研究工作开出了一条路,历史所可以说就是以小刀会起家的。

1959年是"五四"运动40周年,根据中共上海市委的要求,历史所出版了《五四运动在上海史料选辑》。为了出版这本选辑,马博庵从《字林西报》《大陆报》《警务日报》等外文报刊中,采译了许多重要资料。为更多地掌握第一手史料,马教授还和其他研究人员一连多日沉到上海档案馆,收集了许多档案资料,这本选辑也经马博庵等专家的努力得以按时出版。

1960年以后,马教授一上班即去上海图书馆徐家汇藏书楼(该藏书楼是历史所的近邻),翻阅书刊资料。1961年,历史所负责同志为方便马教授的工作,特与藏书楼联系,为他辟了一个阅读、翻译外文资料的专用室,他在那里系统地翻阅了自1830年至1860年的几十本《中国丛刊》(英美传教士所办),还翻阅了《北华捷报》等外文报刊,从中采译了大量资料,其中有关太平天国的史料即达50万—60万字。他还从英国议会蓝皮书中译出有关太平天国部分的资料30万字。他又从英国驻华特使朱尔典(清末至民国初任职)留下的文书中,译出了几十万字的参考资料,拟编入《辛亥革命在上海史料选辑》一书的,至少有5万字。可惜这部书稿60年代初交上海人民出版社出版时被丢失了。马教授在市档案馆还译了《美国台湾关系文件》,有5万多字,此译文一直留在档案馆。马博庵遗留下来的选译资料甚丰,1983年2月由上海人民出版社出版的《太平军在上海——〈北华捷报〉选译》,主要译文就是马教授在60年代翻译后留下来的。

历史所的同志到藏书楼,一般都是早晨8点去,下午5点离开,中午则回所吃饭休息。马教授是早晨7点到,来时带个饭盒,由藏书楼代蒸,吃过简便午餐后在自备的躺椅上休息片刻,又投入了工作,直到傍晚6点才离去。人们都称赞马教授"惜时如金,分秒必争"。当年历史所与马教授朝夕相处的研究人员都称赞他是一位热爱祖国的知识分子。马博庵先生年轻时发奋攻读成材,在旧中国却无法施展报效祖国的宏图大志。新中国建立后,他不顾年老有病,争分夺秒地工作,要为中华崛起略尽绵薄之力。他的爱国主义思想充分体现在他的译文中,成为其译文的一大特点。

历史研究所的专家们以自己的切身体会向笔者介绍历史文献编译的特点。编译历史文献有别于其他学科,不能单纯地译意,首先要着眼于译准。要做到这一点绝非易事:必须掌握有关历史知识,要有深厚的语言功底,既要掌握外文的古代语言和现代语言,又要掌握古代汉语和现代汉语,还要有严肃负责的精神。马博庵教授不仅具备上述条件,而且造诣很深。他们以小刀会史料汇编为例,称赞马教授用当时的文体和语言回译的小刀会布告,与后来搜集到的中文布告原件对照几乎一样,若没有渊博的历史知识和中外古文的深厚功力是做不到的。马教授不仅译得准,而且译得快,一天译文多达5 000字,他的编译任务既艰巨又繁重,时间又紧,但他工作起来总是精神饱满,一丝不苟。

马教授平时待人热情,乐于帮助人。所内研究人员使用外文资料碰到难点都去请教他,他都热情帮助解疑释难,表现了导师的良好风范。1958年马教授编译《鸦片战争末期英军在长江下游的侵略罪行》一书时,所里给他配了一个初译者作为助手。该书译著的主要部分由马先生承担,其中一部分由初译者译出初稿,再请他校定。校定时,马教授逐段逐句给初译者说明为什么要这样译而不能那样译。得到他关心帮助的中青年研究人员,中外文水平及历史知识都有明显提高。此外,他还经常挤出时间给报刊写一些历史文章或小品,以普及历史知识,进行爱国主义教育。马博庵先生在实际工作中为培养年轻一代做出了贡献。

笔者还访问了马先生的晚辈,了解了马先生的家庭生活。

马教授每天下班回到家里稍事休息,就到三楼他的书斋工作,不是翻书学习就是继续他的编译工作,星期天和节假日全都在书斋工作。他的藏书很多,有全套马列和毛泽东的著作,有大部头的中外文史书,其中有大批外交史、国际关系和国际法的专著等,还订阅了多种报刊。他生前把连续订阅10多年并装订完整的《人民日报》赠送给历史所的同志们共同使用。

马教授生于清末,曾留学美国,1931年回国后,历任金陵大学教授、历史系主任、政治系主任,江西中正大学文法学院院长,四川省干部训练团附设县政研究部导师,江苏省立教育学院代院长和东吴大学教授等职。他从教多年,培养的学生遍布世界各地,联合国里也有他的学生。他生前每逢元旦、春节和圣诞节,海外学生向他祝福的卡片犹如雪片飞来,真可谓师生情谊深,桃李满天下。马教授有六个儿女,在他的教育下,六个子女分别在医学、纺织、地质、无线电、师范教育等方面学有所成,成为国家的有用之材。比如他的长女马宝章,早年毕业于7年制的华西协合大学,因当年课堂全用英语,所以她也具备很扎实的英文功底。马宝章担任上海第二医科大学口腔系的教授,又是上海市第九人民医院口腔科的主任医师。她因研究激光治疗血管瘤取得显著疗效,曾获上海市重大科技成果荣誉称号,又因"自源荧光诊断恶性肿瘤"研究成功,获得国家教委及上海市的科学技术进步二等奖。马宝章教授曾任上海市激光学会副理事长及医用激光专业委员会主任,编写了一批重要专著,并多次应邀前往英、美、法、意、瑞典、日本等国做学术报告或进行科研协作,为祖国争得了荣誉。马博庵先生为祖国奉献的精神也为儿女们所继承和发扬。

马博庵教授在"文革"初期不幸与世长辞,当年与他共事的专家、学者、研究人员无不对他的逝世深表痛惜。他们对马教授来所10年中对中国近代史研究做出的开拓性的、独特的贡献钦佩不已,至今他们还深深地怀念这位挚友和导师,慨叹一位杰出学者的故去给史学界和上海社科院历史研究所留下的巨大空白。

马博庵(1899—1966)

(原载政协仪征市委员会文史资料研究委员会编《仪征文史资料》第8辑,1992年版)

云 水 泱 泱
——怀念吴德铎教授

黄嫣梨

1992年3月4日上午,突然接到上海的长途电话,惊闻我国著名科技史及文史专家吴德铎教授因病辞世的噩耗。悠悠千载,造化弄人,对德铎教授的溘然长逝,我除了为国家痛失英才感到无限悲怆之外,更为我失去德铎教授这样一位亦师亦友的知音而感到万分悲痛!

与德铎教授的交往,虽只是两年时间内的几次见面,但我们的书信往来却有四五十封之多,其中主要是对我研究工作的意见及资料影印的寄递。无庸讳言,能与德铎教授认识,是我的大幸,因为没有德铎教授这两年来对我在研究工作上的极大协助,我的博士论文,将不会如此顺利完成,我在学术坎坷路途上的前进与挣扎,亦将会比现在的情况,还要困难上不知多少倍!

1990年暮春,正当我为开始了不久的博士论文在收集资料上感到彷徨之际,在《明报月刊》任职的方礼年、黄俊东两先生为救此燃眉之急,介绍我与德铎教授联系,从此开始了"书信形式"的交往。从资料的翻阅、复印,以至对我研究工作的意见提供,德铎教授对人对事的热忱与真挚,宽厚与谦恭,处处可见。知音不必相识,而德铎教授的提携,又岂止知音！这年8月，德铎教授不辞酷暑飞越大洋，参加在剑桥举行的中国科技史研讨会。回程时在香港逗留，我们因此有机会首次见面。德铎教授有着60多岁老年人的威严神态，腹裹诗书，举止从容，谈吐爽直而富幽默感，态度则比我想象中尤见亲切。既有着文字上的神交，见面时自当一见如故而更为亲切了。真想不到身体扎实、充满干劲、乐观随和的德铎教授，竟会这样的就与我们诀别了。天地之无情，世事之变幻，实在不可度思啊！

去年1月27日，我到上海做研究访问。德铎教授为了我这次访沪，做了很充分的准备。他请来了他的两位高足给我帮忙，又在我到上海之前，把上海各院校有关蒋春霖研究的书籍，转送到上海图书馆，以便我可集中在一处地方做研究的工作。我在这样妥善的安排下，得到了事半功倍的研究成果。我对德铎教授的恩惠，中心藏之，何日忘之！

一位学者如能兼具厚德实学，确实是难得之极。从德铎教授最近出版的《文心雕同》一书的自序中，可见他从50年代开始，已刻意自励，决意使自己成为一位真正的"文人"。德铎教授一方面钻研中国科技知识，一方面利用业余时间，刻意于文史知识性短文的著述，并以"枕书""晓今"及其他笔名，先后在上海和香港诸报副刊撰写专栏，并在《明报月刊》中长期发表学术性论文。德铎教授论文扼要有力，风骨凌厉，措辞活泼，又善用俚语，一洗"学院派"呆板单调的辞藻，又能恰当地把古今中外的知识冶于一炉，广征博引，不拘一格，不愧为学术界的"通才"。他虽然是一位多产的作者，但他的写作是一丝不苟的，是态度严谨的，在"通博"之中，又有"专精"（中国科技方面）的一面，这在他的《科技史文集》《博物古今谈》《格物古今谈》《博物叙林》《文心雕同》等专著中可以得见。

人生路途，千回百转，风横雨暴。能与你一同顽抵风雨，同迈步伐的知音，确实不可多得。而知音的可贵，又在于心神的契合，而非相交时日之长短。这正如人生的丰实与否，乃在于阅世体验的多寡，而非在于寿命时日的修促。德铎教授在他67年的人间游历中，虽然仍然怀着很多未酬的壮志而赍恨入冥。然而，他的人生，毕竟是充实而有光辉的！

吴德铎（1925—1992）

（原载《社会科学报》1992年4月23日，第4版）

喻友信同志悼词

佚 名

今天,我们怀着十分悲痛的心情沉痛悼念我们上海社会科学院历史研究所的退休职工喻友信老先生。

喻友信同志生于 1906 年 9 月 8 日,1993 年 4 月 11 日凌晨,因中风并发症,医治无效,不幸逝世,享年 86 岁。

喻友信同志有着丰富的学历和工作经历。他 1921 年至 1927 年在芜湖圣雅各学校读完初中和高中,1930 年至 1931 年在武昌文华图专毕业,1938 年至 1946 年在上海东吴大学法学院兼读毕业,1948 年至 1949 年在美国哥伦比亚大学图书馆系毕业,1949 年 11 月回上海东吴图书馆工作,1952 年至 1958 年在上海财经学院图书馆工作,1958 年调上海社会科学院图书馆工作,1959 年转入上海社会科学院历史研究所,1971 年 1 月退休。

喻友信同志的一生是充满坎坷的一生。他出身在一个贫困的小学教员家庭,从小过着十分艰辛的生活。在"文化大革命"中,受到了不公正的对待,但他对共产党和社会主义的信念一直没有动摇。在解放初期,他放弃国外优厚的生活条件,毅然返回祖国,参加新中国的社会主义建设。喻友信同志学术上造诣颇深,他在·1946 年和 1949 年分别取得东吴大学法律系法学士学位和哥伦比亚大学图书馆研究硕士学位。但回国后,因工作需要,岗位频繁调动,他对此毫无怨言,干一行,爱一行,并干好一行,深得大家的好评。

喻友信同志尽管退休多年,但始终关心着社科事业的建设。就在最近病重期间,他还写信给我院老干部办公室,言真情切地表示要献出自己保存多年的工具书。他的这种关心社科院的精神深深地打动了大家的心。

喻友信同志一生勤勤恳恳,为人忠厚老实,生活艰苦朴素,待人和气诚恳。

喻友信同志的去世,使我们失去了一位老前辈和好同志。我们要化悲痛为力量,学习他认真负责的工作态度和无私奉献精神,为建设有中国特色的社会主义而努力奋斗。

喻友信同志安息吧!

喻友信(1906—1993)

1993 年 4 月 14 日

一位可亲可敬的师长

——怀念陆公志仁

罗义俊

我与老陆（陆志仁同志）认识,工作接触及日常来往,首尾有 15 年了。从客观上说,他在任职上海社会科学院副院长、历史研究所党委书记期间是我的老领导;但从我主观上说,他更是一位可亲可敬的师长。这 15 年来,我一直受到老陆"润物细无声"的关怀和真诚又亲切的信任,而相处时又极为平等,我从不感到拘束,完全是普通同志、朋友式的。他一直叫我"小罗",我也一直叫他"老陆",至今犹改不过口来。在这 15 年相处中,我还感受到老陆高洁无私的生命情操,豁达大度的宽阔胸襟,平易近人、体贴人情的思想作风等令人可敬的传统美德。

一、初见老陆：平凡见真情

平易近人、体贴人情、可亲可近,是老陆给我的第一印象。记得我大约是 1978 年 10 月下旬才认识老陆的。同年 10 月,上海社科院复建,老陆是筹建人之一。那时我刚离开《文汇报》回到卢湾区,在业余大学受命筹组中文组（系）。之前,少儿出版社的老友俞沛铭同志以书面形式把我推荐给了老陆。稍后,我在市委机关工作时的老领导王乾德同志也向老陆推荐了我。老王是老陆地下党时期的老部下,我从老王那儿才知道老陆是中共上海地下党市委"职委"书记,是上海店职员运动的领导人。当时因为《文汇报》理论部的老领导和老朋友同时把我推荐给复旦大学,消息通过郭志坤同志(现文汇出版社总编)反馈回来,悉时任复旦党委办公室主任的李华兴同志表示愿意接受,并正在与历史系联系。而我的恩师程应镠教授也在积极努力争取我能回上海师大历史系——我内心深处还是想回母校,因为那里有较多熟识的师长,所以对这三处一任自然,一处也不走动。

10月下旬的一天,我接到了俞沛铭同志的信,告诉我社科院已确定要我,但卢湾区不肯放。他还建议我自己去见见老陆,说说情况,并嘱咐我叫老陆"陆校长"(老陆"文革"前任市委党校第一副校长)。没隔几天,我听到一些情况,手持俞沛铭同志的信,遵嘱在几时以前到社科院院长室。进门,见近门右首西面坐着正理着写字桌上信件的一慈眉善目的老人。即问讯,谁料真有缘分,那老人就是"陆校长!"此时,老陆并不认识我,但他面对一来历不明的陌生青年,却毫无日常所见的官架子,也绝无一点官腔,和声细气地示意我坐下,问我找他有什么事。我随即取出俞沛铭的信,指着信封的字自报家门,简要说明来意及单位不放实出好意。老陆一听展颜露笑,更显得和蔼可亲。我记得他的话不多,一开口就叫我"小罗",说:"你就是小罗啊。"虽然"文化大革命"中,我和一些老干部、老同志经常相处,无尊无卑,随便惯了,互相之间都以老小两字冠姓相称,即熟识者也如此;但初见"院长大人",内心似不免有点拘谨,一声"小罗",立即把这一点拘谨叫掉了。紧接着说的意思是:勿着急,不会有问题,想想办法,人先出来。我当时只感到他是要让我先放下心来。然后边问边和我聊了一会儿,问我专长(攻)什么(专业),最近发表了什么文章,写了什么书。我一一作答。告诉他专攻秦汉史,最近发表了批判张春桥"全面专政论"就是全面背叛的文章,出版了《方志敏的故事》(所以后来到历史所先被分配在现代史室)。最后他还笑着问我还不想成家啊(我 35 岁还是单身,这是俞沛铭同志推荐信中告诉老陆的),等他临去开会前还叮嘱回去耐心等待。

初见老陆,话并不多,从世俗眼光来看,我又人微事轻,但平凡见真情。我当时根本未想到这位高级干部会如此体贴人情,如此平易近人,还会如同故友般的关心我个人生活,心中不由升起一种亲切、一种温馨。后来在更多的接触中,我渐渐在认识面上知道这还是老陆在地下党时期以"交朋友"方式开展工作的一贯的思想作风与方法,是对知识分子的一种真诚的尊重和关心。尽管我自己还是愿意停留在个人之间的感情之中。这第一次见面老陆可亲可近的形象与感受,使我从此对老陆常抱一种如对师长又是朋友(平等)的感情,一直很自然地叫他老陆而不叫陆校长了,而且来自内心的意愿也由回母校转到社科院了。

二、在跟随老陆工作的日子里

不几天,老王就来通知我,老陆决定拉几个人,成立一写作小组,调查研究上海地下党党史及地下党员在"文革"中的受迫害情况,写文章,老陆是召集人,老王是组长。召我入组,另是沈恒春(后来)、章若渊等。由于当时老王是卢湾区副区长,活动地点(组)又借设在卢湾区党校内,这样我就很自然地脱离了卢湾区业余大学的工作。我朦胧地意识到这就是老陆说的"人先出来"的意思。由是我不仅窥见老陆细致周密的工作方法，丰富老到的人事经验，更进一步感受到他对我这个非亲非故、素昧平生的小百姓的那种关心，那份真诚。谁能说这关心不是纯洁的，不是无私的呢？

事实上，老陆对我的关心是很真切的，我的工作调动他一直挂在心上。次年（1979年）约4月，他去成都开史学规划会议前，还特地关照老王要办好两件事，其中一件就是"小罗的工作一定要安排好"，要老王做好卢湾区的工作。后来我还知道，老陆早就和时任卢湾区委书记的向叔宝同志打过招呼，区委书记这一层面已不成问题，老王则遵老陆嘱咐，一一做了区委宣传部和区教育局的工作。我这才顺顺当当办好调离手续，到社科院和历史所报到。后来据悉，在筹备小组第一次讨论通过调入人员的会议上，也是老陆读的我的材料。所以，千真万确，我是始终在老陆的直接关心下才调到历史所的。老陆有德有情于我，而此德此情又是无私而纯洁的，我是无论如何也忘不了的。

在正式调到历史所前，大致上我跟着老陆工作了近6个月。这6个月，不仅继续感受到老陆思想人品的可亲可近一面，还进而认识到他可尊可敬的一面。他忧人之忧、乐人之乐，对同志极端负责任；他实干而不尚虚名，为而不有而名誉让人，极为尊重他人劳动而不以权谋私。

那个小组成立后的一天下午，老陆召我们（老王、章若渊、我，还有一位中途调到汉语大词典编纂处的退休同志），借时在思南路的卢湾区党校一室，谈了1937年中共中央派刘晓到上海重建恢复党组织关系后的地下党党史简要历程、工作方针等，还就小组的调研内容、宗旨、要求，谈了他的想法。当时我做了记录，可惜最近怎么也没找到。但此次讲话的精神、意图，我至今仍记得。那就是：写出与执示上海地下党执行中共中央"荫蔽精干，长期埋伏，积蓄力量，以待时机"的16字方针，抵制与反对"左"路线,结合上海实际"勤业、勤学、交朋友"展开工作及其所取得的成绩,特别是配合人民解放军解放上海的贡献;但既要实事求是、尊重事实地写历(党)史,又不能离开现实为写而写,是针对"文革"中对上海地下党的诬陷而写,要为一大批被迫害的地下党同志的冤、假、错案,从理论上总体上平反昭雪。

为"文革"中遭受诬陷与迫害的上海地下党平反昭雪,老陆后来多次强调这一点,他是忧人之所忧、乐人之所乐,心常系于此。我刚到历史所时,实际仍直接对老陆负责,继续原先的工作,并转到直接为上海地下党平反昭雪的调研写作上来。"文化大革命"中,为了诬陷上海地下党,永安公司地下党被作为一个"样板"而列为全市"十大专案"之一,永安地下党组织被打成"国民党反动派和反动资本家"组织的"明暗两套反革命黑班底",很多同志含冤而死,家破人亡。老陆对此十分痛心,认为这是上海地下党被诬陷与迫害的一个典型,首先交办我调研撰写为永安地下党平反昭雪的文章(后来又交办撰写有关南市六联的文章)。老陆说话的特点是平淡、平稳、平缓,但令我感到其中实内含着对同志的深沉感情,对他领导过与共事过的同志的极端负责的精神,而这正是他对革命工作极端负责的集中表现。

受中国文化孔孟思想影响较深的我,由上海地下党"勤业、勤学、交朋友"的工作方针中,感到老陆这种对同志极端负责的精神蕴藏着中国文化传统重信重义的朋友伦理与为民请命思想的底蕴。写这种文章,就我个人而言,显非专业范围,也是无名的,甚或是无效劳动,但老陆这种对同志极端负责的精神感动着我,跟着这样一位重情义的领导值得!所以我很尽心竭力,最后完成了《为什么一纸诬告成铁证,两篇黑文酿血案》的文章,署名韦朝雪,谐音之意即为(上海地下党)昭雪(冤屈)。

那篇文章老陆虽经努力,仍未能获得发表,对此他也愤慨,直到自党史办退下来后,我去看他他还提及。曾有同仁透露给我说:"老陆在一次历史所党委会上就此篇文章表扬了你。表扬三点,其中一点是'有感情'。"那是他在党委会上第一次表扬人。其实这篇文章,在我,完全是按老陆的意思和精神执笔而已,而所表现出的"有感情",也是常受老陆的感情所耳濡目染所感动的"感情"。

就是在平时,老陆待人也是平淡中见热情。我发现,他似乎有一个习惯,就是喜欢在星期天、例假日,找人到他家去商量工作。而一到他家,他就待如宾客,端出茶点、水果,时间晚了,还要留餐。我记得第一次上老陆家,是在1978年、1979年交替之际,快到农历除夕的一天。之前,老王通知我,老陆约了几位老同志,听听他们的意见,讨论修改(前述关于上海地下党的)第一稿,老陆叫我也去(我也执笔了第一稿)。那天,去的人不少,除了老王,有我先已认识的老谢(胥浦)、蔡东园,经老陆介绍的,我记得还有江春泽等同志。下午讨论起,及晚,老陆招呼大伙到隔壁大房间用餐。一张圆台面,满桌的菜。酒杯一端,浑如家人。边吃边讨论,气氛随和亲切(江春泽在对稿子提出了一个严肃的意见前,还加了句话,说我们把你当小鬼。我一直把这话看作是老陆对我的信任。没有老陆的关系,江春泽当然说不出这话)。散后,我记得好像和谢胥浦共走了一段路。我对老陆为讨论稿子而如此花费稍露不解之意。谢胥浦随口告诉我:"这是老陆地下时期的老作风。""文革"中,以私害公的腐败例子见闻不少,而像老陆这样的高干捐私为公的工作之风,在我,倒是第一次遇到。从中,我感受到了老陆的人情味,感受到了上海地下党"交朋友"的工作方式的人情味。当时我还联想到老王等一些老同志也从来待我如友,进而感叹:如果领导干部人人都像老陆老王那样平等待人，多一些人情味，恐怕就不会发生视人命如草芥的"文化大革命"了。

文章最后由老陆送《文汇报》发表了，署名张祺、陆志仁。题目也是老陆定的，用陈毅诗句"隆冬过后绽春蕾"。为而不有，名誉让人，在老陆是其自身所具有的品德。老陆1983年离开社科院后，我与老陆原先那种外在的客观上的领导被领导关系不存在了，积存下的视老陆为师长的心情、平等的朋友一层关系更凸显了。我那时科研压力不重，所以曾多次提议他写回忆录，我帮他整理，这也是我力所能及的。但他始终不愿考虑这种以个人为主的整理上海店职员运动史的方式，坚持要写集体的、整体的，说还是这样好。我又建议先把回忆录写出来作为职运史的基础，说他完全有资格写回忆录，甚至无大无小地婉劝他不要太执于个人集体，也全说服不了他。我看老陆的品性就是不喜欢突出个人，这是他的生命情操。他没有那种自以为高人一等、眼睛长在脑门子上的摆"老资格"味，也毫无居功自傲自矜自夸的王婆腔，而是一有恂恂儒者风度的高洁君子。

老陆对那篇文章的报酬分配，我记得也很牢。那时稿酬恢复不久，很低，七八千字稿酬45元。那天是沈恒春同志带来的，他、章若渊和我人各15元，他说这是老陆的意思，也就是老陆自己分文不取。而他不仅是该文写作的组织主持者，投入了不少精力，而且文章里面有他的思想，其中有的文字我都是把他的原话改入的。这事在老陆看来也许是小事一桩，但就是这样一件小事，也足以看出老陆人品之高洁：善不因其小而不为。这稿酬的处理可能就是老陆的领导工作作风：一事当先，先考虑群众利益，利益让给群众。但我更愿意从个人的德行上去理解，是他尊重他人劳动，尊重人，是谋公谊不计私利。至于连老王也没有一点意思意思,那完全是老陆对自己熟悉的老同志的一种相知在心的高度信任和感情融洽了。

三、对知识分子真正的尊重和宽容的胸襟

老陆对人的尊重,是真诚真实的。这真诚真实性还表现在他有一宽容大度的胸襟,俗话叫肚量大。我曾经顶撞过老陆一次,那是在一次历史所所长室召开的现代史室课题讨论会上(因冤假错案集中平反阶段已过,我已不直接做老陆交办的事了),老陆突然对着我说:"小罗,你也有'四人帮'的影响。"我在市委机关时曾被加以"为死不改悔走资派李研吾翻案"的罪名而险些打成"现反",这老陆是知道的,但我在《文汇报》理论部时反对、抵制批邓,他是不了解的。我当下即意识到老陆是指我在《文汇报》的那段工作。未加思索,我马上顶了回去!"我是响应毛主席的号召。"可老陆受了当众顶撞却并未变脸变色,他不以为忤,毫不介意,显示了宽容反对意见的涵养。

事后,老陆对我信任如常。说实话,对老陆这次公开"批评",我内心也蛮高兴。因为,这正好说明他与我的关系是无私的、纯洁的。同时,我更知道他的批评纯是善意的,是长辈对后辈的爱护,是真诚的关心。故此后,除了老陆召我去以外,我仍一如往常,逢年过节,坦荡荡地去看他。一次,看他时,他说:"你什么都好,就是自由散漫,不要求进步。"我当然明白他的意思是指入党的事,虽然我有我的想法,但对老陆以一个院党委副书记的身份在这个问题上来关心我,这个好意,这份真诚,内心确是很感动的。而且老陆批评归批评,从不强人所难。他有时闲聊中要问我一些所室的情况,我是报喜不报忧,甚至还要替人做点解

释,老陆倒好,并不敲钉钻脚非要我说不可。他只是随便聊聊而已,而且聊及对什么不满时,也仍是那么轻声慢语,那么和和气气,绝无整人的霸气。几次下来,他知道了我的做人原则和脾气,也就不再问"问题"而问"好"了。我们除了谈工作,或者只是谈谈生活,谈谈对一些问题的看法及传闻,而且似乎更契洽了。他泡杯热茶,端过藤椅,拉着我,移坐到前面临窗小室,谈他的一些独立见解,让我无顾无虑地谈消息和看法,那亲切随便、促膝聊天的情景,他那嘴角挂笑、慈祥和蔼的脸容,常使我生知遇之感,至今犹常浮现在我脑际。我很清楚,这种不强人所难的思想作风,其实是老陆对人的真正尊重。

我还要说,老陆容人的胸襟,对人的尊重,并不只是限于对我个人的,乃是对知识分子真心实意的尊重。在聊天中,我常听到他以尊重的口吻赞扬如周谷城、汤志钧等学者的学问与工作。老陆对"文革"是很痛恨的,但他对"文化大革命"中有过这样那样问题的知识分子,都坚持历史地看、理解地看,肯定他们的长处。我清楚地记得,1979年,社科院第一次评职称时,老陆作为所党委书记,就是坚持如此看所内有关研究人员。老陆还关心他们的生活,譬如他曾几次问及我和王守稼的住房情况,非常关心。老陆是实干家,他的关心都要落到实处的。在老陆等领导的关心下,王守稼的住房得到了解决。王守稼对老陆非但不鄙视他,还关心他,感到了对他的真正尊重和理解,生前曾多次和我谈及此事,表示很感动,并要我代向老陆致谢。

人生何处无真情,陆公深谊常感铭。在和老陆15年的关系中,他确是一直关心我,对我始终用而不疑,情深谊重。即使在他离开历史所后,我去看他,他还建议我到党史办来兼职。1990—1991年,我屡大病,老陆则年事已高,从党史办退了下来。但一次老王还专门代表老陆来看望我。老陆自己又特地打电话来问候,并对他不能亲来看我表示歉意,嘱我安心养病,《上海店职员运动史》病好了再说——这真是从哪里说起!就凭他是一高龄老人也绝无亲自履步探视下辈之理。我忙连说两遍:"没有这个道理。"老陆这个电话所表达的对我的情意太重了。放下电话,我内心仍很感动。我也深知编写《上海店职员运动史》,是老陆生前念念不忘的一件事,可我现在却心有余而力不足,再也不能像过去那样投入全副精力去完成他一直叫我做的事了。而他在华东医院病床上对我信任又有所期待的目光却一直印在我的脑海中(那次他还肯定了我对劳资关系及上海职运史起于"五四"前的看法)。写到这里,我心里还难过。在我的内心,从不把老陆看作是一个领导,而是一位个人感情上的可亲又可敬的师长与朋友。这份对老陆师长加朋友的感情,我将永远保留!

陆志仁(1910—1992)

(原载《陆志仁纪念集》,1993 年印)

深切怀念 1949 年后中国工人运动史研究的开拓者——沈以行同志

郑庆声

沈以行同志是研究中国工人运动史的著名专家,是 1949 年后这一学科的开拓者之一。1949 年前,他在中国共产党的领导下,于上海、南京等地从事工人运动,有比较丰富的经验;1949 年后,他长期从事工人运动史的研究,达 40 余年,写有不少论文和专著。像他这样既有丰富的感性知识,又有深厚的理论知识,并能将这两者很好结合起来的专家,在全国是不多的。他的逝世,无疑是学术界,特别是工人运动史这一学科的重大损失。

从解放初期,沈以行同志开始从事工人运动史研究时起,我就在他的领导下工作。今天回顾这 40 多年工人运动史研究工作走过的坎坷道路,不胜感慨,更加引起我对他的深切怀念。

沈以行同志参加工运史研究工作是从 1952 年开始的。这一年的 6 月 14 日,中共上海总工会党组向中共上海市委建议,"将上海解放前工人斗争的历史资料搜集起来,编印成册,借以教育今天上海职工,使之明了今天胜利果实,是上海工人阶级多少年来流血牺牲换来的,对今后建设有很大鼓舞作用"。7 月,市委同意成立上海工人运动史料委员会，负责此项工作，并通知全市各区委、党委、党组，"应将是项工作视为一项重要任务"，"指定专人经常与上海工人运动史料委员会取得联系"。时任中共上海市委第三书记和上海总工会主席的刘长胜亲任该委员会主任委员，姚溱、张祺为副主任委员。姚时任市委宣传部副部长，张是上海总工会副主席。委员有48人，绝大多数是各行各业从事工人运动的领导人，沈以行同志也是其中之一。

说起上海工人运动史料委员会这一机构的名称，实在不通，因为缺少一个动词。应当是工运史料征集委员会，或整理委员会，或编辑委员会，但在解放初期对这种文字上的事似乎并不讲究。我记得这一机构的定名还有一个曲折。原来准备取名上海工人运动史编辑委员会，但姚溱提出，中央还没有编出中共党史，也只是在收集资料，我们地方上提出马上编写工运史不好，也有困难，还是以收集整理史料为主的好，于是，就改名上海工人运动史料委员会。这一名称虽然不通，当时也无人察觉，提出异议，就这样糊里糊涂地用了好多年。1983年，张祺提出恢复这一机构时，居然也没有改动其名称，一仍其旧。

上海工人运动史料委员会下设办公室，就在上海总工会内，由原上海总工会调查研究室的大部分人员组成，有10多人，全盛时期达到20多人。那时，一方面登报征集史料，另一方面采取工会工作的方式，布置下级工会进行此项工作，也收集到不少史料。沈以行同志当时担任中华全国总工会华东办事处办公室主任、副秘书长，兼《劳动报》总编辑，工作很忙，只是委员会开会时来参加一下，我也是那时才认识他。

刘长胜是中共七届中央候补委员、江苏省委副书记、上海局副书记，1937年后上海工人运动长时间的领导人。他不仅领导上海工人进行反帝反封建的艰苦斗争，而且十分重视工人运动史料的收集整理。

早在1939年,他就布置上海各行各业的地下党员编写这方面的史料,沈以行同志当时也参加了邮局方面的编写工作。这些资料后来取名《上海产业与上海职工》铅印出版,引起各方面的重视。时值抗战时期,日本帝国主义派人大量购进该书,进行研究,以对付正在日益高涨的工人抗日救亡运动。1949年后,处在市委和总工会领导岗位上的刘长胜同志仍然十分重视此项工作。他预见到"历史资料,现在进行搜集的条件比较好","随着建设发展形势,过去在上海参加斗争的同志,必然逐渐分散",会增加搜集资料的难度,故决定成立专门机构来进行此项工作。

半年以后,我记得在1953年年初,刘长胜随饶漱石去苏联访问。不久,中共中央又决定派他去世界工联担任书记处书记。这时,他急忙写信给上海总工会副主席钟民和张祺。我记得信中说,他去世界工联工作,对欧美工人运动不发表或少发表意见还可以过得去,但中国原来是半殖民地半封建国家,1949年获得了解放,工人运动取得了胜利,因此,对殖民地半殖民地的工人运动,他不发表意见就讲不过去。为此,他提出要加强上海工人运动史料委员会的工作,提供更多的资料,便于他在世界工联的工作。

关于刘长胜去世界工联工作,"文革"期间,造反派污蔑说是"刘少奇黑钱"派去的。记得我有次去北京,见到随同刘长胜去维也纳世界工联工作的陈公琪同志(他是1938年由沈以行同志在邮局发展入党的,时任中央对外文委副秘书长)时,问及此事。据他告我,刘长胜去世界工联工作是中共中央书记处决定的。当时世界工联的总书记是法国的路易·赛扬,是位党外人士。书记处有位苏联派去的书记通过联共中央向中共中央提出,希望中国能派一位书记去,一方面分管亚、非、拉等殖民地半殖民地国家的工人运动；另一方面也便于与他合作，共同对路易·赛扬做好统战工作。中央考虑到刘长胜过去长期在苏联工作过，俄语很好，可与苏联的书记随时沟通，是最理想的人选。于是，中央书记处书记毛泽东、刘少奇、周恩来、朱德找刘宁一、刘长胜谈话，宣布这一决定。刘长胜在会上表示自己水平低，恐怕不能胜任这一工作。毛泽东在会上鼓励他说，你这个人的名字不是叫长胜吗，长胜就是常胜将军嘛，你怕什么，肯定能行。这样，刘长胜去世界工联担任书记处书记的事就定下来了。

1953年5月，刘长胜去世界工联前，专门来沪部署工作。23日，他召开工运史料委员会扩大会议。沈以行同志参加了这次会议。会上，刘长胜宣布，已与刘晓同志商妥，调陆志仁、沈以行……加强史料委员会工作。27日，他又召集有关人员开会，宣布成立上海工人运动史料委员会干事会，陆志仁任总干事，沈以行任副总干事，干事有苏博、赵自、张伟强、纪康、王关昶、浦侠、石林、金若望（后5人未到任），原史料委员会办公室归干事会领导，先重点整理店员、市政、邮局、教育四个产业系统的史料。我担任这两次会议的记录，所以记得很清楚。这样，工运史料委员会的工作除了教育广大职工的作用，还增加了提供国际需要的职能。沈以行同志也从这时起真正参加了工运史研究的实际工作。

干事会成立后，工作进展较快较顺利。但数月后，陆志仁同志即被市委党校抽回，工运史料委员会的工作就由沈以行同志主持。在他的领导下，1954—1955年，史料委员会成果累累，先后铅印了6册《上海工人运动历史资料》，其中刊有上海电力公司、电话公司、六大公用事业联谊会、邮局、大百货公司、四行二局、电信、保险业、酱园业、职业妇女俱乐部、南国酒家、德士古石油公司、蚁社、生活指数、国棉十二厂等单位和1919—1927年棉纺工人运动等单位和专题性的史料，此外，还铅印了海关等单位工运史的单印本。这些资料都是通过许多当年参加和领导工人运动的地下党员和积极分子集体座谈或个别访问，核对报刊文字资料整理而成，大多经沈以行同志审阅修改后付印。现在看来，虽然有其不足之处，但仍有相当高的史料价值。刘长胜同志曾参考这些资料在布达佩斯世界工联干部学校做过题为《解放前的中国工人运动》的报告，讲了一天，受到世界各国学员们的热烈欢迎。他们对上海法商电车公司工人采用"大请客"（即电车照常行驶，但不卖票）的巧妙斗争方式特别感兴趣。学员们围住了刘长胜同志，要求他再讲，可见他们希望了解1949年前中国工人运动的情况和经验的心情是何等迫切。刘长胜同志因此不得不在第二天又讲了一天。沈以行同志和我们听到这一消息，为自己的工作能对推动国际工人运动起一点作用，而感到十分兴奋。

这一时期，沈以行同志通过实践，对工运史工作的性质有了进一步的认识。他在干事会会议上提出，整理工运史料"要按客观实在情况来说明历史，不要只写了有利方面""要把阶级观点、历史观点、科学观点三者结合起来研究""在整理（史料）中要比较系统地加以分析，如具备材料可以做一些结论（不一定肯定）""要有正确的观点加以分析""把材料比较完整系统地安排好，能说明事物发展的内在关系""工作本身有研究性"。沈以行同志出身邮局，对这一行业情况比较熟悉。干事会在讨论到邮政业黄色工会问题时，他说，要"以毅社为主，这弄出来，黄色工会一套基本有了"，然后"再分力量搞社团活动之间比较，找出些规律性，把毅社在邮局及其他单位活动做比较"，"再把黄色工会与邮政当局关系弄清楚"，"邮局斗争不是很明朗的，把我们发动群众的工作及黄色工会对群众工作态度,从中抽出黄色工会统治办法及我们的对策"。那时,上海的机关干部正按中央和市委的布置,学习《联共党史》,在一些编写人员中出现了按《联共党史》体例来写工运史的说法。针对这一情况,他在干事会上说,"作为方向是可以的",但"如以《联共党史》为标准来量,则整理史料工作的完成就有困难"。因为《联共党史》是高度的理论概括,而整理史料则要力求详尽,两者要求不同。以上说明,沈以行同志已经开始认识到工运史料工作是一项科学研究性质的工作。这一认识比起当时及其后某些领导人把这一工作当作一般的文字工作和临时任务,认为只要会写写弄弄的人都可以做的想法来说,无疑是进了一步。

可是,好景不长。1956年,上海总工会(时改名上海工会联合会)的某些领导人抽调沈以行、张伟强及工运史料委员会大部分人员去搞技术革新展览会,遂使工运史料工作基本上陷于停顿。沈以行同志对此虽然组织上服从,但思想上不通。后来他在1957年12月出席中国工会第八次全国代表大会时所做的书面发言中说:"研究工运历史,跟所有的历史研究工作一样,不能从抽象的概念出发,而要以客观史实为根据,进行具体的分析,才能使这一工作建立在科学的基础上,避免发生主观臆断和片面性的毛病。""经过几年来的摸索,我们深感史料工作是带有科学研究性质的细致的工作,必须在党委的领导和支持下,配备专职干部,经常而又比较长期地去做。我们在前几年中虽然积累了一些有用的资料,但因对这项工作的性质认识不足,缺乏长期打算,干部时有更调,方针屡有变动,往往一时一景,时作时辍,以致现有资料中有的较为系统,有的就较凌乱,有的尚称详尽,有的就过于简略,甚至还有不少缺漏需要进一步来收集。"可见,此时,他对工运史研究工作的科学性和长期性,又有了更进一步的认识。

技术革新展览会结束,史料委员会恢复工作,但此时苏博、赵自、张伟强、谭治等骨干均相继调作其他工作。沈以行同志带领我们苦心经营,因为人员减少很多,他对我说,"现在只能小本经营了"。1957年,上海工人三次武装起义30周年时,他组织我们会同几位作家访问了数量众多的老工人,做了谈话记录。他自己编写了《上海工人三次武装起义讲话》在《劳动报》上连载,获得了社会好评。这些活动,一方面宣传了上海工人阶级的光荣革命传统,另一方面亦积累了许多有价值的资料。中国科学院近代史研究所著名专家刘大年来沪时,专门会见了沈以行同志,对他大力收集口碑资料,进行工运史研究工作,大加称赞。沈以行同志十分重视发挥工运史料的宣传教育作用,他帮助上海工人文化宫编排照片、文字说明,建立"上海工人运动史料陈列",形象地向广大职工和外国朋友宣传上海工人阶级的爱国主义传统,收到了很好的效果。英国电气工人代表团看了"陈列"后说:"它使我们感到工人阶级的胜利必须在流血中才能得到。"这一时期,经沈以行同志审阅修改,又打印了一大批工运资料,我记得有法电、英电、银钱业业余联谊会、国棉十厂、沪西棉纺、新裕二厂、申新九厂、三区(沪西)机器业、四区(沪东)机器业、颐中烟厂、出租汽车等。连同过去铅印的资料,共27种,160余万字,召开座谈会274次,参加者940人,个别访问44次,执笔者100余人,为工运史研究打下了扎实的资料基础。

但是,即使这样的"小本经营"也没有维持多久。1958年,中共中华全国总工会党组召开第三次扩大会议,错误地批判全总已故主席赖若愚及书记处书记董昕等犯了反对党的领导、向政府争权、崇拜自发的工人运动等错误。(粉碎"四人帮"后,中央已予平反)会议要求各级工会继续开展整风运动,肃清赖若愚的所谓影响。在上海工会系统整风时,史料委员会亦在所难免。在纪念上海工人三次武装起义30周年时,姜沛南同志曾以《光芒万丈的明星——老工人回忆大革命时期的上海总工会》为题,在《劳动报》上发表连载文章,此时有人批判说,工会是光芒万丈的明星,那么党算什么?把党摆在什么位置?意指该文把工会凌驾于党之上。其实这篇文章的标题并不是姜沛南同志的发明,而是他借用了邓中夏烈士所著《中国职工运动简史》里的一句话。这样的批判真叫人哭笑不得。沈以行同志是史料委员会的负责人,免不了也要做检查。根据中央指示,通过这次整风,取消工会系统的垂直领导,地方各级工会改由同级党委领导,工会精简机构。正好此时上海筹建革命历史纪念馆,迎接建国10周年,于是,史料委员会的全体人员连同所有资料全部从工会调出,参加纪念馆内部陈列的筹备工作。不久,基本建设下马,纪念馆工程停建,史料委员会人员及资料划归纪念馆筹备处,沈以行同志不得不忙于中共一大会址的陈列工作,但他仍不放弃工运史研究。此时,复旦大学历史系党总支书记余子道同志来访,与沈以行同志谈妥,组织高年级同学来实习,编写上海工运史。于是,该系教师赵清、黄美真带领十几位同学到纪念馆参加编写工运史。我记得学生中党支部负责人有吴维国、李华兴、宋国栋。在沈以行同志的指导下,编写了上海工人运动史初稿,其中1927年以前部分比较成熟,后来铅印成册,送到第一次全国工运史工作座谈会上,征求意见。1960年底,由中华全国总工会工运史研究室出面,在北京召开第一次全国工运史工作座谈会。这次会议主要讨论了上海、四川、开滦等地编写的工运史稿。会议由全总工运史研究室主任张承民、中国科学院近代史研究所曲跻武和上海的沈以行同志三人主持。上海参加会议的还有黄美真和我。这次会议一方面肯定了上海这部史稿的质量,同时也从理论上提出了若干意见。从1959年起,沈以行同志先后应邀在复旦大学和华东师大历史系为高年级学生开设上海工人运动史课程,他把一般作为政治宣传的工运史带进了大学的课堂,使工运史更加系统、更加理论化了。

1960年11月,市委决定调沈以行同志担任上海社会科学院历史研究所副所长。他深知从事这一研究工作需要长期的知识积累和一定的理论基础,不是一般能写写弄弄的人都可以做得好的,因此经他征得市委宣传部常务副部长陈其五同意,调姜沛南、徐同甫、倪慧英和我到历史研究所,加上吕继贵、张铨等同志,成立工运史研究组(室)。沈以行同志从此以为找到了一个安身立命之地。虽然他要主持所内以及历史学会许多行政事务,但对工运史研究工作仍然抓得很紧。这时又积累了一批资料,写出了一批论文。接着是农村"四清"和"文化大革命"。

"四人帮"垮台后,1978年历史研究所恢复,工运史研究工作得以继续。1983年,由他负责主编的《上海工人运动史》专著被列为上海市哲学社会科学"六五"重点项目。其时,我还在上海市总工会工运史研究组工作,但他却在作者名单中列入我的名字,为该书下卷之主编人。1985年底,又把我调回历史研究所。

粉碎"四人帮"后,沈以行同志发表了一系列论述工运史上重大事件和人物的论文。1987年,作为历史研究所《史林》丛刊之一,出版了他的论文集——《工运史鸣辨录》。我曾写过一篇《读后》(刊《史林》1988年第1期),其中指出,"这是一本阐述解放前上海和全国工人运动史的论文和讲演集""选入了作者30余年来有代表性的作品,是国内这方面第一本论文集,是工运史园地中绽开的一朵新花"。该书"把解放前的上海工人运动史系统化了,为读者勾划了一个上海工运发展的清晰轮廓,使读者不仅对这一段史实有了大致的了解,且可从中领略上海工运发展的脉络,及其成败得失之由来",对于工运史上的一些重大问题,"从理论上进行了探讨""这些观点,可以说是很有见地的""表现了作者的理论勇气""最为难可贵的,也可以说本书的精华所在,是作者将中西方的工人运动史做了比较,又结合中国抗战前后上海工人运动之成败反复做了比较研究,提出了马克思主义工运指导理论中国化的问题,即中国工运不同于西方工运,应当结合中国实际,在中国革命必须走农村包围城市这一胜利发展道路的前提下,城市工人运动是处于为武装斗争做准备(大革命时期),以及配合武装斗争的地位(大革命失败后)。尤其在抗战以后,城市工人运动一方面是以人力、物力支援革命军队和革命根据地,另一方面是以群众性的斗争来牵制敌人、打击敌人,动摇其反动统治,配合农村的武装斗争,不断积蓄雄厚的革命力量,最后夺取城市。在这方面,本书有史有论,为有关著作中少见。在论述城乡主次关系、中国共产党关于白区工人运动的正确方针,以及中国工人运动的历史地位、作用和任务方面,作者在理论上是做出了贡献的""作者在本书中提出了罢工斗争、组织活动、思想教育三位一体的工运史观,实为前人所未言,具有独到之见解。它对工运史学科的建设具有重要意义,即研究工运史不仅是叙述一些罢工斗争的现象,更重要的是要说明和这些现象紧密相联系的组织状况和思想状况,从而更完整地阐明工人运动的发生和发展的规律"。现在看来,上述评价还是比较符合实际的。

《工运史鸣辨录》出版后,获得了国内外专家和学者的好评。其中《一九二七年以前的上海工人运动》和《编写〈上海工人运动史〉的八点要求》被美国学者收入英文《中国史研究》(译丛,季刊)1993—1994秋冬第27卷《1919—1949上海社会运动》专辑。1988年8月,以信州大学副教授久保亨为团长的日本中国劳动运动史研究会访华团来沪求见沈以行同志,他因病嘱我代为接待。双方见面时,日本朋友手里人手一册沈以行同志的专著《工运史鸣辨录》,使我大感意外,可见该书在国外影响之大。

编写一部高质量的《上海工人运动史》是沈以行同志长期来的愿望。他在年逾古稀、身体多病的情况下,仍一字一句审阅修改由他为首主编的近50万字的《上海工人运动史》上卷。他凭借多年来的研究心得和体会,对史稿进行认真的修改,从理论上加以提高。我记得他最初在该书的"编写说明"中表示"初稿写成后,往往叙事有余,议论不足"之后,曾写过这样一段话:"对于史实必须从理论观点上加以分析、加以议论。这种分析和议论犹如人之脊骨,人无脊骨不能站立。一部书没有从理论观点上加以分析和议论,也如人没有脊骨一样,是站立不起来的。"因此,他在这部书中许多关键地方都做了精彩的议论。如他在该书第七章"五卅运动"之末节论述"五卅"运动的领导人——李立三与刘少奇时,写下了一段富有哲理的话:"就他们本人来说,无论是李立三,还是刘少奇,或者是其他著名的领袖人物,他们并不是以个人英雄传奇色彩来投入运动的,主要是在他们追求真理的经历中,在他们久经考验的锻炼中,在他们思想和行动中,体现了一种无产阶级的品质——艰苦奋斗,公而忘私,为理想的目标而坚持进击,百折不回! 常说的无产阶级的党性,也就是指这种品质的集中化。故在'五卅'运动中,无产阶级的领导,中国共产党的领导,就常常体现在如李立三、刘少奇那样优秀人物的言行中。具备这种品质,与本人的阶级成分并无固定的关联。

产业工人队伍在长期斗争中形成的阶级品质,并不能自然地表现在每个工人身上(要知旧社会原属封建势力和资产阶级的世袭地),重要的是必须经受灌输和锻炼。反之,非无产阶级出身的知识分子,例如李立三、刘少奇却能具备此种品质。只有以辩证的目光来看问题,才能理解'五卅'运动中出现伟大人物的由来。"他用辩证唯物主义和历史唯物主义的观点对个人在历史上的作用做了精辟的分析和论述。

《上海工人运动史》上卷出版后,受到国内外专家学者的好评,他们在报刊上撰文,认为该书"资料翔实,内容丰富,论述严谨""突破了工运史著作的传统模式,使工运史的研究上了一个新的台阶""是一本具有开拓创新精神的学术专著""是新中国成立后第一部以马列主义、毛泽东思想为指导的,全面、系统地论述上海工人运动的著作""是一部具有特色和创见的工运史专著""是一部思想性强、学术价值高、富有教育意义的好书""该书史论结合,从理论高度总结工运发展过程中的经验。不仅对一些重大历史事件做出评估,而且该书序言对整个解放前的上海工人运动的经验教训做了总结""填补了中国近现代史研究的一项空白""大有益于当今与后世"。对此,沈以行同志并不自满,他表示:"以上好评,对于本书主编及各章撰写人是极大的鼓励,使他们十分感奋,认为只有写好下卷来做报答。"

1993年底,他病重住院,仍十分关心下卷的编写工作。在跌跤骨折遵医嘱仰卧静养时,他自知体力不支,对我说:"下卷的事就拜托你了。""'七五'《工运史论集》,最好争取辽宁人民出版社于洪乔同志继续支持出版。"他谆谆嘱咐我们,在下卷史稿中,要以党中央"荫蔽精干,长期埋伏,积蓄力量,以待时机"的16字方针作为指导思想,总结贯彻这一方针的经验教训,摆正城市工人运动是配合农村武装斗争的位置,要着重写好上海工人运动与农村抗日根据地斗争的关系,要指出1948年初上海工人运动中的"左"倾冒险倾向,要大书特书护厂护店,迎接解放的斗争,因为这是体现贯彻中央16字方针成果,体现中国工人运动不同于西方工人运动的重要特点。但是,正当下卷的编写工作在积极进行时,万恶的病魔夺去了他的生命,使他带着未了的夙愿和遗憾离开了我们。

沈以行同志的前半生投身于工人阶级的解放事业,后半生潜心于工人运动史研究,可以说,他的一生都贡献给了工人阶级的事业、党的事业。

回顾这40多年来工运史研究工作所走过的坎坷道路,有好几次几乎这项工作停了下来。但是,无论怎样困难,沈以行同志始终一心一意带领我们走了过来,工运史研究工作才能有今天这样的成就和规模。这是我们永远不能忘记的。

我长期在他领导下工作,得益匪浅。使我感受最深的是他对工运史研究事业的执着追求,无论遇到什么挫折,他都坚持不懈。他作风细致,办事认真。无论讲话、作文,均无废话,经他过目的文字,连标点符号都仔细改正,对《上海工人运动史》上卷的史稿,他更是一遍又一遍地修改推敲,力求完美。他淡泊名利,关心下属。他曾和我合作写过两篇文章,都是自己实际动手写作,而且所得稿费每次都提出要全数归我。1962年,我爱人从北京调回上海工作,暂住徐家汇历史研究所四楼。一个星期天,他和夫人汪瑛提了水果和点心来看我们,使我们十分感动。听说,历史研究所恢复后,他还

沈以行(1914—1994)

亲自去踏看科研人员的住房,关心他们的居住条件,体现了党关心群众生活的优良传统。

沈以行同志离开我们已有两个多月了。我们要学习他的优点,发扬他的长处,继承他的遗愿,编好《上海工人运动史》下卷和《工运史论集》,争取早日出版。我想,这也是对他最好的纪念。

〔原载《历史所简报》第 11 期(总第 138 期),1994 年 12 月 1 日〕

悼念上海新方志工作的一位先驱
——邬烈勋先生[①]

姚金祥

邬烈勋是上海地方史志研究会副秘书长。在上海市地方志办公室成立之前,上海郊县各县志办和市里已有的一些修志机构有事情,首先找的就是他。因此,他的足迹遍及郊区各县。比如奉贤县,早在1981年年底,他就和复旦大学历史系黄苇教授一起,对全县的修志人员进行培训授课。1983年,当部分县志稿试写打印后,他又约请黄苇、陈正书等专家到县里进行讲评,肯定成绩,指出不足。他具体编辑的《上海地方史研究通讯》,是修志同行们及时交流新方志编纂信息的一个很好园地。他在全国性方志刊物《中国地方志通讯》(后改为《中国地方志》)上,不止一次地报道和宣传上海新方志编修动态,对上海郊县创造的修志协作会议这一形式及时总结、推广。他主张新方志的体式应该多样化,可以是编章节体,也可以是条目式。1984年5月上海郊县第五次修志协作会议在青浦召开时,他对《崇明县志》的条目式结构就大加推崇,并称其为"秘宗拳"(新招式、新创造的意思)。他在郊县有关修志

---

① 摘自《悼念上海新方志工作的三位先驱——陆志仁、吴贵芳、邬烈勋先生》。现标题由本书编者所加。

会议上,曾多次说到,参加修志是件很光荣,但也很艰苦的事情,编者和志稿都要经历几次"死去活来"的磨炼,方成正果。每当中国地方志指导小组和中国地方史志协会有什么新精神,他能及时地与各县志办取得联系,或专程下乡传达。1983年5月中国地方志指导小组在苏州的江苏师范学院(现名苏州大学)举办全国首期地方志培训班——华东地区地方志研究班时,他是授课的教员之一。他平时喜欢喝点酒,这在郊县的修志同行中都知道。记得,当第10次郊县协作会议在金山县召开之后,东道主组织了一次大金山岛之游。邬烈勋、顾炳权,还有奉贤县志办的周志成、周正仁等几位"善饮者",携酒菜上岛,在以前驻岛部队营房前的一条石凳上,把酒论海,颇具浪漫情调。后来有些同仁还写出了好几首以修志为题的唱和之诗,以记其盛。邬烈勋先生的还有一件事,给我的印象很深,即1986年6月他正在崇明岛参加《崇明县志》初稿评议会时,一个越江电话传来不幸消息,说他爱人突然去世了,会议尚未结束,他就匆匆赶了回去。大约三四年之后,他也就从上海社科院历史研究所离休回家了。其间,曾因我的牵线搭桥,到市烟草公司修志办公室帮助修《上海烟草志》,但也只有一年多时间吧,后来因眼疾目光模糊,难以为继,便自动回家休息。自此之后,关于他的消息就很少了。想不到如今已恍如隔世之事……

邬烈勋(1926—1996)

(原载《上海修志向导》1996年第2期,1996年4月)

因叶元龙先生而想起的

华士珍

现在像我这样年纪的人,知道叶元龙这个名字的恐怕不会太多,但我的上一辈文化人,不知道叶元龙的,又恐怕很少。因为他曾担任过战时重庆大学的校长。那时节,他才40出头,风头正劲,敢于任用马寅初为重庆大学商学院院长。

1949年后,叶元龙默默无闻。也是因缘际会,1960年我在上海社会历史研究所搞科研的一段时间竟得以和他相识,并还有和他合作的一段经历。时光过得真快,一转眼又快40年,叶先生早已过世,但他的形象还时时在我脑海中浮现,历久不能抹去。

1960年6月,我在上海师院历史系念大三,系里派我和其他六位同学去历史所合作编写《上海人民革命斗争史》。那是"大跃进"的年头,人们头脑发热,干什么都凭主观意愿。我们1957届学生,一进校门,就是"鸣放""反右",接着又是"双反""交心",后来又二进工厂,三下农村,每次又都是三星期乃至三个月。正是席不暇暖,马不停蹄,好好静下心来念书的时间都没有,哪里来的资本去搞什么科学研究。不知是系里的哪一位竟还看上了我,让我也躬逢其盛,来到坐落在徐家汇的历史所,和那些名家一起,正儿八经地搞起科研来了。

我和师院的王明枫副教授,历史所的一位青年科研人员刘恢祖一起负责鸦片战争这一段。王先生系里有课,实际是我和恢祖一起搞。12月初,"一八四二年上海抗英战争"的课题搞好后,我们接着便搞发生在1848年的青浦教案。青浦教案是中国近代史上的第一个教案,我们的系主任魏建猷先生在师院学报上发过一篇文章,大约六七千字。不过他用的全是中文资料,取自《筹办夷务始末》和上海的地方志。如要有所突破,便要查阅外文资料。所以我们从接题一开始,便向所领导提出,能否到藏书楼(历史所南隔壁)去找这方面的资料。这一找便有了结果,叶元龙先生发现在英国下院蓝皮书中有20多万字的档案,主要是英国驻上海领事阿礼国与英国外交大臣巴麦尊的来往信函。根据这些档案,教案的整个过程十分清楚,如果结合中文资料,要写一篇万字长文恐怕不会有问题。

当时叶先生在所内任翻译,他原是上海财经学院教授。1958年,上海财经学院和上海政法学院不再招收新生,合并成上海社会科学院,下设语言、历史、经济、法律、国际问题等几个研究所,院长由杨永直(上海市委宣传部长)担任,院部设在原圣约翰大学(现华东政法大学)。叶先生鸣放中走了火,被划为右派,教授做不成了,只好到所里来做翻译。说起来他也是命途多舛,抗战时因为任用了马寅初惹出麻烦。马生性耿直,不畏权势,敢于冒犯炙手可热的孔祥熙,怒斥孔祥熙不算,还不领老蒋的情,蒋一怒之下,囚禁马寅初,叶先生的重庆大学校长也就做下去了。照说叶先生是共产党的朋友,可1957年他还是被戴了一顶右派分子的帽子。

我和叶先生接触的时候他已摘了帽,属于最早摘帽的一批。但摘了帽还是摘帽右派,那帽子的阴影始终在他头上笼罩着。叶先生是丁酉年(1897年)出生的人,其时正是"耳顺"之年,但看上去怎么也不像刚过60,而像一位古稀老人。阳历12月初,还是初冬季节,他便早早地戴了一顶罗宋帽。留过洋的一般都穿呢大衣,他却一袭长袍,拄一根手杖,步履很是艰难的样子。他是瘦高个子,面色苍白,面庞上又过早地显现了多块老年斑。鼻梁上架一副无框的深度近视眼镜,两眼木然。但从镜片后却透出慈祥的目光,使人感到他的温文尔雅,他的善良。就是这么一位老人,如走在街上,人们怎么也不会将他和重庆大学校长的头衔联系起来。

在和叶先生合作前,所党总支书记张有年找我谈了一次话。他给我点明了叶先生的身份:摘帽右派。当年的右派就仿佛印度的贱民——不可接触者,恐右是当时知识分子的一种普遍心态,不讲我也懂得,张有年怕我年轻,太单纯,弄不好会受影响。

其实,叶元龙的大名我在1958年就知道。家里有一本右派言论摘编,其中收有上海外语学院教授徐仲年的杂文《乌"昼"啼》,共分五六个标题,什么"毛毛雨,下个不停",什么"敬鬼神而远之",每个题目都有三四百的一段文字,全文不会超过两千字。《乌"昼"啼》在揭题中提到了叶先生,是很简单的几句话:"叶元龙教授在上海市委宣传工作会议上,提出了'凤鸣'和'乌鸣'的问题。'凤鸣'指的是'报喜','乌鸣'指的是报忧。叶先生劝共产党员:凤鸣要听,乌鸣也要听,尤其不要因为不喜欢乌鸦叫,当乌鸣的时候,就一枪开去,因为一枪开去,乌鸦固然没法再鸣,可是连凤凰也吓得不敢开腔了!"这寓意很清楚,共产党人要有让人说话的雅量,好话要听,坏话也要听。按鸣放的本意是要让人家讲话,所谓"百花齐放,百家争鸣",无论如何也不能是一花独放或是舆论一律。1957年三四月份倒也是"不平常的春天",中国政治舞台确是热闹了一阵。但渐渐地,人们的言辞越来越激烈,比如这位《乌"昼"啼》的作者,他就提出,和风细雨——亦即"毛毛雨"下个不停也并非好事,在农村,要烂秧,棉桃不能结铃。何况"清明时节雨纷纷"不是要弄得"路上行人欲断魂"的吗?换言之,帮助共产党整风,有时也得要疾风骤雨。就是这不到两千字的文章,却使徐仲年在上海滩上出了名。1957年7月9日,毛泽东到上海视察时,在干部会议上专门点了徐仲年的名,并且以他特有的诙谐幽默,不无戏谑地说,"我看那个'乌鸦'现在是很欢迎和风细雨了"。于是"乌鸦——徐仲年"的称呼便响开了,如果要论知名度,徐仲年当不在陈仁炳、孙大雨、彭文应、陆诒、徐铸成等上海知名右派之下。

如果不是徐仲年的宣传,叶先生的那段话也不会引起多少人的注意,有了徐仲年的那篇《乌"昼"啼》,加上领袖的点名,叶先生便为人瞩目,我怀疑叶先生的划为右派和徐仲年也不无关系。而徐仲年的将《乌夜啼》(词曲牌名的一种)翻作《乌"昼"啼》多少也有一点哗众取宠的意思在内。因为替叶先生不平,我也带了一点抱怨徐仲年的想法,即令我对徐仲年根本说不上了解。

这些都不去说,还是回到1960年的那一段历史。

经过张有年的介绍,我和叶先生接上了头。他和我商定,每天将翻译好的资料第二天上班时给我。他的进度很慢,每天只能翻译1 500字,到3月底,只有三四万字的译稿。我开始倒不着急,因为在翻看其他资料,如法国人写的《江南传教史》,后来看看不行,因为照此进度,恐怕还得花两个月的时间。那时可能已过5月,我肯定要回师院了。我不能拖下去,我只好请示张有年,张问我有什么办法,我说能否请叶先生口述,我做记录,这样速度会快一点。张赞同我的想法,但要我征求叶先生的意见。其实,叶先生当时任人摆布,他还会有什么想法呢!

就这样,在阳春三月的时候,我的工作场所换到了藏书楼,这家上海近代最早的图书馆,每天和叶先生、马博庵先生、雍家源先生在一起。在藏书楼底层中间门厅处,大约七八平方米的见方,陈放两张桌子和四把椅子,我们三老一少很有规律地勤奋劳作。马先生闲话多一点,他是哥伦比亚大学出身,扬州口音很重。雍先生当过伪国大代表,因为跳了"窑子",失了"贞操",所以他从不轻易说话。叶先生闲话很少,偶尔说一两句。因我发现他不戴手表,感到疑惑,问他何故,他说过去也戴手表,而且是金表,有一次从法国回国,在船抵西贡的时候给小偷偷走了,从此便不用表。"这样不是很不方便吗?"他说不存在这个问题,因他所到场所,无论办公室,还是会议室,都有报时工具,不愁不晓得时间,但这是1949年前。照他的说法,战前他任安徽省财政厅长,战时任重庆大学校长,战后在资源委员会任职。他说资源委员会实际是一个美国援华机构,其成员包括各国专家。名义上叶是主席,但开起会来叶充当翻译。后来我了解到,他曾留美、留英、留法,学的是经济,曾有两部专著问世。拿当时的话来说,喝的洋墨水可说不少。他其实不是行政官僚,而是学者,让他去政府充任官职其实是学非所用。官场上混了好一阵子,我看他是不懂什么权术的。

我们合作得很好。他翻看蓝皮书,几乎不假思索便可口述。我根据其口述,形诸文字,在记了一段之后,我念一遍给他听,看是否有误。他赞我中文程度不错,因为有我做他的助手,每天翻译由原先的1 500字变为6 000字。他很高兴,话也便多起来。"我也有一个孩子,和你一样年龄,在清华念书。"大约和自己关系不大,我没有探听和我一样年龄的孩子读什么专业,更不便进一步打听他的家庭情况,这些在当年都是犯忌的。但有一点我还是忍不住了："叶先生，1957年你是怎么回事？"我知道徐仲年的故事，但我还是想弄清原委。叶先生的回答倒也简单。"我这右派是作诗作出来的。"可见，他还不止用了"凤鸣"和"乌鸣"的比喻，还作了一些诗。诗，特别是旧体诗，都是见仁见智的事。如果不是作者自己做出解释，往往同一首诗，会有十种八种不同的见解。在反右那一段，即令作者本意并非如此，如要攻你的话，可随意给你做出解释，然后上纲上线。要之，叶先生也正是"秀才遇到兵，有理讲不清"。他当然不会和我讲详情，只是慨叹地说："在重庆的时候，我和董老他们都是作诗的朋友。"董老，就是董必武，既是同盟会又是共产党的元老，抗战时期和周恩来同志一起在重庆主持南方局工作。叶先生作为民主人士，和董老他们诗作唱和，这说明他和共产党的关系很融洽，想不到1957年写诗就写出问题来了。

马先生与雍先生还比较洒脱，一天两遍简化太极拳。叶先生和我看着他们搂手抱拳，一会儿"白鹤亮翅"，一会儿"野马分鬃"，倒也是一道景观。

大约工程快要结束的时候，系里来了通知要我们撤退，这大概是5月中旬，我本来想用一个月时间做文章的计划全部落空。系里的其他人实习都已结束，我们回去干什么？回答说是回去参加考试。读了四年书，除了逻辑这一门有过一次考试，我得了五分外，记忆中好像没有上过考场，说来也有点荒唐。不过这是非常年月，教学秩序被弄得七颠八倒。我只记得基础课中国古代史只讲到宋朝，世界古代史讲到哪里都搞不清。中国近代史和世界近代史只听了一些讲座。讲中国现代史和世界现代史时我因去了历史所，连讲座都未听过，所以没有经过考试就一点都不奇怪了。系里大概考虑没有成绩怎么能算毕业呢，于是逼着我们这几位去做一点准备,参加考试。

叶先生很为我遗憾,因为我们纪律很严,规定资料一份都不能带走。几个月的功夫,于我来说是劳而无功,叶先生的功夫也白费,这近20万字的资料从此也就束之高阁,以后很少会有人想起它。

没有和叶先生话别,我们是匆匆撤走的,好像走的那天没有在所内见到他。

已快40年了,最近我翻阅20世纪80年代末出版的《中国近代名人大辞典》,叶先生大名赫然在目,看到他的卒年是1967年。这样说来,他活了70岁,在"文革"那场风暴中去世。他那时是在所内,还是退休在家,我不清楚。如果在所内,那差不多肯定和"文化大革命"有关了。

叶先生阅历丰富,他接触国民党高层,是一座活档案库。他可以随口给你说出罕为人知的文史掌故,如果把它记录下来的话,于历史科学研究的意义是可想而知的,但当时谁能想到这些呢。不知叶先生是否写过回忆录,不过我想,在经过那么多劫难之后,他已将世事看得很淡漠,还有什么心思去写回忆录呢!

叶元龙(1897—1967)

1996年5月

附识:这是一篇20年前的旧稿,是为上海社会科学院历史研究所成立40周年而作。我原想寄给历史所,后来想想,过了这么多年,所里的人也未必知道还曾有叶元龙这个人，因为一般研究所只有研究人员，没有编译人员，人们早就将他们遗忘了。所以我也不愿自作多情，去讨无趣，文章就一直放在箱底。这几年网上关于叶先生的讯息渐渐增多，我发觉当年有些事情未搞清，如抗战胜利后，先生主持联合国善后救济总署安徽分署，并非资源委员会。但我现在仍按原稿，不去改动了。我将另行作文以纪念先生。

2017 年 6 月 24 日

上海有个陈建敏[①]

李 零

最近,上海华东师大出版社出版了一本《穆天子传汇校集释》。书由作者王贻梁先生托李学勤先生带给我,让我喜出望外。因为今年3月到上海,我还打听此书,请人务必帮我买一本,当时书还没有上市。

现在这本书就放在我的案头,黄色封面,32开,1厘米厚,里面的字是手写影印,密密麻麻。正如作者来信说,此书印得不够理想——字太小,让读者看起来很吃力,但我对这书却极为珍视。

在"整理前言"中,王先生说:

本书的撰写,最初是建敏友提出的。1983年,凭自学而成才的建敏友刚从一家厂里调到市社科院历史所不久,在方诗铭先生的提示下,向古籍出版社提出整理本书的计划,并很快就得到了批准。原来准备在一年以内完稿,但由于其他任务的繁忙,始终没有走上正轨,只是收集了几个本子,写了几条初步的看法。彼时,因为我自己的任务很重,没有直接参与,但也就穆传的许多问题讨论过。然而,在1985年底却想不到发生了一件使我们无比悲痛

[①] 陈建敏(1949—1985),上海社会科学院历史研究所古代史研究室研究人员。——本书编者注

事,建敏友因劳累过度致使肝病复发而不幸壮年早逝。于是,才由作者在 1986 年春接手这项整理工作。

他所提到的"建敏友",也就是在封面王先生名下用方框围起的另一作者名:陈建敏。它让我想起很多的往事,掐指一算,建敏离开我们已经整整十年了。

我和建敏只有一面之交,算不上什么"挚爱亲朋",但他在上海,我在北京,我们却有四年的通信来往,彼此感到十分投契。我们之间,不但没有北京人和上海人之间常见的那种"猫狗之嫌",还好像有着一种特殊的缘分。

记得当年落魄江湖,我在内蒙古、山西插过七年队。因为百无聊赖,胡读乱写,不免想入非非。1975 年年底,我从山西回到北京,老是想着天上掉馅饼,有朝一日混入学术队伍,所以对街道上安排的工作高低不就(当然一律低低),愣是在家耗了一年多。1977 年,苍天不负有心人,让我找到一个在中国社会科学院考古所扛活的机会(最初是白干,后拿十几块钱的月薪),一扛就是三年。我的工作有两样,一样是整理金文资料,为后来的《殷周金文集成》当"红案"(核对著录,整理拓片);一样是处理人民群众来信,比如给捐献文物者写感谢信,给求售文物者写拒绝信,以及寄三叶虫以上的化石给南京的古生物所,寄三叶虫以下的化石给科学院的古脊椎动物所,等等,有时还会碰到各种"发明狂"。

有一天,我收到一封从上海寄来的"人民来信",信的内容和文物无关,寄信人也不是"发明狂"。他在信中说,他是从部队复员,现在一家工厂给厂长当秘书;他对目前的工作不感兴趣,着迷的是古文字,苦于求学无门。我有过和他类似的苦恼,当然非常同情,所以拿着他的信去请示老板,请负责此事的王世民先生尽量帮忙。后来王世民先生把他介绍给上海博物馆的馆长马承源先生。通过王先生和马先生的帮助，他逐渐走向学术之路。此人就是后来自学成才，做出很多成绩，然而不幸早逝的陈建敏。

翻捡旧信，现在还保存在手的建敏来信共有九封，时间从 1982 年到 1985 年。这段时间正好是我研究生毕业之后，但尚未调入北大之前的那一段（案：只有最后一信是写于我刚刚调入北大时），即我"心灵史"上最黑暗的一段。在这段时间里，建敏的来信曾给我很多鼓励，这是我永生不能忘记的。

建敏给我的最早一封信是写于 1982 年 11 月 17 日，我估计那是他刚刚进入上海社科院历史所不久，他寄给我柯昌济先生的《甲骨文释文三种》，说是"希今后加强联系和交流"。次年 1 月 30 日，他来信说："我最近主要在搞先秦经济史，综合甲骨、金文、考古和文献资料进行研究，有一些收获，还参加上博（案：即上海博物馆）的《金文选集》注释，承担春秋战国部分。除此之外还奉命写些小文章，最近又接受了上海古籍（案：即上海古籍出版社）的《穆天子传集释》的工作，由于多头进行，精力不免分散，进步也难。而你在古文字方面特别是金文研究方面，已取得较大成绩，今后还需多多向你学习！如有机会，我是很想来你们处学习进修一段时间。"当时他并不知道，天降无妄之灾，我已误入白虎堂，刺配沧州，一百杀威棒，被打得死去活来，所以还在羡慕我的工作环境，甚至还想能到考古所来学习。

1984 年，我从考古所逃到农经所。这一年，建敏共有三封信给我。1 月 5 日，他来信说："来函及大作均已收到，知你近况，颇为惊诧，不知为何故？调到农经所主要从事什么工作？是否搞农业史？像你这样根柢深厚（我以为在青年同行中你是佼佼者）而又颇多成就的，要放弃本专业殊为可惜！想来也可能遇有难言的障碍，迫不得已吧！"他在来信中还说"你在来信中谈到北京的同学拟成立古文字学术组织，这是很好的，我们颇得这种民间性质学术组织的好处，何况你们的水平都在我们之上"，并向我介绍了他们在上海自发组织的民间学术团体"青年古文字社"和他们的油印刊物《古文字》，希望"如果北京方面成立，我的意见京沪两地多多加强联系"。另外，值得注意的是，他提到说："我本人的情况，由于去年上半年一场大病，身体情况远不如以前，写作速度很慢，成果极少，而且分三头参加的大项目都是要若干年后再见的（上博《金文选集》、本院经济史室《中国商业史》第一卷《先秦商业史》、协助柯昌济先生的甲骨文项目）。《穆传》集释目前仍在进行，原打算今年上半年交出版社，但工作越深入面就越大，因此只能力争在 1984 年底完成，篇幅也要增加。校勘非重点，篇幅最大、难度最高的也就是你在信中提到的西北史地考证，而考证不能用西周金文、文献，因为那时还不一定出现这些地名，只能用《穆传》成书年代同时的材料来考证。此外，《穆传》中有错简，晋朝人释文估计也有错误，再加上历法、名物制度等问题，对于我来说显然不是轻而易举的事。你搞竹简很有成绩，如蒙赐教，至为感激。这事以后再联系。"看来他一直是在超负荷地工作，并且为此而大病一场。1 月 29 日，他来信说："你既在农经所，先秦农经史是大有搞头的，加上你根柢深厚，在这个领域里是很有作为的。我前阶段也搞过些，后来因为规划内的项目时间较紧，暂时搁下了。""你来信谈到北京古文字研究生的情况，看来事情还是较复杂的。我十分赞同你在信中说的：'我希望我们这一代人不再像上一代人有那么多的学科限制、行业限制,更多一点开阔的视野,更多一点坦诚的襟怀,通过大家的共同努力,搞一点大的东西出来。'这应该成为我们处事、做学问的宗旨。北京的学术水平比上海高,但上海似乎还不至于如此复杂。""很可惜,我们还没见过面,否则可以畅谈一番。记得1982年4月我上京,你来沪,没能会晤。据说今年五六月间在西安开古文字研究讨论会,我很想去,不知你能否去?"他所说的"1982年4月",现在回忆,应是我随考古所到湖北拓青铜器,然后与他们分手,坐船去安徽和上海调查寿县楚器的那一回。在上海博物馆,我跟馆里人打听建敏,不想他正好去了北京。

1984年的古文字会在西安举行,我终于见到建敏。他给我的第一印象就是为人忠厚而老实,令人想起司马迁《报任安书》所说的"意气勤勤恳恳"。我们谈话的内容现在通已忘记,但他到处搀扶着柯昌济先生却给我留下深刻印象。柯先生是我们这一行有名的老前辈。他与唐兰、于省吾等先生是同一辈人。我读过他的《金文分域编》,并蹑其事而编写过《新金文分域编》,但从未见过他本人。当胡厚宣先生向与会者介绍这位老先生时,我才知道他的一生非常坎坷,不但很早就已脱离学术工作,而且解放后还干过许多奇奇怪怪的事情,包括在农村教书,只是在垂暮之年才得以"归队"。听他的经历而想到自己,我心中有一种不胜凄婉的感觉。记得参观周原遗址时,他老先生诗兴大发,当场挥毫,把墨汁溅得满衬衫都是。会后,10月2日,建敏有信给我,说"今次西安得晤,了却一桩心愿,实为生平一大快事"。我也很为这次见面而高兴,希望能有再次见面的机会。

1985年,也就是建敏在世的最后一年,他一共写过四封信给我,信的大部分内容是有关出版丛书的事情。此事因为张罗其事的人出国走掉而胎死腹中,最后并未成功,这里不必详谈,但他的很多设想还是很有意思。1月11日,他来信说:"西安会议之后,我于10月去安阳参加了商史讨论会,11月回沪后修改、压缩递交的文章,紧接着赶完以前写的一篇东西,以至于一直忙忙碌碌地走完了1984年的日程。元旦以后,一项新的项目又接上了手,目前正在做些基础工作。"3月3日,他来信说,考据与理论应当并重,而自己"较多地接受了传统的方法,缺乏理论和系统,近来虽试图向这方面努力,但确不是容易的事"。另外,他还提到说,他早就想写古文字研究状况的评述,"不是用叙述笔法,而是带有研究性质的有观点和见解的评论",但目前还"没有胆量"去做。3月25日,他来信说"现在要搞的东西很多,只是没有时间进行,以前的项目尚未了结,新的题目又开始进行。今明两年我和本所所长合写一本二十万字的殷商史专著",并且如果时间允许的话,他还想给丛书写一本有关殷商文化史的小册子或各种通俗的专题古文字学史(如甲骨学史、金文学史、战国文字学史等)。另外,他还提到说,目前的学术研究,从方法到文笔"不革新是没有生路的",但他也并不满意当时那种堆砌新名词或卖弄"译话"的所谓"新学"。6月7日,建敏给我最后一封信,其中提到一个过去我不曾了解到的事情,就是他的写作还受到购书欲的巨大压力,存在着"以学养学"的再生产问题。他说:"我现在与人合写的一本书在单位里已申请好几千元出版补贴,不愁后路。另拟写的小册子反正与上书是一路的,如时间允许当可同时上马,或稍前稍晚进行。此外不瞒您说,由于我平时买书较多,范围稍广,书价上涨又甚厉害,单靠工资买书实不敷出,想写些与学术有关的文史小品,好在平日兴趣所至,浏览尚广,尤对清末民初学术人物以及新文学史中的人物有兴趣。资料积累了一些,只是尚未成文。"另外,他还为我刚刚调入北京大学,和裘锡圭、李家浩两位先生一起工作感到高兴和羡慕。他说:"裘先生是很扎实的学者,达到他那样的程度,对于我来说是不可企及的。在我们一档年龄中,您和李家浩是最有希望的。"可惜的是,这以后我再没有接到他的来信。

建敏是于1985年12月31日去世的,我从裘先生那里听说,已经是1986年4月。记得1985年底我还向当时正在北大进修的叶保民(建敏的好友)问起:"怎么建敏好久没有信来?"现在听到这个消息,我非常震惊,赶紧给建敏的父亲和已经返回上海的叶保民各去一信。建敏的父亲没有回信给我,但叶保民迅即回信说:

来信收到。近况如何?甚念。

建敏已作故人,念之令人伤心。西安古文字年会上,我们三人曾合影留念,底片在建敏处,他说要放大,后来未能果行,我想应去找来放大几张。

建敏是1985年12月21日在家中看书时突然吐血,来势很凶,但建敏竟仍旧自己骑自行车去医院。住院后不久即昏迷,偶有醒来的时候,也无气力讲话。12月30日半夜,他在医院里叫人把家人叫来,口授遗言。建敏父亲叫他不要胡思乱想,建敏说自己很清楚已不行了,并对他爱人说,希望自己女儿以后仍搞古文字、古代史。12月31日病故。

建敏得病时我尚在北大。我到上海的这一天,建敏去世了。大殓这天,他父亲对我讲了许多话,颇悔支持建敏搞学问。他父亲认为建敏若在厂里当技校的校长,是不会亡故的。我也这么认为。建敏肝脏本有旧病,两年前曾因肝腹水而住院(案:即上引建敏1984年1月5日信中所说的"大病一场"),我曾去探望,并在他出院后经常告诫他别熬夜。显然他仍在超负荷地工作,引起旧病,腹水挤破大动脉,止血不住,终于不治。

古文字学社,本来是我与建敏最费力费心的,现在建敏已作故人,我失去了一个最好的搭档,学社已形同虚设,颇可叹。建敏为人诚恳,对朋友推心置腹,对学问可谓痴心,为做学问而死。临终时他仍希望女儿能搞他这一行,真是死而不悔。因其痴心,所以在不长的时间里取得了可观的成绩,也正因其痴心而丧生于此道。呜呼,岂不哀哉!

……

对于建敏的死,我很难过。因为如果没有那个与我有关的"机缘",他可能至今仍健在人世。这是我比其他人更后悔的地方。我也想过,假如他能节制一下自己的购书欲或放缓一下自己的工作速度,特别是对"修长城"式的大工程取敬而远之的态度,是不是情况就会好一点呢?可是正如保民所说,建敏自己从来也没有后悔过,而且不但不悔,到死也还希望他的女儿能继承他未竟的事业。我们该说什么好呢?

建敏去世后,我听说上海的朋友打算为他编个集子,后来不知结果怎样。对建敏的学术成就,不管学者会有什么样的评价,我都以为这很值得。因为学问是人做出来的,一个人有那样好的品质,又对学术那样地追求,其价值恐怕要远远超过学术本身。更何况建敏对学问爱之至深,就像穆天子驾八骏,北绝流沙而西登昆仑,日驱千里,乐而忘归乎!

1995 年 7 月 28 日写于美国西雅图

(原载李零著《放虎归山》,沈阳:辽宁教育出版社 1996 年 8 月第 1 版。有删节)

叶笑雪：历尽坎坷，痴心不改[①]

徐 明

80年代，我国首部卷帙浩繁的综合性巨著——《中国大百科全书》各卷陆续问世了。其中参与编纂的有一位江山籍著名学者，他就是上海古籍出版社副编审叶笑雪。

在上海古籍出版社，记者访问了他。老人于1917年6月出生，今年已80高龄了。他个子瘦小，面容清癯，走起路来颤巍巍的，但还算硬朗，只是一周两次挤公共汽车来出版社真够他受的。令我惊奇的是，一见面他就用熟练的江山话向我问候，使我倍感亲切，心想尽管离乡多年，这乡音是到老也丢不了的。聊了一阵，我便随他挤上公共汽车，一直在车上站了约一个半小时才到达虹口区鲁迅公园附近他的住所。这是一幢显然是解放前就存在的老式房子，他与养女住在二楼一大一小的两个房间里。四壁堆满了书，书柜内放不下的装在约40个纸板箱内整齐地靠墙叠放着，除了书和一台彩电就似乎没有什么像样的家产了。谈起过去岁月，叶老先生感慨唏嘘，和大多数中国知识分子一样，他走过的也是一条坎坷的路。

[①] 原标题为《历尽坎坷，痴心不改——访著名学者、上海古籍出版社副编审叶笑雪》，现标题为本书编者所改。

叶老先生是敖村南坂村（今属碗窑乡）人，他在少年时就离开家乡外出求学，在本省春晖中学毕业后即拜浙西名士王季欢为师，学习经史。以后又先后在苏州和昆明听过国学大师章太炎和毛子水的课，学术上却走的是王国维的路子，专门研究甲骨金文。在抗战期间他回到江山，任教于肇和中学。抗战胜利后，经毛常先生推荐为江山县修志馆总纂，此后又在衢县雨农中学任教。解放后他进了浙江干校第二期学习，毕业后任当时的临安专员公署文教科副科长，分管过10多个县的中等教育。1950年年底，他被调到上海市文物管理委员会从事历史研究，直接在中国科学院华东办事处主任李亚农手下工作。每年由李亚农确定选题和提纲，由他和顾颉刚等人搜集材料写出初稿，经李亚农修改后出版，名为《史论集》等书。这期间，叶笑雪又利用闲暇研究隋唐史，走的是陈寅恪先生的路子。在1956年前把百衲本新旧唐书78册标点好，同时还做了唐书注笔记七八十万字。1954年，他又调到李亚农任所长的中科院上海历史研究所，重点研究甲骨金文，直到1958年被错划成右派。此后厄运接二连三，他先是被下放郊区种菜，寄存在友人谢稚柳先生家的许多珍贵书籍和札记被抄走，从此下落不明。1959年又被送到苏北大丰农场劳动，挖河浜挑泥晒盐，一直干了三年多。1962年他回到江山老家，但不时住在上海，为中华书局上海编辑所校注《欧阳修全集》。直到"文化大革命"爆发，才长住江山老家的深山里，与草木虫鸟为伍，但仍研读经史不辍。一直到粉碎"四人帮"他才被落实政策，1979年经上海古籍出版社社长李俊民借调回上海，不久就在中国大百科全书出版社上海分社参与了《中国大百科全书》的编审，主要负责先秦文学部分。

在近几年中，叶老先生着重于研究他年青时就酷爱的佛学和天文。

几年来他从微博的收入中拿出三四千元购置了已经出版的 40 部《中华大藏经》，对佛经的研究可谓殚精竭虑。谈到这里，他不无忧虑地对我说："我们江山在唐朝时曾出过两个有名的和尚，一个姓徐，一个姓祝，《全唐文》和《续高僧传》中都有记载，可在江山却几乎没人知道。"在天文方面，叶老先生也颇有造诣，前年他花了一年时间把唐朝的一本观天象书《开元占经》120 卷全部标点出来。最近他又在整理江山籍国学大师毛子水先生的年谱，深得同学、北京大学教授李赋宁先生的赞赏。现在，他虽已退休，仍不时有复旦大学等学校的研究生上门请教。还有一个日本在华研究生利波雄一也慕名与他成了忘年交，向他请教甲骨金文方面的问题。

回顾 60 多年的治学历程，叶老先生感慨不已。他说："我一生的书先后被国民党兵擦枪，被日本兵烧掉，'文革'中被抄掉，但我仍不停地购书，现已积存五六千本。"在给记者的信中，他更是坦诚地表白："回顾我之一生，……60 多年来有如一蠹鱼，不过钻于古书堆中，从事学术思想探索，虽其间亦数变，而终极之旨固一也。"真是历尽坎坷，痴心不改！

由于多年来命运多舛，叶老先生长期孑然一身。被错划成右派后，他妻子常冒险接济他钱粮衣服，但两年后不得不与他离婚，带走了唯一的儿子。1979 年，他在我县某乡领养了一个女孩，当时她才 9 岁，现已 27 岁，由于在上海读书长大，说的一口流利的上海话，叶老先生曾打算把她自费送读复旦大学，但她却要就业，在某商店当了会计。

叶笑雪（1917—1998）

问及叶老先生今后打算，他说："我近年

心血管不好,有时看着看着电视就会跌到桌底下。我知道自己的日子不多,很想回江山老家,叶落归根嘛!"是啊,江郎山会欢迎她漂泊多年的游子回来的!

(原载政协江山市委员会文史资料委员会编《江山文史资料》第12辑,北京:中国文史出版社1997年10月第1版)

修竹清风为人民

——怀念故友罗竹风

奚 原

罗竹风同志逝世,我甚感悲痛,而且又在心底里加深了一层寂寞感。当年的老战友,大都先后离去了。老年人与年轻人不同,常常容易怀旧,特别是想起那些难以忘怀的往事和朋友,总会感慨万千。

竹风同志早年入北京大学中文系求学,1931年"九一八"事变后走上革命道路,相继参加"反帝大同盟"、"左翼作家联盟"和中国共产党。65年间,他在政治、军事、教育、宗教、文学、语言、出版、社会科学等各条战线上,做出了许多贡献。然而,给我留下最深刻印象的,是他那忧国忧民、爱国爱民的赤诚精神,并且始终以他勤俭朴素、清廉正直的作风,为国家、为人民不懈地奉献着。

筹建社联和历史研究所

革命战争时期,竹风同志主要在山东,我主要在华中,不曾相识。但通过胶东地区和山东大学一些同志的传闻,知道他在群众中早有德高望重的影响。

我们的直接接触,是始于50年代的上海学术界。用竹风同志的话表述,那时正是一度"迎来了文化学术界的春天"之后。

这个"春天"是从1956年初起步的。1月5日,李富春向国务院建议对我国的科学研究工作进行全面规划,以保证我国科学事业高速发展,适应工农业生产和国防建设的迫切需要。根据这个建议,国务院遂于3月14日成立了科学规划委员会,着手制订1956年至1967年全国自然科学和社会科学十二年长期规划,并于8月至10月间召开扩大会议,讨论通过了规划草案,向全国各地征求意见。与此同时,6月13日《人民日报》发表了经毛泽东修改和批准的陆定一的《百花齐放,百家争鸣》的文章。上述两件事,大大地鼓舞和活跃了全国的文化界和学术界,上海的反应尤为热烈,并立即见诸行动。

北京和上海是我国的两大文化中心。早在50年代初期,中国科学院自然科学部就在上海原有科研机构的基础上,建立了生理生化、实验生物、冶金陶瓷等直属研究所,并设立中国科学院上海办事处(后改称分院)。到了1956年下半年,中国科学院哲学社会科学部也着手在上海建立社会科学的直属研究所,首先组建的有上海经济研究所和上海历史研究所(后来续建哲学所和政法所),竹风同志为完成这一任务做了大量工作。

中国科学在上海的各直属研究所,同北京一样,是与大学平行的单位,当时要求所长必须是学部委员。根据这一要求,原华东文教委员会副主任、学部委员沈志远调任经济所所长,原中国科学院上海办事处主任、学部委员李亚农调任历史所所长。两所皆分别成立了筹备委员会和筹备处。当时,竹风同志正由上海市人委宗教事务处处长调任上海市哲学社会科学学术委员会(后改联合会,简称社联)筹备委员会秘书长,兼历史所筹备委员。他积极参与这两大机构的创立,一面抓社联的筹建工作,陆续建立起各学会上海分会,创办了《学术月刊》;一面抓历史所的筹建工作。

当时历史所的主要负责人李亚农因患心脏病,难以操劳该所的具体筹建工作。五位筹备委员中,周予同、杨宽、程天赋三位尚未离开原单位的职务,因而竹风、徐崙两位便成为实际工作的主要领导。初创时的条件十分艰苦,社联、《学术月刊》编辑部和历史所三个单位挤在高安路的一幢小楼里;人手也很少,学术骨干只有方诗铭、汤志钧、洪廷彦等几人。但在大家的同心协力下,仅一年左右,便选调了一批有专业基础的研究人员,建立了精干的行政机构,设立了图书资料室,与经济所一起迁入了紧靠徐家汇藏书楼的新所址,很快便初具规模。

更重要的是,1957年初便在竹风同志参与下,大家共同研究协商,制订了历史所第一个富有上海地区特点和突出从资料入手的研究规划。一面报中国科学院哲学社会科学部备案,一面立即分头实施。当时研究工作的效率是较高的,仅一年多时间,就完成了《上海小刀会起义史料汇编》(1958年9月出版)和《鸦片战争末期英军在长江下游的侵略罪行》(1958年10月出版)。《中国现代史史料长编(1919—1927)》(原称"大事记"),也仅两年多完成(1960年打印出版)。还有"辛亥革命在上海史料汇编"和"帝国主义利用宗教侵华史资料汇编"两个项目,由于各种原因,未能按计划完成。应当说,历史所初创阶段的研究方针及实施步骤是正确的。然而历史所之所以能够取得这样的成绩,同竹风同志尊重知识分子、共同民主商议、团结质朴务实的良好的领导作风是分不开的。至今健在的几位老同志谈起高安路时期的情景,依然十分留恋。

但是，历史所诞生不久，便走上坎坷的道路。1957年7月，震动全国的所谓"反右派"斗争开始了。刹时间风云突变，刚刚活跃起来的文化界、学术界趋向繁荣的气氛为之一扫，"春天"竟是"昙花一现"而去。竹风同志说，所谓"百花齐放"成了"一花独放"，"百家争鸣"成了"一家轰鸣"，整个文化界、学术界从热气腾腾转眼变得杀气腾腾。此后，各条战线的极"左"浪潮汹涌而来。

正是在这样的时刻，竹风同志于1957年秋调往上海市出版局任局长，我则于是年冬从部队转业到上海历史所。上海是我30年代求学和从事文艺活动、职工运动的故地，我对它有深厚的感情。我请求转业到上海的目的，原本是想摆脱一切行政职务的羁绊，专门致力于学术研究，然而事与愿违。我和李亚农一见面，他就说："历史所只有几十个人，等于部队的一个排，你就兼顾一下所里的事吧，不会耽误你的研究计划的。"实际上，从历史所的初创来说，我是吃了竹风和其他各位同志已经煮好了的现成饭；而从历史所的前程来说，我却面对着当时并未意识到一片苦海。

竹风同志调到出版局以后，担子更加繁重，但仍然继续关心历史所的建设和学术研究。他是理论与实际兼长的宗教专家，在他的倡议和指导下，历史所的规划中设立了"帝国主义利用宗教侵华史资料汇编"专题，他还帮助从宗教事务处选调了顾长声主要承担这个专题。那时候在全国范围高举"三面红旗"，极"左"浪潮泛滥，浮夸风、共产风、瞎指挥风盛行，许多

罗竹风(1911—1996)

工作受到冲击而陷于停滞和混乱,给整个国民经济造成严重困难。历史所的处境也不例外,一些研究项目受到干扰以至否定,无法正常进行。为了保持上述专题的研究,竹风同志曾回历史所参加讨论,尽力帮助解决出现的问题,高度体现了对科研事业的负责精神。

(原载上海社会科学学会联合会主编《罗竹风纪念文集》,上海辞书出版社1997年11月版。有删节)

张凌青传略

佚 名

张凌青,笔名张耀华、海澜。1905年生,江苏宝应县人。1929年,进上海大陆大学,并自学马克思列宁主义,研究各党各派的理论纲领。1931年,开始主编春申书店丛书,著《国际关系之现状》。1932年,参加"上海社会科学家联盟",任"社联"常委兼编辑部部长,主编"上海左翼文化总同盟"的机关杂志《正路》月刊,并在《东方杂志》《申报月刊》《现象月刊》等杂志,发表《世界经济会议的展望》《美国金融恐慌的展开与世界经济危机的激化》《苏联的军备与国防》等政治经济论文。同年加入中国共产党。1933年,因筹备"国际反对帝国主义战争大会"的活动,被国民党反动政府逮捕,在狱中拒绝进反省院,坚持继续斗争,1935年出狱,重返上海文坛,连续在《永生周刊》《救亡日报》发表抗战时论文章《我们要求实现抗敌战争》《阿比西尼亚的呼救会有什么反响?》等,同时著有《世界人民阵线》《中日实力对比》《战地服务回忆录》等。尤其《民族解放战争的战略与战术》一书的问世,正值上海"八一三"抗战开始。当时,日军从华北长驱直下,狂嚣"三个月灭亡中国"。此书明确提出"全民总动员,以长期消耗持久的战略战术,必能打败日帝取得最后胜利"的论断,引起广大军民的关注,仅上海、武汉两地就连续再版5次,在社会上产生了极大的反响。1940年,参加八路军,进军山东敌后开辟抗日根据地。1942年,创建山东省文化协会,历任主任委员、副会长、会长。创办综合性刊物《文化阵地》,先后组建山东文工团、山东实验剧团、山东省人民剧团以及各县区的农村剧团、秧歌大队、识字班等群众艺术团体,广泛地开展了人民群众的文化活动。同时又指导出版《大众歌声》《新儿童》《农村生活》《戏剧杂耍集》(后改为《戏剧》),兼任文协的机关刊物《山东文化》主编,发表了大量时论和文化艺术方面的文章,如《鲁迅的方向就是我们的方向!》《戏剧工作检讨》《阿Q正传的主题研究》《谁的国家?谁的主权?》《蒋介石和美国侵略者的买卖》《立即停止干涉!撤退在华美军!》《日本侵略者与汉奸汪精卫的毁灭》《文化工作者紧急动员起来!》《内战发动者必败!》,等等。1950年,任中央文化部办公厅副主任。1952年,他受聘北京大学中共党史教授、教研室主任。1964年,调上海社会科学院历史研究所,任教授。

张凌青(1905—2000)

(原载张凌青著《张凌青文集》,1997年印)

陈正书:查阅 4 万卷道契第一人[①]

佚 名

陈正书,精瘦,63 岁看上去像 73 岁,讲起话来眼中精光四射,语速极快,给记者第一印象就是:此人成了精。

可不是成了精? 近 4 万卷道契,放在铁箱子里,在外滩的洋楼里一放就是半个世纪——陈正书是第一个接触这些东西的人,而且一研究就是 12 年! 直到今天,道契仍然是保密的,承载了 160 年光阴的道契,只有他一个人被特许接触。

道契:租界特有的产物

1992 年,经上海市房地局党委批准,时任局长陆文达特别宣布:准许陈正书查看道契。如此郑重的程序,就因为道契太不简单:外国人长住上海,肯定要造自己的房子。而清政府规定外国人只有"田面权"(即土地使用权),没有"田底权"(即土地所有权)。为此,首次在上海出现了"永租制"——"永远将土地出租",而这种租约要经道台盖章才正式

---

① 原标题为《查阅 4 万卷道契第一人》,现标题为本书编者所改。

生效,这就是道契。

1843年上海开埠,两年后《上海土地章程》签定,外滩一带成为英国人的居留地,作为外国人租用中国土地的官方许可,道契成为租界特有的产物。当时上海共有17个国家的道契,其中租界1.7万卷左右,加上后来的永租契、华人道契、吴淞道契、宝山道契,近4万卷。清政府被推翻之后,民国政府要求将道契换成永租契,但老外不买账,结果道契沿用到1949年。1943年太平洋战争爆发,日本霸占了各国道契,盖上自己的章,蛮横地将中国的土地纳为己有。

直到1949年,人民政府废除了土地私有制,中央政务院做出指示:关于上海土地情况,由外交部与各国代表经过谈判,做一次了结。道契最终退出了历史的舞台。

陈正书成查阅道契第一人

1949年,关于旧上海的20多万卷档案被军管会接收,沉重的铁箱子一盖上,就是四五十年。这些道契先是存放在外滩一洋行大楼的底层,后来又搬到当年的元芳弄,也就是现在的四川中路126弄。弄内有一座仅两层高的旧公寓,4万卷道契曾经在这里沉睡了40多年。

1978年中央决定修《社会主义新地方志》。上海的志包括160多部专业志、10个郊县、10个区志,目前都已出版。最后的《上海市市志》也很快将出版。修志一事拂开了蒙在道契上的历史尘埃。

陈正书应市房地局要求编《上海房地产志》,1992年工作结束时,他叹了一口气:"可惜,这个志的研究还不够深。"市房地局局长陆文达很欣赏他的这种认真精神,告诉他:"我们档案馆里存着上海全部道契,你可以去看看。"

除尘消毒花了一个月

"还没碰,就痒了。"陈正书这样回忆第一次看到道契,100多年的尘埃孳生了看不见的毒素,他仅仅掀开了铁箱,翻看了一下卷目,当晚全身就肿了。

"这是很厚的矿层呀!"陈正书还是决定要钻进去。

"不行,这个危险让我们军人来冒!"负责看管档案的是四名退伍军人,他们把陈正书锁在门外,然后轮流进档案室给道契消毒,扫除尘埃,杀灭螨虫,每个人都不知道全身红肿了几次。就这样干了一个多月,他们才放陈正书进去。

12年才浏览了一遍

"三个陈正书,活到100岁,不吃不喝,才可以复原上海的历史。"陈正书感叹,20多万卷旧上海档案,4万卷道契只能算是其中的1万卷,他用了12年才浏览一遍。国家预备出版的《上海道契》,共30卷,也仅仅包括1844—1911年的。

外滩的社会文化历史演变正是建立在这80多万字的原始史料上,从道契入手,研究160年的上海社会结构、建筑结构、共

陈正书(1941—2010)

商布局、金融布局,揭示这个地区的人文文化的现象演变。

现在,道契已经被全部移交上海历史档案馆,更多的后来者可以有机会参与研究这一段尘封的历史了。

(原载 http://news.sina.com.cn/c/2003-11-17/10231131014s.shtml)

革命前辈、文化耆宿季楚书

杨玉伦

不久前,从本办离休干部季江同志那里得到一个不幸的消息:他的父亲季楚书于2004年2月4日去世,享年96岁。悼念之余,我不由想起了10多年前对李老的一次采访。那次他刚从上海回无锡老家,因为他是无锡早期参加革命而尚健在的不多几位老同志之一,有一些党史上的问题需向他请教,所以我们就专程登门拜访了他。我们见到的是一位身材单薄、面容清癯、神态慈祥的老人,虽然已年近八旬,但仍然记忆清晰,思维敏捷,言谈流畅,数十年前的往事娓娓道来,全无模糊杂乱之感。通过这次采访,我们不仅掌握了所需的史料,同时对季老本人也有了更多的了解,印象特别深刻的是两个方面:他既是一位让人尊敬的革命前辈,又是一位资深的优秀文化工作者。

季楚书,1908年12月22日出生于无锡北乡长安桥。那一带是大革命时期农民运动蓬勃开展之地,受此影响,季楚书在学生时代就倾向进步,曾帮助当时的中共无锡县委委员、天下区委书记王耀忠(烈士)搞过农运宣传,也曾掩护过天下区委委员宋文光(烈士)的革命活动。1928年3月由宋文光介绍入党,当时他听说组织上活动经费有困难,就毫不犹豫地从家中拿出45元银圆交给了组织。在上海艺术大学求学期间,他积极参加学生运动,曾在学生会主席带领下外出张贴宣传标语,因而引起法租界巡捕房夜间进校搜捕,他幸而因住宿在校外而得免于难。1929年7月从上海艺大毕业后,他回到无锡,参加了曙光文艺社,这是一个党领导下的外围文艺团体,其主要成员周野苹(周秋野)、陈迅易(陈凤威,烈士)、张其楠(薛永辉)、杨介楣等都是秘密党员。曙光社借《国民导报》的副刊编印文艺刊物,同时就以报社作为活动据点,因为报社的记者一般都是白天外出采访,晚上才回报社工作,秘密党员们就利用白天的时间在报社聚会活动,当时的县委书记老蒋(王达)也常去参加。1931年8月季楚书来到上海,11月由组织安排担任中国左翼文化总同盟的秘书,其直接领导是总务部长曹荻秋。在"文总"期间,他一方面致力于党领导的左翼文化工作,一方面直接投身于各种革命群众运动。例如1932年1月17日,上海市各界民众团体反日联合会在南市公共体育场召开抗日反蒋的全市民众大会,会上散发的一份《中华苏维埃共和国政府抗日声明》传单,就是由季楚书用一只大箱子冒险运送的。同年3月,"文总"负责人潘梓年以左翼文化团体的名义起草了一份反对带有绥靖主义色彩的国联调查团的声明,也由季楚书负责印发,但在去油印机关时,不幸遭巡捕房逮捕,他因此而被判刑两年半。在狱中他经受住了严峻的考验,因受尽折磨而染上严重的肺病。

抗战爆发后,季楚书回到无锡,于1939年5月由县委书记王承业为其恢复了组织关系。根据王承业的安排,季楚书进入"忠救"十支队三大队任尤国桢的秘书。尤国桢在大革命时期曾在秦起领导下参加过工人运动,日军侵占无锡后,他自发组织抗日游击队,多次痛歼日军,在当时颇有声望。被"忠救"军收编后,他不满于"忠救"消极抗日、专搞"摩擦"的行径,是我党团结抗日的重点对象。季楚书对他做了大量工作,使其进一步倾向我党。"江抗"东进后,季楚书奉王承业之命,两次面见叶飞,商谈争取尤国桢之事,第二次并陪同尤国桢直接与叶飞进行了面谈,尤真心表示愿与"江抗"合作抗日,并希望"江抗"派人帮他整顿部队。就在争取工作即将成功之时,因尤国桢疏于对"忠救"的警觉,终遭"忠救"诱骗暗杀。季楚书又奉叶飞指示,与隐蔽在"忠救"内的另一名党员朱若愚一道,收集尤国桢的余部组成特务大队,正式编入了"江抗"序列。此后,季楚书先后任党领导的统战机构无锡各界抗日联合会的秘书兼宣传部长和代政权机构无锡县人民抗日自卫会的秘书兼宣传部长。1944年至1945年春,党组织委派他打入敌伪,做策反工作。解放战争时期,他在上海从事地下工作。1948年进入苏北解放区,直至无锡解放。在长达20余年的革命斗争中,他历尽艰险,迭经曲折,由于环境险恶,曾三次与党组织失去联系,但都能想方设法很快回到党的组织中。曾不止一次遭到敌人的搜捕追杀,弟弟季翼农就死于"忠救"之手,但这些丝毫未能动摇他的革命意志。曾被敌人关押在狱中两年多,但他坚贞不屈,保持了革命气节。为此,党组织曾为他做了"未暴露党员身份和党的机密,更没有出卖党组织出卖同志"的高度评价。季楚书同志不愧为一位坚定的革命者。

季楚书革命生涯的另一个重要方面就是革命文化工作。1929年从上海艺大毕业后,刚20岁出头的他作为《曙光》文艺刊物的主要撰稿者之一,初出茅庐就以充满激情的诗作为革命大声"呐喊""疾呼",决心"惊醒人们正睡得昏沉的迷梦"。1931年他担任"文总"秘书时,正值"九一八"事变后全国人民抗日反蒋运动风起云涌之际,上海的党组织为了推动这一运动的深入开展,责成"文总"创办一个公开的政论性周刊,初名《九一八》,因面目较红受阻,改名《公道》,后又改名《中国与世界》。

这份刊物就由季楚书负责出版发行,直到他被捕为止,共印行13期。经常为该刊撰稿的有瞿秋白、田汉、丁玲、成仿吾、钱杏邨、朱镜我等党的有关负责同志和著名左翼作家。"一·二八"淞沪抗战爆发后,"文总"为了及时报道前线战况和后方支援的群众运动,一度创办了一份双日刊,随即会同"左联""社联"和"剧联"改出《白话报》周刊,季楚书为编委之一兼任经理。该刊以报道、政论、文艺为主,积极宣传抗战,作为精神武器送往前线慰劳,起到了鼓舞士气的作用。瞿秋白对这份刊物也十分重视和支持。除为之撰写政论外,还采用群众喜闻乐见的形式,创作了歌颂十九路军英勇杀敌的《抗日五更调》多首发表于该刊,收到了很好的效果。在整个30年代初,作为一名革命文化工作者,他以党对文化工作的要求为指针,与阳翰笙、冯乃超等一起,为反对国民党的文化"围剿",传播左翼文化做出了积极贡献。解放后,他继续长期从事文化工作。1949年7月任无锡市文教局科长,8月任无锡市首届文联第一副主席。1953年2月任江苏省文联秘书主任。1954年至1958年在华东水利学院、山东大学任教,曾任《文史哲》刊物的编委会常委、编辑部主任。1959年至1978年在上海中华书局、上海出版文献编辑所、上海社会科学院历史研究所任职。1978年12月调入上海社会科学院文学研究所任学术委员会委员。在这些工作中,他都坚持用马克思主义的立场、观点、方法去分析问题和解决问题,反对文化领域中"左"的思潮和各种错误思想的影响,坚持党的"双百"方针,坚持党的实事求是路线,为繁荣和发展党的文化事业尽了自己的努

季楚书(1908—2004)

力。直到耄耋之年,他还发表了不少宣传马克思主义哲学和党的理论的文章,表现了一名老共产党员和老文化工作者对党的事业的赤诚与执着。

季楚书同志虽然离开了我们,但是,他对党的事业的忠诚,他不计名利、谦虚谨慎的品格,他不居功自傲、平易近人的态度,永远值得我们怀念和学习。青松不凋,绿水长流,皓皓季老,永垂不朽!

(原载无锡市史志办公室编《无锡史志》2004年第3期)

我认识的王作求先生

沈志明

我到历史所工作时,王先生已经退休了。我是从同事们口传他的小故事里开始认识王先生的,我记得的小故事有:

其一,某日,王先生来所上班,径直走向伙房炉灶边,掏出手帕一抖,包裹着的黑煤块滚落到了煤堆里。他认真地告诉厨工,他在路旁拣的,不要浪费了,可以烧火。

其二,某日,王先生进食堂用餐,见好些发黄的馒头无人问津,他上前悉数买下,乐呵呵地包在手帕里带回家吃。

其三,某日,王先生路过水果店,专挑有烂斑的买。营业员不解,他告知:再无人买就更烂了,公家要受损失的。当年的水果店是国营的。

我知道王先生是老一辈的留洋学生,后归国效力,按今天的话说,他是个老"海归"了。我不知道他持不持宗教信仰,信佛的人有"惜福"一说,王先生年逾九秩寿终正寝,遗体也捐了,或许这会儿他的灵魂正在天堂,或者上了须弥山。

在我兼任财务出纳时,王先生正小住国外,每月都委托他的友人持他的名章来领退休金。我清楚地记得图章是块极不显眼的土黄色小石头,约2厘米长、1厘米宽,"王作求"三个字大而拙朴,是阳文。回想先前关于他的小故事,我心想王先生一定本色得可爱。不久的一天,王先生来所参加活动,他特地走到我的办公室和我握手,说是谢谢我为他服务。他称呼我"沈同志",嗓音字正腔圆地带着京味,动听入耳。这是我第一次亲眼见到王先生,离得又那么近,我不禁打量他起来。他花白的头发,着一身中山装,脸庞红润不胖不瘦,挺精神。他的一双笑眼弯弯地看着你,如同一位慈爱的老父亲,此时师母正笑吟吟地陪着他。

就这样我和王先生渐渐地熟悉了,有时他会打电话来问候我,问问研究所的近况,问问我的工作。当然他还是称呼我沈同志。近两年,我在图书资料室工作,王先生偶尔托我帮他找书看,每每我通过快递把图书送到他手里后,他总会亲自打电话来道谢,甚至会亲笔回封信来,而邮信的信封正是我所寄信封拆开重糊的,那书写邮政编码的六个小红框,他画得一丝不苟,信纸也多为"边角料"。在奢靡一时的当今,我拆读这样的信如沐春风,如饮醍醐,也令人感慨而遐思。

有一次,王先生郑重其事地打电话来,向我推荐新出版的《吕留良年谱长编》。据我所知,吕留良是明清之际的一位文人,通医学,有《吕晚村文集》《东庄吟稿》等留世。然而最著名的是他反清复明的思想和立场,为此他散尽家财,备尝艰苦,至死不悔。以至于一个叫曾静的人因受影响获罪时,他竟被剖棺戮尸。我猜度王先生或许对这段历史素有研究,有感于在改朝换代的变乱中的忠奸善恶,以及士人的执着与无奈。他审视时代,追问历史,瞩望过操守

王作求(1910—2005)

的圣地。而今,王先生已驾鹤西去,可他的故事,他无言的教诲,于我终身受用。

(原载上海社会科学院历史研究所办公室编《历史所简报》2005年第3期,2005年9月20日)

送别张敏寄哀思

罗苏文

一样精彩辉煌的业绩,一样英姿焕发的遗像,一样痛泣欲绝的亲友,一样低沉回旋的哀乐,2005年9月3日午后我在龙华参加送别张敏的仪式,又一次亲历了刻骨铭心的生死永别。自我进历史所工作以来27年里,张敏是本所英年早逝的第七位同事。此前先后离去的六位同事是倪静兰(女)、陈宜宜(女)、费毓龄、陈建敏、王守稼、李飞(女),他们大多是在20世纪八九十年代故世的。在回家的路上,我记忆深处有关他们的片段往事不时涌上心头,挥之不去。

1978年深秋,我第一次走进历史所,这是个地处都市西南角,寂寞而奇特的地方。所址漕溪北路40号的进口通道旁有个水泥砌成的垃圾堆放点,三株错立的高大银杏树至少已有百年。沿通道约行30米右拐,左侧是一排平房,几户人家。正前方就看见本所门牌、传达室和一幢四层楼的大洋房。据老同志说,本所这幢大楼原是近代徐家汇天主教区的一座神父楼,建筑面积约有2 000余平方米,楼前的那排平房原是一条连接藏书楼的通道。在食堂后面还有一块小苗圃,一片翠绿的水杉已有两层楼高。站在四楼的平台上,环视周围静静矗立的楼宇点缀在绿荫中,右侧是一幢三层高的红砖建筑(漕溪北路20号,未挂牌),

院墙围绕,原本是天主教的修道院,当时已是武警医院;左邻就是赫赫有名、至今健在的徐家汇藏书楼(漕溪北路80号),身后是徐汇中学空旷的场地。这不是一处读书的好地方吗?

进所之初,食堂还未启用,我们午餐都在徐镇路老街的居民食堂搭伙。随即不断有新同事进所,人气渐聚,食堂又起炊烟。我记得主管所行政工作的刘仁泽同志时常在全所开会时强调:"我们要尽快地把工作重心转移到科研工作上来。"当时办公室副主任刘成宾同志每周都安排一次集体劳动(打扫周围环境或清理杂物),青年人总是积极参与。来年开春时,本所一些青年在传达室到大楼之间的通道两侧栽上低矮的冬青树苗。在这里,我们跟着老同志一起播种理想、默默耕耘,一晃就是十多年。20世纪90年代初,这里整体拆迁改建为徐家汇商业区,本所几经努力,仍被迫搬迁①。离别时的心情早已模糊淡去,但内心深处对它的点滴记忆却是抹不掉的。

倪静兰(1933年10月1日—1983年7月10日)

1978年初冬,我进所不久就认识了倪静兰老师。说起她,所里的老同志都带着敬佩的神情。她毕业于北京大学西语系法语专业,当时是历史所编译组的重要科研骨干,本所难得的高级法文翻译人才。20世纪五六十年代历史所出版的多部近代上海史专题史料汇编中,凡是法文资料的编译几乎无一不是出自她的手笔。20世纪70年代初,她还是

---

① 本所大楼、武警医院均被夷为平地,兴建起东方商厦及数幢高层商品房,仅保留徐家汇藏书楼、徐汇中学两处老房子。本所曾暂迁田林东路2号联华超市3楼过渡八年,于1998年乔迁分院新址(中山西路1610号)。——罗苏文注

中国权威工具书之一《法汉词典》的主要撰稿人之一。在我的眼里,她很有吸引力:身材娇小、圆脸短发、衣着合身整洁、谈吐不凡、性格开朗活泼,写一手清秀的字,讲话时上海腔中略带苏州口音,又能说正宗的普通话,青年人都称她倪老师。当时她既有骄人的工作业绩,也让人替她深怀惋惜。原来"文革"后期她从"五七"干校被抽调回沪参加《法汉词典》的编撰工作,因紧张工作,未顾及安排时间做身体检查,直到发现身患癌症时已错过及早治疗的时机。在我进所时她已做过手术,脸色略显苍白,住在所甲四楼的一间宿舍边休息边工作。她的屋内陈设简单,除了床、衣箱、写字台、台灯外,就是书架,完全不像是重病患者休养之所,更像一个勤奋学者的工作室。当时她依然参与多项编研工作,时常见她在编译组与老先生探讨翻译中的问题,偶尔由一位本所青年陪同她去医院就诊。当本所确定以多卷本《上海史》为所重点研究项目时,她又责无旁贷独自承担起《上海法租界史》的翻译工作。她的丈夫吴乾兑老师当时是本所中国近代史室的副主任,一位执着笔耕的知名学者。记得他的办公室是二楼的一小间(与汤志钧先生合用),他的书桌后面紧挨着一张单人铁床。当时这两位中年学者夫妻上班不出"家"门,吃饭有食堂,研究工作是他们生活的轴心,也是他们的乐趣所在,生活可以如此单纯,令我既吃惊,也有几分羡慕。

20世纪80年代初期,所里同事还普遍处于低工资、低消费的阶段,但历史所却像一个温暖的大家庭。所工会买了洗衣机、缝纫机为大家提供服务。不知是哪位热心人牵线联系弄来些便宜、实惠的化纤零头衣料放在所里供大家选购,很受欢迎。倪老师也热心让照顾她的老阿姨为大家剪裁、做衣服,只收少许手工费。我孩子的一件小大衣也是这位老阿姨做的,因衣料不够,有些贴边是她用颜色相近的零料拼接的,衣领、贴袋边还镶配海付绒毛,很漂亮。当时副食品还需凭票供应,给养病期的倪老师带来种种不便。一次她在聊天时提到商店里卖的鸡蛋不少粘有鸡毛、污渍时称,为什么不能像国外那样弄得干净些?又感叹:"这样的生活(指商品匮乏)实在也没有什么可以留恋的。"她在病中如春蚕吐丝,坚持默默工作,以突出的工作成绩当选为上海社科院恢复后第一届"三八红旗手"。她缓步上台接受奖状时表情平静,没有豪言壮语。后来她不能下楼了,由一位苏州老家的年轻晚辈悉心照顾,我们几个女同志也曾轮流在午饭后去看她,给她翻身、按摩、说说话。当我终于接到由她独自完成的译著《上海法租界史》(40余万字,上海译文出版社1983年10月版)新书时,她已不治辞世了。当吴先生亲手将倪老师的这本书一一分赠给我们时,表情十分痛苦,说不出话。我们默默接过书,也不知如何表示才好。这个场景就此深深留在我的记忆中。倪老师为这本书耗尽最后的心血,为自己一丝不苟的工作作风画上一个圆满的句号,却未能亲眼看到这本译著出版,这固然是一件莫大的憾事,但她的译著《上海法租界史》至今仍是近代上海史研究领域必读的论著之一,她不是依然在默默地做着奉献吗?

陈宜宜(1929年10月—1982年1月)

在我的记忆中,陈宜宜是个快人快语、处事干练、擅长英语的中年学者。她身高约1.7米,烫着披肩长发,穿戴时尚,有鲜明的上海人风格。她大约是20世纪50年代初期交通大学管理系毕业生,"文化大革命"后期她是第二次世界大战后世界史资料长编组主要成员之一,他们编译的《战后世界史资料长编》(内部发行)连续出了好几本,史料丰富,是当时研究"二战"后世界史的系统资料书。约在20世纪80年代初,她与长编组部分成员转为本所研究人员,她还担任本所世界史室负责人。由于工作关系,她与本所长编组的同事接触较多,而与本所其他研究室人员接触较少,本所老同志对她似乎也不太熟悉,她的时尚打扮在本所女同志中也别具一格。

陈宜宜(1929—1982)

后来听说她偶然不慎在马路上摔了一跤,到医院检查竟发现腿部患有骨癌,随即一条腿全部被截去。当我与同事第一次到她家去探望时,她撑着双拐为我们开门,依然是长波浪发型,梳妆整齐,交谈中神情平静、坚强,好像什么事都没有发生,研究工作仍在继续。后来又去过几次,是冬季,她戴着绒线帽(也许是化疗脱发),略显苍老、疲倦,叙谈中她还简单介绍自己研究工作的进展。她当时住在一幢新造的干部宿舍楼里,条件比一般科研人员好一些,在我印象中她一直没有停止工作,直到听到她病逝的消息。她的病故在所里似乎没有引起太大的惊动,我听参加追悼会的同事说她的遗容变得很多,但她在我心里却始终风采如昔。

费毓龄(1941年5月22日—1984年4月10日)

费毓龄在我印象中是个身材魁梧,戴一副深度眼镜,颇有艺术天分的人。他于1965年毕业于复旦大学历史系,直到20世纪80年代初才结束15年近郊农村工作回归史学研究队伍中。他被分配在中国近代史研究室,最喜欢的是近代美术史研究。这也许与他祖父费丹旭(费晓楼)曾是近代上海著名画家(擅长工笔仕女图)的家庭影响有关。他当时参与《近代上海大事记》的编写,负责1894—1904年部分,时常到藏书楼去翻阅旧《申报》。其间,他也陆续与同人合作发表了数篇有关近代中国美术史的论文。一个夏天的午后,我带着三四岁的儿子在所图书馆里,他看见后颇有兴致地逗起小孩来,有位同事"怂恿"费毓龄为我的儿子画张像,他随手拿起桌上的一张稿纸,在背面看似随意地用铅笔边看边涂起来,不一会儿一个活泼可爱的稚气男孩就现身纸上,人物线条勾勒很细致,众人看后都为他还有这一手而大加赞叹,他却谦称这不过是"玩玩的漫画"。他平时总是笑呵呵的,肝脏不好似乎也不太在意。他有两个女儿(约12—14岁),夫人出国探亲时,他工作、家务一人挑,

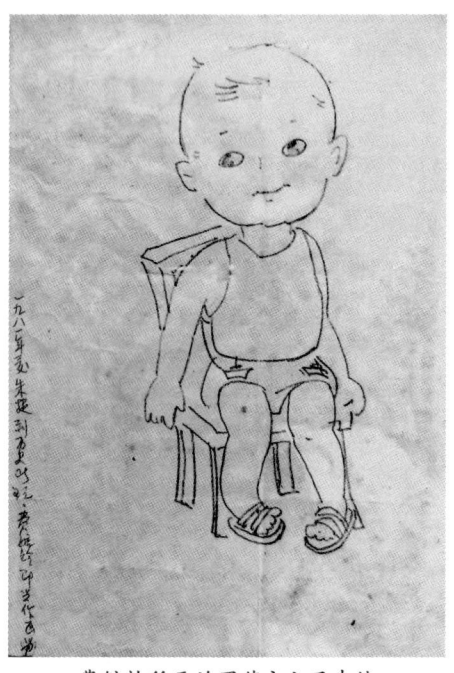

费毓龄所画的罗苏文之子朱捷

照顾自己就更顾不上了。

一次体检中意外发现他的肝不太好，拖了一阵几经复查竟然被确诊是肝癌，随即住进中山医院。当我和同事一起去医院探望他时，他消瘦脱形的面容竟然令我不敢辨认，好像是面对一个完全陌生的人，令人悲伤莫名。知道他病逝的消息后，所里同事自发捐款（据我记忆每人5元）。费毓龄去世时刚过不惑之年，在他的追悼会上，我只看到他的遗像和骨灰盒。他的家人向每位出席追悼会的人赠送一支圆珠笔留念，以示谢意。我不知道这是否是费毓龄的遗愿，他是对无法继续笔耕深怀遗憾？他希望我们继续努力走下去？

当《近代上海大事记》于1989年5月由上海辞书出版社出版时，这部125万余字的厚书是本所1978年后出版的第一部大型上海史重要著作，也是中国近代史研究室12位学者10年耕耘的结晶，其中费毓龄的名字是加上黑框的。我回想起老同志关于"史学研究不是种鸡毛菜"的比喻，此时似乎也开始有些体会。如今在网上依然能查到费毓龄的名字，仍能了解到他的主要学术研究成果，但时限却以20世纪80年代中期告终。

陈建敏（1949年12月—1985年夏）

进所之初，我在学术秘书组工作，一次上海青年古文字研究小组三位成员来所访问，这是个由大学生和青年工人自发组织的研究社团，他们想找些老专家指导、请教。我在接待中与他们初识，其中的一位就是陈建敏。当他们了解到原来柯纯卿（即柯昌济）是本所特约研究员时表现出意外的兴奋，很快就与柯老先生建立了联系。陈建敏早年当过兵，因喜爱读书，入夜后还在被子里借着手电筒的亮光，不肯释卷。复员返沪进厂后,他对古文字研究的执着兴趣使他成为研究小组中特别积极的一员。约在30岁时,他又如愿以偿调到本院工作,一步步从书库走近书桌。他在本院图书馆工作期间,是在一处小阁楼完婚安家,接受同事们的祝福。后来他又幸运地调入本所古代史研究室工作。他个子不高,当时脸色有些黑,身体不算强壮,偶然与他聊天,他对能从事科研工作既高兴,也感到压力不小。记得他平时话不多,工作很卖力,总是钻在书库查书,发表过有关古文字研究的文章,是个很用功的青年。陈建敏的病故很突然,据说那段时间他正在赶写一篇稿子,或许是连续熬夜、体力不支,因肝硬化住进华山医院急诊室。谁料几天后竟传来他在急诊室撒手离去的噩耗。他这么年轻,研究工作才刚刚起步就戛然而止,令大家震惊、痛惜。我也为自己没有及时去医院看他而深感遗憾。

　　后来我看到从他家取回几摞贴着所藏图书标签的大开本精装本厚书,这位酷爱古文字研究,才36岁的年轻人还没有来得及在浩瀚书海中尽情汲取前辈著述的精华,就被病魔无情夺去生命,永别他的书桌,永别还在幼儿园的孩子。1998年,我在美国访问期间在一次学者聚会上,偶然与当年上海古文字研究小组的叶先生重聚,我们谈起陈建敏的刻苦钻研,都为他的不幸早逝唏嘘不已。他就像一颗突然消失远去的流星,是至今本所英年早逝七人中最年轻的一个。

　　费毓龄、陈建敏先后突然离去,在所里中青年同事中留下一阵强烈的心灵震撼。作为陈建敏的同龄人,当时我似乎隐隐感到自己头上也悬着一把随时可能落下的利剑,无形中不敢懈怠,增强了工作、学习的紧迫感,也开始注意了解与己相关的疾病常识。记得一位老同志曾和我聊起,问大家有什么想法,我说大家是更不敢拼了。他脱口长叹:"那就完了!"我心情复杂,一时无言以对。1984年,经所工会联系,本所同人参加了一项中国人寿保险公司的零存整取小额储蓄,每人每月扣 2 元,连扣 20 年,最后连本带利可以取回 648 元(这个金额约是我当时一年的工资,月薪 54 元)。每到发工资时,由金莉华、罗林芳收款、登记,后来发给每人一个暗红色的存折。但始料不及的是,等到这个存折在 2004 年期满可以取款时,这 648 元不过是本市一位普通用工的最低月薪标准。

20 世纪 80 年代中期的中国知识分子经历着又一轮追逐梦境的苦干,本所的一批中青年同样也无法回避一个严酷的现实:既要顽强进取,力图挽回流逝的 10 年光阴,又须继续承受相对清贫的日常生活。如今缅怀这些在挑战命运征途上前仆后继的英魂,仍令人充满敬意,也痛心不已。

王守稼(1942 年 12 月—1988 年 12 月 7 日)

王守稼是费毓龄大学同班同学,因品学兼优,毕业后留校在中国古代史教研室任教。"文革"后期,我在复旦历史系读书时曾到第 31 棉纺织厂开门办学,参加工人阶级状况专题调查(为期半年),当时王守稼也是参与这项工作的青年教师之一。他思想活跃,发言总是很爽快地谈一通。我进所不久,他也被安排到历史所中国古代史室工作。他待人谦和,平时话不多,业务上无疑是所里中青年中的佼佼者。所里第一次分新房时就将仅有的两套长风新村的新工房分给他一套,相比当时所里有些无房的中青年研究人员只能暂住四楼的集体宿舍,或在朝北的资料室搭铺,他能享受此项"顶级"待遇,此前居住条件之差也可想而知。他在明史研究领域功底扎实、视野宽阔,不时有论著发表,颇受学界注目。当时所里陆陆续续进了他同班同学共有 10 人,其中他是最早晋升副研究员的。记得在他晋升登记表的本单位评审意见一栏,所领导特地附加说明:王守稼在"文革"中的事,不影响他晋升副研究员,也不影响他在适当的时候晋升研究员(大意)。王守稼晋升副研究员,可以说是人得其位、位得其人。

正当他自主自由、全身心沉浸于史学园地默默耕耘时,却出现进食总会有剧烈呕吐的病症,经检查确诊是患有脑部恶性肿瘤。他毅然决定冒着风险接受手术,希望能早日重返书斋。在接受手术前,他留下的遗愿是希望让儿子上大学,自己出一本书。他居然幸运地冲过手术台上的重重险境,却未捱过术后水肿对中枢神经的压迫,当夜这位前景灿烂的中年学者还是停止了呼吸。手术前的他惊悉陈旭麓教授突然辞世的噩耗,在悲痛中写下挽联,不料数日后在陈旭麓教授的追悼会上,他作为一个赠送花圈的悼念者,自己的名字已被添加了黑框!余秋雨在《家住龙华》中回忆与王守稼的友谊,给我印象最深的是他提到王守稼的一句口头禅"还有一篇,还有一篇"。1988年冬,这位46岁的实力派中年学者竟带着他满腹华章突然远去,只留下与杭州山水相伴的一座墓碑。

在本所同事的帮助下,他的遗著《封建末世的积淀与萌芽》(收入他12篇重要学术论文)于1990年由上海人民出版社出版,并入选《上海社会科学院精选著作简介(1958—1998)》中。如今他那年幼的孩子也早已大学毕业,本所两位老同志也一直默默关注这孩子的成长,并是出席他婚礼的嘉宾。

李飞(1944年1月11日—1992年3月)

李飞是个性格文静、穿戴极其简朴的中年知识女性。她是独生子女,一直是父母的掌上明珠。据说,她在家里,皮鞋总是父亲为她擦好的。她也是本所复旦大学历史系1965届同学中年龄最小的一位。她大学毕业后在郊区农村工作15年,有两个孩子(一女一男),进所时已人到中年,治学理家、养老育幼,负担之重不难想象。但是我却从未听说她有任何叹苦抱怨,始终面带微笑,以平静的心态面对生活,工作时无声无息、不紧不慢不停,从早到晚日复一日。她身体不适也很少与同事说,一般都是自己挺着或服药对付一下,好像从不当回事。1984年,我调到中国现代史研究室,与她隔一张写字台,见的最多的,总是她那伏案书写的瘦弱背影。她为《民国人物志》写的谢晋元传,条理清楚、文字简洁,很受老同志的赞赏,她却从不自夸,依然是默默干着上海抗战史的资料收集、整理、汇编工作。她曾与另两位同事花了三年时间走访了百余位老同志,查核大量档案、报刊资料,在郊县及江浙两省的党史征集工作者协作下,编成44余万字的《上海郊县抗日武装斗争史料选编》,于1985年由上海社会科学院出版社出版,填补了上海抗战史上的一个空白。

1986年,我惊闻她也身患癌症。其实她早感不适,却没有跟同事们说过,只是自己涂些红花油,不料这一疏忽竟酿成大祸。紧接着她住院开刀,据说,她的手术还是很成功的,病症发展尚属中期,切除的六个淋巴中有两个尚未发现癌细胞。她十分坚强,躺在病床上看到我们时总是面带微笑,好像没有什么大不了的事。手术后,她边养病边做些工作。不料六年之后,她因癌细胞转移至脑部再次入院。1992年初,我将赴美访问前,曾与同事一起去看过她。当时她经老同学联系住进华山医院在闵行的一处康复病房,在一间有近20张床位的大房间里,人多嘈杂、光线通风也较差,男女病人同室而居,医疗条件较为简陋。在女儿陪伴下,她微笑着和我们轻声聊天,没有丝毫悲伤、抱怨。离别后,我隐隐感到可能再见不到她,就留下50元给同去的同事备用。半年之后,当我回到所里才知道她已病故。后来我听说她的女儿进了地铁公司工作。

费毓龄、王守稼、李飞先后早逝,加上另外四位调往外单位工作,复旦历史系1965届同学在本所原有10位,但在本所健康退休的只有陈卫民、王仰清、孟彭兴三位副研究员。

张 敏

张敏自1988年分配进所,就是我同一研究室的同事。她比我小四岁,但经历比我丰富、聪明善良、勤奋好学,是个有灵气而顽强进取的人。我视她为本所最投缘的益友。

她最令我钦佩的是不因困难、艰苦而屈服的生活勇气。"文革"期间,她的求学经历充满坎坷,她曾有过三次机会:第一次为让年纪大的高中生先走,而自行退出;后两次尽管多数人承认她有求学的资格和能力,但她和多数有能力、有愿望的青年命运一样,连竞争上学的资格都没有。在下乡10年,辗转两地后她才经考试跨进大学,圆了自己的求学梦。被分配返沪任教数年后又考取研究生。在她当年插队的大队160余名知青中,后来通过各种途径能继续求学的仅28人。她为了求学深造,进所时虽是35岁的未婚大龄青年,却仍是风华正茂,令人羡慕。

她的散文清新简洁、深含意蕴、不同凡响,我想她或许也同样适合做一名出色的记者。但她在系统接受严格的史学专业教育后,就甘于寂寞、清贫,倾心投身自己热爱的史学研究工作,成为一位治学从严的青年学者。我记得她婚后住在浦东,所住的新村离公共汽车站还有约20分钟的路程,购物不便,住房是南北套两小间,有小卫生间,但没有煤气。仅煤球燃烧时的气味,在我已是难以忍受的,但她却生煤炉过了很多年。因家住浦东远离双方父母和亲友,丈夫又在闵行工作,每天长途往返,于是,大量琐碎、重复的家务劳动几乎全落在她一人身上。她稚气的孩子曾说过"妈妈,我们能有个仆人就好了"。当初她告诉我时是当笑话说的,我也是当笑话听,并没有细想,其实这不是笑话而是真言,张敏在儿子眼里的既是勤奋的学者,又是太过操劳的妈妈。这种长期超负荷生活的压力令人难以承受,何况她还要写文章,笔耕不辍的她只能牺牲自己的休息时间。在告别会上,她丈夫说张敏平常在家每天要工作10余个小时,可她却从不对人说这些,从无抱怨动摇,从未放弃对事业执着的追求。她先后发表的主要学术论著26项,如《上海通史·晚清文化卷》(合作,1999年上海人民出版社出版)等。

科研领域是个竞争异常激烈的舞台,只认强者,只认精品,不论性别。这对身兼多重角色的女性攀登者来说,自然要付出更多的艰辛,承受种种磨难、牺牲。张敏每一步成长都是伴随历史所的命运共同渡过的。自她进所初期参与编撰《现代上海大事记》开始,就成为本所一些重大集体课题的骨干。多年来在集体项目获得荣誉的同时,她内心也隐约留下遗憾。多年前在参加院工作会议的午间休息时,我提起当时每年的科研考核注重发表字数,这无疑必须一年年重复证明自己能写几万字,这不是荒唐吗!她也有同感,并无奈表示自己一直想做的研究只能放到以后再说了。张敏长年沉浸于一个个研究课题中,似乎也对自己的健康关心不够。其实下乡、求学、科研、家累等长期辛劳已造成她不易弥补的健康透支。至迟在她癌症被确诊的一年前,她已明显感到身体不适,翻医书、吃药,不见疗效;到医院求诊,又被马虎的医生几句话轻率打发了事,竟然没有让她进一步做检查,以致最终贻误及时治疗的良机。她更想不到的是,自己迟迟未及上手的课题也就此被病魔残酷地扼杀了。在她身患癌症的最后三年中,她理智地没有再谈自己梦想中的课题,而是全力以赴治病,但她并没有完全放弃它。在她患病后给我的信中曾感叹"女性之为学者多么不易,多么珍贵",如果不是内心还存有对事业的念想和追求,像她这样支撑 1 079 天,承受 3 次手术,30 余次化疗,与病魔抗争不息是常人很难做到的。支持她勇敢应对命运挑战的力量,来自她内心的梦想,家人、亲友的关爱、鼓励、悉心护理,院、所领导和组织长期的关注和倾力援助。

张敏是本所第一位由校门走进所门、中年病故的学者。她从事史学研究工作仅 15 年就身患重病被迫离开工作岗位,但她始终得到诸多朋友、同事的殷切关注、照顾、鼓励、祝福。本所不少退休老同志每次返所时,都会问到她的近况,还相约到她的新居探望。张敏与我说起此事表示真没有想到,很受感动。在治病期间,她始终没有停止工作,依然牵挂着大家。她曾告诉我因体力虚弱,连报纸也只能看看大标题,但她却仍以超常的毅力先后发表了四篇论文。她在最后一个多月住院期间,呼吸微弱,不能进食、进水,靠输液维持生命,只能偶尔用棉签蘸水湿一下嘴唇,但她头脑清醒,仍多次提醒我"不要太累了""千万别生我这种病",流露对本所青年人的关心。在告别会上,她的一位插妹告诉我,他们次日上午还要到这里送别另一位插友。昔日插友竟然今为亡友,真是残酷的命运、脆弱的人生。我想张敏留给我的最后叮嘱,也应该是她留给大家的殷殷告诫。

从倪静兰到张敏,这七位英年早逝的本所同人已匆匆离我们远去,他们有梦想和成就,也有伤痛和遗憾。他们的默默耕耘已为史坛添彩增辉,他们的生命已融入不朽的史学篇章中,他们的敬业精神为本所留下一座激励后来者的无形丰碑。他们本应有更长的工作时间,为社会奉献出更多的精品硕果;他们本应与亲人携手同行,让生命之花绽放更多奇色异彩;他们本应在一生辛劳后与家人同享安康幸福,完成人生之旅的圆满落幕。然而,他们离去时的平均年龄还不满47岁,比同期普通人的平均生命期(70岁)缩短约三分之一,他们得其所愿的工作时间大都不足20年。他们的人生缺憾,有时代的原因,也因自己的偶尔大意、疏忽,多少偏离基本的生活常规所致。他们的早逝留给亲友,也给我辈亲历者留下难以抹去的道道心灵伤痕。而今我们惟有更勤奋工作、更珍爱身体,两者兼顾并重,切记勿忘,才能告慰本所平凡而可敬的"七君子"①,这七位在天堂仍注视、保佑我们的老朋友。

愿他们的英灵得到安息。

附言:本文初稿曾转发多位同人斧正,承蒙诸位朋友交流启发、查考史实、提供细节、指正误漏、润色点睛。现经删改、补充、定稿,谨向提供帮助的诸位朋友致以谢意。不当之处,敬请指正,共同为历史所保留一些集体记忆的珍贵残片。

张敏(1953—2005)

2005年9月13日

(原载上海社会科学院历史研究所办公室编《历史所简报》2005年第3期,2005年9月20日)

---

① 陈祖恩先生敬称他们是"历史所默默的'七君子'"。——罗苏文注

我的同学、同事袁燮铭[①]

杨国强

袁燮铭教授出书,熊月之学长吩咐我作序,以师门情谊而论,亦相濡以沫之义也。

燮铭小我2岁,当年同属"老三届",后来同属"1977级",用胡林翼的话来说,都是从尘埃里爬出来的苦人。20多年之前,我入陈旭麓先生门下学史,与燮铭是一届里的同学,此后又先后到上海社会科学院历史研究所坐冷板凳,以潜心读史为业,其间岁月染白头发,今日远看后生辈倒海翻江,纷纷以赤手缚龙蛇,已自觉是老马嘶风而感慨系之了。

我30岁读大学,虽然志愿本在历史学,而彼时喜欢胡乱安置人,遂不明不白地进了政治教育系。此后四年,我是身在政治多而学问少之中,见到的都是小知识分子及其搔头弄姿。与之相匹配的另一面则只能是自己指点自己的旁骛杂收和好读书不求甚解,而后是知识的不成章法与胸臆中的野气和桀骜。迨入陈先生门墙,始知大知识分子以学问宏通与厚德载物自成一种法相庄严,其气象所罩,已使桀骜一时全

[①] 原标题为"序",现标题为本书编者所改。

消。然而那一点野气却为先生所宽容而经久未褪，并常常要一为发舒而别成路数，以至今日时贤好以"国际规范"为格式，把学术弄得非常整齐有趣，如同八股文里的破、承、起、入和阅兵式里的一个一个方阵，每使我高山仰止而自愧笔下流出来的思想和文字老是不肯入格式。与我这种野头野脑相比，燮铭一开始就出身于科班，因此章法厘然而且中规中矩。犹记当日入学面试，他分到的题目是列举与说明19世纪后期的洋务企业。这个题目虽不算大却很灼人，是那种知之为知之，不知为不知，不能用大而化之的小泓糊弄过去的东西，用来考学生尤宜。其时我于近代史尚在半通不通之间，考试最怕碰到的便是记诵之学，将心比心，颇忧其答题之际顾此失彼，间有脱落，而燮铭言之头头是道，如数手掌里铜板一般一一枚举之而列述之，居然滴水不漏。出题目的黄逸平老师大悦，我也因之而识其读书之用功和细密，在后来的岁月里，用功和细密都成为他治学的基本品格。

我们这代人是通过读研究生走进学术界的，是被导师领着走进学术界的。在这个影响一生的过程里，陈旭麓先生给了我们深邃，也给了我们宽大。因此，师门之内，每个人都可以有不同的学术取径与学术风格，而不同的学术取径和学术风格之间又能够互相欣赏。我随陈先生读史之日，学得多一点，是对于这一段历史中人物、思想、事件的认知和贯通、理解和解释，关注所在和关怀所在，始终是历史深处的意义。若借旧学做分类，其间的思辨和义理已是稍近宋学。而燮铭的旨趣则更多地放在考信一面。其学生时代所做的钱庄研究和硕士论文《工部局与上海早期路政》，皆能于材料爬梳之中出新，由积寸累铢见功夫，后一篇文章尤着力于工部局档案和大量中外文资料，为当时同一类研究中所少有，以方法和取向而论，显然是更近汉学一路。由此做比较，是一种取径与另一种取径并不相同,但就学术能够自己证明自己,并只能自己证明自己而言,积寸累铢都已是说服力。因此,当初我推重之,至今仍然推重之。

近20年来,燮铭研究的题目多半与上海史相关联,并因之而常在档案馆里度日。上海史是一门新学,又骎骎乎正在成为一门显学。然而真把上海史当成学问做,则学人生涯其实是非常辛苦和寂寞的。古人比历史记述之不可贯穿者为"断烂朝报"。像燮铭那样以档案馆为学问之源头所在的人日复一日、年复一年地搜寻排比于不同年头、不同出处、不同文字的公文、尺牍、摘抄、禀报、记录之间,目中所见多横不成片段、竖不相勾连,大半正与"断烂朝报"相类似,然则其学术过程便不能不以枯索和窒涩为常态。我眼看着他从40岁到50岁,又从50岁走向60岁,生命和光阴中的一大部分都用在了读"断烂朝报"里。其间罹目疾,而手术之后又继续再读下去。曾国藩说"但问耕耘不问收获",燮铭庶几近之。我想我们老师当年在知识之外教给我们的,也正是这样一种耐苦的静气。

袁燮铭(1950—2012)

在多年的学术政治化之后,现在见惯的是学术的商业化。学界众生热心于以经济学法则为通则,用投入产出计核学术之成本收益,而后在苾长的商业精神笼罩下,浮躁和浮嚣都成了众生相。以此相比衬,像燮铭这样的人显然是越来越不合时宜了。兴念及此,思之茫然。然而不合时宜的地方也是使人感动的地方。我相信他不知道取巧的学术品格,所以也相信他的文章、著述、译作因不做成本收益的核算而会更多一点学术价值。

（原载袁燮铭著《上海：中西交汇里的历史变迁》，上海：上海辞书出版社2007年12月第1版）

如切如磋，如琢如磨

——导师李华兴教授印象记

吴前进

李华兴老师是我的硕士研究生导师，曾为复旦大学历史系教授，1986年起担任上海社会科学院历史研究所常务副所长，是中国近代史、思想史研究领域的著名学者。很多年过去了，他给我的印象恰如当初同事们描述的那样："你的导师像外交家。"此言不虚。这指的是他风采挺拔、热情从容，言词有章法。你若仔细阅读他的每一篇论著，还会发现，除了外交家的形象之外，更有历史学家的洞察、探索与求真的精神贯穿于字里行间。值得一提的是，他的著述，除了政治正确、见解独到、思辨深邃、谋篇严密之外，那种遣词用字的考究，真正是推敲精致的结晶。此中，既有神来妙语之笔，更具深思熟虑之心。至于他的演讲，很有先声夺人之势，那种抑扬顿挫的语调和为之起伏的神态，足以唤醒在座的每一个人和他一起思考、共鸣。他会在演讲中时时把他和听众之间关系拉近、互动，此时此刻，你会感到一个宣传家和鼓动家所具有的感染力和影响力。也因此，谁若想在他的讲堂里打个瞌睡，倒也十分不易。我偶尔会想，可能是他研究中国近现代思想文化史的缘故吧，所以会特别师法那些近现代著名思想家的言行举止而演化到个人的学术生涯中去。他把教育家循循善诱、启发心智，宣传家的传播热忱、醒人耳目等特质结合在一起，表达心中的块垒。18年来，我作为他的学生，自入门到毕业(1990—1993年)再到今天，能够不断感到他对于学问、对于人生的热忱，这是一位在人生之旅上从未有懈怠之心的智者，具有的从来是名师风范的严谨、慎重、宽容、鼓励和引领。

我之所以能够成为李华兴老师的学生，有赖于师兄王泠一的惠助。记得1990年年初，报刊上刊载了上海社会科学院研究生部的招生广告，其中"中国近现代思想文化史专业"一栏立即吸引了我的眼光。因为大学毕业后，感到既有的社会学专业知识无法满足自己的知识渴望，面对工作中的许多问题，需要进一步学习、充实和提高，特别是能够帮助我理解中国现实社会的历史根基和发展脉络，以及先行的思想家们对于中国和世界关系走向的判定和认知，他们的理解与诉求，其起承转合的逻辑演进，都是我迫切需要了解的。为此，我赶紧向当时常到亚太所走动的王泠一询问有关的报考情况和具体内容。他随即告诉我，自己恰是李华兴老师的学生，而李老师也正好在物色合适的学生。这样，这位年轻的同事，日后又多了一层"师兄"的身份，他向李老师推荐了我。在以后三年的研究生学习阶段中，这位被一些老师称之为"讲起话来好像中央首长"的年轻人由于个性突出而特别显眼，他的机智、反讽和幽默的习惯与才能，常常令我们的学习生涯增添许多令人轻松的愉快。他给予了我切实的惠助。

1990年农历新年前，李老师约我和他会面。当时正处于第二次"读书无用论"回潮时期，"下海"经商热刚刚被掀起，几乎很少有人还愿意去读书。面对这种情景，李老师显然很高兴还有一个年轻人竟然对于外界的生机勃勃无动于衷，还能够在淮海路这个"声色犬马之地"安心坐冷板凳,并且想学习历史学。于是,他询问我这个社会学专业的大学毕业生,为什么会想报考历史学专业的硕士研究生,有些什么基础,读过什么书,今后打算选择怎样的主攻方向。我就把自己工作中的感受和求学的愿望,如实地告诉了李老师。此外,我也表示,今后很想做鲁迅研究。会晤完毕,李老师对我比较满意,虽然他知道这个未来的学生对于历史学毫无了解,缺乏基本的知识和常识,但毅然允诺,如果考试成绩顺利过关的话,就可以成为他的学生。

此后的几个月,王泠一指点我该阅读哪些书籍,还从复旦帮助我借阅参考书。其时,亚太所领导全力支持,金行仁所长让我这个还必须坐班的青年人不必去所,安心在家复习迎考。当时,周建明副所长远在美国,继续从事在职博士学位的学习,也表示支持我考在职硕士研究生。那时的感觉,从师长、领导到同事,都充满了诚意的关心和期待。至今想来,这曾经是特别美好而温暖人心的年代。

1990年5月考试完毕,7月我如愿以偿成为李老师的学生。但起初的兴奋过后,接下来的日子就比较辛苦了。毕竟我这个没有历史学专业基本功训练的学生,要一下子跳级到硕士研究生的阶段,还真是有些应接不暇,茫茫然无头绪。在上"近代思想文化史"专业课程时,有时一些历史学的常识问题,李老师即兴考考我们,王泠一随口就答来,而我却无言以对。对此,李老师在宽容、点拨之余,辅以鼓励,他把我没有历史学根基的缺点转化为具有社会学专业知识的"特点",把我一些没有根基的思想发挥和学术进步视作"悟性高"。他总强调,从社会学转向历史学的人能够找到更好的研究结合点。多年以后,当我在科研上取得一点点成绩时,李老师尤为高兴:"我当初就说,社会学和历史学是可以找到结合部的。"他的得意之处还在于他的一些判断通常可以在不久之后得到应验。

1993年行将毕业时,我的硕士论文选题为《美国华侨华人文化变迁论》。论文答辩时,华东师范大学的夏东元老师首先给予了充分肯定和鼓励,当即表示愿意收下我这个学生做他的博士生:"得天下英才而育之"——是夏东元老师当时最为高兴的表态。李老师问罢此言,十分欣然。他培养的学生,尽管不可能在历史学方面有何造诣,但通过一定程度的专业学习和训练,终于能够在社会学和历史学的结合部找到了方向。若干年后,当我把重新修订后的硕士论文整理成书稿准备出版时,我觉得有必要请老师作序,以纪念这份师生之谊。李老师慨然允诺,而且又如他一贯的工作作风那样,沉思再三、字斟句酌。他用心写完之后,还特意送到社科院本部给我,让我看看写得合适与否,那份字迹清晰的16开文稿纸上,没有一笔涂画,显然已经誊抄过了。这份序言的手稿,我至今保留着,没有舍得直接给出版社。我明白,由于学识所限,这本不显眼的《美国华侨华人文化变迁论》(1998)在写作时,即常感不甚满意,但无论如何,它的出版,可以给自己增加一份信心和鼓励,可以算作对自己学业的一个总结,算作社会学和历史学结合的一个最初成果。而李老师,可谓是给予我学问上鼓励和宽容最多的一个。

毕业以后的15年来,每逢春节,我都会去给李老师和师母拜年,向他们汇报自己的学业和工作情况。2004年8月,《国家关系中的华侨华人和华族》(2003年)一书获得上海市第七届哲学社会科学著作类奖一等奖时,我还在美国做访问学者,并不知晓报纸上已经刊登的消息。但李老师见报后,当天夜里就打电话告诉我父母表示祝贺,以至我父母由衷感叹:"老师总是最关心他的学生。"的确如此,自从我成为李老师的学生后,李老师凡有著述,必会赠阅给他的两个学生:王泠一和我,且总会写上一句勉励的话。在送我的大著扉页上，他写道：

"如切如磋，如琢如磨——赠前进，1991年元月。"这是他在我入学不久后，题赠的代表作《中国近代思想史》（浙江，1988年）上的题词。这本书的初稿完成于1981年1月12日，定稿完成于1987年国庆前夕。可见其历时之长，雕琢之甚，用心之精。作者的结论是：我们的民族，近代以来一直多灾多难。建国30多年来既取得了伟大胜利，也有过严重错误。但"没有哪一次巨大的历史灾难不是以历史的进步为补偿的"（恩格斯，1893年）。作者对于马克思主义和历史选择论充满了信心。1992年年底当我去广东做华侨华人问题调研时，中山大学著名的历史系教授林家有老师告诉我："还是你导师的那本书经典。我们现在教学用的还是它。"

"学者的生命是学术——赠前进，李华兴1997年10月14日。"这是他和其他年轻作者合著的《民国教育史》（上海，1997年）上的题词。他认为，一个富有远见的民族，必定是一个重视教育的民族。总结民国教育的成败得失，借鉴各国现代化的实践经验，可以体会出一个真理：教育是人才的保证，人才是现代化的根本。中国要走向社会主义现代化的强国，要提高全民族思想道德和科学文化水平，其基础必定是教育。这也成为作者满怀信心钻研民国教育史的一个基本缘由。

"弟子不必不如师，望君青出于蓝而胜于蓝！——一书勉前进并请评正，李华兴二〇〇五年九月九日。"这是李老师的新著《索我理想之中华——中国近代国家观念的形成与发展》（安徽，2005年）上的题词。书名"索我理想之中华"，语出李大钊1916年8月为《晨钟报》创刊号所写的《〈晨钟〉之使命》。作者引用此语欲说明，中国近代国家观念的形成与发展，其终极目标正在于创造"理想之中华"，即从近代中国建立独立、民主、富强的国家演化到当代中国建设富强、民主、文明的社会主义现代化国家。它是一个不断探索、发展和完善的与时俱进的过程。这本47万的著作,是李老师和另外两位老师一起合著的。

纵观来看,李老师研究中国近现代史、思想文化史一辈子,其根本目的、思想轨迹和学术追踪呈现为:"索我理想之中华"——这部李老师精心之作的书名,归根到底归纳了他心中矢志不渝的生命信念和学术理想。它也是中国近代以来所有忧国忧民知识分子的不懈追求和梦想!

老实说,这些包含李老师心血的著作和充满期望的话语,都让我十分惭愧。自己已不再年轻,但离开老师的学术要求和学术水准相去很远。过去他知道我,由于看了太多的鲁迅先生的书,有一些鲁迅笔法。但现在,我想告诉他的是,这些年来,固然读了一些书,但很少读好书,更很少读鲁迅,读中国思想文化,往往呈急用先学、活学活用之疲累相,却未有立竿见影之真功效。所以,我很想有那么一段时日可以回到过去,安静地读几本经典,交流彼此心得,探讨不同观点。读书时期,李老师教授我们的课程中有"马克思主义原著选读",他特别强调《德意志意识形态》,强调历史唯物主义,要求我们反反复复地阅读,谈心得,借此让我们掌握历史研究的真谛和基本方法论。正因为这种严格的学术训练,时至今日,我们做研究时,常以此为准则。换言之,马克思主义的基本原理和思想方法,奠定了我们为学的根本之道。而这正是李老师在培养我们的三年中始终强调和突出的一点。

过去,他曾经告诉过我们,自己如何选择了历史学作为专业的故事。大学毕业、报考研究生时,他的老师让学生们选择专业,是读新闻还是读历史。他毫不犹豫地选择了历史学专业,以为这才是真正的求学之道,为学之途。在以后的近半个世纪里,他以自己的心血书写和成就了心中的梦想。我想,正因为他如此理解历史学所蕴含的思想精髓和学问精义,并自觉地以马克思主义的历史观为指导,孜孜以求、锲而不舍,才令他成为当今中国近代史和思想史研究的著名学者。他的学术地位的获得绝非一朝一夕之功,乃经年累月"如切如磋,如琢如磨"的结果。"如切如磋者,道学也;如琢如磨者,自修也。"李老师把这段话写给我们,是希望他的弟子能够和他一样:在做学问上,能够像加工骨器那样,不断切割、反复切磋,抱着精益求精的态度;在做人上,能够像打造美玉那样,不断雕琢、反复琢磨,达到尽善尽美的程度。这种严谨宽厚、虚怀若谷的君子之风,恰是自古以来每一个认真做学问的人必须拥有和把持的境界。而作为弟子的我们,仍时时在师长的敦促和垂范下,努力实践,不断前行。

值此社科院建院50周年之际,我特别感谢老师给予我们的厚爱、关心,以及许许多多的宽容、鼓励和引领。当时给我们上课的历史所老师还有:熊月之老师,其时他才从美国做访问学者归来,不久即担任历史研究所副所长,如今是我们院的副院长。他讲授"近代上海文化史",讲课时,除了已有的丰富内容外,通常他还会带着大量在美国做研究时复印的资料,以补充或佐证他的最新学术观点。他的讲课风格属于严肃严谨、不苟言笑、望之俨然的那种,所谓的"师道尊严",此之谓也。刘修明老师讲授的"中国古代思想文化史",比较熊老师而言就亲和多了,他担心我们两个学生听得烦闷,所以时常会把现实和历史的境况联系起来,并穿插一些名人轶事、社会趣事,感怀几位史学界的前辈学者,以便我们心有顿悟。至于罗义俊老师讲授的"宋明理学和当代新儒家",则有极其出神入化之态。他讲课时,那种恨不能回到古代和先贤对话,恨不得和当代海外新儒家对接的心态和神态，实属少见。他属于那种将满腔学术热忱溢于言表的学者，有着一种深刻而内在的儒家式的宗教情怀，令人起敬。所有这些老师，都以自己出色的研究，教书育人、敬业奉献。他们和李华兴老师一样，用心把知识和学问传授给我们。所以，在这个重大的纪念日里，在我们毕业也将近20年的时候，写下以上满怀敬意和感谢的文字，以纪念过往成长岁月中为我们付出了许多心血的老师们！

衷心祝愿李老师和社科院所有任教的老师们——健康幸福每一天，桃李芬芳满天下！

李华兴（1933—2011）

（原载上海社会科学院校友会编《绿叶对根的思念：上海社会科学院校友回忆录》，2008年9月印）

仁厚的金德建先生

张剑光

在网上看到有一位朋友作的《上海文史研究馆馆员中的嘉兴人名录》,里面谈到了金德建先生:"金德建(1909—1996年),嘉兴人,1990年入馆。曾任上海社科院历史研究所特约研究员,上海华师大古籍研究所古籍文献班副教授。毕生从事古籍、先秦诸子学考证,著有《古籍丛考》《先秦诸子杂考》《经今古文字考》《司马迁所见书考》等。"我读完这段文字,思绪不禁倒转20多年,想起了仁厚慈祥的金先生。

1983年,我从上师大历史系考进了古籍研究所的古典文献班,当时古典文献专业刚刚成立,首届学生是两年制的,从历史系和中文系二、三年级中经考试招收,共录取了20人。我是从三年级转过去的,由于想转个专业能不当中学老师,所以也加入了100多人的考试大军。至于对古典文献的兴趣,说句实话,是临时读王力《古代汉语》的那点底,而之前一直对现代史颇感兴趣的。

进入文献班后,古籍所制订了严格而独特的教学计划,其中最重要的一点是聘请名师讲课。程应镠所长在班级中对我们说要为我们延请名家,而且是在学术上有独特观点的名家。这样,一个个名家就走进了我们的教室,成了我们20人一辈子都足以谈上几天几夜的课程老师。

上目录学的是胡道静先生,《左传》的是李家骥先生,文字学的是郭若愚先生,国学概论的是苏渊雷先生,古籍整理学的是包敬第先生,校勘学的是林艾园先生,《孟子》的是辛品莲先生,金德建先生上的是《论语》。

当时没有互联网可以查金先生的学问,只在图书馆里看到他的《先秦诸子杂考》,另外王廷洽老师说金先生早年还著有《司马迁所见书考》。那年头,有两本著作的先生没有几个(先生的《古籍丛考》等书当时没有看到,也不知有这本书),所以我对金先生自然是充满着期待。

金先生第一次走进教室,的确使人眼睛一亮。原本想老学究是个干瘦的老人,想不到他是个挺直腰板,往教室里一站使人顿生亲切感的老人,当时看上去有70多岁的样子,一脸的微笑,略显圆润的脸上不时荡漾着对后学的仁慈和赞许。先生戴一副眼镜,讲话平缓但洪亮,口齿清晰,敦厚长者的模样。《论语》的教学,用的是杨伯峻的《论语译注》作为教材,他没有专门费时来论述多少孔子的思想,从第一次讲课开始,分章分条讲述下去,但又将孔子的思想在每条中论述得十分透彻。他知道我们都是刚刚开始接触先秦的著作,所以讲述上往往是从浅显之处着手,却又把我们渐渐带入孔子思想的内核中去。本来有了杨伯峻的《译注》,我们看起来有了参照,但往往发现金先生讲的东西与杨书的解释不一样,而且这不一样随着一章章学下去越来越多,这时我们自然发现了金先生除了要求我们有扎实基本功外,还在带着我们对前人的注疏进行不断的怀疑,引导着我们产生自己的新观点。

课外功课,他一要求我们背,第二节课要抽查,二要求我们提问。当时池洁的问题最多,所以金先生的表扬亦多。当然他表扬的不只池洁,我也得到过表扬,虽然只有一两次,但对《论语》的学习产生了不少推动力。我从图书馆借了赵纪彬、刘宝楠、朱熹的著作相互参照,看了不少书,思索了不少问题。现在回想起来,表扬的方式是他激励我们学习的一种教育手段,先生做得很成功。

当年我们不知怎么问题特别多,今天想想问得绝对是不成熟的,也许根本不是问题,但总是想和老师讨论,最好能发现一个老师讲错的地方而自己是对的。先生是十分赞许我们和他讨论的,记得无论是课前课中还是课后,他总是站着,和我们是平等的讨论。他不断地鼓励我们这么做,所以关于《论语》的问题即使课程结束后还是想去问他。

《论语》课的最后,我发现了一个问题,是关于颜渊的卒年。当时推测《史记》说他只有 29 岁的早死是有问题的,于是和先生做过一次交流,先生鼓励我写篇小文章,并留了家里的地址给我。我一年多后,进入研究生的学习前,我的小文章写好了,于是带了文章到先生的家里,那天没有碰到先生,十分遗憾,本想当面与他说说论文的。几个星期后,先生把修改后的论文寄回给我。把文章拿出来一看,才真正地感到老一辈学者做学问的严谨。先生详尽地替我修改了文章,小到一个字和一个标点符号,大到观点的推导,文章被他改成了一个大花脸,说是这篇文章是我写的,其实还不如说先生的改动的字比我的原文还要多。先生当时在信上鼓励我说,文章虽小,但解决了一个小问题,是一家之言,充实资料后可以发表的。

这篇《颜渊卒年小考》后来投稿给了《文献》杂志,刊登于 1988 年第 2 期,发表时编辑把我原来搜集的各家观点删掉了,我考证的部分全部保存了下来。这篇凝聚着先生对后学厚爱的文章,今天重新一读,先生仿佛就在我的眼前,好像又在慢慢地一字一字地替我讲解,他的眼中充满着对学生的期盼。几年以后,我的这篇小文章被《颜子研究》一书收录,主编骆承烈先生之后来信说以为我是老学者,大概就是根据文章中的一些用词推测的,其实这些全是金先生的修改。

读研究生后,由于我不再研究先秦,转到了唐五代去了,所以和先生也缺少了联系。之后我写过贺卡给先生,但后来听说先生身体不是很好,又进了文史馆,想想不能再去打扰他了,但心中仍时常会想起他教我们时的形象。

今天看到网上这位朋友的文章,虽然知道里面的叙述不尽准确,如先生讲学的学校是上海师大而非华东师大,而且当时聘的是教授而非副教授,但当得知先生于1996年就故去了,心里不免一阵阵悲凉。先生的最后一些日子,我们这些做学生的竟然一点也不知道,也没有看到讣告,没能送先生一程,内心真是有种说不出的味道。

网上很少看到先生的生平事迹,只是先生的数本著作还在为后人念叨,先生的精、气、神留传了下来。想来我们这些做学生的只有在自己的工作岗位上加倍努力,才对得起昔年先生的教诲。

(原载 http://blog.sina.com.cn/s/blog_3f9c02400100gixn.html,张剑光博客"我是风啊1888",2009年11月17日)

梅花香自苦寒来
——雍家源先生传略

王庆成

雍家源先生曾任复旦大学教授和会计系主任、上海财经学院教授、上海社会科学院研究员,主要著作有《中国政府会计论》,是我国20世纪30至50年代最有影响的政府会计学家。

青年时期:艰辛求学、成绩卓越

雍先生1898年2月1日出生于江苏南京。先生的祖父是郊区佃农。雍父幼年为织锦缎徒工,后发展成小手工业主。他6岁开始先后在徐氏私塾、程氏私塾、骆氏私塾念书,八年间除了启蒙的《三字经》《百家姓》《千字文》外,读完了"四书五经"以及《孝经》《周礼》《仪礼》《尔雅》等共"十三经"。后来骆老夫子见科举已废,就劝他上洋学堂。雍先生遂入基督教青年会中学学习英语。他每星期成绩都是最优。

雍先生1915年中学毕业后,被保送到金陵大学,先学英文,后改习经济。他擅长英语,两次代表学校参加金陵、圣约翰、东吴、之江四校的英语辩论会,都夺得银杯。他读完大二,经陶行知先生介绍到安徽徽州三中教英语。他教课认真,学生作业当天批阅发还,课后还同学生一起打篮球,深得学生爱戴。他常领学生到街头宣传当地还风行的缠足有害,排演话剧反对封建礼教,校长颇为不满。一年后聘期届满,他毅然离去返还金大学习。1921年秋,修完最后部分课程,以优秀成绩获得经济学学士学位。

雍先生大学毕业后,先去安徽第一农业学校任英文教师,后到南京东南大学附中当首席英文教师。他采用"直接教学法",与邻校教师组织英文教学法研究会,邀请几位外籍教师在课余教学生英语会话,有效提高了学生学习英语的水平。

雍先生于1923年8月出国。由金陵大学美籍校长包文给贺格尔教授去信,请他联系雍先生去西北大学攻读硕士学位。出国所需费用除他两年来授课积蓄的1 000余元外,只能靠老同学组织的互助会融通款项。入学后,学费除第一学期由贺格尔资助外,以后各学期皆靠成绩优秀而获得免费待遇;伙食费靠他每天为学生食堂擦盘子来抵偿;零用钱则依赖他每星期六晚到中餐馆做侍应工作四小时挣得。雍先生在该校该学银行,两年后取得工商管理硕士学位。由于他会计课程成绩特别优秀,老师推荐他为美国拜塔(beta)荣誉会计学社会员。学校介绍他到芝加哥一银行工作,他继续在西北大学进修,直到1928年6月回国。雍先生是靠奋力打工、刻苦学习获得学位、载誉而归的。

海外归来:涉足宦海、坚持教书

雍先生回南京后,经大学同学任应钟介绍,去旧政府审计部任协审,同时在金陵大学教课。半年后,因剔除副部长之子的干薪,雍先生已确定的加薪50元一事被撤销,乃另谋出路。他先后到中央大学学区教育行政院当会计师,中央大学商学院任教授和会计系主任,并在光华大学兼课。1930年春,曾与雍先生在中央大学共事的旧财政部会计司司长秦汾邀他去担任主任专员。在那里,他设计过一套会计制度,协助草拟一些财务法规,在金陵、中央、光华等院校讲授会计、审计。

在此特别需要提及的是,雍先生在长期任教的基础上,独自一人编写了一部《中国政府会计论》,于1933年11月由商务印书馆出版。他在"自序"中写道"秦西各国书籍上之理论,既未尽合吾国之国情,而国内专书无多……用于讲学诒事,都无是处",故决心编写此书。该书达45万余字,"历时数载,稿经三易"。书中资料丰富、新颖,取舍审慎。该书包含在当时的"大学丛书"中,"大学丛书"委员会名单上赫然列有蔡元培、胡适、马寅初、王云五、翁文灏、顾颉刚、郑振铎、竺可桢诸多名家。该书对于中国现代会计发展史的研究具有重要价值。郭道杨教授在《中国会计史稿》下册第456页中,对这本著作做了较高的评价。

1935年4月,旧政府审计部邀雍先生回该部任审计,兼总务长,复审各机关费用报销,参加草拟审计法。1937年抗日战争爆发,审计部撤至重庆,雍先生曾兼任北碚复旦大学会计系教授。后来他与三位同事主张审计调度人员需经审计会议通过才能任命,以保障审计职权独立行使,此议与审计部次长意见相左,三人先后被调离。雍先生被外调任湖南省审计处长。在湖南,他着力提倡廉洁,常到有关单位演讲,强调摒除贪污,戒绝浪费,省里发给处里及他个人的年终奖金也拒绝接受。1943年,处里第三组主任赵某有贪污嫌疑,他调查取证,向审计部检举,结果赵某仅被调离,并无处分。他遂坚决辞去职务。离开湖南后,前往重庆,完全脱离政界,从事教育工作,到重庆大学担任教授和工商管理系主任,并在银行人员训练所和求精高专任教。一身三任,十分劳累,体重由180磅降至134磅。当时物价日益高涨,他为维持八口之家(六个子女)生计只能如此。日本投降后为了尽快返回故乡,他同意旧主审计处的要求担任南京市政府会计长。在此四年,主办南京市总预算和总会计,同时也在一些院校授课。

1948年底,国内形势急转直下,解放大军即将渡江。雍先生不满地方当局无视预算,遂辞去旧南京市会计长之职。后被调任旧粮食部会计长,即随机关迁到广州,不久旧粮食部撤销,改为屯粮署,不设会计长,其工作另行安排。此时上海粮食公司邀他赴沪开会,他到沪后随同何士芳、朱锦江两先生,会见当时的复旦大学校长章益,章益当即约他到复旦任教。他看到三大战役后反动政权趋于瓦解,就表示同意,至复旦开始讲课。那时,旧政府已决定调任雍先生为交通部会计长,令要员携委任状到上海劝说他赴穗就任,遭他一口回绝。此前,有位曾在徐州待过的友人曾对他说:"解放军纪律严明,像你这样的人大可不必走。"这番话对雍先生决心留下来也起了促进作用。

日新又新:焕发精神、改革教研

1949年5月上海解放,复旦大学9月初开始新学期的教学。雍先生被任命为会计系系主任,直到1952年暑假院系调整为止。政府会计课通常在高年级上,他熟练而深入的讲授,深受同学们欢迎。他和同学们平等相处,能够沟通思想,敞开心扉。他同担任系会工作的学生经常联系,能较好地贯彻学校党组织的工作安排。通过日常政治学习、思想改造运动及其他各项运动,他的思想觉悟有显著提高,对曾为旧中国统治者效力那一面有了认识，决心"逐步树立工人经济思想，忠诚老实地为人民服务，服从组织分配，以人民利益为第一"（雍先生自传中语）。1949年末至1951年初，他曾先后在上海商学院、南京大学兼课，后来他认为如此分散精力不妥，自觉地谢绝了邀请。

1952年秋院系调整，复旦商学院并入以上海商学院为主新建的上海财经学院。他在思想改造的基础上，积极致力于教学改革。他除完成授课任务外，编写、出版了《会计核算原理》一书，该书是基于新的社会主义经济核算理论写出来的。他还与预算会计小组的教师一起，在半年内编写出一本吸收苏联先进理论、结合我国建设实际的《预算会计讲义》，以后每年修改一次。当时国内尚无公开出版的适应新形势的政府会计教材，连校内使用的讲义也很少见，该讲义的编出满足了当时教学内容更新的急需。雍先生考虑到要"借助于组织活动来巩固已获得的进步，并不断前进"，于1956年1月参加中国民主建国会。当时雍先生努力学习了中国革命史、马列主义基础、政治经济学、辩证唯物主义等政治理论，这对他思想水平的提高和业务能力的增长都发挥了重要作用。他全心全意学习苏联先进经验，注意研究现实问题，认真贯彻"百家争鸣"方针。1956年秋调整工资级别，雍先生被评为三级教授，那时有些资历同他相当的老师评为二级，领导上担心他不满意，特地找他谈话。他在一年多以前曾与其他教授一起要求降低工资，每月工资降为220元，现评为三级250元，已有增加。他是一位凡事知足的人，当即表示没有意见，欣然接受。这时期他家分到三室一厅的新建宿舍，雍师母走出家门参加了家属委员会的工作，孩子工作的、上学的各得其所，全家过得都很开心。这一年，党组织对雍先生的历史问题做了实事求是的结论，他更能安心地工作了。1957年春，上海财经学院召开各民主党派鸣放会,由于他平时讲话谨慎,且国家对知识分子工作、生活安排得很周到,心存感激,发言比较稳当。

1958年上海财经学院被撤销,大部分人员被分配到上海社会科学院,财经教师多数去了经济研究所,雍先生则被分到历史研究所。该所附近的藏书楼存有大量英文书籍、报刊等,他被分配翻译与太平天国有关的英文资料。雍先生长于英文,并认为此类资料十分重要,很乐意从事此项工作。藏书楼的一些珍贵史料是不能外借的,为了避免每天往返奔波,他自出资金,把资料先拍成胶片,再放人成照片,在家日夜伏案翻译。先生在历史所期间,翻译成果达100余万字。随着调整方针的落实,上海财经学院于1964年恢复。上海社科院中经济所的上财人员大部分回原单位,雍先生则仍留在历史所未动。也许是组织上考虑他年已66岁,再做教学工作比较辛苦,而翻译工作正可发挥他长于英语的优势,故把他留了下来。对于不能回到他熟悉的会计教学岗位,虽一度不免有些怅然,后来他还是愉快地接受了这一安排。

1966年"文革"开始。社科院没有学生,成员多数为知识分子,行动尚较"文明"。8月1日,《横扫一切牛鬼蛇神》社论被发表,"革命"行动迅速升温,当晚历史所革命群众便到雍先生家抄家,从11点抄到次日凌晨5点多,并无"收获"。1967年秋,历史所去上海奉贤的农场,领导上安排他去老年养兔队。在农场边搞运动边劳动,他不以为苦,总是积极努力地参加,有一次大游行,他随队伍一口气走了30里路。

雍先生到农场一年多后感染了急性肝炎,被送到传染病院治疗。他治好后为防传染他人,所里让他在家休养,后于1972年办理了退休。1974年夏经检查发现他患有肠癌,医生决定采取保守疗法。雍先生于1975年9月8日因病医治无效辞世,享年78岁。

雍家源先生的一生,是典型的中国老知识分子奋斗的一生。他从旧私塾到洋学堂到漂洋过海,既在学校执教,又曾在旧政府供职,埋头业务工作,不过问政治,最后与旧政府诀别,参加社会主义建设大业。他一生锲而不舍,积淀深厚;诲人不倦,桃李满园;律己以严,待人以宽;与时俱进,常学常新;对专业奋力攀登,对生活知足常乐;学术上卓有成就,教研上鞠躬尽瘁。雍先生不论是上大学、出国留学,还是后来搞教学、搞翻译,都能刻苦耐劳、奋力拼搏,他的一切成就都来自于艰苦奋斗。后半辈子更是过上了新的生活,他坚定地跟着共产党走,坚持不懈地走社会主义道路。

雍家源先生是我国早年的会计学家,是现代政府会计制度的设计者,对我国会计事业贡献颇丰。谨以此文纪念之。

雍家源(1898—1975)

(原载《新会计》2010年第8期,2010年8月28日)

引领我进入历史科学殿堂的第一人
——忆奚原同志

徐鼎新

我因家境贫寒,勉强在家乡读完小学后,父母已无力供我继续升学再读,于是只能在当地几家私塾里得到一点修业的机会。到我 16 虚岁的时候,同大多数贫苦家庭的孩子一样,进入一家商店里当学徒,便是唯一的出路。三年学徒的生活,我过得并不轻松,但也并没有像其他一些学徒那样常常受到老板的打骂。我还是算学徒中的幸运儿,因为我就业的那家商店的老板常年不在店中,一年当中有两三次回来,老板对店内人总是和颜悦色,就是对我这样地位卑微的小学徒也关怀有加。我在店内除日常做的各种事务性工作以外,闲来还可以阅读进步书籍和报刊,老板甚至居然听任我和其他人在店堂里弹唱当地盛行的一种曲艺——苏州弹词。也许这在今天听来有点不可思议,可却是真实的一段难忘的故事。我从小就爱好文学,爱好历史,家里祖辈传下来的一些藏书,大都是一些古典名著和其他各类书籍,我几乎把所有的藏书都翻来覆去读过许多遍,许许多多家喻户晓的历史故事,尽管并不完全真实可信,但却是我学习历史的启蒙教材。中国优美的古诗词和古文字,我当时虽不能完全理解,但却时常使我陶醉其间。此后的九年,我是随着新中国的建立而得以脱离寄人篱下的学徒生活,而成为中国人民解放军的一员。我由学而商,由商而军,辗转各地,是决不会想到我的未来还有一块属于自己的历史科学研究的小天地,因为科学院也好,研究所也好,那都是高深莫测的科学殿堂,我这个只有小学毕业文化程度的人从来不敢有任何非分之想。可是命运却给予我一次意料之外的安排,1958年8月间,我在因受当时"整风反右"运动的连累而即将被下放到北大荒去养马和开荒种田的启程前的最后一刻,被部队领导临时决定改为转业到中国科学院华东分院下属的上海历史研究所筹备处工作。这一起一落,改变了我此后一生的命运,也使我自此同历史科学结下了不解之缘。而引领我真正进入历史科学殿堂的第一人,就是我素来所敬爱和尊重的革命前辈、当时担任上海历史研究所副所长的奚原同志。

奚原同志是一位久经考验的革命前辈,又是有着丰富学识和研究成就的学者,他在转业到上海工作以前,曾经担任过华东军区政治部秘书长,到上海历史研究所工作以后,因时任主要领导的李亚农同志长期重病缠身,不能正常到所视事,因此所内工作的领导实际上是由奚原同志主持进行的。而当时正值"整风反右"运动的收尾阶段,日常事务性的工作极其繁多,但所里的研究项目则又亟待一一开展,所以压在奚原同志身上的担子是很重的。当时在奚原同志的领导和党政领导班子的共同策划下,提出了一整套发展研究工作规划和培养中青年研究人员的规划,在人才开发和培养方面,组织各种专业学习班和补习英、日等外语的学习班,并要求所内研究人员要耐得住寂寞,甘坐冷板凳,从广泛搜集和充分占有历史资料入手,深入进行对历史资料和历史事件的分析和研究,争取在若干年里发表和出版一大批有学术研究分量的著作。这本来是一项正确的决策,可是在当时日益泛滥的极"左"思潮统治下，却屡屡受到不应有的批判和不公正的对待。而当时的奚原同志尽管疲于这种无休无止的政治压力，但他始终遵守党的原则和纪律，从无怨言和不当的举动，因而也赢得很多同志的尊敬。

回首往事，我不禁感慨万千。上海历史研究所是我进入地方工作的第一个工作单位，有幸的是，在那里受到一大批革命前辈和学术界有成就的学者们的关爱和照顾，使我很快便能融入这个历史学研究机构的大家庭里。尤其是在我最初向历史学科艰难起步的过程中，奚原同志给了我向科学进军的力量和勇气，他一直对我黾勉有加，教导我必须虚心、真诚地向老专家学习，不要以共产党员自居，不要有任何优越感，应该看到自己知识的严重缺乏，只有老老实实地放下一切架子，努力认真地向老专家和周围的人群学习必须掌握的专业知识，才能一步步走出知识的荒漠，逐步得到长进和取得成就。他鼓励我所内许多老专家交朋友，把心交给他们，以换取他们的诲人不倦。许多年来，我和其他青年就是这样做的，因而也获得了专家们的一致好评。当时我曾试笔写过一些论文，奚原同志总是耐心细致地阅看并约我到他家里，抽出他宝贵的时间给我一一指点，使我受益匪浅。他的所有教导和帮助，直到今天，还常在我耳边回响，无论是做学问或做人的道理，对我在当时新的人生道路上顺利起步均显得至关重要。他的高贵品德和对事物的分析洞察能力，始终是我用之不尽、取之不竭的思想源泉，也是我一生学习的好榜样。

奚原同志现已届93岁高龄，在"文革"十年动乱的岁月里，他当时已回到军队工作，一度遭受到江青一伙人的残酷迫害，被横加许多莫须有的罪名，投入监狱许多年，身心受到极大的摧残。直到"四人帮"被粉碎后，他才得以完全平反。在他离休前，他在军事科学院担任军史部部长等职期间，主持编写《军事百科全书》等重要著作，并先后发表过一系列有较高学术质量的论文,其重要成果已收录于人民出版社出版的《奚原九十文选》中。最近,我接到他亲笔写来的一封来信,信内这样说:"回顾五十余年前,你从部队转业到上海历史所,正值极'左'风潮。在艰难曲折的环境中,你主要依靠自己的选择和毅力,坚定地走上科学研究的道路,以至于'文革'以后开花结果,对中国近代经济史的研究做出重要贡献,中外瞩目。希望你和你的学生(接班人)在经济史研究领域继续创新发展。"读到这些鼓励的言辞,我内心无限感慨,在改革开放以来的30年里,我一直牢记奚原等革命前辈们的谆谆教诲,在专业研究的道路上,确实取得了一批研究成果,受到国内外同行的肯定和好评。但我很有自知之明,因为我毕竟是一个没有经过专业深造的异类人才,知识面不广、学术根基浅薄,是我最大的致命伤。但我也有自己的优势,培养和提携后续研究人才,我还有很多事情可做,还有可以发挥余热的一片天地。所以这些年来,我利用掌握电脑操作技术的有利条件,把手头积存的大批可以再利用的历史资料,陆续输入电脑,迄今为止已选编了11册,约200余万字,转发给需要的中青年学者使用。同时还先后接待过来自厦门大学、上海财经大学、上海交通大学等的青年学者,积极为他们提供有关资料,帮助他们完成博士论文。我想这也算是不辜负奚原同志等前辈们对我所寄予的殷切期望吧!薪火相传,后生可畏,我为此感到无限的欣慰。

奚原(1917—2015)

(原载 http://blog.sina.com.cn/s/blog_63c7bc810100glje.html)

回忆姑母陈懋恒女士[①]

陈 绛

幼时在福州老家,常听大人说起,十八姑(我们是这样称呼这部诗文集的作者陈懋恒女士的)"腹佬通"(福州方言,意谓学识博,文章写得好),是我们陈家的才女,和她的长兄懋鼎(徵宇)大伯父都是早慧的诗才。她13岁时咏荷花有句"绝世何曾须解语,清标正在不言中",和徵宇大伯9岁写的《灯花》五绝"万紫千红外,开成一朵花。不愁风雨妒,春在读书家",都深得大人们的激赏。可惜她远在北方,无缘亲炙,謦欬在侧。抗战中,她举家南迁上海,我也在抗战胜利后,离开福州来上海求学。有时假日从就读的圣约翰大学,穿过中山公园,到兆丰别墅懋解(凤之)十一叔父家。我初次见到十八姑,她也住在兆丰别墅,常来看望和凤之叔父同住的他们生母谢老姨太。我只是向她恭谨请安,寒暄而已,以后又多次见到,都没有多交谈。但是听她亲切呼唤"娘"的清脆声音,至今似乎还响在耳际。她临走时,反复叮咛老人起居保重,她的孺慕纯情,留给我深刻的印象。

20世纪50年代初,我参加工作。婚后不久,母亲思子望孙心切,要

---

① 原标题为"序",现标题由本书编者所改。

从福州来上海,十八姑知道后,便慷慨地腾出她在兆丰别墅住处三楼朝南正房一大间给我们居住。当时她正在撰写《中国上古史演义》,写作之余,便上楼同母亲闲聊,或从母亲手中接过襁褓中我的初生的任儿,揽入怀中。姑嫂在晴窗下回忆螺洲往事,谈说亲友近闻。她的浙籍女佣有时烧了江南菜肴,她便端上来,又和母亲谈起闽菜的制法和风味,勾起淡淡的乡思。她豪爽健谈,常常将外面听到不平之事或自己看到别人文章"不通"之处,当做趣闻告诉母亲,解除母亲旅居寂寞。她说,当年大伯祖父宝琛公从螺洲进城,常住在文儒坊曾祖父陈承裘故居,她的父亲、二伯祖父宝璐公进城,便常常下榻先君在城内三坊七巷新购置的郎官巷老屋。因此,她对母亲来住特别热情,使母亲度过了客居上海十分愉快的一年。母亲回闽时,一再嘱咐我:你一定不要忘记十八姑待我们的盛情,以后有机会要好好答谢她。

50年代中期,中国科学院在上海新成立两个人文社会科学研究所——历史研究所和经济研究所。十八姑和姑丈赵泉澄先生同时受聘入历史研究所,我也调入经济研究所。两个所都在徐家汇一座原来天主教神父或修女住宿的大楼。历史所在三楼,经济所在二楼,因为不实行上班制,见面的机会并不多。她在历史所,忙于整理上海图书馆庋藏汪康年师友信札和戊戌变法史料,同时还为所内研究生班讲解《资治通鉴》,辅导学习。反右派斗争开始不久,在一次两所联合举行的大会上,我一进入会场,十八姑便招呼我坐在她身旁。她依然戴着深度的眼镜,穿着蓝灰色的当时风行的"列宁装",梳着整齐的短发,默默地听完报告后,神色黯然离开会场。我知道,这时三楼历史所已经贴出了围攻泉澄姑丈的大字报。这是我见到十八姑的最后一面。

此后,我不断下乡劳动。十年浩劫乍起,我先是被下放市郊干校,继又被流放东北边陲,从赵之华表弟处听到十八姑的噩耗,已是她离开人世以后的事了。念及母亲今后要好好感谢十八姑的嘱咐成了永远无法诺遵的虚言,我只能徒呼负负、永歉于心了。

我虽然和十八姑有过这样断断续续的接触,也许拘泥于大家庭中辈分不同的礼数——幼辈对长者的恭谨和长者对幼辈的矜持,我们之间没有过敞开心扉的倾谈。一直到 50 年后的今天,读到这部诗文集的清样之后,我才开始走进作者,走进这位诗人和历史学家的内心世界,体认她的困顿坎坷的一生。她的诗词反映了她的才思,她的史学文章显示了她深厚的旧学根底、博洽的学识、犀利的见解。记得上世纪 80 年代初,美国加州大学戴维斯分校刘广京教授到复旦讲学(广京教授是作者的外甥、我的姑表),在一次时任历史系主任的谭其骧先生宴请他的宴席上,主客谈论中美史学界的往事近况,以及他们彼此都熟识的同行故旧,谭先生对我说:"你的姑父用功,肯下笨功夫,所以写出了《清代历史地理沿革》,你的姑妈十分有才气,可惜走得太早,未尽其才,施展所学。"言竟怃然,举座唏嘘。谭先生和作者伉俪在燕京研究院同受业于顾颉刚先生门下,所以知之甚深。谭先生的话表达了对作者的赞赏和惋惜。在这部诗文集中,我不仅看到了作者的才华,她对中国古史发潜阐幽,她的一些论著填补了以往历史研究的空白。她关于明以来基督教来华史研究的提纲和参考文献体大思精,可惜只留下提纲和参考书目,未毕其功。作者的青少年正处于军阀混战、外患频仍的乱世,无论少年习作、文艺创作,还是历史论著,无不流露出了作者炽热的爱国情怀。她呼吁女权,抨击社会黑暗,痛惜国土沦丧,表明她不是锁闭深闺只知咏花弄月不问外事的大家闺秀,而是有着强烈的历史责任感的时代女性。她的燕京大学硕士论文《明代倭寇考略》便是写作于"九一八"事变前夕,有感于当时日寇猖獗进逼、民族危机严重而作,20年后于1954年由人民出版社重版印行。我常常以此勉励我的研究生:一篇写于30年代的学位论文,到50年代还能被国家出版社选中重版,可见文章千古事,不可掉以轻心,只有扎扎实实,才能永葆生命力,历久而弥新。

感谢福建省文史研究馆卢美松馆长,他就任伊始,便以保存和弘扬乡邦文化为己任,亲自探访遗稿,并且筹拨巨资,倩人整理,策划出版。在当前商潮汹涌、上下征利、急功浮躁的世风下,美松馆长毅然做出这样决定,尤为难能可贵,令人钦佩,使我在耄耋之年,得以捧读遗篇,追念先德。今天年轻的读者也将从这部诗文集知道八闽巾帼中曾经有过这样一位才华横溢的作家和学者,一位身处逆境、仍视学术为自己第一生命而矢志不渝的历史学家。

这部诗文集的出版,全亏作者儿媳许宛云女士精心保存、免致散佚。宛云幼年来到作者家中,受教棋艺于表弟赵之华、之云昆仲,获得全国女子少年围棋比赛冠军。作者慧眼识珠,不但赞赏许的才艺聪颖,更看重她的品德高尚,支持她的婚事。当赵氏一门丙丁之际惨遭浩劫,姑翁先后去世,之华、之云昆仲又相继病故,宛云茕然独居,含辛茹苦,抚养遗孤;妥善保存先人片纸只字,断简残篇,不遗余力,并且请我的圣约翰大学谢忱先生就诗词部分做了初步整理和一些注释。宛云女士曾因北大烈女林昭(彭令昭)胞弟彭恩华曾经师从之华、之云表弟学棋,而认识林昭。林

陈懋恒(1901—1969)

昭以呼吁民主、张皇自由而坚强不屈、就刑受戮,沉冤未雪。宛云不顾艰危,保存遗墨,与北大校友共同经营林昭苏州茔墓,因而有"沪上侠女"的美称。宛云又为懋鼎大伯和作者生前闺中挚友、天虚我生之女、著名画家、诗人陈小翠的遗稿出版多方奔走,力促其成。凡此种种,俱见其古道热肠,今人罕觏,令我十分敬重。如今宛云以舅姑遗稿出版已有着落、唯一幼女今夏大学毕业后东瀛学画,俗务已毕,尘缘已了,行将遁入空门,潜居浙东名刹。当其与青灯古佛为伴,见到这部诗文集问世,谅或拈香一笑,释然放怀。

2010年中秋于沪西寓所,时年八十又二

(原载福建省文史研究馆整理《陈懋恒诗文集》,福州:海峡文艺出版社2011年版)

陈懋恒、赵泉澄先生印象记

邹逸麟

最近读了宋路霞撰《陈宝琛的侄女陈懋恒》一文（载《上海滩》2012年第5期），勾起了我不少回忆，不禁也想说上几句。

陈懋恒的丈夫赵泉澄先生，大约在1959年至1960年间，曾在我们复旦大学历史地理研究室工作过。1959年《辞海》修订工作启动，我的老师谭其骧教授被聘为编委和历史地理分册主编。按谭先生意见，这次修订《辞海》历史地理部分，不能仅根据旧《辞海》的历史地名略加补充和修改，应该制订一份比较能够反映这一学科基本面貌、有系统的历史地理词目。这就需要从历史典籍里去用心搜索。那时，我们这一批大学毕业不久的年青学子，正在他主持下编绘《中国历史地图集》，既没有时间，也没有水平做这项工作。于是他就约请30年代在燕京研究院的同学赵泉澄，将他从上海社科院历史研究所借调来复旦史地室承担此项任务。赵先生的具体工作，就是以顾祖禹《读史方舆纪要》为索引，从历代典籍中辑录历史地名。

赵先生当时家住在中山公园兆丰别墅，每日清晨乘车来复旦，单程需要一个多小时，路途很远。但他从不迟到，每天一早到来，就打开布包，拿出毛笔和墨盒，埋头工作，也不和我们聊天。有时我们在工间操时间,和他说上几句有关词目的话,他也只是微笑着答上几句,没有多余之言,甚至让人觉得他有些木讷。午饭后,我们往往会拼上几把椅子,躺下休息一会儿,他却立即工作,也不休息。有次我问谭先生,说赵先生很怪,从不与人搭腔,以前你们在燕京时,是不是也这样的?谭先生说,过去不是这样的,因为他在 1957 年被打成右派,所以很有顾虑,不敢随便跟别人讲话。我又问,像赵先生这样老实的人怎么会成右派?谭先生说他也不清楚,不过这类事是不便问的。后来我看了《清代地理沿革表》的序言,其中记述他 30 年代在故宫积满尘埃的档案里怎样翻找资料,可见是一位相当勤奋的学者。如今又读了宋路霞的文章,才知道他当年竟然还是燕京的学生会主席,自然是十分活跃的分子,后来怎么会被折磨成那个样子,实在令人伤心。

我见到陈懋恒先生,也是谭先生推荐的。1964 年,中华书局上海编辑所约请谭先生整理清人胡渭的《禹贡锥指》。谭先生太忙,没有时间,就推荐我承担此项任务。当时中华书局想尽快出书,提出不用新式标点,不标书名号,只用句逗就行。我那时读古籍的水平不高,句逗完了,可心里没有把握,想请谭先生看看。谭说他实在没有时间,说可以请赵先生的夫人陈懋恒把把关。我读过陈先生的《明代倭寇考略》,对她的学问非常钦佩,但没见过作者本人。一听有这个机会,我非常高兴,就拿了谭先生的介绍信去兆丰别墅登门拜访。陈先生得知是谭先生介绍来的,非常热情地接受了我的恳求,并让我进了她与赵先生的书房。房间里堆满了图书,白色的窗帘挂得很严实。我问,怎么大白天也挂窗帘?她说,这样可以尽量减少外界的影响。可见他们是如何专心致志做学问的。陈先生高度近视,看书的时候,书本几乎贴到了脸上。过了一段时间,我去取稿,她对我的初稿提了不少宝贵意见,令我非常感动。

后来因为"文革"爆发,这项工作也就搁下了,到20世纪80年代重新启动,那已是后话了。

赵先生在我们那里工作了大约一年左右,将《辞海》历史地理词目初稿做完,就离开了复旦,听说是调到财经学院去了,以后也就没有联系了。在"文革"期间,他们一家受到的磨难是可以想象的。后来听说陈先生去世,对赵先生打击很大。到了70年代,在一次有关《辞海》工作会上,我又见到了赵先生,只见他老了许多,背也驼了,腰也弯了,雪白的胡须也没剃干净。我上去和他打招呼,他呆呆地看着我,没有什么反应,似乎记不起了。不久听说他也去世了。

陈、赵先生的两位哲嗣,我没见过,不过知道他们都是围棋天才,少年时即崭露头角,可惜均未尽天年。

赵泉澄(1900—1979)

(原载《上海滩》2012年第10期,2012年10月1日。有删节)

侠儒唐振常

吴健熙

16年前,我初谒先师唐振常先生于漕溪北路上的历史研究所,那是幢历经沧桑、略显破败的楼房,如今已被美轮美奂的某商厦取代了。当年我的研究生复试即行于此。一见面先生就问我平日里喜读古文否,我说还可以,又问能否背诵,我说试试看。记得背的是欧阳修《醉翁亭记》片段,先生点头称许,而我却不免纳闷起来:我是慕先生治上海史盛名而来,为什么要像考小学生似的让我背古文。久而久之,我才领悟,先生治学注重古文(包括背诵),自有其历史渊源在。

从背古文到背语录

1922年,先生生于四川省会成都。其祖父曾为光绪朝进士,由工部主事外放川省某知县,有政声。唐家亦由此为成都大户。当年锦官城内有"南唐北李"之说:"北李"指巴金(李尧棠)家,"南唐"即指先生家族。因居南城文庙后街,四进大宅,高墙深院,有大小房屋60余间,故又号称"唐半城"。

先生到了入学年龄,尽管成都早已学校林立,其父母却仍按旧制,延师在家课馆。塾师姓刘,名洙源,乃一饱学之士,兼通儒、佛二学。先生的父母均笃信佛教,于是延聘刘先生居家教先生辈学儒,自己则从旁学佛,先生及其兄弟姐妹们尊称他为太老师。

这位太老师讲课认真极了。先生回忆道:"他先是高声朗诵,继以逐句讲解,一字也不放过。讲至得意处,他站了起来,绕室而行,手舞足蹈,即使听不懂,也为他严肃的神情所吸引。"然而这位太老师脾气也暴躁极了,骂人、打人是常事。每天的例行"功事"就是背书。背书时学童站在他桌前,背对着他背诵,稍有"疙瘩",便叫转过身来,伸手挨板子。那可是玩真格的,从无"高高举起,轻轻放下"之事,疼得你要哭出声来。除了打板子,还有敲"麻栗子",这更方便了,不用你转身,太老师右手食指半曲,一记敲在后脑勺,青肿隆起,几天不消。

先生的兄弟姐妹们平日里既怕又恨这位太老师,想尽办法捉弄他。有次上课,先生的哥哥在一张纸上画了些乱七八糟的东西,趁太老师来回走动时,用浆糊粘在他背上。被发觉后,其兄自然免不了被一顿饱打。继之,太老师竟拂袖而去,辞馆不干了。先生父母不得不叩头赔罪,苦苦挽留……

但正是这枯燥的背诵,打下了先生坚实的国学底子,培养了他对史学的兴趣,更锻炼了文言写作能力。先生日后为文快捷,倚马千言,引经据典,信手拈来,便得之于早年的这种特殊教育。先生晚年撰文"感谢洙源先生在旧学上给我的知识"。

先生虽为川人,但总觉得四川这地方顽固守旧势力太强,积习太深。举一例,先生初中先就读于大成中学,那是一家通体散发着复古霉烂味的学店,其腐朽远胜于其曾插班读过的建本小学。按先生的话讲:"在落后的四川,也找不出第三家来。"

学校实际上是校长的小朝廷和家业,教职员多是他的学生,教务主任是他的儿子,附属小学校长是他的孙子。住校学生每天清晨列队到大成殿向孔子作揖礼拜,初一、十五还得烧香磕头。逢孔子生日,停课三天,大举庆祝"圣诞",张灯结彩,舞之蹈之,鼓乐齐鸣,香烟缭绕,一派乌烟瘴气。政府官员、社会名流,齐来朝贺礼拜。这时校长先生昂首阔步,俨然一孔教护法者。殊不知,当年他也曾倾向维新,在清末四川保路运动中有所作为。

不仅如此,校长还发明了一种背"语录"教育法,那就是从经书上摘选各种圣训语录,每天从早到晚,分别在各种集体场合,让值日生高声背诵,以作箴名。连厕所门上都高悬一木牌,上书四个大字:"道在屎溺。"30年后,当先生与众"牛鬼蛇神"手捧"红宝书"齐声朗读时,总会想起这段往事,不禁哑然失笑。

由热爱文学而转攻新闻

在这样的学校里读书,对天性活泼、富有主见的先生无疑是种折磨,"昏昏然,木木然,不知道究竟在干什么"。于是毅然放弃一年的学历,于1935年考入成都县立中学。创办人为先生的外祖父,该校以教学严格、空气清新、课程齐全、尤重英语而负盛名。

这期间,先生曾寄居大舅父龚向农家中。向农先生乃著名经学大师、文学家和教育家,曾任成都大学校长,一生潜心著述,成果斐然。先生常侍在侧,耳提面命,多有教导,"虽不能尽得要领,而终生不敢忘"。就在先生去世前几年,尝手录其母挽向农先生之联,装裱后悬于书桌前,以示缅怀。

先生高中曾在光华大学附中就读,这是所因抗战从上海迁来的学校,学生大部分是外省逃难到内地的富家子弟。风气开通,比较自由,教学水平亦数上乘。最令人欣慰的是,不像当年成都其他学校那样,穿规定的校服,搞军事训练。此时先生已因父亲病、家道衰而渐悟人世艰辛,懂得勤奋重要,谨遵母训,发奋读书,加以天资聪颖,故品学兼优,英语和国文老师尤寄厚望。

先生自言:"一生读书较多,也在这段时期。"当时附中和大学同一图书馆,先生是图书馆的常客。据说就在那里,他差不多读完了成都能找到的所有中外文学名著。一次日本飞机来袭,全校师生纷纷离校疏散,只留先生一人在寝室里卧床高声朗读黛玉《葬花词》,沉醉其中而忘了危险。这倒并非他不怕死,实在是舍不得放下《红楼梦》。也就在这时,他开始向报馆投稿,第一篇作品是小说。

1941年,先生高中毕业。当时有一条规定,高中三年和全市毕业会考成绩优异者,得免试升入国立大学,先生幸列此榜。他原本满心想读外国文学,而家中希望他学农艺,只得违心进入了重庆中央大学农艺系。先生颇不耐那些动、植物课程,很想弃学而去。大舅父突然病逝,给了他一个以奔丧为名而脱离苦海的机会。之后,他在家待了半年,名为复习重考,实则大读闲书。他无意中于书堆里捡得《新青年》及《新潮》等杂志几近全套,大喜过望,自晨至夜,一灯如豆,读之不舍。

次年夏,先生考入已在成都复校的燕京大学外文系。入外文系本为学文学,燕京外文系虽不乏文学素养很深的中外籍教师,但教学重在语言。于是他萌生了转系念头,曾想过转国文系,只因燕京国文系太保守,只得作罢。1943年秋季开学,办完注册手续后,他终于下决心转读新闻系。

关于专攻新闻学的动因，先生晚年曾说："虽然有以笔战斗之心，更多的是以为新闻工作和文学接近，当有利于搞文学。多年实践之后，我才明白二者很不相同，由记者而入文学家，并无捷径。"他还透露了一个颇具戏剧性的遗憾："如果吴宓先生不是1944年而早一年到燕京外文系任教，我也许不会转系。"

"上指天而下画地"的小编辑

燕京新闻系当时在国内颇负盛名，系里还有一张专供学生实习且公开发行的报纸——《燕京新闻》。该报由低年级学生负责采访，高年级学生编辑，系主任蒋荫恩先生总其成。先生刚转入新闻系时，蒋先生得知他正与几位朋友办了一本仅出三期就垮台的《文心》月刊，便要他去编新辟的副刊。贵为副刊编辑的先生此时并不谙版面编排技术，只是将每期稿子凑齐，交蒋先生发排。蒋先生竟毫无师长架子，权充版面编辑。每逢周六，先生他们就随蒋先生步行穿越全城，到设在成都五世同堂街的《中央日报》编辑部（《燕京新闻》借此排印）排版。蒋先生总是亲自动手贴版样，而对于稿件的取舍，从来都听学生意见，不加干涉。

先生从蒋先生处学到的不仅是编报技巧，更重要的是对人的尊重。"文革"中，蒋先生在北大被逼身亡，先生曾撰文怀之。先生去世后，我才从其家人处得知，他曾寄款接济贫困交加中的蒋师母。先生是很重师道的。

抗战后期，成都的民众运动渐趋高涨。新闻系学生最多，进步势力也最强。蒋荫恩先生改变了做法，放手让学生自行组成班子负责《燕京新闻》，结果是进步学生掌握了这张报纸。1945年秋，同学推举先生和后在"克什米尔公主号"空难中牺牲的李肇基分别负责《燕京新闻》中、英文版。先生已是大四学生，同时在《华西晚报》当记者，一段时期就在报馆宿舍内编报，多得力于后为《文萃》三烈士之一的陈子涛帮助。

《燕京新闻》虽是公开发行的报纸，但不受当局新闻检查，所以多次全文刊载反内战、反独裁，要和平、争民主的宣言、社论。这些文章多为先生所作。其时师母陶慧华先生正在燕京攻读社会学，先生檄文立就后，曾交她在学生集会上宣读。先生自谓："其时也，同学少年不知世事之艰，上指天而下画地，似乎乐在其中。"

投身新闻拒检运动

《华西晚报》原是一张由《华西日报》同人集资创办的休闲小报，日报转向后，晚报乘时而起，公开打出民盟机关报旗号，张澜挂名社长，实由中共四川省委秘密领导。

先生与"华西"日、晚两报发生关系，始于1944年湘桂撤退之后，由于为两报副刊写稿，而得识时任晚报主笔的地下党员黎澍及副刊编辑、剧作家陈百尘。先生常去报馆聊天，一起坐茶馆，吃小吃，后应黎澍之邀，到晚报实习。期满，留馆当记者。

抗战胜利后，《华西晚报》发起拒绝新闻检查运动，蓉、渝两地报刊纷纷响应，联名发表拒检宣言。成都各报刊更是联合出版《拒检周刊》，由叶圣陶主编，陈子涛具体负责，宣传报道这一运动进展情况，稿件绝大部分由晚报记者采写，共出三期。先生每期都写了文章，其中一篇为记述拒检运动发起、进展概况，署名涛音，一时影响较大。

燕京大学校务长司徒雷登从日本监狱出来后，曾视察成都燕大，并发表演说。他认为中国学生运动在全世界独创一格，那就是和工人、市民运动相结合，所以这种运动能深入而发挥巨大的作用。他鼓励学生发扬这种精神。当晚，司徒还接见各学生团体负责人，先生代表海燕剧团参加。会议采取对话形式，他或提问题，或谈看法，出言虽较谨慎，但表示中国在抗战胜利后，应该走民主道路，一切压制民主的行为不可取。先生将上述演说及会谈情况写成长篇特写，发表于《华西晚报》。

艰苦奋战在《华西晚报》

据先生回忆，"找遍中国报馆，大约没有像《华西晚报》这样穷的了"。每月工资约合两斗米，因物价上涨，有时还很难保证。且各级人员没有差别，全拿同样数目。一日三餐由报馆供应，除个别人外，都住在五世同堂街的报馆内。这里既是编辑部，又是印刷厂。

报馆只租了院内几间破房。先生曾与黎澍同住一室。所谓寝室，原是间小教室，前后都有窗户，但没有玻璃，也没用纸糊上，任其洞开；门自然也无从锁起，越窗而入，举足之劳。用一张竹篱从中挡去三分之二，隔成前后两间，先生住前间，黎澍住后间。室内别无他物，唯一床一椅。盛夏夜，因无浴室，他们便到院内一小池亭上，脱光后用水桶浇水冲凉。过道偶有人来往，所幸者无灯，也就不怕"曝光"了。

不久报馆被勒令迁出。新居居然是赌场一角，赌场无日无夜，人进人出。人在屋内得将门闩插上，否则赌客往往会推门而入。麻将牌九，吆五喝六，喊声震天，不绝于耳。先生他们就在这一片喊杀声中写稿编报。

先生口袋里常常一文不名，好在已成报馆对面小茶馆的常客，喝完茶,说一声"记黄经理的账",即扬长而去。其实这个"黄经理"是同事黄是云冒充的,免得被茶馆老板看不起而拒赊。还有精于吃道的老土地车辐先生,大小报馆都有他的熟人,常常带着先生他们去牛肉馆,站在柜台前白喝牛肉汤。听师母讲,那时先生常穿四川土老财才穿的"洋"装,土得掉渣,活脱像个小老头。但就这一脸穷酸相、一副破家当,却将一张报纸办得虎虎有生气,言人之不敢言,成为当地的民主喉舌。先生也就在此时,加入了文艺界抗敌协会和民主同盟。

对李、闻追悼会的精彩报道

1946年6月,先生大学毕业,经蒋荫恩先生推荐,辗转来到上海,向《大公报》报到。对此,先生于年届古稀时感慨道:"时已24岁,未曾出远门一步,心慕上海这样的大码头,欣然应允。没有想到,在上海竟然生活了41年之久,成了一个老上海。"更准确地讲,他成了一个终生没学会上海话的"老上海"。

初入报馆,先生为助理编辑。尽管稿件所拟标题自认为已含蓄多了,结果还是常被主编扔进字纸篓。这对在家乡"指天画地"惯了的先生,自然"处处感到受不了那种压抑的空气"。于是,他找到同在上海的黎澍,要求离开《大公报》。先生心目中的去处,自然是黎澍正在编的地下党刊物《文萃》。黎澍答复道:"留在《大公报》,一样可以做工作。即使只是为了解《大公报》,也该留下。"先生虽然接受了,思想并未真通。后商之于也在上海的陈白尘,他劝先生改做记者,说这样也许精神上会痛快些。于是,先生到采访课当起了记者,主要采访市政新闻。

1946年10月4日,上海各界假座天蟾舞台举行李公朴、闻一多追悼会。先生前往采访,目睹了会上的唇枪舌剑。长篇报道及另一位同事加写的花絮,在次日《大公报》上一字不易,全文刊出,占了半版篇幅。花絮所拟标题绝妙,曰"勇士多情吊李闻,泉下有知也佩钦;口若悬河针锋对,一片唏嘘鼓掌声",以事实明指特务捣乱。一时影响甚大。

对时任上海市市长吴国桢与参议会议长潘公展的拙劣表演,先生亦多有描述。潘公展侈谈民主,"曾引起惊人掌声,从会场的几个固定角落发出"。吴国桢在唱了一通守法高论后,转口自夸"最近的上海市参议会,就充分表现了民主精神",结论是刺杀李、闻之事不会在上海发生。

吴的老同学罗隆基在特务们"尾巴,尾巴,滚下去!"的喝倒彩声中,代表民盟走上讲台,他转向坐在台上的吴国桢道:"请问吴市长,昆明是不是中国土地?"吴国桢无言以对。追悼会的高潮,是由邓颖超宣读周恩来的简短悼词。先生尤感悼词中"此时此地,有何话可说"的千钧之力。

让吴市长头疼的"造乱"记者

次年2月9日,南京路劝工大楼惨案发生。第二天,吴国桢举行记者招待会,指梁仁达"死于共党捣乱",说被打的人才是凶手。先生在11日的《大公报》本市新闻版头条位置上,以《吴市长发表谈话,认召集开会者是祸首》为题,针锋相对地予以揭露:"前日所有被捕的人,全部皆系当场被暴徒打伤者,凶手皆已扬长而去,并无一人被带进警局。"并将吴国桢描写一番:"吴市长表情严肃,声色俱厉,以至于连声拍桌,高呼说是有人要在上海造乱。更说是所谓民主、自由、皆是假的,直至退出会场,尚连呼'挂羊头,卖狗肉'不已。"

吴国桢见报大怒。加以前次沪西发生大火灾,先生在报上引用一位市政府参事的话,指责吴国桢处理此事是雷声大、雨点小,许多灾民无家可归,吴本已不能耐,如今两事并法,遂令市府新闻处长朱虚白通知报馆,不准先生再采访市政新闻。《大公报》只得改调先生采访外事、教育新闻。

吴国桢时为宋美龄赏识,属"夫人派"红人,他懂得利用传媒的重要性,对记者有很高明的周旋能力,有时也颇显"民主"风度。记者可以随时闯进他的办公室即为一例。每天下午5点一过,常有一群记者走进他的办公室,就各种问题相询,吴国桢总是站在桌前笑嘻嘻地谈这谈那。先生觉得所谈其实并无多大新闻价值,但总比社会局局长吴开先强。这位同姓党棍在记者面前完全摆出副滑头样,吃喝嫖赌,无遮无拦,一会儿说要请大家去青浦吃大闸蟹,一会儿说请看戏,尽管貌似镇定,结果教师示威、舞女请愿还是闹翻了社会局。

先生采访教育新闻为时不长,大多是报道学潮。其时学潮云涌,学生每有请愿,吴国桢一不躲避,二善言辞,三貌似诚恳,有时还机灵至极。1948年同济学潮发生,吴国桢到同济大学,和学生代表多人在校门外一草棚中谈判,军警林立,人群拥挤,秩序混乱已极。吴被人群挤了一下,身体一歪,眼镜落地,他乘势叫嚷学生打了他,随侍保镖、特务立马高呼:"吴市长被打了!""学生打市长了!"于是"吴市长被打"之说哄传上海。这还不算,翌日报纸竟有这位市长大人前夜头裹纱布在家发表谈话的"玉照"刊出。事发当日,先生就在现场采访,亲见吴国桢毫毛未损,不禁挖苦道:"市长之善于演戏可见。"

《失踪人物志》背后的故事

记得先生七十寿辰时,同人假座梅龙镇酒家为他贺寿。席间,先生谈及1946年中共代表团为庆祝朱德60大寿,在周公馆摆了两桌酒席,宴请沪上新闻界。他亦应邀出席,不过那只是应酬而已。但另一次去周公馆却给他留下了深刻的印象。

某日,忽然有人通知他去周公馆,说是有位中共负责人约请谈话。及至,见在座的只有《文汇报》两记者。不一会儿,董必武下楼来到客厅与大家见面。其时国共和谈濒临破裂,董老说,向你们介绍一下和谈情况吧。这一谈就是一下午。董老谈,先生他们听,有时只稍做提问。令人敬佩的是,董老手上没有半纸稿纸,却娓娓道来,滴水不漏,条理分明,并对前途做了精辟分析。更令人感动的是,听众只有三人,讲者却极为认真严肃,无一丝松懈。唯一的遗憾是,这些和谈内幕此时已不能见报了。

晚年忆及,先生仍不胜感慨道:"一个下午所听,真是胜读十年书。董必武不愧是举人出身!"我曾问先生:"既然谈话不能发表,为什么还要你去听?""无非是说我进步呗!"他脱口而出。

1947年3月,内战已全面爆发,国民党特务在上海疯狂逮捕进步人士。一天,黎澍和陈子涛要先生借《大公报》记者身份,采访几位被捕人士家属,写几篇报告文学式的文章在《文萃》上发表。题目是黎澍拟的,叫《失踪人物志》。

先生在熟悉情况的《文汇报》记者崔景泰协助下,秘密采访了一些当事人,写就《年青的音乐工作者——庄枫》《苦难的小姐——杨莹》《患难夫妻——姚永祥和乔秀娟》三篇,连载于《文萃》丛刊,署名"龚子游"。他在首篇开头写道:"上海,这曾经被市政当局自认为'最民主的都市',天天有人失踪,父亲丢了儿子,妻子失去丈夫,小孩子不见了爸爸,女学生被抓出了学校……我们的兄弟姊妹,正不知有多少失去了自由。"

先生到巨鹿路厚德里庄枫家采访时,但见其全家笼罩在悲哀中。老父母、病卧床上的弟弟、父母双亡的外甥女,还有原准备结婚的爱人(当时对恋人的称呼),愁云堆集、悲声一片。而那间又小又黑、塞满五口人的客堂间后房,让先生终身难忘。

写沪江大学女生杨莹一篇时,先生主要采访了她的妹妹。杨莹妹妹当时在熊佛西主持的市立戏剧专科学校读书。因先生与佛老相熟,请他帮忙,约定晚上在学校操场上谈话。据先生晚年回忆:"一片漆黑中,谈话进行了两个晚上。这个小姑娘天真无邪,似乎还不甚懂得她姐姐被捕之事的利害,谈话之间充满稚气。父母双亡,哥哥不和,两姐妹相依为命,姐姐入牢,妹妹前途何堪,这是不言而喻的。"

在姚永祥夫妇一篇中,附有他俩的结婚照。新知书店职员姚永祥及其妻子乔秀娟,一位同样热心社会公益事业的助产士被捕时,还牵涉到了一位无辜者,那就是姚永祥妹妹的"爱人"柴信宏。柴先生任职于国民党社会部劳动局,自认是安分守己的公务员,于是陪这对夫妇同去特务机关解释,结果同被列入"失踪人物"。可怜的是,柴的寡母要靠他养活。先生写道:"(儿子失踪后)老太太急坏了,她是一个佛教徒,天天在外面测字卜卦,庙里拜菩萨。她一天要叩600多个头,腰酸腿疼了,她相信再多向菩萨叩点头,菩萨就会保佑儿子回家的。"

"阴暗笼罩了大上海,人民在苦难中。"这是先生的结论。值得一提的是,他在文中直言不讳地点出了中统上海办事处地址,即亚尔培路

(今陕西南路)2号,抓人用的小汽车牌号"国沪12192"和"国沪12193",还有电话号码"73961",为的是让"善良的人们或可对此魔窟有所警惕"。原中统所在的那幢房子,近年于延安路高架道路建设中被拆除,先生终以为憾事。颇具戏剧意味的是,文章发表三个月后,他自己竟也"有幸光顾"此地。

一本台历肇祸端

1947年7月中旬,先生曾与陈子涛在福建路上广东饭馆"一枝春"吃饭。闻先生即将结婚,子涛举杯祝贺。殊不知这顿饭竟成诀别。先生与师母的新房设在峨眉路108号假四层顶楼。那原是黎澍住所,黎澍赴港后,由《文汇报》记者陈霞飞居住。《文汇报》被封,陈霞飞去了解放区,将这间房子让给了先生。当先生偕师母在杭州旅行时,《文萃》遭破坏,陈子涛等人被捕。先生回沪后茫然不知,直到7月23日晚,特务"光临"家中,方略悉其事。

事情经过是这样的:是日晚约八九点钟时候,先生正在报馆写稿,忽按师母电话,要他赶快回家,问她什么事情,师母不肯说。先生以为是陈子涛有急事来访,写完稿后匆匆赶回。刚进大门,他见过道上站着几个陌生人。晚年依稀记得有一个穿浅灰色派力斯长衫、油头粉面的矮个子,还有一个胖子。同住的《文汇报》主笔张若达及其妻复旦大学学生谭家昆也在旁边。

见先生进门,那个显然是小头目的矮个子趋前盘问道:"我们是查户口的。你是谁?"先生如实相告,并按记者习惯递上名片。正说着话,张若达急忙上来,指着矮特务手中的一本台历,说先生知道那是陈霞飞的,非他之物。矮特务即问先生是否如此,先生说是如此,他可以证明。听罢此话,矮特务开腔道:"那就到里面去证明吧。"随即不由分说,将先生和张若达夫妇带出门外,上了停在马路转角的一辆小汽车。

临上车时,先生回头朝四楼望去,见师母正在探窗外望。先生手里还拿着封师母朋友托他转交的信和一本电影杂志。原来,特务是为抓黎澍而来,在张若达房里发现一本台历。台历原为黎澍旧物,他临走时留给了陈霞飞。在先生夫妇入住前,张若达母亲曾在此小住过一段时间。先生入住后,还见此台历,后被张母要了去。特务翻阅台历,发现其中一页有如下留言:"老黎,来拜过年了。子涛,唐海。"于是,特务追问"老黎"何在。搜查时,特务又从谭家昆手提包里搜出一封信,写信人已被列入黑名单。于是张若达夫妇被捕。

特务们搜查了先生家后,又下楼设伏。师母以为特务已走,便打电话催先生回家。在车上,矮特务突然问及陈子涛,先生一听,猛省《文萃》出事了。因子涛不是记者,公开场合不露面,现在特务竟知道他的名字,想必是凶多吉少。

入魔窟有惊无险

车到亚尔培路2号,特务将他们三人带进一室,即走开。先生起初还和张若达夫妇闲谈几句,后来索性翻看起那本随身带着的电影杂志来。约一小时后,一起来的那个胖特务将先生带进一间较大的办公室,要他坐在办公桌旁。桌前坐着个大块头,正在听电话,先生一望便知,那是中统驻沪办事处主任季源溥。此人还是上海市参议员,先生在参议会采访时,曾见过他。

先生听季源溥在电话里说:"吴市长,王芸生他不能这么说,我们本来不是要抓他的人,我们要抓的是一个重要的共产党……这个人很重要……"趁他说话之际,先生侧目往桌上觑去,只见一张纸条,写了几个名字,第一个是黎澍,以下几个都是先生熟知的黎澍化名。他不免一惊,想起了放在壁炉架上伸手可得的一封信。那是黎澍自香港寄给先生的,要他"结结实实"写篇有关被国民党杀害的一位烈士的文章寄去。而信上所署化名,就赫然写在这张纸条上。如果信被特务搜去,看来是出不了这魔窟了。他转念一想,大约未被发现,不然,刚才那矮特务不会不问黎澍。先生正想着,忽闻季源溥说:"好,吴市长,我这就把他给你送去。"

季源溥放下电话,装模作样地劈头就问:"你来干什么?"这真是贼问物主。先生反问道:"你们不抓我,我来干什么?"并指着站在门侧的那个胖子道:"喏,就是他来抓的。"季源溥立刻推脱说:"他是警察局的,与我们无干。误会,误会。"然后他说,立刻送你到吴国桢家去。先生站起来就往外走,一个小特务跟上来恫吓道:"你来过了,知道了这是什么地方,出去不要乱说,否则对你没好处。"先生理都不理,扬长而去,结果将师母朋友的那封信连同电影杂志都忘在魔窟里了。到了院中,矮特务正等在那儿,与先生一同上车,直往安福路吴国桢官邸驶去。

王芸生逼吴国桢放人

说来也巧,那天晚上,先生原与《商报》记者夏治澂及《新闻报》的两位记者约好,同往吴宅采访。夏治澂到时不见先生如约,便打电话到家中催问,师母正茫无所措,告诉了他刚才发生的事情。夏闻讯后,急忙打电话通知《大公报》馆。总编辑王芸生知悉后,当即打电话给吴国桢,要他立即交涉放人。吴起先推说他刚从南京返沪,明天再办。王芸老的回答无疑是最后通牒:"今晚不放人,明天就登报。"吴国桢只得照办了,因为当局此时对抓《大公报》人尚有顾忌。

车到吴宅,巧之至,夏治淦他们也刚到,正在揿门铃。入门后,几位记者与那矮特务在客厅坐下。不一会儿,吴国桢下楼,一见先生,说了声:"咦,是你!"吴国桢之所以有此惊叹,是因为他虽与先生见面次数甚多,但只识其面而不知其名,也可能是名、面对不上号。此时,吴国桢也许在想:我怎么把这个专门造乱的家伙给救出来了!

采访结束,吴国桢打发走其余记者后,要先生留下。这时已在另室等候的矮特务走了进来,吴对他连声道辛苦。特务开口道:"吴市长,我把他交给你了。"吴客气地回答:"请你送他回《大公报》馆。"转身对先生道"这是误会",还叮嘱他不要在外面谈这件事。临行,吴国桢又谦恭地请那矮子"多多问候源溥兄"。

先生在报馆写完采访新闻,向王芸生汇报完历险经过,回到峨眉路家中,已是翌日凌晨。见壁炉上黎澍的那封信还在,于是,连同其他友人来信及翻检到的民盟宣言册页一起烧掉。

难忘香港《大公报》日子

1948年10月,先生被告知列入黑名单。于是,匆匆离沪,赴香港任港版《大公报》编辑。寒假,师母也来港团聚,住房不过10平方米,与邻人只一板之隔,鸡犬声相闻。如今红极一时的金庸"金大侠",当年作为《大公报》一员,亦蜷缩在这样的"白鸽笼"里。同样拥挤不堪的是夜班编辑办公室,但见"台子挨台子,走路只能侧身而过。每张台子发挥了高度的效能,少则两人轮流同用,多者且达三人"。

但先生的心情是愉快的,编完报纸多半已到凌晨时分。这时夜宵早已消化净尽,先生他们往往买上两瓶啤酒,佐以广东咸脆花生下酒。有一次天亮后,上茶楼饮早茶,但闻满楼木屐声夹杂着广东人特有的高声谈笑,对此南国"风情",一夜未眠的先生从此再也不敢领略了。听艾明之先生讲,遇节假日,先生会在"白鸽笼"里烧牛肉汤款待朋友,味道不比当年在成都站着白喝的牛肉汤差。

先生心情之所以如此舒畅,是因为港版《大公报》的办报方针是自由的。"编辑主任对于各版编辑所写题目,一般很少改动。即使偶做修改,也非出于政治原因,而是求其鲜明动人。"举一例,1949年2月12日,国民党元老戴季陶自杀消息传来,王芸生说,要好好标个题目。先生所拟引题是《陈布雷后又一人》,主题为《戴季陶昨自杀于广州》。王芸老看后不甚满意,沉吟至再,将主题改为《国史馆长戴传贤自杀》,另加两子题:《留有遗嘱官方暂不宣布》《于右任甚感恸泣不成声》。经此改动,自然较原题传神。先生感叹道:"前辈修养,非后生所可及。"依先生说法:"在香港的日子实是过渡阶段。"上海解放消息传来,他与许多滞港的文化人即乘"盛京"轮返沪,船入吴淞口,"远望红旗,心潮难平"。

陈毅市长主持公道

返沪后,先生曾任《大公报》采访主任。7月下旬,台风侵袭上海,全市水淹,交通断绝。先生与同事一起长途涉水采访,回报馆写完稿后已是深夜,再涉水回家。在欢迎解放军入城式上,他乘一辆敞篷小吉普在游行队伍前开道。那天大雨终日,"老记"们都没带雨具,浑身湿透,而热情不减。报道的第一段即为先生所写。

但有一压制新闻报道事令先生不快。《大公报》曾报道一些纱厂对女工仍实行搜身制。纺织工会见报后打来电话,盛气凌人,声称与事实不符:"叫你们的王芸生来一趟!"后由先生出面与纺织工会主席汤桂芬谈判,肯定报道是真实的,只个别细节有出入。最后双方协议,《大公报》刊文更正有出入之处,纺织工会亦在报上做一检讨。结果,先生写的更正见报了,而纺织工会却食言拒不检讨。

陈毅市长闻讯后召见先生,详询事情经过。听罢汇报,他很生气,大声说道:"我支持你们。我要整她(指汤桂芬)的风!"在全市干部大会上,陈老总将此事作为压制批评的典型之一公之于众,此后纺织工会才在报纸上做了公开检讨。先生认为这是陈毅主持公道的结果。晚年他撰文称颂陈毅:"广交朋友,深察民情,推心置腹,与民共商大计。于是,民心大悦,由衷佩戴……"我总觉得这些话应刻在碑上。

《球场风波》起风波

1953年5月,先生调上海电影剧本创作所任编剧。是为先生第一次改行,此次改行实可溯源于燕京就学时。当时他酷爱话剧表演,曾任海燕剧团团长,并自导自演陈白尘的《岁寒图》,师母是其属下演员。在创作所期间,先生共写了三个剧本,只有体育题材的喜剧片《球场风波》被拍成电影。时先生常住日晖新村,与其为邻的责任编辑李天济是他在成都时就认识的老友。由剧本而电影,李"责编"出了不少点子。热心的体委主任沈体兰还介绍先生去篮球队体验生活。

没想到就这么一部《球场风波》，却给先生招来了近20年的风波。先是姚文元在《大众电影》写文章，说影片像美国的《出水芙蓉》。等到康生一声令下，影片定性为宣传罗隆基思想。这下可不得了，影界争说"罗隆基"了。江青也跟着起哄，说编辑一定是坏人。更有甚者，北京有根名曰"黄钢"的棍子秉康生旨意在《人民日报》上撰长文横指"风波"是"白旗"，"务必拔去"。

尽管先生始终不明白罗隆基思想是什么，但在以后的大小运动中都得违心连唱"是我错"。他曾对姚芳藻先生说："我被八次炮轰，七次干炸！"更具讽刺意味的是"文革"中，造反派指定某先生准备发言稿，以供第二天大会上批"风波"用。事后，那位先生对唐先生讲："老唐，我昨天把你的剧本看了一遍，结果是一边看，一边忍不住大笑，一边写批判稿。"新编《上海电影志》评价《球场风波》是"在喜剧影片创造上有新的探索"，这对先生多少是种安慰。他住院时，当年同为编剧的艾明之更打趣道："老唐，你可以再写一个'医院风波'了！"

《文汇报》里的"闻亦步"

1958年2月，应《文汇报》总编辑陈虞孙点将，先生出任该报文艺部主任。何倩女士时任该部记者，她回忆当年情形道："文艺部是《文汇报》的两个大部之一，集文艺报道、文艺评论、文艺副刊于一身，由振常先生统管。但见他每日自早到晚忙个不停，白天抓报道，晚上看评论、副刊的大样，几乎没有什么节假日，也谈不上八小时以外的休闲生活。时不时见他点燃一支烟，手捧一杯茶，凝神沉思，顷刻间便挥就一篇'闻亦步'之类的短文，评点剧目，针砭时弊，文风辛辣。"

"闻亦步"是当年《文汇报》文艺新闻版上的一个专栏名。先生自谓:"是我以文艺部三字谐音取名,为文艺部同人共同笔名,杂谈文艺问题,内容无所不包,可与新闻配合,亦可独立成文,要之有感而发,不托空言。……约略估算,此栏以陈虞老和我写的文章最多。我每于夜间看了某条稿件有感,'摇'上一段'闻亦步';或者是去看了晚间一场好戏,还回到报社,写它一篇。陈虞老亦时于深夜看戏回来写上一篇。他写的两篇谈海瑞的'闻亦步'传诵一时,自然后来为此吃了大苦。"跟着倒霉的还有先生。

"文革"起,先生"倒",抄家者"光临寒舍",抄的自然是书和字画。其中,一套《金陵春梦》落入了一位眼明手快的年轻人私囊,那还是老同学严庆澍(即唐人)相赠的签名本。接着进门的那位仁兄,目光直扫书橱,忽见一书,立刻将上面写有"某某教正""某某敬赠"字样的扉页一把撕去,再将书急速揣入口袋。先生见状差点笑出声来,原来这本书是先前那位仁兄送给先生的"大作"。目睹翻箱倒柜之景,先生恨不得他们把书全部拿走,免得日夜提心吊胆。

接着,上影厂某编剧带着造反派接踵而至。他们将先生关入牛棚,为的是"批倒、批臭"《球场风波》。殊不知,这位编剧当年初入创作所时,居无定所,先生古道热肠,见其可怜,让出自己住房供其安身,这时他竟恩将仇报了。

随后先生被交配"五七"干校"锻炼",下放工厂"战高温",后又被"遣送"至戏剧学院图书馆充任管理员,具体任务是审定馆藏书中的"香花"与"毒草"。先生整日埋头故纸堆中,倒也读了不少书。姚芳藻忆及先生此时"愁眉百结,把自己紧紧地裹在臃肿的老棉袄里,三句话不离这病那病的"。

以《论章太炎》亮相史学界

"文革"结束,姚先生重访唐先生,发现他原先常挂在嘴边的"心脏病"不翼而飞了,那臃肿的老棉袄也一变而为大圆角、半长不短的时髦大袍。据说这件"奇装异服"还是先生在香港讲学时,淘得的便宜货。当姚先生提及如今他已不想再吃"新闻饭"时,先生哈哈大笑道:"非常正确,非常正确!"他还不忘加上一句:"记者呀,头胀,头胀!"

先生说的是实情。浩劫刚过,报社领导即希望他能重返岗位,并暗示将予以重用。然此时先生归意早绝,他对自己的新闻生涯做了"轰轰烈烈,空空洞洞"的八字评价后,转而治史了,是为先生第二次改行。以一个已过知天命之人,做此抉择,直接动因"在于对'文革'这个怪胎的莫名所以,以为不读史便无以知今",间接地,也是为了弥补自己早年的一份缺憾。原来,先生就读燕京时,曾选修过一代大师陈寅恪的文史课程,还得过高分。陈先生嘱以转读历史系,他以自己"不是做学问的材料"为谢。当时他满脑子战斗观念,未曾想到过致力学问一事,但对史学的兴趣,其实先生早就有了。

先生第一篇史学论文《论章太炎》发表于《历史研究》1978年第一期,在海内外史学界引起了广泛反响。日本的《历史评论》即发表署名文章,称"详细而尖锐地批判那些以儒法斗争史观来评价章炳麟的文章的人,是唐振常"。苏联远东历史研究所还将此文翻译发表。其时老友黎澍为《历史研究》总编,欲请先生赴京就任副职,先生欣然应允,组织关系亦已转去,并准备在《历史研究》上登几篇陈寅恪的文章。适逢上海社科院恢复,先生应邀参加历史研究所重建工作,才未成行,后任常务副所长。

"治史者须是法官铁面无情"

先生治史最大成就当属主持《上海史》编撰。以昔日远东第一大都市的五方杂处、光怪陆离,于浩如烟海的史料中梳理出上海的成长轨迹,确非易事。且地方史在传统史学领域里向被列于末学,做此研究实在是吃力不讨好。但先生知难而进,设计提纲,组织班子,大胆起用年轻人,本着求真求实的学术精神,力主客观评价诸如租界这样的敏感问题,筚路蓝缕,终至1989年大功告成。诚如是书"前言"所言:这是几个上海市民献给自己伟大城市的一份薄礼。从此,上海史研究由末学一变为显学,且方兴未艾,开山鼻祖非先生莫属!

1983年先生应邀讲学澳大利亚期间,曾写了几个字送一青年学者:"治史者须是法官铁面无情,方能得其真。"他是这样说,也是这样做的。先生秉承陈寅恪的治史方法,"以小见大"、"在历史中求史识",力求真实、公正。如他写蔡元培,既写其提倡兼容并蓄、改造旧北大的不朽功勋,也写其发起"四一二"清党的必然性。他尤为欣赏周恩来挽蔡元培之联:"从排满到抗日战争,先生之志在民族革命;从五四到人权同盟,先生之行在民主自由。"2000年7月,亦即先生住院前一月,发表了他的"封笔"作——《读史一疑》,为已成定论的"新军阀"陈炯明辩。结论是,陈氏"排斥党权、军权而倡民权之所为,人谓陈曰新军阀,如此军阀,亦难得矣"。

值得一提的是,五年前,张紫葛的《心香泪酒祭吴宓》一书出笼后,先生即以《君子可欺以其方,难罔以非其道》为题,撰长文列举史实及其亲身经历，义正词严地指出，是书作者竟以"关公战秦琼"之勇气，"向壁虚造，穿凿附会，虚构了一个吴先生，乃成对吴先生道德人品之诬"。令人欣慰的是，"吴先生的学生还在，辨别是非真伪，大义所在"。先生此言是有所指的。1944年，吴宓应聘执教燕京外文系，先生选修其"西洋文学史"课。那时燕京借当地文庙做校舍，吴宓和先生他们同住于此。先生尝言："每见他踽踽独行，对身边人与事概无所见，不时口中喃喃自语，我心中总有说不出的感触。他不是现实社会中人。"但他却是个"方正之君子，在世之时，以其方而时为人所欺，想不到逝世19年之后，竟亦为人织造了一个颠倒了的形象"。无怪乎先生要仗义执言了。

文章发表后，在学术及出版界一时反响很大，同时，也引出了一位幕后人物的"真假"辨文，对先生莫名指责一通。先生指着那宝贝"大作"揶揄道："关公、秦琼都战到我家里来了，连人家昆仲都辨不清，还辨真假嘞！"我忙问怎么回事？"他把我弟弟的名字安在我头上了。"先生苦笑道。原来此公竟将"唐振祎"（即君放先生）误认"唐振常"而攻之，好玩吗？

上海滩上一"饕民"

先生论史评人，谨严整饬，力求"无一字无来历"，但亦常作散文随笔于报端，于老辣、精练且不失诙谐的文字中透出真知灼见，如赞赏上海昔时"有容乃大"，呼吁今日"重振雄风"，乃至强调"与时俱进，不媚于时"等等。作此美文，说是以舒"腕力"，以防"手僵"，但我觉得他还是未改报人旧习，难忘"煮字生涯"。其实，先生平生最不愿看的就是"断烂朝报"式长文，戏称其为"历史料理"。他认为写史若只是堆砌史料而乏主见,就如同厨师烹菜,搭配而已。

但对作为美食的"料理学",先生却情有独钟。依先生说法:"凡是以众多美食居盛名之地,大抵都是地主文化高度发达的城市,而非商业城市。其原因在于,商人或资本家忙于经营,无暇营美食;而地主(无论大中小)则有闲,良田在乡,到时伸手收租而已,有的是时间去吃,去研究。"地处"天府之国"的"唐半城"自不例外,先生一日三餐向由个人自点,先生母亲安排,厨师烹制。先生常点"莴苣(即香乌笋)炒肉丝"一菜,虽非钟鸣鼎食,却亦不乏美味。

值得一提的是,因先生母亲不嗜辣,故家里几无辣菜。又听先生讲,成都大户人家宴客,亦多不上辣菜,只另置小碟辣酱,以供调味。先生舅父龚向农亦精于食,家菜均清淡宜人,绝无辣味。向农先生爱好昆曲,与教授名流时有雅集,每集必备美食。先生年幼时"曾数次在大舅父家逢其盛,听乐与宴,两得之"。前几年上海"麻辣烫"火锅风行,且有成川菜正宗之势,先生疾呼"大兴",指出此等陋食仅为嘉陵江畔纤夫所食,纤夫为抵消一日重劳,不得不寻求如此刺激。

当记者交游广,应酬多,故先生对各帮美食多有口福,如德兴馆的"虾子大乌参"、老半斋的"软兜带粉"、莫有财的"蜜汁火方"、九如的"东安鸡"等等。按先生说法,这些佳肴如今已成"广陵散"。以往每年清明前后刀鱼上市时,他必至老半斋食刀鱼面。唯该店烹制刀鱼面别具匠心,将鱼糜入面中,故汤厚味鲜,见汤不见鱼,"当是面食中最上品"。每当秋风散发着凉意时,先生与老友吴云溥、何满子数人还有"雅集"。届时,他总会慢条斯理道:"找家饭馆,来上一杯黄酒、一碗阳春面,外加两只大闸蟹……"

诚如有人撰文所言,去年暖冬是"晨星陨落的季节",先生走完了他

80年风雨之路,终归道山。记得先生生前对吃"豆腐饭"有过如下评述:"死了人原本是悲哀事,这种悲哀,可以为盛筵冲掉。上海至今有吃豆腐饭之习,丧事筵上有豆腐羹一碗,无非沿习之旧而已。佳肴罗列,自然是要大吃的。"我们自然也不例外,吃了他的"豆腐饭"。唯弟子不才,于悲恸中勉作一联挽之:

唐振常(1922—2002)

三十寒暑,先生生为政治民主;
八秩春秋,同志志在思想自由。

恩师唐公千古!

(原载上海市历史学会编《上海史学名家印象记》,上海:上海人民出版社2012年版)

程天赋的非凡人生

金问涛

公开报道中,仅知程天赋是上海社科院历史所的一位古史专家、"文革"中因被迫害而自尽,大众对其知之甚少。即便由程天赋生前工作单位——上海社科院历史所,在2006年9月出版之《上海社会科学院历史研究所五十年历程》中亦未见列小传。然而笔者经多方查考发现,程天赋的一生可歌可泣,现补白如下:

程天赋(1917—1968),女,籍贯四川万县。她早年就读于上海复旦大学,因端庄大方,其玉照曾见刊民国22年6月29日之《图画时报》第940号。程天赋不仅容貌出众,且十分爱国,因积极投身抗日救亡运动而于1936年春遭到通缉。1936年第5卷第7期《复旦同学会会刊》之"校闻"中曾见报道:"三月二十五日晨一时许,同学黄拔山、莫自新、郑通鹭、江南俊、蒋文蒸、包毅等六人被捕,引起同学公愤,罢课援助。是日下午约二时,警察冲入校内,教职员及同学,被殴伤者二十余人;同学杨伯鹏又被逮捕,同学心怀不安。""经校董钱新之、杜月笙、江一平先生等之斡旋,及学校当局之努力,被捕同学黄拔山等七人,业于四月十二日下午一时半保释,查并无共党嫌疑。""又公安局拟捕之同学六名,亦经钱杜江三校董,与公安局交涉,已撤销拘捕令,该六同学已返校上课。"据该事件当事人蒋宗鲁(文蒸)、刘放(堃)、史照清(亚璋)等之回忆录证实,被通缉的六名同学为:刘堃、黄树藩、裔寿民、史照清、程天赋、严玉华,当事人郑为民(通鹭)《"一二·九"运动在复旦》中亦言及程天赋。

1936年暑假后,程天赋等大批进步学生仍被国民党当局开除离校。1938年春,程天赋去了延安。《胡乔木书信集》中揭示了她当时的实际身份:"我委托上海复旦大学历史系女同学程天赋同志(当时是社联盟员,一九三六年春加入青年团,在延安入党,改名程成,在十年内乱中被迫自杀)带着我写的介绍信去浙大找到陈怀白同志,以后她们在长时期内保持联系。"

延安期间,程天赋曾在中央党校学习,1940年因摔断腿回川就医,后遵组织意见于1941年考入华西协合大学哲学系,师从姜蕴刚(1900—1982年),并于1943年毕业。在校期间,"程天赋以优异的学习成绩,端庄、文雅的风度,知识广博的谈吐,获得了同学和教授的好评。她不到一年,就交了很多朋友"。学习同时,程天赋仍未停止革命活动,并且险为特务逮捕。据1941—1945年间中共南方局派驻川西地区负责人陈于彤《在艰苦岁月中的战斗》之描述,幸亏组织的察觉和帮助疏散,方化险为夷。

华西大学毕业后,程天赋考上金陵大学中国文化研究所史学部研究生,师从李小缘。在金陵大学中国文化研究所,程天赋不仅完成了《东晋南北朝之经济开发及平民生活》之硕士论文,亦"好侠义,常济人之厄"(劳悦强语)。

1946年6月22日,程天赋尚滞留成都,不过未久即被延聘上海,参与《中国甲午以后流入日本之文物目录》之编撰工作。该目录主持者顾廷龙在为1981年国家文物局内部油印本撰写的《跋》中回忆说："参考书既备,先生(徐森玉)乃延聘吴静安、程天赋、谢辰生诸君草拟体例,从事编纂,九阅月而蒇事。吴、程二君因事先去,编录校订则以谢君之力为多。"此书是自唐宋以来由中国文物学者编著而成的第一部流散日本而且有确凿依据、确切下落的中国文物目录,全书收录各类文物15245件。在延宕66年之后,由中西书局于2012年7月公开影印出版,意义非凡。

……

1956年9月27日,上海史学工作者进行座谈,商讨筹建中国科学院上海历史研究所事宜,程天赋代表中共上海市委科学教育工作部与会并发言,随后即成为历史所的五位筹备委员之一。1959年9月起,调入上海社会科学院历史研究所,任所党组成员、古史组组长。

1965年11月25日,上海社联及市历史学会就姚文元发表的《评新编历史剧〈海瑞罢官〉》一文举行座谈会,连续七次,至12月17日结束,会议分别由周谷城、徐盼秋、程天赋等人主持。1966年爆发的"文化大革命"使历史研究所遭受了空前的浩劫,李亚农、徐崙、汤志钧、程天赋、周予同被定为社科院重点批判对象。1968年7月9日,受尽迫害的古代史研究组副组长程天赋在家中悬梁自尽。

1979年春,胡乔木致函上海社科院领导,亟盼尽快彻底平反在"文革"中被迫害致死的资深革命女干部、历史所党组成员程天赋。函曰:

> 逸峰、培南同志:上海社会科学院历史研究所人员程天赋(程成)同志,是我在一九三五年至一九三七年间在上海工作时的老战友,她在一九六七年七月九日被迫害喊冤而死,我对她的不幸受害十分痛悼。向她追逼我是"叛徒"的证明,是她直接致死的重要原

因。听说她至今还没有受到正式的平反昭雪,我很挂念,不知现在情况怎样。无论如何,希望你们务必帮助把这件事办好。何时开追悼会或举行骨灰安放仪式,请务必通知我,我要送花圈。

专此即颂

敬礼

胡乔木　二月十四日(1979)

尚令人告慰的是,终见 1994 年版《上海社联年鉴》收录李志武所撰人物小传《程天赋》,然因该书系内部编印,故此文鲜为人知,现引述于下:

程天赋(1917—1968)女,四川万县人。1938 年加入中国共产党。1946 年 4 月毕业于成都金陵大学研究院文科研究所史学部。上海哲学社会科学学会联合会第一届委员会委员。1935 年 4 月,在上海参加中国社会科学家联盟,在党的领导下从事学术文化工作,曾任支部委员、江湾区书记。1936 年春转为青年救国会,为该会复旦大学组组长(初就读于复旦大学化学系,1937 年春转入大夏大学历史系)。1937 年 10 月至次年 2 月,以四川大学代表身份在成都"中华民族解放先锋队"从事救亡工作。1938 年赴延安陕北公学学习,同年 4 月加入中国共产党,后转入高级研究班。1939 年夏至 1940 年在延安中央党校学习。后因腿伤去四川治病。1941 年至 1943 年,在成都华西大学哲学系读书并搞学运;后留校于哲学史研究室任助理研究员。1944 年 9 月起,于成都金陵大学研究院文科研究所史学部读书,兼从事统战工作。1948 年 7 月至 1949 年 6 月,在上海从事文化工作,为时代出版社翻译书籍,并协助翻译鲁迅全集等。上海解放后,曾先后在上海市文物管理委员会、华东教育部、华东高教局、上海市委学校工作部、教育卫生部等党政机关担任部门负责人,并参加筹备中国科学院上海历史研究所。1959年9月起调上海社会科学院历史研究所,任所党组成员、古史组组长。早年从事魏晋南北朝史研究,40年代发表过《西汉的奴隶问题》(1943年)、《魏晋南北朝的经济发展》(1946年)、《魏晋南北朝史籍考》(1946年)等文。解放后继续这方面专题研究的同时,还进行了"五卅运动""非基督教运动""帝国主义侵华史"等课题的研究。在"文革"时期的1968年7月,受迫害致死,以致她长期从事的《南北史合钞》未能完成。

程天赋(1917—1968)

(原载《上海集邮》2014年第5期,2014年5月1日。有删节)

怀念郁慕云

汤志钧

吾妻郁慕云因病经多方治疗无效,于2015年9月1日(夏历乙未七月十九日)11时20分与世长辞。她生于1926年5月5日(夏历丙寅三月二十四日),和我共同生活了67年。

我在《清代经今文学的复兴——庄存与和经今文》一书中写道:

> 在复学期间,和同学郁慕云相识,她佩我治学勤勉,我感她纯朴无华,彼此相恋,终成眷属。切磋学谊,互有启发。如果不是她的支持和鼓励,我是不可能有那么安定的读书条件和写作勇气的。

(中国人民大学出版社2015年8月版,第242页)

新中国成立初期,我们都在常州的中学里任教,我教历史,她讲语文。1956年年初,通过国务院高级科学人员招聘委员会,我调到中国科学院上海历史研究所筹备处。我们都到了上海,却遭遇"人才冻结",她只能在历史研究所做"临时工",但毫无怨言。

1990年4月5日,岳父郁元英在台湾病逝,慕云前往奔丧。限于当时规定,直系子女才能赴台,我只能草拟挽联,由她携台,联曰:

> 绍敦惠、餐霞之遗绪,办义校,董本草,泽及万人,名垂千古。
>
> 缕天禄、琳琅以传世,阐儒学,振礼乐,恸彻五中,空忆卅年。

敦惠、餐霞是慕云的曾祖父和祖父，曾是辛亥革命光复上海时，配合革命党人发动起义的"有功之人"，也是热心于地方教育和公益事业的上海绅商。"在朝则福遍苍生，在野则惠溥乡里"，他们创办普字义塾七所和郁良心堂药号，以育才、扶贫为己任。1997年我第二次赴台湾讲学，慕云始能伴我前往。

慕云一贯待人以厚，待己则严。我的朋友中有被错划为右派的，她照常热情招待，准备酒肴，酌予支助。自己则勤俭节约，数十年未添置新的衣饰。

慕云又能识大体、顾大局。我第一次应邀赴台讲学，某领导以妻子伴往"没有先例"为由拒绝她同往，她并不在意，只是嘱我劳逸结合，照顾好身体。

慕云自幼习画，擅人物，曾师从张大千。她画的人物，张大千为之补竹、题署，可惜这幅画被抄没了。她早年曾与姊妹合办过画展，前几年朵云轩有拍品，她又坚决不准购回。现家中仅存一幅残卷。20多年前，我曾请教著名书画家谢稚柳先生，可否补"手"，谢老认为不补为宜，并为题署。此画我一直珍藏着。

要回忆的事太多，要怀念的事也不少。如今我的书陆续出版，生活日渐好转，慕云却离我而去，我也"唯有终夜长开眼，报答平生未展眉"了。

郁慕云(1926—2015)

慕云走完了艰辛岁月，享寿八十有九。

慕云，安息吧！

（原载《文汇报》2015年10月17日，第8版"笔会"）

历史研究所和父亲方诗铭的学术研究[①]

方小芬

1956年,中国科学院哲学社会科学学部着手在上海筹建历史和经济两个研究所。1957年2月,父亲从文管会奉调到历史研究所参加筹备工作,历史所的学术氛围很好,从建所初期李亚农先生当所长时,就十分重视理论研究。父亲在历史所工作了30多年,在这样的氛围里潜心于学术研究,撰写了许多论文和著作,研究成果主要为三个方面。

上海小刀会研究

父亲研究中国近代史,是在上海博物馆工作的缘故。由于比较多地接触上海近代历史资料,他到历史所以后,就提出研究"上海小刀会起义"这个课题。研究成果表现为两种形式:一是资料集《上海小刀会起义史料汇编》,二是著作《上海小刀会起义》和相关论文。父亲是《上海小刀会起义史料汇编》的主持人,历史所多位学者参与。这是历史所

[①] 原标题为《历史研究所和父亲的学术研究》,现标题为本书编者所改。

成立以后规划的重大课题,作为主要负责人,他对资料收集的角度、范围,对资料的编排做了精心策划,这体现了他对小刀会事件理解的深入。全书分为六大部分:小刀会起义文献,上海小刀会起义期间的记载和战况报道,清政府镇压上海小刀会起义的档案资料,外国侵略者干涉上海小刀会起义的档案和记载,其他有关上海小刀会起义的资料,上海附近各县人民起义的资料。父亲以传统的史学方法来编写这部资料集,不仅广泛收集了档案、方志、笔记,还在外文报纸中仔细爬梳出大量外文资料,使关于这一历史事件的记述尽可能全面。这是关于小刀会起义的第一部比较翔实的资料汇编,为日后的小刀会研究提供了很好的资料基础。在此基础上,父亲撰写了《上海小刀会起义》一书,比较客观地阐述起义的整个过程。全书分为八章,从时代背景、小刀会的组成、起义经过、撤退以后、与外国侵略者的战斗、历史意义等各方面对起义进行全方位的研究。书中引用资料十分丰富、除《上海小刀会起义史料汇编》所收资料之外,还引用了光绪《青浦县志》、同治《上海县志》《上海县续志》《太仓州志》《黄渡镇志》《罗店镇志》、光绪《奉化县志》、光绪《嘉定县志》等地方史料和《鸦片战争史论专集》《中国秘密社会史》等研究成果,以及《英国对华鸦片战争》《教士晏玛太传》《浸会初期传教士》《英国东印度公司对华贸易编年史》等外文资料。这是第一本比较全面地研究上海小刀会的学术专著,引起了国内外学术界的关注。从此,父亲对上海小刀会起义的兴趣更浓厚,继续从事研究。除在 1965 年撰写《上海小刀会起义》,由上海人民出版社出版外,还发表了《上海小刀会从县城撤退后的斗争史实》《上海小刀会起义的社会基础和历史特点》(与刘修明合作)、《上海小刀会起义为什么发生在松太地区》《"小刀会"和"上海小刀会"起于何时》等论文。这些论著在国内很有影响,并为美国、法国等国外研究中国近代史的论文专著所引用。

简牍研究

父亲对简牍研究的兴趣是从进入齐鲁大学开始的。他受业师张维华教授影响和教导，将研究的重点放在中古时期。大学毕业的论文选定为研究汉代的边塞。在历史语言研究所劳干教授指导下，完成毕业论文《两汉边塞考》。多年来，父亲一直没有中断对汉简的研究，20世纪80年代以后，发表了《〈敦煌汉简校文〉补正》《评陈梦家著〈汉简缀述〉》《西汉武帝晚期的"巫蛊之祸"及其前后——兼论玉门汉简〈汉武帝遗诏〉》《汉简"历谱"程式初探》等论文，都引起了学术界的关注。

父亲在这一领域研究中最有影响的成果是《古本竹书纪年辑证》一书。20世纪40年代，父亲在导师顾颉刚先生的启迪下，继承清代学者《竹书纪年》的原本，根据古代的类书、古注重加辑条，但这项工作由于各方面的原因已放弃了多年。"文化大革命"以后，得王修龄先生之助，于1981年完成了《古本竹书纪年辑证》一书，由上海古籍出版社出版。当年的《中国历史学年鉴》对《古本竹书纪年辑证》重点加以介绍，认为是"比前人的工作更加细腻，也更加准确"。《中国大百科全书·中国历史卷》的"竹书纪年"专条，即父亲撰写的，海内外学者凡引证《竹书纪年》时，也基本上采用《古本竹书纪年辑证》，如日本东京大学平势隆郎巨著《新编史记东周年表》即如此。此外，父亲还撰写了《西晋初年〈竹书纪年〉整理考》《〈竹书纪年〉古本散佚及今本流传考》《关于王国维的〈竹书纪年〉两书》等论文，对《竹书纪年》进行更深入的研究。

对简牍研究，父亲有新的见解，他认为简牍研究决不应仅限于敦煌、居延汉简,而以简牍研究始于孔好古、沙畹、马伯乐以及罗振玉、王国维,则更是一种误解。早在西晋武帝时汲郡汲县战国魏墓出土的"竹书",以及荀勖、和峤、束晳等人的整理研究,才是古代简牍发现、研究之始,也就是认为简牍研究原是中国传统史学长河中的一部分。简牍就其内容构成来看,应当包括两大类:一类是官方文书,如敦煌、居延汉简;一类是文献书籍,如汲郡出土的《竹书纪年》。父亲首先把简牍明确划分为文书和文献两大类。这两个见解是他对简牍研究的贡献,把简牍研究的视野拓宽了,使之进入了一个悠长宽阔的新境域。

父亲在简牍研究方面的特点之一是"文史兼及",对"文"的研究是对简牍本身的研究,包括文字的解释,在这方面有《敦煌汉简校文补正》《汉简"历谱"程式初探》等论文,是简牍研究的基本功。他认为用简牍来研究古代历史,即对"史"的研究是主要的,这一观点在《评陈梦家著〈汉简缀述〉》论文中提出并付诸实践。如关于"燧"的问题,据《汉书·贾谊传》注引文颖的话和《后汉书·光武纪》注引《汉书音义》,父亲以为"燧"即"积薪"是正确的,"烽举燧燔",是汉人的习语,《汉书·司马相如传》以及《盐铁论·和亲》也有此说,可见"燧"的专用动词是"燔"。秦统一前的《新郪虎符》刻辞中,已经有"燧燔"一词。"燔积薪"在汉简和汉代文献中都出现过。同时,敦煌简有一条"烽品",是"虏守亭障,燔举:昼举亭上烽,夜举离合苣火,次亭遂和,燔举如品"。居延简有一条作"虏守亭障,不得燔积薪,昼举亭上烽一烟,夜举离合苣火,次亭燔积薪,如品约"。两条所记是同一情况,而前条的"次亭遂合",后条作"次亭燔积薪"。这里的"遂"即"燧",不做虚词解,这证明文颖和《汉书音义》是正确的。以后发表的《西汉武帝晚期的"巫蛊之祸"及其前后——兼论玉门汉简〈汉武帝遗诏〉》等论文也是如此。"以简证史",或者说"地下史料（出土文物）和文献史料相结合",是简牍研究的基本方法,也是父亲治史的基本方法。

汉魏史研究

父亲研究中国古代史,将重点放在中古这一时期,即从秦汉到魏晋,应该说,这开始于在齐鲁大学就读时。尚在大学攻读时,他就在当时的著名刊物《东方杂志》上发表了《火浣布之传入与昆仑地望之南徙》《朱应康泰行纪研究》《西王母传说考》等文,探讨的是中西交通史方面的问题。如《火浣布之传入与昆仑地望之南徙》一文,父亲依据《山海经》《博物志》《海内十洲记》《三国志》《抱朴子》《洛阳伽蓝记》等古籍,并参考了冯承钧《中国南洋交通史》等研究成果,论证了火浣布传入中国的时间和路线,由于海陆两路传入的记载、传说互为混合,引起了关于昆仑传说的南徙。《朱应康泰行纪研究》则是研究三国时期与海南诸国的关系,《梁书·海南诸国传》云："海南诸国大抵在交州南及西南大海洲上,……及吴孙权时遣宣化从事朱应、中郎康泰通焉,其所经及传闻则有百数十国,因立记传。"该文所引资料更为广博,涉及《史记》《汉书》《后汉书》《梁书》《隋书》、新旧《唐书》《法苑珠林》《太平广记》《太平御览》《文选》《南史》等。这些论文广征博引,逻辑严密,显示了渊博的知识和扎实的功力。这些研究成果很受学界重视,至今仍被相关学者引用。

到社科院历史所以后,父亲曾设想研究从东汉末年,中经三国鼎立到西晋的这段历史,收集了一些史料,也不断思考,但没有时间从事此项研究。直到20世纪80年代中期,他从历史研究所所长位置上退居二线,担任名誉所长后,才开始抽出大段时间完成他的心愿。最初是在《历史研究》《中国史研究》《上海社会科学院学术季刊》《史林》等刊物连续发表系列性的文章,如《世族·豪杰·游侠——从一个侧面看袁绍》《曹操与"白波贼"对东汉政权争夺》《从士兵来源看曹操军事力量的发展及其衰落》等。到了1995年,加以全面整理,修订成《曹操·袁绍·黄巾》一书,由上海社会科学院出版社出版。

父亲在该书后记中说:"近年来,我从事东汉末年的政治史研究,所探讨的是当时起过主要或次要作用的政治人物。本书的中心是曹操,他的主要对手是袁绍……作为'二袁'之一的袁术,也算是曹操的对手。至于董卓、吕布、孙坚、孙策、刘备等人,也与曹操交过手,或者有过关系。而且这些人物还有他们各自的出身、经历、理想,以及彼此之间的联系、恩怨、战争。所有这些,我都企图写入本书,并着重写他们的个人性格、早年生涯,如曹操是游侠,袁绍、袁术也是游侠,还有游侠的层次,如'气侠''轻侠'。"对于中心人物曹操,父亲定义为"中国中古时期杰出的政治家",研究的角度也是以政治家为核心。东汉末年是一个动乱的年代,王朝统治危机四伏,灾难空前,根源是宦官控制朝政。他以为曹操是"社会上层的游侠",其最高准则为"以救时难而济同类",所谓"救时难"指反对宦官的斗争,"同类"指参加反宦官斗争的人们。在复杂的形势下,曹操解决了来自外部和内部的危机,在丁冲、钟繇的协助下,利用杨奉"奉天子以令不臣",奠定了统一北部中国的基础。该书首先探讨了董卓的兴起和覆灭、并州军事集团的形成,以及袁曹的联合。其次,论述曹操,包括两次保卫兖州的战争、与"白波贼"的矛盾、收降以臧霸为首的"泰山诸将",以及"丹杨兵""泰山兵"的发展和衰落。再次,探讨雄踞河北的袁绍、袁曹矛盾的激化、与公孙瓒的争夺、与"黑山贼"的对峙等。书中也研究了孙坚、刘备以及黄巾起义领袖张角、张鲁与原始道教的关系。该书的另一特点是切入点新。如写曹操、袁绍等人物，着重写其性格中的"游侠"一面，对"游侠"的层次，如"气侠""轻侠"，也做了深入的阐述。父亲对三国时期人物的研究，是在深入了解这一时期时态民情的基础上进行的综合性研究，对每一个研究对象，都追溯家世，理清其来龙去脉，介绍当地的社会特点，交代其人在政治集团中的地位、影响，以及个人性格、气质、嗜好，与他人的关系等，使人物在历史的大背景下，更加鲜活。而通过这些人物，更清晰地反映出整个时代的风云变幻，对研究三国时期的政治、经济、社会状态提供了一个新的思路。而对于这一时期的一些大的战争，如袁曹官渡之战，他人已有较全面的论述，该书就不做详细分析，"详人所略，略人所详"，这也是父亲研究这一段历史的构想和特点。

值得注意的还有父亲对黄巾起义的研究。《曹操·袁绍·黄巾》一书的最后三章都是论述有关黄巾起义的。黄巾起义与原始道教的关系，是一个复杂的论题。他从黄巾起义的先驱与"巫"、与原始道教的关系入手，借助出土文物，考察了民间流行的"巫""巫术"与原始道家的渊源，特别论述作为黄巾起义先驱的李广和张伯路起义，说明起义与原始道教的关系，以及"黄巾"之称来自原始道教的尊神"黄神越章"。汉代，人们已经注意到原始道教与"巫""巫术"的关系，《后汉书》中就有这方面的记载。在黄巾起义之前，曾有过一次"妖巫"起义，涉及维汜、李广、单臣等"妖巫"，史料主要见于《后汉书》。维汜"妖言称神"，死后其弟子李广等又宣言他"神化不死"，这说明这次起义所奉行的是一种民间宗教。对于这种宗教是否属于原始道教这一问题，父亲考证了"南岳太师"这一称号后，认为最迟在东汉初年，"巫"与原始道教的关系已经十分密切，这还可以从出土文物中得到印证。出土于东汉墓葬的镇墓瓶的文字上，往往出现"天地使黄神越章""天帝神师使者"等称号，可以看出"黄神越章"这位尊神在汉代民间曾得到过普遍的信仰和崇奉。父亲据《抱朴子·登涉》所记："古之人入山者，皆佩'黄神越章'之印，其广四寸，其字一百二十，以封泥著所住之四方各百步，则虎狼不敢近其内也。……不但只辟虎狼，若有山川社庙血食恶神能作福祸者，以印封泥，断其道路，则不复能神矣。"《抱朴子》是晋代葛洪的作品，说明到此时，对"黄神越章"的信奉仍继续存在。在南北朝的佛道之争中，僧人玄光《辨惑论》说："（道教）造'黄神越章'，用持杀鬼。"僧人道安《二教论》同样提到"黄神越章"，持论与《辨惑论》同。父亲以为"重要的是，这篇文章明确认为，这是包括张角、张鲁在内的'斯皆三张之鬼法'。……这就为原始道教起源于'巫'和'巫术'提供了极其有说服力的证据。更说明早在张角、张鲁宣扬原始道教时，'黄神越章'就已从本为'巫'所信奉转而成为'太平道'和'五斗米道'的尊神了"。他进而考察了张伯路起义，认为其也是黄巾起义的先驱。据史料载，张伯路起义使用了"使者"这一称号，与《镇墓文》中出现过的"天帝神师使者"有关联，再以《后汉书》有关史料相引证，张伯路所称"使者"属于原始道教的称号，这次起义与原始道教关系十分密切。同时，"黄巾"之称也是来源于原始道教的尊神，出土文物和传世典籍都为这个问题做出了说明。继而，父亲又以两章阐述了青州黄巾与曹操的关系、天师道的起源、汉代以"李弘"为号召的起义与张鲁的关系等问题，这些是研究黄巾起义的新见解。

此后，父亲仍潜心于这一研究，又陆续发表了《黄巾起义的一个道教史的考察》《关于汉晋琅邪诸葛氏的"族姓"问题——论诸葛亮与刘备的政治结合》等文章。《黄巾起义的一个道教史的考察》被认为是"政治史与社会史研究成功结合的力作"(1998年《中国历史学年鉴》)。《关于汉晋琅邪诸葛氏的"族姓"的问题》一文论述诸葛亮、刘备皆出身寒微,政治上彼此共通,说明他们的结合并非偶然。2000年的《中国历史学年鉴》对此文评价很高,认为"是通过心态分析深化历史人物研究的经典之作"。父亲还撰写了专著《三国人物散论》,对史料进行新的发掘和考证。

从20世纪40年代开始到90年代末,60年学术生涯,研究涉及历史学、古典文学、考古学、年代学、版本学等诸多领域,父亲一生都在追求着学术。

方诗铭(1919—2000)

(原载上海社会科学院历史研究所编《史苑往事:上海社会科学院历史研究所成立60周年纪念文集》,上海社会科学院出版社2016年版)

任建树秉笔直书《陈独秀大传》

施宣圆

在上海中共"二大"会址纪念馆大厅里,我望着那幅陈独秀照片,不禁想起了这位连任我党五届最高领导的革命先辈,想起了《陈独秀大传》的作者任建树先生。

陈独秀是中国共产党的缔造者,可是,在相当长的时期内,陈独秀研究一直被视为"禁区"。中共十一届三中全会以后,党史学界一些有志之士,尊重事实,冲破阻力,坚持真理,秉笔直书,逐步廓清了陈独秀研究中的迷雾,还了他真面目。上海社会科学院历史研究所研究员任建树先生就是其中的一位。

我与任先生认识多年,他是我所敬仰和钦佩的一位老专家。20多年来,他在陈独秀研究园地辛勤耕耘,经历了风风雨雨的岁月,上世纪80年代末出版《从秀才到总书记》(此书为《陈独秀传》上卷,下卷《从总书记到反对派》作者为唐宝林)。90年代末,他推出50多万字的《陈独秀大传》。最近几年,陈独秀研究"热"起来了,涌现出一批研究陈独秀的著作,但是《陈独秀大传》仍然是"目前陈独秀研究中水平最高的学术著作之一"。

日前,我到任先生寓所拜访他。任先生近八旬,满头白发,但精神矍铄,谈起陈独秀,他显得格外有劲。我还未开口,他就兴致勃勃地对我说:"陈独秀不仅是著名的革命家、社会活动家,晚年还结合苏联政治制度着重论述民主与专政问题。他还是一位思想巨匠、文化伟人。他学识渊博,著作涉及文学、史学、哲学以及文字学、音韵学、书法等领域。"现在我们有各种各样的"学",如红学、金学,还有鲁(迅)学、钱(书)学……任先生倡议建立一门陈学,专门研究陈独秀。

听了任先生的介绍,我不禁叫好。是的,是建立一门陈学的时候了。

学术界有一种说法,20世纪80年代陈独秀研究是乍暖还寒,90年代因为苏联公布了共产国际和联共(布)关于中国革命问题的一些档案资料,所以,陈独秀研究是柳暗花明,峰回路转。21世纪,陈独秀研究应该是百花齐放、百家争鸣的时代。

众所周知,过去在中共党史研究中,陈独秀是不能碰的。直至"四人帮"被粉碎以后,党史界一些有识之士才开始冲破这一个"禁区"。任先生常常说他研究陈独秀是出于"偶然"。他原先是研究李大钊的,1979年春,安徽大学一位同行来沪找他,请他参加陈独秀研究资料编辑工作,说定这套资料是由三所大学、两个研究所共同负责,人民出版社出版,要他承担搜集和编辑1921年7月至1927年8月这时期的陈独秀资料。任先生邀请他研究室的两位同事做这个工作。他说,那时,他对陈独秀的印象是从党史教科书上得来的:陈是《新青年》的创始人、右倾投降主义分子、托派取消主义分子、无产阶级叛徒,总之,陈独秀是一个反面人物。那时并没有怀疑这些结论。但是他认为陈独秀是一个重要的历史人物,编辑他的资料总不会有什么问题的。况且友人的邀请,盛情难却。

任先生是一位做事认真的学者，接下任务后，他就和同事们到图书馆、档案馆查阅陈独秀的资料，访问了与陈独秀有交往的人和陈独秀的亲属，除上海外，足迹遍及北京、安徽、广州、武汉、四川等地。可以说在当时能够看到的资料，不论是什么时期的，只要是有关陈独秀的，他们都搜集了，能够找到的人他们都找了，他们所搜集的资料远远超过所分工的范围。任先生在搜集资料的同时，密切地关注有关陈独秀行踪和活动的资料。于是，他对陈独秀有了一个新的认识。他常常同人讲起陈独秀创办的那份《安徽俗话报》，这份刊物创办于1904年，仅存1至22期，陈独秀在这份刊物上发表约50篇文章，这些文章文笔犀利、豪情激昂，贯穿了鲜明的反帝反封建的主题。任先生是研究现代史的专家，他读了陈独秀的这些文章，发现在20世纪初期，倡导革命的大有人在，但像陈独秀这样具有宽阔的政治视野、丰富的思想内涵的革命志士却是罕见的。他联系到陈独秀在辛亥革命时期的活动，在新文化运动中创办《新青年》，高举科学和民主的大旗，完全同意胡适说的陈独秀是一位"老革命党"的观点。

任先生根据大量资料开始撰写文章，他的第一篇关于陈独秀的文章是《陈独秀在辛亥革命前的民主思想》，他投寄给北京一家大报，等待着发表。可是一等就是半年，没有得到回音，他写信去催退稿，后来，编辑来信说："我们原来要发表的，可是上级不让发表有关陈独秀的文章……"他第一次体会到研究陈独秀的艰难。更让他震动不安的是在1984年年初，他突然接到通知，说陈独秀研究资料汇编不出版了，还寄来退稿费198元。不出版，原因何在？没有说，"当时我两眼发直，脑子一片空白。这究竟是为什么呢？这部近30万字的资料汇编是我和我的同事花了四五年的时间苦苦搜集的，为什么连资料都不能出版呢？

那么,陈独秀还能不能研究?"

这件事在同事和朋友中传开了,有的人愤愤不平,说连死了四五十年的陈独秀这样历史人物的资料也不能出版,这叫什么百家争鸣? 也有好心的人劝他改行,继续研究李大钊,研究陈独秀弄不好还是要犯错误,说什么研究李大钊是"显学",研究陈独秀是"险学"。但更多的人同情他、鼓励他、支持他。

其实在那"乍暖还寒"的年代,在研究陈独秀领域中还经常听到一些人发号施令的"信息",但任先生并不感到意外,他坚信历史潮流是不可抗拒的,党的十一届三中全会实事求是、思想解放的路线一定会得到贯彻,即使研究有波折,也是暂时的,学术界中那种乌云压顶,动辄打棍子、扣帽子、无限上纲的时代终究会过去。

事实正是如此。1982 年,任先生写的《陈独秀与上海工人第三次武装起义》发表在同年的上海《党史资料》丛刊上,以往的说法是陈独秀反对这次起义,此文首次提出陈独秀是这次起义的最高决策者和领导者的观点,文章的资料来自上海档案馆,得到同行们的关注和好评。1984 年,他所在的上海社会科学院举行科研评奖,此文被历史所评委会推荐上报院部,不久有人告诉他此文不能参加评奖,要他另选一篇李大钊的论文。任先生是一位倔强的学者,评上评不上无所谓,为什么剥夺此文参加评奖的权利? 他要讨一个说法。后来在社科院、历史所评委的支持下,此文终于得到院部"科研成果奖"。事后,据了解,当时有一个文件,文件说,要"严肃注意防止发生不妥当地宣传陈独秀问题"。其实,这个文件和任先生的这篇论文完全不搭界。

我在与任先生交谈的时候,他经常说在党史研究领域中,我们党内有一些同志思想很开明,如萧克将军,他在建党 60 周年学术讨论会上有一个讲话,他说:"陈独秀问题,过去是禁区,现在是半禁区,说是半禁区是不少人在若干方面接触了,但不全面,也不深入,大概还有顾虑——不认真研究陈独秀,将来写党史会有片面性。"陈独秀是"五四运动的总司令和创党有功的人物,即便他后期犯了右倾投降主义及开除出党后搞托陈取消派,也应该全面研究"。萧克将军的这一讲话对党史工作者影响很大。任先生说,作为一名党史研究工作者就要敢于冲破"禁区",虽然个人的力量是有限的,但如果大家在"禁区"面前望而却步,那么今天的半禁区,明天说不定会变得更大。过去,由于苏联、共产国际和国民党反动派以及我党内部诸方面的政治合力的共同作用,陈独秀的形象被人为地歪曲了、丑化了,他的历史功绩被贬低、抹煞了,他的过错被夸大、无限上纲了。今天,我们要怀着对历史的责任感和使命感,重新研究陈独秀,实事求是地评价他在历史上的地位。

1989年,任先生的《从秀才到总书记》(《陈独秀传》上卷)由上海人民出版社出版了,大家反应很好,劝他继续写下去,不要半途而废。有的朋友还以半嗔半谑的口气说:"你不该回避陈独秀研究中的敏感问题。"

《从秀才到总书记》写的是陈独秀的前半生。对于这一时期的陈独秀,学术界基本上是定论的。陈独秀的后半生,如:如何看待陈独秀的右倾投降主义?陈独秀是怎样被开除党籍的?如何成为托陈取消派的?在当时还是有争议的、较敏感的问题。任先生说,所谓敏感问题都是人为制造出来的。有的人不尊重事实,思想僵化,囿于成见。好在形势是向前发展的,人的思想在与时俱进,尤其是20世纪90年代中期,苏联公开出版了"共产国际、联共(布)与中国革命档案资料丛书",公布了中国大革命时期共产国际、联共(布)与中国共产党关系的档案,为研究陈独秀提供了第一手资料,创造了良好的条件。任先生并没有回避陈独秀研究中的所谓敏感问题,在离休以后又花了近10年的时间,终于完成了《陈独秀大传》。

任先生的寓所是市中心一幢花园洋房,也许是年代久远的缘故,显得有些破旧。他住在三楼,大间用书架"一分为二",里边是卧室,外边是书房,屋顶和墙壁斑斑驳驳。不过,从房间里望出去,外面是一块草地,虽是杂草丛生,却也绿意盎然,十分幽静,是一个读书、写作的好地方。书架上的书大多是有关近现代史的,我取下《陈独秀大传》,请他介绍几个所谓的敏感问题。他说:"好吧,你出题目,我来解答,但这是我的一家之言。"

请您先谈谈建党时期陈独秀的贡献吧。

建立中国共产党,"南陈北李"功劳最大,这是毛泽东说的,也是历史事实。可是过去我们谈建党,只提到李大钊,不说陈独秀。即使说到陈独秀,也只是轻描淡写一笔。实际上,建党初期,陈独秀做了大量工作。如果从宣传马克思主义方面来说,李接受马克思主义、实现向马克思主义过渡比陈要早,但陈在宣传马克思主义和工人运动相结合,所起的作用和影响比李要大。他们两人都是我国早期的著名的马克思主义者。有一本权威的党史著作,说陈"不是好的马克思主义者"。这是一种偏见,马克思主义者还有什么好、坏之分?至于说到犯错误,哪有马克思主义者没犯过这样那样错误的?就是那些"伟大"的也不例外。何况那时是我们党的幼年时期,我们为什么要如此苛求他们呢?

陈独秀的右倾投降机会主义是怎么一回事?他为什么被开除出党?

这个问题现在也比较清楚了，上面提到的共产国际与联共(布)档案的解密，还了陈独秀清白。所谓陈独秀右倾投降机会主义是指 20 世纪 20 年代中国大革命中对国民党政府的投降妥协路线。其实，根据史料和档案的记载，20 年代中国大革命的路线、方针、政策乃至一些具体的策略，都是共产国际和联共(布)制定的，他们通过各种方式对年轻的中国共产党指手画脚，说三道四。有些重大的事件，他们也不与中共协商，而由苏联顾问直接处理，陈独秀对于国际的指令有的执行了，有的曾抵制过，但结果还是不得不执行。所以，他们就想整陈独秀。大革命失败了，他们文过饰非，反而使陈独秀成了他们的替罪羊，而且把他开除出党。平心而论，20 年代中国大革命的失败，我们党犯了右倾机会主义错误，它的根子在于共产国际和联共(布)，他们要负主要责任。陈独秀自然也有他的错误，他主要是属于执行错误。虽然，党的领导是集体的领导，但是，陈独秀作为党的最高领导，也应该负责任。

陈独秀为何参加托派？什么叫托陈取消主义？

20 世纪 20 年代联共(布)内部以托洛茨基为首的一些人组织了一个反动派，被称之为托派。托派关于中国问题的主张和言论与共产国际以及斯大林为首的联共(布)针锋相对，如 20 年代国共两党党内合作政策、大革命失败后的形势是高潮还是低潮、国民党南京政权的属性、中国社会与中国革命的性质以及总路线等。陈独秀毫无讳言地承认托氏的这些主张是合乎马克思主义的。不过，此时他还不知道托氏对中国问题的看法，他听到的只是斯大林和共产国际的声音。1928 年年底，中国的托派分子在上海建立小团体,创办刊物,宣传托洛茨基主义。陈独秀读到这些文章,发现托氏的观点和他不谋而合,他在彷徨、困惑中找到了知音。1931年5月,他担任了中国托派的书记。不久,他发现中国托派的许多观点同他不一致,他经常同他们争论。1932年10月,他第四次被捕,坐了五年牢,他在牢中反思中国托派的观点,认为它们是"一个关门主义的极左的小集团","是中国革命运动的障碍",毅然与中国托派脱离组织关系。

陈独秀被称为"取消主义",是有些人误解或曲解陈独秀的讲话,说他发表的言论取消反帝反封建的任务。其实,陈独秀并没有说过这样的话。现在党史学界论述这个问题的文章已不少,基本上否定了陈为"取消主义"的说法。比如,1929年,他在给中共中央的一封信中曾说明过,资产阶级不会解放农民完成民主革命。尤其可以证明的是,1931年"九一八"事变后,陈独秀立即发表一系列抗日反蒋的救国言论,并提出八项纲领,这八项纲领都属于民主革命应当完成的任务。尤为难能可贵的是,当1932年"一·二八"事变发生时,这时陈独秀已经被开除出党,但还主动倡议与中共联合进行反蒋抗日斗争。在狱中,他拒绝国民党政府高官和金钱的诱惑,并在国民党的法庭上公开抨击国民党不抗日、围剿江西红军的行径。1937年"七七"事变后,陈独秀力主全面抗战的言论遍布各报刊,为世人所瞩目。总之,从20年代末起,陈独秀关于中国社会阶级关系的认识和对于中国革命问题的主张,同中共中央的路线确实有重大分歧,他既有独特之见,也有错误的主张,但他坚持反帝反封建的斗争是无可置疑的,把陈独秀定性为"取消主义"不符合他的思想实际,也有悖于他的革命实践。

任建树(1924—2019)

好了,我提了几个所谓的敏感问题,任先生一一做了解答,不过,他再三声明,这是他个人的意见。"学术观点不同可以争论,但是必须有事实根据。只要有事实根据,许多所谓的敏感问题也就不敏感了。"听了任先生的这一番话,我想,建立陈学,专门研究陈独秀,现在该是时候了。

2003年3月

(原载施宣圆著《我与学林名家》,上海:中西书局2016年版)

记忆中的章克生先生

罗苏文

1980年的历史所尚处恢复期,我在学术秘书室工作。当时章克生先生是历史所编译组主任、所学术委员会委员,1983年被评为译审,他是深受大家敬重的老前辈之一。

章先生自1957年以来在历史所长期从事英文史料的翻译、校订和整理工作。历史所前期的几项集体研究的重大成果①,都包含着章先生等编译组老同志长期辛勤工作的奉献。我曾多次听他微笑着说:"我们编译组是为各个研究室服务的。"(大意)他的表情真诚、坦然,看得出他很喜欢自己的工作,也颇感自豪。所里一些涉及外文的事情,一般也由章先生负责处理。如历史所曾向社会招聘外语笔译人员,出题、审卷工作是章先生承担的。随着所里各个课题翻译工作量的增加,章先生为协调编译组人员工作的安排,对译稿校订、加注等工作常常花费不少时间。他还一度曾辅导所里青年的英文学习,为我们出考卷、评分等。

---

① 《上海小刀会起义史料汇编》(83.1万字,上海人民出版社1958年版)、《鸦片战争末期英军在长江下游的侵略罪行》(25.7万字,上海人民出版社1958年版)、《五四运动在上海史料选辑》(57.7万字,上海人民出版社1959年版)、《辛亥革命在上海史料选辑》(84.2万字,上海人民出版社1966年版)、《五卅运动史料》1—3卷(分别为49.1万字、74.5万字、88.4万字,合计212万字,上海人民出版社1981年版、1986年版、2005年版)。——罗苏文注

章先生家住在乌鲁木齐南路近肇嘉浜路,每周二、六他总是步行提前到所,随身提一个大包装着一些译稿。他一般要处理完所带译稿的问题后才回家吃午饭,下午在家工作。有时我在历史所食堂吃完午饭,才见他独自提着装满译稿的大包离所回家。有段时间我常看到他在吴乾兑先生的办公室商量译稿的修改,交换意见。1983年《太平军在上海——〈北华捷报〉选译》(34.9万字)出版后,我才知道这本书原是马博庵先生在20世纪60年代遗留的译稿,是由章先生和吴乾兑校订、补充,并由吴乾兑先生编注才成书出版的。时隔三年,1986年出版的《上海:现代中国的钥匙》[1]是由编译组章先生等四位同志翻译的,全书由章先生校订、加注(27处)、定稿。其中"参考图书文献目录"由林永俣核对校订。"译名对照表"包括人物、报章杂志、行政机关、商业行号、学术团体。它是上海人民出版社出版的"上海史资料丛刊"中唯一的译著,至今仍是现代上海史研究重要的坐标之一。

当时周六上午的政治学习,学术秘书室与编译组在一起进行。我与章先生也有较多的接触机会。他性格温和、彬彬有礼,待人特别客气。他说话时不紧不慢,略带浙江口音的普通话,听起来还蛮有趣。与他说话时,他总是默默看着你说完,再用商量的口气表示意见。在学习休息时,章先生也会和我们聊天,很随和。我慢慢知道,他是清华大学外文系毕业生,与杨绛先生是同学。他坦言自己不喜欢运动,平常就是走走路,人不胖,但筋骨蛮好,几乎从无病假,他指着自己一头稀疏的黑发、浓眉,笑着说"蛮奇怪的,我的头发、眉毛也不白",略有些得意。在我的印象里,章先生做事特别认真。他对文稿上错字的处理,是先剪一

---

[1] 罗兹·墨菲:《上海:现代中国的钥匙》,章克生、徐肇庆、吴竟成、李谦译,上海人民出版社1986年版。——罗苏文注

张与字格同样大小的小块白纸,贴在字格上,再写上端正的方块字。稿纸上章先生的"补丁"如同精工织补,几乎不留痕迹。我看过他抄写的译稿,字迹端正、页面整洁。更令人惊讶钦佩的是,他一贯如此、一丝不苟。其实抄写译稿对一位老先生已是难以长期承受的体力消耗。我当时感觉章先生的工作精力和进度与所里的中年同事似乎没有明显差别,但对他的确切年龄并不清楚。

1988年章先生悄悄地退休了,我事后知道后也曾长期以为他是到退休年龄办理退休。但他的编译工作仍在继续着,他曾让我代查一些资料,我查明后就写信告诉他。大约在1991年章先生送我一本由他校阅的译著《费正清对华回忆录》[1],打开扉页是章先生用钢笔写的题词:

  罗苏文同志惠存

  费正清暮年壮志,才情横溢,

  大手笔宝刀不老,

  这部回首往事、字字珠玑的巨著,

  是他的自我写照。

  他向往赤县神州,潜心于中国历史专业的

  组织、钻研和探讨,

  对我中华的历史、文物、风土、人情,

  多么地向往、眷恋和倾倒!

  我纵身投入此项迻译工程,

  不禁踌躇满志、狂喜自豪,

  因为经过我这支秃笔的精描细润,

---

[1] 章克生校:《费正清对华回忆录》,陆惠勤、陈祖怀、陈维益、宋瑜译,上海:知识出版社1991年版。——罗苏文注

竟然化幻入真，惟妙惟肖。

瞧啊！某某的历史翻译技巧和风格，
到处在字里行间闪耀！

章克生谨赠并题词
1991 年 9 月 12 日

以上题词真实呈现了章先生对笔译工作的倾心至爱，精益求精。这位年近八旬的校阅者，仍在呕心沥血推敲译著的文字表达，力求以更好的翻译技巧体现原著的文字风格。他视笔译工作为自己生命不可分割的一部分，沉浸于这项艰苦劳动给他带来的无限欣喜中。我深为他单纯高尚的情操所感动。题词全文虽有五处字迹改动的"补丁"，章先生照例补贴小纸片重写，几乎不见痕迹，依然保持他处事毫不马虎的习惯。

题词下面还添加了三行圆珠笔写的小字：

在译校过程中，我曾屡次向您求教。多蒙不辞辛劳，提供珍贵的资料，对于此种崇高的情谊品德，敬表由衷的谢忱。

克生

由于章先生以往让我查资料时，我只是按他的要求查找有关信息转告他，所以对章先生校阅这部译著的事也毫无印象①，但我当时没有随即细读全书，也迟迟没有向他表示祝贺、感谢，心想等有机会见到章先生再说，时间一久渐渐忽略了。

万万没有料到，我再看到章先生竟然是 1995 年在龙华殡仪馆。那

---

① 1991 年 12 月 20 日，历史研究所迁往田林路 2 号 3 楼过渡。1992 年 2 月我赴美学术访问半年。——罗苏文注

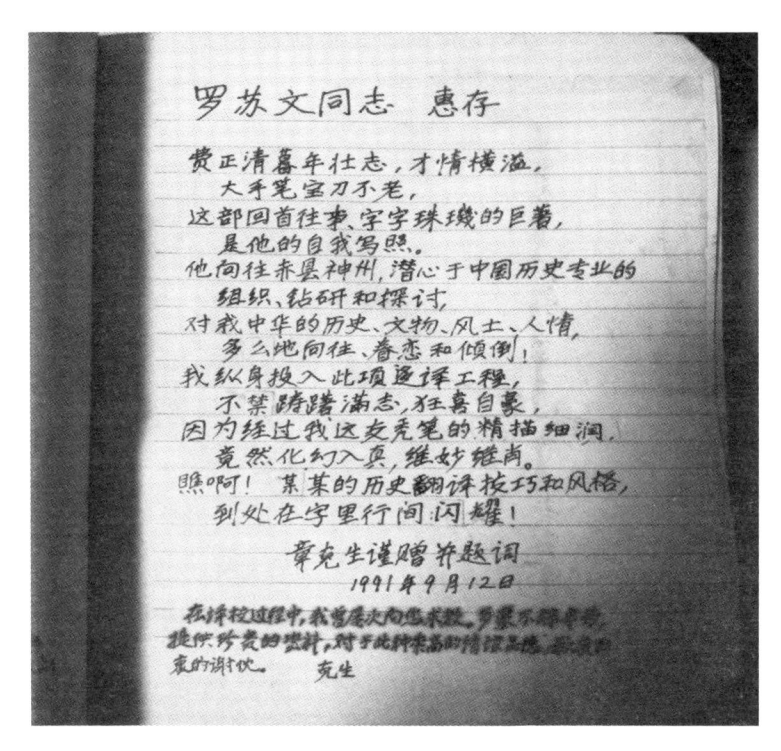

> 罗苏文同志 惠存
>
> 费正清暮年壮志，才情横溢，
> 大手笔宝刀不老。
> 这部回首往事、字字珠玑的巨著，
> 是他的自我写照。
> 他向往赤县神州，潜心于中国历史专业的
> 组织、钻研和探讨。
> 对我中华的历史、文物、风土、人情，
> 多么地向往、眷恋和倾倒。
> 我纵身投入此项迻译工程，
> 不禁踌躇满志，狂喜自豪，
> 因为经过我这支秃笔的精描细润，
> 竟然化幻入真，维妙维肖，
> 瞧啊！某某的历史翻译技巧和风格，
> 到处在字里行间闪耀！
>
> 章克生谨赠并题词
> 1991年9月12日
>
> 在译校过程中，我曾屡次向您求教，您果不辞辛劳，提供珍贵的资料，对于此种崇高的情谊，谨致衷心的谢忱。 克生

天我与几位同事来到哀悼厅时，前一场哀悼仪式尚未结束。只见几位戴着黑纱的成年人静候在门口走道边，其中一位年过六旬的老先生面对厅门，手捧遗像镜框默默等候着。他手中镜框里的遗像是一幅铅笔素描的章克生先生的肖像画，我顿时想起，章先生曾说过，他的儿子是清华大学建筑系毕业的。此时他的儿子用自画父亲遗像的特殊方式寄托哀思。这张传神的肖像画真是恰如其人，画中的形象应该来自章先生中年时代的照片，浓眉、黑发，神情朴实、沉静。章先生的儿子也完全继承了他的儒雅气质、沉静神态。对章先生哀悼仪式的记忆，我如今已记不清了，但对章先生的肖像画却是印象清晰。

我对章先生的更多了解是 2013 年拜读了《上海社会科学院退休专

家名录》之后。我惊奇地"发现",原来章先生(1911—1995)在1971年一度退休,1978年复职。因此在我进所时,章先生已是67岁的老人了。他没有助手,独自承担多项编译、校阅工作,连续工作了10年。我联想到退休前曾到藏书楼查阅《北华捷报》的感受,室内是几张特大的书桌,白天依然是台灯盏盏,即使使用复印机,由于报纸年久泛黄,复印件也偏黑,不易辨认。更何况章先生在20世纪80年代初在还没有复印的条件下,翻阅150年前的《北华捷报》合订本,浏览、摘抄、翻译报纸英文资料,如此疲劳,辛苦可想而知。章先生以耄耋之年和吴乾兑共同完成对马博庵先生遗留译稿的校订、补充,编成译著《太平军在上海——〈北华捷报〉选译》(34.9万字)出版(署名是上海社会科学院历史研究所,仅在说明中提及他俩的工作)。1988年章先生以77岁的高龄退休后,仍不遗余力地承担校阅译著《费正清对华回忆录》(41万字)的重任。当1991年《费正清对华回忆录》出版时,他已是八旬老翁,享受休闲的晚年已不足五年。

章克生先生是中年进历史所工作,服务终生的楷模之一。

章克生(1911—1995)

(原载上海社会科学院历史研究所编《史苑往事:上海社会科学院历史研究所成立60周年纪念文集》,上海社会科学院出版社2016年版)

伯伯顾长声的晚年[①]

方毅丰

老先生走了,走得很平静。顾长声在美国马萨诸塞州的波士顿郊外 Cape Cod Hyannis 康复院住了一个星期后,于 2015 年 6 月 30 日(美国当地时间)逝世,享年 95 岁。

顾长声是我的伯伯。伯伯病危时,我与他女儿明明表姐保持着密切联系。她告诉我:"爸爸去世时,身边亲人仅有我和外孙陶丰两人。弥留之际的爸爸十分从容,倒是边上照看的亲友显得有点焦虑。最后辞世时,在场的亲友都非常伤心和难过。教会派来的牧师为爸爸诵读了大段《圣经》的经文,祈祷他的灵魂终于摆脱尘世间的苦难,去往极乐天国。"

明明表姐还告诉我:"不久,爸爸的追思会在奥尔良联合教会教堂隆重举行。追思会来了许多人,不少人是从遥远的地方赶来的。我为爸爸亲手做的花圈,放在会场周围。几位爸爸的好朋友先后做了发言,会上充满对爸爸的美好回忆,怀念这位故去的老友。"或许因为伯伯顾长声去美国已经 20 多年,所以有关他去世的消息在中国并没有引起什

[①] 原标题为《顾长声》,现标题为本书编者所改。

么动静、反响。

其实伯伯顾长声无论在美国还是中国，都是一个有名的学者。他是江苏省江阴县香山村人，穷苦人家出身，北京大学肄业，曾担任中国科学院上海历史研究所、上海社会科学院历史研究所研究员，华东师范大学历史系教授、中国近代史研究室研究员，美国耶鲁大学历史系访问学者，美国西世界大学客座教授等职。他出版的著作有《传教士与近代中国》《容闳——向西方学习的先驱》《从马礼逊到司徒雷登》《马礼逊评传》等。因为伯伯出身比较苦，表面上文质彬彬，实际上性格倔强。他从一个北大肄业生成长为教授、研究员、访问学者、美国大学客座教授，基本上是靠努力自学才取得成功的。他那本《传教士与近代中国》最出名，这本书在1986年9月获得过中共上海市委宣传部、上海市哲学社会科学评奖委员会给予的上海市1979年—1985年哲学社会科学著作奖，这个奖含金量不低。

"文化大革命"期间，伯伯因为参加过"三青团"、替国民党将军李弥做过翻译，以及在教会工作等原因，家被抄，还被烧掉了许多书籍，接着也被关进"牛棚"审查三年，放出来后在上海冶炼厂劳动改造七年。

记得那时伯伯到我们家，穿着浅灰色的中山装，祖父总是好酒好菜热情招待。有时他来得突然，祖父会叫我快去打斤绍兴加饭酒、到杜六房买些熟菜来，我也乐意陪在桌边听祖父和伯伯说话。从"牛棚"审查出来后，原来达观、经常哈哈大笑的伯伯，一下子变得矜持、收敛，话少了许多，声音也低了。1972年11月2日下午，我祖父方汝成不幸患肝癌，治疗无效去世，数日后在龙华火葬场举行大殓，参加追悼会的有亲朋好友约30人。我们家请对面漕溪公园的照相师拍一张合影照，祖父遗体躺在中间，亲属26人排在遗体的后面。伯伯曾关照我爸爸，照片不要寄往海外,因为照片里有他的形象,他怕惹出麻烦。在当时的"极左"形势下,你看伯伯是多么谨慎、小心。

我的嬷嬷方乐颜是伯伯的妻子,她是上海纺织机械厂职工子弟小学的教师。嬷嬷为人非常厚道、和蔼,她腿虽有残疾,但在子弟学校里是受人尊敬的方老师。大表姐真真跟我姐姐协伦年龄一般大,活泼可爱,还是少先队的大队长呢。小表姐明明耳朵听力稍差,然而特别聪明、能干。她们家还有伯伯的母亲,我们叫她好婆,见面时她总是很客气、乐呵呵的。明明表姐很久以后才告诉我,伯伯原来在家时往往喉咙较响,有点大男子主义,家里大多数事情都由他说了算。可能伯伯的心情好坏跟工作顺利与否有点关系。

大约在1983年,我刚刚结婚成家,嬷嬷方乐颜给我40元人民币,这在当时算很大的数目。嬷嬷要求我"滚雪球",让钱增值。

我的嬷嬷之前身体蛮好的,不知道为什么突然生了病,据说得了帕金森症。伯伯把嬷嬷送到江阴老家,也是真真姐姐投亲插队的乡下。我的妈妈跟二嬷嬷急呀,特意赶到杨浦区延吉路,要求伯伯不要把嬷嬷送到江阴去,因为上海的医疗条件更好,结果伯伯还是送去了。事实上,嬷嬷的病在江阴发展得越来越重,给的生活费却被大表姐的丈夫拿去买香烟老酒。眼看嬷嬷的毛病不见好转,最后还是明明姐姐去江阴乡下把嬷嬷背了回来。1983年11月,嬷嬷病危,我从闵行吴泾地区跨越整个上海赶到延吉路嬷嬷家里时,她差不多已经奄奄一息。没过几天,嬷嬷不幸病故了,伯伯也没与娘家人(我父亲等)商量,就把嬷嬷的遗体作为标本捐献给了长海医院。深更半夜,医学院派车来接嬷嬷的遗体,两个表姐哭天喊地,可又有什么用?对于这件事情,我也一直有想法。虽然伯伯事后在新雅饭店办了两桌酒席,表示一下,但是我拒绝参加。

1989年年初,伯伯去美国前来我家辞行,我和姐姐送他到江阴路黄陂北路口。姐姐请伯伯到美国后帮我外甥女莹莹带本英文书,伯伯眼珠子一弹:"中文没有学好,学啥额英文?"1989年2月2日,美国的乔治·布什总统在华盛顿举行祈祷早餐会,特别邀请伯伯和上海一个报界名人前去参加。关于那一次参会经历,伯伯颇为得意,以后常常挂在嘴边。

但对身边的亲人,伯伯缺少应有的关照。明明表姐最近告诉我,17年前来美国的头天晚上,伯伯明确告诉她:三年考驾照,五年考公民。说完,转身就离开了。或许是感受到伯伯的冷淡和嫌弃,表姐一星期后就搬出了伯伯家,自己另寻住处。第一个住处,晚上老鼠乱窜,把表姐吓得不行。第二个住处,房东刁难,不准表姐烧饭。第三个住处,是个美国中学教师家里的地下室,倒蛮好,这样一租就是七年。明明表姐多是靠自己的辛苦工作,最后等外甥陶丰来美国后,才重新另租了两间房。后来,明明表姐靠贷款才买了现在的房子,伯伯人生的最后时光就是在那栋新买的房子里度过的,祖孙三代在一起共同相处了三年。明明姐姐和外甥陶丰看护很难说尽善尽美,但是他们在外面工作很辛苦,回来还要照顾伯伯,我想伯伯应该知足了。

2013年我到波士顿的Cape Cod Hyannis探亲,伯伯非常高兴,送我《传教士与近代中国》的书,还得意地说,序言是华东师范大学的历史泰斗陈旭麓写的。他在扉页题词:"赠给毅丰贤侄赐教,作者顾长声谨赠。2013年10月7日于美国波士顿。"伯伯客气,他一个大教授,我怎么敢指教他?

在明明表姐家里一周,我和伯伯就国际国内、天南地北,聊得很开心。伯伯因为年事已高,对国内的情况知之甚少,主要是听我讲,不时发出会意的笑声。

那次去美国,伯伯跟我讲得最多的一句话是:"Honesty is best policy(诚实是最佳的决策),无论是个人还是国家,都要讲诚实。"我印象深刻。为了感恩嬷嬷方乐颜当年对我的帮助,我赠送明明表姐500美元。他们生活不容易,以此表表我的心意。那年伯伯已经94岁,他戏言小时候江阴老和尚给他算过命,"长声"是"长生"的谐音,自己活到100岁没问题。我说:"好,等您过100岁生日,我带孙女来给您祝寿,开个大大的Party(派对)。"伯伯听了哈哈大笑,笑得像个小孩子一样。

2016年7月11日,"文汇讲堂"开讲"全球化视野下的百年上海",主要讲解的是上海租界。主讲嘉宾熊月之是上海社会科学院研究员、上海历史学会会长。课后我向熊老师请教,才知道伯伯顾长声竟是他的英文教师,他还到延吉路伯伯家里补习过英文呢。世界真是太小了!我告诉熊老师顾长声伯伯已过世的消息,他方才知道,并对我表示亲切的慰问。

伯伯的骨灰被安葬在奥尔良联合教会教堂后院的花坛里。我私下里猜度伯伯的生前愿望,百年以后可能是想"叶落归根",回到生他养他的江阴故土,只是最后他没能归根……

顾长声(1919—2015)

(原载方毅丰著《一中集》,上海:上海远东出版社2017年7月第1版)

我对杨康年先生的印象[①]

翁长松

漕溪北路40号原是上海社会科学院历史研究所所在地。当年上海历史研究所这幢办公室大楼,坐落于漕溪北路的西侧,在今徐家汇藏书楼和徐汇中学之间;楼高四层,坐北朝南,钢筋混凝土的西式结构建筑,宽敞明亮,气派雄伟,又地处徐家汇,是一处难得的位于闹中取静的黄金地段的建筑。当年这里云集了一批沪上著名史学家。

1974年年初,我作为《文汇报》的通讯员,在当年《文汇报》理论部主任张启承先生(1989年起他担任《文汇报》党委书记兼总编辑,直至1995年到龄退休)推荐下,从沪上一家企业进入历史所学习。作为一位普通青工,脱产学习的机会很难得,我心情异常激动。

历史研究所底层是大堂和书库,库内所藏的古籍线装本数量颇为丰富,倪慧英老师专门负责书库事宜。我们需要找资料时,除了问倪老师外,还常去请教所资料室的古籍版本学家杨康年先生。杨先生为人热情,经常为所内的专家学者提供各类古籍善本书。他瘦长的身材,苍白的脸色,长年戴着一副老式的眼镜,有点弱不禁风的样子。他从小嗜

[①] 摘自翁长松:《忆漕溪北路40号的史学家们》,现标题为本书编者所加。

好古旧书,13岁起就出入坊间、书肆、淘书、购书,成年后更是倾全力搜罗典籍,家中古籍善本不下万卷,具有深厚的文献版本学功力。1944年7月,他毕业于无锡国学专修学校(沪校)三年制国学科。新中国成立后,他进入上海社会科学院历史所资料室工作。为了充实历史研究所的藏书,他呕心沥血,四处奔波,常常出入于各大旧书店和文物仓库,不怕脏不怕累,挑书选书,整批整批地往所里运。他嗜书如命,不仅工作在书海里,还长年沉浸于家中所藏的古籍珍本中,胸中藏书百万,凡问到书的版本问题,他没有答不上来的。所里的老学者们谈及早期历史所时常会竖起大拇指,一致赞道:杨康年是所里古籍版本专家第一人。我去资料室借书,一待就是数个小时,除了找书和翻书,大多数时间是和他聊着有关版本目录学的问题,我从他那里真是长了不少见识和学问。

当年我被分在隋唐史组,一次方诗铭先生对我说,要熟悉唐史,除要读《旧唐书》《新唐书》《资治通鉴》外,还必须读一下唐代史学家刘知几的《史通》。我找到了杨先生,向他借阅该书。他待人真诚,听说我要借阅《史通》,先给我讲解了一番:"《史通》是史学经典,凡学史者必读,它在唐代已经流传。但《史通》的宋刻本已不可见,流转至今的最早本子系明刻宋本。所里现藏有可借阅的是清浦起龙释的《史通通释》光绪十九年(1893年)文瑞楼石印本。你真要读,我会想办法的!"他的这番话,令我对其深感钦佩。我连连点头:"好的,谢谢!"隔了两天他就为我带来了一套八册线装本的

杨康年(1924—2004)

《史通通释》,让我爱不释手。杨先生为人之热情及对古籍版本的深厚学识,经此一事,给我留下了深刻的印象,也为我以后重视清代古籍版本的研究播下了种子。

(原载《钟山风雨》2018年第3期,2018年6月10日)

高风亮节话杨宽

谢宝耿

杨宽先生(1914—2005),是一位誉满国际汉学界的学者,最近又经上海市社联评选为首批"上海社科大师"之一。他在70余年的学术生涯中,留下了10多部学术专著,360篇论文,还参与修订《辞海》、编绘《中国历史地图集》(先秦部分)、标点《宋史》等工作,以及创建、发展了上海的博物馆事业。其学术研究和成果,聚焦先秦史,辐射中古史,旁及近现代。其重要学术贡献是:第一,提出了神话分化学说,为古史传说还其本来面目;第二,系统整理了战国时期240年的史料,使之从零乱失真到科学有序;第三,考定西周时代存在的列国和部族有170多个,这是前人未曾考究出来的;第四,考定商代的都城制度是一种陪都制,这对历来认为商代一都的观点是重大的突破。

像杨宽先生这样三维立体、全方位的广博学识,是学术界为数不多的。其具体内容笔者已在《杨宽学案》(载《上海文化》2018年10月)中做了阐述。本文着重谈谈杨宽先生令人景仰的师德学风。

一、吾爱吾师,更爱真理

作为史学研究者,杨先生是杰出的;作为杏坛上的教师,杨先生是优秀的。尤其是师德，凡与他交往的师生，都赞不绝口。在这方面，我有较深的切身体会。

我于40多年前，与姜俊俊女同学一起成为杨宽先生的研究生。当时复旦大学招我们这批研究生是为了解决师资缺乏的问题。我们考进复旦大学历史系研究生班后，学校安排杨宽先生为指导老师，我们觉得三生有幸。杨先生对学生的指导很负责，以生动的事例、严谨的考据、独特的视角、合理的结论，使我们大受裨益。他还开了一批书单，要我们在规定的时间内读完；此后，又布置我们要多看专业杂志，要我们了解学术动态、史学理论、考古资料，熟悉古文献乃至古文字。研究生毕业之前，又布置我们写专题学术论文，再用铅笔仔细地修改我的手写稿，可以说是手把手地教。①

也许我们是杨宽先生首次招收的研究生，感觉中他对我们特别嘉惠，相互在一起，不仅谈学术，也会谈家里的事情。有一次偶然谈到，我们深爱老师，但如果有人与老师的学术观点不同，怎么办？杨先生毫不犹豫地说：应该服从真理！古希腊哲学家亚里士多德在2 000多年前曾说过："吾爱吾师，吾更爱真理。"这句话说说容易，但真正要做到就很不容易。比如20世纪80年代初，我在《学术月刊》当编辑，有一位李家骥先生投来一稿，就杨先生的《古史新探》中"宗法"学术问题提出商榷。我虽然不同意该作者的观点，但因为那时社会提倡学术争鸣，编辑部其他编辑倾向于发表此文，我抱着忐忑的心情去征求杨先生意见。当时

---

① 我在杨先生的指导下，毕业论文选择了春秋时期的子产，论述其改革。此专题过去没人做过，我花了四个月才写成8 000字的论文《论子产改革及其社会效应》。经杨先生对手稿用铅笔仔细修改（当时没有打印稿，都用手写），后来发表在《历史教学问题》1986年第6期。——谢宝耿注

杨先生因诸多原因心情很不好，但谈及学术原则问题，他很大度地说：贵刊一贯提倡"探索未知，鼓励争鸣"，对学界与我商榷也应该一视同仁。有了杨先生这句话，我也就更有底气了。后来，李家骥的《宗法今解——兼与杨宽先生商榷》一文发表在《学术月刊》1982年第5期。杨先生见到此文后，很理解这种学术争鸣，又感到这个学术问题应该正本清源，不久便写了一篇反商榷的文章寄来。我阅后感到言之有理，且文章将宗法问题更深入地进行了探讨，于是按编辑程序进行发稿，出清样时杨先生不想用真名，要我取个笔名，我就将他当时指导的两位研究生（曾参加该文研讨）高智群、王贻樑的名字各取一个字，用"智贻"为笔名与他商量，杨先生感到很满意。于是，1983年《学术月刊》第1期发表了智贻的《对〈宗法今解〉一文的探讨》文章。此文发表以后反响甚好，也没有再收到原作者的不同意见，这样我们既坚持了学术争鸣，又使该专题更深入了一大步，可谓一举两得。

从杨先生的论著来看，不少是通过这样的商榷与反商榷、批评与争鸣，从而推动学术研究进一步深入。例如童书业教授对《战国史》中个别论述提出异见："不该把战国的土地自由买卖和欧洲解体时出现的土地自由买卖相提并论。""不能以战国时代奴隶很少被使用于农业生产，作为不是奴隶社会的证据。"杨先生认为"意见都是正确的""也都是可取的"，并在再版时做了修正（见《战国史》第二版"后记"，上海人民出版社1980年出版），使该书质量更上一层楼。显然，要取得这种成绩，前提是须有"吾更爱真理"的信念，有容纳尖锐批评的度量，有心平气和学术交流的风格。杨先生在这方面为我们树立了光辉的榜样。

二、不顾自身安危保护珍贵文物

早在1936年杨宽先生于光华大学读书时,即被聘为筹备中的上海市博物馆研究部干事,并参与开馆筹备工作。1937年上海市博物馆正式开馆后,杨先生一人独自布置了艺术部的陈列室并撰写陈列说明。但是由于日本侵略中国,在上海淞沪会战爆发前夕,博物馆只得关闭,于是他与有关负责人立即将重要文物送到事先联系好的震旦博物院寄存。幸而及时转移,战争交火中,当时位于江湾的上海博物馆大厦遭到了日军密集炮火的轰击,不少炮弹破墙而入。由于杨先生等人的努力,使展品免遭摧残,有力地保护了珍贵文物。[①]1945年抗日战争胜利后,在杨先生等人的努力下,上海市博物馆重新开馆。同时,杨宽被任命为馆长,在他的带领下,进行了展览布置、文物保护、考古调查、创办杂志,以及运行制度的建立等卓有成效的工作。

杨先生在任馆长期间,十分清廉。尽管很喜欢古玩,但他从来不为自己买一件古玩,也不替别人买古玩(包括上级领导),更不接受收藏家和古董商送来的任何礼品,也不请当代名家为自己画一幅画或题一幅字。这些对他来说,是轻而易举,甚至是送上门的事情,但他认为这是不正之风,"此种弊病是不堪设想的!"[②]这充分显示了杨宽先生——一位文博研究者和领导者的高风亮节。1949年后,杨先生继续主持上海博物馆的工作,直至1959年7月调到上海社会科学院历史研究所任专

---

① 杨宽:《历史激流:杨宽自传》,台北大快文化出版公司2005年版,第135页。——谢宝耿注

② 杨宽:《历史激流:杨宽自传》,台北大快文化出版公司2005年版,第196页。——谢宝耿注

职副所长，经历民国、新中国，其作为上海文博事业工作合计超过16年，其间所做的贡献有目共睹。上海博物馆馆长杨志刚教授深情地说："他（杨宽）是中国文博界重要的开山者之一，是上海博物馆重要的创建者。上海老一辈对杨宽的感情也非常深厚。"①

值得一提的是，杨先生不但创建、发展了上海的博物馆事业，还冒着生命危险保护了300多件重要文件。事情发生在民国后期，当时最大的古董商是卢芹斋，据说1949年以前流失海外的中国文物中，至少有一半是经这个古董商之手流转出去的。1948年7月卢芹斋有一批珍贵古物已运到上海海关，准备偷偷贩运到国外，正在与有关人士商谈纳贿条件，谈妥后即可放行出关。杨先生得到准确消息后，立即设法拦截文物外流。曾有国民政府"大人物"出面替古董商说情，甚至有人用子弹和恐吓信威胁杨先生，但他不为所动。杨先生通过艰难曲折的努力，终于获得了上海市政府要他帮助海关检查的命令。7月28日，杨先生带领博物馆有关人员一起对准备运销美国纽约的17箱古物进行鉴定，这一工作直至30日上午才告结束。17箱货物是卢芹斋近年来最重要的搜集，共有345件古董，除了三件是古董商为掩人耳目而故意摆设的伪作外，其余都是国宝，如著名的青铜器牺尊。上海解放后，1949年7月18日，杨宽先生致函上海市军事管制委员会，详列五条理由，请求将这批古物拨交上海博物馆陈列。后来这批文物成了上海博物馆的镇馆之宝。杨宽先生的正义作为，间接导致了古董商卢芹斋的破产，更重要的是，他不惜自己生命安危保护了国家的珍贵文物。②

---

① 罗昕:《何为史家的职业精神？》,《东方早报》2016年9月29日。——谢宝耿注
② 杨宽:《历史激流：杨宽自传》,台北大快文化出版公司2005年版，第181—186页；贾鹏涛等:《1948年，杨宽如何保护了343件重要文物？》,《文汇学人》2017年6月9日。——谢宝耿注

三、捐献藏书以供众览

搞学问的人，大多爱好书籍，而杨先生更甚，自称"爱书如命"。早年他来苏州读初中时，就有逛旧书店的嗜好。他经常沿着护龙街，逛览一家家的旧书店，随手翻阅，选择自己想要的古书。因为家中给他的买书费不多，不可能买较多的古书，但是这样逛下来，他发现不少是自己需要的书籍，从此即使不能买书，到书店来翻阅一下也成了他的一种向往。①杨先生认为，逛书店对他今后的学习和研究有很大的帮助。经过多年的学术生涯，杨先生的书籍越来越多，即便如此，他曾为失窃长期伴随自己的应用图书而"沉浸于悲痛之中"②，可见他确实到了嗜书如命的境地。

但是，杨先生晚年为了让书籍发挥更大的作用，却毫不吝啬地将藏书捐献出来。杨先生曾多次对我们说："我为了从事中国古代灿烂的传统文化历史的研究，历年来曾收集保藏许多图书，原拟等到晚年待我的研究工作告一段落，全部无价地捐献给公众的图书馆，以供众览。"③杨先生说到做到：1991年8月，他先把明清刻本古书以及学术著作1 246种、5 611册捐献给了上海图书馆。1992年7月，他再把善本古籍28种、408册捐献了。其中重要的有元刻本《山堂先生群书考索》前集、后集、

---

① 杨宽:《历史激流：杨宽自传》，台北大快文化出版公司2005年版，第47、48页。——谢宝耿注
② 杨宽:《历史激流：杨宽自传》，台北大快文化出版公司2005年版，第364页。——谢宝耿注
③ 杨宽:《历史激流：杨宽自传》，台北大快文化出版公司2005年版，第422页。——谢宝耿注

继集、别集(64 册),明刻本《风俗演义》《宣和博古图录》《两汉博闻》《初学记》等,以及清代嘉庆年间张海鹏据宋本校刊的《太平御览》(102 册,此书木版刻成后印刷不多,即遇火灾,因而传本稀罕)等。杨先生说:"现在我已把我在上海雁荡路寓所的藏书,全部捐献给了上海图书馆。"①上海图书馆馆长吴建中见证了其捐书的无私行为:"杨宽还把 6 000 余册的个人藏书捐给上海图书馆。"吴馆长感慨自己"在杨宽身上看到了知识分子的气节和风骨",指出"杨宽的一生就是追求真理的一生"②。

杨宽(1914—2005)

(原载《炎黄子孙》2019 年第 1 期,2019 年 3 月 31 日)

---

① 杨宽:《历史激流:杨宽自传》,台北大快文化出版公司 2005 年版,第 423 页。——谢宝耿注
② 罗昕:《何为史家的职业精神?》,《东方早报》2016 年 9 月 29 日。——谢宝耿注

从外国档案中发掘近代中国历史

——读《吴乾兑文存》[①]

李志茗

现在提起吴乾兑(1932—2008)先生的名字,恐怕没有多少人知道。60年前,他进入上海社会科学院历史所,后来被评为副研究员、研究员,历任中国近代史研究室副主任、主任等职。10年前去世,前后在历史所工作和生活半个世纪,做出许多学术贡献。为了纪念这位前辈学人,现任近代史室主任周武研究员决定为他编一本文集。2018年6月28日,周武兄在近代史研究室电脑上编选吴先生论文时,我碰巧在场。他对我说吴先生的论文大都与近代中国外交有关,拟取外交史稿之类的书名,究竟怎么表达恰当呢? 我说还是以吴先生的名字命名为好,外交史的书已经很多了,而且有新的研究方法和理论,吴先生毕竟是老一辈学者,不管是题目还是研究都非常传统,这样的书名没有特色。于是,他决定取名《吴乾兑文存》。他又将遴选好的论文目录给我看,谦虚地问我:"怎么编排才好?"我说按时间顺序,他说那太杂了,不利于阅读,要分类。我说从目录看吴先生的论文大致为中国近代史研究、孙中山研

[①] 周武编:《吴乾兑文存》,上海社会科学院出版社,待出。——李志茗注

究和上海史研究三大块,他表示认可,并据此调整篇目,拟定目录。然后他对我说:"你是研究中国近代史的,为吴先生文存写个书评,编入附录。"我说:"您是编者,跟他共事过,现在又是领导,应该您来写,怎么让我来写呢?"他说:"我也写,准备写篇吴先生的回忆文章,也作为附录。"其实吴先生的研究并非我专长,我来所也晚,不认识吴先生,对他毫无了解,但承蒙周武兄好意,加上我也是现在的近代史研究室资格最老的人①,有义务和责任介绍和宣传自己的前辈,遂勉为其难,答应了下来。但我深知自己没有能力评论吴先生的著作,只能写点读后感,不足之处在所难免。

一、《吴乾兑文存》篇目及其特点

周武编《吴乾兑文存》(下简称《文存》),共遴选吴先生的代表作21篇②,时间上从20世纪60年代初到21世纪初。其中20世纪60年代3篇、80年代12篇、90年代5篇、21世纪初1篇(见下表),明显反映了吴先生那辈学人的共同特点,即经历"十年浩劫",吴先生被耽误了学术研究的青春年华,拨乱反正后,年过半百,有一种紧迫感,只争朝夕,抓紧研究,在80年代迎来学术生命的高峰,成果大量涌现。

---

① 我2006年一进所,就被分入近代史研究室,至今已经12年。周武兄比我早进所17年,刚开始在近代史研究室,后长期先后担任现代史研究室和思想文化研究室主任,与近代史室有所疏离。2013年上半年,所里合并研究室,他率思想文化研究室并入近代史室,担任主任。我进所以来,近代史室的人员流动很大,合并时我是仅剩的近代史室"老人",所以自谦是现在的近代史室资格最老的人。——李志茗注

② 吴先生的较完整著述目录可参见该书附录的马军《不随夭艳争春色,独守孤贞待岁寒——对吴乾兑研究员的点滴回忆》一文。——李志茗注

年　代	篇　目
20世纪60年代	《美帝国主义是镇压太平天国革命的凶手》《鸦片战争中道光皇帝为什么忽战忽和》《帝国主义对辛亥革命的干涉和破坏》
20世纪80年代	《辛亥革命时期沙俄的侵华政策》《林译〈澳门月报〉及其他》《沙俄与辛亥革命》《孙中山与宫崎寅藏》《上海光复和沪军都督府》《北京条约后外国侵略者对太平天国革命的干涉》《"阿思本舰队"与英国侵华政策》《英国与戊戌政变》《辛亥革命期间的法国外交与孙中山》《孙中山与欧美日关系研究述评》《1911年至1913年间的法国外交与孙中山》《〈南京条约〉至〈虎门条约〉期间英国在上海选择居留地的活动》
20世纪90年代	《鸦片战争与1845年〈上海租地章程〉》《鸦片战争与上海英租界》《1908年孙中山在曼谷：与美国驻暹罗公使的会见》《沪军都督府与南京临时政府的筹建》《三民主义与中国近代化》
21世纪初	《〈奋斗与希望〉·序》

通读《文存》所收文章，可以发现有以下特点：第一，吴先生的研究集中在晚清70年，按照当时流行的中国近代史研究框架，他对太平天国、辛亥革命两大革命高潮，鸦片战争、太平天国、戊戌变法、辛亥革命四大事件均有钻研，涉猎甚广。第二，吴先生的研究具有连续性、系统性，基本每个研究专题都有两篇以上的文章。第三，吴先生最早发表的文章以帝国主义侵华史为内容，随后延续这个研究，并逐渐转向中外关系领域。第四，吴先生的研究兴趣有个变化过程，从最开始的中国近代史研究到孙中山研究，再到上海史研究，表明其治学旨趣顺应史学发展的趋势，产生从大到小、由上而下的转向。第五，吴先生的研究大量利用第一手档案资料，《文存》中的绝大多数文章都以中外档案为主要史料，尤其是外国档案，计有《英国蓝皮书》，美国众议院、国务院档案，英

国、法国外交部档案,苏联《红色档案》杂志,以及俄国、日本、法国、德国的外交文件等。

其中,最后一个特点与吴先生本身的能力和经历密切相关:首先,精通外语。吴先生出生于新加坡一个华侨家庭,早年就读于新加坡公学、新加坡华侨中学,"精通英文、俄文,法文也不错"①。深厚的外语功底为他阅读利用外国档案奠定良好的基础。其次,工作单位提供的机遇。吴先生研究生毕业后,被分配到刚成立不久的上海社会科学院历史研究所工作。历史所初建,"领导上确定本所的方针任务,就是充分利用上海地区所收藏的中外文图书资料,以中国近代史研究为主体,从搜集资料入手,在全面掌握资料的基础上开展研究工作"②。于是,历史所先后编撰出版《上海小刀会起义史料汇编》《鸦片战争末期英军在长江下游的侵略罪行》《五四运动在上海史料选辑》《辛亥革命在上海史料选辑》四部资料书。这四部资料书充分利用上海报刊资料、外文资料比较丰富的优势,编得很有特色,产生较大社会影响,吴先生也参与其中。其时"历史研究所位于漕溪北路40号,与藏有大量近代外文报刊的徐家汇藏书楼毗邻而居。由于'彼此关系很好',藏书楼为历史所的翻译人员提供了诸多便利,甚至开辟了一个阅读、翻译外文资料的专用室"③,这使得他有机会接触大量外文报刊、档案,积累丰富的研究资料。所以,广泛征引外国档案成为其著述的一个突出特色。

---

① 汤志钧:《关于〈辛亥革命在上海史料选辑〉》,《史林》2012年第1期。——李志茗注
② 马军编撰:《中国近现代史译名对照表》,上海书店出版社2016年版,第170页。——李志茗注
③ 马军编撰:《中国近现代史译名对照表》,第176页。——李志茗注

二、以中外关系为主的中国近代史研究

汤志钧先生曾回忆说:"解放初,中国近代史研究,侧重于中国人民革命史和帝国主义侵华史方面。"[①]吴乾兑先生的中国近代史研究就带有这个鲜明的时代印记,以帝国主义侵华史为主。他独立撰写的第一篇论文即《美帝国主义是镇压太平天国革命的凶手》,刊登在《文汇报》1961年1月10日第3版。该版是纪念太平天国金田起义110周年专版,除吴先生的文章外,还有王禾《谈太平天国革命史的研究》和蒋光学《太平天国基层政权"乡官"的阶级成分》二文。刊首"编者的话"开宗明义地说:"今天,我们纪念太平天国革命,应当发扬太平天国反帝爱国的革命精神,再接再厉对美帝国主义侵占我国领土台湾和制造'两个中国'的侵略政策进行坚决的斗争。"吴先生的文章将编者意图贯彻得很彻底,不仅题目直白鲜明,而且行文中也不时呼应配合,最后总结全文:

> 美帝国主义是参加绞杀太平天国革命的主要凶手之一。美帝国主义无论是伪装中立或是公开组织武装干涉,都是为了扑灭革命,扩大侵略。美帝国主义者总是把它们对中国的侵略说成是"友谊",总是把它们屠杀中国人民、绞杀中国革命说成是"和平",这是美帝国主义所特有的逻辑。它的捣乱本性是不会改变的,它决不会对中国人民"发善心"。自太平天国以来,美帝国主义一直遵循其反动派的逻辑,干涉和破坏中国人民的革命斗争。而中国人民也一直遵循着自己的逻辑,不断的展开英勇不屈的斗争,最后终于

[①] 汤志钧:《历史研究和史料整理——"文革"前历史所的四部史料书》,《史林》2006年第5期。——李志茗注

在中国共产党的领导下，经过长期的英勇的斗争，在一九四九年结束了美国和一切帝国主义及其走狗在中国的统治。但美帝国主义至今还霸占着我国领土台湾，还在梦想卷土重来。它更以世界宪兵自任，到处捣乱，成了中国人民和全世界人民最凶恶的敌人。为了解放我国神圣领土台湾，为了保卫世界持久和平，我们必须和全世界人民一起，坚决进行埋葬帝国主义的斗争。

不难看出这是一篇针对性很强、紧密联系现实的文章，虽然是研究历史，也援引相关美国档案资料作为佐证，但字里行间跳跃着较多的感情色彩和主观判断，显得并不那么客观理性，所论不能令人信服。

如果说上述文章是吴先生应约稿而写，具有以论带史味道的话，那么紧接着他在《历史教学》1962年第2期发表的一篇类似文章《帝国主义对辛亥革命的干涉和破坏》，则以第一手档案资料为基础，史料丰富，内容扎实，显然论从史出，是一篇正规的史学论文。有学者指出，在近代中国，西方列强本身"已内化为中国权势结构的直接组成部分"，每当中国重大社会变革来临时，"是继续扮演改革推动者的角色，还是转换为既存秩序维护者的角色"[①]，成为它们不得不面对和必须做出的选择。由于局势瞬息万变，难以捉摸，它们往往出尔反尔、见风使舵，犹如变色龙。吴先生此文细致地论述武昌起义后，英、美、日、俄、法、德各帝国主义国家出于自身利益的各种考虑和盘算，指出它们干涉和破坏辛亥革命的策略和手段，随着形势的发展有过几次变化：

它们在革命爆发后，首先考虑的是起用袁世凯来镇压和破坏革命以维持清政府的统治。到了革命的火焰燃遍全国时，为了保

---

① 罗志田：《帝国主义在中国：文化视野下条约体系的演进》，《中国社会科学》2004年第5期。——李志茗注

存封建帝制,还搞了一个"君主共和立宪国"的阴谋。到再已无法阻止中国人民建立共和时,就利用袁世凯伪装赞成共和,来代替清政府,并要挟革命方面接受让出政权的条件。于是,在中国就出现了一个"假共和"的北洋军阀反动政权。

在吴先生看来,同中国近代史上的其他几次革命运动一样,辛亥革命是被帝国主义绞杀的,只是方法有所不同,此次它们没有采取大规模的武装干涉的直接行动,而是在所谓"中立"的幌子下,积极地进行干涉和破坏的阴谋活动,显得更为狡猾、阴险和毒辣。在这个总体研究的基础上,吴先生又以俄国为个案,研究其对辛亥革命的干涉和破坏,发表了《沙俄与辛亥革命》《辛亥时期沙俄侵华政策》二文。汤志钧先生高度评价二文"根据俄国以及日本、法国的外交文件,对辛亥革命前后和革命高潮中沙俄的侵略活动与对辛亥革命的破坏,联系各国当时在远东的复杂关系,做了深刻、系统的揭露,深具说服力"①。的确如此,据吴先生研究,辛亥革命爆发后,沙俄在阴谋策划大规模武装干涉之余,还乘机在我国边疆地区发动全面的侵略活动,分裂、侵占了中国的大片领土。主要表现在以下几方面:首先,公开地把外蒙从中国分裂出去;其次,把侵略势力扩大到我国内蒙古地区;再次,派兵侵占我国的唐努乌梁海地区。沙俄自清初就开始侵略中国,早就引起国人的警惕,视之为肘腋之患,然始终缺乏有效应对办法,眼睁睁地看着它侵占大量国土,给近代中国带来严重不良后果和影响。邓小平曾说鸦片战争以来,"从中国得利最大的,则是两个国家,一个是日本,一个是沙俄","以后延续

---

① 汤志钧:《关于〈辛亥革命在上海史料选辑〉》,《史林》2012年第1期。——李志茗注

到苏联","极大地损害了中国的利益"①。以史为鉴,可以知兴替,吴先生通过研究辛亥时期沙俄的侵华活动,揭露其沙文主义的面目,警告后人从中国获取最大侵略利益是"老沙皇及其继承者的惯技"。

除了辛亥革命史外,吴先生在近代中外关系史的研究上也造诣颇深。"他精通英文、俄文,法文也不错,凭借这一语言上的优势,可以充分利用大量的第一手资料,写出有分量的近代中外关系史专题论著"②,限于篇幅,这里不一一介绍。

三、对外交往视野下的孙中山研究

孙中山是近代中国民族民主革命的先行者,自 20 世纪初起就受到关注和研究,并日渐成为显学。尤其从 20 世纪 80 年代开始,孙中山研究进入一个新时期,视野更加开阔,资料更加丰富,方法更加多元,因而能够不断开拓新领域,出现新议题。正如吴先生在 1986 年刊发的《孙中山与欧美日关系研究述评》一文中所言,"孙中山与欧美日关系研究,在过去一段相当长的时间内,一直处于停滞状态","近几年来,才有专门论述这方面问题的文章陆续发表,可以说这是孙中山研究中的一个新进展"。他认为其中最为突出的是张振鹍所写《辛亥革命期间的孙中山与法国》正续篇,认为"张振鹍依据大量中外文资料,特别是法国外交部档案资料,联系法国的对华政策,对孙中山法国之行进行了细致的分析研究,具体论证了其意义和影响,不仅填补了过去这方面长期存在的

---

① 《邓小平文选》第 3 卷,人民出版社 1993 年版,第 292、293 页。——李志茗注
② 汤志钧:《关于〈辛亥革命在上海史料选辑〉》,《史林》2012 年第 1 期。——李志茗注

空白,而且对于开展孙中山与欧美关系的研究也是一种有益的启示"。但他也指出已有孙中山与欧美日关系研究的不足,即"只比较集中于辛亥革命期间,在此之前和在此之后各个时期,可以说还是一片空白。就从辛亥革命期间来说,研究也是很不充分的"。

鉴于此,为弥补上述不足,吴先生也致力于孙中山与欧、美、日关系研究,各有文章发表。欧洲方面的为《1911年至1913年间的法国外交与孙中山》一文。①该文从题目上看,似与张振鹍《辛亥革命期间的孙中山与法国》同题重复,但内容完全不同。张振鹍考察了孙中山法国之行的外交活动,下结论说孙中山"并没有能同法国政府官员交往","他在巴黎接触到的都是'在野的人',而没有'在朝'之士。因此,他后来所说的'过巴黎,曾往见其朝野之士,皆极表同情于我',是不完全符合当时的真实情况的"。但他的这一结论有人表示异议。吴先生虽赞同张振鹍的看法,但为进一步弄清真相,利用法国外交档案撰写上文,发现法国政府对辛亥革命持反对态度,也不承认孙中山建立的南京临时政府,因而不愿与孙中山有任何交往。该文史料翔实,内容丰富,分析深入,雄辩地证明张振鹍的看法是成立的。他从法国的对华外交政策切入,可谓角度新颖,独辟蹊径。

美国方面的为《1908年孙中山在曼谷:与美国驻暹罗公使的会见》一文。吴先生在文章开头说:"孙中山与美国驻暹罗公使汉米尔顿·金的会见,是1908年他在曼谷期间的一项重要活动。孙中山和随他一起

---

① 《文存》关于孙中山与欧洲关系的收有《辛亥革命期间的法国外交与孙中山》《1911年至1913年间的法国外交与孙中山》二文。经我仔细比对,发现后者是前者的修改版,主要在结构上分成三节,并补充3 000字左右的新材料。《文存》二文均收是有意义的,可以从中看出吴先生在此一课题上的持续思考和关注,但我评述吴先生有关该课题的研究时,只能针对其修改版而言。——李志茗注

前住曼谷的胡汉民等人都没有谈及此事,汉米尔顿·金向美国国务院所做的报告则提供了一些有关情况。"由此可见,此事因当事人不提及,详情不得而知,所幸汉米尔顿·金曾向美国国务院做了汇报,才保留了一些材料。吴先生就是根据美国国务院所保存的这些档案材料还原了整个事件的经过。原来孙中山到曼谷后多次发表演讲,引起清政府的恐慌,要求暹罗当局立即把孙中山驱逐出境。于是,孙中山去找美国驻暹罗公使汉米尔顿·金,拿出"他的夏威夷出生证、誓词、居住证以及美国发给的夏威夷疆省护照,要求承认他的美国公民权,并发给他美国护照"。汉米尔顿·金接受孙中山的要求,并代向美国国务院提出申请。经过几个月的审查,美国国务院认为孙中山不符合美国公民的资格,不能取得美国护照。尽管如此,孙中山延长了在曼谷的逗留时间。在这段时间里,他秘密组织同盟会暹罗分会,并为革命筹集部分资金,达到其在暹罗发展革命工作的目的。该文发人所未发,填补孙中山生平研究的部分空白。

日本方面的为《孙中山与宫崎寅藏》一文。宫崎寅藏是长期追随孙中山革命的日本友人,对中国革命有"极伟大之功绩",他别号白浪庵滔天,因此也被称作宫崎滔天。后其孙女成立了以其名字命名的"滔天会"。1980年11月,该会组织代表团访华,在上海访问期间,同上海社会科学院历史研究所有关同志举行座谈,团长——宫崎寅藏孙女将所藏孙中山和宫崎寅藏的来往书信、笔谈残稿、合摄照片的几张原件影印件,赠送给历史研究所。吴先生据这些一手资料,再辅以其他材料撰成此文。对于孙中山和宫崎寅藏初次会面的时间,没有材料能够说明确切的日期,《宫崎滔天年谱稿》估计是在1897年9月上旬。经吴先生严密的考证,认为应在8月23日左右,最迟不会超过8月26日,地点是陈少白横滨的住所。这次会面,宫崎寅藏被孙中山中国革命的主张所折服,决定协助孙中山从事革命,奠定他们伴随一生的革命友谊。孙中山不会说日语,宫崎不会说中文,初次会面他们只能靠笔谈,从现在保存的少量残稿中,吴先生细心地整理概括出他们笔谈的主要内容,如宫崎是怎样知道孙中山的,孙中山在日本的活动情况,以及孙中山对中国局势的看法等。而从宫崎和孙中山的来往书信中,吴先生也勾勒出宫崎为中国革命所做的几件事情,认为这些都是"应该受到人们纪念的"。

由上不难看出,通过学术回顾和梳理,吴先生认识到孙中山与欧美日关系研究的不足,因此他努力以自己的实际行动予以弥补。他所撰写三篇相关文章"是前人较少或尚未论及的课题",几乎每一篇都是利用一手资料,"在充分占有资料的基础上写出来的,功力深厚,见解独到"①,可以说不仅有力地推动孙中山与欧美日关系的研究,而且也丰富了孙中山研究的方法、手段和内容。

四、建立在长期资料积累基础上的上海史研究

上文述及吴乾兑先生入所以后,是按照所里制定的研究规划,先参与整理资料。"文革"前,上海社会科学院历史所先后整理出版《上海小刀会起义史料汇编》《鸦片战争末期英军在长江下游的侵略罪行》《五四运动在上海史料选辑》《辛亥革命在上海史料选辑》四部资料书。据汤志钧先生回忆,"对《辛亥革命在上海史料选辑》的编辑,吴乾兑同志是倾注了全部精力的,他从报刊中仔细寻求、校核,把没有档案的'辛亥革

---

① 汤志钧:《关于〈辛亥革命在上海史料选辑〉》,《史林》2012年第1期。——李志茗注

命在上海'编出'档案'的是他,写作'大事记'的也是他"。那么吴先生是如何把没有档案编出档案的,汤先生特举沪军都督府文献资料的搜集整理为例进行说明:

> 民国成立后,上海因历遭战乱,又经日寇侵华、汪伪统治,以致清季民国档案,当时未能找到,也没有看到沪军都督府档卷。《辛亥革命在上海史料选辑》从报刊中将当时简章、文告等广泛搜集,编成《沪军都督府文献资料》,包括:一、上海军政府告示、宣言、檄文;二、沪军都督府简章、条例、人员名单;三、沪军都督府、沪军都督文告函电,下分政治、军事、经济、对外关系;四、沪军都督府民政总长等文告函电,将民政总长、制造局总理、财政总长、工商总长等文告函电分别列目。其他机关资料,包括上海县、上海市政厅、闸北市政厅、吴淞军政分府等一一列目。这样,基本上将上海光复、沪军都督府及所属"档案"分类恢复。

正因为"无中生有"地为沪军都督府建立了档案,吴先生不仅非常熟悉沪军都督府的建制及其成立经过等,而且积累了丰厚长足的资料。所以,他写成《上海光复和沪军都督府》一文,针对众说纷纭、莫衷一是的上海光复是谁领导的,沪军都督府是什么性质的政权,以及革命派和立宪派关系如何等问题,明确地做出他的解答。他认为:"上海起义是资产阶级革命党人领导的,立宪派没有脱离革命派的领导,沪军都督府及其前身上海军政府是革命派领导的政权机构,它的主要成员是同盟会会员。上海光复前后的一段时间内,立宪派是跟着革命派走的,资产阶级革命派的领导作用是不容抹杀的。但在政权建立以后,革命派却走向倒退,成为立宪派的追随者,这是资产阶级革命党人的阶级特点所决定的。"

该文抽丝剥茧,观点鲜明,对革命派和部分立宪派在上海光复时期的表现做了充分的阐述,但白璧微瑕,有不足之处:其一,对张謇、赵凤昌等为首的立宪派研究不够;其二,过分强调立宪派和革命派的不同一性。①因此,其文章最后结论便出现偏差。吴先生认为革命派妥协倒退的原因是"一不相信群众,二怕帝国主义,便显得软弱无力,终于在帝国主义和封建势力的胁制下,在立宪派的拉拢中,政治上走向倒退,使自己和立宪派的原则区别归于消失"。应该说这是以事后之明苛求前人,不客观,也不可取。实际上革命党人对于革命是走一步看一步,并没有长远的规划和部署。虽然武昌起义后,他们在南方独立各省都是按照孙中山制定的《革命方略》成立军政府,但他们各自为政,群龙无首。此时正是已从立宪转向革命的张謇、赵凤昌等看到这个局面"不但不利于拧成一股绳,合力推翻清王朝的统治,反而容易被清军各个击破,功亏一篑",讨论决定"成立一个统一的领导机关",即全国会议团。全国会议团不是吴先生所言的"临时中央政府",而是类似国会的议事机构,所以又称临时国会。它的成立是与上海革命党人沟通,并得到大力支持的,并不是要取代沪军都督府。②而且尽管南京攻克后,唐文治、赵凤昌等上书沪军都督府提出由江苏都督程德全主持全省行政,也是为了统一起见,尽快恢复和重建江苏社会秩序。因为当时江苏省除江苏都督

---

① 陈旭麓先生在《论革命派与立宪派的同一性》一文中说:"过去,我们只是看到立宪派与革命派的不同一性,对立宪派与清朝又只看到它们的同一性,把立宪派与革命派的关系看作革命派与清朝的关系一样,这就忽略了一对的同一性,又忽略了另一对的不同一性,把立宪派完全推向了清朝的一边。"(《陈旭麓文集》第2卷,华东师范大学出版社1997年版,第134页)吴乾兑先生基本持老观点,较注重革命派与立宪派的不同一性。——李志茗注

② 李志茗:《幕僚与世变——〈赵凤昌藏札〉整理研究初编》,上海人民出版社2017年版,第152—154页。——李志茗注

外,"上海、镇江、江北各有都督,常州、无锡、松江、扬州各有军政府"①,四分五裂,政令难行,并非完全像吴先生认为的那样,立宪派力推程德全主政江苏,是"企图夺取进攻南京的胜利果实","进一步控制江苏的政权"。

大概在写完《上海光复和沪军都督府》一文后,吴先生也意识到对临时国会以及张謇、赵凤昌等为首的立宪派等着笔不多,尚有可议空间,他又写了篇《沪军都督府与南京临时政府的筹建》。尽管两文相隔10年,但吴先生的观点一以贯之,并无丝毫变化。他认为张謇、赵凤昌等为首的立宪派上书要求程德全主持全省政务是企图取消沪军都督府,但细绎上书全文,并无此意,而是用商量的口气,请沪军都督府考虑:"值兹大局尚未全定,军事计划自必特别注重,因以上海为重镇。若夫其他行政事宜,尽可统全省为一致……上海亦苏省之一部分,若行政亦经分立,殊与全省统一有碍,拟请从长计议。"陈其美在复函中不仅接受赵凤昌等统一全省行政的建议,"苏省敉平后,民政各事,自以由程都督统辖为宜",而且主动表态沪军都督府将一方面"专注重于进取事宜",另一方面"拟邀各省同志代表联合来沪,组织临时议会"②。可见,陈其美非但不认为张謇、赵凤昌等立宪派有取消沪军都督府的意思,还赋予沪军都督府新的使命,尤其"组织临时议会"一项,为上文所言临时国会虽是张謇、赵凤昌等酝酿成立的,但得到上海革命党人大力支持提供了有力证明。可在吴先生看来,组织临时议会是"张謇等人排斥沪军

---

① 扬州师范学院历史系编:《辛亥革命江苏地区史料》,江苏人民出版社1961年版,第61页。——李志茗注
② 上海社会科学院历史研究所编:《辛亥革命在上海史料选辑》,上海人民出版社1966年版,第314、315页。——李志茗注

都督府的计划"；对于沪军都督府所发《沪军都督府议设临时会议机关启》，他认为体现了"张謇关于'共和分治'的政见"，"所谓'共和分治'，也就是他们鼓吹的'联邦共和之制'或'联邦政体'，与同盟会主张的'民主共和'是对立的"。只看到立宪派与革命派的不同一性，那么吴先生笔下自然都是两者不同和对立的内容，其他如召开组织政府会议和确定总统人选等，均如此，因篇幅所限，不拟一一辨析。

与沪军都督府研究一样，吴先生对上海英租界的研究也是建立在深厚的资料积累基础上。汤志钧先生回忆说："吴乾兑除负责《辛亥革命在上海史料选辑》主体部分的编纂外，还参与《辞海》中国近代史部分和《中国近代史词典》的编纂。还和我共同主编《近代上海大事记》，他不仅亲自编写了其中1840—1850年、1911—1918年的大事记，并且参与这部近120万字工具书的统稿和定稿。该书同样受到学术界特别是上海史学界的重视和好评。"①因为"近代上海的档案资料（1918年前），除旧公共租界工部局、旧法租界公董局的档卷尚有存留外，其余未曾发现"，吴先生在编写上海1840—1850年的大事记时，只能逐日翻阅当时中外报刊如《上海新报》《北华捷报》以及《英国蓝皮书》、英国外交部档案等，从中摘录②，掌握了大量的一手资料，所以其英租界研究能纠正前人不实说法，发人所未发，颇多新见。

其《〈南京条约〉至〈虎门条约〉期间英国在上海选择居留地的活动》一文，指出"有关上海租界史的论著中一般都认为，英国侵略者企图在

---

① 汤志钧：《关于〈辛亥革命在上海史料选辑〉》，《史林》2012年第1期。——李志茗注

② 汤志钧主编：《近代上海大事记》前言，上海辞书出版社1989年版。——李志茗注

上海设立居留地(后称为租界)是在 1843 年 11 月上海开埠以后的事情"。实际上并非如此,"从《南京条约》至《虎门条约》期间,英国在鸦片战争中的侵华专使璞鼎查和清政府的钦差大臣耆英等人已有过一段在上海等口岸设立居留地的交涉过程。要在中国各个通商口岸中设立居留地,是当时英国政府的侵华政策,巴富尔则是这一政策在上海的执行者"。至于"上海的英人居留地,最初划定的时间和划定的界限,在有关论著中的说法不一,相当混乱,还需另做进一步的探讨"。随后,吴先生撰《鸦片战争与上海英租界》一文,就英租界的地点选择、划定时间和界限以及租地章程等问题做了着重探讨。他从当时中英双方当事人的记载判断,"上海英租界似在 1843 年年底即 12 月下旬划定的"。在英租界划定后不久,外国商人就陆续在现在的外滩一带租地建房。那么上海英租界的最初界限在哪里呢?一般认为东面是黄浦江,南面是洋泾浜,北面是李家厂南面的一条公路(即今北京东路)。但吴先生根据《上海租地章程》第 4 条规定,认为"英租界最初的北面界限应是苏州河,而李家厂南面的公路只是英领事馆地基和英商建房居住地基的界限",他并从英国外交部档案捡出 1846 年 4 月 28 日英驻上海领事巴富尔给英驻华公使德庇时的报告予以证实,使其看法更有说服力。

在划定租界之后,巴富尔就与上海道台宫慕久开始了租地章程的谈判。吴先生通过阅读英国外交部档案中宫慕久和巴富尔的来往函件,了解到《上海租地章程》不是一次议定,而是各条先后议定,经宫慕久在江海新关分别公布,才最终完成,前后共持续整整两年的时间。《租地章程》共 23 条,吴先生高度概括为 4 条,分别是:1.由英国领事馆掌握土地租赁的管理权,2.将土地租赁变为土地买卖,3.由英国人管理租界的市政,4.英国领事具有最高的权力。他精辟而又一针见血地揭露了《租地章程》的实质。这个《租地章程》不仅成为其他口岸议定同类性质章程的范本,而且也是上海英租界的"根本大法",后来历次《租地章程》即是在此基础上修订的。由于不像沪军都督府研究那样先入为主,带有主观偏见,吴先生的上海英租界研究言之有据,令人信服,甚至成为一种共识,被上海史研究者所广泛接受和采用,凡有关上海早期租界的论述基本都取自吴先生的著述。

五、一点感受和启示

以上就周武编《吴乾兑文存》中的荦荦大者谈了点粗浅的学习体会,虽然没能穷尽吴先生的所有著述,但窥一斑见全豹,对他的治学方法和精神感受颇深。首先,历史研究要以长期的资料积累为基础。汤志钧先生说:"从事中国近代史、上海史的研究,不能脱离资料的搜集和整理。""只有充分占有资料,去粗取精,去伪存真,由此及彼,由表及里,才能得到科学的结论。"由前文可知,吴先生的研究就是建立在扎实的资料积累基础上,诚如汤志钧先生所言:"吴乾兑同志的论著,有的是前人较少或尚未论及的课题,有的是解决了前人尚未解决的问题,几乎每一篇都是在充分占有资料的基础上写出来的,功力深厚,见解独到。"[①]

其次,历史研究要就地取材,因地制宜。汤志钧先生在总结"文化大革命"前上海社科院历史所编撰的四部资料书的经验教训时,曾说:"搞资料不能从主观愿望出发,要从实际史料情况入手。……如五六十

---

① 汤志钧:《历史研究和史料整理——"文革"前历史所的四部史料书》,《史林》2006年第5期;汤志钧:《关于〈辛亥革命在上海史料选辑〉》,《史林》2012年第1期。——李志茗注

年代,中国近代史强调太平天国、义和团、辛亥革命'三大革命','中国近代史资料丛刊'也率先出版了《太平天国》《义和团》。从上海来说,太平天国起义,上海有小刀会;义和团运动时,是否也有类似组织?结果在报刊上只有个别打拳的表现,没有'义和团'那样的记载,这是因为北方早有'义和拳''梅花拳'那样民间秘密结社,流行于山东、直隶地区。1900年,八国联军侵略北京,义和团组织了保卫天津的廊坊和紫竹林战斗,和上海的情况不同。所以不能以彼例此,主观臆测。"又说,编辑资料只能利用本地特点,上海报刊资料、外文资料比较丰富,"编辑上海史有关资料,只能以己之长,克服自己之短"①。汤先生的这些总结也可以用于吴先生身上。因为上海没有义和团的资料,"三大革命"吴先生只研究其中的太平天国和辛亥革命两大革命;上海报刊资料、外文资料比较丰富,吴先生所利用的资料也以报刊和外文档案为主。

再次,历史研究要找准题目,持之以恒深入探讨。严耕望先生说,研究历史"最忌上下古今,东一点,西一点,分散开来,做孤立的研究。……这样分开做孤立的研究,外行人看起来好像博学多能,但各方面的内行人看起来,都不够成熟,不能深入,因此都没有永久性价值!"②吴先生的史学研究基本围绕中外关系展开,看起来比较单一,但他就其中的许多问题分别展开研究,不仅十分深入,而且成果丰硕,富有特色,个人印记鲜明。

当然,受时代以及材料局限,吴先生的著述有的留下很深的时代痕迹,有的论证不够充分,观点尚可商榷,这些前文都提到了,不再赘述。

---

① 汤志钧:《历史研究和史料整理——"文革"前历史所的四部史料书》,《史林》2006年第5期。——李志茗注

② 严耕望:《治史三书》,辽宁教育出版社1998年版,第18页。——李志茗注

值得指出的是，吴先生和陈匡时先生合写的《林译〈澳门月报〉及其他》一文通过精审的考证，认为林则徐组织翻译的《澳门月报》，主要是从《广州周报》《广州纪事报》和《新加坡自由报》翻译出来的。30多年后，台湾学者苏精根据《澳门月报》译文比对1839与1840年的英文报纸，全部还原出《澳门月报》的英文底本，得出结论：《澳门月报》的底本就是"《广州纪事报》《广州新闻报》和《新加坡自由报》三者"。他很佩服两位先生虽然未见到报纸原文，却能推断出《澳门月报》的英文底本，然后感慨地评论："只是他们的推断似乎没有获得后来的研究者重视。"[1]就此而言，吴先生有些文章本着客观理性的态度去研究，就能不落时代印迹，留下隽永恒久的学术价值。尽管它们可能一时不为人所知，但是金子总会发光的，最终会被有心人所发现和称道。这一点，对我这个后辈来说很有启迪意义。

吴乾兑（1932—2008）

写于2018年

---

[1] 苏精辑著：《林则徐看见的世界：〈澳门新闻纸〉的原文与译文》，广西师范大学出版社2017年版，第14页正文及注27。——李志茗注

怀念小丁

——《与病魔同行：我在美国治病与生活的经历》读后感

罗苏文

2019年7月初的一个晚上，上海社会科学院经济研究所退休研究员顾光青给我的微信中，转发了一条意外的信息：曾在本院历史研究所工作的丁大地女士近日在美国去世了，此前她已在上海出版了回忆录《与病魔同行：我在美国治病与生活的经历》（上海：东方出版中心2018年版，以下简称《与病魔同行》）。顾在微信中还附上了该书的序言和后记。我当时一惊，匆匆浏览了这些文字。次日，我去上海图书馆一查，此书仅参考阅览室有一本，但已借出。幸运的是，数日后与顾光青外出，她将刚读完的这本书借给我看。于是，我连续几天捧读这本300余页的纪实文学类新书，并随即网购。作者丁大地曾是我进

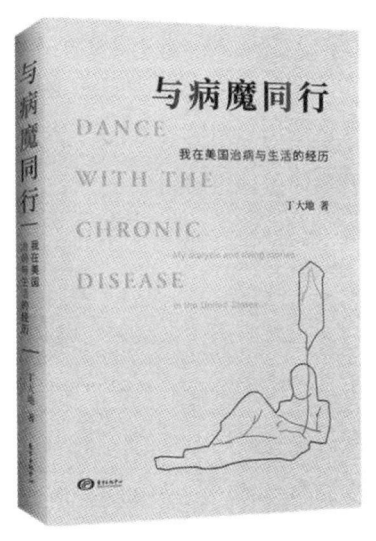

《与病魔同行——我在美国治疗与生活的经历》书影

历史所初期时相识两年多的同事,当时大家都称呼她为"小丁"。浏览她的书感慨万千,点滴往事重现眼前。

历史所同事小丁[丁大地(1979—1982)]

"文革"时期,上海社会科学院历史研究所科研工作被迫中断10多年。1978年11月下旬,我调进历史所工作,是学术秘书室成员之一。当时所里陆续有老同志重返科研岗位,也有一些中青年进所工作。当时编译组里一些年过七旬且已退休的老同志,也因工作需要重新回所承担编译工作,新进的中青年翻译人员有三位。

大约1979年春季,当时上海的报社、出版社等单位曾向社会招聘专业人员。历史所也向社会招聘外语翻译人才,以充实编译组的翻译人员。记得某日来所参加外语笔试的人员中不乏白发长者,一位老先生参加笔试后,离所前还笑着对我说:"do my best."不久,通过专业外语考试录用了两位青年人:丁大地(英语专业)和另一位(日语专业),他们就成为编译组的新成员。丁大地是位文静的高个子女孩,扎着齐耳短辫,衣着简朴,轻声细语。编译组负责人章克生先生亲切地称呼她"小丁"。当时她是编译组里的两位"小字辈"之一。

当时历史所科研人员每周二、五上午到所参加组、室活动,周六上午是全所人员政治学习。如遇到分组讨论时,学秘室、编译组同志就一起讨论。记忆中,每逢学秘室、编译组同志一起讨论时,章克生先生发言较多,年轻人一般都是静听,中间休息时,大家有时也随意聊天,偶尔青年人会话多些。记忆中的小丁说话较少,表情平静或微露笑容。印象里当时所里年龄相近的三位女青年,小丁说话最少。后来我们逐渐知道,她身体不太好(慢性肾炎)。

小丁在历史所工作期间一般按规定每周二、五、六来所,翻译工作在家进行。我记得,她一直按时上班,按期完成承担的史料编译任务,没有请病假,也没有延误过工作。记得深秋的某一天,老沈(主持所日常工作的沈以行副所长)关照学秘室负责人黄芷君和我下午去小丁家探望她。于是我们下午就去小丁家。当时小丁穿着棉衣半靠在床上休息,人很乏力,脸色苍白。她母亲告诉我们,小丁一天夜晚起床上厕所,不料中途突然晕倒在走道地板上,被急送医院诊断:胃出血。当时我们听了吓一跳,小丁当时似乎还不太在乎,微笑不语。后来偶尔听说小丁去美国就医的消息,我们才意识到她一直是带病默默地坚持工作,这让人既感动又心痛。1992年我应邀赴美国加州大学伯克利分校访问交流期间,曾遇见历史所在美留学的黄先生,问起小丁,他告诉我:"小丁蛮好,在芝加哥的医院做护士。"此后一晃又是27年过去了,未再听到有关小丁的信息。万万没有想到,2019年夏,突然得知小丁去世的噩耗。

坚持自学:小学、英语

小丁生于1954年,两岁时进寄宿制的中福会幼儿园,因体检被发现尿中有血,仅一年即退园回家。为使她减少感染,医生劝她母亲不要让她去学校上学。于是她每个学期仅在开学时去几天,领回课本。老师每天布置作业都由同班的邻居同学带给她。1966年暑假她刚踏进中学校门,因"文革"动乱而中断学业。此后直到28岁赴美就医,她几乎从未持续在课堂上听课超过一个月。[①]小丁是由母亲辅导加自学,到校

[①] 《与病魔同行》,东方出版中心2018年版,第30、31、35、104页。——罗苏文注

参加期末考试,带病完成她人生最初的六年基础教育的。

"文革"期间她所有的治疗都被中断,中学教育也因动乱而停止,她在高中阶段没有上过一天课,没有文凭、成绩单。她喜欢游泳、打网球、骑自行车,但因肾病,她与一切户外运动无缘。①她被分配进里弄生产组就业,在工作之余她仍继续自学英语。

1979年她被录用后进入上海社科院历史所编译组工作,从事英文资料翻译。她为减轻肾脏负担,高蛋白食物不能吃,肾性高血压使她难以摆脱头疼的骚扰。1981年末,经朋友介绍,她向林里力(黑白灰)先生学习花鸟画。②尽管她已深受肾病折磨,却依然坚持工作,多学一点。大约在1982年,她的肾病已渐入晚期,医生宣布她的病情,除非洗血或换肾,否则生命最多还有两年,但当时此类治疗在国内尚未开展。③1982年3月她因肾功能衰竭(血尿、蛋白尿、肾病综合征),赴美求医。④

飞转的陀螺:在美治病、工作、求学

在美期间,治病、就业、求学是她人生艰巨漫长的持久战。首先是治病:透析加手术。她经历了持续30多年的自行腹透,每天自行做4次透析,每次40分钟。腹透持续8年后,再转为血液透析(利用午间休息时在会议室、教室透析),每天上学上班双肩背包带上一袋两公斤的透析液及管子、钳子等。这就是她一生中最接近常人的一段生活。这期

---

① 《与病魔同行》,东方出版中心2018年版,第35、111页。——罗苏文注
② 《与病魔同行》,东方出版中心2018年版,第7页。——罗苏文注
③ 《与病魔同行》,东方出版中心2018年版,第4页。——罗苏文注
④ 《与病魔同行》,东方出版中心2018年版,第277页。——罗苏文注

间她完成了护理本科的学习,找到了一份工作,还去多处旅游。①此外,她还经历了两次肾移植手术。1982年她的第一次肾移植因出现急性排异被取出;1989年第二次肾移植手术后,又因自身免疫性疾病,四个月后被手术取出。②

在美最初10年,她治病之余,工作、求学也不误。初期,她的多样性工作包括中餐馆招待、短工(看护老人、孩子)等。其间,她因无法提交高中毕业成绩单,就在社区大学选修英语、数学、生物、化学四门课,再凭成绩申请入学③,并转入护士专业工作、学习。1986—2011年,她先后担任美国芝加哥大学医学院附属医院等医疗机构肾病专业护士、护士长。小丁不仅倔强地与病魔同行了几十年,更是一个细心干练的肾脏科护士,"不管她的病人来自什么阶层,不管他们有什么问题,她都尽心尽力地为他们服务"④。其间,她于1990年毕业于美国西北大学护理专业。因出色的工作,她曾任美国肾病协会及工程技术理事会副主席、美国肾病护理协会芝加哥分会会长。⑤2013年她被推荐到上海参加中山医院主办的国际肾病研讨会,大会需要美国推荐一位护士参加护理人员的研讨活动并发言。时隔30余年后,她重返故乡。

小丁虽以持续的透析控制肾病的进展,但新病魔也接踵而至,损害着她的双腿。由于移植肾后的激素药物有危害性,导致了她两侧股骨缺血性坏死,双腿隐痛,靠借助双拐行走(但身体不能压在拐杖上,必须

---

① 《与病魔同行》,东方出版中心2018年版,第73、74页。——罗苏文注
② 《与病魔同行》,东方出版中心2018年版,第45、156页。——罗苏文注
③ 《与病魔同行》,东方出版中心2018年版,第110页。——罗苏文注
④ 《与病魔同行》"序一",东方出版中心2018年版。——罗苏文注
⑤ 《与病魔同行》"作者简介",东方出版中心2018年版。——罗苏文注

靠双手将全身重量转移到双拐上,减轻大腿负重)。好在她当时已换单位,不再当护士长,开始从事病人教育工作。1991年她经历了第一次腿部更换人工股骨头手术。在1991—2015年的24年中,她的两腿因多种原因共打开关节腔做了8次手术。据她粗略计算,自1982年第一次肾移植开始到2016年12月,她已经历大小40多次手术。①

2000年她又被查出患有乳腺癌(与肾衰、透析有关)。2012年年底以后的4年里,她身体每况愈下:两次大型股骨手术,严重骨质疏松使脊柱侧向弯曲,身高从1.68米,缩为1.45米;弯曲压迫肺部,造成呼吸不畅;手指不能正常弯曲。到了2014年,她已无力撑着双拐走路,只能推着助步器勉强在屋内行走。②

大约在2016年,小丁就诊于17种不同专科的医生,这与长期透析导致有害物质遗留体内,产生多种并发症,逐渐破坏身体其他系统和器官有关。③她的膝关节长期肿大,影响行走。肩关节损伤造成韧带撕裂,右肩永久性脱臼,右手无法举起或伸出;与人握手,必须用左手托住右肘才能伸出;吃饭时无法伸筷子。对于要与慢性病做斗争的说法,她并不认同。她以自己漫长的病史,领悟到"有慢性病的人,只不过是在途中多了一个不受欢迎的同路人"④。她应对病魔的策略:"早已是不和它斗,让现代医学控制它,我好走自己的路……我庆幸它还没有夺走我的生命,我又能接着走,无论是用双脚、双拐,还是轮椅。"⑤

1986年小丁选择了护士职业,很难想象她在每天自行腹透,经历了数十次大小手术的同时,能持续工作至2012年年底才告长病假。因为"身体每况愈下,工作缺勤频繁,病假期间,我的病人必须由同事代为管

---

① 《与病魔同行》,东方出版中心2018年版,第160、161、163、170、174页。——罗苏文注
② 《与病魔同行》,东方出版中心2018年版,第170、280、269页。——罗苏文注
③ 《与病魔同行》,东方出版中心2018年版,第277页。——罗苏文注
④⑤ 《与病魔同行》"写在前面的话",东方出版中心2018年版。——罗苏文注

理……同时,我的听力障碍变得更加严重,由于工作的百分之八十需通过电话,听不清会给病人安全造成威胁。这两个原因,使停止工作成为势在必行。我还不到退休年龄,提早退休,经济损失会很大,我选择了请长病假。但心里十分明白,这个长病假恐怕会一直延续到退休。我写了一封告别信给我所有的病人,告诉他们这个不得已的决定,感谢他们对我的一贯信任和支持。洛约拉大学医学院是我工作过的五个医院中的最后一个,也是工作得最长的一个,整整十年"。[1]小丁回忆"从1982年来到美国,打工、上学、正式工作,30年中除了偶尔手术住院休息几个星期,我一天也没闲过,办公室里数我病假最少,就像一个飞快旋转的陀螺"[2]。

这一时期,她的生活有趣也很多彩。小丁性格活泼开朗,热爱生活、善于安排生活、享受生活。"她在每天给自己做透析之余,还自制漂亮的蛋糕、海鲜酱和许许多多色香味俱全的菜肴。遇到社交活动,她照样打扮得光鲜亮丽去参加。拐杖、轮椅、助听器和因骨质疏松而侧弯的脊柱,都不能影响她对美的追求和对生活的热爱。"[3]

2012年年底,她持续了26年的护士工作画上句号,丰富有趣的生活依然延续。

感恩:一本不寻常的书

约在2016年,她提前退休后陆续将自己写的回忆文章在网上发布,并汇编成书出版,即《与病魔同行》(116千字)。朋友们的感言、后记

---

[1] 《与病魔同行》,东方出版中心2018年版,第264、265页。——罗苏文注
[2] 《与病魔同行》,东方出版中心2018年版,第265页。——罗苏文注
[3] 《与病魔同行》"序二",东方出版中心2018年版。——罗苏文注

也为小丁的故事锦上添花。

小丁在书中深情地回忆了自己人生旅途中关键时刻不期而至、伸出援手的许多"贵人"。首先是特波雷(Mrs. Kay Draper)老师。[1]当时小丁是肾病晚期,需要透析或换肾,但在中国国内尚无条件做这些治疗。她的哥哥自愿给妹妹捐肾,后来发现不匹配。[2]当特波雷老师在与小丁哥哥的交谈中偶然得知他正为妹妹的治病苦恼时,她连想都没想便果断地说:"把你妹妹接来这儿,在美国,肾功能衰竭患者是能够生存的。"[3]她果断主张接小丁来美治病,并与校方领导讨论后取得了支持。碰巧副校长的亲戚认识波士顿某医院的肾科主任,主任的手下碰巧又有位能说中文的年轻主治大夫侯素仙(中文名字)[4]。于是侯大夫与小丁联系,获得了详细病历,并致信美国驻沪总领事馆,要求协助办理签证。为了筹集小丁的手术款项及路费(约4.5万美元),特波雷老师与侯大夫注册成立了一个非营利的基金会,分别在特波雷老师和小丁哥哥的学校、侯大夫工作的医院,以及各自的亲友和教会中开展募捐活动。为小丁提供捐款的感人故事在1982年频频闪现:某学生通过自摆小摊出售新鲜胡萝卜榨汁来筹集捐款,一位马拉松参赛者为了募捐,在全程长跑中高举写有小丁名字的牌子,一位因付不出房租而住在汽车里的学生也捐出了五美元,侯医生的父母除了捐献大量款项给基金会,还亲

---

[1] 小丁的哥哥当时在美国波士顿附近的伍斯特理工学院读书,是该校第一位来自中国大陆的留学生。特波雷是该校负责外籍学生的老教师,她出身于牧师家庭,父母年轻时曾在中国云南传教,她在中国出生,两岁时因母亲患病,全家回到美国。(《与病魔同行》,第18页)——罗苏文注

[2] 《与病魔同行》,东方出版中心2018年版,第24页。——罗苏文注

[3] 《与病魔同行》,东方出版中心2018年版,第19页。——罗苏文注

[4] 侯大夫从中学起开始选修中文课,大学本科及研究生都是中文专业,进医学院成为医生。(《与病魔同行》,东方出版中心2018年版,第20、21页)——罗苏文注

自为学校的募捐活动下厨做饭,她的三岁小女儿第一次见到小丁的哥哥时,就兴冲冲地把一摞储币套(类似储蓄罐)塞到他手里,这是她从家中的角落找到的,连带每天从父母的兜里搜索所得的钱币。波士顿有一家教育旅行社,专为世界各国的学校提供交流服务,经特雷波老师的联系,他们决定为小丁提供从上海到波士顿的免费机票,由此联系到了日本航空公司。①于是小丁就免费乘坐日航,经停东京去美国。不料因东京大雾,无法降落,飞机转飞北海道降落,第二天又飞回东京。其间,幸亏坐在小丁旁边的一位40多岁的先生(去中国出差后返回东京),主动用普通话与她交谈,提供她需要的相关信息,并帮助她处理行李和转机事宜。这位先生是小丁闯"洋关东"途中的第一位"贵人"。小丁不知其名,却始终铭记。②几个月后,一位韩国主刀大夫又为小丁做了肾移植,分文未取。③对于疾病,她也宽宏大量:感谢疾病,让自己有机会对这个社会人性与善良的一面有了比正常人更多的体验。小丁在书中留言:"对于过去,我只有两个字:感恩。"④

小丁重获新生的领悟是:"我想,是许许多多认识和不认识的'贵人'给了我新的生命吧。即使有上帝,

丁大地(1954—2019)

---

① 《与病魔同行》,东方出版中心2018年版,第18—23页。——罗苏文注
② 《与病魔同行》,东方出版中心2018年版,第10、11页。——罗苏文注
③ 《与病魔同行》,东方出版中心2018年版,第24页。——罗苏文注
④ 《与病魔同行》,东方出版中心2018年版,第282、286页。——罗苏文注

上帝也是被他们感动了。他们不仅给了我新的生命,同时也赋予这生命以意义。因为我知道无法偿还他们对我的帮助,我选择了护理作为终身职业,我相信他们会高兴我将他们给予我的爱,传播给更多的人。"[1]

小丁为自己自立、助人的一生画上了圆满的句号。

---

[1] 《与病魔同行》,东方出版中心2018年版,第25页。——罗苏文注

我所知道的薛尚实同志

郑庆声

1961年,沈以行被中共上海市委宣传部任命为上海社会科学院历史研究所副所长。原来在上海工人运动史料委员会时,在他手下工作的姜沛南、徐同甫、倪慧英和我四人,经沈以行报请市委宣传部批准后,亦同时调入历史研究所。当时历史所有吕继贵、张铨等人在编写《国棉二厂厂史》(烈士顾正红是该厂工人),还有一位老同志叫薛尚实也随吕、张两位去国棉二厂参加厂史编写工作。我们新来的四个人,加上吕、张、薛一起成立了工运史组(当时都称组,称室是以后的事)。记得沈以行特地关照,薛尚实是挂在工运史研究组的,不分配他具体工作,他可以写些回忆录,也可以做些别的事,都由他自己安排。我听说他是老资格的工运干部,1935年时任中华全国总工会华北办事处主任,受北方局书记刘少奇领导。因为他是广东梅县客家人,刘少奇后来就派他到广东去开展工作。他到广东后首先发展的地下党员叫饶彰风,是个大学生,广东解放后担任过广东省外语学院院长和党委书记。广东的地下党都是薛尚实一手创建和发展起来的,他是很有功劳的。据说后来担任越南党和国家领导人的胡志明当时也在他的领导下担任地委一级的干部,当时胡的名字是阮爱国。

上海解放后，薛尚实担任同济大学校长和党委书记，听说因和中央建筑工业部部长，以及与上海市委书记柯庆施关系不好，被打成右派，并撤职，从行政8级降为12级，调到历史研究所来上班，前后待了五六年。他该上班时上班，该开会时开会，大家知道他是老干部，对他还是尊重的。薛尚实到底以前是搞群众工作的，很会与人打交道，有人曾告诉我："老薛在国棉二厂搞调查时，很快就和门卫混熟了，进进出出比谁都自如。"

1966年"文化大革命"开始后，有关部门派人把他带走了，从此不知下落。后来听吴桂龙（本所同人，曾负责处理老干部的遗留问题）说，薛尚实被安排在里弄生产组工作，最后病死在一家医院的走廊里，可以说结局很悲惨。他究竟有什么问题，为何如此下场，实在令人不解。当然，他在死后获得了平反。

顺便说一下，他当年的一些回忆录手稿至今仍保留在历史所的现代史研究室里，涉及他在上海大学读书，以及在各地的革命活动。此外，该室还保留着《国棉二厂厂史》未刊稿，里面也留有他当年的心血。

薛尚实（1903—1977）

2020年年初撰

怀念徐崙同志

华士珍

大约是1960年5月底,我在上海师院历史系念大三,系里决定我们年级的七位同学,和上海社科院历史研究所一起编写《上海人民革命斗争史》。

6月初的一天,我们由三位老师带领,来到坐落于徐家汇漕溪北路的历史所。在欢迎会上,我们见到了副所长徐崙同志。他瘦高个子,头发几乎全白了,额上也布下了几条皱纹,以为他是60的人了,谁知他还不到50。他向我们表示热烈的欢迎,欢迎我们和历史所一起合作,从事上海史的研究和写作。他讲话声音不高,态度和蔼可亲,一下就拉近了和我们的距离。

本来计划很大,打算用一年的时间写成近代部分的《上海人民革命斗争史》,后来还是从实际出发,取消了出书的打算,分专题先写几篇文章。我被分配搞鸦片战争这一时期。这一时期有两个专题:1842年的陈化成抗英和1848年的青浦教案,由我和所里的青年研究人员刘恢祖负责。我们先搞陈化成抗英这一课题。

恢祖是上海社科院法律系毕业生,刚分配到所不久。他很谦虚,说自己不是历史专业出身,要我起稿,一起讨论修改。其实我和他也差不了多少，我们在学期间，教学秩序很乱，中国近代史也没有好好学。至于学术训练，更谈不上，连两三千字的小论文都未写过，现在要我起稿，还真不知如何下手。

进师院后，接触了一些学术论著，这些论著很少令人感兴趣，大都枯燥乏味，唯独郭沫若的学术论著，与众不同，不是板着面孔和人对话，文风活泼，能打动人，我读得较多。在不知不觉中，我似乎也受了他的影响，于是也想将文章写得活泼一点。其实，郭老功底深厚，只有像他那样富于才华的人，方能挥洒自如，哪里是像我这种初学者能学得了的。大约10月底，文章修改成二稿后给徐崙看，他看过之后，说了几点。大意是学术论文和散文不同，讲究科学性，必须论述清楚，逻辑严密。他的意思很明确，还是老老实实做文章。他又说，上海抗英战争是鸦片战争中的一个战役，必须简单地交代这一战役发生的背景，重点是要讲清陈化成领导吴淞抗战的过程，宣扬其英雄主义，鞭挞牛鉴等人的投降行为，还要说明上海抗英战争的历史地位。

按照徐崙的意见，我进行第三稿的写作，大约11月初写成后给恢祖看，他说了一些想法，我根据他的想法做了一些修改，于是又去找徐崙。徐崙对我的第三稿还是不满意。而这时《学术月刊》计划将我们的课题在12月号上发表。徐崙大概觉得让我修改没有把握，只好自己动手另起稿。11月下旬，他用毛笔写的十几页文稿终于完工。我将他写的打字稿和我的对照了一下，发现他交代吴淞抗战的背景很简略，而我写得啰唆。结语部分是同样的毛病，他写得非常简洁。关于上海抗战的过程，他嫌我的叙述不太清楚，引用材料不够，特别是英国几位舰长的回忆，是很能说明问题的，但我不敢大胆引用。所以在事实部分，他增加了不少材料，次序排列上做了调整。他的思路很清晰，而我的显得有点混乱。看了他写的,我明白了学术论文应该怎样组织材料,使用怎样的语言。他写好后,为了帮助青年研究人员学会写作,将他和我写的两篇文章都打印出来,让大家讨论。汤志钧、方诗铭、刘力行几位先生的发言是有相当水平的,于我而言,是一个极难得的学习机会。

杂志是12月10日出版的,作者署了刘恢祖和我的名字。当时我觉得有点说不过去,明明是徐崙的文稿,当然应署他的名,这才合情理。这还不去说,后来稿费的处理更让我们难以释怀。编辑部将稿费送到所里后,办公室的同志给我们,我和恢祖认为应该给徐崙,但徐崙坚辞不收,要我们收下。后来恢祖给我说,不要推了,因为以前有过好几例,徐崙帮青年研究人员写成文章发表后,他都是这样处理的。稿费86.1元,在当时是副科级干部一个月的工资。

历史所的人对徐崙都很敬重,不但因为他的资历、学识,更因为他平易近人。所里人的称呼,除了几位60岁左右的老先生,以某老相称外,不问年龄大小,都在姓氏前冠以老字。我年纪最小,但恢祖却称我"老华",我很不习惯。但独有徐崙,几乎是约定俗成,大家都叫他徐崙同志。

徐崙善言辞,历史所的人都喜欢听他讲话,不嫌其讲得长,反嫌其讲得短。他讲话富于哲理,风趣幽默,这和他阅历丰富有关。在革命战争年代,他长期搞宣传,还从事敌工工作,来历史所前,又在市委党校讲课,练就了讲话的才能。自然,北大中文系出身,还有他那一口京片子,这都有关系。我这一生,听报告无数,在教政治课后,每学期都要听市委、市府领导做报告,但听来听去,论讲话水平,只有市委宣传部原部长陈其五可与他相颉颃。大约1960年11、12月,他每周用两个晚上时间给我们讲中国革命史,这是他的业余时间。我们为他准备一瓶开水,他烟抽得厉害,手指都给熏黄了。他一面抽烟一面讲,两个小时很快过去了,我们好像还没有听过瘾。他香烟一支接一支不断,到讲课结束,一包香烟只剩下半包。有一次他提到徂徕山根据地,我感到新奇。因为在常见的根据地中,徂徕山根据地似乎排不上号,一般人都不熟悉。我于地理常识兴趣很高,知道徂徕山在山东。我现在才知道,1937年,他以平津流亡学生的身份,参加以山东泰安为中心的徂徕山根据地的创建。还有一次他提到田家英,这是我第一次知道田家英这个名字,留下了深刻的印象。我对中国革命史本来就有兴趣,听他讲课后,兴趣更浓。

在所里的时候,隐约听说徐崙原来级别很高,不知何故会到历史所。有一次我去社科院总部开会,就是现在华东政法大学本部的所在,记得是在韬奋楼的礼堂里,各个所和总部的人在一起,约有300人。主持会议的是李培南书记,做主旨讲话的是杨永直院长。杨院长讲着讲着,突然指着台下的徐崙:"徐崙同志,你说对吗?"我看着徐崙对他笑笑。给我的印象是,在杨永直的心中,徐崙有着特殊的地位。这也印证了人们的猜测,徐崙原先的级别应该很高。我现在才知道,解放初期,他受舒同(后来的山东省委书记)直接领导,在华东行政委员会和华东军区担任重要工作。他是受到了不公正的待遇,但他照样勤奋的工作,看不出他受了什么委屈。

他有一女儿,有几次给我们讲课时曾把她带来,10岁左右,活泼可爱。据说他的爱人是新四军重要将领罗炳辉的遗孀,担任上海第二医学院党委副书记。

离开历史所后,我一直关注徐崙的动态。我知道他写了《徐文长》一书,曾听说他是徐氏后裔,为先人作传是他的一桩心事。他还在做张謇研究。他学术水平很高,但事务繁杂,不允许他有更多的时间和精力去搞学术。"文革"开始后,我一直打听他的情况,他在历史所也遭到批斗,但我想所里的人毕竟都不是学生,情况总要好一点。"文革"结束后,他领导历史所拨乱反正,开创了历史研究的新局面,可惜他已到生命晚年,不允许做出更大的成绩。1984年,他与世长辞,享年74岁。

我和徐崙接触并不多,但他给我留下的印象却始终无法磨灭。60年过去了,在我心目中,他的形象永远是那样高大。论资历,徐崙是令人尊敬的老革命;论年龄,徐崙是我的长辈;论学术,徐崙是我的导师,我是后学。无论怎样,我应该称他所长、老师或先生。但60年前的人际关系似乎比现在简单,不讲级别的高低,没有地位的尊卑,"同志"成了最崇高最骄傲的称呼。我在回忆文章中说过,我对历史所怀有感恩之情,它让我接受了初步的学术训练,而这种训练,主要受惠于徐崙同志。为学之外,徐崙同志还让我懂得为人,在后来的人生岁月中,凡事涉名利,我便想起他,学会了退让。历史所的许多前辈,叶元龙先生、马博庵先生、雍家源先生,还有汤志钧先生、方诗铭先生,我都很怀念,但最让我怀念的,还是徐崙同志。

徐崙(1910—1984)

2020年7月20日撰

忆修明，灵动生花笔一支

司徒伟智

悉修明兄逝世，我悲从中来，静默良久，难以回神，虽说是缠绵病久，"挥手自兹去"也算一种解脱吧。

我是早就听闻修明兄的大名，仰慕久矣。但直到1973年新春，我进入原上海市委写作组，才有机会拜识。我被分到文艺组，在康平路。他们历史组，主要队伍原先在南京西路的上海图书馆，同年稍晚些时才搬过来的。那时交往还不多，只是为撰写《拉萨尔传》，我认真阅读、琢磨过他的《孔子传》，感觉很生动形象，对我后来的写作，是有帮助的。

到1976年暮春，我调往历史组，接触才多起来。非科班出身的我，只在念中学时发过一篇历史短论，还属"错误观点"（《廉贪有别》，载1966年3月21日《文汇报》），再就是1975年编改历史组外围青年学员的一系列短文，资本就这点儿。我感激几位饱识的师友不弃浅薄，热情接纳。但很快，十月惊雷，形势陡转，写作组成员都进入学习班。冷静下来反思，觉今是而昨非，大伙检查各自的既往文章，直至1978年学习班结束。王守稼、吴乾兑和刘修明去上海社科院历史所，董进泉到信息所，许道勋回复旦大学，丁凤麟和我进解放日报社，两位翻译阿姨潘咸芳、李霞芬（她俩和丁凤麟都没有文章债，不用检查，陪我们办班而已)各回上外和复旦。分手前,我们(加上友人)拍过一张合影,现仍在,今重睹,或可改用曹丕话语,王吴许刘"诸友俱逝,痛可言耶?"。

刘修明先生后排居中,笔者后排右二

好在,旧人新传,在改革开放新时期,在各自的工作岗位,我们又都振奋精神,做出成绩。成绩有大小,惭愧,我是特小。修明学识渊博兼文采斐然,就大了。一些大书的主编,重要座谈的发言者,历史剧的顾问,都曾虚位以请。记得30年前报社理论部举办"九十年代上海人"专题讨论会,受邀专家系各方推荐,计有袁恩祯、李君如、厉无畏、黄奇帆、邓伟志、俞吾金、王新奎、夏禹龙等,均一时之选,其中又有我们的修明!"忆昔午桥桥上饮,坐中多是豪英"(陈与义词),我与会旁听,为老友欣慰,感觉是与有荣焉。

以丰厚的历史为垫足石,俯视面就阔,看问题就深。"上海是一座移民城市","查一查上海居民来源,至少八成是上一代或再上一代的移民,歧视农民工没道理",他说透了。上海民众的精神文化既有纵向继承,又有横向影响。"上海处于长江三角洲'弓'的中间,各地人都往上海跑,各种观念首先在上海碰撞,历史的发展使上海人形成自己的特点:'容纳、吸收、总汇、开拓'。这是历史积淀给上海的精神财富,应该在新的历史条件下发扬。"(载《解放日报》1991 年 12 月 30 日)好个历史学家,操一口乡音难泯的普通话,论点论据,抽象形象,侃侃而谈,每一回都赢得众人赞许。

不消说,欲论他的学术成就和地位,轮不到外行如我置喙。我却是想到另一个话域,即把历史诠释得灵动漂亮引人入胜——这其实也是修明突出的长处,是吗?

作为读者、编辑,我特别欣赏他的一种努力,即他多次跟我说起,极认真的:"历史是最丰富的,我们何必写成孤零零几根筋呢?我想做一点还原的工作,让书上的历史像过往的历史一样丰富多彩。"曾几何时,五彩缤纷、变化无穷的历史啊,一落入我们某些史论、史书,就立地走样变形——满足于高度抽象的教科书式的论述,自以为完成了规律性讲解,结果却是满纸枯燥、干巴、面貌可厌,受众阅读的感觉、吸收的效果都大打折扣。修明认准了,想突破,他真做到了。譬如为给他的《从崩溃到中兴——两汉的历史转折》(上海古籍出版社 1989 年出版)写书评,我通读了书稿清样,扑面而来的,是一股新颖的讲述和阐释风气。在这部纵论由西汉王朝崩溃到东汉王朝勃兴的断代史著中,"中兴之主"光武帝刘秀及其团队的系列措施是关键唱段。刘氏再创,敢作敢为,前史多载,不算稀罕,但是人有我特,特在观点,且特在表达。例子实多,可信手拈来,如写光武帝是怎样迥别于那班粗鲁的农民军首领:

"在群雄纷扰、旌旗乱野的征战环境下,只要有时间,刘秀就投戈讲艺,息马论道,认真读书。读书学习,对这个当年长安城中才高识远的太学生,不啻是最好的调剂与休息。"又如写光武的新政机构将会特别重视关注文化宣教:"刘秀的车驾进入洛阳城。洛阳市民万人空巷出来观看浩浩荡荡的入城大军。他们惊异地注意到,在络绎不绝、威武雄壮的队伍中,竟有两千多辆装载着经牒秘书竹帛的马车。"

字里行间,诸如此类的表达,看得出来,意在减少抽象、避免简化,尽量地具体描写、见诸形象。诚然,表达属于形式,内容统辖形式。但是,形式也会反过来影响内容,会促成人物立体化,意义凸显化。欣喜之余,我写书评《史笔与文笔》(载《解放日报》1989年8月12日,第7版)抒发读后感:"两年前听说他着手写作《从崩溃到中兴》,我当然希望他成功,不过确也有点担心他能否成功。不是担心他在论点上站不站得住,因为他对两汉的研究已是熟路轻车;而是担心究竟能否在'还原历史'即表现形式丰富多彩上出一番新意。也正是后一方面,我以为在目前的史学界亟待重视。孰料修明先生今日送来该书排定的样稿,粗读一遍,殊觉可喜!人物的刻划、场景的描写,给人身临其境的真实感。寓结论于叙述之中,熔史实考辨和理论判断为一体,处处

《从崩溃到中兴》书影

读来津津有味,一点没有枯燥感。"

作史不易。一名史学家,临纸动笔,既要无一字无来历,又要无一处不生动,两相结合才是上乘,才叫良史。史笔与文笔,求实与灵动,质言之,学术探求与艺术表达,修明恰是兼擅胜场。而且他还为此种兼擅的写作模式溯源,即《从崩溃到中兴·自序》所言:"我是有意识、有选择地吸取了祖国史学名著《左传》《史记》《资治通鉴》和国外古今许多历史名著的写法,通过有血有肉、有'虚'有实、有人物形象、有历史场景、文史结合等写法,具体形象地阐述这一转折时期的历史发展的必然性和规律性。"原来,一支灵动生花笔,岂是石头蹦出,实属渊源有自,系左丘明、司马迁、司马光的先哲真传!我们是在创新,却又是承古,我们背靠大树,紧靠着雄伟的民族文化优秀传统。他就这样,让我们平添底气,涌起自信。

自信之来,在于传统绵延不绝,有先哲,又有近贤。前几年,我读到蓝英年撰文忆及郑佩欣如此比较史学家文字功力:"史学界以翦伯赞的文字最好,著作易于流传,有的史学家功力深厚,材料扎实,观点新颖,但文字不太好,是很吃亏的。"(载《悦读》丛刊)颔首之余,我马上联想到从前修明和大伙聊天,也屡次涉及翦伯赞,最佩服翦老注重学术与艺术的统一。一篇《内蒙访古》,当年我从历史所图书馆借来后诸同事相互传看,如今一晃近半个世纪,它仍作为语文教材在课堂上琅琅诵读哩!可见审美效应于史著传播之巨大影响力。

一支灵动生花笔,突破史料堆砌语言呆板的文风,我想其意义不仅近在中土,也远播海外。因为欧美学人,大洋彼岸,史学专著的文风也没好到哪里去,未能免俗来着。唐德刚在《晚清七十年·自序》里叹息过:"学术文章,不一定必须行文枯涩。言而有据,也不一定要句句加注,以自炫博学。美国文史学界因受自然科学治学方法之影响,社会科学之著述亦多佶屈聱牙,每难卒读。治史者固不必如是也。笔者在做博士生时代,对此美国时尚即深具反感,然人微言轻,在洋科场中,做老童生又何敢造反?"不敢公开批评,但腹诽阵阵,是不免的:"笔者嗣读此邦师生之汉学论文,其中每有浅薄荒谬之作有难言者,然所列注疏笺证洋洋大观焉。时为之掷卷叹息,叹洋科举中之流弊不下于中国之八股也,夫复何言?!"中外学术之流弊,似有灵犀一点通。唯此,反对佶屈聱牙,扫除繁琐冗长,力倡生动清新文风,竟是具有一层世界意义。

"你对诠释历史的生动形象写法如此赞誉,那么现在摊头上'戏说''乱谈'之类好看的历史书多起来了,两者区分何在?"需要好看,又需要不止于好看。这里,楚河汉界,了了分明。只消一问:那些惊艳猎奇光怪陆离的书刊,下过认真研究工夫,经得起史籍检验吗? 听听修明在序言里阐释《从崩溃到中兴》写作规则时说的:"历史必须以事实为根据,不允许小说家的想象。可读性、形象化,必须建立在科学和事实的基础上。"

一支灵动生花笔,第一要义即科学性。你没见那笔端,长年流泻出"科学地探索+艺术地表达"的辛勤血汗!

刘修明(1940—2021)

附录：上海社会科学院历史研究所其他部分已故人员小传

编者按：以下材料皆选摘自上海社会科学院老干部办公室编《上海社会科学院离休干部名录》(2012年印)、《上海社会科学院退休专家名录》(2012年印)。

江涛同志，曾用名江淇，原名梁桂明，女，出生于1917年2月，山东威海人，汉族，高中文化程度。1937年7月参加革命，1940年8月加入中国共产党。1980年8月离休。离休前为上海社会科学院党委组织部干部，正处级。离休后享受副局级待遇。于2003年5月逝世。

简历：

1937年7月至1938年5月，延安陕北公校第一期第八队，学员。

1938年5月至1939年7月，砀山县动委会、立煌县动委会，干事。

1939年7月至1940年2月，新四军四支队服务团，团员。

1940年3月至1941年9月，苏北盐城三区，群众工作。

1942年12月至1943年4月,鲁中七区委党校,学员。

1943年5月至1943年12月,胶东公学,教员。

1944年1月至1945年6月,郭城实验区,群众工作。

1945年7月至1947年9月,胶东党校、胶东公学分校,学员、教员。

1947年9月至1948年12月,华东交通专科学校组织科,干事。

1949年1月至1950年4月,山东省政府人事处二科,科员。

1950年5月至1952年10月,华东民政部地政处,秘书。

1952年10月至1957年1月,华东政法学院,宣传科长。

1957年1月至1958年10月,华东政法学院函授部,副主任。

1958年10月至1968年7月,上海社会科学院历史研究所,学术秘书。

1968年7月至1969年8月,"文化大革命"期间,靠边审查。

1969年8月至1979年8月,上海市直属机关"五七"干校,劳动学习。

1979年8月至1980年8月,上海社会科学院党委组织部,干部。

主要业绩与成果:

青年时期积极追求进步,于1937年7月,不怕艰险到延安参加了革命。1939年7月在新四军四支队服务团做群众工作,后到五支队所在地建立根据地。1940年10月把自己带了10个月的第二个孩子送给当地一位老百姓,随军北上到盐城,做群众工作。1941年2月到阜宁做宣传与组织工作,成立自卫队,进行减租减息斗争和发展党员的工作。

新中国成立后,先后在山东省政府、华东民政部任科员、秘书,后在华东政法学院担任宣传科长、函授部副主任等职。

1958年后在上海社会科学院历史研究所学术情报室工作。

"文化大革命"后,于 1979 年回到上海社会科学院工作,因身体原因在家病休直至离休。

陈敏紫同志,原名陈兴源,男,出生于 1928 年 7 月,浙江宁波人,汉族,大学文化程度。1948 年 7 月参加革命,1948 年 7 月加入中国共产党。1989 年 6 月离休。离休前为上海社会科学院纪委调研员,正处级。离休后享受副局级待遇。于 2006 年 9 月逝世。

陈敏紫

简历:

1948 年 7 月至 1948 年 11 月,上海《申报》经理部、上海中华工商专科学校,学员。

1948 年 11 月至 1949 年 1 月,苏北合德华中党校 15 队,学员。

1949 年 1 月至 1949 年 5 月,华中新闻专科学校,学员。

1949 年 5 月至 1950 年 9 月,上海《解放日报》国际组,编辑。

1950 年 9 月至 1958 年 4 月,新华社上海分社参考资料组,行政编辑。

1958 年 4 月至 1966 年 6 月,上海社联外国哲社文摘编辑部,政治秘书兼编辑。

1966 年 6 月至 1969 年 1 月,上海社联,工作人员。

1969 年 1 月至 1971 年 9 月,上海市直属机关"五七"干校,劳动。

1971 年 9 月至 1977 年 12 月,上海市直属机关"五七"干校六连翻译班,工作人员。

1977年12月至1979年2月,借调市委驻原写作组工作组办公室,工作人员。

1979年2月至1989年6月,上海社会科学院情报所、历史所、纪委监察室,调研员。

主要业绩与成果:

1948年7月加入中国共产党,在上海《申报》等单位从事地下党组织工作。

新中国成立以后在《解放日报》、新华社上海分社、上海社联、市直属机关"五七"干校等单位担任编辑和翻译工作。在笔译工作期间,曾独译和合译的有《澳大利亚的革命》《争夺中东》《意大利选择欧洲》《苏联的农业》《中东欧与世界》《威尔逊及其对外政策》《冷战中的外交》"西方哲学资料丛书"等著作以及《历史的真实性》《达尔文》等论文数十篇。

1979年后到上海社会科学院情报研究所、历史研究所、纪委监察室工作。工作积极负责,为社科院的建设和发展做出了应有贡献。

徐鼎新同志,男,出生于1931年6月,江苏太仓人,汉族,大学文化程度。1949年8月参加革命,1950年12月加入中国共产党。1991年12月离休。离休前为上海社会科学院经济研究所副研究员。离休后享受副处级待遇。

简历:

1949年8月至1950年12月,华东军政大学预科、本科四总队(政治专业),学员。

徐鼎新

1950年12月至1958年8月，空军第二师，秘书、干部助理员。

1958年8月至1959年12月，中国科学院上海历史研究所，学术秘书。

1959年12月至1965年10月，上海社会科学院历史研究所，科研人员。

1966年1月至1968年4月，《文汇报》，编辑、报社负责人之一。

1968年4月至1975年10月，上海市直属机关"五七"干校、中国轴承厂，劳动。

1975年10月至1978年10月，上海人民出版社政治读物编辑室，未到职。借调到市委写作组下属机构编写《江南造船厂史》。

1978年10月至1991年12月，上海社会科学院经济研究所经济史研究室，副主任。

主要业绩与成果：

1959年12月调上海社会科学院以来，长期从事中国近代经济史研究。离休以后，坚持研究，成果丰硕，参与撰写七本专著出版，发表论文六篇，成为收录中国近代经济史资料方面的专家。

主要著作：

1981年合作撰写《上海永安公司的产生、发展和改造》，上海人民出版社出版。

1990年合作撰写《中西药厂百年史》，上海社会科学院出版社出版。

1990年合作撰写《旧中国的民族资产阶级》，江苏古籍出版社出版。

1990年参与撰写《近代上海城市研究》，上海人民出版社出版。该项目为国家"七五"期间重点课题,获上海市哲学社会科学著作二等奖暨上海社会科学院特别奖。

1991年,合作撰写《上海总商会史》,上海社会科学院出版社出版。该项目为国家"七五"期间重点课题(徐鼎新为课题组负责人)。

1992年参与撰写《中国近代经济思想史》(下册),上海社会科学院出版社出版。

1992年参与撰写《近代中国国情透视》,上海社会科学院出版社出版。该项目获上海市哲学社会科学著作三等奖。

1994年参与撰写《上海近代经济史》(第一卷),上海人民出版社出版。

1995年撰写《中国近代企业的科技力量与科技效应》,上海社会科学院出版社出版。

1998年参与撰写《近代中国国货运动研究》,上海社会科学院出版社出版。

2000年合作撰写《百年沧桑——中国近代企业的轨迹、经验、教训》,副主编,山西经济出版社出版。

2006年编写《近代中国药业社会史迹追踪》(论文集),香港天马出版公司出版。

代表性论文:

1980年发表《民族资本企业经营管理经验初探》,载《社会科学》第3期。

1981年发表《辛亥革命的社会经济基础》(合作),载《中国经济问题》第5期。

1983年发表《旧中国商会潮源》,载《中国社会经济史研究》第1期。

全文译成日文,在日本发表。

1984年发表《中国早期民族资产阶级的若干问题》(合作),载《学术月刊》第3期。

1984年发表《中国企业家在旧上海的活动足迹》,载《上海经济科学》第3期。

1985年发表《五卅运动与上海资产阶级》(合作),载《上海社会科学院学术季刊》第2期。

1986年发表《论中国古代管理思想在民族资本企业中的应用》,载《上海经济研究》第3期。

1987年发表《开拓、创优、合力、应变——永安企业资本家经营四要诀》,载《创业者文摘》第一辑。

1988年发表《士大夫的气质和企业家的精神》,载《史林》第2期。

1988年发表《近代上海新旧两代民族资本家深层结构的透视——从1920年上海总商会改组谈起》,载《上海社会科学院学术季刊》第3期。

1988年发表《清末初期上海绅商阶层面面观》,载《档案与历史》第5期。

1988年发表《对近代中国"厘"祸的反思》,载《上海经济研究》第5期。

1989年发表《清末上海若干行会的演变和商会的早期形态》,载《中国近代经济史研究资料》第9辑。

1990年发表《近代中国企业文化剖视》,载《上海经济研究》第3期。

1990年发表《旧上海工商会馆、公所、同业公会的历史考察》,载《上海研究论丛》第5辑。

1991年发表《从绅商时代走向企业家时代——近代化进程中的上海总商会》,载《近代史研究》第 4 期。

1993年发表《中国企业文化的传统精粹和在新时代的再创造》,载《文史哲》第 5 期。

2000年发表《增进中国商会史研究的两岸对话——回应陈三井先生对〈上海总商会史〉的评论》,载《近代史研究》第 5 期。

2001年发表《国货广告与消费文化》,载于台湾出版的《上海百年风华》。

2007年发表《近代上海丝织企业的盛与衰——以上海物华丝织厂、美亚丝绸厂为中心》,载《上海档案史料研究》第 2 辑。

2008年发表《近代上海商会的多元网路结构与功能定位》,载于香港大学出版的论文集。

2010年发表《近代上海商会在社会经济转轨中扮演的角色》,载《上海档案史料研究》第 9 辑。

李峰云同志,女,出生于 1925 年 5 月,山东牟平人,汉族,高中文化程度。1942 年 8 月参加革命,1944 年 10 月参加中国共产党。1982 年 5 月离休。离休前为上海社会科学院文学研究所行政干部。离休后享受参照副局级医疗待遇。

简历:

1942 年秋至 1943 年冬,胶东公学,

李峰云

学员。

1943年冬至1945年6月，山东牟平中学，学员

1945年7月至1947年秋，山东省牙前县观水区委，干事。

1947年秋至1949年6月，胶东支前司令部，干事。

1949年7月至1950年夏，华东卫生部人事处，干事。

1952年9月至1955年7月，复旦速成中学，学生。

1955年8月至1956年10月，上海高教部，材料工作。

1956年11月至1958年10月，中国科学院上海历史研究所，工作人员。

1958年11月至1969年3月，上海社会科学院历史研究所，人事干部。

1969年3月至1970年1月，上海赴江西学习慰问团，团员。

1970年1月至1974年6月，崇明跃进农场铝制品厂，支部副书记。

1974年7月至1979年5月，南汇县东海农场橡胶厂，支部副书记。

1979年5月至1982年5月，上海社会科学院文学研究所办公室，工作人员。

主要业绩与成果：

抗日战争时期，李峰云同志就参加学生抗日宣传教育活动。解放战争中，在山东解放区，组织发动群众支援前线部队战斗，后随军南下。新中国成立后在上海高教部等单位从事组织人事工作。1958年以后，调上海社会科学院历史研究所、文学研究所办公室工作。当时，正值文学所初创时期，人手少，事务多。但李峰云同志积极努力，任劳任怨，在平凡的办公室岗位上尽力为所领导和科研人员服务，为历史所和文学所的创建与发展做出了贡献。

刘仁泽同志，男，出生于1920年4月，江苏常州人，汉族，初中文化程度。1938年3月参加革命，1958年4月加入中国共产党。1985年3月离休。离休前为上海社会科学院历史研究所党委委员，正处级。离休后享受副局级待遇。

简历：

1938年3月至1938年4月，陕北公学二期17队，学员。

1938年5月至1938年10月，抗日军政大学四期三大队四队，学员。

1938年10月至1938年12月，豫东新四军游击支队，战士。

1939年1月至1939年3月，新四军游击支队二营四连，政治指导员。

1939年3月至1941年10月，新四军六支队政治部组织科、宣传科、文书科，干事。

1941年10月至1943年1月，新四军四师政治部组织部，党刊助编、统计干事。

1943年1月至1944年8月，新四军游击支队政治处，组织干事。

1944年8月至1945年9月，淮北四分区灵北独立团政治处，组织股长。

1945年9月至1945年11月，新四军四师12旅36团政治处，组织股长。

1945年11月至1946年9月，华中野战军九纵队79团政治处，组织股长兼总支书记。

1947年12月至1948年4月,淮北军区政治部《反攻报》,编辑。

1948年4月至1949年3月,淮北军区独立旅一团政治处,宣教股长。

1949年3月至1949年8月,解放军第34军101师政治部,宣教科长。

1949年8月至1949年11月,南京警备区政治部直工部,宣教科长。

1949年11月至1958年8月,华东军区三野政治部直工部、直属政治部,宣教科科长。

1958年8月至1966年6月,上海社会科学院历史研究所大事长编组、秘书组、现代史组,组长。

1966年7月至1970年7月,"文化大革命"期间,隔离审查、劳动。

1970年7月至1977年2月,上海市化工局合成橡胶研究所车间,劳动。

1977年10月至1978年9月,化工局医药机修一厂、化工专科学校基本路线教育工作队,队长。

1978年10月至1985年3月,上海社会科学院历史研究所,党委委员。

主要业绩与成果:

抗日战争时期参加革命后,在部队长期从事宣教、组织工作。1946年9月因战斗失利被俘,数月后逃离时,将敌549团的武器兵力统计表携出,交我南京办事处。

1955年4月获授三级独立勋章和三级解放勋章。同年9月获授少校军衔。

1959年6月至1961年6月,在北京中央政治研究室参加党史资料整理,任组长,承担"1926年党史大事记"编写。

1964年4月至1965年6月,在上海市金山县廊下公社勇敢大队参加"四清"工作,任工作队队长。

1978年回历史研究所参与领导工作,清廉正直,公道公正,为拨乱反正、落实党的各项政策,恢复和规范所的各项制度,加强所的科研队伍建设,推进所的科研发展做了许多工作。

1996年,早期曾参与编纂的《现代上海大事记》,由上海辞书出版社出版。

刘振海同志,曾用名刘岱东,出生于1920年1月,山东淄博人,汉族,高中文化程度。1940年10月参加革命,1943年9月加入中国共产党。1984年12月离休。离休前为上海社会科学院历史研究所党委副书记,副局级。于2001年5月逝世。

简历:

1940年1月至1940年10月,家乡本村小学、本村自卫团,教师、指导员。

刘振海

1940年10月至1941年1月,山东高苑县政府教育科,科员。

1941年1月至1941年2月,山东清河专署行政训练班,学员。

1941年2月至1941年10月,鲁南抗大高级建国队,学员。

1941年10月至1942年10月,山东清东专署教育科,科员。

1942年10月至1942年12月,山东清河主任公署,工作人员。

1942年12月至1946年6月,山东垦利县、惠民县县政府教育科,副科长、科长。

1946年6月至1948年5月,山东德州市政府教育科,科长、党组组长。

1948年5月至1948年9月,山东省教育研究会,班主任、分支部书记。

1948年9月至1949年3月,渤海第三专署教育科,科长。

1949年3月至1949年5月,南进干部队直属队,指导员、队长。

1949年5月至1952年10月,华东人民革命大学一部、三部、校部教育科,科长。

1952年10月至1953年5月,华东局党校,学员、支部书记。

1953年5月至1954年12月,华东局党校组教处,教育科科长、副处长。

1954年12月至1956年8月,中共中央第三中级党校组教处,副处长。

1956年8月至1957年1月,高级党校中共党史班,学员、支部书记。

1957年1月至1959年2月,中共中央第三中级党校党史教研室,主任、校党委委员。

1959年2月至1967年1月,上海市委党校党史党建教研室,主任、校党委委员。

1967年1月至1969年10月,"文化大革命"期间,靠边、劳动。

1967年4月至1969年3月,上海市委党校,干部。

1969年3月至1969年10月,上海市直属机关"五七"干校,劳动。

1969年10月至1970年3月,上海市徐汇区驻市二中学学习调查组,组员。

1970年3月至1977年10月,上海宜山中学,教师、支部书记、革委会主任。

1977年10月至1977年11月,徐汇区区委党校,教员。

1977年11月至1979年5月,上海市委复查办公室,复查组副组长、党支部副书记。

1979年5月至1984年12月,上海社会科学院历史研究所,党委副书记。

主要业绩与成果:

抗战时期,1939年1月至6月,曾参加家乡的地方抗日游击队,任特务连文书。八路军来高青县开辟根据地,成立抗日武装和抗日政府后,任村自卫队指导员并参加民主政府工作。

1943年至1948年在垦利、惠民、德州等地担任教育部门领导期间,同时参加了地方基层的改造村政权、减租减息、开展大生产运动、动员参军、土地改革等实际工作。

新中国成立后,在华东人民大学和第三中级党校期间,参加和参与领导了所在部门的整风、"三反"、整党、肃反、反右等运动。1958年秋,曾参加上海市检查团,任组长和副队长。1958年至1959年间,曾兼任上海革命纪念馆第二调研组副组长。1977年至1979年,参加"文革"后的复查工作,在市委复查办公室任复查组副组长。

1979年以来在上海社会科学院历史研究所担任领导工作,坚持与党中央保持一致,坚持按政策办事,坚持拨乱反正,清廉自律,风格谨严,为推进所的恢复工作和所的科研发展,做出了自己的贡献。

离休后,长期担任离休支部书记,积极组织落实各种离休干部活动。

刘力行同志,男,出生于1912年4月,河北宝坻人,汉族,大学文化程度。1941年1月参加革命,1943年1月加入中国共产党。1983年11月离休。离休前为上海社会科学院历史研究所教授。离休后享受副局级待遇。于2000年11月逝世。

刘力行

简历:

1941年1月至1943年1月,苏北抗大五分校及抗大华中总分校,政治教员。

1943年1月至1944年6月,淮南抗大八分校,政治教员。

1944年6月至1945年2月,淮南新四军二师整风队,学员。

1945年2月至1945年10月,淮南抗大八分校,政治教员。

1945年11月至1948年2月,山东大学,教授、文史科主任。

1948年2月至1948年5月,山东新华书店编辑部,工作人员。

1948年6月至1949年11月,济南华东大学,教授、史地系主任。

1949年11月至1950年4月,山东师范大学,教务主任、教授。

1950年4月至1950年10月,山东省干部学校,教务处处长、党组成员。

1950年10月至1952年9月,山东师范学院,教务长、党组成员。

1952年9月至1954年4月,上海华东局宣传部理论教育处,研究员。

1954年4月至1958年4月,中共中央第三中级党校,党史教员。

1958年秋至1966年秋,上海社会科学院历史研究所,教授。

1967年冬至1974年夏,上海市直属机关"五七"干校、上海玩具元件厂,劳动。

1974年夏至1979年初,上海手工业局政校,帮助工作。

1979年初至1983年11月,上海社会科学院历史研究所,教授。

主要业绩与成果:

年轻时就关心国家和民族的前途,中学时曾担任学生自治会主席。"九一八"事变后参加抗日救亡运动,北大求学期间认真学习历史,思索兴国、强国之路。

抗战爆发后,"教育救国"的信念转为"从军救国",辞去大学教职,投笔从戎,1937—1940年在国民党军队后方医院、教导队、团部、师部任助理员、训导、秘书、副官处副主任等职。1938年1月,在长沙与廖沫沙等人发起组织"中国青年抗日救国牺牲大同盟",被国民党军委会禁止取缔。1941年年初黄桥之战后,独自留下参加了新四军(其他军官皆选择回国民党部队)。

1941年参加革命后,相继担任苏北解放区抗大华中总分校政治教员、山东解放区山东大学教授(文史科主任)、济南山东师范学院教授(教务长)、上海中共华东局宣传部理论教育处研究员、上海中共第三中级党校党史教员等,为培养党的干部和理论宣传尽心尽力,做出了较大的贡献。

1945年在新四军教导团曾被评为学习模范。

1947年在山东大学教授任上,因在2月至6月的行军途中,"坚持步行,病后仍如此""疲劳之余,一贯帮助照顾人家""群众观念强,帮老百姓推磨,常与老百姓接近",荣立三等功一次。同年8月,又因"献衣服一套,献金二千元",再立三等功一次。

刘力行同志品格高尚,严于律己,勇于自省。无论是对待革命工作,还是自我道德修养,抑或生活小节,均严格要求,一丝不苟;而对待他人,则宽容大度,尽力相助,有着仁厚的长者风范。

1958年到上海社会科学院历史研究所后,主要从事中国近现代史研究,参加了《上海小刀会起义史料汇编》(1958年)、《鸦片战争末期英军在长江下游的侵略罪行》(1958年)、《辛亥革命在上海史料选辑》(1966年)等大型史料丛书的编纂工作,曾发表关于"五四"时期上海"三罢"斗争问题的文章(1959年),撰写了论文《关于洋务运动的几个问题》(1982年)。

离休后,仍关心党和国家的发展,拥护改革开放。1988年,实地走访了"文革"前到过的上海郊县十多个乡镇后,曾写诗道:"谁说改革少成效,你就请他去旅游。走到农村多看看,可知到处有新楼。乡镇乡村全变样,大家都在争上游。见此老夫开心笑,社会主义有奔头。"

蒋哲生同志,男,出生于1928年7月,江苏宜兴人,汉族,高中文化程度。1942年8月参加革命,1945年8月加入中国共产党。1985年12月离休。离休前为上海社会科学院历史研究所办公室主任。离休后享受参照副局级医疗、住房、用车待遇。于2010年8月逝世。

简历：

1942年8月至1943年2月，新四军马迹山办事处，战士。

1943年2月至1945年5月，因年纪小和家长要求，被组织送回家，本人积极联系归队。

1945年5月至1945年12月，武进县总队，文书。

1945年12月至1947年8月，华中军区直属政治部、卫生部，文印员。

1947年8月至1949年7月，华东野战军十二野战医院政治处，缮写员、见习宣传干事。

1949年7月至1949年12月，华东海军后勤直属队政治协理处，见习政治干事、政治干事。

1949年12月至1950年12月，华东海军后勤政治部直工队，宣教干事。

1950年12月至1952年5月，华东海军南京补给站政委办公室，宣教干事。

1952年5月至1954年6月，华东海军后勤政治部宣传科，宣教干事。

1954年6月至1956年8月，东海舰队训练团政治处，政治教员。

1956年8月至1957年8月，南京军区政治师范学校，学员。

蒋哲生

1957年8月至1960年8月,东海舰队快艇六支队41大队四中队(营),政治指导员。

1960年8月至1964年11月,东海舰队联合学校政治部,政治教员。

1964年11月至1966年6月,东海舰队干部轮训大队政治处,副主任。

1966年6月至1969年2月,"文化大革命"期间,受冲击。

1969年2月至1974年1月,海军巢湖"五七"劳动学校,劳动、支左。

1974年2月至1978年10月,海军穿山快艇基地,副政委。

1978年10月至1979年8月,上海社会科学院图书馆,参与领导工作。

1979年8月至1985年12月,上海社会科学院历史研究所办公室,主任。

主要业绩与成果:

1951年9月在海军南京补给站因工作出色荣立三等功一次。

1955年9月获授上尉军衔,1960年4月晋升大尉军衔,1964年3月晋升少校军衔。

1959年7月在东海舰队快艇六支队41大队因工作积极荣立三等功一次。

1963年12月在东海舰队联合学校因工作积极荣立三等功一次。

抗日战争时期参加革命后,在部队长期从事政治方面的宣传、教学和领导工作,坚持学习和钻研革命理论,具有较强的理论分析能力。

1978年至1985年在上海社会科学院图书馆和历史研究所办公室

担任领导工作,严正清廉,作风硬朗,敢于反对不正之风。

离休后,积极参与所居地区的青少年帮教工作,多次获得长宁区和上海市相关部门的表彰。

刘成宾同志,男,出生于1921年7月,山东海阳人,汉族,初中文化程度。1944年1月参加革命,1948年1月加入中国共产党。1989年10月离休。离休前为上海社会科学院历史研究所办公室副主任。离休后享受参照副局级医疗、住房、用车待遇。于1999年1月逝世。

刘成宾

简历:

1944年1月至1947年5月,山东海阳辛庄头小学、东野口小学、丁格庄小学、纪家店小学,教师。

1947年5月至1949年2月,华东军区荣校胶东总分校,文化教员。

1949年2月至1952年7月,华东军区荣校一分校二大队、校直二股,教育干事、组织干事、分校秘书。

1952年7月至1955年7月,华东政法学院人事处,科员、秘书。

1955年7月至1956年8月,华东政法学院肃反办公室,工作人员。

1956年8月至1957年9月,华东政法学院人事科、宣传科,副科长。

1957年9月至1958年9月,华东政法学院审干办公室,工作人员。

1958年9月至1960年10月,华东政法学院政法四年级(后归并上海社会科学院)党总支,副书记。

1960年10月至1964年6月,上海社会科学院历史研究所办公室,组织人事干部、副主任。

1964年7月至1966年7月,上海市松江、金山社教工作队,支部书记、副队长。

1966年7月至1968年12月,上海社会科学院历史研究所,工作人员。

1968年12月至1969年10月,上海市直属机关"五七"干校六兵团,劳动。

1969年10月至1974年10月,黑龙江省呼玛县兴华公社,插队。

1974年10月至1977年10月,上海市直属机关"五七"干校六连,工作人员。

1977年10月至1978年9月,原市委写作组专案工作组,工作人员。

1978年9月至1989年10月,上海社会科学院历史研究所办公室,副主任。

主要业绩与成果:

1945年在小学任教时被评为模范教师。

1948年在华东军区荣校因工作积极荣立三等功两次。

1960年在上海社会科学院政法四年级总支副书记任上,被选为上海市群英会代表。

新中国成立后,参加了"土改""三反五反""镇反""肃反""整党反右""社教""文革""插队""揭批清查"等历次政治运动,并做到坚持服从组织安排,坚守组织纪律,坚持实事求是,坚决执行政策。

1978年至离休,担任历史研究所办公室领导,参与所的行政管理,作风正派,清廉勤勉,为人朴实,待人友善,任劳任怨,坚持和发扬了党的优良传统和作风。

离休后不久,回家乡山东海阳干休所养老。

刘鸿英同志,曾用名刘鸿举,男,出生于1928年8月,山东招远人,汉族,初中文化程度。1945年5月参加革命,1946年12月加入中国共产党。1989年7月离休。离休前为上海社会科学院历史研究所党委书记,正局级。于2008年1月逝世。

刘鸿英

简历:

1945年5月至1945年9月,八路军胶东军区教导二团(即抗大胶东军区分校)一营,战士、学员。

1945年10月至1946年1月,八路军胶东军区炮兵训练营,战士。

1946年2月至1946年10月,胶东军区特务团炮兵营、司令部电话排,电话员。

1946年11月至1947年2月,胶东军区警卫三旅司令部通讯队,电话员、班长。

1947年2月至1949年2月,华东野战军第九纵队27师通讯队、政治部、特务营三连,文化干事、干事、政治指导员。

1949年2月至1950年9月,第三野战军27军81师政治部,干事。

1950年10月至1953年2月,中国人民志愿军27军81师干部科,干事。

1953年3月至1955年2月,第三野战军27军81师干部科,助理员。

1955年2月至1955年3月,江苏省无锡市建设局人事科,副科长。

1955年3月至1955年11月,中共上海市委组织部党群干部处,审干工作人员。

1955年11月至1956年7月,上海市委审干办公室,工作人员。

1956年7月至1965年12月,中共上海市委组织部干部处,巡视员。

1966年1月至1966年12月,中共上海市委组织部干部一处、市委社教办公室,副处长。

1967年1月至1967年12月,"文化大革命"期间,靠边。

1968年1月至1968年10月,中共上海市委组织部,一般干部。

1968年11月至1969年10月,上海市直属机关"五七"干校,劳动。

1969年11月至1974年10月,上海市天平路第三小学,支部书记。

1974年11月至1977年2月,上海市天平街道政宣组,负责人。

1977年3月至1977年10月,中共上海市委落实23号文件办公室,秘书组长。

1977年11月至1983年6月,中共上海市委组织部干部处、干部二处,副处长。

1983年7月至1984年11月,中共上海市委组织部宣教科技干部处,处长。

1984年12月至1989年7月,上海社会科学院历史研究所,党委副书记、党委书记。

主要业绩与成果：

参加革命前，曾在长春市中央饭店当学徒，在家乡山东省招远县朱荣村、汪家村任小学教员。

解放战争期间，参加了胶县、高密、即墨、普东、峓山、沙河、孟良崮、南麻、临朐、胶河、周村、潍县、汶口、济南、淮海、渡江、战上海等重要战役战斗，荣立二等功一次、三等功三次、四等功一次。

抗美援朝战争中，参加了第二、第五次战役和金城、元山防御战，荣立三等功一次，获朝鲜民主主义人民共和国国旗三级勋章一枚，军功章一枚。

1955年因体弱转业到地方工作，先后在无锡市建设局、上海市委组织部从事人事和干部管理工作，数十年如一日，坚持党的实事求是原则，坚守党的组织纪律，坚决贯彻落实党的干部政策，为党保护了许多好干部，也为党选拔了许多好干部，为维护、纯洁和发展党的干部队伍，做出了自己的贡献。

1984年底来上海社会科学院历史研究所担任领导工作，严格自律，清正勤勉，公道公正，注意团结，尊重知识分子，尊重党外人士，坚决拥护改革开放，坚持贯彻党的方针政策，坚持社会主义方向，立场坚定，旗帜鲜明。

离休后，仍然极为关注党和国家的发展前途，坚持参加离休支部的组织活动，经常学习党的文件，对腐败现象深恶痛疾，坚决拥护党的惩治腐败的举措。

支冲

支冲同志,曾用名支翀,男,出生于1920年8月,江苏镇江人,汉族,高中文化程度。1945年7月参加革命,1945年12月加入中国共产党。1987年6月离休。离休前为上海社会科学院历史研究所副研究员。离休后享受参照副局级医疗、住房、用车待遇。于2006年11月逝世。

简历:

1945年7月至1945年8月,华中建设大学政治系,学员。

1945年8月至1945年9月,华中建设大学组织科注册组,干事。

1945年9月至1945年12月,华中建设大学中学师资训练班,学员。

1946年1月至1946年2月,华中军区联络部、华中局联络部,干事。

1946年7月至1949年1月,上海鸿英图书馆、天津北洋大学图书馆、交通大学图书馆,编目工作。

1949年2月至1949年4月,华中工委情报部扬州情报站,干事。

1949年5月至1950年10月,上海市公安局社会处二室三科,编研组长。

1950年10月至1955年8月,上海市公安局局长办公室研究科、镇反办公室、反动党团特登记总处、研究科、宣传科,调研股长、研究组长、秘书、副科长。

1955年8月至1957年3月,受潘汉年、扬帆错案株连,停职、逮捕审查。

1957年4月至1957年5月,上海市公安局文印科,副科长。

1957年5月至1960年10月,上海市干部文化学校,教员。

1960年11月至1966年8月,上海教育学院教务处、图书馆,干事、主任、馆长。

1966年8月至1969年12月,"文化大革命"期间,隔离审查。

1970年1月至1971年8月,上海市直属机关"五七"干校,劳动。

1971年8月至1972年5月,上海教育学院图书馆,馆长。

1972年5月至1977年5月,上海师范大学图书馆,采编组副组长、资料参考组组长。

1977年5月至1980年2月,上海教育学院图书馆,馆长。

1980年3月至1987年6月,上海社会社科学院历史研究所古代史室,副研究员。

主要业绩与成果:

1946年至1949年,被派往敌占区工作,失掉组织联系后,辗转上海、天津、南京等地,以社会职业为掩护,积极寻找组织。

1949年在扬州情报站工作,多次往返南京、上海间,传递情报,进行地下斗争。

新中国成立后在上海市公安局工作期间,参加了隐蔽战线复杂的反敌特斗争。1955年受潘汉年、扬帆错案株连,被错误处理。

1960年开始,长期担任教育学院图书馆的领导工作,曾兼任上海市图书馆学会学术委员、《汉语小词典》教育学院编写组组长,参加《〈梦溪笔谈〉选注》出版工作,负责政治、历史部分,编写了书末所附的《沈括年谱》。

1980年来上海社会科学院历史研究所后,参加点校出版《唐会要》

的工作。

发表的主要论文有《〈金瓶梅〉评价新议》(1981年)、《记章太炎先生未刊手稿》(1982年)、《均田制是封建型的亚洲国家土地所有制》(1983年)、《泛论中国历史上的国家土地所有制》(1986年)等。

离休后,仍勤于思考,关心党和国家的发展,关系理论发展的动向。

徐华国

徐华国同志,男,出生于1921年5月,浙江余姚人,汉族,大专文化程度。1948年1月参加革命,1948年1月加入中国共产党。1983年5月离休。离休前为上海社会科学院历史研究所科研人员。离休后享受副处级待遇。于1997年8月逝世。

简历:

1940年11月至1950年11月,上海中法药房配药部,练习生、店员。

1950年11月至1952年1月,上海市委党校第四期、整党训练班,学员。

1952年2月至1952年7月,上海元通染织厂"三反"工作队,队员。

1952年7月至1954年7月,上海工人政治学校,班主任。

1954年8月至1957年10月,上海市委党校二部,班主任、辅导员。

1957年11月至1958年6月,上海市委党校党史教研室,辅导员。

1958年6月至1959年7月,上海革命历史纪念馆革命遗址调研组,组长。

1959年8月至1966年5月,上海市委党校党史教研室,辅导员。

1966年6月至1968年1月,上海市委政策接待站,工作人员。

1969年3月至1969年9月,上海市直属机关"五七"干校,劳动。

1969年9月至1978年11月,上海市长宁中学、长宁区业余中专,政治教师。

1978年12月至1983年5月,上海社会科学院历史研究所,研究人员。

主要业绩与成果:

抗战胜利后,参加反内战游行,参与编辑余姚旅沪青年联合会刊物《姚联》,在《姚联》发表反对国民党警管制、反对四明山"剿匪"的文章。

1948年1月在上海中法药房加入中国共产党后,参与领导职工反对资本家将生产资料运往台湾的斗争,组织药业"人民保安队",迎接上海解放。

1951年在市委党校学习期间,两次到老闸公安分局参加镇反工作。

新中国成立后长期在市委党校和中学从事教育工作,为培养党的干部、教育青年学生做出了贡献。

1978年来上海社会科学院历史研究所后,因患大病,以休养为主,但仍参加了一些党史、现代史的资料整理工作。

谢圣智同志,曾用名谢汶,男,出生于1927年8月,福建平潭人,汉族,大学文化程度。1948年10月参加革命,1948年10月加入中国共产党。1987年12月离休。离休前为上海社会科学院历史研究所副研究员。离休后享受副处级待遇。于2007年2月逝世。

谢圣智

简历：

1947年10月至1959年7月，福建林森师范学校，学生。

1950年7月至1954年8月，福建省图书馆，干事、推广部副主任。

1954年8月至1958年9月，复旦大学历史系，学生。

1958年8月至1963年11月，复旦大学历史系现代史教研室，助教。

1963年11月至1964年4月，上海教育出版社《农村知识青年》编辑部，编辑。

1964年4月至1968年7月，华东局宣传部《农村青年》编辑部，编辑。

1968年7月至1973年2月，"文化大革命"期间，受冲击。上海手术器械九厂，劳动。

1973年2月至1975年2月，上海市医疗器械工业公司政宣组，借用人员。

1975年2月至1978年12月，上海人民出版社，借用人员。

1978年12月至1987年12月，上海社会科学院历史研究所，助理研究员、副研究员。

主要业绩与成果：

1947年考入福建林森师范学校后，参加当地的地下组织，从事革命活动。1948年10月加入中国共产党。1949年5月至9月，离校参加平潭县游击支队，在当地进行武装斗争。解放平潭时，曾为我军当向导、组织和管理参战民船、参与收缴武器弹药。斗争中,脚部受伤,经批准,回校继续学习。

1950年参加福建省直属土改队,在龙岩地区永定、长汀两县参与土改工作。

1975年借调上海人民出版社期间参加完成《淮海战役》一书的编写。

1976年10月参加清查市委写作组工作,先后任历史组、外国文艺摘译组副组长,文艺组电影小组组长。

1978年到上海社会科学院历史研究所后,参与整理出版《上海学生运动史料选集》《五·二〇运动在上海资料选集》等。

发表的主要论文和文章有《五卅运动中的上海学生》(1981年)、《五·二〇运动初探》(1983年)等。

沈恒春同志,男,出生于1924年9月,江苏吴县人,汉族、大学文化程度。1948年11月加入中国共产党。1987年6月离休。离休前为上海社会科学院历史研究所副研究员。离休后享受副处级待遇。于2001年11月逝世。

简历:

1940年11月至1950年3月,上海恒源祥绒线号,店员。

1949年6月至1950年3月,上海总工会筹委会组织部,工作人员。

沈恒春

1950年3月至1953年10月,上海市税务局卢湾分局,会计科员、稽征组长、检查科科长。

1953年10月至1954年3月,上海市卢湾区第十一选区普选工作队,队长。

1954年3月至1954年6月,上海工人政治学校第九期,学员。

1954年6月至1957年冬,上海市委党校二部党史教研室,教员。

1957年冬至1966年8月,上海市委党校党史教研室,教员。

1966年8月至1970年7月,上海市直属机关"五七"干校七兵团四连,劳动。

1970年7月至1971年7月,上海四新锁厂,劳动。

1971年7月至1979年1月,上海市直属机关"五七"干校六连党史组,编写人员。

1979年1月至1979年8月,上海社会科学院历史研究所现代史室,研究人员。

1979年8月至1987年6月,上海社会科学院历史研究所上海史室,副主任、主任、副研究员。

主要业绩与成果:

在恒源祥当店员时,业余担任洞庭同乡会理事和图书室主任,1948年11月经会中地下党员介绍加入中国共产党。入党后,参与组织"职协""人民保安队"等,迎接解放。

新中国成立后,参与筹备绒线业工会,担任衣着业工会秘书,被选为上海市第一届工人代表大会代表。

1950年服从组织安排,到薪水比原来低很多的税务部门工作,1951年参加镇压反革命工作,1952年在"三反"运动中担任"打虎"小队长和核对组组长。曾担任卢湾区各界人民代表会议代表。

上世纪五六十年代，在上海市委党校从事党史教育工作，为培养党的干部做出了贡献。

1958年冬至1960年春，参加上海革命历史纪念馆筹备工作。

1965年夏至1966年8月，参加上海大隆机器厂社教，任工作队秘书。

1979年到上海社会科学院历史研究所后，参加撰写《上海史》，主编《〈明实录〉中苏松资料选编》，标校出版《瀛壖杂志》（合作），编辑《上海史研究》（论文集，不定期出版）、《上海史研究通讯》等。1985年，其任室主任的上海史研究室获上海社会科学院科研管理奖。

发表的主要论文有《党内斗争的正确方针——学习刘少奇同志关于党内斗争的理论》（合作，1980年）、《关于新县志大事记的一些想法》（1985年）等。

傅道慧同志，女，出生于1924年11月，重庆市人，汉族，大学文化程度。1948年12月参加革命，1949年1月加入中国共产党。1987年12月离休。离休前为上海社会科学院历史研究所副研究员。离休后享受副处级待遇。

简历：

1949年1月，上海复旦大学史地系读书期间加入中国共产党。

傅道慧

1949年4月至1949年5月,奉命撤退,隐蔽于市区,党小组长。

1949年6月至1949年10月,青年团上海市委组织部组织科,干事。

1949年10月至1950年1月,华东团校第一期,学员。

1950年2月至1953年1月,华东团校组织科,干事、副组长、组长。

1953年2月至1954年12月,华东团校教育科,干事、班主任。

1955年1月至1956年7月,中央团校华东分校党史教研室,教员。

1956年7月至1958年3月,上海人民美术出版社连编室,秘书。肃反定案组,副组长。

1958年3月至1968年12月,上海社会科学院历史研究所现代史大事记组、美帝侵华史组、五卅组,研究人员、副组长。

1968年12月至1969年9月,上海市直属机关"五七"干校,学员。

1969年10月至1970年8月,上海市杨浦区下乡第二团团部,政委。

1970年9月至1978年12月,上海杨浦区红专学院、上海市杨浦区教师进修学院,中教组组长、教务组组长。

1978年12月至1987年12月,上海社会科学院历史研究所现代史一室,副主任、副研究员。

主要业绩与成果:

新中国成立以后,在青年团上海市委组织部,华东团校组织科、教育科,中央团校华东分校党史教研室从事教育工作,为培养团干部努力工作。其间,先后在浙江衢县土改工作队参加土改,在上海市老闸区委办公室参加镇反工作,在中央团校华东分校、上海人民美术出版社参加肃反工作。

1959年6月至1961年6月，在北京中央政治研究室参加"1925年党史大事记"编写，所撰《中共四大》《上海青岛日商纱厂大罢工》《第二次全国劳动大会和广东省第一次农民代表大会》《反戴季陶主义和西山会议派的斗争》《省港大罢工》《两次东征和广东革命根据地的巩固》《毛泽东关于组织人民大革命的主张》等专题文章，内部打印后存中共中央档案馆。

1981年，自20世纪60年代就参与编纂的大型资料书《五卅运动史料》（第一卷）由上海人民出版社出版。嗣后，1986年出版了第二卷，2005年出版了第三卷。

1985年所著《五卅运动》由复旦大学出版社出版。该书在广泛收集资料和实地调查的基础上，对"五卅"运动的历史背景、发起经过和影响做了全面详细的论述，是至其出版为止关于"五卅"运动论述最详尽的一部书。

发表的主要论文有《五卅运动中思想文化展现上的一场论战》、《宋庆龄与五卅运动》、《五卅运动中的爱国知识分子》、《功勋卓著，永彪史册——刘少奇在五卅运动中》（合作）、《恽代英与五卅运动》（合作）等。

2008年"5·12"汶川地震后，交特殊党费1万元支援灾区。玉树地震又捐赠2万元。

谯枢铭同志，男，出生于1926年11月，河北埠城人，汉族，大学文化程度。1949年3月参加革命，1988年6月加入中国共产党。1991年12月离休。离休前为上海社会科学院历史研究所副研究员。离休后享受副处级待遇。于2009年3月逝世。

谯枢铭

简历：

1949年3月至1952年9月，沈阳中国医科大学（当时为解放军建制，1953年改为地方建制），学生。

1952年10月至1957年7月，卫生部宣传处、卫生教育所、《健康报》（北京），科员、编辑。

1957年8月至1967年1月，中共中央防治血吸虫病办公室宣传处（上海），编辑。

1967年2月至1971年2月，华东局"五七"干校，劳动。

1971年3月至1973年，手术器械九厂仓库，劳动。

1973年至1979年4月，医疗器械研究所《上海医疗器械》，主编。

1979年5月至1991年12月，上海社会科学院历史研究所上海史研究室，助理研究员、副研究员。

主要业绩与成果：

1981年被评为上海社会科学院先进工作者。

主要研究古代上海的历史，参加了历史研究所集体项目《上海史》《上海风物志》《上海经济》等的撰写。

发表的主要论文有《青龙镇的盛衰与上海的兴起》(1980年)、《上海地区疆域沿革考》(1981年)、《上海地区方志述略》(1984年)、《宋元时代上海地区的盐业生产》《清乾嘉时期的上海港与英国人寻找新的通商口岸》(1986年)、《早期进入上海租界的日本人》、《上海租界的形成》(1989年)、《瓦氏夫人苏松抗倭事迹考》(1991年)等十多篇。

朱微明同志，女，出生于 1926 年 4 月，江苏江阴人，汉族，大学文化程度。1949 年 6 月参加革命。1952 年 12 月加入中国共产党。1983 年 6 月离休。离休前为上海社会科学院历史研究所编译人员。离休后享受副处级待遇。于 2008 年 6 月逝世。

简历：

1949 年 6 月至 1949 年 8 月，华东人民革命大学短训班，学员。

朱微明

1949 年 9 月至 1950 年 5 月，华东局宣传部宣传科、上海市委宣传部宣传科，干事。

1950 年 5 月至 1955 年 7 月，上海市文化局秘书室、局长室、办公室、党总支，秘书、干事。

1955 年 7 月至 1957 年 12 月，上海溶剂厂秘书科、计划科、技术监督科，科长。

1958 年 1 月至 1958 年 2 月，东昌区反右工作队，队员。

1958 年 3 月至 1960 年，上海洋泾中学，政治辅导组组长。

1960 年至 1979 年，东昌四中、求知中学，政治教师、政治教研组组长。

1979 年至 1983 年 6 月，上海社会科学院历史研究所编译组，编译人员。

主要业绩与成果：

1945 年至 1949 年在复旦大学化学系读书期间，多次参加反饥饿、反内战、反对美帝暴行的游行。

新中国成立后,曾在华东局,上海市委宣传、文化部门工作,后较长时间在中学担任政治教师,为培养教育下一代做出了贡献。

1973年至1976年在南市区上山下乡办公室工作,负责特困知青的回调工作。

1979年到历史研究所编译组后,虽长期患病,仍坚持做了力所能及的工作。

李茹辛

李茹辛同志,原名李碧兰,曾用名黄一颜、李洁,女,出生于1919年9月,江苏南通人,汉族,大专文化程度。1941年8月参加革命,1944年9月加入中国共产党。1982年12月离休。离休前为上海社会科学院法学研究所办公室副主任。离休后享受副局级待遇。

简历:

1941年8月至1943年10月,苏北抗日根据地如西县江安区陈堡小学、张庄小学,教师。

1943年11月至1944年1月,苏中三分区旅行大学,学员。

1944年2月至1945年8月,苏北如西县江安区妇联,干部。

1945年9月至1945年11月,如皋城区工作队,队员。

1945年12月至1946年10月,如皋县民运部妇女科,副科长、科长

1946年11月至1947年10月,奉如皋县委组织决定南撤苏州。

1947年11月至1948年5月,如皋县大众报社,记者。

1948年6月至1948年9月,如皋县何正区委宣传科,科长。

1948年9月至1948年10月,如皋县民运部妇女科,科长。

1948年11月至1949年1月,如皋县江安区,区长。

1949年1月至1949年11月,如皋县妇委,副书记。

1949年12月至1950年3月,泰州市委妇委,妇委书记。

1950年4月至1951年4月,泰州地委妇委,宣传部部长。

1951年5月至1951年12月,华东妇联福利部服务科,科长。

1952年12月至1953年1月,中央政法干校司法班,学习委员。

1953年2月至1954年8月,华东政法学院中国革命史教研组,组长。

1954年9月至1956年7月,中央高级党校师资部中共党史专业,学员。

1956年8月至1957年2月,华东政法学院中国革命史教研组,组长。

1957年3月至1958年11月,华东政法学院业余教育科,代理工作。

1958年11月至1959年8月,上海社会科学院中国革命史教研室,主任。

1959年9月至1962年7月,上海社会科学院历史研究所现代史研究组,负责人。

1962年8月至1966年12月,上海社会科学院历史研究所办公室,副主任。

1967年1月至1968年12月,上海社会科学院历史研究所图书馆,干部。

1969年1月至1971年11月，上海市直属机关"五七"干校，劳动。

1971年12月至1979年2月，上海社会科学院图书馆，工作。

1979年3月到1982年12月，上海社会科学院法学研究所，所党委委员、办公室副主任。

主要业绩与成果：

抗日战争期间就在新四军东进的苏北抗日根据地公立学校担任教员。参加革命后，多年在解放区从事妇女工作，工作积极热情、工作责任心较强，能按时完成党交给的任务。工作作风大方、民主，能放手培养干部，在处理问题和讨论问题时，原则性较强。离开机关后，在高校担任过教学工作。

1958年到上海社会科学院工作后，历任研究组组长、办公室负责人、党委委员等，配合所领导做好各方面的协调和管理工作，全心全意为科研服务，为科研人员服务。工作中不怕苦，不怕累，严于律己，宽以待人，廉洁奉公，联系群众，团结所内同志搞好各项工作，为法学所各项规章制度的建设做出了积极的贡献，也受到所内广大员工的尊敬。

姜明同志，曾用名姜积勤，女，出生于1909年12月，山东烟台人，汉族，高中文化程度。1938年2月参加革命，1939年7月加入中国共产党。1979年9月离休。离休前为上海社会科学院历史研究所图书馆负责人。离休后享受副处级待遇。于1986年12月逝世。

简历：

1938年2月至1938年10月，山东福山县福山大队政治部，指导员。

1938年10月至1939年2月,山东黄县北马区妇救会,主任。

1939年2月至1939年7月,山东平度工作队,小队长。

1939年7月至1939年10月,山东前方留守处救护室,主任。

1939年10月至1940年7月,山东蓬黄联中,指导员。

1940年7月至1941年9月,山东掖县师范,指导员、教员。

姜 明

1941年9月至1943年9月,山东胶东公学,指导员、政治教员。

1943年9月至1944年9月,山东建国大学,政治指导员、支部书记。

1944年9月至1945年10月,山东中海医院,政治指导员、支部书记。

1945年10月至1946年1月,烟台市市立医院,护士指导员。

1946年7月至1948年9月,烟台市二中,教员。

1948年9月至1949年9月,青岛市二中,教员。

1949年9月至1950年8月,上海市文物管理委员会,工会主席、人事科科长。

1951年3月至1953年7月,上海图书馆、博物馆,人事科长、支部书记。

1953年7月至1954年4月,上海市委党校,学员。

1954年4月至1958年8月,华东政法学院,人事科长。

1958年9月至1968年12月,上海社会科学院历史研究所图书馆,负责人。

1968年12月至1978年10月,上海市直属机关"五七"干校,病休。

1978年10月至1979年8月,上海社会科学院,病休。

主要业绩与成果:

学生时代就要求进步,1934年在烟台中学上学时参加罢课、游行等进步学生运动,反对国民党反动警察无故枪杀学生。"七七"事变后,在党的感召下投入了抗战的洪流,1939年3月在山东省福山县参加了青年抗日先锋队,以及参加"反扫荡"等一系列斗争。有一次曾被敌人堵在村里,最后由于沉着镇静,被老百姓掩护成功突围,受到领导的表扬。

南下进城后,先后在上海市文管会、华东政法学院、上海社会科学院等单位工作。她为人正派,待人直爽,对工作一贯认真负责,受到领导和群众的一致好评。

邓新裕

邓新裕,男,广东顺德人,群众。1942年出生于上海,1982年毕业于复旦大学历史系。曾在上海市徐汇区粮食局工作。1982年调入上海社会科学院历史研究所工作,1991年被评为副研究员,1990年至1991年在英国伦敦大学做访问学者,1993年转入上海社会科学院欧亚研究所任副研究员。先后参加国际关系学会、中东学会、英国史学会、世界中世纪研究会、上海世界史学会等。其中,任上海世界史学会理事。2002年退休。于2006年逝世。

主要从事世界历史与国际问题研究。曾参加"巴尔干、高加索中亚冲突热点研究""美国犹太人研究"等重点院所课题研究。个人撰著有《古代犹太战争》,与其他专家合著有《欧洲文明:民族的融合与冲突》《穿越世纪之门》《犹太人在上海》《外国历代一百名人传》《重要国际问题探源》《叱咤风云的外国战将》等。另有译著《世界百年掠影》、《社会科学百科全书》历史部分。与其他专家合译有《现代化理论研究》。撰有论文《高加索民族冲突的热点——车臣、俄罗斯对垒溯源》《近千年来伦敦犹太社团的沉浮与沧桑》等多篇。并完成为建国50周年献礼的大型图册的翻译任务。

张鸿奎,男,江苏如皋人,中国致公党党员。1941年出生,1968年毕业于华东师范大学历史系。曾在上海国棉二十四厂、国棉四厂工作。1979年调入上海社会科学院历史研究所图书资料室工作,1989年调入历史研究所上海史研究室工作。1996年被评为副研究员。曾任上海华侨史学会常务理事。2001年退休。于2010年逝世。

主要从事上海近现代史研究,兼涉中国古代史研究。曾参加"上海通史""上海移民史""上海口述史"等上海市哲学社会科学规划项目的研究。个人撰有《人类原

张鸿奎

始社会有个木器时代》《木器时代是人类社会的第一章》《木器时代再探》《论人类起源的根本因素》《略论美洲致公堂华侨在辛亥革命时期的作用》《论当代华侨华人经济的发展趋势》《移民论》《论海外华人的国家身份认同》《试论海外华人的界定》《论海外华人的多样化及其认同倾向》《近代上海、横滨西方侨民的进入、发展和影响》《浦东移民地名及其移民由来研究》《移民与上海地名的变迁》《上海法租界巡捕房与三十年代的上海政治》(薛耕莘口述,合作)等多篇。参与撰写和编写的著作有《上海通史·当代经济》《上海外事志》等。其中《上海通史》《上海工人运动史》分获上海市哲学社会科学优秀成果奖著作一等奖和三等奖。

许映湖,男,江苏南通人,中共党员。1940年出生,1965年毕业于中国人民大学国际政治系共运史专业。曾在河北省北机电学校、河北省峰峰矿区马头洗选厂职工子弟学校任教师。1978年调入上海社会科学院历史研究所工作。1993年被评为副研究馆员。曾任历史研究所图书资料室主任。2000年退休。

许映湖

主要从事中国近现代史以及上海中共党史研究。曾参加"现代上海大事记""战后世界历史长编""中共上海警察系统地下组织斗争史"等课题研究,其中有的是上海市哲学社会科学规划项目。个人撰有《1946年上海摊贩斗争》、《上海青红帮概述》、《邓演达先生被捕前前后后》、《论太平洋战争初期的缅甸战场》(合作)、

《解放战争初期周恩来将军在沪实录（1946—1949）——附邓颖超、董必武在沪行踪》（合作）、《中统诱降瞿秋白始末》（合作）、《论太平洋战争初期的缅甸战场》（合作）、《日本在华傀儡政权述要》（合作）、《"黄埔之英，民族之雄"——记抗日名将戴安澜烈士》（合作）等多篇；编写《劝工大楼事件史稿》（合作）、《1947年上海学生运动资料辑选》（合作）；标注的著作有《周佛海日记》（合作）、《邵元冲日记》（合作）。

焦玉田同志，男，出生于1926年4月，河北乐亭人，汉族，初中文化程度。1947年10月参加革命，1948年5月加入中国共产党。1987年12月离休。离休前为上海社会科学院历史研究所办公室主任科员。离休后享受副处级待遇。

简历：

1947年10月至1948年5月，河北独立八团一营二连，战士。

1948年6月至1949年9月，中国人民解放军第67军201师602团一营二连，副班长、班长。

1949年9月至1950年1月，长春预科总队，学员。

1950年1月至1950年8月，北京第六航校二营六连，学员。

1950年9月至1954年4月，空军17师51团三大队，机械员。

1954年4月至1964年10月，海军航空兵二师六团三大队，机械员、机械师、机务分队长、副中队长。

1964年10月至1968年3月,上海机电设备成套局,副科长。

1968年4月至1969年10月,上海市直属机关"五七"干校,劳动。

1969年11月至1976年2月,黑龙江省呼玛县松林区慰问团,团员。

1976年3月至1978年10月,上海市直属机关"五七"干校,食堂管理员。

1978年10月至1987年12月,上海社会科学院历史研究所办公室,主任科员。

主要业绩与成果:

解放战争时期参加了收坛、南颂家营、宴各庄等地17次战斗,1948年7月立功一次。

抗美援朝战争中,1952年4月在空军因工作积极荣立三等功一次。同年9月因完成任务好,荣立三等功一次并获朝鲜军功章一枚。

1955年获授解放勋章。

1959年在海军获书面奖励一次。

1963年获授上尉军衔。

1978年来上海社会科学院历史研究所工作后,诚恳待人,勤恳工作,任劳任怨,作风朴实。1986年因为科研服务工作做得好,历史研究所曾给予记功奖励。

曾演新,男,1925年出生,籍贯浙江瑞安。1951年7月毕业于上海东吴大学法学院本科,任该校政治助教。1959年9月进入上海社会科学院工作,曾任上海社会科学院历史研究所学术秘书,"文革"前后曾在奉贤上海市直属机关"五七"干校劳动,之后去南京梅山工程指挥部任职校教师。1981年调入上海社会科学院马列研究所、情报研究所任科研人员,被评为副研究员。1987年退休。

编写教材《新民主主义论》《马列主义基础讲义》《联共(布)党史十二章问题解答》等。撰有论文《论我国农业合作化》《批判历史研究中的阶级调和论》《国际无产阶级对五卅运动的支援》《国际舆论对我党十二大的评述》等多篇。参与《五卅运动》《中国大百科全书——社会主义卷》《左派旗帜,爱国老人》《中国知识分子的典范》《爱国将领,千古功臣》等书的编撰工作等。

曾演新

编 后 记

本书共收正文47篇,多数曾公开发表,少数为内部印行,个别属首次面世。对于一人之远去,常会见有多篇纪念文论,本书取最适者录之。各篇排序则以问世先后为准。各文作者通常是逝者的亲人、学生、同事或朋友,有的亦已离去。此外又有附录,涉及正文之外的24人。

编者已尽力与绝大多数作者或相关者进行了联络,但仍有个别人士实在联系无着,而佳文又不忍舍弃,故只能在此恭请海涵了,毕竟大家都是为了历史研究所的人和历史研究所的事业!

编纂工作中的其余不妥之处,亦请各方指正。

马 军

2021年3月7日

史园三忆

马军／编

中卷·绿圃红叶
上海社会科学院历史研究所老同志革命回忆录

上海社会科学院出版社

本书谨献给为了祖国的独立和进步奉献过青春与热血的历史研究所人！

目　　录

陕北公学的学生生活回忆 ………………………… 江　涛(1)
怀念项荒涂同志 …………………………………… 刘力行(4)
发扬艰苦奋斗的优秀传统 ………………………… 刘成宾(11)
坚持21天反"扫荡"纪实 …………………………… 刘振海(14)
首先要当好一个兵
　——忆党的一个优良传统 ……………………… 刘鸿英(21)
上路
　——为了理想和信念 …………………………… 陈敏紫(25)
纪念党,怀念图书馆 ……………………………… 沈恒春(29)
回忆1936年的牢狱之灾 …………………………… 姜沛南(32)
难忘的一个月 ……………………………………… 傅道慧(36)
纪念"左联",缅怀战友 …………………………… 季楚书(42)
火烧赵家楼
　——"五四"杂忆 ………………………………… 周予同(52)
回忆上海大学 ……………………………………… 薛尚实(59)
广州起义亲历记 …………………………………… 薛尚实(70)
1931年到1933年上海总工联的简况 …………… 薛尚实(82)
上火线 ……………………………………………… 张凌青(98)

山东抗日民主根据地的戏剧普及活动 …………… 张凌青(108)

1936年至1937年的上海(京沪、沪杭甬)铁路职工
　救亡运动 ………………………………………… 奚　原(118)

《文艺突击》和山脉文学社的创办 ……………… 奚　原(133)

有关上海百货业职工运动史料的几个问题 ………… 陆志仁(145)

记益友社 …………………………………………… 陆志仁(159)

我的良师益友 ……………………………………… 陆志仁(168)

从艰难困苦中看到胜利的曙光
　——抗日战争时期参加上海地下斗争的几个片段
　……………………………………………………… 陆志仁(172)

我在抗战前参加的救国活动 ……………………… 沈以行(180)

从邮政组到互助社 ………………………………… 沈以行(184)

关于《劳动》《朋友》《生活通讯》
　——孤岛时期上海地下工委办的工人刊物 ……… 沈以行(211)

回忆刘长胜同志二三事 …………………………… 沈以行(222)

风雨同舟忆《文萃》 ………………………………… 唐振常(226)

编后记 ……………………………………………………… (239)

陕北公学的学生生活回忆

江 涛[1]

我1937年到达延安时,有幸成为陕北大学第一期的女学员。当时的延安,已成为全国人民的希望,革命青年向往的地方,中国革命和抗日战争的圣地。我当时就是带着追求真理和好奇的双重心情奔赴延安的。在第一次看到延水、东塔和延安古城的时候,我从内心由衷地欢呼:我终于到了延安。54年过去了,每每想起,我心情仍然激动不已。

"八一三"之后,全国抗战的形势已经形成。因此,学校把学习期限只规定三四个月,所以从开学到结业,学习生活一直很紧张。学校为了加快学习进度,中间还发动过一次"学习突击竞赛运动",因而学习气氛更是热火朝天。

学员来自全国各地,还有不少来自国外,有印度尼西亚的,有朝鲜的,有越南的,著名的作曲家、《延安颂》的作者郑律成就是来自朝鲜的同学。我记得有一位讲"民众运动"的教员是印度尼西亚的爪哇人,令人惊异的是他对中国的农村情况非常熟悉。我当时是一个刚刚离开学校的青年学生,对我来说,几乎一切都是闻所未闻的新鲜事。

---

[1] 江涛(1917—2013),山东威海人。1937年7月参加革命,1940年8月加入中国共产党。1958年至1968年任上海社会科学院历史研究所学术秘书。——编者注

课程不多,但内容丰富。军事方面,主要讲游击战争,有时配以野外演习。主讲人是周纯全同志,他讲得由浅入深,生动感人,最使我感兴趣的是他亲身经历的战斗战事,每当他讲到敌人被红军打得狼狈不堪或被夜间偷袭的时候,总是惹得大家哄堂大笑。游击战争的讲课,第一次打开了我的眼界,知道了苏区的反围剿战争,爬雪山、过草地种种感人的革命事迹。大报告也是经常的,最使我难以忘怀的是毛主席和周副主席的两次报告。毛主席那次来做报告时,已是初冬,他身穿灰色军装,气宇轩昂,声音洪亮,讲的主要精神是抗日持久战的战略战术。最后,他热情地号召大家结业后,都到前线去,到敌人的后方去,回到自己的家乡去,发挥自己的优势,广泛地发动游击战争,不断地打击敌人,削弱敌人,争取战争的最后胜利。报告结束后,掌声久久不息。晚上我们一直讨论到深夜。

王明和康生回国后,也都来做报告。我记得康生讲的是"反对托洛茨基匪徒",王明讲的是"一切为了统一战线,一切通过统一战线"(后来被批判)。此外,凯丰、吴亮平同志都来做过报告,艾思奇同志来讲过哲学。何干之同志曾多次比较系统地讲过中国革命的基本问题。我懂得革命分两步走,就是听了他的讲课之后才知道的。

使我增长见识、提高觉悟的,除了领袖的报告和教员讲课之外,同学之间的讨论交流,耳闻目睹,也使我获益极大。同学中间,也有些有斗争经验的老同志,我从他们那里第一次知道企图分裂红军的张国焘路线,当时张国焘还在延安接受批判。

这里的生活是极其艰苦的,但心情又是极为舒畅的。每日三餐,餐餐小米,早餐是小米稀饭,午饭、晚饭都是小米干饭,拌饭的菜常常是胡萝卜。我每顿都要吃满满的两瓷碗。只是在结业的时候,改善过一次生活,当时叫"会餐",每人四只馒头,一碗大白菜煮猪肉。我们住的窑洞挖在山上,用水奇缺,每天早上,一组发一盆洗脸水,每人擦一把就算洗一次脸。条件如此艰苦,但个个精神焕发,情绪高昂,除了上课讨论的时间外,时时处处都是歌声洋溢,几乎每个人都是歌唱家。早晨我们睁开眼睛就唱,休息和劳动时,漫山遍野都是嘹亮的歌声,特别听大报告的时候,总要先唱它半小时。当时大家最喜欢唱的是《大刀进行曲》和《义勇军进行曲》。

最使我们激动不已的是即将结业,即将离开延安的时刻,大家都理解此刻在延安的别离,是一时难再相会的别离,战火已弥漫全国,战区广阔,何年何月再相叙?!回忆当时情景,大家都有"壮士一去兮不复还"的心情。我们的音乐教员吕骥同志曾谱写过一首毕业上前线的歌曲,名为《陕公校歌》,起头就慷慨激昂,催人泪下:"这是时候了,同学们,该我们走上前线,我们没有什么挂牵,总还有点儿留恋!""国难已逼上了眉尖,谁还有心思长期钻研,我们要去打击侵略者!"最后的结尾是:"别了!别了!同学们,我们再见在前线。"这支校歌不仅充满了战斗的激情,而且唱出了同学们当时的矛盾心情,既希望能多学习一段时间,充实和提高自己,又渴望立即走上前线;既惜别离,又急国难。

半个世纪已经过去了,但当时的情景,党的教诲,学校的培育,同学们的劝勉鼓励仍旧点滴记心头,使人至今怀念不已。

江 涛

(原载中共上海社会科学院委员会老干部办公室编,刘振海主编《七一书怀:纪念中国共产党成立七十周年征文集》,1991年9月印)

怀念项荒涂同志

刘力行[1]

多年以来,每当我回忆起过去曾经在一起工作过的熟悉的同志时,总是要想到项荒涂同志。荒涂与其夫人雷青同志一同在日本帝国主义侵略军的刺刀下壮烈牺牲,到现在已经 48 年了,他们的言行举止和音容笑貌,在我印象中还相当鲜明。

我和荒涂开始相识是在抗大五分校。1941 年上半年,我在苏北盐城抗大五分校任教员。有一次我在上课后回住处,途中遇到一位和我年龄相仿的青年,身材适中,面貌清秀,戴近视眼镜,举止彬彬有礼,向我打招呼,自我介绍名叫项荒涂,对我的讲课表示满意,并讲了一些鼓励赞扬的话;又说他在吴薔同志处看过我写的《关于亚细亚生产方式问题之我见》,表示同意我的观点和论证方法。我见他手持一书,接过一看,是吴黎平编著的《论民主革命》,他允许借给我看一个礼拜。一周后他来取书,并和我交谈了对吴著的看法。就这样,我和荒涂便开始相识了。当时他在哪个部门工作,我已记不起来。此后不久,1941 年 6 月间,日寇六万余人开始对盐城地区疯狂进犯。在那次反扫荡期间,我未

---

[1] 刘力行(1912—2000),河北宝坻(今属天津)人。1941 年 1 月参加革命,1943 年 1 月加入中国共产党。1958 年至 1983 年在上海社会科学院历史研究所任职。——编者注

和荒涂见过面。反扫荡后,1941年9月间,我到抗大华中总分校工作。这时荒涂也到总分校,我们同在训练部任教员。当时新四军军部驻阜东县大王庄,抗大总分校驻大王庄附近的殷庄。我和荒涂二人被分配一同住在殷庄北部一户农民家中的灶台旁边。我们在这里住了11个多月时间,直到1942年秋季反扫荡开始,才又时常行军改换住处。这期间我根据教学需要,忙于编写教材,在有些教材的编写过程中,对不少问题,我都征询过荒涂同志的意见,得到他不少帮助。当时他见我编写较忙,便主动提出愿意帮我做助手。由于他的情意殷切,我便不客气地请他帮忙。在编写中遇有需要查阅资料情况,我便写出书名和大体章节,请荒涂到图书室代为查找,而他总是不怕麻烦,不辞辛苦,代为奔忙。直到编写告一段落,我怀着感激的心情对荒涂说:"荒涂同志,没有你的大力相助,这些编写任务是不可能这样较快完成的。谢谢你!"他却说:"什么话!你的任务,也是我的任务,我们的事业就是要团结互助才能完成的!你说对吗?"说罢,他看着我笑了。我点点头也笑了,心想:"项荒涂真是个以助人为乐的可人,不愧是一个用特殊材料制成的正派人。"

荒涂的另外一个特点是真正做到了对同志无微不至的关怀。在我长时间和荒涂连床同居的日常生活中,我时常感到:荒涂对我的饮食起居和清洁卫生都很关心。那时我有些不修边幅,邋邋遢遢。荒涂常提醒我要养成良好的卫生习惯,经常督促我换洗衣服。他的劝诫言语有个妙处:使人感到真诚善意,乐于接受听从。当时我和荒涂住一起,确实感到革命大家庭的温暖。那期间我的工作是比较忙些,编完教材,接着讲课,有时一周要做几次大报告,上午嚷半天,下午还要参加小组讨论,还要解答问题,回到住处总想抓紧时间多看一些新书。荒涂时常劝我注意休息,保持体力,以便长期作战。那时他的夫人雷青在总分校做医务工作,住处离我们住处不远,每天晚饭后常来我们住处,进门先喊:"两个书呆子,休息休息。"那时只要天气允许,他们夫妇合作,时常强迫我和他们一起到村外田间散步。我们边溜达边聊天,上天下地,古往今来,无所不谈,有时也争论不休。雷青还常从前庄约来几位男女同志参加我们的散步,这时就更热闹。当时我发现荒涂有个本领:他自己很少长篇大论,但很善于提出题目,启发别人发言,组织大家讨论,他则常是要言不烦,做些小结;而又不是居高临下,常是在谈笑风生中统一认识,令人皆大欢喜,好聚好散。这种"散步",延续了一段时间,到整风和生产运动逐步展开,晚饭后的时间多用于种菜浇水等生产活动,散步的时间就很少了。然而生产劳动时间谈心机会并不少。当时我和荒涂搭伴抬水浇菜的情景,思之如在目前。他在生产活动中也不忘关心别人,了解情况,他是做思想政治工作使人乐于接受的能手。

荒涂同志对我的关心,最主要的是在政治思想方面对我的帮助。1942年春季,整风运动在华中逐步展开。一天,荒涂通知我参加党支部整风学习,这时我才注意到项荒涂原来是训练部党支部书记,当时训练部的十来位政治教员,除我以外都是中共党员。从此开始,荒涂同志便常对我谈对党的认识问题。每次参加党支部整风学习会后,他都征询我对学习的意见和感想。这期间我也开始和大家一起学习整风文件,联系实际,开展批评和自我批评。在整风学习中,在同志们的帮助下,我对党的认识和思想觉悟有所提高,乃提出申请参加中国共产党。但不久,日寇在苏北的秋季大扫荡开始,1942年年底,抗大华中总分校从苏北转移至淮南解放区。1943年年初,由项荒涂同志主持,我和几个同志一起,举行了入党宣誓,我开始成为中共党员,直至今日。现在回想起来，对于党的培养教育，对于许多同志对我的耐心帮助，对于项荒涂同志当年对我政治思想进步的关心，我真是感激不尽。

至于抗大华中总分校到淮南后，不久便结束了。我和荒涂与几位同志一起，暂时住到华中局招待所等候分配工作。当时组织上决定荒涂同志回浙东家乡参加开辟四明山根据地的斗争，他每天到华中局和领导谈话及接洽行动路线和费用等问题。有一天他从华中局带回党内刊物《真理》一套12本，说是组织上委托他带往浙东的，必须妥善保管，不能遗失，务必带到。他恐怕在路上被雨淋湿，找块油布紧紧把《真理》包扎起来。据荒涂当时告诉我，他去浙东准备走的路线是：由淮南去苏北，在苏北与其在那里打埋伏的夫人雷青会合，然后由苏北去苏中，在苏中海边某地上民船，从海上绕过上海，到浙东上岸，沿途在苏北苏中要过几道封锁线。当时敌伪军正在进行大规模的清乡扫荡，敌伪据点密布，巡逻盘查很严，穿行其间，危险很多。他说这就叫"明知山有虎，偏向虎山行""不入虎穴，焉得虎子"。当时他整理行装，取出吴黎平著的《论民主革命》一书说："送给你吧！这是我们友谊开端的媒介物，希望我们友谊长青。"我说："谢谢。"在他出发前一天晚间，我们谈得很多。他估计了可能遇到这种情况，做了可能遇上敌人以致牺牲的思想准备。他领到一套半旧的老百姓衣服，他把系裤腰的一条军用黄皮带解下给我，要我把系裤腰的黑皮带解下给他。他说："此次分手，我们未知相见何年，换换皮带，做个纪念吧。若路上遇见敌人盘查，也可免费口舌。"我说："好！有备无患，做个纪念，将来再见，还可互换。祝你一路平安！"他说："办事要做最坏情况出现的准备，向最好的方向努力。"他要我取出随身带的笔记本，在我的笔记本上他郑重写上"浙江义乌县北门外浦阳镇项朝义收"一行字，他说这是他老家的通信处，项朝义是他堂弟,他家中还有老母亲,还有一个儿子。他说如果他牺牲了,要我在抗战胜利或全国解放后,把他牺牲的消息写封信告诉他家里,还说"拜托拜托"。我当时觉得他有些过虑,所以我只祝愿他一路平安,一帆风顺,到浙东后大展才华,福国利民,而没有想到他当时设想的可能出现的最坏情况,竟会变成事实!

　　荒涂从淮南出发的那天,他起床很早,说是要到同去苏北的一位同路人那里集合,所以我也只送他到招待所门外,我们各道珍重而别。没几天工夫,我也经组织决定到淮南抗大八分校工作。大概在荒涂离开淮南约一个月以后的一天下午,我听到八分校一位也认识荒涂的熟同志告诉我说:"项荒涂、雷青两同志牺牲了!"这个消息真如晴天霹雳,使我震惊!我急问详情,那位同志也说不很清楚。据说,荒涂离淮南到苏北后,去找他的夫人雷青,当时雷青打埋伏的地点(在益林附近)已在敌伪据点之间,荒涂由向导带领,已把雷青接出村外,竟和日寇巡逻队相遇。向导见状逃走,荒涂搀扶雷青急奔,雷青体弱,跑一段便跑不动了,她教荒涂自己先跑,荒涂不肯丢下雷青,结果二人同被日寇巡逻队捉住,荒涂身上带的《真理》也被敌人搜去。几天以后,荒涂、雷青二同志便被日本强盗用刺刀穿胸,杀死在益林街头(也有人说二人被害在盐城)。荒涂同志被捕后表现很坚强很勇敢,坚贞不屈,在敌人面前毫无软弱表示,至死镇静自如,从容就义。雷青同志在日寇刺刀威胁下亦毫不屈服,遂同遭杀害。

　　当时,由于自己的同志惨遭杀害,我和同志们谈起,大家都很难过。记得当晚我们悼念荒涂同志,曾拟就挽联一副,词曰:"先烈为什么牺牲?为无产阶级,为中华民族,为解放人类。壮哉!英勇奋斗,功迈千古!我们有哪些责任?要坚持抗日,要努力工作,要整顿三风。干啊!

咬紧牙关,再过两年!"当时党中央估计:再过两年,抗战可望胜利。我自荒涂被害,便常想起他嘱托我给他家中写信的事情。1945年抗战胜利时,我曾想给荒涂家中写信,但想到当时浙江还是蒋管区,写信无益,遂暂作罢。新中国成立后,我又曾想给浙江省委写信建议调查了解义乌项荒涂同志壮烈牺牲情况,嗣与杭州来人谈此意见。据说了解此事真实情况的负责同志,已向浙江组织上提出追认项荒涂同志为烈士,我再建议已无必要。1960年前后遇石西民同志,我想起荒涂生前曾对我谈过,石西民和他是小同乡,是他走上革命道路的领路人。当时我曾问石西民关于项荒涂烈士问题办理情况,他说"已经办好,义乌在准备建立项荒涂烈士纪念馆"。我觉得荒涂身后的事办得差不多了,心里宽慰许多。1983年,荒涂之子项暑烽(当时在上海某印刷厂任厂长,已40多岁)为其母雷青申请烈士待遇问题,来到我家,真出我意外。我问他义乌项荒涂烈士纪念馆情况,他说已布置就绪。我当即取出1943年年初在淮南荒涂送给我的《论民主革命》一书(书中有项荒涂亲笔签名及眉批),交还给项暑烽,请他转送义乌烈士纪念馆,作为项荒涂烈士遗物之一展出。这本书,因系烈士遗物,在抗日战争胜利后,我把它从淮南背到山东。以后在第三次国内革命战争期间,又随我从鲁南到鲁中,到滨海,到胶东,到渤海。在紧张环境下,许多行李都丢了,许多新书好书都丢了,这本书我始终没肯丢掉。后来随我进济南,到上海,珍藏四十余年,现在作为烈士遗物展出,总算得到了应有的位置。后来,雷青同志的烈士待遇,亦经组织批准,荒涂夫妇二烈士事迹遂同在义乌烈士纪念馆展出,成为教育青年一代的光辉典范。

在庆祝党成立七十周年前夕,我想起许许多多革命烈士,又想到了项荒涂同志。我写了这篇回忆,只能说明荒涂的共产主义品德修养和牺牲精神，使我多年来不能忘怀。但我对荒涂革命的其他事迹的详情却所知甚少。我只能写一些我和他接触中的零碎印象。至于荒涂在抗日战争以前，在金华中学和杭州美专读书期间，在鲁迅著作和中共组织影响下，较早地参加了左翼文化运动和进步学生运动，要求抗日，反对内战，在同乡共产党员石西民影响下，走上革命道路，加入中国共产党；抗日战争初期，在党的领导下，联合进步青年在金华编辑出版文艺刊物《刀与笔》宣传抗日，并曾到上海、武汉进行抗日宣传活动，皖南事变后到苏北解放区参加抗大工作，等等情形，荒涂生前都曾对我历历言之。我因不了解当时具体情况，本文只能从略。但我想，在义乌烈士纪念馆中应有具体介绍和实物陈列吧！

刘力行

"无数英雄鲜血，凝成遍地红旗。"我们应该学习人民英雄的崇高革命精神，为党的光辉事业继续奋斗。

（原载中共上海社会科学院委员会老干部办公室编，刘振海主编《七一书怀：纪念中国共产党成立七十周年征文集》，1991年9月印）

发扬艰苦奋斗的优秀传统

刘成宾[①]

艰苦奋斗是我们党的优秀传统之一,是我们党克敌制胜的一个法宝。

我记得,在我人民解放军粉碎了国民党反动派的重点进攻,由战略防御转入战略进攻的新形势下,我们华东军区荣军总校于 1948 年的春天,奉命由山东胶东天福山地区来到渤海地区的寿光县境暂驻,并随时准备南下。在此期间,为了积蓄力量向全国进军,上级党号召我们进一步发扬艰苦奋斗的精神,坚决克服当时供给方面遇到的暂时困难,为夺取全国胜利爬山顶贡献力量。寿光县地处渤海沿岸,那里的盐碱地较多,当地人们以种植高粱为主,我们和农民一样同吃高粱窝窝头(我们称钢盔)。当时上级决定减发菜金,我们就利用业余时间去海滩挖野菜补充。我亲眼所见,有些同志有吸烟的习惯,因暂时停发有限的津贴费而无力购买黄烟叶,致使有的同志干脆下决心戒了烟,另有部分老烟瘾的同志,一时难以戒掉,就利用空隙时间去农民地里拾去年秋收时丢弃的零星的烟叶来过过他的老烟瘾。春夏之交的季节里,我们都在盼望

---

① 刘成宾(1921—1999),山东海阳人。1944 年 1 月参加革命,1948 年 1 月加入中国共产党。1978 年至 1989 年任上海社会科学院历史研究所办公室副主任。——编者注

能发一套新军装,但后来上级决定,去年每人发过一套军装还可将就着穿,今年每人只发一件,上衣、裤子任选一件,我当时按自己的情况即去领到一条裤子。不仅如此,不久上级还向我们发出募捐号召,要求每个同志都来为解放战争爬山顶各显其能,有什么捐什么都行。我当时在穿衣方面本来已很困难的情况下,把自己仅有的两条短裤上交一条来表表心意。面对当时的暂时困难,各级干部率先以身作则,上下团结一致,竞相发扬艰苦奋斗精神,正像毛主席所说的那样:"下定决心,不怕牺牲,排除万难,去争取胜利。"正是这种艰苦奋斗的精神,体现了我党全心全意为人民服务的宗旨,使广大人民与我们党同心同德,患难与共,最终取得了民主革命在全国的胜利。同年的夏天,我们在上级党的统一部署下开展"三查三整"的新式整党整军运动,首先由苦大仇深的同志做典型引路,然后个个回忆控诉过去受压迫受剥削的阶级苦,诉说帝国主义、封建势力和国民党反动派的罪行,大大提高了每个革命战士的阶级觉悟,更加激起了阶级仇民族恨,同志们的革命热情空前高涨。当时,我们正在各中队(连队)实行政治、经济、军事三大民主的自觉性提高了,同志之间的关系融洽,大家能自觉执行三大纪律八项注意,军民关系进一步密切。与此同时,一个新的革命竞赛热潮在各连队蓬勃兴起,人人都在为将革命进行到底贡献力量。

1949年后,在伟大领袖毛主席为首的中央领导下,我们的国家经过社会主义革命和社会主义建设,尽管我们有过失误和曲折的斗争过程,但我们的伟大祖国的确发生了翻天覆地的变化。自党的十一届三中全会以来,在以邓小平同志为首的党中央领导下,我们党总结了以往的经验教训,坚决执行了以经济建设为中心,坚持四项基本原则,坚持改革开放的基本路线,大大加速了社会主义的四化建设步伐,使我们国家的综合国力有了极大的增强,这是国内外有目共睹的事实。事实证明,我们党的主流是好的,不愧是光荣、伟大、正确的党。但是,我们必须正视党内还存在的消极腐败现象,一定要下最大决心加强我们党的自身建设,持之以恒地抓党风促廉政,惩治一切腐败现象,切实做到从严治党。我想,首要的关键是党的各级领导干部以身作则,继承党的艰苦奋斗的优良传统,率先清正廉洁,勤政为

刘成宾

民,办事大公无私,上一级为下一级层层做出榜样。只有这样,才能真正把我们的党,我们的国家建设好。我们坚信,在以江泽民同志为核心的党中央领导下,全国上下弘扬党的优良传统,沿着党中央已经确定的路线和奋斗目标,齐心协力地把国民经济搞上去,以不断增强广大人民对党的信任和对社会主义的信念,为振兴中华而努力奋斗!

(原载中共上海社会科学院委员会老干部办公室编,刘振海主编《七一书怀:纪念中国共产党成立七十周年征文集》,1991年9月印)

坚持21天反"扫荡"纪实

刘振海[1]

1943年11月18日至12月8日,在山东垦利县境内,我抗日军民英勇地进行了一次为时21天的反"扫荡"斗争。这次冬季大"扫荡",是由日寇华北派遣军司令冈村宁次亲自策划的,共调日军两个师团、两个旅团和伪治安军一部,飞机十二架,汽车千余辆,军舰两艘,汽艇十二艘,骑兵两千余,共计敌伪三万余人,由日寇第12师团长喜多坐镇张店督战,丘山旅团长在利津城任前线总指挥,并疯狂扬言,要彻底摧毁鲁北共产党老巢,把共军赶进大海淹死,气焰非常嚣张。

我抗日根据地的广大军民在党的领导下,怒火熊熊,坚持斗争,用鲜血谱写了无数可歌可泣的英雄事迹,使人永记不忘。当时军区指示,为了保存自己,打击敌人,在敌人兵力、装备占绝对优势的情况下,我们应避其锋芒,迅速转移,保存力量,待机打击敌人,粉碎敌人的"扫荡"。垦利县委领导县、区武装和民兵,分成许多游击小组,按照毛主席"敌进我退,敌驻我扰,敌疲我打,敌退我追"的战略战术,组织老弱群众迅速转移隐蔽,带领青壮年群众进行英勇的斗争。他们有的埋地雷炸敌人;

---

[1] 刘振海(1920—2001),山东淄博人。1940年10月参加革命,1943年9月加入中国共产党。1979年至1984年任上海社会科学院历史研究所党委副书记。——编者注

有的破坏敌人的交通线,阻止敌人前进;有的在夜间向鬼子放冷枪,使他们坐卧不安;有的摸进村子,干掉守兵,夺回被敌人抢去的粮食和衣物。二区区委书记许俊芝、妇女干部王秋兰带领区中队一部,在组织群众转移的时候同敌人遭遇,他们据守在村头的一间屋子里,顶住敌人,掩护群众从"抗日沟"向高粱丛里疏散,群众安全转移了,他们却被敌人团团围住,最后弹药用尽,壮烈牺牲。在这期间,我军区主力部队和武工队在广饶、博兴、蒲台、沾化等县,积极向外县敌人出击,有力地牵制了敌人对我根据地的扫荡。在我军内外夹击下,敌人的日子越来越不好过,在12月8日,即敌人扫荡的第21天,鬼子犹如丧家之犬,夹着尾巴从我根据地全部撤走了。这时隐蔽在荆林草丛中的后方机关人员和群众,又重新回到了机关和家乡。经过这场反扫荡斗争的考验,广大军民的意志更加坚强了,垦区抗日根据地更加巩固了,大家以新的战斗姿态屹立在广阔的渤海平原上。

当时,我在垦利县政府任文教科科长,根据领导指示,我的任务是领导垦利县永安镇联小的师生迅速转移隐蔽,进行反"扫荡"斗争。永安镇联小是一所抗日的学校,联小的学生很多是烈军属子弟和清河区党政军领导干部的子女,在反"扫荡"中如何保护这些革命后代的安全,是一项极其重要而又很艰巨的任务。反"扫荡"一开始,我就同联小的教师把年龄小的学生分插到附近村的群众家里,留下几个教师,负责照顾,我和几个教师率领年龄大的学生,转移到海滨荆条茅草丛生的地方,坚持反"扫荡"斗争。在党的领导下,经过大家的共同努力,我们取得了21天反"扫荡"的胜利,师生都安全地返回了学校。现将我当时在反"扫荡"中写的日记摘抄如下,这是我坚持21天反"扫荡"的纪实。

11月18日冷　敌情

早饭后送来了情报,敌人"扫荡",据说今天包围了广北,并有好几架飞机在空中扫射,我在联小没有走。

11月19日晴　反"扫荡"

天刚明,我们即到李家屋子去了,在刘参议长家用的饭,下午我们又到二十三村去了。被分插在李家屋子的学生都不高兴,但因为他们很小,我们终究决定分插了。今天下午敌人一架飞机在上空不断地盘旋,并在二十三村北抛了三枚炸弹,打了几梭子机枪,共炸死了八个人,一头牛,最残酷的是一个年轻妇女肚内还有一个小孩都被炸死了,真残忍。

11月20日晴　野宿

我们领着七八个学生,从二十三村,经过了黄河,跳过了小沟,在荆柳丛生的荒野里徐徐地前进着,天空的飞机在轰轰地响,并不时丢炸弹。我们十几个人很像一个小队伍,为了避免敌人的空袭,时起时伏,与蓬蒿斗争。我们虽然吃得不好,煮白豆吃,但同学们没有一个叫苦的。尤其在今夜里,大家都团成一块,在荆蒿丛中,铺着地盖着天,天虽冷,但没有一个不能坚持的,并在呼呼地睡着。同学们吃苦耐劳的精神真好,我不由得作了一首诗云:飞机空中响,炸弹震连天。离家荆蒿宿,风吹心胆寒。铺地盖天睡,渡过半夜天。大家在一块,好像过新年。

11月21日晴　野宿

天黑了,东西南北四面都有火光,这都是敌人的临时据点。我们站在庄头上,四面张望,很像在敌人的包围圈内。大家都议论着,今晚如何行动,有的主张过河向永安镇南转移,有的主张向河北转移,有的主张坚持阵地,最后决定是野宿。我们领着几个学生就宿在离庄五里路的荆蒿丛中，大家团成一块，望着天上的星和远方的火，觉得很冷清，很寂寞，但幸亏还带着几床被子，不觉什么冷。但那些身着夹衣的同志们、老乡们在这样冷的夜里，宿在外边还不知怎样难过，听说有四个同志因夜间过河掉在冰下几乎死了，这都是敌人给造成的，只有将敌人赶走，才能安全，才能团圆，同志们努力吧！胜利已在我们的面前。

11月22日晴　敌人暴行

据昨天被俘去的刘老先生谈，敌人这次"扫荡"兵力很大，南至广博、北至沾化都有敌人的行动。他说他这两天中没喝一口水，还给他们抬大米，受他们的毒打，还有五个穿军装的同志比他们受罪还厉害，昨天敌人见到两个十七八岁的女孩子，说她们是干八路的，带走了，父母哀求也无效。敌人每经路口或进宅子时，都是先叫老百姓在头里给他们踏道，他们恐怕踏着地雷。敌人每住一村，走时都将房子给烧了，衣服能带走的带走，能破坏的破坏，寸草也不给留，据说小孩子的棉袄他都拿。敌人捉了一个青年问，你为什么干八路？他说他没吃的。你没吃的就干八路吗？不是的，杀了杀了的。这是敌人对待我们常用的惯技，要小心警惕，千万不能被敌人俘去。

11月23日晴　民生问题

人要活必须吃饭，只有饿不着肚子才能革命，要革命，当然一两日不吃饭是不要紧的，因此，吃饭问题就成了革命中必须先解决的问题。过去我没有体会到吃饭的困难，在这次的反"扫荡"中才真的感到了大的困难。我们虽然拿着钱，连胡绿豆都买不到，后来买到了连土带草的坏绿豆，但又没水了，还必须出去四五里路担水，烧柴也是到坡里去拾，这些东西筹备好后，还须自己做。吃饭时连咸菜都没有，汤更少，这样的日子我们已过好几天了，恐怕还有不如我们的，当然也有比我们好的。

11月24日晴　白露

宿在荆蒿中的我,为了避免寒风的侵袭,用棉被蒙紧了头硬睡。寒村的犬在叫,鸡在鸣,人也在说话。天明了,我从衣缝里窥见发白,站起来四面一望,白茫茫的一片,好像一个银子世界,连花草荆柳也穿上了白袍,我的大袄变成了白的。霎时,太阳出来了,白露化了,又变成了些小水珠。我迎阳一望,亮光光的,真是好看,好像洗澡一样,附在上面的污浊东西,大概这一次可能洗净了。不,敌人仍在放火,仍在杀人,仍在抢东西,仍在袭击我们,干吧,要消灭他们!

11月25日晴　依靠群众

群众是我们的靠山,只有依靠群众,同群众打成一片,才能在困难环境中保存自己、战胜敌人、坚持工作。在这次反"扫荡"中就很明显地证明了这一点。那些素日群众观点好,同群众打成一片的,真正给群众谋利益,给群众解决困难,群众化的干部,在反"扫荡"中就很好,能坚持,并未觉着特别困难。反之,那些素日脱离群众,站在老百姓头上,奇装异服爱漂亮的干部,今天特别感到困难,甚至连饭都搞不到吃,特别自己的衣服又换不了。有的干部急得要命,并发誓说反"扫荡"后,一定联系群众,大众化。

11月26日晴　三页西瓜皮

我们在薄家屋子吃饭时想买点菜吃,但他们什么都没有,最后刘教员拿着一元五角本币到一家,动员了好久才买了三页带灰的西瓜皮。老乡说,我们只是自己吃的,不是你们来是不卖的。

11月27日雨　迷路

浓云布满了天空,细雨在下着,天又黑了,路上很不好走,但为了急于吃饭,我和张教员即冒着雨出去五里路抬水去了。我们回来时迷了路,走到荆条丛中去了,蹚得全身是泥,但不觉冷,因我们抬着一桶水,在不断地前进。最后我们又回到了原处,才找着道回到了目的地——薄家屋子。

11月28日　薄家屋子

薄家屋子是我们反"扫荡"胜利的根据地,位于毛斯坨东北,共四户人家。我们共住了七八天,白天即在荆蒿丛中,黑夜即在地下睡觉,天不明即煮豆子吃,就这样过了七八天。

11月30日阴　突围

今天敌人分五路包围了薄家屋子的大洼,我们被包围在里头,几乎被敌人俘去。但最后终于突围了,我们半夜渡过黄河到神仙沟西北角去了。

12月1日晴　吃草种

我们九个人住在海滨上的一个小屋里,实在没得吃了,水也没有了,饿得肚内咕噜咕噜地响。我们派两个人出去十五里路到黄河上去抬水,我们在家搓黄蓿菜种子,待煮熟后很咸,但为了充饥,饱餐了一顿,可是总觉不好吃。

12月8日晴　好消息

我们在海滨上住了两天即到薄利村去了,在薄利村住了六七天,今早晨听了个好消息,说八里庄的鬼子走了。吃过饭后我们即到了薄家屋子,将东西起着,当晚住在二十三村。

12月9日晴　回机关

早晨,我们从二十三村很快到了宋家院,又到了拨补地,才知道机关在二道岭,下午即

刘振海

找上去了,但在机关的人很少,只有刘秘书、李科长、姜同志、杨同志等六七人。

(原载中共上海社会科学院委员会老干部办公室编,刘振海主编《七一书怀:纪念中国共产党成立七十周年征文集》,1991年9月印)

首先要当好一个兵

——忆党的一个优良传统

刘鸿英[①]

1945年春天,我八路军胶东军区领导为了加强部队的建设以及未来战争的发展,需要有文化的战士来掌握现代化武器装备,特地从胶东老根据地和新解放城市中吸收了一大批高中学生和一部分小学教员到部队来。那时,我作为一名小学教员同邻村的三名小学教员一起参军到了部队。

当时胶东军区首长很重视我们这些"肚子里有点墨水"的知识兵(当时在农村高中学生、小学教员可算得上是知识分子了,即使称不上大知识分子,至少也可以称为小知识分子),立即把我们集中编成两个建制营,归属抗日军政大学胶东分校进行训练。当时抗大分校的一些老同志把我们称为"学生营"或"学兵营"。

抗大胶东分校的办学指导思想是为战争而学,从战争中学习战争;培养能文能武的初、中级指挥员和政治工作人员。学校把战场当考场,

---

① 刘鸿英(1928—2008),山东招远人。1945年5月参加革命,1946年12月加入中国共产党。1984年至1989年任上海社会科学院历史研究所党委副书记、党委书记。——编者注

在战争中检验学习成果,用战绩作为评定学习成绩的试卷。一面战斗,一面教学,把理论与实践结合起来。学校要求学员都要有坚定正确的政治方向,英勇善战、不怕牺牲的战斗精神,团结紧张、严肃活泼、艰苦奋斗、积极工作的作风,等等。胶东地区的老百姓说:"抗大,抗大,打起鬼子来真抗打!"意思是说:抗大出来的干部打不垮、拖不烂、过得硬。确实是这样,当时经过抗大训练的干部都在军事、政治方面有较好的素养。

我们这些"知识兵"能进入抗大这个熔炉里锻炼,特别是有那么多的老战士(在部队经过实战锻炼的排、连、营干部)作为我们的榜样,都感到十分荣耀。学军事、学政治,每天的课目都很紧张。但是校领导始终没有放松对我们进行党史、军史、校史、校风、革命传统和国际国内形势的教育。当时校长对我们说:"你们来抗大学习,这里没有课堂、没有书本,有的只能是天当房、地当床,山沟树林战场作课堂。这里没有享受、没有私利,有的只是吃苦、流汗、流血……"特别是校领导一再告诫我们:"你们不要以为自己喝了点墨水(有点文化知识)就想到部队里来当个什么长、什么干部。抗大是培养干部的学校,但是你们这些同志,出去到部队都要首先当个兵,当个战斗员,只有当好了兵,当好了战斗员,才能了解兵、爱护兵、带好兵,然后才有资格当指挥员、当领导干部!"当然我们当中有些同志虽然以为自己有点文化而有优越感,但在校领导的教诲下,大家都想只要能当好一个为人民为祖国而战的八路军的好战士就不错了,什么地位观念、名利思想都不去想它。同志们都一门心思当兵、学兵,用士兵的标准严格要求自己,摸、爬、滚、打,特别是在对日寇、伪军的大反攻作战中样样都是个士兵,而且以作为一个战士而感到无上光荣。

半年后，奉胶东军区首长的命令，我们这个营结束了在抗大的训练，正式改编为胶东军区司令部直属的炮兵训练营。另一个营则在抗日战争胜利结束时，进军东北，成为组建东北野战军的骨干。我们炮兵训练营在胶东军区领导直接关怀下，日日夜夜刻苦地学习、演练，掌握使用炮兵武器。由于我们这些是"肚子里有点墨水"的兵，所以在掌握使用新式的现代化炮兵武器的战术技术上是比较快的，但也由于当时武器装备条件的限制（大部分武器是缴获日寇的，而对美式装备还很生疏），也在学习中遇到不少困难，譬如炮兵射击的观测仪器就很少。对此，我们都以刻苦钻研的精神加以克服，而且以土洋结合的办法参照老战士的实战经验创造了很多观测技术。

1946年春，由于形势的发展和部队的扩大，特别是为了准备迎头痛击国民党反动派的进攻，我们日日夜夜更加紧张地苦学苦练掌握使用各种曲射炮（如迫击炮）和平射炮（如步兵炮、山炮、野炮、榴弹炮等）的技术和战术。不久，胶东军区就在炮兵训练营的基础上正式扩大成立了炮兵团等炮兵部队。同时也有部分同志被选调到步兵部队的通讯、卫生、机要、无线电等技术兵种去工作。解放战争开始后，我们每个同志又都以战斗员的身份在各自所属的兵种中自觉而勇敢地投入战斗，接受血与火的考验。在那日日夜夜连续的战斗中，组织上才根据每个人的表现情况以及战斗与工作的需要，在我们这批战士中选拔了一大批军事指挥员和政治工作干部。随着解放战争以及后来的抗美援朝战争的进展，我们这批同志都在各个野战部队中从国内到国外，参加了不少震惊中外的大战役，经受了严酷的战争考验和锻炼，做出了自己的贡献，并在军事素质和政治素质等方面都有很大的提高。有不少同志在战争中献出了自己的生命，而活下来的则绝大多数成长为部队的中、高级指挥员或政治工作的领导干部,成了部队建设中的骨干。

忆往昔,看今朝。这一段"首先要当好一个兵"的经历说明,这些同志如果不是首先从当好一个兵做起,那就不会有以后那样锻炼的成熟和全面。首先要当好一个兵,看起来是件很平凡的事,但其意义是深远的,它不仅使我们的领导(指挥官)来自基层而又服务于基层,有了丰富的实践经验,而且使领导人对群众有了深厚的思想感情和群众观念。作为普通一兵、普通劳动者,我们要永远把自己置于群众之中,扎根于群众之中,不脱离群众,这就会使我们永远立于不败之地。中国人民解放军从红军年代起就有这个优良传统。今天我们在培养、选拔领导干部时,无疑也应当继承发扬这个优良传统,大力提倡理论和实践结合,知识分子同工农相结合,强调从在基层经过锻炼的、有实际工作经验的人员中选拔干部的方针和路线,仍然是十分必要的。

刘鸿英

(原载中共上海社会科学院委员会老干部办公室编,刘振海主编《七一书怀:纪念中国共产党成立七十周年征文集》,1991年9月印)

上 路
——为了理想和信念

陈敏紫[①]

1948年春,沉默了一段时期的上海学生运动又轰轰烈烈地开展起来。阳春四月,为响应学联号召,学校里的进步社团组织了同学去杭州祭扫被国民党杀害的于子三烈士墓,通过这一活动教育了同学,扩大了进步学生队伍。到了"五四"那天,我们又在交大召开了上海学生纪念"五四"的营火晚会,点燃了反对国民党专制独裁的火焰。6月5日,全市成千上万学生终于走上街头,高喊"反对美帝扶植日本的侵略势力,反对蒋介石卖国独裁"等口号,虽然游行遭到反动军警的镇压,但是它终究冲破了反动政府不准游行的禁令。军事上吃了败仗,经济上又处于即将总崩溃的蒋政府,为了做垂死挣扎,下令不惜代价镇压上海进步学生。专门用来镇压进步人士的警车"飞行堡垒"横冲直撞,特务狗腿子在学校东探西听,开出一批又一批黑名单,准备行动。于是上海地下党学委决定有计划有步骤地将已经暴露的进步学生(包括党员和群众)撤退去解放区。

[①] 陈敏紫(1928—2006),浙江宁波人。1948年7月参加革命并加入中国共产党。20世纪80年代曾在上海社会科学院历史研究所任职。——编者注

同年9月，我完成了组织上交给我掩护一个同志的任务，又送走了几位亲密的战友去解放区，正在待命接受新任务时，由于一个与我较为熟悉的同班同学（是积极群众）被国民党特务逮捕，组织上立即决定我暂不去学校。幸好那时我已有个社会职业（在一家大报社任职），可以作为掩护。10月下旬我接到一个电话，这是我的联系人谭××打来的，她告诉我："××生病了，要去乡下养病。"这就是说，组织上已做出要我撤退去解放区的决定。当时我的心情是难以形容的，因为我可以去日夜憧憬的"山那边的地方"，这是我的希望和理想，我可以公开地拿起枪为自己的信念而战斗了。

到了约定的联络时间，联系人来了，她告诉我今后我的关系由交通员来接。我告诉她自己抑制不住的兴奋心情，当然也讲自己的困难。我是自幼失去父亲的独子，需要负起照顾寡母的责任，但是作为一个共产党员，必须服从组织的决定，现在人民都在经受苦难，相信我母亲会理解我的，会原谅我的不辞而行的。最后我请她转达组织，我会履行自己的誓言，把一切献给党和人民。我们告别了，这位只有廿岁左右的姑娘，坚定的眼神，矫捷的身影，出入敌人鹰犬注意的地方而镇定自若的神态，使我油然涌出了对她的崇敬和惜别之情。

11月上旬的一个下午，我按照安排走到爱文义路西藏路口的一家修理无线电商店的门口，先绕了一个大圈，看了一看周围确实没有尾巴，就推门入内。一个年轻的姑娘在柜台内，我说要找一位姓顾的，她说她就是，我问她前天送来的一架收音机修好了没有？这是约好的接头暗号。她问是什么牌子，我说是"飞哥"牌，她点头说修好了，于是关系接通了。

我们一路同行的是四个人，包括交通在内。各人扮演的角色，以及敌人盘问时回答什么,都由交通详细做了交代。我扮一个回苏北乡下投靠亲戚的学徒,住在××镇××家。于是我背熟了口供,准备了与身份相应的行李,并经过交通严格的检查。

11月21日,上路的日子终于到了,这是我毕生难忘的一个日子,告别廿个年头生于斯长于斯,这个既苦难又繁华的大都市上海,心潮如海浪起伏。我走过江海关,沿着黄浦江边,在大达码头登上了去苏北青龙港的轮船。在乱哄哄操着苏北乡音的人群中,我啃起带来的黑馒头和萝卜干,这是显示我学徒身份的应有的举动。

22日早上4时,趁着还带着灰蒙蒙的夜色,我踏上了码头,这是通过国民党警特检查的最好时刻。我高举着身份证半掩住我曾戴过眼镜的痕迹的面庞,平安地过了第一关,见到交通已经等在预先约好的街角上。交通说,今天是阴雾天气,是通过封锁线最好时机,因为这时伪军和还乡团不敢走出据点,事不宜迟,赶快上路,没有时间吃早点了。迎着阴晦的晨雾,我一步不离地紧跟着交通,一口气沿着一片空旷的黄土地走了近两个小时,有大路也有小路。近午时刻我终于看到了一个杳无人迹、四周空旷的村庄。交通把我领到了一家农户,不多时,一个背着一支木壳枪的英俊青年农民走来握住了我的手。"欢迎你,同志!"我的眼睛润湿了,我终于到了自己的家。事后我才知道那个青年是上海交大的一个学生,是华中分局城工部设在这里的秘密交通站的负责人。以后我们再由交通转送去华中党校,又走了半个月的路程。我就这样平安地通过了封锁线,平安地到达

陈敏紫

了解放区。

这件事已过去 40 多年了,但每当我想起自己向往真理,为了理想和信念而不畏艰险时,心情总是久久不能平静。现在党已走过了伟大的七十年光辉历程,我也到了花甲之年,然而,在党面前,我还要经受教育,经受磨炼,还可能会走弯路,但是我向往真理的心情,忠于共产主义的信念,却仍然如故,难以泯灭,也不会泯灭。

(原载中共上海社会科学院委员会老干部办公室编,刘振海主编《七一书怀:纪念中国共产党成立七十周年征文集》,1991 年 9 月印)

纪念党,怀念图书馆

沈恒春[1]

中国共产党的七十诞辰即将来临。我在回忆个人成长史的时候,总是怀念图书馆。

1936年,正值民族危机日益深重的时刻。当时我是个学生,每星期六下午,一定到南京路大陆商场楼上量才图书馆去借阅图书。在管理员的指导下,我从小说转而对杂文感兴趣。从此2737(鲁迅的作者号)与我结下了不解之缘。尽管还是囫囵吞枣,但日积月累,我逐步接受了抗日救国的思想,领会到旧社会种种不合理的状况,不过毕竟年幼,许多问题还处于似懂非懂的境地。不久时局突变,我也就辍学回乡而告中断。

1940年,上海已成孤岛。我是个小店员,业余空闲,又想起了图书馆,经常去爱多亚路浦东同乡会大楼的中华业余图书馆。在那里,我借阅簿记、会计书籍,以提高业务水平,谋个人出路。同时在管理员的推荐引导下,我又从2737发展到4464(艾思奇的作者号),从文艺延伸到

---

[1] 沈恒春(1924—2001),江苏吴县人。1948年参加革命并加入中国共产党。1979年至1987年先后在上海社会科学院历史研究所现代史室、上海史室任职。——编者注

社会科学，使自己的视野逐渐开阔，感到不能局限于个人生活、前途的小圈子里，必须关心社会和祖国的前途和命运。这个过程，使我增强了与图书馆的感情。但好景不长，太平洋战争爆发，日寇进入租界，中华业余图书馆被迫停办，我个人第二次与图书馆分手。

1945年，我参加洞庭同乡会和同学会的活动。当时的进步青年发起在同乡会里创办一个图书馆，以解决职业青年对精神食粮的迫切需要。我当然赞成并积极参加，于是由一个读者转而成为业余的图书室工作人员。从征集（后来是采购）、分类编号、登录、排架以至流通，我都学着干，边学边干。众志成城，大家终于办起了洞庭图书室。在图书室的工作中，我进一步接受了马列主义、毛泽东思想的教育，接触广大读者，团结群众，使自己得到了锻炼，参加了中国共产党。同时，我也学着前述两个图书馆工作人员的榜样，引导读者逐步接近进步书刊，接受党的思想教育，成为党的外围组织——上海职业界协会的会员，并进而发展党的组织，为迎接上海解放，尽了一分力量。至今一些老同志聚首，犹感谢图书室的教育作用。

沈恒春

回忆个人成长的经历，我总是忘不了量才、中华业余和洞庭这三个图书馆的引导作用。这正是我们党在白色恐怖的环境下，团结和教育群众的一个重要组成部分。

1949年以来，在党和人民政府的领导和关怀下，图书馆事业得到了很大的发展，对两个文明建设发挥了它的积极作用。近日来，本市图书馆开展服务宣传周的活动，明确以"热爱中国共产党，热爱社会主义"为主题,可以说是继承了我们党的传统,在社会主义文化建设中,特别是在占领思想宣传阵地的斗争中,更有其深远的意义。

（原载中共上海社会科学院委员会老干部办公室编,刘振海主编《七一书怀:纪念中国共产党成立七十周年征文集》,1991年9月印）

回忆 1936 年的牢狱之灾

姜沛南[①]

那时我年方十七,即因爱国而坐牢。

1934 年暑期,我在私立常州中学初中毕业后,考入江苏省立常州中学高中部。"省常中"收费低廉,向以教学成绩优良、对学生管得严而闻名全省。我读高中一、二年级时,也只是"一心死读教科书,两耳不闻窗外事"。至 1935 年冬受到北平"一二九"学生运动的影响,我才开始关心国事,逐渐卷入抗日救亡运动的浪潮中去,从此一发而不可止。

1936 年上半年,我即在校内(当时住校)订阅邹韬奋主编的《大众生活》和李公朴主编的《读书生活》等进步刊物,这在保守的"省常中"是前所未有的新鲜事,引人注目。当年暑假我回到家乡丹阳蒋市镇,又参加一批进步青年(大多是我胞兄蒋立的同学或朋友)组织的救亡青年暑期自学团,阅读了许多革命书刊,如艾思奇的《大众哲学》、李平心的《中国近百年史》、沈志远译的《政治经济学大纲》,以及恩格斯的《自然辩证法》等,还看到共产党油印的一些秘密传单(内有蒋经国在苏联发表的申明,抨击其父蒋介石的卖国罪行)。我对鲁迅、聂绀弩等在上海发起

[①] 姜沛南(1919—2012),江苏丹阳人。1938 年 1 月参加革命并加入中国共产党。1961 年至 1987 年在上海社会科学院历史研究所从事中国工人运动史研究。——编者注

的拉丁化新文字活动也发生兴趣,学会了拼写。暑假结束,我回到"省常中"读高三,已不满足于个人研读革命书刊,企图突破校园内的沉闷空气。除了口头宣传外,我曾在壁报上写文章,高唱"天下兴亡,匹夫有责",反对闭门死读书,呼吁同学们关心国家大事,奋起挽救民族危亡,等等。这一下招来了围攻,同班同学戴某(听说是复兴社的)等反对我的论点,鼓吹蒋介石的"攘外必先安内"论,鼓吹一切服从蒋委员长和国民党政府的领导,学生应专心读书,学成报国,不应自我纷扰。我与戴某等展开辩论,多数同学持中立观望态度,也有少数同学对我表示同情。戴某等唯恐我的影响扩大,诉之于训育主任,那是国民党CC派系来管制学生的阴险人物,姓孙,瘦高个子(绰号吊死鬼)。该训育主任把我叫去"训"了一顿,警告我不许侈谈抗日,壁报也从此停刊。我在校内已无法公开活动,只能在少数同情我的同学中进行个别串联。这时我已在校外参加一个秘密的进步团体,即由失业教师史翊美(即史复,与上海救国会有关系)发起组织的"拉丁化新文字研究会",旨在联络团结常州各校进步同学,一边学习拼写拉丁化新文字,一边为救亡运动积聚力量。我每周去史翊美家里活动一次,与会的有"私常中"(私立常州中学)同学李鸿勋,还有雷震亚(大约是私立青云中学的)等数人。我们商定要在各校逐步发展会员,扩大组织。在"省常中",我曾向接近我的同班同学姚榜义和殷某某(忘其名)传授新文字,准备发展他们入会,正在酝酿中,忽然出事了。

大约在10月中旬(过中秋节不久)的一天下午,我突然被叫到训育处,那位训育主任铁青着脸,指着两个彪形大汉(便衣警探)对我说:"你跟他们到县政府去一趟!"我问什么事,一位大汉冷笑道:"县长请你去谈话,去了便知道!"不容分说,我便被押往常州县政府,关进了县衙大院里的看守所。"私常中"同学李鸿勋和我关在一间牢房内,他是前一天被捕的。李悄悄告诉我,有一位同学无意间泄露了"新文字研究会"的秘密,县政府知道后立即派刑警队四处抓人,早两天已到"私常中"抓过人,李从后门溜回家里(他家住常州城内,是开中药铺的),让家人通知住在附近的史翊美,得知老史已走掉了,他自己也想躲出去,正在准备行装就被抓来了。我知道出事的原委,与我在家乡蒋市镇的活动无关,心里有了底。

关押期间,我被县政府军法室单独提审过几次。国民党军法官先问我为什么要参加新文字研究会?为什么要阅读"左"倾书刊?我当时年轻气盛,反问他们研究新文字,阅读公开出版的爱国书刊有什么罪?后来他们反复审问我是不是共产党,以及谁是共产党?他们有时候硬,我经常遭到打骂和侮辱,还被威胁着要对我动大刑;有时软,他们说只要招认了就放我回学校去读书。不论他们耍什么手段,我的回答只有一个:我不是共产党,也不知道谁是共产党。他们逼问不出什么,就把我关着不放。"省常中"校方对我的态度很恶劣,我被捕初期,有两位同情我的同学曾到看守所来探望我,给我送来换洗衣服和食品,以后校方不许他们再来探监,并宣布我是不肯改过的"危险分子",开除了我的学籍,还说一切听凭政府处置,与校方无涉!

当时是爱国有罪,追求真理有罪,我被无理关押了三个月,受到种种折磨,连报纸也不许看,心里非常气愤!12月中旬,我从看守口中得知蒋介石在西安被扣的消息,情不自禁地额手称庆,恨不能将这个人民公敌痛打一顿。但在同月26日,忽闻铁窗外一片喧腾的爆竹声,庆祝蒋介石安返南京,我却以为太便宜了"蒋该死",又气又怒!殊不知,西安事变的和平解决,促成了国共合作、举国一致团结抗日,同时也逼使蒋介石陆续释放政治犯。正是在这种情况下,我这个小小的政治犯,才于1937年1月中旬获准交保释放。"省常中"校方借口我已被开除,拒绝保释。结果由我父亲找了两家铺保,把我领出了看守所。出狱后,由家长陪同我去"省常中"学生宿舍取出我的行李,学校领导人避不见面,反对我的少数同学对我侧目而视,多数同学以同情的眼光望着我,但也不敢走近来同我说话。我就这样凄然而又愤然地离开了母校!由此更增加了我投身革命、铲除国内外反动势力的决心,一年以后,我就参加了敬仰已久的中国共产党!

青年时期的姜沛南

(原载中共上海社会科学院委员会老干部办公室编,刘振海主编《七一书怀:纪念中国共产党成立七十周年征文集》,1991年9月印)

难忘的一个月

傅道慧①

1949年4月21日毛主席、朱总司令发布向全国进军的命令,22日中国人民解放军第二、第三野战军彻底摧毁了敌人苦心经营了三个半月的长江防线。我们从无线电广播中听到这些特大喜讯,都奔走相告并散发新闻系同志们连夜刻印的新华社通讯稿,复旦校园里顿时沸腾起来。同学们一颗颗渴求解放的心都乐得快要跳出来了。大家更积极地开展各种迎接解放的工作。为配合解放军解放上海,组织上安排我们到五角场国民党兵营附近散发传单,并描绘出周围敌人碉堡的地图。女生食堂忙着买米储粮应变,女同学组织的救护大队忙着学习救护知识,女生宿舍组织了值勤队,连管理女生宿舍的女工都发动起来了。全校同学在2月组成的"应变委员会"公开领导下,更积极地向国民党当局要求增加应变费。中共复旦地下党组织更利用形势,派人去动员校长章益留下护校,阻止学校南迁。

人民越胜利,敌人越疯狂。此刻,国民党要员云集上海。上海国民党当局下令取缔了《和战》《政治观察》《新时代》等28种期刊,又下令

---

① 傅道慧(1924—2013),重庆人。1948年12月参加革命,次年加入中国共产党。1958年至1987年在上海社会科学院历史研究所从事中国现代史研究。——编者注

《群言》《中建》《舆论》等刊物停刊,以钳制革命舆论。他们破坏中共电台,逮捕报务员秦鸿钧同志和联系他的张困斋同志,他们还千方百计破坏上海中共地下党组织。在1月21日被迫宣告引退溪口的蒋介石也于4月23日飞回上海布置防务,宣称要坚守上海六个月。他们妄图死守上海,故而宁可滥杀无辜,也决不放过一个共产党人。4月25日,淞沪警备司令部宣布"紧急命令",大批逮捕上海进步学生。严重的白色恐怖笼罩着解放前夕的上海。

在这样形势下,党组织预见敌人会垂死挣扎,早在1949年2月就向我们党员进行气节教育,万一被捕时,要坚贞不屈、永不叛党,随时准备为党为人民牺牲自己的生命。同时党组织也周密安排,时时刻刻注意敌人动向,随时能得到在敌人内部工作的同志提供的情报,有时也能拿到敌人的黑名单。组织上通知党内同志和积极分子:如果有一天有人送碗面到你宿舍,而你自己并未到店里叫过面,这就是组织上通知你立即撤出战斗的信号。

4月25日中午,一碗面送到我的宿舍,指名送给我。我一下愣住了,这明明是组织上通知我撤离的信号。我能走吗?我不能走,也不想走。当时群众已充分发动,迎接解放的工作有许许多多需要我们去干,此时怎么能退下火线呢?1948年春天,张靖琳同志代表组织通知我:将在史地系的工作交出去,把精力全部转移到女同学方面来。不久,她就离开了学校,我的工作精力全部转移到女同学方面来,和薛韫秀同志在一块工作。我们在女同学中有核心小组。1948年"三八"妇女节纪念会后,我们成立了女同学会,核心组的部分成员当选为女同学会的干事,这样便于公开领导女同学的工作。我们在女同学中又建立了几个学习小组:有读马恩著作的,有读毛主席著作和《灯塔》小丛书的,学习小组不断扩大,主要学习《目前形势和我们的任务》及新华社广播和党的政策等。在每学期开始注册以前,我们还有计划地联系一些积极分子,安排好宿舍,使女同学中的进步力量分散在各个宿舍,以便联系群众、开展工作,同时又有计划地安排几个可靠的房间,以便我们在那里开会。我记得陈明芳、许允文、陈先明她们住的房间是我们核心组经常研究工作的地方。经过一年多的工作,特别是经过1948年5月反对美帝扶植日本军国主义运动以后,女同学发动的面越来越广,许多不关心政治的同学也都关心起民族的前途和国家的命运,她们对美帝国主义的幻想逐渐破灭。解放军南下胜利进军的消息,更激起广大女同学渴求解放的心愿,都积极参加迎接解放的工作。为检阅我们的力量,也为声援南京"四一"血案死伤同学,4月7日全校防护大队和女同学的救护大队整队示威,全校男女同学有近千人参加,占全校在校同学的90%以上。那浩浩荡荡的队伍在草坪周围的小马路上行进,喊出了"为死难同学报仇""严惩凶手"等口号。平日被视为千金小姐的女同学,今天都挂着救护包,雄赳赳气昂昂地走在队伍里,高唱"团结就是力量""我们的队伍来了"等歌曲和高呼口号。这样的情景还在脑中盘旋,我怎么舍得离开她们呢?我不想走,但组织的决定,我必须服从,这时的心情极其复杂。同系、同一党小组的亲密战友陈代芳、陈明芳都催我快走,并拿出她们的身边的钱支援我。我决定服从组织,可是到哪里去呢?

  在上海,我只有一位姐姐在中央实验所工作,她的地址在学校训导处登记过,这个地方不能去。正在此时,薛韫秀赶来了,她问我有没有地方去?我说没有。她立即带我出校,到山阴路一家酱油店楼上,要我在这里住下。这是一个中学地下党员的家,她不认识我,却热情地接待了我,共同对共产主义的信仰把我们紧紧地联系在一起。

在我撤离复旦的第二天,4月26日,上海警备司令部出动万余军警特务,深夜包围全市各大学,又一次对进步学生进行大逮捕。当晚全市被捕学生350人,其中党员70人,随后又继续逮捕,前后共捕进步学生达500人。4月27日,国民党淞沪警备司令部下令派军队进驻各大学,宣布紧急疏散学生,限令他们两天内离校。学生的力量并没有因此被打垮,复旦大学的女同学由江湾迁入市区北京路江西路口的中一信托大楼,陈明芳、陈代芳她们仍在那里坚持工作。

在对各大学进行大逮捕的同时,我居住的山阴路对过,当晚也在捕人。第二天,薛韫秀急急跑来告诉此事,并立即带我到横浜桥一个广东人的住宅里。我进去一看,地下党员冯婉玲、许允文、程文蕙她们都在那里,我又回到了同志们中间,真高兴极了。我一看许允文穿着陈明芳的长大衣,我问这是怎么回事?她们告诉我:许允文是今天才由学校送出来的。当晚大逮捕时,新闻系的两个女同学看到名单上有同系高年级同学许允文时,立即跑上楼来告诉陈明芳,陈立即找到正在值勤的许允文,大家把她藏到第二宿舍女工徐妈住屋的天花板夹层里,使许逃脱了敌人的魔掌。但军警走后,校内的女特务还守住宿舍门口,许允文很难走出来。第二天,女生食堂买粮食的汽车从学校开出来,陈先明、陈明芳和有的群众帮助许允文化装后把她拥进车里才送了出来。从这里可见群众多么爱护党员,不顾一切危险进行保护,党群关系是多么密切啊!

我们在横浜桥住了两天,组织上发现楼上有反动军官居住,又把我们疏散到其他地方。薛韫秀把我和程文蕙带到张道藩住宅里,因为张道藩的妹妹张道蕙及其丈夫都是复旦的同学,通过这一关系我们住了进去。在这里我们比较安全,住的时间也比较长,但外边的白色恐怖越来越严重。我们每天一边听见解放上海的炮声隆隆,一边听到同志们牺牲的噩耗,这一切使我再也不能闲住着,我向薛韫秀同志提出要求工作,她说:快了。

过了两天,薛韫秀来对我轻轻地说:组织上要你参加一些工作,你今天就离开此地。她带我到横浜桥一个里弄的楼上住下,在这里我仍不能自由行动,只能躲在屋里做人民保安队的臂章。组织上安排陈明芳和我同住,她除白天在中一大楼里坚持工作外,又帮我把做的臂章送出去,再把需要做的取来。这时,我自己开伙,她又帮我买米、买咸菜等。

自离开学校以后,我就不能再靠公费生活,但在外边花钱更多。正当我在张家因拿不到钱而焦躁不安时,薛韫秀来了,她说:不要紧,有组织在,什么困难都难不倒我们。在这一个月里,我就靠党费生活。我舍不得多用一分党费,因为迎接解放,党组织需要用钱的地方很多,我不仅不能为它做出贡献,反而要消费,我怎么忍心呢?每天,我用火油炉子烧一小锅饭吃一天,早晚用开水泡泡,菜也不舍得买,只吃点咸菜。看起来生活很艰苦,实际上我吃起来却甜滋滋的,因为是许许多多同志的党费在哺养我,我真太幸福了。

5月27日,上海全部解放,清晨,我们看到解放军进里弄了。我和明芳拥抱着狂呼:"解放了!自由了!"我们朝着组织上事先通知的集合地点跑去,边奔边唱:"解放区的天,是明朗的天……"那轻松、狂喜的心情,是无法用笔墨形容的。我们奔到四川路"剧专"集中,同志们前前后后地从各路赶来。9点多钟,我们乘了五部卡车返回复旦大学。校园里弹壳狼藉,地上还在冒烟。我们立即动手打扫场地,发动同学回校。不久,去解放区的同志们穿着黄军装来校接管,我们又大会师了,大家热情地投入了复校工作。

这一个月的生活,时间虽然很短,在人生的长河中,它仅仅是"弹指一挥间",但它对我的深刻教育却使我终身受用。是党再一次给了我生命,是党费哺育我成长,当我遇到任何困难时,它都能给我战胜一切困难的力量。我一生也忘不了这一个月。

傅道慧

(原载中共上海社会科学院委员会老干部办公室编,刘振海主编《七一书怀:纪念中国共产党成立七十周年征文集》,1991年9月印)

纪念"左联",缅怀战友

季楚书①

20世纪30年代,第二次国内革命战争的烽火燃遍了南中国的大地。白区的左翼文化运动,作为革命战线的一翼,是由高举无产阶级文化旗帜的中国左翼作家联盟(简称"左联")的成立,打响了第一枪。随后,"社联""剧联""美联"以及"社研""文研"等左翼文化团体相继组织起来,接着联合组成为总的组织——中国左翼文化总同盟(简称"文总"),接受中央"文委"统一领导,在全国展开广泛的革命活动。就这点说,"左联"在30年代波澜壮阔的左翼文化运动中,是起了先锋作用的。

"左联"是中国革命作家在白色恐怖笼罩下团结战斗的一面光辉旗帜。它从1930年诞生,到1936年年初,已完成历史使命而解散。这六年,是战斗的六年。在战斗的岁月里,"左联"同志致力于无产阶级文学的革命活动,历经了艰险,浸透了辛苦的血汗,甚至付出了宝贵的生命。他们在政治斗争和文学实践上都做出了巨大的贡献,特别在文学实践方面的业绩是不可磨灭的。它在现代文学史上划出了一个时代——"左联"时代。

---

① 季楚书(1908—2004),江苏无锡人。1928年3月参加革命并加入中国共产党。20世纪60年代曾在上海社会科学院历史研究所服务。——编者注

从1931年"九一八"起到1932年"一·二八"淞沪战争期间,我调任"文总"秘书。由于和"左联"工作关系密切,我有缘和"左联"同志频繁接触,并肩战斗。缅怀当年他们坚守岗位、勇敢战斗的革命精神,我一直抱着崇高的敬意。尤其在十年浩劫、群魔横行的漫漫长夜中,我时刻担忧他们惨遭迫害的苦难命运。今天全国拨乱反正,历史对"左联"做出公正的评价。由于它在现代文学史上具有划时代的意义,完全有理由盛大地纪念它的成立五十周年。笔者有幸躬逢其盛,作为历史见证人之一,有责任姑就记忆所及,记下若干片段,为"左联"整个战斗业绩提供一些线索,聊表无限敬仰和热爱的心情于万一。

"左联"是"文总"三大支柱之一。"文总"的领导机构,主要是由"左联""社联"和"剧联"盟员组成的,所以"文总"在白区进行的左翼文化运动,是和"左联"的活动分不开的。

1931年9月,正当革命战争进入第三次"围剿"和反"围剿"激烈战斗之秋,"九一八"事变爆发了。由于日本帝国主义悍然侵略东北,使得国内政治形势因民族矛盾的上升而起了巨大变化。全国群情激愤,响彻抵抗日寇侵略的呼声,随着蒋政权不抵抗政策的日益暴露,进而展开声势浩大的抗日反蒋的群众运动。党为了因势利导,推进运动的深入发展,责成"文总"于10月间创办一个公开的政论周刊,大力宣传鼓动。该刊原名《九一八》,因面目稍红受阻,随即改称《公道》,发行了三期又因受阻改名为《中国与世界》。该刊由我负责出版发行,到我1932年3月被捕为止,共印行十三期(该刊现存者以中国社科院近代史研究所一份较完整)。该刊撰稿人以"左联""社联"同志为多,我记得有下列几位:

一、成仿吾同志。成原是创刊号《九一八》主编,嗣因调往"苏区"而交卸工作。"文总"领导潘梓年派我到"美联"机关和成办理交接。成是我前辈,我早在《创造》上读过他的文艺论文,又听过他关于新兴文艺理论的演讲,曾识过面的。这次会见,他身穿西装,和蔼可亲地接待了我。由于他行色匆匆,只交代一些编辑发行的事,就把余稿交给了我。成在启行前,还写过两篇时事分析的文章。他的笔锋是比他的舌锋更为明快犀利的。

二、朱镜我同志。朱当时任"文委"领导成员。他是根据党对时局的决议和主张,代表人民群众发言。文章都是社论性的,每篇不过两千字左右,而词气昂扬,笔锋凌厉,简明扼要地指出了政治方向,并随形势发展,表达了人民的意志和要求。

三、瞿秋白同志。瞿不只是政治活动家,且是文章能手,独扛一支健笔,每期都给该刊写上一两篇文章。评论以讥评时政为多,持论尽管尖锐,而说理鞭辟入里,逻辑性强,行文从容蕴藉,圆润流畅。文中词汇丰富,尤喜熔铸新词。例如他独用"绅商阶级"来代称当时通用的"豪绅地主资产阶级"这词儿。文章巧语如珠,机智新颖别具风格,驾驭中国语文的技巧娴熟,显见出他对古典文学的深湛素养。

四、丁玲同志。丁在"九一八"前后,曾任"文总"宣传部部长,给该刊写有《1月17日的上海市民大会》一篇,署名"小菡女士"。那是篇出色的速写(Sketch)。作者不只把1932年年初震动上海全市的五六万群众的集会简要地勾勒出它的盛大场面和雄壮声势,而且以她女性特有的细致工笔,描绘了几个特务的镜头,例如揪出混入场内的"国特"分子,当场焚毁反动传单等几个插曲。该文刊在"一·二八"战争前夕的那期卷首,附载一幅大会速写的插图,也极生动逼真(1936年我在瞿光熙处看到那份期刊,所以记忆犹新)。

当时丁玲正忙于主编"左联"刊物《北斗》,"文总"每周的碰头会难得赶来参加。记得在1931年初冬的一个上午,我从外面回到所住机关,见有一个陌生的青年妇女,正和老潘娓娓交谈。她脸蛋儿圆圆,眼睛睁得大大的,仪容丰腴白皙,谈吐清晰,流利而又轻柔。经过介绍,原来她就是久闻大名的丁玲同志。她来是商量工作,谈好即欣然告辞,留下的印象是娴雅而又庄重。

五、田汉同志。田作为"左联"发起人之一,是一个著名剧作家,继丁而来接任"文总"宣传部部长。当时正值"一·二八"战争期间,他在沸腾的爱国激情中,连续挥写了《乱钟》和《暴风雨中的七个女性》等剧本,先后送周刊发表。《乱钟》由于供应各剧团需要,出版单行本,畅销一时。

六、钱杏邨同志。钱以撰写文艺批评著称,他在"文总"是"工农文化委员会"主任,负责为"苏区"编写工农教科书和其他通俗读物,供应中央等苏区普及教育之用。钱和我都在"文总"机关过组织生活,对他情况我比较了解。他儿女多,家累重,全靠卖文维持家庭生活,为了编写工农读本,经常熬夜工作。"一·二八"战争猝然爆发,他住家落在火线中,仓皇避难,所编书稿未及抢出,以致这份辛勤劳作蒙受损失,对此他在一次会上曾深表遗憾。

钱原是"太阳社"健将,著有《作家论》,在泰东书局出版,他和该局主人及编辑,颇有交情。"文总"在1932年3月召开的执委会议,就是经他商借在该局楼上召开的。

随着日寇深入,国难严重。到1932年年初,全国抗日反蒋运动日益高涨。特别在上海,由于日寇增兵,战机危迫。党为了把运动推上高潮,乃于1月17日通过上海市各界民众团体反日联合会(简称"民反")在南市公共体育场召开全市民众大会。

"文总"会同各左翼文化团体踊跃投入这场革命活动。"左联"承担了翻印中华苏维埃共和国政府抗日声明传单的任务。"左联"交由楼适夷同志完成。楼在大会前夕，约我前往交接，我领了八千份装满一大箱乘车带回，分送各团体，带去大会散发。

这是一次声势浩大、轰动全市的盛会。上午9时，体育场早已人山人海，旗帜如林，传单满场散发，到会民众达五六万人。大会由"民反"主持，"社联"邓初民和郑祖骞（即刘志明）两教授等先后登台演说，演词激昂慷慨，全场沸腾，掌声雷动，继以高呼革命口号，响彻云霄。接着大会通过关于坚决反对蒋政权投降政策，拥护苏维埃政府抗日声明的决议。由于有些群众身带传单前来，在南市途中遭警察拘留，大会与伪市政府交涉无效，随即通过临时动议，出动游行示威，并向伪市政府提出抗议。一声动员令下，各团体立即排队向枫林桥伪市府进发。"左联"由楼适夷、丁玲两同志高举文化界反日团体的横幅旗帜走在前列，"文总"和"社联"等同志跟着进发。全会整个队伍长达数里，一路高呼口号，浩荡前进。抵达伪市府前，队伍立即布成弧形包围阵势，随即推出包括"社联"何畏（思敬）等五同志进去向伪市府提出严重抗议。伪市府一面推说市长不在，一面却密告伪警备司令部。不久，以摩托车为先驱、步骑兵为后继的数千名军队开来镇压。他们一到现场，除用机枪、迫击炮外，步枪上了刺刀，枪口对准数万群众，随时准备射击。但群众没有被吓退，严整队伍，高唱革命歌曲，和敌人形成对峙态势。一支以"左联"为核心的文化队伍，始终站在前列，高举反日旗帜，迎风飘扬。

在伪市府内进行的对立斗争，一直相持至薄暮，谈判终以伪市府接受抗议，允予查明释放被捕群众，结束了这场雄壮的示威游行。以"左联"为前导的各左翼文化团体的同志，一直坚持到最后一刻。丁玲同志的那篇特写(见前节),在盛大场面中所摄取的若干精彩镜头,是富有真实性的报道,可以说是一篇历史性的文献。

"一·二八"战争爆发后,驻沪十九路军以神圣的炮火回击了日寇的进攻,大大地振奋了全国人心。"文总"为了及时报道前线战况和后方支援的群众运动,一度出版了八开双日刊,嗣后即会同"左联""社联"和"剧联"改出《白话报》周刊(四开),成立以朱镜我为首,包括"左联"楼适夷、"剧联"杨村人和我共四人的编委会,由我兼任经理,社址设在新闸路,公开挂牌发行。该报内容,两版是报道和政论,两版是文艺(说、唱、诗歌和散文)。为了贯彻文艺大众化的号召,文字力求通俗浅显,面向大众。该刊是作为精神食粮,送往前线慰劳,起了鼓舞士气的作用。

该刊自2月出版,一直得到瞿秋白同志的大力支持。他除了撰写政论外,还运用大众喜闻乐见的民族新式,谱写了以歌颂十九路军将士英勇杀敌等为内容的《抗日五更调》多首。这些民歌由于富有爱国热情和铿锵音调,便于大众歌唱,赢得广泛欢迎。瞿和鲁迅,当时都是文艺大众化的倡导者,瞿是以自己的创作实践,贯彻文艺理论上的主张。难能可贵的是,他这样的大人物,大手笔,为什么不去谱写阳春白雪之歌,却甘心去试作下里巴人之曲?我想支配他这些民歌创作的艺术构思的,除了对工农兵具有深厚的阶级感情而外,更具有崇高的"俯首甘为孺子牛"的鲁迅精神。

阳翰笙同志于2月间由"左联"调来"文总",主持日常工作。"文总"和"左联"关系更密切了。冯雪峰同志是经常来的,由于他和鲁迅、秋白等同志接触较多,"文总"通过他了解两人的情况。例如"一·二八"战争猝起,鲁迅住家落在火线里,大家都关心他老人家的安全,后据冯说,幸赖内山书店主人内山完造(当时是日本居留民大队长)的掩护,得以安全抵达公共租界。此外,秋白同志的来稿都是经冯转来的。

茅盾同志也曾应邀来临"文总"和阳、潘商量工作。我先后见过两次。他身穿西装,讨论问题,非常耐心。他考虑十分缜密细致,谈吐婉约,态度和蔼,兼有学者风度,使人一见之下,毫不会觉得他就是个文章惊海内的一代宗师。

就在2月间"文总"的一次碰头会上,杨村人谈起郁达夫近况。他说:"达夫频年杜门著述,不问政治,意气有些消沉,但'九一八'事变对他深有触动,激发了他潜隐的抗日热情。日前他约我在田汉家小酌,开怀畅叙,不觉多饮几杯,酒酣耳热之余,乘兴出门散步,谈到日寇侵凌,山河破碎,不禁感慨万端。他一时热情冲动不可遏抑,忽然振臂高呼'打倒日本帝国主义'的口号。经我和田汉劝阻才罢休。"经领导商议,认为可请郁氏为我们刊物写文章,于是写了介绍信,嘱我登门拜访。郁热情地接待了我,爽快地应允为我们刊物撰稿,并信守了诺言。于是他和我刊开始了约稿关系。

我在阳翰笙同志领导下工作,时间不过两月,却体会到他不只擅长文学,而且富有白区工作的经验和卓越的全面领导的政治才能。处理日常工作,他提得起,放得下,作风干净利落,特别表现在善于掌握重要会议,使它开得有声有色,精神饱满。记得3月上旬,"文总"在他主持下召开了各左翼文化团体的联席会议。由他先向大会报告工作,提出当前文化运动的方向,接着大家发言,展开讨论,最后由他博采众议,做了总结。时值春寒,窗外朔风怒吹,而室内却气氛热烈,春意浓郁。阳素以辩才见称,发言流利酣畅,整个会议尽管内容丰富,却进行得紧凑、活跃,大家精神振奋,收获很大。这与他老练的领导艺术和付出的精神劳动是分不开的。

另一次是借泰东书局编辑部举行的"文总"执委会议也是由阳主持的。该会议程较多,就我记得的有:一、关于加紧工农文化工作问题。先由钱杏邨汇报编写教科书、内容的进程,决定责成钱尽快完成。二、关于开拓新闻战线,筹设左翼新闻记者组织问题。决定在"左联"扶持的《文艺新闻》记者基础上进行,推出适夷和袁殊负责筹备。三、关于发表左翼文化团体为反对国际联盟李顿调查团来华调查日帝入侵东北的声明。由"文总"领衔会同各左翼文化团体联署发出。原稿是老潘起草,由阳交我印发。可惜当我去油印机关时被捕,落入巡捕房西人之手。

我被捕后,在西牢狱中有缘认识下列三位左翼作家:

一是孟超。我由捕房押解西牢,途中押上两个囚徒,其一是相识的沪西区委廖书记,猝然奇遇,相顾愕然。另一个却素昧平生,后在狱中和他俩关在同一号房(Cell),经廖介绍,才知道他就是太阳社的孟超。当时孟超已转到工运战线,任工联宣传部部长。由于大家志趣相投,铁窗岁月很好排遣,特别是夜晚聊天,更是苦中的享受。孟最健谈,不论是战斗生活的回顾,还是海阔天空的纵谈,总是兴高采烈。我初以为他只是搞新兴文艺的,但从他谈吐中了解他对于古典文学特别是诗歌、词曲都有较高的修养。记得他曾谈到《红梅阁》这出戏,提出一些独到的见解。这说明他后来创作《李慧娘》是早就有所酝酿,并经过长期构思的。

孟于近代诗人中,爱好苏曼殊的绝诗,除"壮士横刀看草檄,美人挟瑟请题诗"的七言断句外,称赏一首题作《简法忍》的五绝:"来醉金茎露,胭脂画牡丹。落花深一尺,不用带蒲团。"他低吟一遍后说:"这样的诗情画意,这样的奇思遐想,是最神传神出作为一个富有浪漫气质的诗人,而又擅绘事、耽禅悦的曼殊本色。"

孟在编《太阳月刊》时和郁达夫订交,结为战友。孟被捕后经他爱人前往求援,郁闻讯慨然即以营救为己任,转请他哥哥,即高等法院第一庭庭长郁华帮忙。好在郁华也是个富有正义感的热肠人物(廖承志被捕也是他营救出来的),该案经他在"高院"从中仗义疏解,终于从轻分别判处四个月和八个月徒刑。涉笔至此,不禁为郁氏昆仲当年见义勇为,乃至今后为国捐躯成为"富阳双烈"表示敬意。

二是周立波。周比我们早一个月因参加反日斗争被捕。在羁押期间,他孤零地和各色刑事犯关在一起,满腔激情无可诉说,得悉我们政治犯来了,热情得好似亲人一样,向我们尽情诉说。周原名绍仪,曾在劳动大学读书,后到神州国光社编辑部工作,当时是通过本家叔叔周扬(原名起应)和"左联"保持联系的。他作为一个革命作家,两年铁窗生活的体验,是一个不平凡的收获。他出狱后发表过一些短篇小说,描绘了若干狱中斗争生活的画幅,其中突出的是刻画一个年青工人小杨的英雄形象。小杨因在狱中继续为党工作,暴露后屹立在敌人面前坚强不屈,忍受了残酷的鞭刑,终于献出了年轻的生命。故事可歌可泣,情节完全真实,是革命斗争中激动人心的一页史诗。

立波向我一再称道给他在政治和文学道路上以亲切帮助的,是他叔叔周扬。我在"文总"工作时了解到周扬在"左联"是一个中坚分子。当时他除了负责译介外国文学外,从事于开拓文艺理论与批评的战斗任务。

马克思主义旗帜下的文艺理论批评,在革命文学运动中是个重要方面,起着指明方向的作用。在这方面建立了开创性功勋的,应首推瞿秋白同志。他以其辉煌成就,特别是名作《〈鲁迅杂感选集〉序言》对鲁迅其人其文,在进行了深入细致分析的基础上,知人论世,做出科学评价,精辟地为马克思主义的文艺评论树立了典范,启发了来者。周扬就是追随瞿氏在这方面开拓的道路前进,不断探索,迭有创获,终于卓有成就的一个。

三是彭康。彭是我入狱半年后关进西牢内政治犯集中营后结识的一"左联"作家。他是后期创造社健将,曾撰文从理论高度批评"新月派"的政治——文学态度而著称,为"左联"发起人之一。西牢政治犯和党所领导的中国革命互济会取得联系后建立西牢分会(代号是阿达)。1932年秋"阿达"改选,彭和曹荻秋等出任领导,随即商订中国革命问题纲要,内分性质、任务等单元,由曹统一传达,布置会员分组学习讨论。每一单元,由领导做出小结。这对全体难友来说,是提高理论认识,加强政治信念,从而在坚定革命意志上,是大有收获的。

季楚书

彭曾托律师送我一部德文哲学史。他在狱中平素端居静思,继续攻读哲学,难友给以哲学家的称号。他曾为我讲解德国古典哲学,教人不倦。1949年后,他历任上海交大、西安交大校长,"文革"中不幸遇难。

为了纪念"左联",缅怀战友,我命笔写成此文,聊尽后死者的一份职责。

(原载中共上海社会科学院委员会老干部办公室编,刘振海主编《七一书怀:纪念中国共产党成立七十周年征文集》,1991年9月印)

火烧赵家楼

——"五四"杂忆

周予同[①]

"五四"过去 60 周年了。《复旦学报》编辑部要我做点参加"五四"运动的回忆,我很高兴地同意了。这些年,"五四"时代的许多人和事,时常在记忆里浮现。现在就将印象较深的,拉杂地说一点吧。

1919 年,我正在北京高等师范学校国文科(就是后来的北京师范大学中文系)读三年级。

在"五四"前,北京高校里思想最活跃的,当然是北京大学。蔡元培在那里做校长,实行对各种学说兼容并包的政策。教员中间既有新文化运动的主将陈独秀、李大钊、鲁迅等,也有维护旧文化的辜鸿铭、刘师培等,双方思想冲突很激烈,学生思想也因之很少束缚。依此下来,倘说受民主与科学的新思潮之影响,因而学校风气开通的程度,我们高师便要算一个了。有些提倡新文化的著名人物,也来高师兼课。我读大学不久,便成为"德赛二先生"的热情拥护者。我和教学科学生匡互生等共同发起,在学校里成立了一个小组织,因为那时我们受社会主义等

[①] 周予同(1898—1981),浙江瑞安人,民盟盟员,复旦大学历史系教授。1956 至 1966 年先后兼任中国科学院上海历史研究所筹备委员、上海社会科学院历史研究所副所长。——编者注

新思潮影响，认为改造社会必须打破劳心劳力的界限，因而提倡学生学会做工，并帮助劳动者求学，主张"做工与求学是人生两件大事"，所以取名为工学会。参加的大约有各科同学30多人，经常集会研究学术，利用课余时间做工，曾有木刻、石印、照相等工作。大家在一起，也纵谈国事天下事，辩论各种主义的是非，而且总免不了抨击北洋军阀政府专制卖国的种种罪恶。

就在这时，发生了山东问题。还在1915年5月7日，日本帝国主义利用第一次世界大战的机会，向我国北洋军阀政府提出"二十一条"，袁世凯为了取得日本对他复辟帝制的支持，居然俯首承认。当时全国人民极其愤怒，把袁世凯接受日本最后通牒的5月9日，定为"国耻纪念日"。欧战结束后，巴黎和会于1919年年初开幕。这年4月，中国代表向和会提出的两项要求，即把德国侵占的青岛和山东权益直接归还中国，同时希望废除中国被迫与外国订立的不平等条约，都遭到把持会议的英法美日等帝国主义列强拒绝，它们反而强迫中国承认"二十一条"，并追认日本继承德国对山东领土和主权的侵略。全国人民闻讯越发愤怒，群起反抗，不许北洋军阀政府在和约上签字。而北洋军阀政府的回答却是决不"曲徇舆论"，非签字不可。因此，北京高等学校的学生们，在怒发冲冠之时，便想用直接行动来表示。

那时，中国留日学生已率先行动了。他们在反动政府驻日公使章宗祥回国的时候，手拿着"卖国贼""祸国"等字样的白旗，赶到东京车站当面问罪。我们也酝酿用类似办法，去惩戒号称卖国"四大金刚"的曹汝霖、章宗祥、陆宗舆等人。4月底，北京高师和北京大学、北京高工的几个小组织，便有在5月7日举行示威运动的准备，正发动北京各高校全体同学参加。5月3日，各报传出把持巴黎和会的列强在4月30日勒逼中国承认日本并吞青岛和侵占山东权益的消息。当天下午,北京各高校代表立即在北大集会抗议,并呼吁全国各界在5月7日或9日"国耻纪念日"同时举行国民大会,表示誓死抗争的民意。那天晚上,我们高师的工学会,便在学校饭厅旁边的一间小屋里开全体会议,秘密讨论"对于中日交涉的示威运动,本会应取何种态度?"大家讨论,假使在七日或九日搞游行示威,恐怕时间过迟,消息泄露,会引起反动政府事前的阻止或压制。大家认为,应该提前在第二天,5月4日举行,它又是星期天,不要同学停课参加,也容易得到一般同学的同情以增加人数。据我当时所了解,"五四"前夕开这样秘密会议的,还有北京高工、北京大学的一个名叫共学会的小组。他们也主张提前于"五四"那天在天安门广场举行"游街大会",可说是和我们不约而同。

在高师工学会的秘密会议上,有些同学一开始便激烈地主张,在可能范围内进而不应该只用和平的游街方式。在群情激昂的情形下,这个提议得到了通过。但暴动怎样进行?用什么武器?都没有得到细密的考虑,大家只说由各人自己想办法。据说有校外人士可以供给手枪,但问了一阵也没有结果。不过在当夜,我们就分头联络各校的志同道合分子,并一面派会员先将曹、章、陆等的住宅地址和门牌号数调查明白,一面设法从大栅栏一带的照相馆里,把曹、章、陆等人的照片弄到了手,以便临时有所对证。其余的暴动准备,也只是由少数同学带了点火柴和小瓶火油,即使参与秘密会议的化学科同学,也没有想到用烈性药物。由于要赶紧联络各校,做次日天安门广场大会的组织工作,这个秘密会议,便匆匆结束了。

"五四"运动的爆发是必然的。但它在5月4日那天发生,它的性质又不同于往常一般游行请愿,这同"五四"前夕高师、高工、北大等校的几个小组的活动,则有紧密的联系。

5月4日上午,各校派出的代表,在法政专门学校举行了联合会议。到会的有数十人,我是高师的代表之一。大家讨论了游行示威的进行办法,决定散布"北京学界全体宣言",提出"外争主权,内除国贼"的政治斗争口号。那天由高师工学会代表联络到的各校激烈分子,有20人左右,大多属于高师的工学会,高工、北大的共学会等组织。大家相约暴动,准备牺牲,有的还向亲密朋友托付后事,我和匡互生等都写了遗书。

5月4日午后,各校示威队伍陆续前往天安门前。高等师范、汇文大学到得最早。接着,北京工专、北京农专、北京医专、北京法专、中国大学、朝阳大学、俄文专修馆、留法预备等十几个学校的队伍,陆续开到。由于筹备时间毕竟过于匆促,郊外有些学校如清华大学等赶不及参加。等北京大学队伍最后赶到时,参加人数大约累计3 000人左右。参加者都手执小白旗,上书各种慷慨激烈的口号。露天大会由各校代表组成的学生团主持。在学生团于会前决定的游行程序上,只说先到总统府,再往东交民巷各国公使馆,并没有决议说要往曹、陆等的住宅去。被推担任天安门大会主席和游行总指挥的段锡朋、傅斯年,都是北大新潮社等组织的。他们一点也不知道我们准备用暴动手段惩罚卖国贼的秘密决议和准备。

当游行队伍几经力争也不被外国卫队容许通过使馆区以后,就是素来温和的同学,也压抑不住受帝国主义欺侮的悲愤感情了,对卖国贼更切齿不已。因此,在队伍被迫退出东交民巷巷口之后,我们一些同学便忽然高呼到赵家楼曹汝霖宅去,马上得到群众一片赞同的响应。那时担任总指挥的北大学生傅斯年,虽然极力阻止,说是怕出意外,但他哪里挡得住群众运动的洪流呢?赵家楼的胡同比较狭窄,队伍进去显得相当拥挤。将近曹宅,各人就高举起写有标语的小旗,全体大喊"卖国贼曹汝霖",还有人高呼立即处死曹汝霖。到了那里,曹家的朱红大门业已紧闭,门口有几个带有武装的警察环守,阻拦我们打门。我们打算爬墙进去,碍于房子的围墙相当高,没有成功。在盛怒之下,许多同学将写"卖国贼"字样的白旗,从隔墙纷纷抛进去。扰攘了许多时候,匡互生把曹宅大门右侧一个小窗的木门,一拳打开,我在下面托他一把,他就从这仅容一人通过的小窗口,很困难地,也极危险地爬进曹宅。接着又有四五个准备牺牲的同学爬了进去。宅内有几十个全副武装的警察,早被外面群众的声势骇坏,这时看见匡互生跳进去,更目瞪口呆,竟自动取下刺刀,退出枪弹,看着他们把这卖国贼住宅的笨重大门打开。于是群众蜂拥而入。

群众冲进去以后,"五四"那天的斗争便演出了高潮的一幕。曹家的院子并不太宽广,立即挤满了学生。院子里停着曹汝霖的汽车,我满怀愤怒一拳把车窗玻璃打碎,自己的手也划破了,鲜血淋漓。其他同学高呼口号,也有许多人用拳头打汽车来泄愤。

入门前已传说曹、章、陆三卖国贼正在曹家开会。我们立即拥入内宅搜寻。冲进客厅书房,没有看见人影,闯入上房卧室,也无曹贼踪迹,打开台子的抽屉,也没有什么重要文件。哪里知道,曹汝霖就躲在两间卧室夹层中的箱子间里。我们找不到几个卖国贼,便要烧他们阴谋作恶的巢穴。于是,匡互生便取出火柴,同我一起将卧室的帐子拉下一部分,加上纸头、信件,便放起火来了。这一举动,被担任游行大会主席的北大学生段锡朋(此人后来堕落为反共的 AB 团分子,曾任国民党反动政府教育部次长)所发觉,跑来阻止我们说:"我负不了责任!"匡互生毅然回答:"谁要你负责任!你也确实负不了责任。"我俩将火点着,而火焰在短时间内并不旺扬。当时内宅有几个妇女出来说话,说他们不是曹家的人，而是和曹家同住的，曹汝霖不在家，到总统府吃饭去了，如果你们放起火来，那就害到别家了。后来才知道，她们就是曹汝霖的妻妾。但当时同学们居然相信了她们的话，不再继续放火，真是天真善良得很，却不知这时反动政府警察总监吴炳湘已带着警察赶到，后面还有宪兵和消防队即将到来，开始包围曹家，并开始动手捕人了！这次火烧蔓延了曹家东院几间房子，很快便被救灭。事后，"关于火烧赵家楼"的起火原因，传说纷纭，有说走电失火的，有说曹家家人想趁火打劫而放的，有说学生放火的。大凡支持或同情学生的报刊，都倾向于前二说。这是为了保护我们免遭反动当局迫害，盛情可感。但事实是我们放的火，动手点火者就是北京高师数学科四年级学生匡互生。

那天章宗祥正在曹家，起先躲在曹家地下锅炉房里，听说起火，便仓皇奔出，在后门被同学误认为是曹汝霖而先打了一顿，随即被一个日本人拖抱到对面一家杂货铺里躲藏。但有一部分没有进入曹家或进去又出来的同学们，还在外面继续搜索。他们在杂货铺的柜台下发现一个穿西装的中年人，有同学拿携带去的照片一对照，说这就是章贼，于是大家一拥而上，将他拳打脚踢一顿。那个日本人挡在章的身子上掩护，但一句话也不说，也不哼痛。大家当时不知道他的国籍，看样子似乎像日本人，因而有的同学怀疑原先打的可能不是章贼，而是日本人，恐怕增加外交交涉上的麻烦，因而松了手。到第二天看报，知道被打得头破血流的正是章宗祥，他并没有受致命伤，大家懊恨不止。

待大队警察开到并拿人的时候，同学们大多数已各自疏散回校，被捕的多是体弱跑不动的同学，共有 32 人。我们第二天讨论怎么营救时，匡互生以为首先打进曹宅和点火都是他做的，不是被捕同学之罪，要去"自首"，换出 32 人，以免大家专从营救同学着想而放弃了原来所抱的目的。经我和工学会同学力劝乃止。匡互生是湖南人，辛亥革命时曾跟长沙革命军攻打清朝巡抚衙门，参加学生军，后来在邵阳中学读书，曾作文痛骂北洋军阀和湖南督军汤芗铭，险遭汤逮捕，而他的国文教师便因此被汤投入监狱逼死。"五四"那年他28岁，与我同组高师工学会，是会内中坚，毕业后去湖南第一师范教书，参加健学会，曾在毛泽东同志领导下从事驱逐湖南军阀张敬尧的运动，并想独自去刺杀张敬尧，经人劝阻乃止，后来一直从事教育工作，1933年病逝。

周予同

"五四"那天的斗争过后，有些同学，特别是法政专门学校的学生，对于斗争方式颇致非议，认为放火殴人都是超出理性的行动，违背天安门大会议案的精神。这是不明白自己所处的具体社会环境。如果人民享有当家做主的权利，那么放火殴人是犯法的，决不能被允许。但那是帝国主义的走狗北洋军阀横行的时代，他们对外屈膝投降，对内残暴镇压，犯了一连串丧权辱国大罪，还在准备同帝国主义主子签订新的卖身契约。爱国学生忍无可忍，奋起对几名卖国贼实行人民的惩罚。实践证明，火烧赵家楼，痛殴章宗祥，全国人民都赞成，都受到鼓舞，而奋起展开反帝反封建斗争的新生面。我想，要说它的意义，这也许算一点吧！

1979年2月

（原载《复旦学报》社会科学版1979年第3期，1979年5月20日）

回忆上海大学

薛尚实[1]

未进上大前所听到的

我在南方读书的时候,和两位同乡的同学经常来往,一位是陈志莘,一位是张西孟。

1926年春天,我们在宿舍里用打气炉子烧饭吃。边吃边谈,从饭菜的味道谈到读书等问题。我们都是穷学生,谈到最后,总要提到下个学期学费怎么办?陈志莘说:他有一位亲戚在上海大学读书,读了一年书,学费至今还拖欠着,而且在这所学校里学到了很多东西。我们就追问他上大究竟办得怎样?他说:"上大办得好,是制造炸弹的!"这句话说得很新奇,我继续问他这话的道理何在?他接着就解释所谓制造炸弹就是培养革命干部的意思。

当时,我们在学校里读书正读得心乱如麻,死气沉沉,还今日不知明日事。听他一席话正中下怀,以后我们常打听怎样才能进上海大学。

---

[1] 薛尚实(1903—1977),广东梅县人。1928年2月加入中国共产党。1959年至1966年在上海社会科学院历史研究所从事中国现代史研究。——编者注

过了一个星期，心里实在憋不住了，又一起议论这个问题。末了，张西孟自告奋勇，愿打先锋，到上大去看个究竟。

他从上海回来，如此这般地讲了一次，讲得比陈志莘知道的还要详细，于是我们决定下学期转学上大。

青云路师寿坊第三条弄堂

这年秋天，上大开学了。张西孟搬进上大的当天，就写信来催我去办手续。到了上海，我把书籍行李运到青云路师寿坊的时候，东寻西找仍找不到上大的校牌。等了片刻，走过一位学生模样的青年，我就问他上大在哪里，他向弄内一指说："在师寿坊的第三条弄堂里。"这样，我才找到了这所久已闻名的大学，经过张西孟等帮助，办了入学手续，成为这所大学的学生。

上大是弄堂大学，这样说是很恰当的。它没有校门，没有大礼堂，没有图书馆，也没有运动场。这里有两件事最惹人注意：一是庶务课的门口挂有一大幅红布，上面贴着各式各样纸头上写的文章、诗歌、学习心得和漫画等，右角上写着"上大学生墙报"。另一件是收发室的客堂里摆了一个书摊，《向导》《新青年》合订本、《中国青年》以及各种社会科学书籍、文艺书籍等摆得很多。原来是上海书店在学校里所设的书摊。当然，这是别的大学里没有的。

我们的课堂大大小小都有。

把两幢石库门房子楼上的墙壁打通，即为楼上讲堂。客厅里、厢房里摆上桌凳，就是小课堂，我们上日文课、德文课就在这里。

这些课堂设备虽然简陋，以后我们了解到它的利用率是极高的。

白天大学用,晚上夜校用,附近工厂的工友、商店店员和街道妇女常到这里来上课、开会。青年团和济难会的会议,也常在此召开。每个晚上电灯总是雪亮,上课的上课,开会的开会,显得很热闹,常常到十点钟以后才熄灯。

师寿坊门前有一片大荒场,高低不平。同学们有时从校外搞到一只皮球,凑起几个人踢破了,只好不踢。我们没有足球队,也不收运动费。

教学内容和教学方法

上大原有三个系,即社会科学系、中国文学系和英文文学系。后来把英文文学系与中国文学系合并为一个系。

社会科学系的课程有:社会科学、社会进化史、马克思主义、哲学、政治经济学等,此外还要选修一门到两门外文。

社会科学这门课的讲义,原来是用安体诚先生编的社会科学讲义。当施存统先生(即施复亮)主讲时,他自编了一套讲义,内容有社会科学史,从第一国际到第三国际,等等。

哲学主要是讲辩证法唯物论,由萧朴生先生主讲。

马克思主义是按照《马克思及其生平著作和学说》一书讲解,此书以后作序出版,改名为《马克思传》。

政治经济学的课本是用德国博洽德著的《通俗资本论》译本。

这两门功课都是由李季(李于大革命失败后,参加托陈取消派)主讲,这两本书也就是他编译的,由上海书店印刷发行,当时系里的同学差不多人手一册。

社会进化史是用蔡和森著的《社会进化史》为课本,由李俊主讲。

文学系的课程有:中国文学史、文学概论等,其他记不起了。

外文有四种:即俄文、英文、德文、日文。

英文课本是《进化与革命》,又名《达尔文主义与马克思主义》,还有英文文法和修辞学等。

俄文原是由蒋光赤教的,发了几次初级讲义,他走后,请了一位俄国中年妇女来教。

上正课之外,每月总有一两次自由讲座,内容都是报告政治形势和解答一些对时局的疑问。杨贤江、施存统、高语罕等都讲过,讲的时候听众极多,各系的学生都有,校外的人也有,常常满座。杨贤江先生是《学生杂志》编辑,常写社论①。他消息灵通,碰到他演讲时,听众尤多。楼上的大教室容纳的人多了,常常听到楼板喳喳作响,大家担心楼面就要塌下来。

除必修课外,选课很自由,你对别的课目如果有兴趣的话,自己去听好了,从来没有人干涉或限制。至于外文,你同时读几门都可以。

上课时,同学们最爱听萧朴生先生主讲的哲学课。他上第一课就给我印象很深。上课之前,他已经和同学们有说有笑地谈了一阵子,一打铃,他首先在黑板上写了(1)阶级与非阶级;(2)唯物与唯心;(3)功利与非功利这三个题目。题目提得新鲜,字也写得劲秀。一开讲,每个同学都很认真地做笔记。

他讲完一个题目,即归纳成几个重点再重复讲一遍,并问同学们懂不懂,请同学们提问题。记得有一位女同学先发问,接着又有几个同学

---

① 杨贤江先生曾在商务印书馆主编《学生杂志》。——薛尚实注

提问题,他就从容不迫地一一解答。

像他这样的教学方法,我还是第一次遇到,感到十分新鲜。而他的这种认真负责的精神,又使我深为敬佩。想起在别的大学上课时,教授们点名、讲课,讲完后,皮包一挟就跑的情况,完全不同。

萧先生讲课的内容十分丰富而又通俗生动,解释每个概念,他都用日常生活中的事例来说明,使人易懂易记。

讲完三个题目后,又复述今天讲授内容的基本精神,最后指出还要看哪些参考书,并要我们在下次上课前一天把要讲的问题先提出来。从此,我才知道他讲授内容所以能如此生动、中肯,是由于他能针对着同学们所提问题两相结合起来的缘故。

马克思主义和政治经济学两门课,很多同学喜欢听,但主讲者是刚从德国留学回来的,没有实际工作经验,而和同学们的思想情况联系不好,听起来就不亲切。

担任别的课程的老师,也不是照书本死讲,都还能按照同学们的水平和要求来讲授,否则同学们就不欢迎。

记得李俊讲社会进化史时,第一课听的人很多,第二次上课人就逐渐少了,因为他讲课是按章按节,像给中学生上课那样,讲得干巴巴。同学们向他多次提了意见,但是他"依然故我"。有一天,不知哪位同学写了一张纸条贴在黑板上,"请××先生自动辞职"。那位先生来了,一看纸条就不声不响地走了,从此不来上课。

我们上课的时间少,而在课外看参考书的时间多。当时在上大,自觉认真读书,提出问题,讨论问题,成为一种风气。我在1926年下半年,读了李达著的《新社会学》、蔡和森著的《社会进化史》、漆树芬著的《帝国主义铁蹄下的中国》、熊得山著的《科学社会主义》、安体诚著的

《社会科学十讲》。《马克思传》和《通俗资本论》也读了,还有许多小册子。

此外,同学们都非常踊跃地买《向导》《新青年》等期刊来读,买合订本的也不少。

同学们按照各年级自己组织学习会,由自己班级的同学主持。开会时大家随便提问题随便谈,问生字、问名词概念、问老师讲课中的疑问也好,只要提出来,就交大家讨论、研究并做解答。大家有时谈谈报上看来的政治消息,有时介绍期刊中某篇文章的内容。总之,有啥谈啥,会议开得非常活跃。有时,老师也出席指导,学习会上的重要内容,整理出来,拿到墙报上去发表。

我们的老师,不摆教授的架子,大多数和颜悦色,肯真诚待人,对我们的学习、工作和生活很关怀,下课以后,和大家坐在板凳上,促膝谈心,有时还到我们宿舍里来看看。

老师们的薪金,听说是很少的,每一点钟课,只拿一两块钱的报酬,有的还是尽义务的。他们的生活也很艰苦,有的和穷学生一样,一年到头只穿几套旧衣服。萧朴生先生得了肺病,进横浜桥北的福民医院,身上只带挂号费和买药费,诊断后决定住院,可是拿不出住院费,只好东借西筹。同学们闻讯后,曾派代表到医院去慰问过他。

同学们的工作和生活

同学们来自全国各地,广东、四川人最多,东北、西北和山东的也不少,有的是来自南洋群岛的华侨,也有几位朝鲜同学。本市的中学教员,失业、失学的青年和工厂的职员也有。有不少穷学生入学后就到报社、书店、青年会、中学、小学、国民党市党部（当时还是国共合作时期）去兼做工作，他们的职业是由上大学生会服务部设法介绍的，也有的是自己找到的。

在我们住的宿舍楼梯下，有一位姓王的同学，课余时间在《申报》做校对工作。他白天上课，晚上去工作，每天收入四角钱，仅足糊口。每晚11点钟跑去（因为无钱坐电车），天亮前才能回来。他交不起学费，请一位教师作保，有一次病了，向我借钱时，我才知道他的境况。

学生会服务部经常动员经济比较宽裕的同学，捐助一些旧衣服、旧鞋袜去帮助困难的同学，和我同宿舍的刘同学，他所穿的一套旧学生装就是人家捐助的。交不出学费，经老师或同学作保，就可以拖欠，这种情况在旁的大学中是绝无仅有的。

同学们生活艰苦朴素，一个前楼同住七八个人，有的吃包饭，五六元一个月。有的凑起三四人，买打气炉子自己烧来吃，每月四元就可以勉强过去。

课堂里时有穿工装蓝布褂的人来听课，据说是高年级同学到工厂区去参加革命工作，到了上课时间来不及换衣服，就匆匆而来。同学中时髦青年是很少的，有少数人慕上大之名而来，到校后看到我们的生活情况，就中途告退。

上大同学在入学前都是想学点革命知识和救国的道理而来，大多数人都有一定的政治觉悟。除了上课学习革命理论之外，大家都关心政治形势的发展，而对当时北伐军的进展，几乎每天都有谈论，读报纸、读《向导》、读《新青年》更是普遍现象。

一般同学，特别是高年级的同学，知道吸收知识的方法不仅靠在课堂上和书本上用功，而且还得从革命实践中去加强锻炼，要边干边学，边学边干,才能学到真本领。同学们大多数是努力学习、积极工作的,一天到晚,总是很忙。老同学的房门上,钉了一块硬的图纸板,周围写上地点,按上一个箭头,指出自己所去的地方,这样就让急于要找他的人很快找到,有的还钉上许多小纸头在旁边,给找他的人写留言。

平时大家都不随便串门子,对时间很珍惜,如接头谈问题,也是采取直截了当的办法,不聊闲天。

高年级同学多数在校外担任工作,有的参加上海市学联、全国学联,有的参加济难会工作。至于到各工厂区去组织平民夜校、工人夜校进行革命宣传教育的人就更多了。他们工作忙时,就不能经常按课程表上的规定来上课,但当他们回校时,仍坚持补课,认真学习。

办夜校,除了在学校附近和宝山路一带举办外,还有许多同学到浦东、沪东、沪西一带去办。有的利用现成的中小学课堂,有的到工厂附近租房子来办。

张西孟同学当过工人夜校教员,据他说,对工人们上课之先,重要的是消除隔阂,建立良好的关系,可以先提启发的问题,让他们先随便谈谈。例如问:世上什么人最苦?什么人最多?什么人最有本事?为什么还要受剥削、受压迫?应该怎样起来反抗压迫?等等。这样谈了,就能打破彼此之间的隔阂,逐步达到教育的目的。

通过办工人夜校,上大学生和工人之间建立了良好的关系,当上海工人三次武装起义之后,同学们和各个产业工会的联系更加强了。记得那时候市总工会工人纠察队的总指挥部设在宝山路商务印书馆工人俱乐部(即东方图书馆楼下),我们曾进去参观,当谈到我们是上大学生时,工人同志都表示热烈欢迎。

接受革命的锻炼

进上大以后,我们进行过反对帝国主义文化侵略和宗教迷信工作,记得当时我们把这一活动叫作非基督教运动。每个星期天上午做礼拜和晚上基督徒查经活动时,我们的工作组就出动到教堂门口做简短演讲。如果马路上不能演讲时,就参加做礼拜,装做学唱赞美诗并和教友交朋友,一次生,两次、三次后熟了,就和他们讨论问题,宣传反对帝国主义文化侵略的道理。

当北伐军进抵武汉时,上海还在北洋军阀的反动统治之下,他们曾对群众做过造谣诬蔑的反动宣传,什么"共产公妻"之类,各个电影院银幕上也放映反动口号。校里决定要对反动宣传予以反击,我们几个人被派到华德路的万国电影院去进行警告。我们几个人在电影刚完,观众正在动身出场时,一面散发传单,一面将包好的锅底黑灰打到银幕上去。

记得1926年冬天放寒假时,学生会曾统一布置寒假活动要点,规定回乡后要宣传国民革命的胜利形势,组织农村文娱活动,破除封建迷信,联络并组织小学教师,介绍阅读进步书报,等等。

上海工人第三次武装起义时,上大组织了学生军,配合工人纠察队作战。

"四一二"反革命事变的当天下午,中共上大支委立即召开紧急会议,动员全校学生奔赴工人纠察队总指挥部,参加群众大会,提出严重抗议。上大同学和工人纠察队队员的鲜血一起流在宝山路上,因此国民党反动派恨之入骨。

过去，我们自己没有固定校舍，直到1927年春天才建成了自己的校舍。

新校舍建筑在江湾镇西面的农村中，这年开学时，通到校里的大路尚未筑好，正值春雨连绵，路上泥泞。但同学们一听到开学消息，就冒雨进校。因为校舍有限，进去四五百人就挤满了。晚到的外地同学，只能分散住到水电路或江湾镇的民房里。

"四一二"反革命事变之后，帝国主义和国民党反动派都说："上大是赤色大本营，是煽动工潮、破坏社会秩序的指挥机关。"蒋介石特指令当时的淞沪警备司令杨虎和陈群进行"查办"。

记得在1927年的4月份，有一天下午1时，我们正在三楼开学习讨论会，突然望见从江湾镇开来一支穿灰布军装的队伍，以急行军的姿态向上大奔来。学校领导人立即发出紧急通知，全校师生赶快离校，我们一队首先向后门麦田里奔跑，分散到乡间去躲避。我们想知道个究竟，不久再绕道到江湾镇上去侦察，看到蒋匪军仍源源不绝向上大的路上前进。他们全副武装，分作三个梯队前进，想突然包围，冲进学校来收拾我们，可是我们已经大部分撤走了。只有极少数同学午睡未醒，和几位工友被他们抓到了，关在一个小房间里，不许走动。同时下令搜查，把校部办公室、庶务科、学生宿舍翻得极乱。士兵们查不出什么危险品，顺手将同学的钟、表、衣物、被服、书籍、热水瓶等等，一包包用步枪杈充扁担，扛到江湾镇上的当铺里去典当换钱。

薛尚实

上大被封后，我们都失学了。过了个

把月，我们再到江湾去打听，上海大学被改为"国立劳动大学"，在江湾车站上钉上一块很大的黑招牌。

我在上大接受革命教育的时间虽然短暂，但在这里却是我一生接受革命锻炼的起点。

（原载政协上海市委员会编《文史资料选辑》1978年第2辑，上海：上海人民出版社1979年2月第1版）

广州起义亲历记

薛尚实

一、决心南下

1927年4月蒋介石发动反革命政变,上海大学被封闭后,同学们对母校十分眷恋,对国民党切齿痛恨。这时我下定决心不再到别的院校去上学,要到实际斗争中去锻炼。曾听说有些广东东江地区的同学如李春涛等,先后到海陆丰苏维埃区域去工作了,我也决定走这条路。

待在法租界西门路一间亭子间里,常常与广州的同学联系,等了好久没有消息。转眼已到10月中旬,有一天上午,中学时的老同学陈廉官带了一位北大同学侯七经沪南下,顺道来访。谈到出路问题,他们也打算先到广州,再转海陆丰,到东江地区参加工作。因为志同道合,我很快就和他们一起离沪南下。

到广州后,上大同学们都已经走了,我无意中遇到中学时的数学教师李度旷先生。他是在"四一二"事变中因共产党嫌疑被捕,一个月前,由国民革命军第四军参谋长叶剑英同志保释出来的,这时他住在第四军政治部一位科长家里。从此,我通过他们了解了广州和广东全省的一些情况。

遇到李度旷的第二天,我找到了熊某。此人以前是共产党员,因哥哥被杀,逃武汉转上海,曾和我们几个人住在一起。这时他在第四军军部当副科长,据他说,"清党"时李济深杀了很多共产党员和群众领袖,现和黄绍竑在西江集中很大兵力窥伺广州,张发奎和黄琪翔也派了大军到西江驻守。目前广州市内仅有警卫团和保安队,第四军的负责人都到前方去了。前方曾发生军事冲突,粤桂军阀混战恐将爆发。张、黄为了扩充实力,四处搜刮,苛捐杂税,名目繁多,一担盐从盐场挑到市上卖,要收扁担捐、盐箩捐、上桥捐、下桥捐等十八道捐税,搞得老百姓困苦不堪,商界也有反感。

他还谈到一些工人的活动状况:"清党"后,市内各产业工会都被国民党的工会改组委员会改成反动工会,改组委员会的头目林翼中一天到晚,在工改会指使工贼破坏工人运动。省港罢工委员会被解散,工人宿舍和工人食堂被取消。但是工人们发动起来,驱逐改组委员,重新组织自己的工会,整顿工人纠察队,还打死过一个工贼,反动工会也无可奈何。此外,他还谈了一些学生活动和家乡的情况。我和他先后见过三四次,有次我问他到海陆丰去怎样走法?他说走不得,国民党军队还在封锁并不断进攻,交通不便,彭湃同志也时常被迫上山。我问他是否可以在第四军里分配工作?他说可以的,不过不久前上面规定,新进人员只能到连队去当指导员。我因没有搞过部队工作,只好作罢。

为了找出路,我曾两次通过同乡关系见了叶剑英参谋长,但因相处不熟,不好坦率表达自己的意向。这期间,我和陈廉官、侯七同住在学生寄宿舍里,不久找到青年团员梁均钦,乃移住梁家,以待时机。

我时常和同乡同学谈时事,心里怪痒痒的。有一天,我们商谈,决定开展活动,于是买了许多红绿纸头,裁成小条,写上反对国民党的标语口号,当晚带到西濠口大新公司七楼向下散发。第二天广州的《民国日报》和香港的《商报》登载出来,除选登了几个口号外,还指出竟有不怕死的共产党员,在大新公司楼上大发传单。我们看了,心里快活,并希望能经常看到这类消息。

不久,我通过梁均钦找到社会主义青年团的组织关系,以后又与教导团建立了联系,隐约听说工人秘密组织赤卫队,农民组织自卫队,准备行动。12月初,青年团举行秘密会议,讨论了上级分配的占领电话局、隔断国民党行政机关以及缪培南师部电话线的问题。梁均钦告诉我后,感到形势紧迫,但他知道的不多,究竟什么时候行动,心中无谱。这时我们每天见面,都密谈形势,并在思想上、行动上做好准备。

二、参加青年赤卫队

我和梁均钦住在一个房间里,一有新消息,他随时告诉我。12月10日晚上,他一直没回来,我睡到下半夜,隐隐听到炮声,接着是密集的枪声,我们住房的街口是国民党财政厅,也发生枪声。我还以为是国民党正规军与保安队发生冲突,没有想到震惊国内外的广州起义这样快就爆发了。

天亮后,四面的枪声还在此起彼伏地响个不停,我到街口一望,一个活生生的场面把我吸引住了:头戴蓝钢盔(有的戴白壳帽)、颈缠红领带、手执步枪的工人赤卫队,站岗的站岗,巡逻的巡逻,有的分发红领带和枪支,有的在劝说市民不要在马路上乱走,以免被流弹打伤。他们一个个都是雄赳赳气昂昂,正在紧张地工作。我偶一抬头,看见财政厅屋顶上插了一面鲜艳夺目的、缝有斧头镰刀的大红旗,这说明广州的反动统治已经被推翻,工农兵苏维埃政权已经建立起来了。

靠中山公园旁边的老榕树下,有一座用木头搭起来的小巧玲珑的洋房,平时总有卫兵站岗,不许老百姓靠近。这天一清早,卫兵没有了,忽然从四面八方来了一大群妇女和一些人力车夫,有的拿刀,有的拿斧头,有的拿铁棍,奔向这座木洋房,劈的劈,砍的砍,撬的撬,一块块木头霹雳哗啦地拆下来,不到一顿饭工夫,全部拆光。我打听这是怎么一回事,原来这座木洋房是黄绍竑的私产,他住大洋房腻烦了,常带小老婆来这里住,特别是夏天常常拖儿带女来这里避暑,人民恨透国民党军阀,今天来收拾它,一转眼被拆得精光,人们扛的扛,抬的抬,把木材、家具搬回自己家里,出了怨气。

我正看得出神的时候,梁均钦从武装起来的青年学生队伍中走出来招呼我。我抱怨他昨晚为什么不回来通知我参加行动,他说:"对不起,昨晚打了半夜,实在抽不出时间回来,刚刚到观音山脚下和小北各地巡逻,正打算去通知你,却在这里碰到。很好,我们到队部去详细谈谈。"我即跟在队伍后面,跑没多远,到达第四军政治部宣传部,他就把昨晚的情况扼要地对我说:"听说上级原定十二月十×日起义,因临时发生两件事而提前行动。①第一是小北有一间米店,是我们运送军火的一个联络站,昨天被保安队搜查,搜出步枪数十支、手榴弹两米箩,领导上怕因此误事,决定先发制人。第二是郊区龙眼洞的农民自卫队召开会议,被公安局②的眼线知道,公安局局长朱晖日准备派保安大队去包围缴械,因此必须提前发动。昨晚我们在这里紧急集合,组成青年赤卫

---

① 他所说提前发动的两个原因,不一定可靠,但当时他是这样说的。——薛尚实注
② 当时国民党警察机关称公安局,不叫警察局。——薛尚实注

队,接着去打公安局,打了一个多钟头才把保安队缴械,朱阎王(指朱晖日)爬墙跑了,有两千多政治犯全部释放出来。以后我们被分配到观音山一带巡查,想不到就碰见你。"他接着说:"怎么样?你就参加我们这个队吧!"我表示同意,他立即向小队长汇报,并介绍我和小队长见面。小队长姓周,浙江人,瘦长个子,约二十三四岁,虽然一晚没睡觉,但精神饱满。握手后,我汇报了自己的简历,他听我说是上海大学的学生,还可以动员北京来的学生参加战斗,非常高兴。我立即回去找了陈廉官和侯七两人一同参加青年赤卫队,由队里发给枪支弹药和红领带,编入小队,成为队员。

我们小队共有十多人,大都是大、中学生。吃了早点,小队长吹哨集合,告诉我们:"现在大队部命令我们到大沙头布防,大家到达后,少数人站岗放哨,多数人好好休息,下午到中山公园开市民大会。我即去大队部汇报,由小队副老麦带队前往。"老麦领了口令,率领我们跨上车头插有小红旗的街车(平时在街上载运乘客的小汽车)前进。沿途听到长堤、十八埔方面和文德路一带不断有阵阵枪声。各马路口都有工人赤卫队持枪警戒,有的赤卫队率领居民挑水救火,秩序井然。途经原省市政府机关和各业工会所在地,只见屋顶上都插有花旗。特别是苏维埃政府(设在伪公安局原址)高楼上空的大红旗,临风飘扬,令人鼓舞。这时驾驶员要到苏维埃政府联系一件事,我们趁机下了车,看到苏维埃政府大门内,有一千几百个头蓄长发、面色苍白的人,正在领衣帽鞋袜和枪支弹药。据驾驶员说,这些人都是刚获释放的政治犯,他们为了革命需要,顾不了自己的事情,坚决要求武装起来上火线作战。

我们到了大沙头原警察俱乐部,一面布岗放哨,一面进行清查,在后院铁门内查出步枪五百多支,多数可用。我们立刻派人报告总指挥部,很快派来卡车将枪支运走。约莫10点钟光景,我们的小队长来了,传达上级命令要从我们小队调四个队员去参加工人赤卫队的编训工作,地点在惠爱中路芳草街口。我们就去了,远远望见来报名参加工人赤卫队的人非常踊跃。他们按产业为单位集合,大家兴高采烈,又非常庄严肃穆,整整齐齐地站在太阳光下,等候编组。

总指挥部的代表讲话后,即开始编组,要我们帮助登记、编队,选小队长、中队长,发红领带和枪支、炸弹。参加编队的工人,以省港摆渡工人和码头苦力为最多,其次是手车夫(人力车夫,多是海陆丰人),还有榨油、金属、印刷和其他各种手工业工人。编队按大队、中队、小队组成,编好队、选好队长才发武器,有的一个小队发几支枪,有的只发几颗炸弹,到末了,枪、弹发光只好不发。领到枪支的,集合起来,由教导团的战士教上子弹、瞄准、射击,领到炸弹的也分头学如何投掷。听说广九车站也在进行这项工作。

当天午饭后,我们归队,到中山公园参加市民大会。我们的任务是在公园门口的马路上维持秩序。下午两点钟不到,人越来越多,纷纷向主席台左近集合。忽然得到通知说,大会展期举行,原因是敌人有向我观音山袭击可能,中山公园就在观音山脚下,为了保证市民安全,立即分头通知解散。我们正准备集合,小队长跑过来,指着马路上一位穿秋大衣的人,悄悄对我们说:他就是张太雷同志。我们都在注意看他,他已觉察到,也满面笑容地注视我们,并点头致意。张太雷中等身材,大概30多岁,迈着稳健的步伐,向苏维埃政府方向走去。他一个人走着,身边没有警卫员。我们远远望着他的背影,一直到看不见了才走开。

我们刚走到惠爱中路,大队部来通知,要我们帮助明星电影院的宣传站做宣传工作。当时的宣传站设在大的戏院和中小学校里,宣传大纲、标语和口号由总指挥部统一颁发,红纸、红布是下令征用的。我们一进明星电影院,就看到许多男女学生和教师,写的写,画的画,非常紧张。我们的宣传工作做得很出色,每条街上按照电灯杆的顺序挂上又长又宽的红布横幅,街旁墙壁上贴着一整张红纸只写一个字的标语、口号,非常整齐。夕阳夕照,显得满街通红,与屋顶上的红旗互相辉映,这是从来没有见过的红色的街道,红色的广州。而国民党的青天白日旗则被撕毁在地,任人践踏。

在12月11日天刚亮的时候,印务工会奉命将国民党的《民国日报》《国民新闻》和《越华》《公评》等报社查封。新的《红旗日报》在原民国日报馆址出版,苏维埃政府的布告、法令和各种宣传品都在这里印刷和分发。许多学生宣传员领到宣传品,除在街头散发外,还挨家挨户从门缝、窗缝里递进去。

天黑了,我们集合归队,小队长对我们的工作奖励了一番,并把今天一整天的情况做了简单的报告。他说:经过一天的战斗,国民党党政机关已全部解决,教导团和工人赤卫队打下了张发奎的炮兵营,缴获几门小钢炮。郊区农民武装在教导团指挥下,向粤汉路车站和兵工厂仓库进攻,取得了胜利,缴获枪支弹药很多。现在只有第四军军部和缪培南师部有少数兵力顽抗。刚才天快黑的时候,李福林部用军舰掩护,企图在东堤、西堤登陆,已被我军击退。缪培南师有一排兵企图摸黑突围,已被我军打回去。观音山方面无动静。沙基的英国兵今天帮助李福林向我们开枪,明天可能帮助反动派向我们进攻。

三、镇压反革命

12日一早,小队长叫我们集合,小声说:市内潜伏着不少反革命分子伺机蠢动,总指挥部决定立即开展肃清反革命分子的工作。我们小队分为两部分,一部分由麦副队长率领去逮捕国民党清党委员沈藻修,另一部分由梁均钦带路,去逮捕中山大学的清党委员梁展昌、张资江等。

分工完毕,我随麦副队长率领的一部分人出发,到了一条小街,在一座整齐清洁、两楼两底的房子门前停下,叫开门,沈藻修夫妇还在梦中,我们冲开五道小门才把他抓住。我们本来只要抓他一人,可是他的老婆一定要跟着,只好一起带走,送到苏维埃政府处理。路过我们队部集合点的门口,许多工人赤卫队员拥了上来,询问抓的是什么人?小队副高声说:"这是反革命分子沈藻修,是国民党市党部的清党委员、法院院长,是审判我们共产党员和革命群众的伪法官,'四一二'以来,不知有多少同志死在他的手里……"话还没有说完,一位海员赤卫队员气得高喊:"咸家绝①,杀死他,替同志们报仇!"他边说边把沈藻修夫妇绑在电线杆上,开枪就打,另外还有几位赤卫队队员也边骂边开枪,讨还了人民的一笔血债,有许多人还跑过去对着尸体踢了几脚。当时苏维埃政府曾发出通令,捉到国民党反革命分子,可以随时就地正法,所以很快就这样处理了。接着小队副到队部写了一张布告:"枪毙国民党清党委员、屠杀工农学生的刽子手沈藻修一名。"一时市民围观的很多,莫不怕手称快。与此同时,小队长带领一部分队员逮捕中山大学反革命分

---

① 广东骂人的土语。——薛尚实注

子,也很顺利,梁展昌、张资江就擒后,随即解送苏维埃政府追查处理。当天晚上,苏维埃政府门前贴了一张大布告,枪决了一批反革命分子。

我们完成任务后,回到队部,积极准备在原警察俱乐部召开全市青年代表会议,并在门前修理工事,防止敌人破坏。大家正在堆沙袋、砌砖块时,突然发现一个头戴呢帽、身穿棉布长衫、又高又胖的人低着头向西走。我们队里一位短小精悍的中山大学学生急忙端着枪赶上去,一面大声喊"站住,不许动",一面招呼大家抓反革命分子。原来这位中山大学学生认识这个人是《民国日报》一个姓袁的总编辑,蒋介石叛变后,他一直写文章骂共产党,想不到在这里碰上。大家审问他是不是袁某某,他哑口无言,大家把他缚起来,一位队员拉开枪栓,子弹上膛,向他瞄准,他立即跪下,哀求饶命,并要求解送苏维埃政府处理。

12点刚过,大门口开始有青年代表前来打听是否在此开会。到了下午两点钟左右,各单位代表来了一百多人。意想不到,苏联领事馆还派了一位国际青年代表前来出席。他一到会场,全体代表鼓掌欢迎。大家正兴高采烈的时候,一位主持人登上讲台,要大家静下来,接着说:今天下午全市召开工农兵代表大会,有许多青年代表到那里出席去了,不能到这里来;再则刚才得到情报,李福林部正集中兵力,在英、日帝国主义军舰掩护下,意图再次向我们进攻,凡是负责防守长堤的青年代表都要火速回去,因此宣布青年代表大会展期召开。这时那位国际青年朋友站起来,用中国话高喊:"同志们,布尔什维克万岁!"大家跟着鼓掌高呼:"布尔什维克万岁!""广州苏维埃政府万岁!"代表们当即分散,我们小队仍坚守在原来的岗位上。

下午5点钟左右,珠江江面上响起了炮声,接着是紧密的机枪声,越打越近,一直打到维新路附近,经过一场激战才沉寂下来。天傍黑时,小队长回来,神色很不好,眼红声哑地对我们说:"同志们,告诉你们一个很悲痛的消息,张太雷同志牺牲了!"刚说完他就痛哭起来,大家都很难过,一齐静默致哀。小队长接着讲了张太雷同志殉难的经过:就在当天下午5时许,国民党军队得到英、日帝国主义支持,由外国兵舰掩护登陆,我防守兵力不足,被突破缺口,敌人从长堤向我总指挥部狂冲,这时张太雷同志刚从西瓜园工农兵代表大会散会,乘小汽车回总指挥部,遇上敌人,受到袭击,逝世在车中。这是党和人民的重大损失,我们当时下定决心,一定要继承先烈的遗志,战斗到底。

四、撤离广州

13日拂晓,我们仍奉命开往大沙头防地,这时四面八方都很平静。到九点多钟,观音山和长堤方向枪炮声非常激烈,麦队副要我们镇定,耐心等待上级命令。到10点钟左右,枪声和迫击炮声更紧,而且逐渐转向市中心。不管怎样,我们还是坚守阵地,直到敌我双方都吹起冲锋号,知道激烈的街道争夺战正在进行。不久,枪炮声终于停止。但我们没有得到任何消息和命令,小队长也没有回来。等了又等,麦队副把我们集合起来,沉着而亲切地对我们说:"现在情况不对,小队长没有回来,想是凶多吉少。为长远利益打算,我建议我们青年赤卫队立即解散,大家有什么意见?"我们大伙沉默了一会,表示同意。他接着说:"解散后,各人分头去找亲戚朋友隐蔽起来,以后再去联系。大家要互相检查一下,身上有无可疑之处,如遇敌人盘查,要沉着应付,事先要考虑好答词。"这时大家都把枪支弹药和红领带交出,集中收藏。最后,麦队副又问我们有什么困难,大家一句话也说不出来,相互握手告别,恋恋不舍之情,难以笔墨形容。

我和陈廉官、侯七、梁均钦一道,插在群众中,跟着街上的人群乱转。刚到维新路口,正好碰上李汉魂的队伍集合,为避免敌人注意,我们绕道而行,转来转去到苏维埃政府后面一条很狭窄的巷子里。这里堆着半巷高的瓦砾,很僻静,我们准备暂时躲一下,等街上平静下来再走。刚蹲下,就有一位满面慈祥的老工人快一步慢一步地走来,对我们说:"不要蹲在这里,这里不安全。刚才打得最厉害的是公安局周围,等会可能有消防队或户口警来搜查,碰上不好办,还是由此向东走比较安全。"听了老人关心、亲切的语言,我们非常感激,立刻向他道谢,走出巷口,转上大路,四个人分手。

这时街面上许多电线杆倒下来,电线一条条垂着,许多房子被白军枪炮打垮,前两天满街的红色标语、横幅都被撕毁。惠爱中路的骑楼下,不少政治犯被枪杀,其中有些战士脚上的镣锁还未打开,即投入战斗而光荣牺牲。好些行人默默地低着头从烈士们的遗体边走过,很受感动。还看到好几部卡车满满地装着尸体,从中山公园开向红花岗去。

我回到原来住的学生宿舍,有位同乡担心太靠近中山大学,不安全,劝我转移。天一黑,他就带我到流水井的同乡家去。一路黑沉沉、阴森森,不见行人。他说是因为保安队到处抓人杀人,老百姓被害很多,大家不敢出来。

第二天下午,屋主人有些在白军任下级军官的亲友来访。从他们口中我听到一些情况:广九、广三两车站,有坏蛋躲在密室里认人,好些参加起义的人,想离开广州避难,被他们指认出来,当场逮捕,就地枪杀。现在检查很严,他们查到颈上有红色痕迹的[①],身上有红纱线的,不

[①] 参加起义的人,都把红领带系在头颈上,战斗中出汗,往往留有红色痕迹,来不及洗掉。——薛尚实注

经审讯,立刻枪决。苏联领事馆被查封,十几个苏联人全被枪杀。街上寻仇报复的人不少,如果有人从背后向保安队指一指,保安队立即把被指的人逮捕。全市已有三四千人被杀。革命队伍已从西北郊和龙眼洞一带撤走,转向花县。从12月11日到13日几天来欢天喜地的红色广州,已被国民党反动派淹没在血泊中,变成惨无人道的白色恐怖城市。后来我又听到一个白军连长说:他们进攻苏维埃政府时,起义队伍十分坚强,他们冲锋八九次,都被打退,白军伤亡很大。最后他们攻占苏维埃政府,起义队伍壮烈牺牲,没有一个人缴枪投降。由此可知,保卫苏维埃政府的战士们,为革命事业流尽最后一滴血,是何等英勇、坚决!

15日清晨,我从广三路到佛山,一路上看到反动军警非常恐慌害怕。他们在水陆码头、火车厢里,荷枪实弹,如临大敌,对老老小小的旅客都要搜查。我被搜查四五次,不但要翻衣领、解衣服,连头发也要摸,热水瓶也要打开来看。

我经佛山转中山,到了澳门。经过战友介绍,认识了彭湃同志的弟弟。我请他介绍往海陆丰去,他说,现在走不通,过些时再说。不久,国民党反动派勾结澳门总督,派了许多密探,在澳门公开捕人。听说彭湃同志的兄弟四人都被捕解广州,生死不明。

(张脉奎整理)

(原载政协上海市委员会文史资料工作委员会编《文史资料选辑》1980年第2辑,1980年5月第1版)

1931年到1933年上海总工联的简况

薛尚实

我是1930年冬参加上海总工联工作的,当时分配到浦东、沪东一带进行烟厂工作,主要任务是组织烟厂工人的罢工斗争,在斗争中把烟总建立起来。1931年"九一八"事变后,组织上通知我兼任浦东区工联党团书记(从1932年"一·二八"起区工联取消)和烟总党团书记。1932年秋我调任纱总党团书记,是年冬调到市政总工会工作。到1932年冬末、1933年春初我调到市总工联任党团书记,直到1933年冬才调到全总华北办事处工作。

这时正值第三次"左"倾路线统治时期,上级组织错误估计形势,提出:中国目前的政治形势——中心的中心是反革命与革命的决死战斗已经到来了,要动员全上海工人拥护革命战争,打倒军阀战争,要拥护苏维埃革命政权,打倒国民党的反动政权……

在这基本任务下,上海工运的主要工作就是加紧组织、领导工人日常斗争,要发展为同盟罢工到总同盟罢工,要准备武装暴动,推翻帝国主义和国民党的反动统治,争取全国苏维埃的胜利。

那时候,上级组织对上海工人斗争的力量估计是很高的,提出上海

80万工人的势力就可消灭资本家和国民党的势力，认为发动第四次总同盟罢工举行第四次武装暴动并不是没有可能的。所以，在第三次"左"倾路线的错误领导下，天天嚷着政治罢工，组织武装暴动，争取一省与几省首先胜利的行动口号。

下面，我就有关当时工会工作的基本任务，关于组织罢工斗争、组织游行示威、组织工人纠察队，关于建立赤色工会与反对黄色工会斗争，总工联与产总的工作状况等做简单的回忆。

关于组织罢工方面

当时，组织与发动罢工斗争是工会的日常工作，每个产总每月的工作计划中必须提出准备组织哪几个厂的斗争，以哪一个厂抓到哪个中心要求去发动斗争。如果是"五一"节那就要做一个厂或几个厂的政治罢工的预算，就是罢五分钟的工到发动同盟罢工的预算也要定期交出来，至于能不能发动起来，则是另一回事。

记得在1931年红五月就是如此，计划全上海各个产业以组织政治罢工为中心，同时要组织盛大的游行示威，工作较有基础的产业勉强响应，工作基础薄弱的也不能不写个计划以壮壮胆，纪念节过了，斗争发动不起来，只好借故推开。

那时，同志们在日常见面时，首先提起的就是："你抓的厂罢下来了没有？"说是罢下来了，那是天大的喜事，热诚庆贺。至于怎么罢下来的？罢工斗争的结局如何？对革命是否有利？那就不去管它。如果有人汇报如何发动斗争，如何亲自领导罢工的，结果如何，同志们都侧耳而听，对他另眼相看，他就能得到领导鼓励。

但在干部之间闲谈的时候,常常流露这样的情绪:工作难搞,比立三路线的时候难搞。

在组织罢工斗争过程中,我还有这样的印象:搞突击的时间花得多,至于如何巩固基层的工会组织那是从未谈起。搞突击的对象多数是主要产业的中心厂(如市政中的发电厂、日本纱厂中的内外棉五厂),这样的厂,一般是在发动斗争后受到敌人的摧残严重或者是我们的力量最薄弱的单位。为要突破一个中心厂——以达到中心突破、四面开花,去推动其他各厂的罢工斗争,因此,派得力干部到该厂去进行突击。如果是这个厂的工人形将或已经发动了罢工斗争,那就要进行紧急突击。如有关系能挂上钩,那是最好不过,如果没有的话,自己到工厂门口、工房里去找关系,如交朋友、组织小姐妹、结拜兄弟(有的厂的工人对结拜十弟兄很盛行,由十弟兄再拜十弟兄,小姐妹再结小姐妹,在反对工头流氓欺侮、反对资方打骂开除等很能起组织作用)、利用私人关系(亲戚、朋友、同乡、同学的关系)、社会习惯(如标会等)去选择对象、建立赤色工会小组去领导斗争。

还有一种紧急突击,由一区或全市动员各个组织系统,交出与该厂该业的党、团、工会或社会关系,然后集中本地区内的党员干部、团员、互济会、上反力量,向该厂进攻。

常常有这样的情况,在厂里找到了关系,刚刚建立了初步的感情,刚刚了解了厂内的一些情况,领导上即急忙要制定斗争纲领,在车间里公开号召发动斗争。

对斗争口号与斗争要求的提出,往往不是从工人政治觉悟水平出发,不是从工人最迫切要求出发,而是由干部从主观想象出发,常常在工人当前最迫切需要解决的条件上加一个经济上和政治上的条件,这些条件往往与当时的斗争行动联系不起来,或者是资本家一时间无法答复、无法实行的要求。例如,有的在罢工口号中直接提出"打倒帝国主义""拥护苏维埃红军"等口号。有一个厂在斗争时,提出了"反帝拥红"的口号。

还有一个例子,在1931年冬,南洋烟厂工人晚上放工回浦东,摆渡船被小轮船撞翻了,淹死十多位工友。我们发动工人家属和全厂工友提出"要设立摆渡轮船""要抚恤死难家属,每人几千元",并派代表要资方答复。这是完全正确的,群众也拥护的。可是,上级领导得到汇报后,加上了"取消抄靶子""打倒剥削工人血汗的资本家""打倒出卖中国东北的刮民党"等,这几个要求提出来,工人当场就表示不赞成。他们说:"不要右一条左一条,死了人怎么办?"

罢工斗争发动后,有时往往不顾敌我力量的对比,不考虑斗争在取得一定胜利后适可而止结束斗争,以保存力量,准备第二次待机发动以取得更大的胜利,而是一味把罢工引向"坚持到底,不获全部胜利,誓不复工"。有时要一个车间的斗争,硬扩大为一个厂的斗争,要一个厂的罢工扩大为一个产业的同盟罢工,结果成为空喊。工人即使勉强接受罢工,亦无力对付帝国主义及国民党的镇压,工人只好忍痛复工,弄得群众垂头丧气,基层组织受到损害,工作干部也无法站脚,只好调动工作,另起炉灶,重新突破。这样的事例是很多的,如法电、邮务、英美烟厂等工人的罢工都是如此。

当时还有一种很坏的作风,就是对罢工斗争结果的估计常是令人是非莫辨的。罢工斗争胜利了,工人情绪很高,政治影响好,组织有收获,这是显然的。但是斗争失败了,要求条件没有达到,工人被开除了,或被捕了,组织搞垮了,而在总结工作时,总是说:这次斗争在政治上有多么大的政治意义,在斗争过程中国民党、资本家如何的恐慌,工人是如何勇敢,工人虽遭到摧残,但全厂工人必然要激起更大的愤恨……最后是在这次斗争中工人得到了经验,干部得到了锻炼,因此,对今后罢工斗争的发动,必然更加顺利……我们搞具体工作的,心里有数,总感到这不是事实,这些结论讲是这样讲,今后基层组织工作也不是那么更加"顺利"。因此,我们当时很苦闷,背地里常谈起:"工会工作难搞,搞搞就垮,搞搞就垮,要搞到什么时候才能成功?"

建立与发展赤色工会

建立与发展赤色工会组织,在每个月的工作计划和每次汇报都要列举数字,领导上把这个问题放在工运中非常重要的地位,要求在重要的企业中,都要建立强大的赤色工会。

在斗争中建立与发展赤色工会会员确实很快,有的厂有过成百成千工人登记入会的事实,但不一定能巩固。因为在斗争中,会员不懂得荫蔽,一个个抛头露面地公开宣传赤色工会,宣传斗争纲领,揭露国民党黄色工会的阴谋,号召打倒黄色工会,选派代表和资方谈判,等等。罢工斗争之后,国民党反动派唆使特务、暗探、工贼、走狗监视罢工工人,尤其是工人领袖,多数会员站不稳脚,赤色小组多数摇摆不定,会员的流动性很大。1931年以后,上级又指示会员公开进行活动,这样赤色工会再次受到严重打击。以后又照搬外国的经验,上级决定在有赤色工会的厂要建立工厂委员会,不分政治派别,不分男女老幼,都可参加,但我所知道的厂,都没有建立起来。

那个时候白色恐怖很严重,工人的畏惧心理没有解除,工运在"左"

倾冒险主义的方针路线下，工作推不动。反之，如果能利用公开合法的和社会习惯的组织去进行活动（如换帖、拜弟兄、结小姊妹、标会、读书读报、文娱活动等），就能够吸收许多群众参加，工作很有生气，而且通过这些组织活动，能够领导罢工斗争和开展各种政治活动。

邮政局中黄色工会最强，赤色工会组织不起来，黄色工会反对派也没有组织起来。我们就通过个别关系运用邮工俱乐部、旅行团、聚餐会、同乡、同学等公开合法组织活动，在反对陆京士等黄色工会领袖的欺骗宣传方面起了些作用。

由于组织路线的问题，当时征收赤色工会会员太严格了，几乎同发展党员、团员差不多，要忠实可靠的、工龄较长的、承认赤色工会的斗争纲领和章程，并参加过斗争的职工才能被介绍到赤色工会中来，因为条件苛刻，征收的会员就少。我记得当时有过这样的说法："厂里党员多于团员，团员多于工会会员。"这是很可能的，如邮政总局，有党的小组，而没有一个会员。

工会会员在群众中活动的时候，首先揭露国民党黄色工会的欺骗和反动行为，群众听后，常常提出："啊！他们是黄色工会，你们是不是红色工会？是不是共产党领导的？"有不少会员当场不敢答复，党员更不敢露面解释，以后就不敢这样讲了。对赤色工会的工会纲领和章程，更不敢摆出来。有的会员改了口说我们是老工会（一般工人对大革命时期的总工会叫老工会），是工人自己的工会。但人家一追问会长是谁？工会办公室地点在哪里？工会登记了没有？这些问题自己也搞不清楚，这也是发展会员的一个障碍。由此可见，当时的工作路线完全是关门主义的一套。

我自己管过的纱总曾统计有200多会员，市政有过100多会员，但都是个别关系,到1933年的冬天,各产总的基层组织都垮了,会员关系可说是"寥寥无几"。

发动工人反对黄色工会的斗争

上海的黄色工会在1927年"四一二"以后叫"总工会""工统会",到1931年又改为"上海市总工会"。黄色工会在各主要产业和中心工厂建立其基层机关(在日帝国主义产业中心不许建立工会,如内外棉),委派工贼、走狗、特务、暗探去当委员,工人都叫他们的工会为"老爷工会""国民党工会""老板工会"。黄色工会都由资方办的,他们的活动主要是取消工人在斗争中已得到的利益,压制工人政治活动与经济要求。他们宣传劳资合作,通令禁止罢工,要严守秩序,劳资纠纷要听候市党部或社会局调解仲裁;工人要罢工,他们就帮助资方开除工人,甚至逮捕、屠杀工人;工人要抗日救国,他们也组织"抗日救国会"来代替控制工人各种活动。在1932年"一·二八"之前,他们花样最多,政治上的压迫也最厉害。工人组织反日罢工斗争,他们也组织罢工来破坏罢工,以达到其不可告人的目的。

我们在黄色工会组织的工厂里,进行过一些活动,把工人对黄色工会和黄色领袖最不满意的事件搜集起来,进行宣传,暴露他们打、拉、欺骗的罪行,号召工人要组织自己的工会,不要"官僚工会""走狗工会",反对束缚工人的《工厂法》和《工会法》。我们先从细小的事件搞起,例如,组织工人反对英美老厂的黄色工会征收会费斗争,他们收会费,不论是否会员,一律从工资中扣小洋两角。发动这场斗争,我们首先提出非会员为什么要交会费?交会费要自动交,为什么要从工资里扣除?

接着提出以前交的会费总共多少？用到哪里去？要求公布账目等。在发工资的时候工人就吵开了，对账目不公布吵得更厉害。等到账目公布了，我们又组织工人清查，清查到工会办公费中一个月的纸墨费用数目很大，大家吵得不可开交，说买了这样多的纸墨，子孙三代也用不完，以后又指出某委员刚进厂时穿的是布褂裤，现在西装笔挺，钱哪来的？还不是工人的血汗。质问以后，这个委员躲了很久才露面。以后会费仍然照扣，于是他们又发动了工人要打收条，发到收条后，工人当场撕掉。工人骂着说又给扣去两角"烧纸钱"，从此工人对黄色工会普遍的愤恨，黄色工会更加陷于孤立。

其次，商务印书馆组织反对选举黄色工会委员搞圈定指派的斗争。某某厂曾开展反对强迫参加国民党，不交照片和入党党费的斗争（集体入国民党交照片一张，党费二角）。

邮务黄色工会下属组织很多，如旅行社、摄影社、聚餐会、储蓄会等有十数种。我们的党组织建立反对派搞不起来，于是在聚餐会、储蓄会中进行活动，通过他们，把我们的宣传品带去传阅，并做反对陆京士、水祥云等黄色领袖的活动。阿苏（赵毓华）是其中较活跃的一个。

关于组织黄色工会反动派的工作，金生（即陈云）曾写过些文章，介绍过一些经验，在党刊《斗争》上发表。

组织工人纠察队

1931年"五一"节前后，为准备武装暴动，对于组织与扩大工人纠察队问题特别强调，在总工联会议上专门讨论过，以后又派专人检查这一工作进行的情况。领导上经常提到要组织罢工斗争，发展总同盟罢工，走上武装暴动等,并布置要建立城市工人的武装队伍——工人纠察队或工人自卫队,说:"这个队伍在暴动时就叫暴动队,这个队伍就是红军的前身,现在不仅农村里有红军,暴动发动起来了,城市也要组织红军赤卫队。""现在组织工人纠察队不仅是保卫干部、保卫工会、保卫罢工纪律,而且要组织武装进攻,要打走狗、打工贼、打叛徒,罢工时准备武装冲突,游行示威时要保卫游行队伍,要切断市政交通,要准备巷战,要学柏林的共产党领导工人武装举行巷战的经验(当时曾发过一些武装斗争的小册子)。总之,要为上海工人第四次武装暴动做准备。"

为此,领导上提出工人纠察队的组织、训练、行动等三大任务。

组织工人纠察队,分配给总工联的任务较重,要经常有×千的队员在活动。纠察队编制为五人一小队,三小队为一中队,三中队为一大队,大队上设纵队,按东、西、南、北、中、吴淞、浦东七个地区组织各个指挥部。

原来产总工作人员中有一位专门负责纠察工作的,后来说是纠察队容易遭受破坏,由市、区建立一个单独系统去加强领导,工会基层组织建立纠察队小队后即上交,与工会不建立横的关系,到了发动罢工斗争或游行示威时,才由指挥部派人与工会、产总联系。

在"一·二八"淞沪抗战爆发后,日本纱厂工人举行反日同盟罢工时,工人纠察队发展得最快。在沪西有指挥部的办事地点,值班工作的队员每天发生活费两毛。

训练分政治训练(上政治课讲任务、讲纪律)和武装训练(学用原始武器、学放枪、打手雷、学巷战、设障碍、夺取武装、使用新式武器等)。

行动方面,我知道的很少,记得在沪东韬朋路举行过一次演习,我去迟了,没有看见,以后在四马路和草鞋浜的草地上也演习过一次。在游行示威时，纠察队队员开汽车载玻璃倒在南京路、大新路口（即永安、先施公司门前的十字路口）以切断交通，或者由纠察队小队拉下电车的辫子，打破电车上的玻璃（一般的等电车停了，乘客下车后才动手打），使街道阻塞。指挥部往往于交通不通的时候，下令燃放爆竹，打起旗帜，高呼口号，整队游行。

那时候，纠察队队员使用酒瓶、石灰包、石子、小刀等简单的武器，这些武器对保卫指挥部，保卫游行队伍，都能起些作用。

总工联发过指示，要每个干部在日常工作中，甚至跑路的时候，应时时刻刻为武装暴动而留心哪里可以战，哪里可以守，要有军事头脑，要学习军事常识。以后我也看了有关武装斗争的几本小册子，其中有恩格斯《论武装暴动》，克劳塞维兹的《战争论》等。

关于革命纪念节的斗争行动

1931年以前，举行各个革命纪念节的办法，除了执行统一部署外，我们基层干部曾采取各种各样的方法去进行。

例如，随便在一张纸头上用铅笔写几句纪念口号，向工人边读边解释，既可认字，又可达到教育的目的。

有的在前一天召开会员会议，讲这次纪念节的政治形势，今年纪念节的意义和我们厂我们车间应做哪几件事情，谈完后，分配每个会员分头去进行召集小型的群众会议，十人八人、三人五人都行，工厂工房内可以进行，即在上班下班走路时手拉手边走边谈也行。

还有，就是边做工边开会的办法，先部署好如何纪念节日的讲话要点，由管头部车的提出一句话传给第二个人，一直传到底，到底了又传上来。这样,工人乐意听也不害怕,上午讲不完,下午还可讲,也能达到教育目的和纪念要求,这种办法不但能传达指示,还可提出问题来讨论。

再则秘密分配工人一些(一人只两三张)传单标语散发和张贴。分配的时候,领导先把宣传品内容讲给群众听,他们了解了内容后,不但能散发和张贴,而且还能做口头宣传。

还有,号召会员带领三两个群众去看游行示威,愿意去就去,不勉强,看到游行队伍后,愿参加就参加(大部分去看的人都情不自禁踊跃参加),运用现实场面进行教育。

这样做,主要是根据群众水平确定的。群众乐于接受,联系群众的面较广,进行教育也较深,比只是"要大干",只要"发动群众参加大规模的游行示威"的效果好。但是,在1931年纪念"五一"国际劳动节,上级领导所提出的工作要求就很高。第一要求发动政治罢工,要在厂里组织与发动罢工纪念"五一";第二要求发动工人统统到马路上去参加游行示威。这两个要求是以命令性质出现的,各单位一定要做到。

当时,估计到国民党也可能布置"纪念'五一',停工一天",我们应该怎么办呢?上级决定不听国民党的,要由赤色工会自己独立地宣布罢工(不是放假,也不是停工)纪念"五一",如果国民党召开大会纪念"五一",我们坚决拒绝,并号召工人到大马路去游行示威,以扩大政治影响。

总工联布置各产总要发动罢工斗争,要在斗争中扩大赤色工会会员,扩大纠察队队员,要发动工人参加大游行,敌人如果镇压,应立即发动群众跟纠察队队员一起抵抗,这叫冲锋的演习。

当时,上级还指示:"为了检阅我们的战斗力量,为了扩大政治影响，游行示威，地点可以半公开，或公开宣布，广大群众才能自觉去参加，公布后就不改变，群众才不会分散，争取完成游行示威的革命任务。"可是，敌人在"五一"节当天，从南京路外滩到跑马厅实行紧急戒严，在每个十字路口都有武装军警，如临大敌，把交通断绝。当天我们在大新街一带视察，秩序异常，到了正午，游行示威队伍并没有集中起来。

到了1932年，由大规模的游行示威的要求，转变为组织短小精悍的飞行集会。记得我们在北泥城桥堍举行过一次，北四川路邮局附近举行过一次，据说弄得敌人很紧张，但在工业区没有搞起来。

搞飞行集会，首先要干部带头，当时基层组织力量单薄，每次要拿出不少干部去抛头露面，搞一次，组织上就要受到一次损失。飞行集会在上海搞了几次，以后就停止了。

上海总工联的负责干部和工作情况

1930年总工联负责人，前一个是徐炳根，他是恒丰纱厂的工人，被捕后很快就动摇叛变了。接上去是徐锡根，他也是某个纱厂的工人，在"一·二八"以前被捕也叛变了。他带着特务疯狂地抓基层干部和纱厂的积极分子，抓去了很多党团员。国民党以他反共有功，经过训练后提到国民党市党部工作。熊式辉很赏识他，熊任江西省省长，把他带到江西去做特务工作，以后一直提升到国民党江西省党部书记，改名为冯戎。我在南昌新四军办事处时，管理过省府和国民党省党部的地下关系，熊德基在省党部当秘书主任，常常汇报冯戎的反共言论和行动。有一次我在新四军南昌办事处门口的街上（三眼井）看见过他。

徐锡根被捕后,总工联由饶漱石负责,他化名为阿施、阿四、小姚、老宋。1932年秋,他调到全总华北办事处工作,改名为瘦人,有时也用阿四的名字。他出席太平洋国际职工代表会第七次会议时,改名为梁扑。这时候,工联本身的工作人员有:匡亚明、孟超、迅雷老高(据说是一位兵工厂的老工人,负责组织部工作),以上三人是搞宣传工作的。油印处的工作人员是高歌。产业工会的负责人是:印总戴平方,丝总秀英,又名徐大妹,青工部小邱,码总马异,市政韦护(他参加公共汽车卖票时工号为三个二,留日学生,高邮人),纱总老皮,其他忘了。

饶走后由王某某主持,他是天津人,所以,我们叫他北佬王。他大概工作了半年才调走。

接北佬王的是杨尚昆,他从1932年夏工作到秋末才调走。我那时搞烟总,后调纱总,常与五金总工会的徐阿昌(祥生铁厂的工人),青工部小胡,女工部的负责人一起接头开会,别的产业工会的情况不甚了解。

杨走后调老孔(工人干部)来负责,不久又调法商电车公司工人老王来领导我们工作。老王不久被捕,后来据说是从敌人手里逃出来,组织对此事怀疑,把王调走,仍由孔负责。

到1933年春末,孔调走了,组织上调我搞总工联。总工联本有陈艺(又名陈克礼)先生负责宣传部兼管市政和丝总,老张(纱厂工人,湖北人)负责组织部兼管纱总,老章任秘书处工作兼管印刷,老戴管烟厂、码头。上级和我经常联系的是老马,口音是皖北人,他是刚从苏联回来的。

1933年10月底我调到华北工作时,由老章接替我的工作,陈克礼仍在,后因邮政总局运输工人吴鸿吉被捕供出陈,陈被捕,因此整个邮政局工作全部垮台。

当时,总工联的组织机构不大,通常只有五至七个人(是根据面向基层,缩小领导机关的原则),即党团书记一人,总务或叫秘书处一人,青年、妇女(以后妇女与丝总合并)各一人,联络接头站一至二人。总工联和产总人数,视工作需要而增减,人数最多时曾达到36人。

"一·二八"前曾一度建立区工联,后因其不适合组织同一产业工人同盟罢工的要求而被取消。淞沪战争时,沪西日本纱厂举行抗日同盟罢工,曾组织地方性的区罢委以加强这一斗争的领导。

当时曾建立过的产业总工会有:纱厂、市政、印刷、丝厂、店员、五金、烟厂、码头等,至于海员、铁道则由全国的海总、铁总直接领导,与市总工联只有横的关系,没有直的关系。

市工联与产总的负责人不是由下而上民主产生的,都是由上而下指派的,全部是党员,没有一个群众参加。除总工联有女工、青年等部门外,其他机构没有设置常委或执委,总工联与产总的负责人不叫什么主席,而是叫党团书记。

产总无一定的基层组织,无法召开群众性的代表会议产生领导机关,而是采取委派制度,工作处于十分秘密、十分狭窄的圈子里,工作干部都不参加生产。产总的名义,只在某次斗争中需要发表文告时用。有个别的产总——如纱总曾经秘密开过代表大会,产生自己的领导机关,但是,一旦公开后,即遭到破坏不能坚持工作。

"一·二八"淞沪抗战爆发前后,各产业工会大大活跃起来,通过工人救国会、工人反日会、抗日后援会等,公开进行宣传、募捐、抵制日货、支援十九路军抗战等各项活动,工人纠察队也在反日同盟罢工中大量地组织起来。上海纱厂工人代表会曾召开过一次,会上通过了坚持反日同盟罢工和支持十九路军抗战宣言,通过了纱厂工人反对日帝国主义的斗争纲领,通过了拥护苏维埃红军的抗日救国的宣言等,但是没有选出自己的领导机关。以后建立的区罢委也只是由党、团、工会中抽调几个干部成立秘密机构指挥斗争。

因为基层组织薄弱,地区又大,产业工会又多,总工联、产总的干部受到秘密工作的限制,组织上规定的工作人员很少,整天靠几个人忙于接头、跑关系,忙于向上汇报,布置工作,上上下下,个别联系,解决问题非常慢,这就很不适合形势发展的要求,很不适合组织领导广大工人进行抗日救国的要求。当时,敌人集中全力向我们进攻,但我们对形势变化后,如何改变方针政策,如何深入基层、积蓄力量,如何才能做有效的斗争,是从来没有加以讨论研究的。

那时候,我们进行日常工作,总是很盲目的,虽然有每月的或每周的计划,可是常常变来变去,难以贯彻,每天都是根据上级指示,呆板执行,不大动脑筋,推一下动一下,学习没个制度,不学习理论,也不学时事政策问题,也听不到什么政治报告,除了偶然看到秘密通知或党报(《红旗日报》)党刊(不容易看到,总工联、产总无收发交通人员,自己携带存放是不允许的)之外,其他理论书籍,就更难看到。所以,干部的政治思想水平,无法提高。

总工联和产总工作的干部,平时都不过支部生活的,对党的方针政策只是在布置工作时作为根据提一提,或者在干部之间个别交谈,至于如何认真学习研究,那是没有的。

记得总工联曾办过一次短训班(大概是 1932 年春),时间一个礼拜,由陈云同志讲如何组织与领导反黄色工会斗争,康生讲全总对职工问题的决议,黄平(后改名黄有恒,在复旦大学教俄文)讲罢工策略,还有一位讲目前形势与党的任务……大概只有这一次讨论研究过一些问题。

因为没有正常的组织生活,只有由上而下的习惯,干部中也没有互相监督与批评,在接头或小型联席会议上常常听到"右倾""尾巴""工团主义""合法主义"的批评,认为争取公开合法活动,就是"右倾",就是"取消主义"。

(原载《党史资料丛刊》1981年第1辑,上海:上海人民出版社1981年4月第1版)

上 火 线

张凌青[1]

1933年8月,国际反对帝国主义战争会议在上海开会,我参加这个会议的筹备工作,并因这一活动而被国民党逮捕。

这个会议计划是由1932年国际反对帝国主义战争首次大会决定的。

1932年7月28日,国际反对帝国主义战争大会集会于阿姆斯特丹(Amsterdam),著名的法国作家巴比塞(Henri Barbusse)在会上报告:"这个会议集合了两千三百名代表,喊出了反对帝国主义战争的口号。他们是工会、国际红色救济会、国际劳动者救济会、私营企业职员、政府官吏、现役军人、残疾军人、教授、教员、大学生、中小学生组织所选出来的代表。这个反对帝国主义战争同盟结合了社会各阶层各党派的统一战线,工人、农民和市民手拉着手来参加我们的斗争行列。"这个会议的一项决议:为揭露日本帝国主义侵占中国东北三省领土和它们的凶残面目,为揭露帝国主义军缩会议的虚伪,和平会议的欺骗,为揭露国际联盟所派遣的"李顿调查团"关于中日事件的报告中的瓜分中国的阴

---

[1] 张凌青(1905—2000),江苏宝应人。1932年11月参加革命,1933年1月加入中国共产党。1964年至1985年在上海社会科学院历史研究所从事研究工作。——编者注

谋,组织国际反战调查团去远东,并推定巴比塞为调查团团长。这就是1933年8月上海国际反战会议的由来。

上海国际反对帝国主义战争会议的筹备工作由世界和平保卫会议主席团主席宋庆龄先生主持,具体组织工作由江苏省委负责。8月初,上海公共租界工部局在中外各报发布禁止国际反对帝国主义战争会议在上海公共租界开会的公告。这证明帝国主义为了瓜分中国与投降卖国的国民党勾结一起镇压世界和中国的人民反对帝国主义战争运动。8月5日晚间,江苏省委冯雪峰偕刘芝明、吴觉先同志来我处,要我参加国际反战会议的筹备工作,并介绍刘是反帝大同盟负责人,吴是与宋先生的联络人。我当时在主编文总主办的《正路》月刊,顾虑会影响它的出版,但又想反战会议是桩大事,不能不投入这场战斗。6日,吴通知晚上8时到北四川路老靶子路口××旅馆××号房开会。与会者,雪峰、芝明和我,冯分发一张复写小方块纸,乃是省委对工作的指示。一是谈反战会议在上海开会的重大意义,二是工作要求:争取公开开会,开展宣传工作,广泛动员群众,冲破中外反动派的镇压。我们讨论工作,决定:一、8日下午2时在南京路冠生园茶座召集各团体代表动员。二、征求文化界人士签名欢迎巴比塞代表团宣言。

在南京路冠生园二楼的茶会,到会者有12位青年,没有签名或自我介绍,我相信他们是经过机密通知来的。他们是工会的、反帝大同盟的、青年团的,此外就有觉先和我。我首先发言:巴比塞代表团已在来华途中,什么时候到达还没有接到电报,但是不过几天就可以得到消息了,到时候再通知大家。代表团是国际反对帝国主义战争大会委托他们到中国来调查日本帝国主义侵略中国的暴行,揭露帝国主义瓜分中国、进攻苏联的阴谋。现在日本帝国主义又占领了热河,并进而威胁平津华北,华北将变成第二个"满洲国"。国际反战大会代表着世界反战人民来支援中国人民的抗日反帝的民族解放斗争。因此,我们热烈欢迎巴比塞代表团,我们拥护代表团在中国召集国际反战大会。现在租界的和中国的反动派禁止反战会议开会,我们就要动员广大群众冲破中外反动派的阻挠、破坏,首先,我们要在代表团到达的码头上举行盛大的欢迎会。代表团到达以后,我们要组织群众集会,邀请代表团到会讲演,并积极参加反战会议筹备委员会的工作,我们要做代表团的后援,争取反战大会的实现,争取反战大会公开开会。我们要鼓舞广大群众为反战大会完成它的伟大任务而投入这场斗争。

茶会半小时就散了。这是为了应付国民党撒开的特务网的突然袭击。

8月16日,觉先来通知代表团于18日上午到达上海,并交给我宋庆龄先生的名片六张,工作费用60元。我即携带《中国著作家欢迎巴比塞代表团照事》找申报馆主笔×××要求刊登。他说,他个人同意,但他无权决定。我说,我去广告部办手续,请你支持。接着我就转赴广告部订于8月18日登载,交费30余元。

看来,一通禁令把他们压住了,作为新闻他们不登,作为广告他们也未必登。可是,反动当局的封锁,也有被我们打开缺口的地方,当晚《大美晚报》登出了这个文件。原文如下:

中国著作家欢迎巴比塞代表团照事

自"九一八"事变以来,日本帝国主义掠夺我东北四省,侵凌内蒙华北,飞机大炮毒瓦斯时时在毁灭吾中国民众之生存。暴日既已在华取得优先地位,国际帝国主义瓜分中国战争之危机遂愈迫。世界反战会议此次特在上海召集,其意义即在于号召世界民众——尤其是中国民众反对帝国主义大战及瓜分中国的战争,并同时派遣巴比塞代表团调查日本帝国主义暴行。同人等对此伟大的世界反战会议,对此主持正义的巴比塞代表团,极端表示拥护。当此反战会议即将于九月初开幕,各国代表团纷纷来沪之时,谨此表示欢迎。

签名者鲁迅等一百一十四人,这是"文总""左联""社联""剧联""影联"等团体和文化界人士的共同宣言。

晚上,我感觉我家不安全,到周起应同志家开夜车修改《华尔街》稿子,因为生活困难已经预支"良友"书店稿费,要限期交稿。他到后房睡觉,我就在前堂搞了个通宵。凌晨,我想着这一天的工作:因为已写信约了某同志今上午在我家搞英文标语,我必须回家。下午,要去我的私人关系的印刷所把《中国著作家欢迎巴比塞代表团照事》印成传单,以便第二天一早拿到码头欢迎大会上散发。因为我想《申报》广告不能登出,而《大美晚报》影响不大。

我一进家门,一个警察迎面问:"你姓什么?"我上楼,房里又有一个穿白纺绸衫裤特务样的家伙坐在我的写字台旁,迎着我说:"你到底回来了,我已经等你半夜了。""你来干什么?""有人告你是共产党。""有什么证据?"他把我的提包拿过去,检出《照事》底稿和宋先生名片。"这不是证据吗?""这是宋先生叫我做点事情,我不是共产党。你把我抓去,宋先生是会去要人的。你不要自找麻烦。你走吧!"他笑笑。我坐到椅子上休息,想着那要到我家来的几个同志,我已无法通知他们了。一夜未眠,打盹,几乎睡着了。过了一会,门外来了汽车,他说:"请吧!"他拿出手铐给我扣上,把我带到国民党公安局,关进拘留所。这个号子临天井一面是铁栏杆,进来的人我都看见,从我来后,陆续有一个、两个、三个,一批一批的青年、工人、学生,还有女工进来。晚上,刘芝明、史存直、张云、林天木也陆续被捕来了,巴比塞代表团明天到达,特务今天收网了。骨干分子被抓来了,联系的线索就断了,明天的欢迎大会呢?

中外反动派毕竟扑灭不掉我们的欢迎大会。根据《大美晚报》《时事新报》记载当时情景如下:

八月十八日上午十时,反战会议代表团抵沪。代表团一行有马莱勋爵(英国工党)、古久烈(法共《人道报》主笔)、马特(比利时国会议员)。巴比塞未来。

代表团所乘法国邮船安特里本号驶抵招商局中栈码头。码头上军警戒备森严,到码头欢迎者有宋庆龄先生和中外士女一百余人。有众多的工人、青年手持红绸旗,上有白布制的"欢迎"二字。当该船驶近码头时,鞭炮齐鸣,接着有人站立演说,接着群众大呼口号,又散发中英文两种传单。及马莱等一行下船登车,群众追随车后奏乐游行示威,并沿途散发传单。

同日,鲁迅、矛盾、田汉发表《欢迎反战大会国际代表的宣言》(载《中国论坛》)。

在拘留所牢房里,三面三堵墙,一面是铁栅栏,警察还怕不严紧,还要带镣,而且是两人共一副镣,他大小便我得跟在他旁边。还要怎样虐待呢?同"号子"有一位难友是以武汉刺刘声隐案嫌疑人被捕的。一次审问,他受拷打回来,冤苦不堪忍受,愤然昂头向铁栏猛撞,我们拉住了他,已血流满面。我们愤怒地喊出了"反对打骂!"并绝食抗议。

8月底,我们一批——张耀华、刘芝明、史存直、张云、林天木,另有两位女工人和一位男工人被解送南京。两人共一副手铐,在车上过夜,茶房问要咖啡茶吗,我答"每人一杯"。咖啡甜滋滋的,润润干燥的喉咙,我们觉得比从前的滋味好得多。

翌日清晨,到达南京宪兵司令部拘留所,一进铁栅栏门,臭气扑鼻。一条狭仄的甬道,两面排列囚房十六间,房内正面和一侧都是两层木板通铺,只有进门的一侧有两平方米的空间。睡觉时,上铺下铺排满了人,像沙丁鱼罐头。每天夜里我都感到窒息,幸而在我的位置屋顶有一小小的气孔,夜间熄灯,就可以立起来对孔进行深呼吸。

过了几天,国民党中央党部的特务叫我谈话(在拘留所所长室中),他说:"你在外面紧张活动,忙得很。到这里来可以清醒清醒,反省反省。""我参加反帝活动,没有什么可反省的。""你不要打官腔。你不是共产党的高级干部,就能让你负这样的责任了吗?""我参加上海文化界欢迎巴比塞代表团的活动,这是为了反对日本帝国主义侵略中国,反对帝国主义战争,这是我们每一个中国人的责任。"停了一下,他说:"现在摆在你面前的有两条路,一条是生路,那就是转变思想;一条是死路,那就是顽固不化。你自己去选择吧!"我掉转身就走了。

看来,他们真的把我当成国际反战会议筹备委员会负责人了,因为他们取得欢迎巴比塞代表团照事的底稿和宋先生的名片。他们要弄到我的共产党员的身份和地位,怎样达到目的,一要靠叛徒交代,二就是用刑。他们用死来威胁我了。我并不怕死,我准备上雨花台。在入党之前,我已经通过了生与死斗争的关口。我在大革命时期,是在四大口号——"打倒帝国主义""打倒军阀""肃清贪官污吏""铲除土豪劣绅"的革命高潮中卷进来的。我并不了解共产主义,也不了解中国共产党的纲领,只以国民党左派自居。大革命失败以后,来到上海,为追求中国革命的道路而学习马列主义理论,各党各派的杂志、小册子,我都研究。进入马列主义之门,确信中国共产党的道路是中国革命的唯一正确道路,在我思想上是通过了第一关。但是还有一道关口,在国民党反革命统治下,严重的白色恐怖,参加党的活动,被捕几乎是难以避免的,你有没有牺牲生命的决心,要是没有,就不要参加党,何必被抓去当叛徒呢?这是一场严重的自我思想斗争,灵魂深处的斗争。我通过了这最后一道关口才入党的。现在面对着严峻的考验了,我心中没有风雨,没有波涛,一片平静。

9月中,又一批欢迎反战会议国际代表活动的同志们来了,他们是适夷、我的弟弟张玉润和我的同乡陈立民等,适夷说他是代替我的工作的。当我被捕后,宋庆龄先生和马莱爵士向吴铁城(国民党上海市市长)要人,吴答应释放。玉润说报纸消息"你已被处决了"。

10月初,国民党江苏省党部常委邱××来探望我。他是我在江苏省立第六师范学校同班同学,也是好友。一见面,他满面春风亲切地说道:"耀华,这几年你在上海的情况我完全不知道,想不到你到这儿来了。"我说:"为了吃饭,这几年在上海写文章,搞翻译,混稿费,现在因为参加文化界欢迎巴比塞代表团的活动被弄到这儿来了。"他说:"过去,派别倾轧,把你搞掉了,现在你可以跟我一块去做事。"我没有表示,等待他的下文。他接着说:"你可不可以把这几年在上海的经历写一写——绝不是自首书,以便我对中央有个交代,你就可以出去。"他这是在做圈套啊!我回答:"老朋友的关怀,我很感谢,但我也不愿让你为难啊!"他勃然变色表示:"你何必革命呢!"我说"再见"而去。

他们对我先用威胁,接着就要邱来诱导,此计又不成,必然要进一步对付我。我准备着。

这里是一个屠场,是国民党法西斯屠杀共产党员的总部。这里面有上海来的,有北平来的,还有各地区来的,凡是重要分子都要送到这里来。每当黎明时分,大汽车马达一响,大家都从睡梦中惊醒,有些人就赶紧穿好衣服等待着。一会儿,铁栅栏门被拉开,几双皮鞋咯咯声奔进甬道,落锁开门,叫名字提人,这些人喊着"打倒国民党!共产党万岁!",就被绑上汽车开赴雨花台去了。每当"出人"之日,饭都剩下很多,无言的哀伤气氛弥漫拘留所中。

有一天,分发各个"号子"一本书,书名题曰《转变》,里面是叛徒自首书和他们被分配工作的记载。晚上点名之后,拘留所所长开言道:"《转变》你们都看了吧!识时务者为俊杰。这些人都是聪明的人,认识了共产党不是右倾机会主义的错误,就是'左'倾机会主义的错误,在这样错误领导下去死,是愚蠢。他们转变了,在中央党部分配'高级工作'。从前烈士们引颈就义,名垂青史,万古流芳。而今天你们呢,你们死了,谁也不知道,白送命。你们家里的父母妻子儿女无依无靠只有讨饭。可怜啊!希望你们醒醒吧!不要再执迷下去了。"这是一篇恶毒的劝降!听了之后,大家相顾笑笑,谁也不发议论,因为怕号子里可能有叛徒告密。但是坚贞不屈的共产党员心里都有响亮的回答:"高级工作!狗!"以后的经历也证明劝降没有发生效果。我们"号子"里没有写自首书的。因为写自首书必须要看守向所长报告,然后看守带他出去写,写了回来大家一起都注视他的神情,大家心底就明白了。但是这种事情一直到12月间迁移到新落成的拘留所都没有发生过。

10月中,开始了军事法庭审讯,在审讯前有个"社联"盟员自首了,他交代了"社联"关系,但他不是党员,交不出党的关系,我不得不承认参加"社联",连同欢迎巴比塞代表团共两条"罪状"。

在搬进新拘留所的时候,别的房间都有两人或三人,我只一个人住一间,两天后,搬进来一个人,我知道他是叛徒,他是来做我的工作的。

他像一只苍蝇,要叮我,每天对我总要嗡嗡几次,我不能驱赶他,只好听他嗡嗡,我只能不让他"吸到我的血"。他嗡嗡几天之后,就只好去汇报失败了。走了一只,又来一只,又同样"吸不到血",又飞走了。

他们一直要追索我的共产党员身份,然而叛徒没有认识我的,我的同案的同志刘芝明、史存直、张云是坚贞不屈的,特务们曾在我家中搜查半夜,却没有搜出江苏省委指示——雪峰发的那张复写的小方块纸,那是为了向"社联"党组做传达,被我用图钉钉在写字台抽屉内桌面的背面的——那是唯一的证据。

1934年3月终审判决:欢迎巴比塞代表团和参加"社联"为危害民国罪,判处五年有期徒刑。刘、史、张云判处不等的有期徒刑,一起被投入南京中央军人监狱。

南京宪兵司令部拘留所里有叛徒,但他们是极少数,绝大多数的共产党员坚贞不屈,英勇斗争,表现了共产党人革命的崇高气节。而"四人帮"却满口喷粪说国民党监狱里出来的人都是从狗洞里爬出来的,坐国民党监狱的都是叛徒。共产党员的光荣的坐牢,却翻过来成了罪案。把他们抓起来,刑讯,凌辱,在精神上、肉体上摧残他们,许多人被摧残毁了,许多人被折磨死了。"四人帮"继承了国民党法西斯的遗志来消灭在他们的屠刀下幸存的共产党员。

冯雪峰同志当年所做的《关于国际反战大会》全文如下:

  国际反战会议代表抵达上海以后,先后出席恒丰纱厂女工三百多人大会、瑞熔铁厂工人五百人大会和沪东草棚贫民两千多人大会讲演,又出席复旦大学和上海美专学生集会讲演。

9月30日,反战会议秘密举行。在沪东大连湾路租到一幢房子,由周文夫妇打扮成要住这房子结婚,作为嫁妆搬进了一些箱子,其中是给准备参加会议的代表吃的面包,但没有任何家具,水电都没有安装。上海和各地区来的代表五十余人,是在头一天晚上一批一批地送进去的,三个外国代表和宋庆龄是当天天亮以前送进去的。会议主席团由国际代表和东北代表、义勇军代表、苏区代表和平绥铁路工人代表组成。宋庆龄为会议主席。会议通过了反对日本帝国主义侵略中国和反对帝国主义战争宣言、抗议帝国主义和中国军阀进攻中国红军的抗议书和抗议帝国主义武装干涉苏联的抗议书等。会议当日完成。

张凌青

1979年9月1日于上海

(原载中国社会科学院文学研究所编《左联回忆录》,北京:知识产权出版社2010年1月第1版)

山东抗日民主根据地的戏剧普及活动[①]

张凌青

山东抗日民主根据地的戏剧普及运动开始于1943年。在毛主席"面向工农兵"的文艺方向指示下,山东党委向省文协、各文艺团体、文艺工作者提出了文艺普及工作的任务。文协怎样开始执行这个任务的呢?(一)创办普及性的刊物。供给文艺、戏剧、歌曲等作品,以及指导普及工作的方法,交流普及工作的经验。(二)组织群众文艺活动:以戏剧普及运动及组织农村剧团为重点。山东省文协及各区文协、剧团分组去帮助建立一批农村剧团,以为示范。

这个运动是在抗日的暴风雨中进行的,是在民主、减租、大生产等一个接着一个的群众运动中进行的。由于戏剧不仅是群众的新文化生活,而且是群众自己的宣传鼓动武器,群众自我教育的一种方法,所以

[①] 今天要对山东抗日民主根据地的戏剧普及运动,做一个系统的具体的叙述是困难的,因为保存的材料很少,检点《山东文化》,找出了我在山东大学做的一个报告——《山东老解放区人民的文艺生活》,这个报告是在1946年1月做的,概括地叙述了在"面向工农兵"方针指导下的山东文艺普及运动的面貌,而它的内容主要是群众戏剧活动。现就原文做了一些修改,但是由于内容的规定,仍然不得不保存原报告的体裁和口气。(1958年3月附志)——张凌青注

普及运动获得迅速的发展。虽然农村青、壮年多数都是文盲、半文盲，运动的开展有困难，然而戏剧活动反过来也有扫除文盲的效能，群众文化水平也跟着戏剧活动的水平一起提高；虽然人们在反封建，但封建意识还阻碍着妇女参加剧运，然而戏剧、歌、舞却又有力地吸引青年妇女，帮助她们进行了反封建的斗争及自我斗争，使她们也拥进了戏剧运动。当农村群众熟悉了戏剧这一艺术形式和规律之后，他们也展开了剧本创作活动。

跟着人民政治上的、经济上的翻身，文化翻身也在一起前进。这可以作为标志着这些落后的地区已经成为新民主主义的新天地，这些人民已经成为新时代的人民。而从他们的文化生活——他们生活的一个侧面，也能透视这先进地区、这新时代的人民生活的全部。

一、山东群众戏剧活动发展概况

山东群众戏剧活动发展情况，没有全面的统计，这里只举莒南、沂南两县的数字：

莒南县，据 1944 年年底全县农村剧团主任会议的统计：当时有剧团 110 个，自己生产解决经费占全数二分之一。演员 3 000 余人。排演过的节目 2 000 余个。被宣传的人数约 10 万人。自编的剧本共 300 余件。据 1945 年年底统计，全县剧团则达 143 个，占全县村庄数三分之一。虽然很多小的庄子，是难以成立剧团的，但如李家钓鱼台，全庄人口只有 34 人，他们也组织起大部分人来成立剧团，而并不是有名无实。秧歌队几乎是每村都有。沂南县的农村剧团开始最早，有些水平较高的优秀的剧团，在 1945 年大进军以前的统计有 110 个；大进军以后，很多剧团团员参加部队或机关工作,有三分之一以上停止活动了,现在尚未恢复起来。

莒南在滨海区,沂南在鲁中区,是农村剧团最多的县,其他县的发展则较差。就全省范围说,以胶东区的农村剧团为最多,滨海区、鲁中区次之,渤海区、鲁南区更次之。

农村剧团的成员,大部分是青年男女,有的女多于男,也有男多于女。团员的成分:翻身后上升的中农为最多,贫农次之,学生、富农、商人、地主又次之。

演出的活动是很多的:经常是在春节、年节、各个纪念日;临时的如庆祝、欢迎、欢送、慰问、劳军等以及配合任何一个时期的政治任务、任何一个工作动员等等演出,也有集市宣传,有远征演出。秧歌舞是被运用得最普遍的形式,除上面的种种集会以外,已普遍运用于新式结婚了。

戏剧形式以话剧、小调歌剧、秧歌剧为多,杂耍、梆子调次之,京戏形式又次之。

很多的剧团常自编剧本,编剧一般能够掌握创作方向,写他们自己的生活与斗争,写实在的事情,配合政治任务和中心工作的需要。例如,东良店剧团编的《变工组》,去年拥军节筵宾区联合公演的《苦中甜》《警觉回头》,就是这样的创作方向的产物,内容很有意义,表现也精彩。

就表演水平说,如今年元旦五个县农村剧团在临沂的联合公演中演出的《归队》,并不比我们大剧团演得差,而演这戏的南薛庄剧团也不是头等的农村剧团。有的农村剧团——如板泉崖村剧团演《过关》那样的大戏,也演得很不差。

二、群众戏剧活动对于抗战与根据地建设所起的作用

一般人都认识了演剧不单纯是为娱乐,而是为了宣传工作,所以他们能接受号召,配合中心工作,执行任务。

新年,莒南农村剧团,有的到省慰问,有的到滨海区,有的到县,还有的早已上泊儿前线。一时,较优秀的剧团差不多都出动了。当去年9月我军受降围攻临沂时,板泉崖剧团来前线服务,巩固民兵战斗情绪,沿途贴标语、漫画,做街头宣传,俨如一个正规的宣传队。

去年拥军节参军大会,在十字路、在筵宾等二十几个庄的秧歌队来欢送参军,那样盛大的辉煌的集会,那样美丽、热烈的歌舞,以及青年姑娘们涌现出对战士们的热爱及尊敬,深刻地感动了新战士们。他们发誓说:"不消灭敌人决不回家。"沂南保护庄剧团演了参军戏之后,全体演员跳上参军大会台上报名参军,女团员也一齐跳了上去,不被许可,回来抱头痛哭。三界首剧团演了《依靠谁反攻?》,演员们在大会上说:"依靠谁反攻?就依靠咱们参加主力去反攻",也跳上台去参军。沂南剧团演《过关》,也鼓动了很多参军的人。

在减租工作方面:环河崖某地主看《减租》戏没看完,就找着村干部说:"你们不要再演这个戏了,我照减就是!"很多地方进行减租动员的时候,演出《谁养活谁?》,看过戏之后,群众就争着找地主讲理了。有些地方在进行"查减"的时候演出《明减暗不减》,佃户们原来死不承认地主的明减暗不减,看过戏,他们省悟被地主愚弄了,起来行动了。

在改造二流子方面:壮岗演《反对二流子》,被隐射的那个二流子情

急地说:"你们不要把我写上戏,我怎样改都可以。"《懒汉回头金不换》,筵宾区人人都晓得,它是反对二流子王光年的,就改变了王光年。

在优待抗属方面:《抗属真光荣》起了很大的影响。秧歌队送光荣牌,送年礼,拜年,普遍风行,对于尊敬抗属起普遍的教育作用。

在对伪军宣传方面:如像沂南司马剧团,曾在伪军据点下演出《伪军反正》,伪军看戏,而且跟着唱。

在对敌占区、新解放区的影响方面:因为农村剧团经常演戏,敌占区人民常常表示羡慕说:"你们根据地的日子真好!"新解放区人民看见老解放区农村剧团演的戏,看见农村剧团本身,他们也看见了自己的前途,对自己的前途有了希望,有了信心。如他们因为看了《谁养活谁》而深受刺激,就下决心要求减租。

其他如对部队进行教育的《归队》《一个班》,反映生产的《邓信开荒》,宣传空舍清野的《藏粮》,等等,都发生了普遍的强烈的教育作用。

在妇女解放方面:如《老婆婆的觉悟》《王大嫂翻身》等,几乎所有的农村剧团都演过,曾经赢得不少的妇女眼泪,改变了无数的"苛婆婆"。

对妇女解放的教育,不仅在于演过好多妇女解放的戏,妇女参加了农村剧团,男女合演戏、青年妇女扭秧歌,这些行动的本身,在妇女解放运动上,也有着更重大的作用,是值得特别说一说的。

山东是"圣人之乡""礼教之邦","男女授受不亲"等旧礼教观念,比全中国任何一省要特别根深蒂固,尤其是鲁中、海滨、鲁南,封建保守顽固的风气是特别厉害的。妇女地位的卑下,妇女所受压迫的深重,是任何地方没有见过的(这里我们没有时间谈妇女受压迫具体情形)。在这种情形之下,妇女参加农村剧团,男女合演,出来扭秧歌,是怎样不可想象的事!在最初,这不但家长不许可,就是青年妇女们自己也是害怕的。但是,妇女已经参加抗日工作,参加政治活动、社会活动了。妇女们也有文化学习组织的活动了,在全部社会活动中,妇女们已经和男子共同活动了,而戏剧秧歌舞本身也有力地招引着青年妇女们,于是青年妇女们成群结队地迅速地走进戏剧和秧歌舞的队伍了。一开始是女扮男,男扮女的,但是不久,也就突破了这一界限。现在一般的农村剧团都已习惯于男女合演而不满意男女互扮了。青年妇女们为了自己参加抗战工作、社会活动,是经过了多方面斗争的,而为了戏剧秧歌活动,更是经过多方面斗争的。举个例子:沂南东高庄剧团,在成立的那个晚会上,有一个女主角,被她妈妈连吵带骂拉了回去,不但当晚的戏就此拆台,并且也影响其他女演员,几乎使剧团不能成立。但是,青年们并不灰心,他们召集了会议,研究这个大娘的心理,并决定应付的方法。他们第二次演出,把这个大娘动员去看戏。当她正看得起劲的时候,她女儿也出现在台上了,她心里生气,立刻想把女儿拉下来,但她又不忍打断那个连她自己也想知道结果的戏。这时因为她女儿的戏演得好,博得全体观众的赞美。一些老娘们边看边夸着:"她婶子,你看看你闺女真能啊!""扮什么像什么!""到底上了识字班好,心都灵透了!"有的还在寻问:"这是谁家的妮子,这么能啊?"这些赞语随着晚风吹进她耳朵,她愉快地笑了,她得意有这样一个聪明的女儿,虽然,她嘴还谦虚着:"演得不好,头一回啊!"同时,她心里,慢慢觉得对不起女儿:"上次为什么对她那样呢!"于是她跑进后台,亲自替女儿卸装,嘴里还说:"早知道演戏都是这样的,都是些教人学好的,我还能阻挡你们吗?"这是年青妇女们对母亲们斗争的胜利,而母亲们也在斗争中进步了。父亲们也是一样的,不再把农村剧团当作"戏班子",不再觉得自己女儿上台演戏是丢人的、出丑的事了;认识演戏是好事,是教育大家的。

后来,父母们对于女儿演戏、扭秧歌,感到的是快乐,是一种骄矜。并且,年老的人,也有参加演戏班扭秧歌的,有些庄子已发展到全庄都是秧歌队员了。

温水泉的妇救会长40多岁了,她热烈地闹着扭秧歌,她说:"我苦了半辈子,现在翻身了,年青的扭秧歌,我就不能扭秧歌吗?我为什么不该扭秧歌呢?"

十字路的韩大娘去年拥军节送最后一个儿子参军,她编了一段戏——《送子参军》,她自己化装父亲,请另一个大娘扮母亲,在舞台上"现身说法"。

解放了的妇女们,她们热爱扭秧歌,演戏,她们感觉美,感觉自由解放的骄矜,感觉没有什么事情她们不可以做的!她们从心里发出快乐表情,她们扭秧歌、演戏,更多地享受到翻身的快乐。

戏剧活动与剧团生活,比起集体参加开会,参加工作来,使妇女更深更远地走进了社会。她们在这样的生活与活动中,有时"远征"几百里路以外,离家好多天,和男人们睡在一屋里。她们和在妇女团体一样,自然而自由在地过集体生活,她们已不害羞扮演妻子。她们泼辣、大胆、热烈地接近男人——接近干部、工作人员。对于她们的学习上有帮助的人问这、问那,发出一串一串的问题和要求;她们包围你要求教唱歌,给她们排戏,或者要剧本、歌本;当你没有用同样的热情来接待她们的时候,她们会批评你"封建"或"自高自大"。但是她们也严肃,找"对象"要有一定的条件。一般的农村剧团,没有发生过男女关系不正规的现象,个别的农村剧团,虽曾有过,但在剧团的教育之下,这些个别的现象是更少有了。

在农村剧团的男女共同工作与生活中,锻炼着和成长着新妇女的独立人格、自尊心；男女平等的实践，使新妇女的性格得到全面的发展。

人民戏剧活动成为人民自己宣传鼓动的武器，他们使用这个武器，在抗战动员上、在根据地建设上，发扬斗志，鼓舞热情，支持着人们长期艰苦的斗争。

三、戏剧活动与文化翻身

山东根据地的人民在政治上、经济上翻了身，精神上的保守、消沉、颓废的时代已经过去了。他们已经不满足于有饭吃、有衣穿、每天干活和睡觉了。他们要求新的文化生活，政治上、经济上翻了身，文化上也要翻身，不提高文化，翻身是翻不彻底的。

农村剧团的活动有许多有趣的故事，有的故事意味深长。在鲁中沂临边联（类似县的行政建制），许多农村剧团都是在鬼子汉奸据点林立中成立起来的。如司马剧团，庄子和据点只有一河之隔，但是，他们也排起戏来。庄子里有人说："这是什么年头啊？鬼子汉奸三天两头地来，还有心思弄那个！"可是，他们的热心压不下去，开始躲在地屋子里，一边放岗，一边排戏；后来，锣鼓也打起来，准备第二天正式演出，果然把伪军敲来了，包围他们，男女演员被逼进一个屋子里，汉奸队向屋里放枪。当汉奸们贪婪抢劫的时候，一个演员溜了出去，他想起戏里面的"巧计"，突然大声叫喊："机枪班到这里来，一排从西面上，二排从北面上，上啊！"发完命令，他丢出一个手榴弹。汉奸们立刻逃跑了，他们全体趁势追击，把被抢去的东西又夺回来。这种事情，不是像庄里老年人的批评"年轻人胡闹"所能解释的，也不是宣传工作的要求所能解释的，只有从迫切需要文化生活这一理由才能得到圆满的解答。

新生了的人民，对于生活前途有希望、有信心，因此乐观、有勇气、生气勃勃、精力旺盛，虽在农忙的季节，整天下湖，整天紧张干活，也会在吃了晚饭之后，演戏；明天太阳未红，又下湖去了。有的庄子，戏台是经常存在的，演戏成为经常活动。去年春节以前，反扫荡的日子，我们看到筵宾区的庄子，一边埋地雷，一边敲锣打鼓演习秧歌。沟头区的民兵，夜晚到东边敌人地方打游击，白天又看见他们同识字班、儿童团一道打锣鼓，踩高跷了。他们说："演演唱唱，打仗更有劲儿。"

剧团团员们的文化程度提高得特别快。他们不甘心跟着一句一句念台词，他们热望能自己读，他们经常扳着剧本识字，问字；把台词抄在自己的小本子上，费力地写着；干活，推磨，烧饭的时候，也拿着本子念着。政治水平的提高也是一样，因为他们必须体会人物的思想感情，体会斗争的内容和意义才能演得好，于是他们的政治觉悟也随着提高了。他们的戏剧鉴赏力也提高了，他们不喜欢低级趣味，懂得了编剧本要有动作，要有戏做，懂得了舞台技术。他们编剧本是集体创作。创作时很认真，一再讨论，一再修改。女团员们，在做针线拉呱儿的时候，偶然间一个人忽然即兴地唱出一句歌来，她们就会你一句我一句地接下去，成为一首歌。人民文艺的萌芽，像初春的野草，蓬勃出现，也如沙中金粒，闪着光辉。自由的人民得到了文艺生活，他们自由而快乐地歌唱，歌唱他们自己的心声，开始创造他们自己的文艺。

过去舞台上的主人翁，是老爷、大人、公子、小姐；老百姓是丑角，是摇旗呐喊的随从，是屈辱的牺牲者。今天舞台上的主人翁是人民，而人民的迫害者——老爷大人们则成为丑角。光明与胜利属于人民，黑暗与失败属于人民的迫害者。人民翻身了，舞台上翻身了。舞台上的翻身使人民更感到翻身的骄傲，更教育了人民翻身。

文化娱乐代替了酗酒、赌博。农村剧团、秧歌队散布着团结、和谐、互助、友爱的感情。街头上吵仗、打架的事情是看不见了。家庭里夫妻反目、打老婆、打孩子的事情是少见了。村与村之间的封建宗派的仇视与猜忌也看不见了。人与人之间的关系,也从旧时代的冷淡、无情、势利、奸诈改变成团结、和谐、互助、友爱了。移风易俗,自然是革命翻身的结果,但是,文艺生活的陶冶确起了明显的作用。

秧歌舞运用在过年的全村团拜场面上,又热闹,又漂亮,代替了焚香、点烛、烧纸、敬神、敬鬼、叩头。秧歌舞也运用在新式新婚的场面上,成为婚礼进行曲。新婚仪式被秧歌舞渲染得富丽堂皇。

风俗习惯改变了,生活改变了,人民的精神也改变了。今天的村庄,只有茅屋土墙,依稀留存着旧时面貌,其他一切都变样了,这七八年的经历,已经把人民从封建世纪带到新的世纪了。

在"面向工农兵"的实践中,戏剧工作者的创作和演出对于戏剧普及运动起了带头作用。许多戏剧工作者忠诚热情地为农村剧团服务,使普及运动获得迅速的发展。戏剧工作者和农村剧团一起揭开了我国戏剧运动史的新的篇章。

(原载《中国话剧运动五十周年史料集》第2辑,北京:中国戏剧出版社1959年第1版)

1936年至1937年的上海
(京沪、沪杭甬)铁路职工救亡运动

奚 原[1]

1936年至1937年间以上海北站为中心的京沪、沪杭甬铁路(简称"两路")工人开展了轰轰烈烈的职工救亡运动,50多年过去了,那些斗争史实仍深深地留在我的记忆中。

"一二·九"运动影响下的上海铁路职工

上海(京沪、沪杭甬)铁路职工,具有悠久的革命传统。早在1919年"五四"运动发展到"六三"阶段,中国工人阶级作为独立的力量首次登上政治舞台,沪宁、淞沪铁路工人即曾举行总罢工,使上海陆地交通断绝,有力地配合了当时的反帝爱国斗争。1927年3月,上海铁路工人在中国共产党所领导的第三次武装起义中,以持续的大罢工使驻沪军阀队伍孤立无援,保证了起义胜利和北伐军进军上海。

---

[1] 奚原(1917—2015),安徽滁州人。1936年3月参加革命,1939年2月加入中国共产党。1957年至1964年曾任中国科学院上海历史研究所筹备委员、上海社会科学院历史研究所副所长(实际主持工作)。——编者注

但在大革命失败以后，白区的党组织迭遭严重破坏，党所领导的上海铁路工人运动，从此受到高压和抑制。20世纪30年代，设在上海闸北宝山路、天目路交会处的铁路机构，为"京沪、沪杭甬铁路管理局"。该局和上海北站靠在一起，拥有全线庞大的职工队伍，包括车务、机务、工务、财务等系统的内勤外勤各类员工，其成分、工种、待遇互不相同，思想情况也各具特点。国民党当局为了牢固地控制京沪要地的这条交通大动脉，除军、警、宪以外，还设有国民党两路特别党部及特务机构"肃反委员会"，对全线职工进行严密监视，采取分化收买和秘密处置两手，镇压职工活动。同时，从员工的经济待遇上（如定期加薪、设立养老金等）进行笼络，铁路职业曾被称为"铁饭碗"（意为牢靠的职业）。因此，在一段时期内，铁路的职工运动比较沉寂。

但革命的影响在工人中是无法完全消除的。"四一二"反革命大屠杀中血洗宝山路，日本帝国主义"一·二八"进攻上海，这些事件都发生在上海铁路枢纽地区闸北以及江湾、吴淞一带，许多铁路工人惨遭残害，这一切都给铁路职工的心灵留下深刻的创痕，我进入铁路局工作以后，就曾多次听到一些老职工诉说当年的情景。1932年以后，随着民族危机日益深重，全国抗日浪潮又逐渐兴起，遂打破了铁路工运的沉寂状态，一些爱国、进步的职工开始自发地响应和支持抗日救亡运动。

1935年间，日本帝国主义入侵华北，国民党政府一再妥协退让。华北危在旦夕，全国人民忍无可忍，是年12月首先在北平爆发了"一二·九"运动，促使了全国抗日救亡运动的重新高涨。上海大、中学生群起响应，这些唤起了上海铁路职工的新觉醒。国民党当局一直重视京沪、沪杭甬铁路，此时便派出大批军警特务进行监控。12月23日，复旦、交大、同济等校学生组成"赴京请愿讨逆团"，汇集北站，登上列车。铁路当局下令撤出行车人员,这时学生中有的人会开火车,但缺乏加煤经验(那时都是蒸汽机车,煤火是动力的关键),次日在个别铁路司机协助下,终于突破阻挠,把列车开出上海北站,越过青阳港。国民党当局又强令逐段拆除路轨,节节阻止请愿列车前进,锡沪工务段工人又主动帮助学生,不断修复路轨,排除重重困难,使列车开过昆山、苏州,到达无锡。在这次请愿活动中,铁路职工还自动为学生传递信息,捐款送食物,他们不顾当局的禁令,冒险支援学生进京请愿,表现了铁路职工的救亡热情和无畏精神。同时,通过这次运动,又进一步教育了铁路职工群众。在此期间,沪杭甬铁路工人曾召开群众大会,发通电声援学生,要求讨伐汉奸,对日宣战。

上海职业界救国会北站小组的建立

上海党根据中央指示,按各地环境条件,建立以抗日民主为目标的,公开或半公开的青年群众组织的精神,从1935年底到1936年初,先后领导创立各界救国会,其中于1936年2月创立了上海职业界救国会。这是党在国民党统治区直接领导的抗日救亡群众团体,它顺应了全民的抗日愿望。上海职业界救国会采取半公开形式,在各个行业职工中得到较迅速的发展。

我在参加上海的"一二·九"学生运动以后,决定停学,于1936年2月考入京沪、沪杭甬铁路候补车务人员训练班第四期。当时我仍用原名奚定怀。经短期业务培训,我被分配到上海北站零担货栈房,不久转到票房。在这期间熟识了客车查票员吴槎(原名吴善椿),并经他介绍参加上海职业界救国会,为闸北区会员。约四五月间,又经吴槎和我的介绍,发展了周志果、韩妙德(原名陈平)、黄世球等加入职业界救国会,随即成立职救北站小组。这个小组在吴槎的直接指导下,成为党组织在京沪、沪杭甬两路开展救亡运动的一个核心组织。

吴槎是一位老共产主义青年团团员,原负责党内文件的传送工作。他始终以谦和、热诚的态度对待群众,为开拓两路职工救亡运动做出了重要贡献。约1937年春,他在被国民党行将秘密逮捕的胁迫下,改名王平,化装离开上海,调到太原牺盟总会工作。抗战爆发后,1938年任工卫纵队(即工人武装自卫纵队,后改为二○七旅,通称工卫旅)教导团教导员,在山西文水北胡家堡一次与日军战斗中壮烈牺牲。

职救北站小组成立后,在我的住处——均益里的一个亭子间,召开了几次小组会,主要听吴槎讲解当前形势和党的政策,结合个人思想认识进行学习讨论。会议传达学习的主要内容是:一、国际反法西斯斗争和中国的抗日民族统一战线;二、中国民族统一战线和西班牙人民阵线的区别(当时准汉奸陶希圣诬蔑西班牙人民阵线发动内战,造成民族分裂,又将中国民族统一战线和西班牙人民阵线相混同,阴谋破坏抗日救亡运动);三、东北人民的抗日斗争;四、华北事件,淞沪、塘沽辱国协定;五、蒋介石"攘外必先安内"的谬误和蒋介石能否抗战等问题。吴槎还先后把党的《八一宣言》《毛泽东给章乃器等的信》(微刻油印袖珍文件)等交给我们组织传阅。经过学习,使我们明白了面临的形势、任务和党的政策,提高了政治觉悟,为开展群众救亡运动奠定了初步思想基础。

1936年秋,经吴槎建议,组织上安排我任职救宣传委员会委员,并介绍老姜等与我联系。宣传委员会约有六七位委员,包括行业、层次不同的职工,主持人是一位写字间职员,我们先后在他的办公室——似乎是福州路（或爱多亚路，从北站往东乘无轨电车可以直达）的一座高楼里开过两三次会。会议曾讨论过的问题之一，是从何着手开展救亡活动，应当先从组织工作入手，还是先从宣传工作入手？发言中有所争论，看来这是当时职救领导工作中存在着分歧的一个问题。在会上，多数人认为要先强调开展宣传工作，只有提高了职工的思想认识，才会有发展会员、组织起来的基础；也有个别委员认为，应当先发展组织，才有宣传的力量和对象。

创办"九一九书报杂志流通社"

职救北站小组，经过一段时间小范围的学习生活后，便面临着新的问题：如何在铁路中进一步开展群众性的救亡活动？

当时的铁路职工中已经有了一个群众团体"铁路青年社"，主要成员是候补车务人员训练班一、二、三期毕业的部分同学，领导人是林敏（原名黄逸峰，1925年入党的老党员，当时失去党的关系），并编辑出版社刊《铁路青年》。这个团体公布它的宗旨是提倡廉洁，破除积弊，改善生活福利，增进运输效率，号召社员奋发勇敢地反对贪污。实际上社员中多有抗日爱国热情。由于林敏与党失去联系时间较长，党组织对他的情况还不清楚，这就需要有一个了解的过程。特别因为"铁路青年社"是在车务处长萧卫国的支持下建立的，以反贪污为其主旨，那时要把它变为党领导下的救亡团体，是不现实的。

萧卫国，早年曾参加国民党改组同志会（即改组派），这是1928年底形成起来的国民党内的一个反蒋政治派别，其成分和思想很复杂，既有反共的，也有主张恢复农工政策的，该派于1930年瓦解。后来新政学系人物黄伯樵任两路局长,聘请萧担任车务处长,试图整顿腐败的路政。萧主张依靠纯洁的青年,制止贪污,革新路政,表现了国民党内改良派的特色。他主办候补车务人员训练班,吸收成批青年学生入路,亲自讲课鼓吹改革,形成自己的努力,在两路中被称为"新派"。吴槎表示,要参加他所倡导的反贪污斗争,主要目的是争取利用萧卫国的关系做掩护,有助于开展救亡活动。在当时历史条件下,能否以抗日救亡为总目标,是检验两路职工运动是否蓬勃开展的主要标尺。

两路中还有少数进步职工组织的小型读书会,也是团结培养青年骨干的一种形式,但却不能迅速打开群众性救亡运动的局面。

经过反复酝酿,我们决定在两路专门发起组织一个较广泛的公开的群众救亡团体。尽管在国民党特殊控制下的铁路里这样的政治团体恐不易存在,或流于形式,但鉴于形势发展的需要和大家的热情,吴槎不仅同意了,而且在实际工作中多方支持。

我和黄世球等共同筹建这个团体。那时,上海及各地出版的抗日救亡报刊很多,而上海租界是比较自由的销售区。我到各书店了解后,觉得我们活动的重点,可以放在充分利用已出版的进步书籍和救亡报刊,向两路职工进行抗日、民主思想的宣传。当时"九一八"五周年纪念日快到了,故建议团体取名"九一九书报杂志流通社"。所谓"九一九",表示在"九一八"的第二天人们觉醒起来,并谐音"救一救",寓以猛醒救亡之意。

"九一九"约从7月开始,经过一个多月的筹备,于9月19日在北站附近的俭德路俭德公寓三层楼会议室举行了成立大会,到会初期入社的社员数十人。我先简要地介绍了建设的缘起、宗旨和筹备经过,然后选出陈方(原名陈迪威)等人主持会议,讨论了组织和工作事宜。这次会议，形成了一个《九一九组织大纲草案》，印发给每个社员征求意见。由于当时处境，大家都没有提出激进的口号，而是提出注意与改善职工文化生活的口号。据10月间印发的《第一封社务通讯》记载，"九一九"开创时便强调"由大家来组织大家的团体"，要适时召开社员大会，民主讨论通过组织大纲，推选理事会。"九一九"的入社条件很宽，凡两路职工均可自愿参加。入社手续也很简便，只要在社员名册上登记姓名，无须填写表格。社员的义务，就是每人每月交纳会费一角，用以购买书刊，并支持书刊流通工作。

铁路职工大都是外勤，分布沿线各站，行车、护路系统更是不分昼夜轮流当班，难以集中活动。开展铁路职工运动，就要适应它的特点。"九一九"的建立，主要是通过书报杂志流通的实际活动，适应职工们的政治、文化需要，而逐渐扩大影响，得到发展。社务工作大都落在北站部分青年社员身上。大体的分工：黄世球、张承鸿（原名田东）等负责选购书刊，经常调配，新到的随时补充进去，缺失的并不严格追究，目的是把进步读物传播出去。我起初着重负责解决书刊的流通方法和流通工具，曾和木匠商量设计制作流动书箱，因使用时携带有些笨重，又用厚帆布缝制了一些流动书袋，上面写着"九一九书报杂志流通社"。周志果、韩妙德等负责北站的周转，例如韩妙德曾与上海海关驻北站人员交朋友，以取得抗日进步书刊向外地运送的方便。社员中的行车人员分别负责带往各站，并按流通表的大体时间顺序依次交换。吴槎是行车人员，为支持"九一九"的创立，他每次当班总是拿着名册在沿线各站登记社员、收集社费，或者提着书箱、书袋逐站交换书刊。

群众性救亡活动的逐步展开

在"九一九"建立前后的一段时间内,全国抗日救亡运动的浪潮汹涌澎湃。在这种客观形势下,"九一九"获得了一个短暂的、比较顺利的发展阶段。

"九一九"的救亡活动,是从组织书报杂志流通入手,所以必须集中精力,尽可能地选购内容进步的书刊,向各站流通。当时出版的以抗日救亡为主题的刊物很多,上海地区先后就有一百数十种,而我们的经费很有限,职工们大都每月只有二十几元工资,无力捐助,仅靠社员交纳的社费,是不够的,况且"九一九"还要制做流通工具,采购力较低,有时在书店里挑出一批书刊,又不得不割爱退掉一部分。虽然如此,书刊品种还是比较丰富,重点是救亡期刊,如《大众生活》《读书生活》《生活知识》《世界知识》等,以及各救国会出版的报刊,经常保持数十种,还照顾到趣味性和文艺性的期刊,如《文学》《中流》《译文》等,有时候还能搞到法国巴黎编印的中文版《救国时报》和其他国外出版的进步报刊。这些书刊受到职工们的普遍欢迎,尤其是在一些消息闭塞、生活单调的小站,这些书刊为铁路职工们打开了新闻之窗和文化之门,在启发两路职工的爱国民主思想方面起了一定的作用。

"九一九"的部分社员,曾参加了鲁迅丧葬日的活动。1936年10月19日鲁迅逝世,22日下午举行丧仪和葬礼。为了悼念鲁迅,继承鲁迅先生未竟事业,促进抗日救亡运动,职救宣传委员会决定在瞻仰遗容和送葬的广大群众中展开宣传活动。在很短促的时间内,印刷了一批传单,分成多捆,派人秘密送到我的住处收藏。这时我已搬到俭德公寓四层的铁路职工单身宿舍,传单就藏在该层一间闲空会议室的两套旧沙发底下。这里紧靠进入英租界的铁栅栏,便于在华界、租界之间机动转移,应付两边的特务。我预先分别安排一些不当班的社员参加送葬活动,并于22日上午协助职救宣传委员会的老姜等将传单陆续送到胶州路万国殡仪馆,分给预先约好的会员,再经由他们以半公开的方式散发给瞻仰遗容和送葬的群众。这是一次隆重的殡葬仪式,也是一次大规模的抗日救亡宣传活动。

"九一九"的组织,较快地蔓延到两路各段,遍及许多站点,社员发展到500多人。"九一九"是党的一个外围群众团体,除了少数骨干成员注意隐蔽外,对于广泛的社员群众并无严密要求,故便于突破铁路"禁区"获得公开存在和迅速发展。又由于它是一个救亡团体,符合广大职工的抗日救亡愿望,使它产生了团结起来的凝聚力。许多富有救亡热情的"铁路青年社"社员,同时参加了"九一九"。原车训班的同学,很多成为骨干,不少中老年职工也入了社。当然,这个团体也有松散的弱点,社员的分布也不平衡,例如,车务系统较多,机务、工务系统较少,低级职员较多,工人成分较少,靠近上海的锡沪段、沪杭段较多,偏远站点较少,当时曾计划通过青年社员,着重向工人中扩大发展。

1936年冬,我们还曾着手筹划组织全国铁路员工救国会。"九一九"社员中,有一部分货车行车人员,他们经常远途出差,押货至两路以外的其他铁路线,逐渐在抗日救亡活动方面互相通气,有了一些联系,并且提出了共同建立全国性铁路救亡团体、扩大铁路系统抗日活动的意见,布置了联系的有津浦、北宁、陇海、浙赣等路。我曾就此事和吴槎商量。记得那一天他跑淞沪线短途来回,这个车次很清闲,我利用休息日跟车到吴淞去玩,得以在来回途中和他详细交流。吴槎认为现在公开群众性救亡运动将遭到很大的阻遏,在这个时候,更进一步扩大实现全国铁路员工救国会的计划,比较困难。他还说,你的目标这样暴露,如果"九一九"的公开活动难以继续,你还是转移到组织较隐蔽的小型读书会去,在进步职工中做些深入的思想工作。这些意见,使我开始冷静地考虑当时的工作处境和发展方向。

"九一九"的救亡活动,在书刊流通的基础上,逐渐采取了其他方式,例如上海北站、货站和沿线有的地点,组织了读书小组、工人歌咏队等,有些站把反贪污斗争同反对日本浪人走私(毒品、人造丝等)的斗争结合起来。当我们正打算把工作引向深入时,情况发生了变化。

国民党"肃反委员会"的阻挠和破坏

正当全国抗日救亡运动空前高涨的时候,国民党当局采取了反动的压制政策。1936年11月22日悍然拘捕了沈钧儒等救国会七领袖,并进一步查禁大批抗日救亡报刊,力图扼杀以上海为中心的抗日救亡运动。

以"九一九"为主体的两路职工救亡运动虽方兴未艾,但随即受到阻挠和破坏。几个月来,我们遵循党的抗日民族统一战线政策,全部活动都没有超过团结抗日的范围,本来是无懈可击的。两路的"肃反委员会",并不难掌握我们的这些分开活动情况。然而,由于蒋介石尚未改变其"抗日有罪"的高压政策,作为分开的群众性救亡团体"九一九"亦难幸免。他们采取了下列几种压制手段:

首先,切断党对两路职工救亡运动的领导,于1937年初布置秘密逮捕吴槎、李超,吴幸而预先得到信息,被迫撤离两路。

与此同时，两路车务处处长萧卫国出面找我谈话，要求我解散"九一九"。但他又以第三者的立场说明，这是"肃反委员会"的决定，并低声劝道："你何必要用'九一九'呢，换一个灰色的名称也可以嘛，不然，我也不好办。"我当时向他解释："九一九"是大家组织的爱国团体，也参加反对贪污、改革路政，还要怎样"灰色"呢？我拒绝了解散或改换名称的要求。原来，由于"九一九"的许多青年骨干来自车训班，铁路系统中通常认为都是萧卫国的人（萧的学生），故"肃反委员会"企图通过他来解散"九一九"。但在当时，我们不能同意放弃抗日救亡这面旗子，也不能同意改换名称，因为那实际上是变相放弃抗日救亡。"肃反委员会"的根本目的是要停止我们的救亡活动，由于"九一九"拥有大批职工群众，所以国民党当局未敢公开宣布解散。

最后，两路当局采取了"调虎离山"之计，于1937年2月间，用行政调动工作手段，把"九一九"青年骨干，先后从上海北站调往无锡车站。这样，一方面可以削弱两路职工救亡活动的中枢；另一方面，调到无锡车站，便于他们集中控制。不久，我和黄世球、韩妙德等都被调到无锡车站。

遭受这次破坏，虽然"九一九"的组织依然存在，陈方、华德芳、张承鸿、黑丁、周志果和大批社员仍留在上海，而两路全线的书报杂志流通活动却被迫停顿下来。

无锡站和嘉兴站的救亡活动

我们来到无锡站后，这里原有的车训班的同学约有二十人，"九一九"的社员人数更多，可以说是救亡活动积极分子集中之地。但考虑到当时的政治气候，以及环境条件与上海不同，我们开始时采取了较谨慎的态度。

无锡站是一个中等车站，客运、货运都较频繁，青年职工都担负着外勤基层工作。铁路这个产业部门，行车制度很严格，否则随时可能发生事故。所以我们首先注意搞好各项业务，以求稳妥地立下脚跟；同时，继续支持萧卫国反对贪污、改革路政的主张，以利用他的影响，转移"肃反委员会"的目标。有一次萧卫国来无锡巡视工作，我便借着师生关系，把原来车训班的同学集合起来，请他做铁路建设问题的报告。这些措施，使我们俨然以热心改革路政的面目出现，在政治上起了一定的掩护作用。

1937年春夏之交，以国共合作为主体的抗日民族统一战线正在酝酿和形成中，国民党当局对救亡运动的压制已激起人民极大的公愤。在这种形势下，无锡站的救亡活动便逐步展开，由黄世球、陆树人、薛鸿生（薛虹）、胡钦曾等公开出面组织。本来，选购和传阅救亡书刊的活动，在青年职工中并未间断，这时立刻得到扩大。救亡歌咏活动更为活跃，为此还成立工人歌咏队，甚至在站台上向过往旅客演唱。由于青年骨干多，发展甚快，声势较大，使无锡站像点燃了的抗日火把，人们称之为"红色车站"。这样的救亡活动，在全面抗战爆发后是通常的现象，而在当时，尤其在铁路系统里却是少有的，我们担心能否持久，但事实上，未曾受到阻挠。

我在这一时期，为了防止"肃反委员会"的寻衅，尽量避免公开出面，较多考虑的是如何恢复两路沿线的救亡活动，特别是书刊流通活动。我曾利用休息日几次去上海北站联系，但未成功。这时候党所领导的职救北站小组没有了，无法形成新的组织两路职工救亡活动的实际工作核心；另一方面，群众团体之间出现了所谓"大联合"的种种争执，影响着救亡运动的大局。这使我感到惘然，既难以全面恢复两路的救亡活动，便考虑离开铁路，前往延安。还在1936年，职救北站小组的青年，都向往着陕北，并曾帮助两个青年职工（"九一九"社员）前去陕北，那里被看作是投身革命的归宿地。到了6月间，便辞职，等待领取养老金做路费去延安。

正在这时候，全面抗战爆发了。我立即协助大家成立"无锡站铁路员工抗战后援会"，并以此名义起草了《为抵抗日寇侵略告全国铁路员工书》，立即铅印发出，要求全国铁路员工：一、积极参加抗战工作，二、不为敌人服务，三、破坏敌人交通。同时，重新和大家研究筹组"全国铁路员工救亡协会"。约在8月19日，"肃反委员会"借口我已经辞职，仍在铁路里活动是非法的，欲行逮捕，我被迫离开无锡。

全面抗战已经爆发，国民党当局仍采取压制政策，使我十分激愤，遂经苏嘉路绕道赶到上海，希望直接参加抗战工作。但"八一三"以后，闸北等处的关系都已联系不上，我只好回到嘉兴车站。9月初我在嘉兴复职。

上海对日作战过程中，嘉兴临近前线。我们主要忙于战时运输，敌机白天对嘉兴车站狂轰滥炸，大家便从黄昏开始，抢修路轨，整理列车，办理运输手续，下半夜通车运行，次日白天敌机又来轰炸，夜间我们又修通。如此反复坚持，直至11月中旬嘉兴沦陷。

在两个多月的战争状态下，嘉兴站仍然开展了职工救亡活动。我和站上原有的一些"九一九"社员结合起来，发起组织了"嘉兴站铁路员工救亡协会"，起初办过一些街头救亡墙报，对群众进行街头宣传，随后从上海买回了毛泽东、朱德传及游击战术等书籍，在铁路职工和一批由嘉兴民教馆联系的学校教员中进行传阅和宣讲,这时候的书刊内容,显然比战争爆发前又发展了。我还到上海与职业界救国会(这时似已改名救亡协会)去联系过。

走向抗日民族革命战争

在全国人民的抗日浪潮中,上海和京沪、沪杭甬铁路首当其冲,广大富有革命传统和民族觉悟的两路员工奋起斗争。

在京沪、沪杭甬地区几个月的剧烈作战中,两路职工不顾敌机轰炸和炮火轰击,抢修路轨、桥梁、机头、列车,保证了军事运输和居民转移,许多救国会、"九一九"和其他救亡组织的成员,表现了模范的行动。

两路沦陷以后,不少员工撤到武汉和西南地区,有一些人,例如胡钦曾等,继续参加铁路、公路建设和战时运输,并进行救亡活动。一部分留在沦陷区的员工,参加了地下工作,例如周志果等,即曾帮助新四军从敌占区秘密运送物资到根据地。

还有一批先进的两路青年职工,经过抗日救亡运动的锻炼,先后走到党的队伍里来,投身于中国人民的解放事业。"九一九"的社员中,抗战初期就有许多人前往延安,或参加八路军、新四军及党在各地区的工作,都先后成为共产党员。不少同志早已为中华民族的独立解放而光荣牺牲,仅我所知,就有吴槎、黄世球、薛虹、周启邦、张承鸿等,他们都是在抗日战争最艰难的岁月里献出了年轻的生命。不少同志则成为党在各条战线的骨干。

以上海北站为中心的两路职工抗日救亡运动,曾经得到毛主席的关怀。我到延安以后,约1938年3月间,毛主席曾派惠中权(当时在毛

奚 原

主席处参加调查研究工作,后来曾任陕甘宁边区政府建设厅副厅长)两次找我详细了解上海铁路职工运动的情况和经验,认真做了笔记。毛主席又要我专门写了一份《上海铁路工人阶级状况》材料,约 7 000 余字。后来在我负责速记工作期间,我多次为毛主席记录、整理讲话稿。有一次见面时他打趣地说:"我知道,你是从上海铁路里来的。"

(原载《上海党史》1991 年第 3 期,1991 年 3 月)

《文艺突击》和山脉文学社的创办

奚 原

延安早期文艺发展过程中,在毛泽东支持下还曾创办了《文艺突击》期刊和山脉文学社等群众性文艺团体。这也是当时较有影响的两件事情。毛泽东为"两刊"题写的刊眉和批复信,至今仍然保持着,据有的同志考证,这是毛主席首次为文艺刊物题写刊头,如今已相去62年,值得纪念。

一、关于《文艺突击》

在1938年上半年,随着全国各地进步知识青年拥向延安的高潮,延安的群众性文艺活动出现了新的趋向和要求。这种情形首先从各单位的文化生活中表现出来。那时抗大、陕公、鲁艺等校学员队和各机关、部队单位,都设有"救亡室"或俱乐部,作为基层民主生活和文娱活动的中心。无数的俱乐部分散在各单位,大都能够独自编辑出刊墙报,组织歌咏队,从事街头宣传,举行文娱晚会,有的甚至能够单独演出多幕话剧。为了把分散的各种文艺专业活动组织起来,延安及边区先后成立过文艺、音乐、戏剧、美术、诗歌等协会和研究会及跨单位群众团体。但由于大家来自五湖四海,人员流动性又大,以致有些群众文艺组织,或者范围很小,或者不能持久,有的只是开个会,订个章程,选个领导,发个宣言,便没有下文了。

我于1938年7月7日被调到抗大政治部秘书科任速记股长,负责校内外讲演的记录、整理和送审工作。当时会议和讲演活动较多,为了保证速记任务,我们常请有关单位推荐文字水平较好的同志临时配合记录,从而接触到一些爱好文艺的青年。大家反映了对文艺方面的意见,认为延安是革命中心地,却缺少经常性的群众文艺组织,仅《新中华报》和《解放》周刊有点文艺版面也太单薄,因此希望组织较为广泛持久的文艺团体,创办文艺刊物,提供发表创作、探讨问题、沟通消息的园地,更好地促进群众性抗战文艺活动。我常和同科工作的文印股长、画家郑西野谈起这些意见,他颇有同感。经过酝酿,大家形成一致意见。

毛泽东给了我们支持与鼓励。他当时兼任抗大教育委员会主席,特别关心抗大工作,每当学员队伍开学或毕业分配,常来讲话。他十分重视调查研究,曾派人找我详细了解上海"职救"活动情况,又约我写《铁路工人阶级状况》调查材料,我到抗大搞速记工作后接触机会较多,他又曾向我了解学员的学习、生活情形和意见。有一次他来抗大讲话,我利用会前空隙向他反映了爱好文艺青年们的意见,谈到大家写文章主要靠寄到国统区去发展,延安还没有一个专门的文艺园地。他当即表示:这个意见好,延安要有一个文艺刊物。我回来即告诉西野,他听了信心倍增,我们便决定联络各单位文艺青年,争取建立一个群众性文艺团体,创办一个文艺专刊,并决定先与"边区文协"联系。

约在1938年9月上旬的一个上午,我和西野一起到"边区文协"去找主持日常工作的柯仲平,恰巧这时刘白羽从前方回来,也住在"边区文协"。西野在回忆这段情景时写道:"我们说明来意后,四个人便席地坐在小院落门口议论起来。仲平、白羽同志热情地表示赞同创办一个文艺团体和文艺报刊,大家立即议定团体名称为'文艺突击社',并先由抗大政治部的部分同志负责组织和创办《文艺突击》报,共推奚定怀同志写信向毛主席报告这一计划,并请他题写报眉。白羽同志还当即取出身边仅有的一小块宣纸,供主席题写之用。"①

这次商谈后,"边区文协"很快送来了署名"本社同人、柯仲平执笔"的《发刊词》和白羽等同志的稿件。我曾在报纸上编过副刊,西野则是一位美术家,从事文印工作多时,我们凭借这点经验和按照油印条件做出大体计划,决定采取四开张报纸形式,每旬出版一期,每期四版(即四张蜡纸),用新闻纸两面印,按蜡纸许可尽量增印份数。在编辑过程中,我觉得《发刊词》已说明创办刊物的宗旨,还需要阐明我们对于发展群众文艺运动的态度,便临时补充写了《开展我们的抗战文艺》作为创刊论文,署笔名"亦悄"。第一期编好后,我遂于9月17日写信给毛主席,向他简要报告缘起,请他题写刊头。该信原文如下:

毛主席:

因为觉得延安文艺活动表现得很沉寂,而事实上又很有这种需要,所以我们发起由"文化界救亡协会"联合延安各学校各团体爱好文艺的同志们,成立一个"文艺突击社",并且初步工作是出版一个油印的纯文艺旬刊,名字也叫作《文艺突击》。这个旬刊第一号已经编好,决定于二十日之前出版,大家意思要请你题一个报

---

① 《延安时期的〈文艺突击〉和〈山脉文学〉》,载1989年6月28日《中国老年报》。——奚原注

眉,大小是:

文艺突击

希望你马上替我们挥成。你近来很忙,如果有从前的文艺作品愿意给《文艺突击》,这将使我们如何兴奋,而且也将使不久以后的每一个读者如何兴奋!

此敬

挚爱的敬礼!

一个抗大工作者 奚定怀给
九月十七日
地址:抗大政治部秘书科交

毛主席按信后,当天就题写了三个"文艺突击"供我们选用,并批复道:

写下几个字不知可用否?

毛泽东 九月十七日

毛主席的题字和批复,给予我们极大鼓舞和支持。他当天迅即办理的工作作风和十分谦虚的批复态度,更给我们留下深远的影响。同时,我们也得到抗大政治部主任张际春和秘书科科长谭冠三的支持,充分保证了人力物力。西野立即亲自加班用仿宋体小字刻写蜡纸,边刻写,边计算版面,边组织清校,文印股掌印同志细心进行两面对印,仅两天两夜全部如期完成任务。延安自己的文艺专刊《文艺突击》终于诞生,9月20日《新中华报》登出"边区文协"关于《文艺突击》的创刊广告,称它是

"延安文艺的拓荒者,抗战文艺的突击队,文艺青年的好食粮"①,并登出创刊号目录。9月下旬《文艺突击》又紧接着按时出版了第二期,9月30日《新中华报》登出目录,仅十几天内准时完成两期出版任务。

与此同时,经柯仲平、刘白羽等同志积极争取,得到铅印条件,于是《文艺突击》编辑出版工作全部转移到"边区文协"。此后在刘白羽等主持下,克服经济、印刷、敌后稿源等困难,从1938年10月到1939年6月坚持出版了铅印版六期。为了解决经费不济,曾到晋西北一带募捐,但终因经费困难而被迫停刊。1940年4月《文艺突击》在萧三主持下复刊,更名为《大众文艺》,至12月共出版九期;1941年2月又在周扬主持下复刊,更名为《中国文艺》,出版一期。

《文艺突击》是延安早期出版的唯一综合性文艺专刊。这个刊物从油印版到铅印版,共正式出版八期,主要发表了当时在延安的一些新老作家(如野蕻、沙汀、黄药眠、荒煤、高士其、江丰、艾思奇、周扬、丁玲、严文井、藏云远、何其芳、柳青、卞之琳、天蓝、雷加、乔木、萧三、杨松、沃渣、马达、古元、塞克、星海、马健翎等)的作品,也有个别工人和战士(如刘亚洛、老宁等)的作品,包括通讯、小说、散文、诗歌、戏剧、歌曲、木刻和文艺评论等多种形式,大都反映延安及边区各个方面的战斗化生活和文艺活动,部分反映战地及国内斗争情况,对促进抗战文艺发挥了一定作用。所谓文艺突击社,主要力量用于克服困难办好《文艺突击》,实际上是杂志社,通过刊物联系广大文艺工作者。曾参加发起办社的雷烨在当时写的《谈延安文化工作的发展和现状》一文中介绍道:"这个社最初的发起者是抗大青年的文化工作者奚定怀、郑西野及刘白羽、柯仲

---

① 《新中华报》第459期。——奚原注

平、林山、雷烨等。组织编辑委员会,建立分工负责的制度,她团结了文艺习作者。这个社获得多方面的帮助,贺龙、林彪师长,抗大校部,以及其他军事指挥的捐款帮助,出版小型的刊物《文艺突击》。"①在新中国成立后,幸存的《文艺突击》(铅印版)被列入"新民主主义革命时期革命期刊"影印再版,为延安早期文艺活动的宝贵史料之一。

二、关于山脉文学社

《文艺突击》的出版,填补了延安没有文艺刊物的空白。然而,广大爱好文艺的青年们,还渴望着多种文艺活动方式。我在给毛主席的信中,也曾说明出版一个文艺刊物是"初步工作"。为了进一步开展抗战文艺活动,各单位文艺青年又于1938年10月间联合组成群众性业余文艺团体山脉文学社。自红军改编为八路军挺进华北、战略展开,此时已依托吕梁山山脉的管涔山等创建晋西北抗日根据地,依托五台山、恒山山脉创建晋察冀根据地,依托太岳山脉创建晋东南根据地,依托太行山、太岳山脉创建晋冀豫抗日根据地,依托吕梁山脉创建晋西南根据地,以及依托大青山山脉创建绥远西部南部中部根据地,广泛开展独立自主的山地游击战争,并依托山区根据地向冀、鲁、豫发展平原游击战争,开辟了广阔的敌后战场,沉重地打击了日寇。我们取名山脉文学,用意在于文艺既要反映敌后抗战,又要把抗战文艺运动推广到敌后各根据地去。各单位随即开始组织文艺活动,社员们的写作热情尤为高涨,要用自己的笔为民族革命战争而呼唤和战斗。大家除采取墙报、传

---

① 晋察冀军区1939年1月16日《抗敌报》。——奚原注

单、标语、朗诵等方式外,还希望扩大发表的园地。许多社员送来了稿件,其中诗歌作品较多,这是抗战初期文艺青年写作的一个时代特点。当时《文艺突击》收到的青年投稿中也以诗歌占多数,有限的篇幅难以容纳。面对这种情况,我们商定再出版一个兼顾青年习作和诗文并重的《山脉文学》不定期期刊,并着手编选第一期稿件,其中有丁玲、雪苇等老作家的文章,但大部分是青年作者的作品,还请江丰木刻了几个题头和补白画。

毛泽东又有一次支持了我们。10月20日左右,我再次给毛主席写信,向他报告开展群众性文艺活动的情况,并请他为《山脉文学》题写刊头。当时正举行中共六届六中全会,毛主席很忙未能即复,过了几天,我又于10月25日以山脉文学社名义写信催请题写刊头,他仅隔两天便题写了三个"山脉文学"供我们选用,并批复道:

写下几个字不知可用否?名称似以"山头文学"为好。

毛泽东 十月廿七日

这次批复,除了及时、谦虚,还特别用商讨口气提出改名为"山头文学"的意见。当时我们考虑毛主席很忙,既然已经题写好了,不便再请求重写,同时也不大理解他提出更改刊名的含义。后来我在华中敌后读到毛泽东的《新民主主义论》,其中写道:"中国的革命实质上是农民革命……大众文化,实质上就是提高农民文化。抗日战争,实质上就是农民战争。现在是'上山主义'的时候,大家开会、办事、上课、出报、著书、演剧,都在山头上,实质上都是为的农民。"这些话使我恍然有所领悟。毛泽东当时号召到"山头"上去,实质上就是要走建立农村革命根据地,农村包围城市,武装夺取政权的正确道路。所谓山头文学,就是文学要为占人口大多数的农民服务,就是坚持革命的、战斗的大众文学的方向。中共七次代表大会以后张鼎丞来到华中,有一次谈起毛泽东的"创立山头,发展山头,融合山头,消灭山头"四句话,使我进一步了解到毛泽东对待"山头"问题的辩证态度。他运用战略策略,总是按照客观形势演变的不同阶段而各有侧重。抗战初期正是"创立山头,发展山头"的大好时机,机不可失,他甚至对于一个文艺刊物的名称,也从战略高度加以斟酌,使它更具有现实的针对性和鲜明的号召力。

我们一面请毛主席题写刊头,同时积极争取铅印条件。延安的铅印事业是和原任国民经济部部长的毛泽民分不开的,他早年即在白区和苏区从事印刷出版工作。西安事变后又亲自从上海购买铅印机器和动员铅印工人到延安,创建了中央印刷厂,保证了中央机关刊物《解放》周刊的出版(这是延安最早的铅印报刊)。1938年1月他离开延安去新疆,边区政府仍按他的原计划继续筹建一个印刷所,经办同志陪我去参观时,已购进两台旧四开机,答应建成后承印《山脉文学》。但接到毛主席题的刊头,社员们十分振奋,认为不能单纯等待铅印,要求配合形势任务的发展抓紧时间尽快出刊。我和西野等同志商量,拟先行出版油印32开本的《山脉诗歌》,经抗大政治部领导同意后,便着手进行。该刊封面:上方刊头用毛主席题写的"山脉"配以宋体"诗歌"二字;刊头以下为本期要目,全部选自青年群众现实题材的诗歌作品;要目之间还彩色套印西野所绘生动的时事钢版画。以上几个特点,使这个简朴的油印诗刊的诞生,得到人们的重视。

随着山脉文学社活动的逐步展开,我们于当年11月上旬的一个星期天,在延安北门外王家坪小树林里举行第一次社员会议,到会社员数十人。这次会议交流了各单位的情况和意见,决定按单位正式建立文艺小组,发展社员,扩大群众性抗战文艺活动,并集体参加"边区文协"。

会议还决定成立由各单位代表参加的社务委员会,集体负责组织实施工作,以保证在人员流动情况下能够坚持而不中断。当即选举郑西野、安适(安观生)、庄涛、雷波(缪海稜)、魏元章、李维新、王令饑、赵从容和我九人为社务委员。会议还规定设社员登记簿,每人每月交会费一角,以支持出版刊物、印发传单等费用。这次会议以后,社委每周假日经常碰头,工作有了较大发展,抗大、鲁艺、马列学院、八路军总政治部、八路军后方留守兵团、边区政府等十几个单位建立了文艺小组,社员登记最多时200余人,并在蟠龙、瓦窑堡等地成立了分社,蟠龙分社也出版了《山脉诗歌》。

到了1939年年初,由于形势变化,较多的同志将调往敌后工作,我们于1月初在北郊鲁艺山坡一间大教室里召开了第二次社员会议。这次会议主要讨论两个问题。一个是制定群众文艺活动的"十大工作方式",就大家几个月来采取的文艺活动方式归纳为十条:"一、出版文艺刊物;二、配合各种重大政治活动(如纪念日、动员大会等)印发通俗诗传单;三、在群众集会上利用会前等空隙时间进行诗歌朗诵;四、举行文艺晚会;五、组织文艺专题报告;六、举办简易图书馆或图书流通活动;七、在山岩、墙壁上刻写文艺标语和街头诗;八、编辑固定或流动壁报;九、召开文艺创作研讨会;十、向各地报刊推荐和投送抗战文艺作品。"(摘自《整风自传》)经会议讨论通过,供各文艺小组和分社参考。另一个是讨论在人员流动情况下如何坚持和发展抗战文艺活动,大家意识到山脉文学社的一个特点,在于它的绝大部分社员都是爱好文艺的青年学员或干部,不是专业作家,因而流动性更大。许多老社员不断离开延安这个革命摇篮调往敌后及其他工作岗位,可以把抗战文艺活动推广到各地;同时新社员又参加进来,使本社文艺活动继续开展下去。会议希望去、留的同志都要注意这个特点。

"十大工作方式"提出以后,各个文艺小组依据自己的实际情况,增进了多种形式的文艺普及活动。社委会除办理简单的社务外,主要进行了下列工作:

一是编辑出版刊物。西野回忆这项工作情况时写道:"我们曾着力于筹办《山脉文学》杂志……可惜因设备困难(注:主要因1938年11月20日敌机轰炸延安,筹建中的铅印厂受阻),未能实现。与此同时,油印的《山脉诗歌》却保持了经常出版。诗人田间、缪海稜、徐明及劳森、汪洋、庄涛、辛萍、白朗、朱力生等同志都为诗刊提供了作品。几个月内共出刊十余期,每期我负责刻写封面和配画。"(摘自《整风自传》)所需纸张用社员会费购买,我和西野每人每月四元津贴费也大部分放入会费买纸,还常靠抗政组织上补助。搜购来的纸的品种很杂,有油光纸,有毛边纸,大小开张以至颜色也不一样,装订出来只好是"不修边幅"。由于这个油印诗刊配合形势任务发展,充分采用各单位来稿(不问是否名家,对于内容好而文字稍差的也尽量帮助加工采用),比较机动及时,因而具有较大的群众性和战斗性。我曾保存了全套油印《文艺突击》和《山脉诗歌》,离开延安经河南汝南县时被一位同志借阅,不幸遗失。

二是配合重大政治任务联络各单位文艺小组协办文艺活动。抗战初期,重大事件和政治斗争频繁,例如粉碎日寇华北扫荡,巩固黄河河防保卫边区,加强防空除奸,开展生产运动,纪念"三八"妇女节,坚持团结反对摩擦,声讨大汉奸汪精卫,纪念"五一""五四"等,有些在《山脉诗歌》出版专栏专辑,有些在群众动员大会、纪念大会、声讨大会上散发诗传单和进行诗朗诵,有些临时重要活动常即写、即印、即传、即诵。朝气蓬勃的青年社员们充满着激情和干劲。

三是组织社员们某些共同的文艺创作学习生活,提高社员文艺写作能力。当时的所谓"知识青年",大都是中等文化水平,有的只是小学水平。例如蟠龙分社的创建者,本来是长征中的一名"红小鬼",到陕北后认真学习识字,被分配做文印工作,参加山脉文学社又开始学习新诗写作,不久调往蟠龙,便联合当地文艺青年组成分社,并出版分社《山脉诗歌》。这位年幼社员虽文化不高,却有实际的战斗经历和深挚的革命热情,在同志们帮助下很快地拿起抗战文艺的武器。山脉文学社也是一个自我教育团体,文艺创作的学习研讨主要靠各文艺小组进行,社委会则组织一些共同活动,例如召集文艺专题报告会,曾请丁玲谈创作经验,又如建立图书馆很困难,曾在一部分文艺小组之间进行书刊交流。

抗政张际春主任对山脉文学社很重视,曾考虑把它正式作为抗大群众工作的一种方式。1939年上半年,大会报告讲演渐渐减少,我遂几次向组织上请求到前方工作,那时延安的干部大都抱有这种愿望。张主任希望我留下,拟安排我以一半时间专门组织山脉文学社活动。由于我的坚持,我终于在6月间离开了延安,至今想起这件事仍感内疚。当时我并不知道,仅隔一个月,抗大总校也转移到华北敌后。

经历较大变动,山脉文学社在社委会集体领导下坚持了下来。据新华社1939年12月讯:"本市山脉文学社于……本月四日召开该社留延社员会议,通过决定招收大批新社员,定期召集社员大会。选出汪琦、海稜、师田手、河清、朱子奇、庄涛、惊秋等七人负责该社工作,并派庄涛、惊秋、安适等五人出席文协大会。"[①]至1940年秋,山脉文学社与战歌社联合编辑出版油印诗刊《新诗歌》。同年12月8日与战歌社等团

---

① 1939年12月9日《新中华报》。——奚原注

体合并成立延安新诗歌会，诗刊《新诗歌》转为该会会刊。

　　山脉文学社是延安早期文艺活动中规模较大、持续时间较长的一个青年群众文艺团体。它的作风比较朴实，力求在实践上贯彻文艺为抗日战争和工农大众服务的方针。但应指出，就这个文艺团体本身而言，基本上没有跳出知识分子的圈子，大多数成员还缺乏战争实践体验。这些缺陷，是后来经历长期斗争锻炼和深入学习马克思主义逐步解决的。在这个过程中，有些同志为民族和人民解放事业献出了自己的生命，如诗人安适、画家劳森等在华北与日寇作战中英勇牺牲，还有许多无名的英雄也早已血洒疆场，我们永远不能忘记他们。

　　毛泽东指导下的延安早期文艺活动，是中国民族民主革命文化运动一个新的阶段的起步，其中蕴蓄着战争初期文化斗争的许多历史经验。发展和前进，不可避免地带来一些问题，在当时抗日高潮下表现尚不突出。毛泽东在这个时期，对待文艺和文艺工作者非常热忱、耐心和慎重，他热烈号召发展抗战文艺打败日本帝国主义，强调实行真正的工农大众化，同时对文艺界存在的一些问题也一直密切关心和研究，后来我们才了解，他是为从根本上改造和繁荣新文艺做准备。

（原载任文主编《延安时期的社团活动》，西安：陕西师范大学出版社总社有限公司2014年版）

有关上海百货业职工运动史料的几个问题

陆志仁①

(一) 中共江苏省委重建后的"职委"

上海在白区斗争中,是一个重要的城市,也是工人阶级比较集中的一个城市。所以中央党史征集委员会非常重视上海的党史资料的征集工作。那么,上海主要征集什么资料呢?在上海解放前,上海主要是征集白区斗争的资料。因为从党成立起,党中央长期在上海,中间曾搬到武汉去过一段时间,以后党中央就一直在上海,直到1933年初。中央转移到苏区以后,上海有中央局,它专管全国的白区工作。从1934年至1935年,在上海的中央局和地方党组织遭受数次严重破坏,革命力量损失很大。1936年4月,中央派了冯雪峰同志到上海来了解情况。那时,中央向冯雪峰同志明确讲清楚:只是了解情况,没有建立组织的

---

① 陆志仁(1910—1992),浙江上虞人。1936年1月参加革命并加入中国共产党。1978年至1983年任上海社会科学院党委副书记、副院长兼历史研究所党委书记。——编者注

任务,情况了解后就向中央汇报。冯到上海后,先找鲁迅,通过鲁迅接上了在"左联"活动的周文同志的关系,找到了党的关系。这样,上海与党中央又建立了联系(当时,正值文学上两个口号争论时期)。

1937年5月,党中央召开白区工作会议,上海没有派人参加,多数是北方局的党组织派出的代表参加会议。这次会议是刘少奇同志主持的,参加会议的还有彭真等同志。那时,中央已决定派刘晓同志到上海来,所以让他参加了白区工作会议。这次会议主要是纠正"左"倾路线的错误。刘晓同志参加会议之后,于5月偕张毅同志来上海。他的任务是重建上海的党组织。他来上海之前,毛主席、刘少奇、张闻天和周恩来同志,都找到他谈过话,交代了任务。他到上海后不久,江苏省委成立了,他任书记。省委成员刘晓、刘长胜、张爱萍、沙文汉、王尧山(至1939年刘宁一参加省委)。江苏省委下面有文委、工委、学委、职委等。江苏省委不仅管上海,一直管到江苏南京,浙江杭州、宁波。江苏省委建立后,上海党才有统一的领导机关。上海原来是有区委的,如沪东区、法南区(法租界及南市)、闸北区、沪西区等几个区,1937年后改变为按系统成立工委、职委、学委、文委和难民工作委员会等组织。这是由于接受了过去的教训,以便更好地培养和保存干部,掩护党的组织。从此,上海党组织执行了以毛主席为首的党中央的白区工作路线。那时,党中央还没有提出16个字的方针(16个字方针是1940年才被正式提出来的),只是提稳扎稳打,广泛团结群众,组织群众,坚持抗日民族统一战线。实际上,16个字方针就是在这基础上发展起来的,而且更加完善了。新建立的江苏省委是根据毛主席为首的党中央的路线开展工作的。

职委是在1937年抗日战争爆发后开始发展党员、建立组织的。刚开始时,只有职员支部,支委是顾准、雍文涛和我三人组成,支部书记是顾准。公开团体有个"上海职业界救亡协会"。在此协会里有个党团(相当于现在的党组),成员是王纪华、袁清伟(国货公司的)、石志昂(解放初因飞机失事而牺牲)、王明扬(已牺牲),后来还有许德良。到1938年初,成立了职委,书记是彭柏山,成员有顾准、陆志仁、胡实声(当时是海关的支部书记,护关斗争是他领导的),还有一个姓曾的女同志,领导职妇工作。那时,雍文涛已到武汉去了,后来他去山西。当时职委直属江苏省委领导。

(二) 百货业的建党

百货业开始建党时,由我分工负责。职委的分工是:顾准负责洋行、"华联",胡实声负责银行(以后由张承宗负责),我负责店员。参加领导工作的还有两个干部,一个是吴雪之,一个是梅洛,他们由我联系。张承宗、吴雪之、梅洛后来都是职委成员。

在百货业中,最早入党的两个党员是国货公司的袁清伟介绍的,袁是"上海职业界救亡协会"的党团成员。党团不能管支部。他发展了李伟炯(后来在苏北游击区牺牲)、金善生(现任广东省科协副主任),入党后把关系交给了支部。他们的入党宣誓是我去主持的。当时炮声不停,国民党军队还未撤退,上海还处在炮火中。后来他又发展了范烨(朱人杰)、邹佐安、周善同、陈丕正(国货公司救亡协会的负责人,"职救"的干事,下面有职救会会员近百人,为人有点骄傲,不易接近,所以没有很快发展他入党,约在1939年他去江抗后牺牲)、王伟才、张世堂、汪维章(都是国货公司的),再后面发展的,我就不大清楚了,有些名字也想不起来了。这些同志的入党时间,大都是1938年。同一时期,我还开辟了永安公司党的工作。永安公司最早入党的是吴人杰,吴在中华职业补习第二夜校(在三马路)活动,参加了南京路商界联合会战时服务团,受到一些党的教育。中华职业补习第二夜校的姜坎如同志去做他的工作,发展他入党。永安公司第二个党员是钱正心,第三个是赵永明,再往后发展的先后顺序我不记得了,只知道有楼伯英、陈拜昌、陈铁峰、赵茅兴等。通过吴人杰动员一些职工参加几个公司联合组织的一个进步读书会,读书会发展了大新公司的梁勤余(又名梁启明,是大新公司的第一个党员),接着又发展了郑宝光(他是南货部的,1949年前已病逝)、樊发信(现改名为王群华,任浙江省委党校副校长),还有一个同志的名字已记不起来了。之后在先施公司绸缎部发展了一个同志,后来这个同志离开了上海。新新公司没有我们的力量,我们通过山东路老九和绸缎店里面的一个党员,联系了新新公司的吴士德、杨云岭(现在印刷机械厂),他俩都是积极分子。大约在1938年,老九和的那个党员何荦同志要到内地去,怎么办呢?我对他说:"你把那两个人作为朋友介绍给我吧。"于是,我以朋友关系经常和他们两人联系,送书给他们。他们住在集体宿舍里,我不好去找他们,就在仓库里找他们联系。经过我一段时间的工作后,就介绍了他们入党。吴士德个子高大,后来参加新四军,已经牺牲了;杨云岭后来到邮局去了。先施公司还有个党员叫王玮。

国民党军队撤出上海后,上海的租界处于日本帝国主义者的包围之中,成了孤岛。在孤岛时期,我们的工作还是开展得很快的。到1939年秋天,几个公司共发展了近80名党员(其中永安最多,约有30余人),建立了中共百货公司委员会,这是由梅洛负责的,他担任党委书记,委员有朱人杰、汤有先、李伟炯等,李离开后由吴人杰接替。参加过百货业党委领导工作的有吴雪之(他代表职委,吴走了之后是梅洛),1938年他负责联系永安和国货两个支部,并不是抓全面的。百货业党的开辟工作是我去搞的,我建立了支部以后,就把关系交给吴雪之、梅洛两人。梅洛领导百货的时间最长,他原是"益友社"的支部书记,1939年年初,他从"益友社"转到百货公司委员会来,一直到1949年。在后一段时期中,我所了解百货业情况就不是那么深和细了。

(三)1939—1945年的情况

记得在1939年底以前,上海共产党员约有1 800多名,其中职委的约600余人(不包括已经动员到内地去的),这一数字,同张祺同志回忆的工委系统的数字差不多。当时学生党员力量还不多,文委系统党员也不多。职委在这段时期发展较快,群众团体也蓬勃发展。我们思想上有点骄傲了,结果在1939年罢工中出了问题。这次罢工,在指导思想上有"左"的影响。在此之前,我们领导过一些斗争,都比较顺利。到1939年下半年,群众生活比较艰难,上海的米价已上涨了三倍多,"八一三"之前,米价大约每石15元左右,到1939年上涨到45元左右,群众生活很困难,但有些资本家却发了国难财。那年12月份,圣诞节之前,我们向资本家提出了一些经济要求,资本家很快就答应了,因为从圣诞节到元旦这段时间,是商店营业的高峰时期,所以我们一提要求,资本家很快就答应了。当时我们职委曾经讨论这个问题,对资本家这样快答应,总感到不放心。我们估计到群众团结比较好,资本家为了做好圣诞节的生意,对职工要求会做些让步。永安公司资方很慷慨,职工提出三角五分,他给你比这个数字还要多,就这样来迷惑群众。上海社科院经济研究所整理的企业史中发现当时永安公司资本家郭琳爽给郭顺的一封信中讲道:现在对付职工的工潮,不宜采取强硬的态度,等到营业高峰过去后,再采取措施。可见,我们当时对这一点估计是对的,但没有估计到资本家毒手下得这么快。12月31日晚,永安公司资本家就宣布解雇30人的名单,把党员吴人杰等一批积极分子开除。我们当场发动群众提出抗议,就被抓进巡捕房,使我们陷于措手不及的地步。这次斗争,事前我们准备不足,罢工后,大家集中在温州路宿舍,我到那里去过,看到大家在写《告同人书》等,情绪很高涨,以为有把握取得胜利。资本家开除职工后,巡捕房抓了人,又把宿舍封锁起来,不准职工活动,我们产生了急躁情绪,要硬拼到底,结果斗争失败。这时期,省委派来领导职委的是刘宁一同志,他给我们鼓气,要我们斗争到底。我们想尽办法斗争下去,实际上,我们越斗,损失越大。后来实在不行了,我就和吴雪之、梅洛再三商量对策,大家都一筹莫展,承认失败,结束了罢工斗争。这是个教训。我们的力量损失很大,大新公司共有16个党员(梁启明已离开),他们都很勇敢,斗争中都冲在前头,结果都暴露了,被资方开除了15个党员,只剩下一个在群众中不很活跃的党员(姓汪的),还有些积极分子也被开除了。我们职委提出:资本家开除他们,我们欢迎他们,要发展他们入党,后来其中两人被我们吸收入党。有些党员送到解放区去了,梁启明后来在江南因遭到敌人袭击而牺牲,留下一个遗腹子,现在已经40岁了。1940年年初,刘晓同志找我个别谈了一次,他指出永安和大新的两次斗争,主要是我们缺乏经验,不懂得斗争的策略,不懂得迂回。他说:斗争发展到一定的时候,要"适可而止"。因为在他们的统治之下,硬拼是不行的。他还说:斗争要发动群众,依靠群众,切不能脱离群众,要讲究斗争的策略,就是为了照顾群众的情绪和利益。这就是后来毛主席所说的要"有理、有利、有节"。当时职委在这方面理解不够,我们的教训是很深的。

后来,我们注意了对老职员的工作。有个老职员他有两个孩子失学在家,我们就派了个同志每天晚上去帮助补习功课,抓住时机对这位老职员做工作,后来他就参加了我们的活动。有的同志帮助经济负担重的中层老职员排队买户口米,帮助他们解决家庭困难等。总之,不惜花费精力时间,一个一个地去争取群众,这样,党与群众的关系更加密切了。

1940年上半年,刘长胜同志来看我,他穿着夹袍子,我生肺病在家。他是在1939年经重庆去延安,向党中央、毛主席报告了上海的工作。

刘长胜同志回来后传达毛主席的指示说:上海党有这样广泛的群众基础,在白区工作中是做得有成绩的。职业界的群众组织采用业余联谊会的形式,这是一种创造。而工人运动是用劳工夜校的形式,一个夜校等于一个工会,有效地组织和发动群众,毛主席很赞许。上海几个刊物,如《译报周刊》《职业生活》等,已被送到延安了。毛主席对上海的报纸刊物很重视,早在抗战初期,毛主席就打电报给新四军,要他们尽可能地收集上海的书报刊物,并运往延安。

当时孤岛不能提抗日,只允许提抗战,反正是一个意思,大家都懂得。毛主席16个字的方针"荫蔽精干,长期埋伏,积蓄力量,以待时机",是在1940年那个时候提出的。我们就把公开的职工团体中的党的力量,分别按行业转到企业中去,把图书馆里《论持久战》等书籍收掉,避开敌人的搜索。这段时期的工作,对我们是很好的锻炼,所以在1941年12月8日日本人进占租界后,党的力量没有遭受损失,这与我们贯彻执行16字的方针,改变工作方法和斗争策略很有关系。

抗战初期发的内部刊物,后来不发了,我们在报纸上发表的文章语气也隐晦了,群众中生活互助性质的活动越来越多了,看起来不带政治色彩,但实际上是有组织有领导的。从"一二·八"太平洋战争爆发到抗日战争胜利,这阶段提出"勤学、勤业、交朋友"的口号,工人要掌握技术,学生要勤奋学习,创造条件坚守岗位,我们职员要站住脚、扎下根,就要掌握业务,这也取得老职员的同情和支持,也容易交朋友。在交朋友的基础上,我们对积极分子进行个别考察了解,直至教育培养、发展入党,这不是一件轻而易举的事,而是一项非常细致深入而又复杂的工作。百货业的党组织也学会了这一套工作方法,创造了雄厚的群众基础。在交朋友的过程中,我们很注意接近一些在群众中有影响的职工积极分子,争取一个人就带动一批人,还有注意在重要部门的群众联系。

在吸收党员时,我们要求发展对象必须具备下列条件:即在思想上划清敌我界线、阶级界线和党群界线,分清党员与群众的区别。在1944年冬到1945年秋,我们又发展了一批党员。

为了准备从抗战的相持阶段进入反攻阶段,1944年5月前后起,我们陆续派干部去解放区轮训,训练一段时间,又回上海工作。百货党委去了一些人,但不多。梅洛于1942年冬和1944年冬也先后去了两次。当时设想,抗日战争一旦转入反攻,新四军可能夺取上海,我们就要发动群众里应外合地举行武装起义;同时还要尽可能争取上层分子,扩大统一战线。金城银行经理周作民,曾经接受我们的邀请,拟去解放区参观访问,后因故未能成行。

1944年6月,中央发了一个关于加强敌占区城市和交通要道工作的指示，明确地提出了"里应外合"的方针。我是在同年9月去淮南华中局城工部阅读了这文件的。1945年8月，日寇投降，党中央任命刘长胜为上海市长。我们发动工人、职员、学生等广大群众准备迎接新四军。杨浦区把"欢迎刘长胜同志当市长"的标语也贴出来了。后来，中央来了指示，主动放弃夺取上海这个大城市的计划。地下党趁国民党忙于接收，搞什么"五子登科"，就抓住时机，把工作重点放在广泛发动群众，把自己组织起来，进行各种经济的和政治的斗争。在百货业职工庆祝胜利时，建立了联合的组织，并提出经济上的要求，进行了检举汉奸李泽的斗争。

关于解放战争时期百货业党的工作，我只就个别的事件，从斗争策略上提出自己的一点看法：

1. 1947年的"二九"斗争是肯定的，不仅是百货业和职委的事，这是整个上海反美、反蒋斗争的组成部分。当时提出口号"提倡国货，抵制美货"，这口号争取了很多人。这次事件，从全局考虑来分析，开始酝酿时间比较短，对于抵制美货这一点，有些民族工商业者不同意，后来没有达成协议，我们有点急躁，单独行动起来。还有，当时新都会场资方受到威吓后不肯借出，我们立即决定换个会场继续开，原因是已邀请了一些民主人士在会上讲话。我在想，如果我们不在当天开，行不行？会不会损失小些？这是回头来研究我们斗争策略的一个想法，不一定对。"二九"之后的工作，是做得比较好的，真正依靠群众，做了不少工作，大出丧这个斗争方式也是很好的，很能争取、团结群众。这件事还"劳驾"了伪市长吴国桢，社会影响很大。为什么能取得胜利？因为我们紧紧依靠群众，站在群众这一边，各方面配合得很好，做了不少宣传工作，还请了律师主持公道，这是成功的。

2. 1947年"九二九"事件,逮捕我们10个同志,这些同志都是从群众中来的,在斗争中树立起来的旗帜,当时称"十大领袖",他们是工人的领袖。"九二九"这场斗争是不可避免的,技术上的失误是另外一回事,斗争总是要有所牺牲的。我们把营救被捕的同志的斗争进行得非常有效,感人的事例很多,说明我们已真正把群众发动了起来,经过斗争,党的威信、影响大大提高。

(四) 整理工运史料的几点意见

现在我对整理史料提几点意见供大家参考,整理史料往往容易就一个具体活动写一个具体活动,忽略了这个具体活动是在什么策略指导下开展的。我印象较深的是:

第一,当时组织上向我们交代,要在群众运动中,克服关门主义、冒险主义的错误倾向,要把我们白区的党,建设成为一个有广泛群众性的、有战斗力的党。即使口号叫得很响,但没有群众基础或脱离群众,这个党就必然没有战斗力。对于这一点,过去我们是有很深刻印象的。我们不能脱离群众,要想尽一切办法,把群众组织在党的周围,只有纠正关门主义、冒险主义的错误,才能使我们的党扎根于群众之中。所以,当时我们很重视在百货业中的建党工作,因为百货业中一个大单位,就有上千人,党组织要建立在一些重要的厂矿企业、学校等单位里,才能同群众有广泛的联系。可以说,我们在百货业建立党的组织,正像一块砖一块砖地砌起来一样。在发展一个党员的时候,我们还注意到他周围的群众关系和社会关系,使我们发展进来一个党员,就可以接触联系更多的群众。在永安公司后面的一家咖啡馆里,我们发展了一个党员,对他的要求,不仅仅在咖啡馆里做那些服务员的工作,更主要的是要他通过他的工作,在一些大商场里找关系,联系更多的群众,使我们的力量深入到各重要的部门中去。每个党员联系哪些积极分子,都要经常向组织汇报,这个传统一直保持下来。对周围的积极分子要有深入全面的了解,了解其家庭、社会关系及思想状况等,使我们的工作能有的放矢地进行。

第二,我们要从群众的实际要求出发,采取各种形式,把群众组织起来。起初我们搞读书会,但参加读书会的基本上都是积极分子,还不够广泛,后来我们搞了乒乓队、足球队以及读夜书。这种形式,乍看并没有政治性,其实不然,我们可以通过这些组织形式,与群众保持广泛的联系,特别是有机会接近处于中间状态的群众,从而可以逐步提高他们的觉悟程度和组织程度。那时,还有外面的一些活动,如永安公司职工到神州夜校去读书,国货公司就有许多人在量才补习学校读书,大新公司的群众,我们通过益友社的活动联系团结他们。南京路上,还有一些中小百货店,也是通过动员他们参加益友社活动后,对他们进行工作的。过去我们在"左"倾路线的领导下,要么搞赤色工会,搞黄色工会不行,而那时的环境,赤色工会是非法的,搞不起来。对黄色工会我们进行抵制,不让它在群众活动中存在。还有,动不动就罢工,或者在纪念日到马路上去搞什么飞行集会,群众不愿去,我们非要他们去,采取强迫命令的方式。这就不可能根据群众的要求和觉悟程度,联系、团结他们,逐步提高他们的觉悟,进而把他们组织起来。在这方面,过去我们并不是很自觉的,有许多经验和教训,现在值得我们认真总结。

第三,坚持抗日民族统一战线。这是当时我们的基本要求,我们不能离开这面旗帜,离开了这面旗帜,党就要脱离群众。当时抗日民族统一战线这个口号很响亮。有时,我们在马路上,常常会碰到"抄靶子",如果是中国巡捕,你讲一声,"我们大家都是中国人",他就不好意思了,会马马虎虎地让你过去。记得有一次,我把国货公司一个团体的一份油印刊物放在衣袋里,打算带回去看看,走到偷鸡桥(现在浙江路芝罘路),碰到一伙外国"三道头"(外国巡捕)和中国巡捕"抄靶子",他们在我身上一抄,把我衣袋里的那份油印刊物搜了出来,问我是什么东西,我用英语回答他是学校里搞文化娱乐用的,他们就让中国巡捕看是不是文化娱乐刊物。我就对中国巡捕讲:"我们大家都是中国人。你看吧。"这个中国巡捕就对外国"三道头"说:"对!对!对!"其实,他也明知道这份油印刊物上登了许多抗日的文章。所以说,抗日民族统一战线这面旗帜是我们的政治基础。"九一八"日本帝国主义进攻东三省,全民族都要求抗日,挽救民族危亡。那时有人提出"保卫苏联""保卫红军",这就离开了群众的要求,脱离了群众。我们在百货业中打开局面,发展进来的党员都是青年,是小弟弟,革命热情高,但群众基础不够广泛。我们在一个单位里做群众工作,口号提得是否符合群众的要求,这很重要。例如我们在永安公司,就应当着眼在将全体永安职工组织起来,也要注意争取资方参加和支持抗日。那时,有份《小草》,就是能够抓住这一点,后来动员20多个青年到解放区去。当时江苏省委还提出"节约救难"的口号,募捐救济难民,记得永安公司有许多女同志,组织起来卖花,把收入捐给难民。节约救难,得到大家的同情和支持,有些中高级职员也参加了,还获得一些顾客的拥护。报上也发表消息说永安公司捐献最多,奖到一套"二十四史"。"节约救难"运动,使我们局面得以打开,广大的店员、练习生,包括一些职员也投入了这次运动。后来在这个基础上我们又搞了一些活动,而且把活动公开化,如文化娱乐,后来又成立了图书馆等,我们就是通过这些活动来联系群众、教育群众的。

写工运史,要注意多写群众,人民群众是创造历史的主人。1953年我曾写过百货业工运史,但缺乏史实,像写工作总结。这次写,要多收集群众活动的材料,把群众的革命创造性、主动性充分反映出来。关于敌人的资料只能作为陪衬,敌人的东西不要多写,现在有的资料把敌人活动写得较多了,几乎与我们的并列起来,这不好。我们要多写群众。关于资本家的情况,可以写在企业史里。另外我们不要满足于在每个历史阶段、每个历史事件中都写上一句"在党的领导下",主要应写党的方针、政策,可学习刘少奇同志的《关于白区的党和群众工作》这一篇文章;周总理文集中也有好多篇,我们要多研究些理论问题、策略问题,不要只注意纠缠在某些具体问题上。总之,写工运史要先学习党中央和领导同志的一些文献和指示,在指导思想和实际斗争相结合上来研究整个工人运动史。记得1948年党中央来了指示:要防止硬拼,避免重犯"左"倾冒险主义错误。我们的任务就是要坚决贯彻16个字的方针。工作成功与否,就看你能不能坚持"荫蔽精干,长期埋伏,积蓄力量,以待时机"这个方针。这个时机在什么时候? 就是在全国范围内的敌我力量的对比发生了根本的变化,就是快到全国胜利的时候,实际上,就是上海解放之时,就是全国胜利之时。因为在上海这样的敌人统治中心,长期以来敌我力量对比是敌强我弱,我们依靠人民解放军解放这个城市的时候,就转为我强敌弱了;即使在全国范围内,我们也占了绝对优势了。所以有些问题,我们还要再学习和领会党中央及中央领导同志的指示,仔细想一想,然后再写。

上海工人运动,在全国来说是很突出的,因为工人运动首先在城市

陆志仁(摄于1949年)

里开展,不可能在农村开展。工人运动在党的领导下走过了漫长的道路,是一部很好的教材,可以教育青年一代,培养无产阶级的接班人。我们不仅要写个人的回忆,而且要歌颂工人阶级,要把群众在斗争中的作用突出来。人民群众的作用大,也就是反映党的领导作用,有了党的领导,群众力量才这么惊人的强大。陈云同志在《要真理,不要面子》这篇讲话中,第一条就讲了人民群众的力量,第二条是党的力量,第三条才是个人的作用。这是历史唯物主义的观点。我们在收集和整理材料的时候,可以整理出几个理论性的问题。我们写工人运动史,就是把工人运动的历史提到理论高度来认识,必须把这些问题讨论清楚,不然,把工人运动史写成流水账也不好。

(王立铭、顾玉兰根据录音整理)

(原载《上海工运史研究资料》1982年第3期,1982年9月10日)

记 益 友 社

陆志仁

益友社是以商业系统各业店员为主体的职工进步团体,成立于1938年2月,结束于1949年11月。益友社成立以来的12年,跨越了抗日战争和解放战争两个历史时期,正处在中国人民革命经过艰苦斗争获得全国胜利的波澜壮阔的时代。

抗日战争时期,上海处于"孤岛"和沦陷区的环境,解放战争时期,处于国民党统治区的环境。在这样的环境中,坚持抗日运动和爱国民主运动,就不能不受到许多限制,遇到种种艰难险阻。现在一些年轻的同志,也许因为没有经历过这段历史,外来的同志也许因为习惯于另一种斗争的环境,对益友社这样形式的团体不易理解,认为这种团体搞搞文化娱乐活动,对抗日救国能起什么作用?况且还有许多上层人物当了理事、名誉理事,情况十分复杂。怎样确保党的领导呢?实际上,益友社是在当时历史条件下,上海职工运动所采取的一种组织形式。它在上海地下党的领导下,前后艰苦斗争了12年,终于成为上海职工运动史上历时最长、拥有社员人数最多的团体之一。它通过文化、教育、体育、福利等群众喜闻乐见的活动方式,组织了成千上万的职工群众,以它为活动基地,几十个行业的店员(如西药、国药、五金、绸布、南北货、酱业、煤业等)按行业建立规模不等的职工会性质的群众团体,把党和群众工作扎根到了基层;开展了对爱国民族工商业界和社会人士的统一战线工作,争取他们按不同情况支持、掩护了益友社活动,举办了有利于职工和社会的公益事业;党从益友社联系的群众中动员了大批积极分子,由共产党员带动,前往各抗日根据地,并通过各种渠道以物力、财力支援新四军。党在益友社各业职工中,培养了一大批党和非党干部,先后发展了500余人加入共产党,建立和发展了党的组织。这批党和非党干部和广大职工群众相结合,组成了上海职工运动中一支有广泛影响和战斗力的队伍。这些说明,益友社作为一个集体,是对革命做出过贡献的。益友社史料的出版,将有助于有关同志理解在当时特定环境下,益友社这样的群众团体的建立是符合党中央对地下斗争的方针、策略的,也是符合广大职工群众的利益和要求的。

根据一些老同志的意见,党在益友社的经验,可以大致归结为如下几条:

一、从实际情况出发,贯彻执行正确的指导方针。即是党提出的"要充分利用合法",采取当时当地条件所许可和群众所习惯的组织形式,广泛而公开地把群众组织起来。益友社是以"提倡正当娱乐、改善业余生活"为宗旨的联谊团体面目出现的。它具有公开合法地位,便于组织公开的、广泛的群众活动。这和第二次国内革命战争时期,党在白区建立的那些左派团体有很大区别,后者是非法的,秘密的或半秘密的,参加的只能限于少数左派分子。全面抗战爆发以后,党需要把群众广泛发动起来,所以必须打破在过去历史条件下形成的关门主义的狭小圈子,而采取深入群众、深入社会的公开合法的组织形式和工作方法。当时,中央对地下斗争规定了"荫蔽精干,长期埋伏,积蓄力量,以待时机"的方针。根据这个方针,党内工作是秘密的,党外活动必须是公开的。陈云同志指出:"合法活动是公开工作的唯一内容。依靠公开工作,不仅可以掩护党员面目,隐蔽党的力量,尤其重要的是,任何巨大革命运动的发动,没有公开的社会活动,把群众发动起来是不可能的。"当然,团体的公开合法性,必须根据形势的变化而有所变化。益友社利用合法的条件和方式在各个历史阶段是各不相同的,在上海的"孤岛"时期,完全沦陷时期以及解放战争时期,统治者从英、美、法租界当局转换为敌伪,又转换为国民政府,所以益友社在组织规模、活动方式和内容上也必须有相应的转换,其中关键是公开领导机构人员的配置和调整问题,其原则是必须推举一批有一定社会声望、热心公益事业,而又便于和统治者相周旋的中上层人物担任团体的公开领导职务。而且在形势和统治者转换时,团体的领导人员也必须进行相应的调整。这是益友社利用合法的一条比较成功的经验。

二、公开合法的群众团体要站住脚跟,就必须把群众真正发动起来,必须彻底克服主观主义、形式主义的做法。党在益友社的经验说明,在群众工作中,不仅要组织左派分子,而更要依靠左派分子,动员他们走到处于中间落后状态的广大群众中去,和他们打成一片,听取他们的呼声和要求,然后根据群众的需要,帮助他们有步骤地开展各种活动。只要群众需要,而且有条件可以办起来的活动,如文化、教育、学术、音乐、歌咏、戏剧、乒乓、福利等,都应放手发动群众去办,使团体生活内容丰富多彩,真正为群众所欢迎和支持。这样的团体就可以避免"官办"的老套套,而成为真正群众自己的团体,也只有这样的团体才能造就大批新的活动分子和群众领袖。为了扩大和巩固益友社的群众基础,党又采取多种方法把团体的各项活动同商业系统各行业和基层的店员工作结合起来,并帮助各业店员建立自己的行业性的组织。这样,即使在极端恶劣的环境下(如敌伪统治时期),公开的比较集中的群众活动受到极大压制的时候,益友社仍然能以分散活动的方式和各业店员保持联系,坚守阵地,开展各种较为隐蔽的斗争。

三、积极开展上层统一战线的工作。公开合法团体要站住脚跟,不仅要有广大群众的拥护和支持,而且必须获得社会中上层人士的同情和支持。特别是上层社会中的代表人物,他们的社会影响大,有号召力,和统治阶级有联系,获得他们的同情和支持,也就提高了团体的公开合法性,减弱了反对者的阻力。益友社的主体是店员群众,与此相适应,在上层工作方面,除了社会人士中的代表人物外,着重点就是工商业中各业同业公会的上层人士。他们担任益友社的理事、名誉理事,或赞助某一项社会活动如补习学校、戏剧义演等等,就对有关行业的店员职工参加益友社的活动提供了便利条件。群众运动开展起来,反过来,又可加强上下层之间的联系,推动上层人士的进步,鼓励其参加社会活动的积极性。所以,群众工作离不开统一战线,统一战线离不开群众工作。

上层人士的社会情况是相当复杂的,处境也各不相同,同劳动群众基本上是隔绝的。所以,统一战线工作也必须照顾到他们的特点去做,益友社统战工作抓了三个环节:①首先依靠同他们有一定联系而为他们所信任的中层分子去进行接触,在友谊上、生活上和他们建立联系;②在团体各项重大活动中,多方面给上层人士创造条件,让他们担任一定领导工作,以取得群众信任和尊重;③政治上既要坚持原则,又要善于同上层人士中各种爱国进步力量合作,求同存异,广交朋友,团结他们,才能帮助他们提高,争取尽可能多的同盟者站到人民方面来。

益友社的上层统战工作是卓有成绩的,依靠了像赵朴初、李伯龙、张菊生等一批社会活动家,争取团结了像关炯之、闻兰亭、潘序伦等一批社会名流,像葛维庵、徐梦华、金芝轩、杨伯庚、徐致一、林熊飞等一批爱国工商业者和爱国知识分子,在风雨如磐的12年岁月里,为抗日救亡运动和爱国民主运动,做出了积极的贡献。

四、在益友社活动中,必须坚持党的宣传教育工作,以保证社的活动始终沿着正确的方向前进。在群众中做宣传教育工作,一定要避免过去历史上那种教条主义的做法,不分场合、对象,千篇一律地把党内的一套搬到党外去,但也不能回避现实,放弃原则,为合法而合法。在抗日战争时期,就要宣传抗日救国,宣传抗日民族统一战线政策,宣传八路军、新四军。在解放战争时期,就要宣传和平民主,反对内战独裁;宣传人民必胜,美蒋必败;宣传共产党的城市政策;等等。不宣传这些,就要脱离群众,因为这都是群众普遍关心的大事。但考虑到当时上海所处的环境和广大群众的觉悟程度,在宣传的具体形式和方法上,就必须从实际出发,对不同对象采取不同方法,通过不同渠道去进行。例如,①把宣传教育与文娱活动结合起来,寓抗日教育于戏剧、歌咏、文化补习等等活动中;②推荐公开出版的进步报刊、书籍,广为传阅;③出版社刊(《益友半月刊》)、壁报、行业性的期刊(如《五金半月刊》《医药联》)等,这种读物,内容多样,形式活泼,针对性强,颇受群众欢迎,也因为政治色彩较淡,得到上层人士的积极支持,他们为这些刊物题词、撰文,扩大了影响;④揭露敌人种种丑剧和罪行的材料,做反面教材以提高群众的觉悟;⑤组织学术讲座和学术座谈会进行形势教育,抗日战争胜利后民主运动高涨时,郭沫若、茅盾、陶行知、许广平、孙晓村等知名人士都到会做过报告;⑥党员对积极分子的个别谈心,从交朋友、关心生活思想问题到分析时局、指明国家和个人的出路。

上述一些宣传方法和渠道，说明了益友社这样的公开团体虽然受到种种限制，但它的宣传阵地却是相当广阔的。一个重要的问题是要在各种宣传教育活动中，培养一批党和非党的积极分子，他们有较高的觉悟，更懂得共产党的路线、政策，能联系群众，为群众所信任。这样的积极分子，可以是基层店员，也可以是中层人士，甚至是同情共产党的上层分子（我们也有向上层人士做宣传教育工作的任务）。他们熟悉群众的思想情绪，熟悉群众的语言，能够因地制宜、因人制宜地进行深入而具体的宣传教育工作。

从益友社从积极分子中还推出了一批人参加抗日战争时期的"上海职业界救亡协会"和解放战争时期的"上海职业界协会"，通过这种半公开的渠道，使益友社的工作和全市性政治运动更为密切地联系起来，使积极分子开阔了视野，认清了前进的方向。

五、要做好党的工作，使党组织真正成为群众的核心。按照党中央规定的原则：敌占区建党"党员的质量重于数量"，在各业店员中的建党工作是同群众运动紧密结合的，避免了孤立的突击的做法，这是保证质量的一个重要措施。将经过群众运动锻炼的优秀分子吸收入党，也就密切了党与群众的联系。他们入党以后，党支部分配给他们的任务，仍然是到群众中去，置身于群众之中（不脱产），深入了解群众的生活、思想以及他们的疾苦和要求，围绕各个时期党提出的任务，利用益友社和基层的各种条件，去扩大群众联系，团结积极分子，不断提高群众运动的水平和规模。做群众工作，需要不怕困难的坚定的革命意志，需要顾全大局、不谋私利的自我牺牲精神，需要满腔热情的待人接物态度，总之，要树立全心全意为人民服务的思想。共产党员就是在群众运动中不断经受这样的考验。也有个别人经不起困难的考验，甚至为了一点私利，便丢掉共产党员的党性，党对他们首先还是进行教育帮助，继续推动他们到群众中去，改正自己的错误。对屡教不改的，也严肃处理。实践证明，扎根于群众中的党的支部，是有战斗力的，它们真正成了群众的核心。益友社成立后经过近两年的工作，到1939年年底，已发展了新党员近百人，按行业、按基层建立起一二十个支部。为了统一和加强党的领导，成立了店员工作委员会（1939年10月），统辖益友社党团、社务支部和基层支部等党的工作。店委一直工作至1949年年初，党员数累计500余人。

为了巩固和掩护党的组织，就要正确处理公开工作和秘密工作的关系。党的绝大部分工作是公开工作，党员应以普通群众的一员，或以公开社会职业的身份去进行公开活动，绝不容许把党内的工作方法，拿到群众中去运用，切忌将党内所讲的话，赤裸裸地搬用来讲。党员的一切行动都要群众化、社会化，适合于当时当地所处的环境。向群众宣传共产党的主张和政策时，要根据群众切身的经验和接受能力，用群众熟悉的语言，一步步去启发他们的思想。领导群众进行生活性和政治性的斗争时，为了保持益友社的合法地位，一般不使用益友社的名义，但在行业和基层中，党员在不暴露党员身份的原则下，可以用职工代表的身份进行活动。

为了加强党对群众工作的领导，党内还有许多工作要做，如研究如何执行党的方针、政策，研究当前斗争的实际情况和对党员的教育，发展新党员的审批工作，党员和党员干部调动，等等，这些都是党的秘密工作。党的决定和指示，通过党员的积极努力，推向群众中去因地制宜地贯彻、实施，这就是公开工作与秘密工作的结合。所以，公开工作和秘密工作既要严格区别又适当联系(不是混淆)。中央指出：严密党内的内部(秘密工作)和扩大党和群众的联系(公开工作)是巩固党的不可分割的两个方面。

做好党的工作，关键是正确配备和教育党的干部。

在抗战初期，益友社的党内骨干虽然大多数是新入党的，但都是在抗战前经受过抗日救亡运动的锻炼，有了一定的群众工作经验，群众观念比较强，能忠实地贯彻执行党的方针、政策。随着群众运动的日益扩大，党的组织也发展壮大了。根据工作需要，新干部逐步被提拔起来，充实了党对基层的领导，补充了一部分被调走的"店委"领导成员。这批新干部同样是革命热情高，对党忠实，守纪律，密切联系群众，工作埋头苦干。他们虽然政治经验不够，政策水平不高，但毕竟在斗争中成长起来了。1940年年初，当中共江苏省委副书记刘长胜同志去延安向党中央汇报上海工作，提到职员利用合法斗争的形式，组织像"银钱业联谊会""华联同乐会""益友社"等综合性文化团体，参加的职工数有的多达五六千人的时候，毛泽东同志十分高兴，认为具有这样广泛性的群众团体过去是不多的，要努力把这些团体办好，环境再艰苦，也要紧紧依靠群众，尽一切可能坚持下去。接着，党中央发来电报，指出这样的团体对于开展上层统一战线，广泛发动群众，意义重大，必须加强党的工作，巩固党与群众的联系。中央的评价和指示，也是对益友社等团体中广大党员和党员干部辛勤工作的评价和期望。益友社的干部一批批成长又一批批调出。服从党的需要，有的去做开辟工作(新的单位)，有的调到其他岗位(如交通员等)，更多的是输送到抗日根据地和解放区。这几批同志在益友社的工作经历不能算长，但从他们在党的领导下走过的几十年革命生涯来看，他们都是一不为利，二不为名，都像苍松翠柏,不屈不挠,为革命事业做出了积极的贡献。值得我们反复思考的是他们为什么能够从普通劳动者成长为爱国主义者和共产主义者呢?除了党的教育以外,很重要的原因之一是:益友社是一块肥沃的土地,这里的干部在群众运动中成长。他们有建立新中国和实现共产主义的伟大理想,同时,又同群众共命运、同呼吸,在斗争中深刻了解群众的力量,相信群众的首创精神。正因为有了这样的理想和信心,他们每到一处,就能和那里的群众打成一片,在那里生根、开花、结果,顺利地完成党的任务。

在回顾益友社历史经验的时候,我不能不提到参加益友社的社友中除了各业店员外,还有医务人员、印刷工人、文艺工作者以及银行、洋行、工厂的职工,他们在益友社的活动中都发挥了独特的积极作用,特别是医务界的同志,他们不仅为诊疗所、卫生防疫,付出了辛勤的无偿的劳动,而且不少同志还热烈响应党组织的号召,去抗日根据地和解放区,献身于抗日战争和人民解放战争中的救死扶伤事业。我在此对一切为抗日救国和人民解放事业做出贡献的益友社同志们表示敬意!

(原载《上海党史资料通讯》1988年第10期,1988年10月25日)

我的良师益友

陆志仁

彭柏山同志原是中共江苏省委分工联系"职委会"工作的。后来为了加强"职委会"的领导，1937年10月，王尧山同志向我们传达省委决定："职委会"直属江苏省委领导，彭柏山担任"职委会"书记。当时我是"职委会"委员之一，和柏山经常接触，关系很密切，不仅常在一起开会讨论问题，个别谈心的机会也很多，在这相处不到一年的时间内，他给予我很多帮助，许多情况都是难以忘怀的。

自柏山担任"职委会"书记到他在1938年去新四军而离沪的这段时间，上海已沦为"孤岛"。为了适应当时形势和群众的迫切要求，我们采取了多种多样的组织形式和工作方法，在店职员群众中开展抗日爱国的宣传教育，群众运动发展很快，差不多每个星期有新的进展，新的变化。当时柏山特别强调要做好群众中人数多而社会地位低的下层店员工作。这是我们的基本群众，他们生活比较困难，还有各种封建家长制的店规束缚着他们。晚上，资本家常不准他们外出，甚至不准读夜校，参加社会活动的民主权利受到很大的限制。"职委会"对如何开展这部分群众的工作，进行了多次研究。1938年年初，我们在总结群众运动经验的基础上，建立了以各业店员为主体的业余文化团体——益友社。柏山将负责"慈联会"的赵朴初介绍到益友社,进行上层统战工作,推动了一些同业公会的资方开明人士,支持群众的爱国活动。柏山又将负责难民工作的周克介绍给我,参加了"职委会"所属的一个党支部,由我兼任支部书记。周克在难民收容所的工作中,发展了一些积极分子入党,并动员一部分人参加"益友社"的活动,以加强"益友社"的基层工作。这样,处于草创时期的"益友社"力量大大加强了,工作局面迅速地打开了。当时"益友社"以及店职员的其他群众团体(如银钱业联谊会、华联同乐会等)的蓬蓬勃勃发展,都是和柏山善于掌握群众运动的特点,贯彻中共江苏省委的方针分不开的。

柏山在主持"职委会"工作时期,我党已在毛泽东、刘少奇等同志领导下总结了白区斗争正反两方面的经验教训,党根据抗日战争新形势的特点,采取了新的方针和策略。柏山20世纪30年代中期在上海做过地下工作,那正是王明"左"倾冒险主义错误统治全党的时期,他对于当时党所经受的困难和挫折,有直接而深切的体会。因此,他这时接受、领会和贯彻执行党在抗日战争时期的正确路线,是很自觉的。他曾几次对我说:"省委主要领导同志看问题很深远,能力强,水平高。"他主要是指当时刘晓同志正确贯彻党所制定的白区工作路线,使党的力量和组织在轰轰烈烈的群众运动中得到发展和巩固。柏山还很有感触地对我说:"现在进行工作,和抗战前截然不同,那时候我们搞工作,真是苦头吃足,你根本不能体会那时候党内斗争的复杂性。"我们"职委会"同志间很团结,大家敢于讲话,能发扬民主,这也体现出当时党组织领导的正确性。

1938年的春夏之交,柏山还在我家里住过一段时间,当时我住在浙江路老垃圾桥。一天,我乘电车回家,在下车往家走的路上看见柏山默默地走在我后面。他向周围不断观察，断定确实没有"尾巴"后，才向我招呼并说明因他所住弄堂内抓走了一个人，他的住处不安全而要住到我家来。于是我把他带到家里，他和我弟弟陆毅同睡一张双人床，弟弟睡上铺，他睡下铺。他大约住了两三个星期，没有发现危险而回家了。经过这一段时期的共同生活，使我和柏山接触更多，互相更熟悉了。

我和柏山初次见面时，觉得他冷冷的，不易接近，但多接触后就感到他热情，诚恳，很肯帮助同志。我们相识不久，便成了无话不谈的知己。我起初只知道他叫陈常，后来才知道他姓彭，笔名柏山，是个作家。记得他手里常拿着一本《七月》杂志。他曾把他的短篇小说集《崖边》送给我。他和鲁迅也有来往，和我谈起过鲁迅曾借给他20块钱，帮助过他。我那时候也爱读文艺作品，两人常对一些作品进行讨论。他抽空也写些东西，他说："做党的工作，要掌握人的思想和特点，而文艺作品对人物典型的分析描写，对我们做思想工作者是有教益有联系的。"他的话给我很多启发，使我逐渐懂得熟悉社会，熟悉群众，是一个党的工作者必须具备的条件。

柏山分析形势、分析问题的水平，特别是他善于提出解决问题的具体措施，常令人折服，并受其鼓舞。当时我和顾准讨论问题时，常常发生争论，总是柏山耐心说理，帮助大家提高认识，统一思想。他和顾准有时也有争论，但事后从无芥蒂，仍然团结一致地投入工作。

他去皖南新四军军部后，我们长期没有见面。我弟弟陆毅和"益友社"的卓飞等同志，后来也参加新四军，在三野六纵队受柏山同志的领导，那时我从弟弟家书中还偶尔能知道柏山的一些消息。直到1953年春天，柏山调到中共上海市委宣传部工作，我们又经常见面了。那时我在市委党校工作。他很重视党校的教学工作，还帮助我们收集教材，亲自到党校做报告,并对改进党校的工作提出许多重要决议。

1955年,柏山同志因"胡风问题"的株连,蒙受不白之冤,凡熟悉他的同志都感到震惊和迷惑不解。此后,他长期身处逆境,只听说他在"流放"期间,仍然勤奋写作,为党为人民努力工作。"文化大革命"中我自己也身陷囹圄,当我身受种种迫害的时候,常会想到柏山,并为他的命运担忧。不出所料,他终于在遭受林彪、江青反革命集团残酷迫害后,含冤、含恨去世了。我深深为我们党失去这样一位饱经忧患而忠心耿耿为党工作的老战士而感到悲痛,也为我失去一位良师益友而怀念不已。党的三中全会以后,中共上海市委为柏山同志平了反,恢复了名誉,恢复了党籍。柏山同志作为一个真正的共产党人的高大形象将永远留在我的心中。

(原载《党史资料丛刊》1985年第4辑,上海:上海人民出版社1985年12月第1版)

从艰难困苦中看到胜利的曙光

——抗日战争时期参加上海地下斗争的几个片段

陆志仁

一

1941年12月8日太平洋战争爆发,日本侵略军立刻从苏州河北开入公共租界,实行戒严、封锁、突击搜查、捕人,以镇压上海人民的抗日爱国斗争。上海的所谓"孤岛"从此消失了,代之而起的是法西斯统治的黑暗世界。可是,就在这样的时刻,一位长期从事抗日救亡运动的爱国志士陈已生向地下党员谢寿天倾吐了他蕴藏已久的一个心愿:申请加入中国共产党。他说:"抗日战争进行5年了,中国人民为了抵抗侵略者已经付出了巨大的牺牲,为了取得最后的胜利,还将付出巨大的牺牲。我读过毛泽东的《论持久战》及其他一些著作,从切身体验中认识到共产党关于抗日民族统一战线的主张是完全正确的。太平洋战争爆发后,上海人民将经历抗战时期最艰难、最黑暗的阶段,但我有决心准备奋斗到底,愿为民族解放事业和共产主义事业贡献我的一切。"接着,他写了一个申请入党的书面报告。地下党组织经过充分了解和讨论,终于决定接收陈已生同志为共产党员。陈已生同志是一位忠厚长者，为人正直，在抗日救亡运动中不辞艰辛，和群众同甘共苦，做了很多工作。从开始接受党的影响以来，他一直是党的同情者和支持者，是中上层进步人士中一个有威望的代表人物。陈已生同志要求入党这件事，给了我们共产党人一个启示：中国共产党及其领导的八路军、新四军坚决抗击日本侵略者的英勇事迹日益获得了全国人民的信赖和拥护。党和人民的联系扩大、加强了，人民把希望寄托在共产党身上，从党指引的道路吸取力量，坚定胜利的信心。有了这样的精神武装，人们会怎么看待当时上海的险恶局势呢？不少有识之士说："长期抗战、长期抗战，开始还不知道要长期到什么时候。太平洋战争一发生，上海人民虽然进一步陷入被屠杀被奴役的地步，但却看到黎明就在前头。我们的斗争不仅和全国抗战更加紧密联结在一起，和苏联的反法西斯卫国战争更加紧密联结在一起，而且也和英、美反对日本的战争联结在一起。我们的长期抗战终于出现了胜利的曙光。"这就是上海人民给予日本帝国主义发动的所谓"大东亚圣战"的回答。

二

在日本法西斯的恐怖统治下，上海人民不但毫无政治自由，而且挣扎在饥饿线上。那时上海对外海运中断，日军又大肆搜刮，以致粮食供应非常紧张，粮价飞涨，一个职工一个月的收入一般只能买两三斗米。劳动人民每天要为"轧户口米"而疲于奔命，还得挨警察的棍子、鞭子。纸币泛滥，物价飞涨，市面萧条，工厂企业大批停闭，职工大批失业。许多职工只能依靠跑单帮、贩米、做小生意以贴补家计，以致经常发生贩米者在市郊封锁线旁被日军放出的大狼狗咬得遍体鳞伤、手断足残的惨剧。当时,上海人民过的是最痛苦的亡国奴的生活。

对于上海完全沦陷以后的局势发展,党中央早有估计,曾指示上海地下党要在思想上、组织上做好应付事变的必要准备。太平洋战争爆发不久,党中央为了保存干部,决定将江苏省委的负责同志以及比较暴露的党员和非党干部、民主人士转移到华中抗日根据地去学习和工作,同时留下那些有掩护的,可以在上海坚持地下斗争的党员坚守阵地。那时,江苏省委决定让我留在上海负责职委工作。江苏省委指示我们:在上海要进行更加深入荫蔽的斗争,斗争方式和组织形式要灵活多样,达到坚守阵地、积蓄力量的目的;根据"勤学、勤业、交朋友"的方针,要求每个党员都深入群众之中,和群众同甘共苦、打成一片,踏踏实实、一点一滴地去积聚革命力量。

面对恶化的形势、艰巨的斗争,党员和积极分子中间难免有些情绪波动。大家都向往抗日根据地,希望能去敌后参加抗日武装斗争。但是那时解放区和游击区也正在进行反"扫荡"、反"清乡"、反"蚕食"的斗争,面积缩小了,人口减少了,财政经济和军民生活都遇到很大困难,不可能容纳更多的人员。何况,上海地下斗争的阵地不能放弃,工作尚待进一步开展。我们通过组织生活和个别谈心等方式,教育党员和积极分子要从艰难困苦中看到人民对我们的希望,认清我们对人民的责任。党内认识统一了,才能步调一致,继续前进。

三

为了贯彻地下党的"更加深入荫蔽"的方针,进步群众团体的组织形式与活动方式也必须转变。那时,群众运动的规模缩小了,不能像"孤岛"时期那样搞抗战戏剧、抗日救亡歌咏、读书会、报告会等等公开的抗日活动,但群众工作的内容却更加丰富充实了。党在深入群众中创造了灵活多样的联系群众的方式方法。当时,各种职工团体开办了许多生活福利设施,如"益友社"开设了诊疗所,为群众治病、接生,并开展了防疫运动。那时,日伪派人当街注射防疫针,不顾居民有病无病、体弱体强,在马路上一律强迫居民打针,引起群众的恐惧和不满。"益友社"从关心群众出发,组织力量到地区、工厂、商店、学校去开展防疫运动,根据各人的体质条件,替几万群众注射了防疫针,获得了群众的好评。利用这种形式去开展活动,扩大进步团体的影响,敌人也抓不到什么把柄。又如"银联"等团体设立了理发室,会员理发,减价收费,减轻了群众负担;在群众排队等候时,又可以传阅书报和传播抗战消息,进行抗日宣传工作。这些进步团体紧紧依靠群众性,开展类似上述的社会化和事业性的活动,取得了许多社会团体(包括同业公会、同乡会、慈善公益团体等)的配合,使自己站稳了脚跟,坚守了阵地。

党的基本要求是把工作重点转移到产业和基层中去,在那里创造雄厚的群众基础。那时,每个基层党支部、每个党员都对自己单位和周围群众的情况不断做深入的调查了解,有计划有步骤地去开展工作。我们在进行群众工作时,较多的是采取分散的、个别联系的办法,从群众最关心的生活、职业问题到抗战形势、国家前途问题,无所不谈,细心倾听群众呼声,真心实意地和他们交朋友;另一方面,又把党的主张,用自己的语言,以群众所能接受的水平,进行生动的宣传,一步步帮助群众提高觉悟。在条件许可时,我们推动群众之间采取互助的办法,解决群众生活中的迫切问题。譬如有的职工的孩子失学了,我们的党员就到他家里为孩子补课;有的职工家里无以为炊,党员就马上把自己仅有的一点吃的送给群众;群众跑单帮,党员或者一道去,或者替他把商店、企业里的"活"做完,真正做到和群众休戚相关、甘苦与共。这样深入地联系群众,正是抗战初期所没有做到的。党员在联系群众中,特别注意争取业务上有经验的老职工、在群众中有号召力的积极分子,通过他们,就影响、带动一大批。当时在企业中发动的"无头"斗争,其形式上看来无组织,实际上是有严密组织的经济性、政治性斗争,就是以这些人为骨干的。经过这样踏踏实实的工作,党和群众之间建立起来的血肉联系是经得起任何考验的。无论在日伪统治时期还是在国民党反动派统治时期,党员遇到敌人搜捕时,总会得到群众的保护和营救。即使在十年浩劫中,像江南造船厂、中百十店等单位里,"四人帮"以严刑拷打妄图逼使一些老职工指控地下党员为"叛徒""特务"时,这些老职工仍然坚持真理,临危不惧,拒绝"四人帮"的造谣诬蔑,有的甚至还因此而被迫害致死、致残。党员和群众的情谊真正深如海!

坚守阵地、积蓄力量,并不是平均使用力量。那时,党组织比较精干,党员人数少,但我们坚持布置一部分同志到重要的中心企业去开展工作,以至打入敌人的心脏,长期埋伏。这个工作比之公开的群众工作,更加艰苦。有的党员为了打入日伪机关,就用功学习日语;有的想方设法通过亲友介绍进去;有的进了重要企业,地位不高,就做小工、勤杂工。如韩西雅同志,那时打进铁路局上海车站,只能做一个行李搬运工。有些搬运工流氓习气严重,政治上比较落后,在他们中间开展工作当然并不顺利。韩西雅同志开始时很不习惯,但是为了夺取阵地,他还是坚决服从党的需要,努力完成了任务。我们还有同志打进了敌伪保甲组织。那时,日本侵略者在全市进行户口登记,成立了各级保甲组织。保甲长往往由商店、公司的老板担任,他们挂个名,具体事务由小店员、小职员去跑腿。我们的同志打进去,甚至加入"自警团",在戒严、封锁时主动出任纠察,掩护革命活动。

四

　　这一时期党的上层统战工作也更加深入。日本侵略者统制、搜刮全市重要物资,抢劫工厂设备,直接损害了民族工商业者的利益。上海的资产阶级分子中,少数人投敌献媚,大多数人想方设法逃避日伪的掠夺,与日伪矛盾重重。在经济日益萧条的威胁下,工商业者必然要被迫关厂关店。我们说明"覆巢之下无完卵"的道理,提出要求资方不裁员、不关厂,职工不提调整待遇的要求,以便同舟共济,渡过难关,就这样把工商业者与职工之间的矛盾引向对付日本侵略者。当时,上海资产阶级的代表人物中有两人受到日伪方面的特别注目,一是金城银行的经理周作民,如果他能登高一呼,对上海的工商界颇有影响,日方派了重要特务做他的工作;另一个是中国银行的经理吴震修,他在江浙财团中相当有地位,日伪力图拉拢他们落水。那时,地下党员谢寿天、韩宏绰和经济学家吴承禧、胡宣同等主动设法接近他们,晓以利害,希望他们以民族大节为重,不为日方诡计所动。开始时,他们的态度不那么明朗,但是我们通过金城银行、中国银行的地下党支部和"银联"提供的情况,发现他们的实际经济活动并不是积极和日伪合作,而是在回避日伪的控制。如日方要求吴震修恢复沦陷区中国银行的业务,他并不感兴趣;相反地,中国银行职工要求改善食堂伙食、筹办职工消费合作社等等,他都积极支持。通过细致的调查研究,我们了解了他们的真实处境和政治态度以后,认为这两个代表人物是可以争取过来的,至少可以使他们保持中立。经过党员和积极分子认真贯彻党的抗日民族统一战线的政策,进行深入的团结教育工作以后,他们都没有和日伪合作,却与地下党建立了良好的关系。当时,上层统一战线工作表面上并不轰轰烈烈,实际上在深入广泛调查的基础上,从保护工商业者切身利益出发,争取他们一致对敌,工作做得更加踏实了,使党和他们之间建立了更加密切的联系,党的主张和政策更加深入人心。

五

无论是贯彻"勤学、勤业、交朋友"的方针,一点一滴地积聚群众革命力量,无论是贯彻党的抗日民族统一战线的政策,扩大党的政治影响,都需要充分发挥地下党员的积极性和主动性,根据环境和条件的变化,抓住时机,壮大自己,争取团结友人,削弱孤立敌人。在地下环境中,上级组织交代任务,布置工作总要给下级留有机动余地,所以充分发挥共产党员临机应变、独立解决问题的主动精神尤为重要。

这一时期在党中央和华中局城工部的正确领导下,上海的地下党员虽然物质生活十分艰苦,工作环境十分危险,但是由于斗争方向明确,大家还是精神振奋,党内团结一致,党群团结一致,同心同德去争取胜利。在斗争实践中大家进一步认识到毛主席《论持久战》的理论是反映了我国抗日战争的发展规律,是抗战必胜的指导思想。在险恶的环境中,我们很不容易看到党的文件,每当秘密交通员把党的文件送来时,我们如获至宝,如饥如渴地辗转传阅,而有的同志还只能听口头传达。一部分同志则去华中局城工部学习。党内思想提高,就保证了党的方针政策的贯彻,推动工作的开展。

1944年下半年,党中央发出了关于加强敌占城市和交通要道工作的指示。党中央指出:城市与交通要道的工作应该有新的斗争目标——争取千百万群众,争取伪军伪警,准备武装起义,夺取城市与交通要道;而里应外合的思想,应是我党从大城市驱逐敌人的根本思想。从此,也对上海的地下斗争提出一个战略目标。广大党员在中央指示的鼓舞下,更加焕发精神,满怀信心地开展工作。我们的群众基础逐步巩固和扩大,党的组织由于接收了一批新党员也有所发展了。这期间还在杭州、芜湖等地发展了力量,为配合新四军解放上海做了准备。后来,虽然由于形势的发展和党中央战略部署的改变,1945年8月,日寇投降时,新四军放弃了进军上海的计划,但是,有了抗战时期的基础,经过三年解放战争,配合人民解放军的胜利进军,终于实现了里应外合、解放上海的伟大战略目标,使上海人民从艰难困苦中迎来了胜利的朝阳。

回顾战斗历程,深感到我党能够在任何时候克服一切艰难险阻,壮大发展革命力量,关键在于党员和干部的精神状态,在于党员和干部必须提高自己的马列主义、毛泽东思想的水平,树立坚定的革命理想和信念,发扬对人民群众高度负责的主动性和积极性。今天,我们为了"四化"建设,在进一步实现经济调整、政治安定过程中遇到的困难,其性质、程度当然和历史上的情况根本不同。但是,依靠党的路线方针的正确领导,依靠党员干部的模范带头作用,依靠党和群众的紧密团结,来排除万难,争取胜利,这个经验还是可以借鉴的。

(原载《社会科学》1981年第3期,1981年6月20日)

我在抗战前参加的救国活动

沈以行[①]

1936年,上海的抗日救亡运动,冲破了国民党的重重阻力,达到了高潮。同年11月,救国会七君子被捕,群众活动又被压下去,出头露面的人物少了,有些活动转入荫蔽,暂时趋向低潮。不久,发生了西安事变,要求团结对敌,组成抗日民族统一战线的呼声越来越高,蒋介石被迫逐步停止内战。1937年上半年,表面上群众活动显得冷落些了,但实质上山雨欲来风满楼,正在酝酿着全民抗战的新高潮。

当时上海邮局地下党的组织还没有恢复,我考进邮局当信件分拣员,邮务工会全部由国民党把持,对抗日活动只有少数人做点表面文章。如"一·二八"时期,陆京士曾号召80万工人抗日,邮务工会也组织童子军,成立抗日救护队,进行军事训练等,一旦事过境迁,又变成一潭死水。国民党暗中注意的是共产党,害怕他们东山再起。1935年时,邮局只有一个信差卢离棠有共青团的组织关系,后来又发展了四个信差入团,即金殿贵、柳和元、胡葆峰和许家学,但工作限于小范围,没有多大进展。我在邮局看不到群众动静,便到社会上去参加救亡活动。

[①] 沈以行(1914—1994),江苏昆山人。1938年参加革命并加入中国共产党。1960年至1990年曾任上海社会科学院历史研究所副所长、副书记、顾问等。——编者注

我积极投入抗日救国有两个因素：一是现实的教育。东北沦陷后,邮局宣布与日本帝国主义不合作,在东北的邮局职工全部撤进关内,撤到上海来的人数不少。他们家在东北,到上海后背井离乡,举目无亲,内心苦闷,经常思念家乡,他们有亲难投,有家难回,使我们也感同身受。大好河山,为什么搞得这种样子？是谁造成的呢？爱国之心油然而生,对抗日救亡的道理,很快就接受了。局内不能满足要求,便同局外的抗日救国活动发生接触,主要是和宁波同乡会小学的教师们有往来,陈企霞、钟民都在该校。1936年,我在杭州担任军事邮递工作,遇到了陈企霞的弟弟陈其五,他向我介绍了救国会的情况,我想参加,职业界救国会便派柳和元来联系,我、周纯一,还有邮局电话间的接线员刘豪三人,编成职救会的一个小组,借在我家开会。我们职员有些文化,喜欢上级派来的人讲得头头是道,但柳和元不大会讲话,对他有些不太尊重,柳感到我们难对付就不来了,从此失去联系。不过职救会的活动,我们仍然参加,救国会编的《救亡情报》,我们很爱看,认为它编得好,读了令人振奋鼓舞,热血沸腾。职救会有个出头露面的人物周肇基,表现得很活跃,但政治背景不明,后来我们通过进步的小学教师关系,才知道周并非共产党员,只是章乃器的私人代表,说明这时一些团体和抗日救亡活动,较多是自发性质,地下党的工作还没有普遍展开。否则,怎么能让章乃器的私人代表如此活跃呢？第二个因素是受到马列主义理论的思想教育。当时国际邮件都是通过外洋邮船装来,也有从西伯利亚铁路运来,法国巴黎出版的《救国时报》刊登中共在陕北活动的消息,邮件由火车装运进来。我们拆开邮包,把包内的印刷品堆在地上分拣,发现《救国时报》,知道该报如果给国民党检查员查到,一定会被没收扣留,趁没有查禁时,顺便拿来看看。邮包内还有书籍,其中有法国巴比塞的

《从一个人看一个新世界(斯大林评传)》，日本河上肇的《资本论解说》等，看后觉得耳目一新，大开眼界，思想上深受影响。我们这些考进邮局的知识分子，有个特点，就是对正确的东西，总是首先从理论上接受，而后再见之于行动。平时我们也偷看一些国民党的禁书，如曹靖华译的《铁流》、鲁迅译的《毁灭》、萧军著的《八月的乡村》等，都不是公开出售，要到北四川路底日本人开设的内山书店才能买到。于是相互传阅，爱看这些书的人碰在一起，容易谈得拢，很自然地形成了小团体。我和刘豪是邮局里的人，还有永安公司的店员阮贤道，三个人编了一本油印刊物，取名《呼喊》，意思是宣传抗日，要打开牢笼，大声疾呼！我又写又编，阮刻钢板，刘印刷装订，然后拿进邮局，放在拣信格子里，随同信件寄出去，秘密散发。

　　我当时还参加歌咏活动，认识了毛梦觉，他从南京军事监狱释放出来后，到处教歌，想用这办法找到组织。通过毛，我认识了沈孟先。沈是大革命时期邮局最早的党员之一，1929年被邮政当局开除，亡命到外地，后来回到上海，在红十字会医院当小职员。1937年夏天，沈打电话约我星期天到南市白莲寺晤谈，去后一见在场的有二三十人，寺内有个和尚俗名伍云华，打开庙门让大家进去。参加的来自各单位，主要有三部分：一是小学教师，陈企霞是其中之一；二是邮局职工；三是海关缉私队的税警，他们因为日本浪人走私活动猖獗，缉私碰钉子，常受日本人的气，也参加到抗日活动中来。当场由大家讨论决定，成立"扬帆社"，出版刊物宣传抗日，创刊号是16开横排本，封面题诗是："扬起帆来吧，乘着这饱满的风。"那位白莲寺和尚，不仅打开庙门容纳大家，后来索性还俗去参军抗日了，可见当时救国浪潮之普及。"扬帆社"的成立，沈孟先是穿针引线的人，是老大哥。但当时却没有党的关系，是自发性的团体,因为经过社会活动,在抗日救国的前提下,各人从自己单位跑出来,相互认识,志同道合,形成了群众性的自发结社。"扬帆社"除了出版刊物外,还组织剧团上台演戏。"八一三"后,一部分社员参加了演剧队,另一部分各自回到本单位去开展活动了。

抗战爆发,我回到邮局,由共青团转党的卢离棠来找我,因为我秘密散发的《呼喊》,曾给卢离棠看到,卢觉得这本刊物是邮局内部的人印发的,设法打听,知道是我编的,既然抗日的目标一致,就和我发生联系一起参加了职救会的邮政组,于是开始了新时期的抗日救亡活动。

沈以行

(原载上海工人运动史料委员会主编《上海邮政职工运动史料》第1辑,1986年5月印)

从邮政组到互助社[①]

沈以行

(一)

50年前,"八一三"抗战爆发,人心无不为之振奋。多少年来,眼见日本帝国主义夺我东北,侵我华北,而我国国民党政府一味地喊什么"安内方可攘外",只知攻打红军,杀害共产党,却不敢面对日本侵略说一个"抗"字。在上海邮局中,有点政治认识的职工,都对这种状况不满。所以在1936年的抗日救国运动中,也有邮工自发参加游行集会。我于1931年考进邮局,是个邮务佐,先也曾热衷于考试晋升之途,逐渐受到时局和进步书刊的影响,就投入到抗日洪流中来了。"八一三"对日抗战的枪声一响,我就四处奔跑,串联同伴,寻找共产党,寻找抗日的出路。

但是三个月的淞沪抗战,是单纯军事抗战,国民党一面抗战,一面依然压制民众。在当时成立的抗敌后援会上,国民党要员潘公展公然

[①] 刘宁一同志于1987年9月16日看了本稿后,写了如下的评语:"我看全篇合乎历史的事实。"——沈以行注

宣扬:"此次抗战有如京戏中的唱空城计,抗战大计,事属机密,老百姓如扫城老军,不可令其知悉。"这种愚民包办政策,有两层意思:一是民可使由之,不可使知之。民众发动起来,就会受共产党的"利用"。二是抵抗日本,目的在于惊动英美,一旦英美出场,日本就可像司马懿那样"兵退四十里"了。(代表英美官方立场的中国海关总税务司梅乐和就在1938年年初预测,到7月间,战事就可结束。)

在此形势下,邮务工会也就基本上不发动群众,只是组织童子军,搞了个战地服务团,做些送信、送慰劳品的工作。

于是要求抗日的邮政职工,就自己起来组织团体,进行活动。这就是1937年9月间成立的"上海职业界救亡协会邮政组"(以下简称邮政组)。

1939年出版的《上海产业与上海职工》一书是由共产党的地下省委主持编写而公开发卖,书中对此事有一段叙述:

> 三天奔走的结果,在九月间的某一个晚上,一个具有历史意义的谈话会召集起来了。……十几个人在沪西一个狭窄的房间里集议起来。在灰黄的灯光下,呼应着老远闸北战场传来的机枪声,那个谈话会的场面是多么严肃呀!……

这段叙述,包括该全章,当年本是我执笔写的,但至今我已全然记不起沪西那个"狭窄的房间"是谁家的,只记得小学校长钱一鸣,也是邮政职员,邮政组有些集会,曾在晚上借他在现安福路的校舍里召开过。

10月初邮政组的成立大会,是借凤阳路一处小学召开,由孙文骏主持,到的人有百余人。

这里面,大体上可以分为三部分:

一是五名共青团员。邮局地下党组织与上级的联系,于1934年中断。同年起,从另一条线(共青团江苏省委)发展信差卢离棠入团,卢在提篮桥邮局发展柳和元、许家学入团,在工部间(本地投递处)夜班开箱子发展金殿贵、胡葆峰入团,他们五人都是信差。1937年10月刘宁一同志来接手邮局党的工作,将他们五人转为党员,成立支部,卢为书记。"一二·九"运动后,上海复旦大学学生晋京请愿要求抗日,铁路局不供应车辆,学生被困在月台上,此时卢离棠得知消息,赶快购买到了相当数量的面包,凭他们绿衣人通行无阻的有利条件,到月台上讲话慰问,对于复旦请愿学生起了很大的鼓舞作用。卢离棠等还设法传布巴黎出版的《救国时报》——经过西伯利亚铁路线运到上海的,国民党邮检人员全数加以扣留,堆积在工部间地上,卢离棠、金殿贵趁邮检人员吃饭之际,尽拣大捆的,自行拿去投递了。其中别发书店收到了一包,就在柜上发卖,该期登载共产党国际第七次代表大会上季米特洛夫的报告,题为《为结成国际反法西斯统一战线而团结斗争》,一经传布,政治影响重大。其时文化界党员又拿到载有刘少奇同志反对冒险主义、关门主义文章的《北方真理报》(秘密油印)相互传阅。这两件事结合起来,恰恰成为上海地下党转变路线的关键,关系极为重大,以后的救国会运动就蓬勃开展起来了。

二是邮局内失去组织联系的党员韩昌明等五人,其中沈天生被调往泗泾镇邮局,苏觉馨被调至里马路邮局,邮政当局旨在使他们局处僻地,无用武之地,但是留得火种在,火炬终须明。"八一三"后,他们都来参加邮政组。其中苏觉馨于1938年1月恢复党籍,余人随后也解决党籍问题,无论在邮政组和后来的互助社,他们都是中坚分子。

三是被抗日潮流卷进来的新进青年。其中以我本人为例,大凡知识分子走上革命道路,不外乎一是经由爱国主义转变为革命者;其二,先从理论上吸收,而后行动上加入。我进邮局时正值"九一八"之后,一批批东北邮工撤进关内,上海邮局分到很多。他们离乡背井,远离家园,而家乡被建立"满洲国",音讯不通。见到他们,我就想到大好河山,为何丢弃不顾,这都是蒋介石不抵抗主义的罪恶,而其所以不抵抗,就在于反共政策作祟,于是我对于中国工农红军就关心同情起来。另一方面,知识分子喜欢看书,有一次,我到北四川路底内山书店买到一本《铁流》,一本《毁灭》,都是描述苏联内战时期英雄史诗般传奇人物的,我不禁将他们与中国红军联系起来,加以崇拜。当然,光从感情上接受还是不够的,于是,我贪婪地阅读理论书,如河上肇的《经济学入门》、马克斯比尔的《社会斗争通史》、苏联人写的《新哲学大纲》(均译本)等等,乃知共产主义代替资本主义为人类社会发展之必然趋势,思想上有了大转变。

1936年我去参加"一·二八"四周年纪念等游行,并且读了《读书生活》《救亡情报》等进步书刊。夏天,我被邮局调去参加军邮,认识了杭州去的陈适五,回来以后,我就和陈适五等发起组织京、沪、杭三区邮工救亡同志会,印了通启,丢进出口和本地的分信格子里。当年冬,经永安公司阮贤道介绍,我、周纯一、刘豪,我们三人参加了职业界救国会小组,并自刻蜡纸编了一期油印小册子,叫《呼喊》,无非是指在寂寞的邮工园地里呼喊救亡,也投进了分信格子里。我们两次投格子,究竟产生了什么影响,连我们自己也不知道。可是这事却为卢离棠所注意,后来他告诉我,他知道局里有新生的革命分子在活动。于是,在1937年5月一次游行时,卢离棠脱去信差号衣,穿了一身派立司西装来参加,他是为了认一认我这个人而来的,果然发觉我是邮局里的人。故在后来邮政组解散之后,他赶快叫苏觉馨来稳住我情绪,而于1938年1月,与恢复苏觉馨党籍的同时，约了刘宁一同志来到，吸收我入党。时间也可能是1937年12月。但我填表一向填1938年1月，觉得若有出入，与其填早，不如填迟。反正那时是隆冬天气，刘宁一穿了一件棉袍子来到，当他说到接收我入党时，就把拢在袖筒里的手，伸出了往空中划了一个圈子，说："从今天起，您就参加我们这个团体了。"这个印象，我很深刻。故我是在抗战时邮局职员中第一个入党的，此后才有同志先后恢复党籍，并接收周雄、王殿元、纪康、陈公琪等入党。这也是潮流所趋，以往五个共青团员只在信差中活动，抗战爆发，局面大开展，非开辟职员的场面不可，于是就从我开始。这样，支部除卢离棠等五人外，加入苏觉馨和我为七人。以后党员发展多了，信差和职员就分开为两个支部，都归刘宁一领导。

如上所述，1936年我发起组织邮工救亡同志会而无响应，如今开了百多人的会，为何不用邮工救亡会或类似的名称，而去参加职业界救亡协会，成为其一个组呢？这个问题，即成立一个组织用何名称的问题，我们曾经讨论过多次，最后决定加入职业界救亡协会。这里有两个因素：一是当时的邮务工会夜郎自大，是全市工会第一块牌子，其内部有这个社那个社，拉拢职工入社，划分势力范围；对外只许他邮务工会可以出面，不许职工另用邮务团体的名目，这已成为习惯。我们一面表示我们是邮工自行组织的团体，不属于他邮务工会；一面也考虑到统战政策关系，避免故意去触犯他的不成文法，所以去参加了外界合法团体职业界救亡协会。另一个因素更为直接些，就是1934年间邮局的共产党员陈艺先被捕后，在抗战前被释放，正好在职业界救亡协会当组织干事，他与韩昌明、苏觉馨等都熟悉，就主动先来联系。另有一人是黄逸峰，曾参加五卅运动和上海工人三次武装起义，也参加了"四一二"后白色恐怖下的革命活动,在多次被捕释放后,他跑到泰国去教书了,抗战之前回国,就在职业界救亡协会担任组织部副部长。组织部部长是李文杰,实际工作由黄逸峰抓。黄逸峰一上来就办游击训练班,使得李文杰大吃一惊。黄逸峰在邮局熟人也多。有此二人,邮工参加职协邮政组,就成为当然的事了。

(二)

邮政组成立以后,短短三个月时间,包括后来解散后分别以邮政组成员去活动的时间,大约也有三个月,共约半年时间(这后三个月时间里,互助社在信差中已秘密开展活动),对于唤起邮政职工的觉悟,推动邮工救亡运动的发展,做了以下几件事:

1. 张贴墙报,宣传抗日。

"八一三"抗战爆发,四川路桥邮政总局处在战区边缘,就迁移到静安寺庙弄一座院宅里办公。面积比四川路桥大厦缩小到十分之一,但是人头济济,集合在一起,倒也便于串联。邮政组的第一炮是写墙报,张贴到庙弄,并且抄了若干份,分别贴到各大支局去。众人推我主编,我就四处约稿,都属于写战时感触,也记不起其内容来了。我只记得报头是画了一排绿色的雁,中间有邮工墙报四个红字,具名上海职业界救亡协会邮政组编。第一期的开场白是一首献诗,是我去请作家唐弢(也是邮局职员)特为写的。我记得其中有句曰:

有如嘹亮的雁声,划破长空,
给人们带来清新的感觉!

确实,此时此地,雁声是嘹亮的!上海邮政职工是有革命传统的,顾治本、周颙、杨龄……牺牲的烈士也不少,革命的邮务工会直到1928年才被陆京士辈击败。此后历届工会都以帮会势力为本,实行专制统治,邮工无民主言论的自由;而从"九一八"以后,蒋介石一声不抵抗,数千邮工撤退进关,饱受国亡家破之苦。雁声,雁声!呜咽者久矣。现在抗战爆发,自然境况不同,我觉得作家唐弢用上"嘹亮""清新"这样的词,是很贴切,能表达邮工当年一吐夙愿的心情。

可是那个邮务工会,在次年纪念"八一三"周年之际,出版了一本名为《雁声》的刊物,却在发刊词中写道:"我们好比一群鸿雁,想以微弱的(不敢说是嘹亮的)鸣声,来打破这岑寂苦闷的氛围……"这里,他们连嘹亮也不敢说,只想发出一点微弱的鸣声,其境界是何等低下。固然,这反映了孤岛时期上海的处境,但不能不说在国民党单纯军事抗战路线下,一旦败退,就看不见我民族内在的伟大的潜力,因而发出了这种失望的哀鸣!

墙报共出十三期。

2. 办讲座,启发觉悟。

举办讲座也是邮政组重视的一件事,由我主持。当时文化人去各单位演讲,是很普遍的事。正因为此,请人来讲,也颇费奔走。我记得曾请施复亮来讲过抗战形势,赵平生来讲哲学,刘宁一(以朝阳大学教授的名义)来讲抗日民族统一战线。其中连接三讲的赵平生讲哲学,收效最大。赵本在刊物上连载哲学讲座,我偕同战友张纪恩(八路军办事处)去找平生,他慨然答应。邮政职工平时也看点书,那主要是为应付晋升考试,至于辩证法、唯物论,除了个别自求进步之士外,简直听也没有听到过。一听之后,顿觉茅塞大开,兴趣盎然。于是我就在这个势头下组织一个读书会,读艾思奇著的《大众哲学》,有10来人参加,在纪康家里每周集会一次。这个读书会办了不久,我就发展了纪康等同志入党。

游击战训练班是黄逸峰自己来办的。参加的人寥寥,不久就停办。看来这个主题与邮政职工传统不合拍,文武不相应,所以办不起来。

3. 进行反对裁员减薪的斗争。

战争爆发,邮政收入锐减。过去十余万一天的收入,现在跌到千元左右。1937年10月,邮政当局就宣布"疏散浮冗人员"。那时业务清淡,疏散之令一出,立即震动全局,人人自危。邮政组经过骨干分子商量,苏觉馨提出发动签名运动,反对裁员。我就起草了一份呈文,套用邮政公文格调,说"我同人服务于邮政多则数十年,少亦七八载,已成终身委之之象。此数十年中,风霜寒暑,多所折磨,壮者衰老,老者濒死,乃今于战乱之秋,忽下裁员之令,意欲将我依邮局职业为命之员工,委弃于一旦,宁得谓之事理之平乎?凡我员工,现已决定一致进退,誓死反对裁员……"云云。当时印刷方便,我们立即铅印蓝墨色小传单,四处发动签名盖戳,签名由孙文骏负责,盖戳者信差每人有一牛角小方戳,用中国旧式数字符号,刻上该差号码(如486为×三上),凡经他送的信,都需盖此戳子,乃是信差随身法宝。一千多人的签名盖戳书由孙文骏交由行政上递给邮务长。事实上,签名盖戳的过程也是向群众宣传的机会,说明厄运之来,起于战事,战事之起,罪在日本侵略,我人必须坚持抗战,方能摆脱厄运。对于邮务工会,我们不去求他,而冷观其变。果然,签名运动一来,工会范才聪、陆克明、王震百就找邮政组孙文骏、周宝元(当时由他们二人出面与工会周旋)二人到茶室晤谈。范说:你们有什么要求,可和工会面谈,内部解决,不要到会员中去公开活动。孙、周就趁机提出工会应领导反裁员的斗争。这事既有声势浩大的千人签名,加上工会可能也与局方有所接触。不久之后,局方出了一道局谕,规定在此战争期间,凡有自愿离职之员工,可呈请在家候令云云。所谓在家候令,就是回家自谋生计,在局里留职停薪,以后邮政业务兴旺,可听候令调回局。这一着,变裁员为自愿者退,终算人心大定,也正是发动签名斗争的胜利结果。

在这次斗争中,邮务工会却演出一幕打人压制群众的丑剧。原来在呈文送上去之后,孙文骏等约请工会范才聪召开一次群众大会,在马斯南路(今思南路)邮局内举行,内容是请范谈谈反对裁员涉及各方面的问题,当时范答应了。到了现场,邮政组和思南路邮局方面共到二三百人,范才聪也到了场,但他无论如何不肯讲话。那时是用几只投递分信的台子拼在一起充作讲坛,邮政组的沈天生(本是邮工斗争中的一员宿将)就跳上台去讲话,当时十月乍寒,沈天生脱掉外穿的马裤呢中式大衣,意欲讲讲改组工会,加强领导斗争的问题,还没有讲上三句话,工会中的右派人物于松乔就同他的蟹脚一拥而前,拖沈天生的脚,拖到地上动手就打;同时又有他们的人谎喊法巡捕房车子来了,把一部分群众吓跑。邮政组事先没有料到这一着,只见范才聪先已溜走,只好扶起沈天生雇车送其回家。事后刘宁一同志等都去慰问沈天生,并恢复其党籍。而邮务工会在抗战爆发,大敌当前之际,犹不减其打人压制群众的故态,目的在于报复邮政组发动签名运动,盖已昭然若揭。

1938年2月,国民党军队已于上年11月撤离上海,上海已成为日军包围中的孤岛,邮政组已解散,原邮政组人员仍在活动,群众也仍称我们为邮政组(其时信差方面已另立互助社,秘密发展社员,还未公开)。邮务当局宣布邮政经济仍无起色,只好实行员工工资一律八折发放。消息传来,职工又一次大受震动,而其情况比裁员还要复杂。裁员时大家齐心,一致反对,实行在家候令办法后有些有办法自谋生计的人(犹如现在的个体户)已经走了一批,剩下的都是唯有依靠工资才能过活的人。而邮局员工,上下工资悬殊。那些月薪300元到500元的少数"辣子"不去说他,以二等一级甲等邮务员或一等一级乙等邮务员来说,他们工资都是270元,打个八折,还有200来元好拿,当然生活水平要下降,跳舞场要少跑几趟,但生计还可对付;与之相比,初进局的邮务佐和进局五年的信差,工资都只40元,一打折扣,就大受影响。邮政组同志集合商议,苏觉馨他们提出一个方案,规定40元为基数,工资40元以下者不打折扣,超过40元部分,按八折支薪。这个办法照顾了低工资的基本群众,也使工资稍高者折扣合理,得到上下一致的赞同。于是又经我起草告同人书,铺开这个方案,加以解释,又立即用蓝油墨印成小传单,以昭周知。苏觉馨提出这次要从总局出发(该时总局已迁回四川路桥),到几个大支局去发传单宣传,造成声势,并且趁机亮出互助社的旗号。互助社这个名称也是苏觉馨他们30年代组成一个小团体时用过的。鉴于邮局帮会势力当道,立社成风,我们亮出互助社,也可算是鹤立鸡群了。

前面说到打散思南路邮局集会的于松乔,本是"五十股党"一分子,他的地盘是公馆马路(今金陵东路)十三局。那天他听到总局成立了什么"互助社",要到各支局发传单,不禁火冒三丈,扬言谁敢到他十三局来,进门就打断他狗腿!消息传到苏觉馨这里,阿苏集合一些同志商量,对于于某这个顽固分子,务必要惩戒他一次。于是他集合快信间工部间身强力壮的信差二三十人,一色的绿号衣,一色的绿色自行车,上得四川路桥,奔驰到公馆马路。车子一停,于松乔也得到消息,正在门口张望,苏觉馨体格魁梧,第一张传单就发到于松乔手里,姓于的接过传单，一看来人众多，自己的蟹脚却不齐全，情知不敌，只好呆若木鸡，一言不发，任凭阿苏他们进入投递间。阿苏跳上排信台演说，他的言词简短有力，指出裁员减薪，罪魁在于日寇的侵略，现在面对减薪僵局，我们互助社提出40元以下保持不动，以上可打折扣，以期当局和职工都过得去，可以团结抗日。谁敢破坏，当众诛之。苏觉馨一番言词博得十三局同人一致鼓掌拥护，此举长了互助社威风，灭了顽固派杀气，使之吃瘪了，以后到思南路、静安寺、曹家渡等支局宣传也都得手。于是，互助社和苏觉馨，从此名扬全局，打开了新局面。40元以下不减薪，也取得预期结果。

此时在职员方面，先由我推动甲等邮务员曹鼎组织一个进社，共有12人参加，后来互助社公开出来，吸收职员入社，进社就并入互助社。又因曹鼎发起组织话剧团，我就推动胡导出来组织雁群剧团，其基干分子王连奎、杨道新等也是互助社的，并与邮政储汇局的女职工沈希瑞合作演戏。在1938年互助社发展社员达400人；自1938年至1939年，主要在互助社活动的基础上发展的党员，共达99人。

（三）

春去夏来，转眼到了1938年5月，我们预感将有新的斗争来临，果然不久爆发了护邮斗争。此时互助社已经公开活动，并在社员中物色、培养和发展党员。大凡入党之前，先上一段党课，使其理论上初步有党的观念。例如道新、刘豪要入党了，就在刘豪家里，我去给他们上过几次党课。职员入党，也有指定书本叫他们自己看的。那时还谈不上读《共产党宣言》，那时由王大中主编一套东方小丛书，内有什么是资本主义？什么是社会主义？什么是统一战线？一题一书，售价一角，作为读物，颇为风行。支部分两个，一个是信差的，一个是职员的。两个支部都是刘宁一自己来领导。为了开展对邮务工会的统战工作（又团结又斗争），设立过党团①（即现在称为党组的组织）。在孤岛前期，在互助社独立活动全盛时期，即1938年至1939年年初，那时党团成员有卢离棠（不久因去延安参加党的七大而离沪）、苏觉馨、韩昌明、沈以行、蒋炳勋，后来好像张允彬也参加。党团书记指定卢离棠担任。卢离去后实际上由韩昌明主持会议，开会就在爱文义路（今北京西路）福田村70号韩昌明家里。当时韩在邮局是乙等邮务员，还在宁波路一家钱庄担任工作，经济情况较好，顶了福田村一上一下楼房，楼上是他的卧室，楼下客堂里就做党团开会之用。刘宁一差不多每次都来参加，尤当与邮务工会谈判斗争时，他亲自来布置。我1938年1月入党后，因为还未成立职员支部（暂时只我一个职员党员），就编在金殿贵的信差支部里（因为开会在长乐路上楼板摇摇晃晃的金殿贵住的搁楼上，每有人走动，摆在桌上自鸣钟的钟摆就会晃当晃当地响，这给我印象很深），约有两个月。其后我就参加党团，后来我主编工委刊物，就由宁一他们单线联系。我当时在党内是活跃分子，时常抛头露面，给人上上党课，还曾接受刘宁一同志委托，到茂名路南首开滦煤栈给他们工人党员上党课；也到沪西诸安浜王家安家里讲党课。（王家安负责出差司机联谊会的工作，1939年王到新四军茅山兵工厂，后在战斗中牺牲）

现在，回过来谈红五月。我记得1938年的"五一"节，卢离棠、苏觉馨各穿洗净了的绿色信差服，我穿一套淡色西装，三人都在左襟插上小

---

① 1987年9月16日刘宁一阅本稿时，对此事写了一段话："我也想起有党团这个组织。邮工和职员分别建立支部也是事实。"——沈以行注

红花一朵,在爱文义路上向西行进去看望同志,三人低声同唱《五月的鲜花》之歌,真可谓峥嵘岁月,意气风发。苏觉馨在一份回忆录中写道:他(苏)、卢、沈以行,他们三个党员乃是互助社的领导核心。事实确也是如此。如今半个世纪过去了,觉馨、离棠都已作古,剩下我也已老且朽矣,如此,历叙往事,乃我不容推卸之责。①

且说1938年5月,日军包围租界,租界沦为孤岛已有半年,日寇支持下的南京维新政府已告成立,而租界内还存在海关、邮局、法院、学校等属于中国主权的机构。日本当然以取缔这些机构,并使之归顺于他为目的,所以在5月间就发生接管海关并要海关悬挂维新政府的五色国旗事件(维新政府与北平王克敏政权合流,定红黄蓝白黑五色旗为国旗,所谓"民国肇兴,旗悬五色")。于是从海关的护关斗争开始,连锁反应地发生护邮、护院、护校诸斗争,这些斗争都以维护中国主权、反对日伪接管为宗旨。

在诸机构中最受日本人注意、攫之以为快,首当其冲者就是海关,即江海关。日本人对江海关的要求有二:一、关税收入全部存入日本横滨正金银行,听候日方支配;二、5月7日伪官李建南走马上任(江海关监督),必须悬五色旗志庆。

关于第一点,自国民党建立国民政府,名为收回关权,实际关税收入之绝大部分是做赔款和外债担保的。英国人自居首席债权人地位,攫取关税支配之权不放。赫德任海关总税务司达48年之久,上海外滩特为为他树立铜像。"八一三"时,总税务司为英国人梅乐和,他一本赫德精神,主张总税务司支配关税,享有传统独立性,乃属整体事业,而非

---

① 苏觉馨到解放区以后改名赵毓华,解放后任全国总工会华东办事处副主任等职。——沈以行注

局外人得以干预。1937年11月中国军队退出上海地区,梅乐和就将存在中央银行的全部税款改存汇丰银行,一面由英国驻日大使克莱琪在东京与日本政府交涉,维护英国在支配中国关税方面的传统权益。日本外务省推托侵华陆军不能同意在他们战胜的地区内,中国关税还要受英国人的支配,坚持全部税款应该存入正金银行。事实上,在华北,日军侵占天津后,早将津关和秦皇岛关的收入存进正金银行,并迫使悬挂五色旗。津税务司梅维亮致电梅乐和,还说:若不悬五色旗,就要悬日本旗,而由日人来主持关政;现在悬了五色旗,一切工作正常了(当然他没有明言日本人修改了税率,日货涌进这一事实)。现在轮到江海关。战前江海关月收关税三千余万元,占全国关税之半,即在战争爆发时期亦达千余万,占三分之一。英日谈判的最后结果,英国人以惯有的妥协精神,由克莱琪于1938年5月2日致电日本外务相广田称:

  我荣幸地收到阁下5月2日照会,英国政府认为目前局势引起了许多重大的困难……,为此我奉命声明,英国政府不反对实施阁下照会及附件所提出之临时措施。

  我还奉命再一次向阁下着重指出:我国政府对于从各方面维持海关的权力和完整,极为关切。顺致崇高的敬意。

所谓不反对的临时措施,主要就是日方一再提出的"日本占领区各海关所征一切关税、附加税及其他捐税,应以税务司名义存入正金银行,应自1938年5月3日起生效"。

英国人一面同意了日方的要求,一面却又说对于维持海关的权力和完整极为关切,这就叫外交辞令。

所以在李建南走马上任之际,事实上关税存入正金银行问题已经以英国的妥洽而解决,换言之,李某正是在这一形势下上任的。这一内情，在护关运动当时，我们是无从知其原委，现在当年的档案一公布，我们才知始末。我之所以不惮费词叙此一段，就在于说明当时有些明若观火之事，一经揭露，无不有其内幕，推而至于护邮斗争，亦应作如是观。而我们在这项工作方面没有花工夫分门别类去整理邮政当局的档案，现今写史，就有许多事缺乏实证。

江海关关员，尤其下层的税警，在华北特殊化、日本浪人走私猖獗之际，曾经配合华北关员的缉私斗争，在上海开展缉私活动，得到各界的支持，形成为1936年抗日高潮之一环。三个月淞沪战役期间，新昌路关员俱乐部曾举办东北义勇军演讲会、华北缉私介绍，并以救国十人团形式组织关员，所以后来才有茅丽瑛举办义卖支援新四军，遭汉奸暗杀，茅丽瑛以身殉救亡事业的壮举。1938年5月7日清晨，十六铺码头的关员首先罢工，步行到海关大楼，大声召唤关员们停止工作，一齐罢工，抵制伪官走马上任。此时敌探密布，而关员们在大厅里开群众大会，即席推出护关运动委员会，反对英日海关协定，要求政府指示进退。海关职工一罢工，当天的船结不了关，出不了港。于是统治者双管齐下，一面由日本宪兵队到关上捉人，捉去副税务司一人和税警一人（后来前者经海关保出，后者自行逃出）；一面江海关税务司罗福德发布命令，将推出来的护关委员廿余人，以保障其安全为名目，全部调离上海，调到内地海关去。这个双管齐下的办法，究竟如何出笼？日本人、英国人、税务司、中国政府各在其中起了如何巧妙的配合作用？这有待于日后专门研究这一专题时当可知其端倪。护关斗争虽然罢工一天就因当局用釜底抽薪计而结束，毕竟阻止了伪官迟迟不敢上任。江海关直到当年11月之前，也未悬挂五色旗。怵于护关的声势，一时之间一些日籍关员也一连多天，吓得不敢上班。

至于护关在社会上引起的反响,可说是震动孤岛上第一件大事。经过《导报》《译报》以及各报刊登护关的消息,各方团体、各界人士纷纷函电表示声援,将各自的爱国热情表达到护关斗争方面。一些公立中小学校长也抵制日伪方面派来的人,法院、鱼市场等机构也有维护中华主权的斗争。而其中历时久长、首尾完整的一处,当推邮局的护邮斗争。可分三个阶段如下:

1. 五月护邮——成立护邮运动促进会

在得知伪官将赴海关上任之际,刘宁一布置我到南市关桥找个老广东,跟他约定护关斗争爆发后,护邮斗争相配合的问题。老广东不知其姓名,人是找到了,但言语不甚相通,我听不懂他浓重的广东音,只是大体上相约彼此配合和如何联系的办法。但是护关斗争爆发,在一天半之内就结束,我们在邮局就无法及时采取配合行动——那时在邮局是传说伪官王芗候,原也是邮政总局的人,特来管理局拜会过中国人邮务长。黄鼠狼拜年,不存好心。我们党团开会研究,我提出一面了解敌伪和邮政上层的动态——参加进社的谢超是法籍邮务长乍配林的秘书,一些情况就从他那里得来;一面赶紧要建立组织,宣传促进,于是即成立上海邮工护邮运动促进会。大家推我起草写了一份《上海邮务员工反对接收易帜响应海关宣言》,又经共同议论提出了上海邮工护邮六大纲领,要点如下:

(1)保障邮政行政主权之独立与完整,反对一切侵害邮政主权或便利迁就敌伪统治之设施,如悬挂伪旗、接受敌伪监督、邮政收入存入敌国银行、公文案牍用敌国文字……有此一端即须发动护邮斗争,坚决抵抗。

(2)在邮权完整之前提下,应一体保障员工生活,在护邮撤退之际,尤应周详规划,维护员工生计。

(3)护邮在邮务工会领导之下进行。(按:这是当时从统战出发。)

(4)恢复工会小组活动,充实护邮力量。

(5)严密监视汉奸分子之活动,肃清内奸,有效制裁。

(6)扩大宣传争取各界同情与援助。

我们又印发调查表,询问员工:一旦敌伪来局接管,应如何对待?员工多数答复:一致撤退。

上述宣言、纲领和调查表印刷了数千份,以护邮促进会名义散发。这次不采取上次减薪时集中去各局的办法,而以互助社为主力,分别在各间各支局发动,并给邮政当局、邮务工会各送去一份。

党团开会正式推定苏觉馨、沈以行二人为代表,向邮务工会交涉上述纲领的问题。(邮政组时期的孙文骏已于1938年3月调去内地广西邮区,至于周纯一即周宝元,此人不甘寂寞,自行离局去汉口了。)

阿苏和我去找范才聪谈合作护邮,不料他提出一个先决条件:实行护邮,先决条件是解散互助社!苏觉馨义正词严地驳斥道:你们邮务工会社团林立,上有恒社、十二股党、五十股党,下有毅社、畅社、嵩社、兴中会、升社等等无数社团,员工不入此社,即入彼团,你们一个也不给解散,唯独我们成立了互助社,却要以解散为护邮之先决条件,这是什么道理?互助社是400员工自己组织起来的,我们二人不能代表他们答复你们解散不解散。改日再见!我们二人拂袖而去,给了他一个下马威。

互助社为抵制起见,扩大了它的活动。在有互助社骨干的地方,我们宣传和酝酿组织护邮小组,以使护邮群众化、普及化,并拟取代工会的小组,取得护邮领导权。工会则布置其社团小头目死命保持原组织,滴水不进。此时我赶紧以出版物来加强攻势。我又去找到作家唐弢（也是邮政职员），请他支持出护邮刊物，我请唐弢先题一个刊名，他取名《爝火》，我嫌这个名字古雅了一点，改称为《驿火》，唐弢也同意。我请他写献诗，他一口答应，随即写来了脍炙人口的诗，内有警句是：

驿站上的火把亮起来了，

在激荡的风雨的中宵！

⋯⋯⋯⋯⋯⋯

你照彻：荒淫逸乐、苟安、无耻与悲观！

你照彻：坚决的斗争，不妥协的搏战！

严肃的生活下容不了优游，

群众的力量汇成一条洪流。

在这激荡的风雨的中宵，

驿站上的火把亮起来了！

不用几天工夫，32开本红色套印刊头的《驿火》创刊号送到邮务长的案头，送给邮务工会的头面人物，送给了支局长和各间主管，送给了广大的互助社员和工会会员，范才聪要解散互助社，这乃是给他的回答。

宣言、纲领、《驿火》——主要是从这里反映出3 000邮工的决心。使得那个前来拜会中国人邮务长有所觊觎的伪官王芗侯，在5月间未敢有所动作，5月护邮渡过了一大难关。

2. 11月护邮——封锁屋顶

在与邮务工会接触过程中，我们二人——苏觉馨和我配合很好。而苏的见解和处事能力则非我所能及。我以书生之见，认为既受党团之委托，与工会谈判，终得多找他们去谈，而苏却对我说："这批工会官僚,上午睡觉,下午麻将,晚上仙乐斯(舞厅),用公款挥霍享乐,你能找到他们吗?就是找到了,三言两语,打发你走,能谈出什么名堂?我们只有去捅他们的窝,今天这个局,明天那个局,宣传护邮,宣传建立基层组织,他们后院起火,急了就非来找我们谈不可!"果然,我们出动互助社东闯西奔,工会头目生怕下面乱起来,范才聪就急着来找我们,不谈解散互助社了,只说:"有事好商量,有事好商量!"9月间,工会理监事开联席会议,决定成立一个护邮运动委员会,设委员17人,吸收互助社苏觉馨、沈以行等参加;又设福利事业委员会13人,吸收互助社韩昌明、蒋炳勋等参加。这两个会的主任委员都是范才聪,也不设副职,且规定在工会理事会领导之下进行工作。我们也不管其如何规定,既然参加,就要做事。于是苏觉馨提出自上而下,设立各级护邮组织,目的在于将互助社员渗入其毅社工会小组之中,起分化争取之作用。此点工会十分警觉,在理事会上舌辩多次,都被他们借口工会是依法选举产生,不必另设护邮小组而否定。我提出为了团结合作,将互助社出版的《驿火》与工会出的《雁声》合并出刊。工会对此倒是一致通过。说实话,他们对《驿火》放的火,毕竟有点害怕,巴不得归并过来。

此时我的想法是我的长处在于能动笔头,工会动笔头者为张左企,此人可说是属于温和派,我自信能争取他大体按照我们的主张出刊,至于一些理监事头目,许多乃是草包,对于文墨之事,认为交给了张左企,他们就不必管了。合并出刊的第一期取名《前锋》,封面设计图案——记得是粗线条的持枪工人像,全由我去请人作画。总编辑是张左企,我担任副职,而我把文章写好给他看一看就登,记得《前锋》的短评是《一笑置之》,内容是说8月间北平设立邮政总局,大通社记者访问上海邮局高级邮员,该员竟谓对于此等事唯一笑置之而已。于是短评列述上海邮政面临的政治危机,必须大声疾呼,唤起全体员工上下团结,共谋挽救;批评了高级邮员抱阿Q精神之一笑置之论之不当,"客观上是尽了麻木人心,替敌人做宣传的作用"。

刊物的经费由工会出,倒是给我们争取了一个发表我们言论的有利阵地。

《前锋》出了一期,改名为《大众》,共出五期。

《大众》第一期刊登《当代中国民族英雄》:一是"劳苦功高的蒋介石",二是"中国红军领袖毛泽东"。邮工刊物,向来只有骂共产党,现在登出文章介绍毛泽东为当代中国民族英雄可以说是一次大突破。第二期续登两位民族英雄:三、是新四军军长叶挺,四、是江浙游击司令邓本殷。这里邓本殷自然是国民党方面的人物,当时中国军队于一个月内自上海败退到南京而弃守,日本军急于三路进军夺取南京,沪宁沿线枪支弹药遗下不计其数。上海5 000群众随国民党军队往后撤。这样,沪宁线上就出了一批"草莽英雄",枪支都落在他们手里,到我新四军东进之际,他们成了阻力。其中苏州的胡肇汉,就是《沙家浜》中胡传魁的原型;而常州的邓本殷,是广西派,比较好些,他下面有个中队参加"江抗"。所以刊物选登这类人物,也属煞费心思。

有意思的是第二期在刊登1938年10月31日《蒋委员长告国民书》之后紧接着刊登了《论持久战》中的一段:"抗战第二阶段"。在当时邮工刊物上公然刊登毛泽东同志的文章,这简直可以说是个奇迹了。

第三期刊登屈轶讲《现阶段抗战之形势》,指出三点:抗战的进步性,上海被占的长期性,支援游击战之必要性。这事实上也是阐述了我党的观点。

刊物还译登了《窑洞中的大学》,介绍了延安抗日军政大学的状况。

以上说明孤岛时期(日本人还未进占租界而国民党势力已在租界消退)有其有利条件,若能充分加以利用,是能对抗战宣传有所贡献,当时我们实行统战政策,利用工会合办刊物,也是起到了作用的。

福利委员会开始时是举办文化补习学校,后来办消费合作社,都成为我们活动的据点。

到了1938年11月,南、北汉奸政权举办联合委员会,南京维新政府通令所属以后纪念日、星期日,各机关应一律悬挂五色旗,以资庆贺。于是11月4日,江海关被迫悬挂伪旗。对邮局,伪官扬言10日要来悬旗。

于是,我们迅速推动工会召开护邮紧急会议,组织行动委员会,联络邮务职工会(高级邮员之组织),报告法籍邮务长乍配林。乍氏于4月间曾去武汉,接受中国政府邮政总局之指示,令其严拒伪命,加以护邮运动上下团结一致,宣传护邮纲领,群众密切注意敌伪动态,接连活动三天,最后由乍配林下令封锁四楼屋顶,禁止任何人登顶,以杜绝悬旗之可能。终于到10日那天,朔风怒号,而邮政大楼之屋顶,只见精光的旗杆,而无五色旗之丑颜。诗人黄河(陆象贤,也是邮政职员)在《大众》第二期上写诗颂曰:

一支精赤的旗杆

默默地铁似的直刺着这

沉闷的天空!

一意要制他的死命,

不管他各式各样的眈着许多蛊惑的眼睛!

…………

三千条臂膊结合成一支粗壮无比的

钢的旗杆!

魔鬼的毒手能掬些小草,抓些散沙,

这回,听到了它叹气的呻吟!

……

这首含义深刻的诗篇,表达了11月护邮获胜的喜悦。到1939年元旦,伪政府仍令各机关悬五色旗,而邮局有赖于上下一致的抵制,终于仍以空荡的屋顶和精赤的旗杆做了回答。

3. 3月护邮——反调遣

诗,是能抒发我们情感的,但是对照现实,11月护邮以后,局势却是严峻的。我们以上下团结一致的力量,保持了屋顶不悬伪旗,但敌人却有许多花招迂回侧击,在你不知不觉中逐步蚕食了邮政。

首先是在局址迁回四川路桥之后,日本宪兵队就派便衣宪兵进局检查邮件,他们在三楼占了一个房间,经常地而又突然地跑下来到分信房检取信件。当时我在印刷品间工作,日本人知道孤岛上海出版抗日进步书刊——《鲁迅全集》《西行漫记》"公论丛书""时论丛刊"等,所以对于印刷品间特别注意。那时通往内地的邮路,主要靠英美邮船载运邮件到香港,由香港运到海防,由海防经滇越铁路达河口而去昆明,然后分发后方各地。日本人根据邮船开航单,总在一小时之前到印刷品间遍翻邮袋,手提半尺长的尖刀,切开封皮,把猎获品扎成几捆扬长而去,此时我们即扎袋封口,装车送船。其实,像"时论丛刊"那样的东西,是八路军办事处张纪恩秘密印刷,转载党刊文章,在上海报摊秘密出售;同时也邮寄到内地,直到延安。老张派交通员王维新(后因给新四军送去枪械败露而牺牲)先把包扎好的丛刊交给我放在柜中,等日本人一走,就在封袋扎口之际,我迅速将丛刊落袋装出。我看那个日本人拿到几捆东西扬长而去的姿态,知道他是以为自己完成了检扣任务了,因之断定他不会转身再来,于是就在此千钧一发之际做起手脚来。至于扎袋的邮役,虽然文化低,爱国心还是人皆有之,所以从来也没有人将此事去告密。

国民党统治时期,也派邮件检查员驻局。现在换了日本人,毕竟显示了权力的转移。

其次是行政上。在11月护邮之际,乍配林请示邮政总局(那时在昆明)批准让他(乍)设立一个总局驻沪办事处,以便他可以统辖华中地区沦陷区的邮政业务。总局复电同意,于是这个办事处就在孤岛上设立。那么,日本人何以又能同意呢?原来在这中日战争期间,这个中国邮政总局的驻沪办事处,其主要成员中竟也有日本人在内。请看:

　　总局驻沪办事处主任　　乍配林(上海邮政管理局法籍局长)
　　总务处长　王伟生(管理局业务股长)
　　业务处长　金指谨一郎(日籍局长帮办)
　　计核处长　格连维(英籍计核股长)

这张名单中的金指,原是邮政官员,然不掌权,现在却提到了掌握人事权的办事处业务处长的地位;另一个日员福家丰起用为管理局的总巡员,相当于监察使的地位。

办事处是管理局的上级机构,于是金指谨一郎得到乍氏同意,就在1939年3、4月间引进日本人梅野、小松等人为管理局不列等邮员。按照邮章,邮员要经考试并诠叙等级,日本人异想天开,定为不列等邮员。等是不列,工资却为262元,加上房租津贴,每人每月所得为375元,相当于一等四级甲等邮务员的待遇(一等四级甲员起码也得二三十年工龄)。这些不列等分子分布于邮局上层机构,凡属业务,他们无不知道。

这样,一面是挥舞短刀的便衣宪兵,一面是阅遍公文的不列等邮员,一武一文,双管齐下,况有金指谨一郎主其事于上,邮权之丧失,殆已无可置疑。

再次,在邮政大厦的背面,有一家大饭店,名曰新亚,此际就大为出名。在那里挂出了"工人福益会"的牌子。有一个高丽人名叫林资炯,秉承兴亚院的旨意,宣扬顺天应时的一套,在那里搞汉奸工会。对于邮局的工会,他们知道掌权的毅社根子在重庆,不一定拉得过来,而人数仅次于毅社的畅社(300人),为首者张克昌一直受排挤,不得志,正好是拉的对象。果然,张克昌与林资炯,一拍即合,随即在会宾楼宴请诸弟兄,算是跑过去了。互助社得知其情,由刘宁一亲自起草告畅社弟兄书印发。我记得内中开门见山称呼:"任侠好义、守信不移的畅社弟兄们",指出——

> 我们正大光明之宗旨,山高水长之义气,乃有不肖分子,假会宾楼聚餐之名,引中华工人福益会来宣扬投降,危害邮政主权,既有害于国家,又陷我弟兄于不义。应速警醒,表明自己,忠孝节义,誓不做汉奸。容有无耻之徒,勾结敌寇,认贼作父,我必鸣鼓而攻之。凡我黄帝之孙,均得擒而诛之,专此告白。

这张传单一发,畅社弟兄散走了大半,此时乃有马毓文者,收集喽啰,组织青社,支援畅社,为掎角之势,歪风吹起,邮务工会逐渐成为汉奸篡权之所。

接下来,邮政当局乃于1939年3月2日下达局谕:调65名邮务员至大后方工作,此中不乏互助社员及其骨干(如韩昌明,但邮务佐、信差不在其中,因为照章他们不能隔区调动)。当局施此伎俩,与一年前护关运动时如出一辙。不过一个是以迅雷不及掩耳之势,先发制人;一个是在水到渠成之际,收缩局面。于是互助社就发动反对无理调遣之斗争,这就是3月护邮。被调者推出代表一面向当局交涉免调,一面举行记者招待会,历述日员涌进而华员大批内调,邮政主权岌岌可危,唤起社会舆论之同情与支持。然此时局势已见江河日下,而在被调者之中,又出现分化,有的愿意离开孤岛,有的又出钱买人顶替,留在上海。结果,于4月1日被调人员一齐登船走了。

(四) 尾声

　　送走内调的同志上了去宁波的船,时序又到了5月。回顾这一年来,上海已沦为孤岛,但抗日的气氛还是强烈的,护关斗争的反响回荡于各处。而职工和市民援军捐献活动历久不减其势,人们都以这种方式来表达自己一点爱国之心。1938年双十节,法租界内遍悬青天白日满地红的国旗(公共租界则因英日妥协而禁止悬旗)。但是在这广泛的抗日爱国热潮中,有组织有领导的斗争却不多见,这是因为十年内战时期"左"的路线把力量耗尽,靠了救国会运动的兴起,党与各处的关系才得以逐步恢复,还谈不上强有力的组织和领导。护关运动在海关未能得手,就与那里的党组织未曾健全组成有关。而邮局的步子则走得快,从邮政组到互助社,正好是在开展群众性的抗日爱国运动中同步地恢复和发展了党的组织,建立了正常的领导。

　　邮局支部还有其特点。它发展近百名党员,却并不都在邮局活动,不少党员支援外单位去了。例如苏觉馨到苏北开辟游击区,金殿贵、徐邦荣是做党内交通工作去了,纪康、陈公琪在工委系统下做宣传和组织工作,顾开极同志被分到重工业方面,打开了江南造船厂及其附近地区的群众活动和建党局面。所以刘宁一曾说邮政支部不同于一般支部，而有着联合支部之倾向，换言之，邮政支部是出干部和输送干部之地。

有一种说法：邮政支部的对立面邮务工会，在实力上乃是一个强者，为了避免攻坚，我们将干部外送。事实并非如此。在互助社活动期间，我们与邮务工会也曾多次较量，并结成了抗日民族统一战线组织形式的护邮会和福利会，这是打破了1928年以来邮务工会的独霸局面的。但是这种新局面在孤岛上却是不可能久存的，相反，江南和孤岛的局势迫切需要开辟多方面的工作，所以不能不从邮政方面多抽调干部。

3月调遣之后，无论从日伪方面，从租界方面，还是从邮政当局方面来看，工作条件日益对我们不利，互助社不宜再这样公开活动了，必须深入群众，隐蔽下来，改变方式，方为善策。这点，由于邮务工会毅社当权派头目的突然出走，我们就更加清醒和警觉起来。

事情发生在1939年5月，当时我仍旧出面在搞护邮刊物，正想5月出一个特辑，回顾一年来的护邮经历，进一步唤起群众。当稿子收集就绪，我到八仙桥那里工会临时办事处去找张左企，走进屋里，空荡荡地只剩下一名工会雇用的文书在整理卷宗。我提到张左企，他显得很讶异，说：他们不是昨晚都走了吗？我问：去哪里了？回答：上宁波去的船走了。我才恍然以范才聪为首的这个留守内阁，一夜之间走得无影无踪（当然，他们基层的一级——小老大是不走的，若无其事，照常上班工作，能看作他们有政治联系的就是隔一段时候，他们要会餐一次，以相叙晤），而对我们，别说打个招呼，连口风都没露。于是特辑也无从印了。我急忙去找刘宁一同志，告诉他这个消息。宁一带着幽默的神态，说道："这倒好了。他们一走，把我们全给暴露在日本人面前。"他顿了一下，断然说："我们也撤！"

其实,这时党团已不存在——卢离棠到延安参加七大去了,苏觉馨在春节后被调去做苏北根据地的开辟工作了,韩昌明、蒋炳勋已被调后方,只剩我还在局里撑着。而自春节后,我已参加王大中、韩述之他们的编辑部——编印工委的半公开刊物《朋友》《劳动》。宁一对我说:你赶快退下来,王大中他们要搞别的事去了,工委的刊物由你来主编。于是我在印刷品间请了一个早早班,白天不到局里,别人见不到我,总算退了下来。我接手主编《生活通讯》,直到1940年秋下乡参加"江抗"为止。

互助社凡出头露面的人,此际也各自做隐退之计,工作重点放到了补习学校,后来又开办消费合作社。与此同时,王连奎①他们搞的雁群剧团很有发展,就让他们大搞起来!互助社并未宣布解散,而是在无形之中主动从时代屏幕上消退了的。

从邮政组到互助社,是抗战初期邮政方面斗争的高潮期;是党在内战时期受尽挫折之后,在邮政部门东山再起的黄金年代;也是抗战时期以孤岛为舞台,人民演出威武雄壮抗日史剧的一幕。我们有幸在各自的岗位上,各尽其努力,参加了演出,我们是无愧于当年这个伟大的时代的。

在这里领导人刘宁一功不可没,他参加地下工委,后又参加省委,亲自领导邮政方面的工作,可说是筚路蓝缕,创业维艰。他生活清苦,却始终保持乐观精神,身教言传,并以他特具的幽默感感染我们,鼓舞大家同心创业,使邮政支部为党的革命事业做出了应有的贡献。

(原载中共上海市委党史资料征集委员会主编《上海邮政职工斗争史料》第2辑,1989年1月印)

---

① 王连奎现名王正。——沈以行注

关于《劳动》《朋友》《生活通讯》
——孤岛时期上海地下工委办的工人刊物

沈以行

（一）

约在1937年年底,江苏省委建立工委,领导上海的工人运动。工委书记刘长胜同志提出要编一个对工人进行时事形势教育,又通过它来联系群众的刊物,于是设立了一个编委会,而具体工作交给王大中同志（1949年后名金子明,"文化大革命"中遇难）。不久,一册通俗而新颖的工人刊物出版了,取名叫《劳动》,是32开横排本,在1938年上半年期间,约每周或旬日出一期。

1938年下半年其改名为《朋友》,为16开横排本,半月至一月出一期。

两者都是王大中主编。约在1938年冬,刘宁一同志介绍王大中与我相识。我是1938年1月在上海邮局入党,基本上在邮局内活动。与王大中相识后,他就邀我参加编《朋友》的工作。以王为主,我们有三人开过几次会,议论刊物的内容和编排。记得1939年3月,西班牙马德里人民阵线战败,佛朗哥上台,我们曾议论过怎样向工人解释这一事变。这次以后不久,王大中奉命去搞浦东游击队的工作,韩述之也搞别的事去了,工人刊物就交给我主编。组织上对我说:《朋友》这个名字已经被租界巡捕房注意了,你来编,就得改一个刊名。于是,我把《朋友》改名为《生活通讯》。本来,《劳动》《朋友》是按一期一期为序出的,现在我改为每期选择主要一篇文章的题目为刊题,而《生活通讯》则印在右上角,像丛刊那样,作为一个总刊名,不印期数,每期刊名都不同。编排也从横排改为竖排(横排在当时还不大通行,只因王大中热心于拉丁化,所以用了横排)。大约在1939年7月间,我编出了第一本《生活通讯》,以后约在一个月不到的时间里出一期,每期印数两千本(《劳动》《朋友》也印两千本)。到1940年7月,我离沪去参加"江抗"部队为止,《生活通讯》约出十多期。

工委先后派王大中、张祺、马纯古、何振声四位同志来领导,单线与我联系。重要的稿件和印刊物的钱都是他们带来给我的。我住在麦根路鸿章纱厂隔壁一条弄堂里,我的家就是刊物的编辑部,其实我是孤家寡人,我既是主编,又动手剪贴,又跑印刷厂,又担任校对,一切都包下来了。我在邮局印刷品间调到一个一清早收寄大批新闻纸(《申报》《新闻报》)的班次,5点钟上班,7、8点钟就大体无事了,这样,就便于我既有职业的掩护,又能有较多的时间来看稿、改稿、编排和跑印刷厂。

刊物是在新闸路赓庆里民光印刷厂印的。这是王大中从印刷界救亡协会接来的关系交给我的,但我们完全是以公开的营业关系去的。我们这个刊物,只要仔细看看,它的政治色彩是很明显的。那么,民光印刷厂为何又敢于承印呢?一则,那时抗战正在进行,上海沦陷不久,抗日救亡,人同此心,取得了一种群众性的合法化。二则,民光印刷厂的老板是个无锡人,做生意总是为赚钱,那时孤岛上游资多,但银根还是紧的,一般客户都付庄票,马上收不到现款,而我们刊物,每期百把元钱都付现款,这点老板非常贪图,所以交易进行是顺利的。排字房有个工头姓马,他看出我们刊物有色彩,就对我说:"骆先生(我到印刷厂去化名姓骆),印你们这种东西要担风险的呀!你心中有数就是了。"为此,我每去付印一次,就得带些东西"孝敬"他,好在他胃口也不大,不外乎是50支一听的金鼠牌香烟(中档烟)两听,也就应付过去了。至于厂里的工人,因为讲的是工人救国,无不出力支持,排字落盘特别快。有时缺了字模,还连夜给我刻铸起来。

刊物这条线上除了我之外,还有两个党员归我联系。一位是黄大智(即黄明),他是刊物的工厂联络员。除工委交来的主要稿件外,黄大智经常跑十来个工厂,把工人自己写的通讯稿件收集回来刊登,他也到工厂去召开读刊物的小型会,以听取对刊物的意见。另一位是高骏,职业是皮匠,称高皮匠,在沪西某弄堂口摆一个皮匠摊,他是刊物的总发行。每次我见到刊物已印出,就去通知高骏,他立即收起皮匠摊,挑着箩筐到印刷厂去拿刊物,分批送到指定的联络点,再由联络点分发下去。做这件事,既要迅速分批送达目的地,又不能暴露行迹出毛病,遇到抄靶子,还要警觉地绕道避开,所以是相当繁重的工作。而从担任《劳动》《朋友》直到《生活通讯》的发行以来,老高依靠他的政治责任心、警觉性和工作灵活性,每批刊物都是安全送达,从未出过事故或差错。

高骏同志联系下面两个发行员,也都是党员,一个好像是专管沪东方面的,就是利用杨树浦发电厂往来于外滩的交通船,带刊物去沪东各个厂,以避免过外白渡桥遭日本兵搜查的一关。

高骏同志在回忆中说当时有一个交通支部,还有一个编委会。这与我的记忆不同。交通支部可能是《劳动》《朋友》时候设的;至于编委会,则是工委内部的,我们非工委都不参加。在我负责刊物的期间,工委单线与我联系,再由我去联系黄、高,所以我们住处工委是知道的,而黄、高不知我的住处;反之,黄住瑞金路,高住沪西一条弄堂里,我是常去找他们的,并在黄的住处开过党内组织生活的会,也在泰兴路一处肉店楼上,同高骏和他下面两个党员开过组织生活会。

当时凭着一个青年党员的革命热情,我做这工作全然不感到什么担惊害怕,只知道兢兢业业地、忙忙碌碌地,而又满心愉快地为工委这个刊物付出了一年以上辛勤的劳动,感到必须如此才能于心无愧。

(二)

这些刊物,当时印数不多,发到厂里,传来传去,很多失散,加以太平洋战争后日寇占领租界,更不利于保存。所以1949年以后在上海旧书店发现这刊物,它已属珍贵文物,售价20元一册,但是也都是散册,没有发现过全套的。至今我看到过的有以下几册:

《劳动》第六期	1938年2月28日刊行
《劳动》第七期	1938年3月7日刊行
《劳动》第十一、十二期合刊	1938年4月11日刊行
《劳动》第十七期	1938年5月23日刊行
《朋友》第二期	1938年8月8日刊行
《朋友》第三期	1938年9月12日刊行
《朋友》第四期	1938年10月10日刊行
《朋友》第五期	1938年10月25日刊行

《朋友》第六期　　　　　　　　1938年11月8日刊行

从以上刊行日期看,开始是想保持周刊,后来因经费、稿子、印刷条件等关系,推迟到每个月出一期。但是1939年一季度出版的《朋友》,一本也没有发现过。从以上发现的几期《劳动》《朋友》来看,刊物着重宣传些什么内容呢,可以介绍如下:

当时正处在抗战初期,日本侵略军气势正盛,国民党正面战场节节败退,1938年10月,广州、武汉相继失守了。上海是在日军包围中——依赖英、法租界而保持着不受日寇直接统治的一片"孤岛",在这种情况下,刊物向工人宣传的首先是坚定抗战必胜的信心,使得陷身于敌后的广大工人忠于民族,忠于祖国,把自己的命运跟抗战的前途联系起来。例如1938年8月,《朋友》在"怎样纪念八一三?"的评论文章中,就号召:"回顾自己一年来为抗战建国做了什么?""广泛动员全上海同胞来参加神圣的抗战!加紧组织各自的团体,去团结周围的工友!"

1938年11月的一期《朋友》,就借"老前辈王根生"谈广州、武汉失守后的时局为题,阐述了持久战的思想。

这期《朋友》还提出:"要和落后群众生活在一起,不要只和先进的人交朋友!""要在每个车间里宣传我们抗战的持久性和一定会得到最后胜利的道理。"特别提到:"毛泽东先生著的《论持久战》已由译报丛书出版了,各报摊都有卖的,每本一毛二分。"(按:毛主席《论持久战》写于1938年5月,很快就流传到上海,由译报社印成单行本,用的是红色封面,迅速地在进步职工中传诵开来。)

为坚持抗战、反对投降,必须揭露和抵制汉奸活动,1938年3月,南京成立汉奸维新政府,4月份的《劳动》上就载文"反对新成立的汉奸维新政府"提醒工人不要上当。5月份《劳动》上号召开展反日、反汉奸的斗争,提出要击破日寇以华制华的毒计,反对汉奸以组织工会来分化工人。就在这一期《劳动》上,刘宁一同志写了专题文章《维护国家主权,反对敌伪接收海关、邮局!》。

为了展示抗战胜利后的远景,刊物上常宣传苏联的新生活。如1938年11月8日出版的《朋友》就以四个整页的篇幅,配上插图,宣传十月革命胜利后20年来苏联工人的美好生活。在另一期《劳动》上,曾介绍《一个苏联电车上女售票员的生活》,结合宣传苏联,也传布了妇女解放的思想。当时在上海的英商电车公司里,除了三个西洋女子打字员外,是没有一个女职工的。在社会上、企业中,歧视妇女的现象也是普遍的。

国破山河碎,孤岛度日艰,在这种状况下,怎样去鼓舞人心,看到未来呢?宣传苏联是当时很流行的办法。那时到沪东工厂区,必经外白渡桥,桥东有一座苏联领事馆,旗杆上挂着全红色的苏联国旗,我们就从这面苏联国旗讲到革命远景,工人听了很受鼓舞。

1938—1939年间,正值战区扩大,租界偏安于一隅,江浙游资都汇集来沪,于是投机囤货,灯红酒绿,一片畸形繁荣景象。一些纱厂民族资本家都赚了钱,年底分给职员的赏金有达100个月薪金的,股东收入之多,自不用说,但是对于为他们做牛做马生产利润的工人,却不改善其生活待遇。刊物在这方面就要求工人争取中外资方合作一致,对付日寇。同时也劝民族资本家应该拿出部分盈利,切实改善工作条件和工人生活,并用实际事例表扬了注意改善工人待遇的一个厂,批评了一个厂。

对于工人自身,刊物以很多篇幅强调工人内部团结的重要性,强调自我教育,学习文化(办夜校),还刊登注意工作方式方法的专文。如在第六期《劳动》上,刊登在信箱栏的一篇文章,就提到女工们一句口头禅:"随便伊,看别人好啦,别人哪能,我也哪能。"刊物指出对这些无主见的女工要多去接近,和她们站在一起,体贴她们的痛苦,处处帮助她们用自己的力量来解决大大小小的困难问题,生病要去慰问,经济困难要凑点钱,不识字的要劝她们一道来读书,总之,要发扬团结友爱的互助精神。

这就可以看出,刊物不是说教讲空话,而是同工人群众站在同一立场上,和工人心连心,讲的是贴心话,帮忙帮在点子上,称得上是工人自己的刊物。

有几期刊物还针对某个单位或企业写文章,如有一期《朋友》专门提出《英商电车工会应健全工会组织》,文章中提到英电工会(国民党方面的)组织不健全,领导官僚化,经济不公开,造成英国资方逞威风,"八一三"以来开除卖票七八十人之多,工人方面爱国献金活动也开展不好,汉奸乘机在英电活动。为此,文章呼吁要赶快建立工会组织,团结起来奋进。像这样的文章就不是一般的报道,而是配合工委开辟工作有针对性而写的。又如介绍英商公共汽车公司司机公益互助会的活动,则又带有传播工作点滴经验的作用。从这些地方可以看出,这个刊物是工委用来指导当时上海的工人运动的,一些重要文章都出自工委领导同志的手笔,煞费苦心地针对现状来做指导性的发言,使工运服从抗战第一的目标,同时也切实注意保障工人切身利益和民主的权利。

刊物的启蒙宣传和爱国主义教育、阶级教育所收到的效果是明显的。无论1939年当时我所接触到的同志、1944年我到洪泽湖畔新四军城工部参加整风时听到的反应,以及1949年后我接触到更多同志的谈论,都说这个刊物在工厂中、在工人支部中,以及在女工夜校中传播,对于启发工人觉悟、推动他们进步，收到十分明显的效果。不少的工人（尤其是女工），自从看了这个刊物，就逐步地自觉地走上革命之路，最后参加了中国共产党的队伍，根据革命工作的需要，有的留在上海，有的就去参加新四军！

（三）

《劳动》《朋友》之后，是出版《生活通讯》。《朋友》和《生活通讯》之间，大约间断过两三个月，原因一则是《朋友》曾受到公共租界巡捕房的注意，暂时冷一下，以观其变。编辑部也趁机改组换人，王大中到浦东搞武装，我从邮局调出来专职编刊物；二则党内经费也有点困难，稍停一两期也可周转。

如前节所述，我编《生活通讯》共在 10 期以上。1949 年以来，我多次搜求这个刊物，结果一无所得。只有在上海图书馆的珍藏部，发现他们收藏了一本《生活通讯》(3)——《改善工人生活的谈论》。我去看过这本珍本；封面有大型美术字体的标题，里面竖排分栏的格式，32 开 32 页；再看一看内容，果然是的。当年陈迹今犹在，一别已过 40 年。感谢上图珍藏部，将该刊妥为保存着，还特制牛皮纸套页以保护内纸少受损坏。

为什么《劳动》《朋友》已发现多期而《生活通讯》只见一本呢？我回想 1939 年 5 月我接办刊物时，形势已比前一年紧多了，日寇势力一步一步地正在渗透到租界里来，并且要挟工部局取缔抗日。所以我们刊物发下去时通知下面速传速看，看后销毁，免遗后患。这恐怕是保存下来数量无几的重要原因。到 1940 年 5 月，马纯古同志来通知我，租界形势已不容许我们再出这样的刊物,而新四军东进抗日,"江抗"需要上海输送干部去。这样,这个刊物就停刊不出了,我也随即于7月间下乡。

那本唯一留存下来的《生活通讯》,其内容所反映的时代特点和宣传重点是很分明的。该期中一篇重点文章题为《改善工人生活和抗战》,说了以下几点:

1. 汇市紧缩,物价高涨,职工生活特别困难。最近两个月来,各业职工纷纷要求增加工资,达40多起,大半都已得到解决,可以见到中国劳资双方,顾全大局,都有进步。尤其劳方忍受生活痛苦,不提过高要求,其维护民族统一战线之忠心,值得作为模范。

2. 少数资方依然跟工人对立,而工人方面也有不敢大胆向资方提出正当要求的。这里说明劳资双方都还有人对于抗战时期必须改善工人生活的意义不十分了解。

3. 今天改善工人生活,正是为了加强抗战力量,也是根绝汉奸活动的一个办法,这是全国同胞共同的问题,劳资双方都有解决的责任。

紧接该文之后,有一篇《评似是而非的论调》的短文,那是针对工界领袖(指国民党人士)的言论,所谓"抗战时期,应该实行生活紧缩,大家相忍为国,谈什么改善生活呢?",短文对于这种言论进行了说理和批驳。

1939年比起1938年来,上海租界这片孤岛已经相对地稳定下来,正面战场已经远离,上海和江浙城乡的水陆交通渐见恢复,工业也随之恢复起来。战前上海5 200家工厂,战争中70%停工了,而到1939年,恢复到4 700家,工人达24万人。与此同时,租界人口猛增(江浙一带避难来沪),从350万增为450万人,游资充斥,投机盛行,物价上涨,工人受苦,所以发生了众多的劳资纠纷。而反映在刊物上的党的指导思想，就是要顾全抗战大局，劳资协商解决问题。对于发了国难财而拒不改善工人生计的厂家，也是掌握批评的武器来谋解决，而较少采用罢工的方式。但是对于投敌的资本家，则在刊物上揭露其丑恶面目，毫不留情。如该期《生活通讯》就揭露了骏丰和万宝两家绸厂老板的勾结日伪的事实。

经过地下工委、联络员和各支部的努力，1939年党在工厂企业中的工作取得很大的进展，反映在这期《生活通讯》上，来自基层的通讯稿有17篇之多，另有工运简讯六则。通讯稿中值得注意的是《出租汽车司机工人大团结》这一篇。云飞、祥生等四大出租汽车公司的司机原来很散漫，也无工会的组织，1938年，经过工委刘宁一同志在辛勤工作，开辟了这个领域，组织了四大出租汽车司机联谊会。1939年5月，因日寇接连杀害出租汽车司机，于是由联谊会发起为死难司机大出丧，得到资方同意，出动汽车数百辆送丧，从胶州路殡仪馆出发，折向静安寺路、南京路，在浩浩荡荡的送丧队伍中，拉起了"遗恨必雪""杀身成仁"的横幅，还以民族形式摆路祭，这是一种习俗性的合法举动，使日本人和工部局都没有干涉的理由，司机职工完成了一次抗议日寇屠杀同胞的盛大示威！

这期刊物最后还刊登读者对刊物等的几点希望，还有关于要求组织本刊读者会的号召，有读者发起捐款资助刊物的倡议。从这些方面来看，经过一年多，工作深入了，刊物联系群众的面更为广泛，被群众称为"思想上指导他们的先生"，"能使他们组织上严密起来，行动上统一起来"。刊物在工人群众中越办越得人心了。

  ＊＊＊   ＊＊＊   ＊＊＊

到了"文化大革命"当中，造反派审查我这段经历，一口咬定我编这刊物是和日伪通同的,否则,"为何办了一年多,从来没有出毛病?"。其蠢如驴的造反派头目,根本不懂地下斗争、群众工作的规律性,故有此等问话。但是我倒也因此而思索了一番,觉得其中有原因:

一是孤岛的特定环境:国民党基本上已撤离,日本人还没有进租界,英、法帝国主义一面对日寇步步退让,一面对于伟大的中国人民的民气也不敢轻侮,于是造成总的有利于我们工作的条件。二是我们具体工作中遵守工委指示,步步为营,既公开,又秘密,刊物是公开在营业性的工厂印的,这个环节尽量缩短时间,少暴露,有几期先后不出三天,就已印好拿走。送刊物的途中是最容易出事的,而老高迅速稳当,富有经验,能做到一路平安。传看刊物的过程那就是靠群众自我掩护了。总之,认清环境,谨慎对待,困难是可以克服的。三是中华民族屹立如山,八路军在抗战,新四军在抗战,大后方在抗战,这就给我们在敌后活动的人一股无形的力量,鼓舞我们无所畏惧,勇往直前!越是无畏,越是安全。

(原载《上海工运史料》1985年第3、4期合刊,1985年8月15日)

回忆刘长胜同志二三事

沈以行

刘长胜同志是我国工人运动和工会工作的卓越领导人之一。抗日战争爆发前,他从国外回到延安,不久就到上海担任地下省委的领导工作。他的质朴的作风和实事求是、一切从实际出发的精神,正反映了他工人出身的优良品质,给我留下深刻的印象。

抗日战争初期,我负责编我党地下工人刊物,归地下工委领导。那时刘长胜同志兼工委书记,我还未直接见到他。但在每期从领导上交下来的稿件中,我发觉常有一些文章,文字很浅,道理很深,文章虽短,分量却很重。有时还在文章后面加上按语,说明对局势怎样看,对斗争怎么办。后来我才知道,这些实际上是工委对当时工运的指示,都是长胜同志组织工委讨论后写出,有的还是他自己亲自动笔,因而才有这样生动活泼的气息。

我见到刘长胜同志是在抗日战争后期,即1944年秋。

1944年,刘长胜同志在根据地主持城工部工作,其实日军长驱侵桂黔,敌后有一段时间相对稳定,长胜就召集上海、南京等处地下党员分批到根据地去参加整风学习。城工部设在黄花荡新四军军部附近大王庄、小王庄,大家就在那里散居民房之中学习。9月,陈公琪同志学习过后返敌区,长胜叫他到南京通知我速去城工部。陈公琪告诉我路上两处接头地点,让我自行进入解放区。我从南京出发,搭长途汽车到六合南门,避开城门,绕城走到西门外一个农民家里,这是第一处接头地点,对上暗号,就在那里住一晚,总算平安无事。次晨头遍鸡叫,我即随赶集的农民骑驴北行,直奔竹镇集。竹镇已经在新四军抗日民主政权范围之内,到了那里,我找到利华公司,这是第二处接头地点,实即我们的联络站,见到戴经理,就接上关系了。再次日,戴经理准备了牲口,日行90里,经过泥沛湾,把我送到城工部,已是晚上八九点钟了。煤油灯下,我只见一人完全庄稼汉模样,深秋夜寒,披了一件棉大衣,北方口音,他十分关心地说:"走这么多路,从来没有过吧?到了这里好比到了家了,你且休息去,明天详细谈……"他就是长胜同志,质朴而又亲切,这个印象使我历久难忘。

我在城工部参加整风学习,读了整风文献,在那里冥思苦想,想对照文件找出自己的问题来整整风。但是,长胜同志找我谈话却完全从实际出发,他从我在敌后区联系的一些党员的情况问起,问到他们周围的情况以及每次碰头时态度怎样,又问到一些人的社会关系的诸种细节。就这样,他一句也没有照读文献,却对我进行了一次有关调查研究的考试和教育。长胜同志特别指出,地下环境时,对下面的同志也没有别的考试办法,每次见面就是一次考核机会,应该认真对待,这是不同于朋友之间的来往的。这确是长胜同志长期做地下工作的经验之谈,说明他是十分重视实践中检验一切的。所以,那次到根据地,见到长胜同志,我是受到了一次很好的整风教育。

上海解放后,我主编《劳动报》,有一次刘长胜同志谈到工人报纸要编得合乎工人口味,就举了抗战初期地下工人刊物的例子。他说,工人空闲的时间不多,想知道的事情却很多,你不搞得精干活泼一点,他们怎能接受。长胜同志这个讲法很质朴,完全是从实际出发而规定了我们的办报方针。当时我对照自己光想在报纸上登载长篇大段的文章去"教育"工人,觉得长胜同志的精神实在值得像我这样的人学习。

1949年后,长胜同志担任华东、上海的党和工会的领导工作,但他却在百忙中不忘设置专门机构,从事收集和整理地下时期的工人运动历史资料,这在全国范围内是首创之举。1953年,他出国担任世界工联的领导工作。他写信给我们说,对资本主义国家工运不发表意见还勉强过得去,对殖民地半殖民地工运不说话就不行了。怎样发表意见呢?就要总结我们自己的经验来跟人家的对照,才有发言权。因此,他亲自规定了机构和人选,叫我们集中力量来整理和总结1937—1949年上海地下斗争的各项工作经验。他不是一般布置,而是根据特点来做,先总结市政(帝国主义企业)、店职员(人多面广)、邮政(黄色工会)、教师(知识分子)等四个方面。他说,这些殖民地国家容易开展工作的方面,我们应先加以总结,然后推广到其他产业。

长胜同志一再指出,做好这项工作要走群众路线,要吸收广大同志来做,不是叫几个人关起门来写。在长胜同志倡导和市委领导下,我们历时两年,召开座谈会274次,参加者940人,执笔者近百人,收集了大量工运史的资料,整理成稿27种124万字,搞出了基本产业的史料。在这项工作中,我又一次感觉到长胜同志针对具体要求而确定工作重点,是贯穿了一切从实际出发的原则的。

除了产业以外,长胜同志还提出总结若干专题的经验,其中有一个叫作派别组织与工人阶级的统一团结工作。他说,1946年以后,国民党采用种种办法分化工人阶级队伍,搞护工队、福利会、劳工协进社等,既以恶势力来控制工人,又使工人队伍四分五裂。面对这种形势,我们根据毛主席的策略思想,就派可靠的同志分别打进这些组织中去,以便利用敌人矛盾,联系群众,开展工作。这样一来,表面上被国民党分裂的地方,实际上仍然统一团结在我党领导之下。长胜同志曾告诉我们,这个经验介绍给外国同志,他们赞扬说"了不起"。

1980 年 3 月

(原载政协海阳县委员会文史资料研究委员会编《海阳文史资料》第 4 辑,1987 年 12 月 1 日印)

风雨同舟忆《文萃》

唐振常[1]

我和《文萃》发生关系,是通过黎澍。后来陈子涛加入《文萃》,更多了一层关系。黎、陈两位和我在成都《华西晚报》同事,子涛和我在黎澍领导下工作。1945年10月初,黎澍奉命到重庆,后转上海。当时我们有几个人知道,他是去筹办《新华日报》上海版的。不久之后,我们得黎来信,说是他主编一个杂志,名《文萃》,并寄来了杂志,要求朋友们写稿。我们估计,大约《新华日报》出刊之事受阻了。

1946年6月底,我到上海《大公报》工作。甫到之日,我就被朋友拉去参加规模盛大的高尔基纪念会,在会上不期而遇黎澍,相约翌日晤谈于其寓所,其地为峨眉路108号。这个地方,是我所不能忘记的。它是《文汇报》的宿舍,黎澍借住于此。之后,我常去那里看黎澍和《文汇报》的朋友。1947年7月,我婚后迁入该处,在那里住了一年多的时间。

初入《大公报》,助编国际版,后改助编国内要闻版。在学校读书和在《华西晚报》工作时候,闹学生运动、民主运动,写文章,发议论,指天画地,意气昂然,到了《大公报》,处处感到受不了那种压抑的空气。尽

---

[1] 唐振常(1922—2002),四川成都人,中共党员。1978年至1993年曾任上海社会科学院历史研究所研究员、上海史研究室主任、副所长等。——编者注

管我编的稿件,所写标题,自认已经含蓄多了,还是经常被主编扔进字纸篓。于是,我对黎澍提出要求离开《大公报》。我心目中的去处,即是《文萃》,但未对他明说。黎澍答复我:"留在《大公报》,一样可以做工作。即使只为了了解《大公报》,也该留下。"我虽然接受了,思想并未真通。后商之于也是《华西晚报》的旧同事陈白尘。白尘说,也许做记者会好一些。我便自动要求,在《大公报》改做了记者。计做夜班编辑不到两月,编辑主任许君远颇不谓然,他原已告我,要调我入资料室,专写专栏文章。我如今回想前情,感到年少气盛,只以痛快为事,实在幼稚得很。

司徒雷登出任美国驻华大使,黎澍连夜遣人送来一信,要我为《文萃》写一篇文章。抗日战争胜利之后,司徒雷登自北平出狱到成都,我曾在《华西晚报》写过一篇以司徒雷登谈学生运动为主题的文章。司徒雷登谓中国学生运动与工商市民爱国活动相结合,为世界各国所无,我以为其说精辟。黎澍在信中明确提出,借司徒出任,宣传反对国民党一党统治,反对内战,要求民主。按我对司徒雷登的了解,他确曾有这样的言论。黎澍信送来之前,我已奉许君远之命,正在为《大公报》赶写这篇文章。再写一篇,不免重复,以致未能如黎澍命。在《文萃》改为丛刊之前,我没有为《文萃》写过文章,只是为一篇译稿做了些加工。那是加拿大和平民主人士文幼章(James Endicott)为《文萃》写的一篇文章,黎澍对译稿不满意,要我修改。

1946年8月,陈子涛从成都到上海。我初到上海之时,还和子涛通信,以后渐疏,他来上海的打算,我全然不知。一天夜里,我在报社写稿,唐海来电话,说是"有一个人要和你讲话"。接着,这"有一个人"接过话筒,还未说话,电话里传来嚇嚇一声笑。这笑声,短暂而厚实,我一听即知是子涛,真觉高兴莫名。《华西晚报》这个富有战斗性的革命报纸,被国民党查封了,子涛一人东下上海。他立即参加了《文萃》,成为黎澍的得力助手。

那时,《文萃》在福州路四川路口申达大厦办公,我上班和住宿在南京路江西路口《大公报》,我采访的范围是市政,最常去的地方是福州路江西路口上海市政府,三个地方成一三角形,来去甚便。我常去《文萃》,一般是在编辑部屋里聊天。在那里,我逐渐认识了《文萃》其他人员与非《文萃》人员。骆何民总伏案写文章,很少说话。米谷为《文萃》画画最多,总见他不停地画,我们说话至放肆处,他往往掷笔哈哈大笑。姚溱给我的第一个印象最怪最深。他穿着笔挺的中山装(当时一般人都穿西装,间有穿长衫的,很少人穿中山装),戴一顶礼帽,夹着一个公文包,俨然一副国民党市党部人员的样儿,后来方知他就是写军事评论大名鼎鼎的丁静、秦上校。黎澍、子涛,还有唐海,也常到《大公报》找我。想起来,不免是一桩笑话。我们有一位共同的朋友,从成都到了上海。大家对他的政治身份有误会(那年月每每以"貌"取人),背后戏称他为贾先生,意说他是假共产党,1949年后才知,他是真共产党。他要找黎澍,黎澍要我转口信,不告他住址。《大公报》采访部是一个大房间,室中十余人,谈话不便,黎陈等人来时,我们多数是出去喝咖啡,谈话。我们常去的地方是南京路汇中饭店和北四川路凯福饭店。大家都很穷,谁拿了稿费,就请客吃一顿。子涛名之曰:"洁樽候教。"嘴馋了,我们就想有人"洁樽候教"。后来子涛兼编《评论报》,我几乎每期都为《评论报》写文章,子涛笑说:"你该'洁樽候教'了。"

1947年3月,国民党疯狂捕人。今查我为《文萃》丛刊所写《失踪人物志》,文中所列被捕者姓名,即有:"音乐工作者庄枫,新知书店职员姚永祥和他的夫人乔秀娟,女青年会麦根路女工夜校教员张莲华,协丰米号账房、榆林路工友夜校教员孙妙法,电话公司职工吴宝琳,沪江大学女生杨莹,开利无线电行女职员吴秀珍、赵海珍,市轮渡公司女职员陆瑛。"名单所列,当然是其中的极少数。一天,黎澍和子涛找我,要我从被捕者中选几个人,写几篇报告文学式的文章。我以记者身份进行采访活动,当然有利,但我日常采访范围不在此,情况不熟悉,确有困难。子涛说,《文汇报》记者崔景泰采访工运学运,熟悉情况,可以帮助我。他并说,时间紧迫,几天之内就要交稿。黎澍则已拟定题目为《失踪人物志》。于是,我开始进行采访活动。

其时,《文萃》周刊已被查禁,16开大本子的《文萃》不能再出版,他们正酝酿改出32开小本子的《文萃》丛刊,每辑以一篇文章为刊名,类似一本书。当《文萃》周刊被查禁之初,我曾在《大公报》上写过一条短讯,内容是说,读者争觅难已买到的《文萃》,只能到报摊去寻。消息发表的当天,黎澍说:"我们见了这条消息,在揣测,要不是我们的人干的,就是有人捣乱。"子涛说:"这当然是老唐写的。"我当时写此,一为透露《文萃》被禁,二为表达《文萃》之受读者欢迎。事前没有和黎澍商量,冒失为之。少不更事,此一例耳。

接受任务之后,我和崔景泰商量,选择了庄枫、杨莹、姚永祥、乔秀娟夫妇共四人作为写作对象。崔景泰还帮助我了解被捕者的住址、家庭成员和亲友姓名,有的采访活动,他还陪同我去。时间紧迫,采访并不充分,有些该访问的人,未及访问。采访活动,一般须秘密进行。至今还记得的,杨莹一篇材料,主要访问了她妹妹得来。已经忘记了她妹妹的名字,只记得她在熊佛西主持的市立戏剧专科学校读书。我和佛老相熟,请他帮助,约定晚上在剧专操场上谈话。一片漆黑中,谈话进行了两个晚上。这个小姑娘天真无邪,似乎还不甚懂得她姐姐被捕之事的利害,谈话之间充满稚气。父母双亡,哥哥不和,两姐妹相依为命,姐姐入牢,妹妹前途何堪,这是不言而喻的。在庄枫家里,则为悲哀所笼罩。老父母、病卧床上的弟弟,还是中学生的外甥女,再有原准备即将结婚的,庄枫的爱人(当时称爱人,并非如现今之夫妇解),愁云堆集,悲声一片。而那间又小又黑的住着五口人的小房间,使我至今难忘。

　　文章写成,以《失踪人物志》为总题,共分三篇,即《年青的音乐工作者——庄枫》《苦难的小姐——杨莹》《患难夫妻——姚永祥和乔秀娟》,分篇连续刊载于《文萃》丛刊之一、二、三辑,即《论喝倒彩》《台湾真相》和《人权之歌》。三文都附有被捕者照片,姚永祥夫妇一篇,用的是他们的结婚照。文章署我的一个笔名龚子游。今天重阅这39年前的旧作,深感写得过于平实,缺乏起伏跌宕,只不过把能搜集到的材料,一一记出而已。所可一记的是,在文章中,我把中统局上海办事处这个特务机关的所在地亚尔培路(今陕西南路)二号,直接写了出来,把他们机关的电话号码七三九六一,和抓人的小汽车牌号"国沪一二一九二"和"国沪一二一九三",都写了出来,善良的人们或可对此魔窟有所警惕。三篇文章的题目,也平淡一般,缺乏性格。总题目《失踪人物志》则简练有力,语句完整,铿锵有声,吸引人,那是黎澍的创造。文章发表后,靳以主编的《大公报·文学》周刊有文赞扬,实际自知并非成功之作。然那时我们并不计较这些,只在揭露而已。

　　我还记得一件事——虽小而能说明斗争策略。原来我们准备以《失踪人物志》为《文萃》丛刊第一辑的刊名,封面也已设计好,曾见为鲜红的五个大字,即将付印。后来黎澍说,以此做封面刊题,太尖锐,容易被发觉,要改一个,便改以辑中夏康衣的文章《论喝倒彩》为题。我当时估计,他是和姚溱商量后,做此决定的。其时姚溱已受中共上海局文委的委托,参与《文萃》的领导工作。

黎澍后亦于4月初离沪去香港。黎澍迟早会走,我只是预感到。这时他已不住在峨眉路,也不住在闵行路《文萃》集体宿舍,他来找我的次数较前频繁,我从未问他迁往何处。他离开上海时,我参加一个记者访问团去了苏北,回沪方知他已走了。

子涛原已担负编辑部的主要工作,黎澍走后,他的担子更重。他勤勤恳恳,认真负责,精力过人,从不知倦。两腿又勤于跑,胁下夹着和他身材不相称的大皮包——那是黎澍留给他的,今存南京雨花台烈士陵园——东奔西跑,真有无穷的精力。我和他一般一两个星期见面一次,或者他来报社,或者我去北四川路北仁智里《文萃》新址,然后,我们去喝杯咖啡,或者吃一顿小馆。我们最后一次见面,在1947年7月中旬之初,那天我和他在福州路一家广东饭馆"一枝春"吃中饭,谈话也特别多。我即将结婚,他举杯祝贺,我也问及他恋爱之事。在成都,有一位我们共同的朋友很喜欢他,他认为此事已成过去。7月14日,我去杭州旅行结婚,从此竟成永诀,再也见不到子涛了。我们常开玩笑,说是亚尔培路二号有请。谶语成真,子涛真的被"请"去了,一去不复返!

我在杭州住了一星期不到,回沪之期,当在7月21日左右。19日《文萃》遭破坏,自19日至21日,韩月娟、陈子涛、骆何民、吴承德先后被捕。我回沪时茫然不知,直到23日晚,特务"光顾"我家之后,方略悉其事。我婚后住进了峨眉路108号假四层屋顶,那原是《文汇报》记者陈霞飞的住处,《文汇报》被封,她迅即去了解放区,把这间房子让给了我,因此得以身经其事。其间经过,略见于黎澍所写《记〈文萃〉周刊和〈文萃〉三烈士》(载其所著《早岁》,湖南人民出版社出版),再详言之。

23日晚,大约八九点钟时候,我在报社写稿,突然接到我妻陶慧华电话,要我快回家,问她什么事,她不肯说。我以为子涛有什么急事来访,急忙写完稿回去。刚进大门,见过道上站着几个陌生人,现在还依稀能忆的,有一个穿浅灰色派力斯长衫的油头粉面的矮个子,还有一个胖子。同住的《文汇报》主笔张若达及其妻复旦大学学生谭家昆在旁边。看样子,他们是准备带张氏夫妇走了。见我进门,那个矮个子(显然是主要人物)即迎了上来说:"我们是查户口的。你是谁?"我如实而言,并递去一张名片。这是记者的职业习惯,并非以为《大公报》可以保险,其时我也还来不及省悟到是特务抓人。说话之间,张若达急忙上来,指着矮个子手中的一本台历,说我知道那是陈霞飞的,非他之物。该人即问我是否如此?我说是如此,我可以证明。此言甫毕,该人即说:"那就到里面去证明吧。"随即不由分说,把我和张若达夫妇带出门外,上了停在马路转角的一辆小汽车。出门之际,我回头朝四楼望去,见慧华正探窗外望。我手中还拿着一封她朋友寄我转她的信和一本电影杂志。原来,特务在我屋里搜查无所得,出室,慧华以为他们已走,便打电话催我回家。

在车上,那个油头小光棍特务说了几个名字,问我认得不?记得提到的有唐海和《时代日报》的严玉华,突然又问及陈子涛。我一听,猛省坏事了,《文萃》出了问题。因为唐海和严玉华都是记者,出头露面,为特务所注意,殆属必然,而他们都早已离开上海。子涛不做记者,公开场合不露面,特务何以会问及。《文萃》出事,可说多少在意料之中。《文萃》初改为书籍形式出版,仍冠以《文萃》丛刊之名,还写上"第二年第××期,总第××期"字样,版权页还注明编辑出版者为《文萃》社。转入秘密之后,《文萃》虽在字面上屡有改变,如去掉《文萃》的名字,复又伪称系香港《文丛》出版社编辑出版，"国内通讯社"也被取消了，但是，凭着每期封面刊载米谷设计的扛笔的尖兵图案，凭着每辑的内容与编排形式，特务不难嗅出味道。今查敌档资料，市警察局早在丛刊第二辑《台湾真相》出版后，即已发觉，密报该出版物系"《文萃》变相出版"，敌档中以后复逐辑汇报追查，所谓人人书报社的组织，香港出版，均未能掩过敌人的耳目。《文萃》同人在白色大恐怖中被捕，恐所难免。但果真出了事，悲痛之中，仍夹着吃惊。

车子开往亚尔培路二号，日常经过该处，此时一望而知。特务把我们三人带进一室，即走开。时间过了许久，起初还和张若达夫妇闲谈几句，之后我索性翻看那本带来的电影杂志。获释之后，杂志和信都忘在那里了。

特务此来，是为抓早已离去的黎澍，抓去张若达，起因在一个台历。台历原为黎澍旧物。他走时留给了陈霞飞。我住进陈霞飞房间之前，张若达母亲曾短期住在里面，我住进后，还见此台历，后来张母来要了去。特务翻阅台历，发现一页有如下留言："老黎，来拜过年了。子涛，唐海。"因而追问"老黎"何在。搜查中，又在谭家昆手提包里发现一封信，写信人为已列入黑名单的复旦大学学生。因而，张、谭被捕。

特务在我房间里也搜查过，不知是由于粗心，还是秉性愚蠢，一件重要凭证，他们竟视而不见。就在那两天，我收到黎澍和孟秋江分别从香港寄来的信。秋江之信，无关紧要，只说到港以后在"自开小店工作"，信末署其化名。所谓"自开小店"，是指国新社。黎澍的信就不同了，要我"结结实实"写一篇关于时为国民党杀害的王孝和的文章寄去，并附王的照片。信末虽未署本名，而所用化名，已为特务机关所掌握（见后）。这两封信，我都随手放在壁炉架上，伸手即得。

约一小时左右后,那个胖特务来把我带进一间较大的办公室,要我坐在办公桌旁。桌前坐一人,大块头,正在听电话,室内还站着数人,那个油头粉面的家伙不在。我一望坐在桌前的人,即知为中统局上海办事处主任季源溥,此人是上海市参议员,我在采访市参议会大会时,几次看见过他。我听见季源溥在电话里说:"吴市长,王芸生他不能这么说,我们本来不是要抓他的人,我们要抓的是一个重要的共产党……这个人很重要……"他说话之间,我侧目往桌上觑去,只见一张纸条,写了几个名字,第一个是黎澍,以下几个,都是我所知道的黎澍的化名。而黎澍给我那封信上所署之名,赫然在内。我这才想起放在壁炉架上那封信,不知曾否为特务搜去。如果搜去,我当出不了这个魔窟。转念一想,大约未曾发现,否则那个油头小特务刚才不会不问我。思虑之间,我忽闻季源溥说:"好,吴市长,我就把他给你送去。"果然所想不差。

季源溥放下电话,装模作样地,劈头一句忽问我:"你来干什么?"这真是贼问物主。我说:"你们不抓我,我来干什么?"并指着站在门侧的那个胖子,说:"喏,就是他来抓的。"季源溥反应迅速,立刻变调说:"他是警察局的,与我们无干。误会,误会。"然后说,立刻送我到吴国桢家去。我站起来往外走,又一个特务似乎送我出门,却对我施以恫吓说:"你来过了,知道了这是什么地方,出去不要乱说,否则对你没有好处。"我不理睬,扬长而去。到院中,那个油头粉面的家伙再次出现,与我同上车,直往安福路吴国桢住宅(现为上海青年话剧团)而去。

说来巧甚,那天晚上,吴国桢由南京返上海,我和《商报》记者夏治洤、《新闻报》记者严泂原已相约同往吴国桢住宅采访。夏治洤晚间打电话到我家催我,慧华正茫无所措,告诉夏治洤适才发生的事。夏治洤急打电话告诉《大公报》采访主任李宗瀛,李宗瀛报告总编辑王芸生。

王芸生乃打电话给吴国桢,要他立即交涉放人。吴国桢起初推说他刚回上海,明天再办。王芸生坚决告以:今晚不放人,明天就登报。国民党于此时抓《大公报》的人尚有所顾忌,王芸生这句话起了作用,逼得吴国桢干预,中统局放人,我乃有此仅只一夜之险历。

车到吴国桢家门,巧之至,夏治淦和严润方到,正在揿门铃。我们和那个油头光棍同入,相坐于客室。我还以为夏、严什么都不知道。移时,吴国桢下楼,一见我,说了一声:"咦,是你!"然后,我们三个记者对吴国桢南京之行进行采访,油头特务入另室相候。

吴国桢发出"咦,是你"的惊讶,这里另有一段文章。劝工大楼惨案发生后,吴国桢举行记者招待会,颠倒黑白,说被打的人是凶手,大骂马寅初、郭沫若是肇事者。我写了一篇颇长的报道,对吴国桢的表演着实揭露和奚落了一番,《大公报》在本市版头条位置刊出。吴国桢大怒,令市政府新闻处处长朱虚白逼迫《大公报》,不准我采访市政新闻。《大公报》屈从了,把我调去采访教育与外事,过了一段时期,人员不济,才又调回我采访市政。我和吴国桢见面次数甚多,吴国桢只识我面而不知我名,或者是名字和面孔对不上号,所以有此一"咦",也许他是想:怎么我竟把你给救了出来!

采访活动匆匆结束。吴国桢指着我,对夏、严两位说:"我们还有点事。"这样打发走了夏、严。油头特务入室,吴国桢对他连声道辛苦。特务说:"吴市长,我把他交给你了。"吴国桢客气地答说:"请你送他回大公报馆。"转而对我说:"这是误会。"又要我不要在外面谈这件事。吴国桢毕竟比特务高明,没有威吓的语句。临行,吴国桢谦恭地对特务说:"请多多问候源溥兄。"一场戏结束,油头特务原车送我回民国路(今人民路)报社编辑部。

在编辑部,我还得先执行记者任务,写完吴国桢返沪谈话新闻,然后向王芸生谈经过。芸生先生未多言,只说吴国桢起初推托,他强调明天登报,吴国桢才改了口。

回到家里,已近翌日凌晨,看壁炉架上,果然黎澍和秋江的信都在,再略行翻理陈霞飞两个抽屉里留下的东西,发现有一册页,上书民主同盟某一宣言,有张澜及著名民主人士多人签名。连同两信,均投之于火。

这一天,还未起床,《文萃》的汪震宇忽来。我告以昨晚经过,要他快躲起来。又一日,晤陈白尘。白尘说,汪震宇先是上他家,未明所以然,方来我家。我告白尘一夜经历,白尘说我福大。其实还有比我福大的。《文萃》被破获之后,特务守候在北仁智里,去人即抓。现在澳大利亚的骆惠敏,初与我同在杭州游览,回沪后他去北仁智里看子涛,方进门,看情形有异,他连声说,走错了,转身便跑,得以免祸。

国民党怕捕我的事暴露,终究还是传扬开去。市政府新闻处朱虚白,一天忽不无神秘地告诉我,某小报刊载了我被捕的消息。觅来一看,只简单两句话,不知其是揭露国民党,还只是做有闻之录。又一天,《华美晚报》记者邹凡扬见访,谓被捕事已有多人知道,外间传说,我在亚尔培路二号看见了被关在里面的《文汇报》《联合晚报》同行,甚至说我听见《文汇报》记者麦少楣唱歌之声。邹凡扬问我究竟,我说,黑夜之间,只在办公室来去,能看见什么?

采访市政新闻的几位同行,贺我结婚,邀宴于金门饭店(今华侨饭店)。有一个挂着什么通讯记者名义的特务杨久青,硬挤了进来。此人尾随我有年,有人已向我警告应加注意。席间,他不时问我被捕之事,并提出某小报何以得知其事。我说,请你去向那张报纸采访。他终于未得要领。

此后，朋友们多方打听《文萃》被捕诸人消息，所得不多，营救无从，所能做的，只是凑一点钱，转送进去。我所知者，由陈白尘交与陈原，陈原再交出。时日流逝，所能知的消息，是子涛、何民、承德在狱中备受酷刑，他们不畏强暴，表现坚强，子涛在狱中还苦学英文。

是年10月，得知我被列入黑名单，被告知速走，乃离沪赴香港《大公报》。我把姚溱被捕的消息带至香港后，黎澍第二天复来通知，不要再对人说。我估计是营救有望。

在香港，关于《文萃》被捕三人的消息，传来内容各异。初说是可能出狱，需要款项，朋友们凑集了一笔钱送出。至1949年3月始得知，陈子涛、骆何民已于1948年12月27日被杀害于南京雨花台。3月27日香港文化新闻界多人联名发表宣言，抗议国民党政府暴行。宣言刊于《华商》《大公》《文汇》三报。

上海解放之后，我和唐海、钦本立去看姚溱，大家商议追悼《文萃》死难烈士，随即进行筹备。1949年7月23日，上海五报全部出版追悼特刊。当时不明吴承德下落，以为尚未殉难，是以特刊只提陈、骆。后来证实吴承德被押解于宁波后遇害，到12月27日，上海文化界隆重举行三烈士殉难周年纪念大会。翌年12月27日，三烈士衣冠冢落成于虹桥公墓，举行了隆重庄严的公葬仪式，墓碑为陈虞孙所撰并书。惜移墓龙华后，碑不复存。

1951年4月29日，上海举行公审反革命大会。其时我在《大公报》做夜班，28日深夜，王芸生被邀去开会，回社后告知，姚溱要我在第二天的大会上代表《文萃》做控诉发言。杀害子涛、何民的凶手仁宗炳已落网，将在大会上公审枪决。编完报纸，我几乎没有睡觉，即于清晨赶至上海大厦,晤姚溱。他说,仁宗炳也是杀害卢志英(涛)的凶手,两案并举,在发言中写进卢志英的事,并介绍卢志英之子女相见。卢子名大容,是陶慧华的学生,也认识我。他与父亲同坐牢,后来写了盛行一时的《和爸爸一起坐牢的日子》一书。其姐即周谷城夫人。我匆匆听他们和有关办案人员讲了些情况,急急起草发言稿,于下午在大会上进行了控诉。此时,我才感到为子涛、何民、承德与所有烈士们出了一口气。

自此,20 余年之后,十年动乱的后期,1973 年,我赴南京雨花台,谒子涛、何民墓。墓被铲而复造,两墓之中间为卢志英墓,已光秃无存。我向管理处求购花圈而不可得,谓无此物,乃与小儿结树枝为环,插以野花,行礼如仪。越九年,1982 年偕陈霞飞再赴雨花台,卢墓已被修复,我们在三墓前再致敬礼。一瓣心香,敬献亡灵。

青年时代的唐振常

又越三年,1985 年,《文萃》创刊 40 周年之际,中共上海市党史资料征集委员会成立《文萃》党史征集小组,以《我与〈文萃〉》为题,命为回忆文章。为存史料,为纪念这个战斗的革命刊物,尤为不忘死难的三烈士,自不能辞。拖延至今,愧未报命,现就身所经历,缕述如上。逝者如斯,生者老矣,回首前尘,怆然系之。

(原载《上海党史资料通讯》1986 年第 11 期,1986 年 11 月 25 日。有删节)

编　后　记

上海社会科学院历史研究所自1956年建所以来，迄今已经64年了，曾有数百人在其中就职，亦不乏在中华人民共和国成立之前就投身革命的老同志。现辑出他们的回忆文章27篇，串珠成册，以应明年的建党百年及所庆65周年。

鉴于本书所有作者均已离世，谨借此向他们的在天之灵致敬，并向这些前辈的后人们表示感谢！

编纂工作中的不当之处，敬请各方指正。

马　军

2020年10月9日

史园三忆

下卷·古杏与赭砖
徐家汇历史研究所的那栋楼、那些事和那些人

马军／编

上海社会科学院出版社

本书谨献给上海社会科学院历史研究所建所65周年!

位于漕溪北路 40 号的历史研究所旧址(1957—1991)

目　录

我的父亲李亚农 ……………… 李小骝口述，樊波成采访整理（ 1 ）
徐家汇藏书楼怀旧………………………………… 方诗铭（ 18 ）
我对上海社会科学院历史研究所的点滴回忆……… 唐培吉（ 23 ）
转业地方…………………………………………… 徐鼎新（ 28 ）
在上海社会科学院历史研究所的日子……………… 华士珍（ 50 ）
历史研究和史料整理
　　——"文化大革命"前历史所的四部史料书 ……… 汤志钧（ 78 ）
是领导，也是兄长
　　——记与奚原同志的交往 ……………………… 洪廷彦（ 92 ）
马爷爷的转椅 ……………………………………… 孔大钊（ 95 ）
记忆中的那栋楼 …………………………………… 汤仁泽（ 98 ）
我和任建树 ………………………………………… 郑庆声（107）
人生的路、探索的路 ……………………………… 刘修明（112）
从"五七"干校到中国轴承厂 ……………………… 徐鼎新（117）
忆漕溪北路40号的史学家们 ……………………… 翁长松（124）
记培养中青年的热心人章克生 …………………… 王　鲁（135）

今生难忘 ………………………………………… 罗苏文(140)
不惑之寿 ………………………………………… 唐振常(144)
历史所的那栋楼 ………………………………… 卢汉超(147)
回忆在漕溪北路40号住宿、学习与工作的时光(1983—1991)
　　……………………………………………… 施扣柱(155)
历史所怀旧 ……………………………………… 王少普(166)
沈以行与工运史研究 …………………………… 郑庆声(169)
方诗铭与简牍研究 ……………………………… 罗义俊(172)
唐振常与上海史研究 …………………………… 海　客(175)
英年早逝的明史专家王守稼 …………………… 施宣圆(178)
忆念唐振常 ……………………………………… 汤志钧(181)
回忆张敏两则 ………………………… 程念祺、沈志明(184)
忆我的父亲陈正书先生 ………………………… 陈　明(191)
纪念任建树老师 ………………………………… 罗苏文(195)
刘修明：才华横溢的史学家 …………………… 翁长松(204)
历史研究所前的古杏 …………………………… 章念驰(219)
"文化大革命"后的编译组人员 …… 吴竟成口述，马军整理(221)
新松恨不高千尺 ………………………………… 俞新天(223)
《史研双峰》序 …………………………………… 陈祖恩(228)
1989—1991：关于恩师李华兴教授的记忆拼图 … 王泠一(236)
土山湾在悲泣 …………………………………… 郑庆声(252)

附录

    全体工作人员花名册(1963年4月) ……………………(254)

    上海社会科学院历史研究所简介(1988年) ……………(258)

    《史苑往事》所收回忆文章目录 …………………………(268)

    《过去的学者》所收"本所前贤编"目录 …………………(270)

编后记 …………………………………………………………(273)

我的父亲李亚农

李小骝口述,樊波成采访整理

[整理者按] 由于时间关系,而且又经历了"文化大革命",相关资料的寻绎已经非常困难。故而我们采访了李亚农先生的三子、中国科学院上海植物生理生态研究所李小骝副所长,他讲述了过去很多不为我们所知的故事,不仅对于还原史实颇有裨益,很多问题也值得我们深思。现将采访材料整理发表,注释为整理者所加。

一 李亚农和新四军

李亚农是我父亲,他在家里的兄弟中(不含四位姐妹)排行第四,父亲、二伯父①、三伯父②都是在日本留学的,只有大伯父没有出国。听长

---

① 李祚膏(1896—?),江津人,曾入日本东京高等工业学校机械系学习,后在成都四川省立工学院、四川省立工业实验所、成都蜀康机械厂、川南工业专科学校等多所高校及企业任职,1935年8月任重庆大学工学院教授。——樊波成注

② 李初梨(1900—1994),江津人,原名李祚利,曾用名李初黎。1925年入京都帝国大学文学部学习,后与田汉、成仿吾等来往,接触了马列主义,从事革命工作。1927年加入左翼文学组织"创造社",为该社后期的重要成员。1928年加入中国共产党,同年被选举为中国著作家协会执行委员。1929年开始,历任中共上海闸北区委宣传部(转下页)

辈们说,大伯父从小聪慧,学堂考试通常难不倒他,但因学习无长性,屡屡中途辍学,后来干脆当了云游和尚,在地方行医治病。父亲10岁就去日本留学,过去一些传记说他是由三伯父李初梨带到日本去的,这一点后经伯父本人回忆,带父亲去日本的应该是同乡漆树芬①烈士,漆先生当时正好要东渡日本,所以就把父亲带到了那里。

父亲考入的高中是日本的一所官费名校②,这类学校颇热衷于向学生灌输"精英"意识。那里的学生往往也目空一切、自视甚高,平日穿着类似于士官服的校服,在公共场所大街上随地吐痰、喧哗,甚至随处小便,民众对他们十分宽容,总以为他们将来都是社会的栋梁。父亲或多或少也受了这些影响,给后来的工作交往、待人接物方面留下了一些个性的印记。

1927年,父亲在京都帝国大学入党,后来因为参加革命活动而坐牢,在牢里度过了三年,风湿性心脏病就是在那时候患上的。后来他之所以能被放出来,也是因为保外就医。出狱的时候,便衣还是一路尾随,不过那个便衣还是比较客气,见了面甚至还互相点点头、打打招呼。不久,父亲在朋友的帮助下,甩掉了便衣警察那个尾巴,回到国内。

回国以后,父亲热衷于甲骨文、金文的研究,乐不知返。他虽未恢

(接上页)部长、江苏省委宣传部秘书长、中共巡视团沪东巡视组组长。抗日战争爆发,又任新华社社长、中共中央南方工作委员会秘书、军委总政治部敌工部长等职。1946年起,历任军事调停处执行部双城小组和沈阳小组组长等职。新中国成立后,历任华侨事务委员会办公厅主任,中联部副部长、党委书记。——樊波成注

① 漆树芬(南熏,1892—1927),江津人,革命烈士。早年入同盟会,1915年留学日本,师从河上肇,学习马克思主义经济学。回国后,任国民党(左派)重庆市党部执委,兼国民革命军第20军向时俊师政治部主任,"三三一"惨案中惨遭杀害。——樊波成注

② 即京都第三高等学校,系京都帝国大学之预科。——樊波成注

复组织关系,但也力所能及地为党做了一些的有益工作。①到了抗战时期,书斋再也坐不安稳了,他经上海地下党安排,投笔从戎参加了新四军,沿途中受到了叶飞副师长的热情接待与其部属的一路护送。

父亲一到军部,因其过去党内的经历及专长,就被中央军委委以重任②,担任敌工部副部长,主要从事日俘的教育和团结工作。在我的童年记忆里就有好些日本战俘夫妇回国前相约来我家辞行,有些甚至在中国加入了共产党。重要的节日他们和父亲还总不忘互通贺卡书信致以问候。

听母亲讲,抗日战争结束时,日军只愿向美军和国民党军队投降,而不愿意向浴血抗战八年的新四军投降。当时新四军军部就在日军投降大部队集结地的附近,我们的军队数量不多、势单力薄,但又必须坚决执行总部命令,让日军就地放下武器,缴械投降。形势一触即发,紧张得让人透不过气。总部派出的军事代表在谈判桌上义正词严、针锋相对、寸土不让;痛疽在身的父亲作为敌工部副部长,又是日本通,一方面与之闲聊日本的乡土风情以联络感情,另一方面又分析国际国内政治军事形势,晓以利害。文武之道、上下其手,终于迫使日军向我方无条件投降。为此,饶漱石政委还专程去医院看望正在住院的父亲以示慰问。

内战爆发后,华中建设大学的教授们由父亲带队撤退到大连,在后方休整待命。到了准备反攻的时候,部队后勤迫切需要周边的很多军工厂,特别是日本中央试验所③的帮助。父亲当时负责接收这些军工

---

① 陈同生:《挽亚农,史事千秋在,翰墨一代香》,《解放日报》1962年9月6日。——樊波成注

② 蒋洪斌:《陈毅传》,上海人民出版社1922年版,第508页。——樊波成注

③ 满铁中央试验所(1907—1945年),日本在华侵略时期建立的具有代表性的殖民科研机构,抗战胜利后由苏军接管。在中苏交接试验所之前,该所部分设备被苏联人拆运回国,并改名为"科学研究所"。1949年3月,改为大连大学科学研究所,即后来之中科院大连物理化学研究所。当时所长为丸泽常哉。——樊波成注

厂，但是日本技术专家起初非常不合作，尤其以萩原定司①最为顽固。父亲就不断和他交流、做工作，终于感化了萩原。②萩原定司不仅完全转变了对我们的态度，还公布了他以前一直藏着的冶金技术。③粟裕将军说"华东地区的解放，离不开山东的小推车和大连的大炮弹"，而这20万发炮弹技术上的关键就是萩原定司提供的帮助。④萩原后来担任日本国际贸易促进协会副会长，在中日还没有建交的时候，是我们和日本民间商贸沟通的桥梁。他每次来中国，见到周总理常提起父亲，日程安排允许的话，也会来我们家，所以萩原我见过多次。

我们打小就知道，父亲最为佩服和敬重的领导就是陈老总，他对父

---

① 萩原定司，1905年生，1932年东京帝国大学理学部物理化学科毕业，1939年由导师柴田雄次教授向丸泽常哉博士推荐，入满铁中央试验所从事研究工作。战败后，随丸泽常哉留在大连。1954年回国，1955年入日本国际贸易促进协会，1962年任日本国际贸易促进协会事务局局长，1974年任理事长，1978年任副会长兼理事长。对中日友好事业贡献巨大。时任残留中央实验室资料室主任。参见杉山望：《满铁中央试验所：大陆に梦を赌けた男たち》，战略经营研究所电子文件（原书系东京讲谈社1990年版），第六章，第7—8页。——樊波成注

② 不仅是萩原定司，当时许多残留的研究人员都视李亚农为恩人，并且希望将来把研究所转交给中国时，由李亚农担任所长。驻留中央试验所所长丸泽常哉对于李亚农的突然离开非常伤感。参见丸泽常哉：《新中国生活十年的思い出》，非卖品，昭和36年，第72页；及杉山望：《满铁中央试验所：大陆に梦を赌けた男たち》，第六章，第3—4页。——樊波成注

③ 萩原定司最为不配合，和厂方闹对立，煽动怠工，而厂方不会沟通关系，使得情况越来越糟。李亚农与之沟通，并访问其夫人，做了各种解释工作，萩原终于被感动了。他说："我有一个别人不会的技术，就是关于硬质合金的制造方法，本来我看厂方对我很不好，不愿公开，这次李先生的诚恳态度使我感激，我愿意把此技术贡献给你们。"然后他把一个没有公开的关于硬质合金的制作方式，告知了中共的技术人员。根据这项技术，建新公司成功炼出了合金钢，萩原也被授予特等功臣。杜永生：《关于建新工业公司对日籍技术人员工作的情况》，《辽宁军工史料选编第一辑（解放战争时期）》，1987年2月，第71—72页。——樊波成注

④ 参见《吴运铎：为淮海战役制造20万发炮弹》，《瞭望东方周刊》2009年第39期。——樊波成注

亲是有知遇之恩的。有一件事情值得一提,在黄花塘事件中,饶漱石鼓动一批不明真相的军部高级干部联名致电中央,排挤和打压陈毅,为此还专门找父亲个别谈话,父亲只是装糊涂,硬是没有在电文上签名,当然这件事情也得罪了饶漱石。但可能也正因为如此,父亲和陈毅部属间的情谊经受了时间和考验,一直延续到父亲生命的终结。

解放战争时期,陈毅通电华野各部,凡挖战壕挖到的或者收缴上来的文物统一交由父亲集中保管,后来这批文物成为上海博物馆建馆的首批藏品。到了上海,父亲一方面忙于接管中央研究院在华东的研究单位,同时还主持和负责市文管会的组建工作。文管会拿的钱非常多,占了文化局拨款的一半。而建国初期,百废待兴,不少工农干部当时很不理解,批评和指责声四起,说父亲是个老古董,花费几万元甚至十几万去买这些破铜烂铁、坛坛罐罐,简直是糟蹋国家的钱,弄得博物馆上上下下惶惶然,亏得当时有陈老总做后盾,出面解围帮父亲顶住了压力。当时博物馆只要收进了什么新宝贝,父亲总不忘通知陈老总过来欣赏,他也总是兴趣盎然,有请必到。现在这些文物,不少已成为上海博物馆的镇馆之宝、蜚声中外的国之重器。

二　李亚农在科学院

上海解放前夕,父亲担任华东研究院院长,上海一解放,陈毅司令员和粟裕副司令员就委派他为接管中央研究院的军代表——民国期间,重要的科学院研究单位北方是北平研究院,南方是中央研究院——父亲接管了华东六省中央研究院十余个研究所以及紫金山天文台等科研机构。稍后华东六省科学院系统的研究单位统由华东办事处管辖,于是父亲担任了中国科学院华东办事处主任兼党委书记。①

父亲在主持华东地区科研期间,很多管理理念和方法实际上都是取自世界通行的常规,借鉴发达国家的成功经验,就好比有专家评论杰出的教育家蔡元培先生革新北大,开"学术"与"自由"之风,并非完全为个人创见,更多的是一份现代教育理念的坚持和对规律的尊重。父亲10岁就出国,长期在日本留学,亲眼看到日本的大学、科研机构是怎么办的;回国后又在一些大学和研究所当教授,所以对国外以及民国时期大学、研究所的情况相当熟悉,不仅是耳濡目染,更有亲身体验。

听一位"老分院"的阿姨说,军管之初,科研机关的大门按规定设了解放军岗哨,但不到一个星期就让父亲给撤了,换上了普通门卫,说这里是学术机构不是政府"衙门",要注意科研人员的感受。大院的前身是日本人的自然科学研究所②,建于20世纪20年代末,当初他们在院子里面种植了很多樱花,春令时节樱花如雪,非常漂亮,成了院子的一大景观。陈老总当时住在汾阳路的一栋法式花园洋房里,与岳阳路大院相邻,所以忙中抽闲常过来观赏。为保持原有的建筑绿化格局(即便以今天的眼光看也不输于任何国家的名校或科研机构),父亲明令,未经他的许可不得随意变动。要盖科研大楼,可向市里打报告征地,科学家搞科研,需要的是相对精良的实验装备,藏书丰富的文献图书馆,还

---

① 中国科学院华东地区各科研院所的总领机构名称变换频繁:1949年11月设中国科学院华东办事处,李亚农任主任;1950年3月,中国科学院华东办事处成立,李亚农任主任委员;1951年2月,华东办事处改为上海、南京两个区域办事处,李亚农作为中国科学院党组成员、院办公厅副主任领导沪、宁两个办事处;1954年3月,上海、南京两个办事处合并为华东办事处,李亚农担任主任;1958年在上海办事处的基础上,成立中科院华东分院。——樊波成注

② 中国科学院上海分院(或华东办事处)原址为日本政府用庚子赔款所建之上海自然科学研究所(1931年设立),建筑外形仿造旧东京帝国大学。——樊波成注

有就是有氧怡人的绿化环境。为了说服工农干部，他总是强调，这并非是他个人的见解，而是列宁的主张，给科学家生活以照顾，尽可能提供优厚的待遇是执政党最为明智和最经济的办法。

父亲作为一个懂行的党的知识分子干部，本身又是一位学者、文化人，对于科学家，在政治上爱护他们、在学术上尊重和理解他们是很自然的事，当然也就受到了科学家们的理解和信任。记忆当中冯德培先生和他夫人来我们家的次数是比较多的。他原来是中央研究院院士、1955年当选中国科学院学部委员（即当今院士），他也是华东分院的副院长，"文化大革命"以后还担任中科院的副院长。冯德培是位学术大家，有风骨、很敢讲，是当时科学家中的领袖人物，科研人员不少重要的意见和想法都是由他向政府高层反映的，有些还通过了父亲。陈老总法国留学时的同学朱洗先生也是很受父亲器重和保护的，他是实验生物研究所的所长，基础和应用研究样样在行，父亲在任上曾破例同意为他在岳阳路320号大院建一栋实验楼"蚕室"。朱洗先生的一项重大科研成果，就和我们现在常讲的"克隆"有关（早在20世纪60年代初，他的人工单性生殖研究成果就已经发表，还拍成了科教电影《没有外祖父的癞蛤蟆》，得了百花奖。）[1]不仅是朱洗，我们植生所的罗宗洛先生和他关系也不错，还有沈善炯院士提到父亲时的真情流露，常使我们后辈感动。父亲很敬重那些科学家中的将帅之才，来访商谈公务不忘出门迎

---

[1] 实验生物所罗登先生回忆：朱洗的"人工单性生殖""卵球成熟与受精"等研究一开始不但有人指责他"研究癞蛤蟆有什么用"，还有人讥讽他是"癞蛤蟆专家"。他一生气，就把蟾蜍、青蛙等所有的试验材料都倒掉了。后来，在上海市市长陈毅同志和中科院上海办事处主任李亚农同志的亲自关注和支持下，他的相关工作才慢慢恢复了起来。熊卫民：《五六十年代科研管理干部与科学家——罗登先生访谈录》，《中国科技史杂志》2005年第3期。——樊波成注

送。但听科学院的老人说,为了工作,他有时也会批评他们,即便是自尊心和个性都很强的冯德培院士。又比如罗宗洛先生曾就对父亲说,过去国民党政府重视留英美的科学家,使得他们留日派很受压抑,现在新政府成立,希望同样是留日出身的他能给留日派支持。①而父亲则表示共产党会一碗水端平,对大家一视同仁。尽管他也有和科学家们意见不一致的时候,但在政治上是非常爱护和力挺他们的。父亲说不能要求他们人人都是共产党,只要爱国就行了,政治运动千万不要去冲击他们。所以虽然他当时拒绝了罗宗洛先生,但是罗先生在回忆录里面对他的印象还是蛮正面的。罗宗洛先生是中国现代植物科学的奠基人,为人正直,极有风骨,是为数不多的几个敢于在"大跃进"时代,犯上直言、刊文质疑"亩产万斤"说法的植物学家。他也将为此留名青史,受学界景仰,被后人所缅怀。

　　父亲管理科研单位的思路和当时盛行的极左环境显得格格不入。由于他的个性和曾有过的部队经历,说话率直大胆、不吐不快,在政治运动中常说"整天敲锣打鼓,科学院迟早要完蛋的""好的研究机构不在人多,研究人员要精干,要有真才实学"之类明显有违"群众观点"的话,小辫子一抓一大把。在"思想改造"中,一位姓柳的专家受不了群众运动的冲击,跳楼自杀了,他是柳大纲②的兄弟,我与他女儿柳惠是小学同

---

① 沈善炯院士也说:"我在中央研究院等机构待过,那儿的确有宗派主义。凡是属于不同学校出身的,甚至不同老师教导的都成一派,以致那留洋回国的也成什么留日派、留美派等,彼此互相排斥。科学工作者之间不是在工作上的竞争和合作,而是互相妒忌。我认为,那些旧社会所遗留下来的不良风气确实应该清洗掉,为了中国科学事业,每个人都应该洗洗脑筋。"熊卫民:《科学离不开民主,民主离不开科学——听沈善炯谈民主与科学》,《民主与科学》2010年第1期。——樊波成注

② 柳大纲(1904—1991),仪征人,著名化学家,美国罗斯特大学研究院博士,中央研究院研究员,中国科学院化学所所长、名誉所长、首届学部委员。——樊波成注

学。柳大纲院士三兄弟都是科学家,除了柳大纲后来去了北京,其余两位都留在上海——事发后,父亲很震惊。后来薄一波,作为中央工作组的组长到上海检查指导工作,父亲立刻向上汇报反映。鉴于当时的群众运动冲击科研机构,声势很大,单位组织根本无法阻拦,因此他希望中央能给一些政策、画一条线,给科学家以保护,不能让运动冲击有成就的科学家、影响科学研究。得到认可后,他就在党委内部会议上提出:凡是要批判高研(副研究员)以上的,都需要经过他的同意。于是他就是很"霸道"地推行这样一个土政策,顶着压力,想着法给运动降温。尽管当时持反对意见的干部不在少数,但是他和后任王仲良伯伯等一些开明干部始终有高度的共识和默契,并且也都是敢于担当的人。

当然,仅仅靠父亲这一级干部,要扛住这样的政治压力几乎是不可能的。对科研单位、高校知识分子的保护更为重要的只能来自党内高层中央政治局。20 世纪 50 年代,分管科研文卫的领导,先是陈老总,后来是聂老总,他们早年都曾在国外留学,这种留洋经历,带给他们的不仅仅是宽阔的视野和对现代文明及科学技术的深刻理解,还有对科学家、文化人开明友好的态度和发自内心的尊重。陈老总在分管科学院时,对父亲依然是一如既往地给予充分信任,重视父亲的意见。饶漱石主政时科学院华东办事处的地位不高,隶属市府机关。"高饶反党集团"事件发生后,陈老总主持华东局工作,随即让华东办事处党委直接隶属于华东局①,从此机关外出打交道办事方便多了。但是对于陈毅,父亲也有固执己见的时候,比如华东局在上报中科院副院长人选方案时,陈毅举荐陶某某担任中科院副院长,书生气十足的他并不赞同(李

---

① 1953 年 8 月,中共中央华东局决定建立中国科学院华东办事处党委,组织关系由市府机关转到华东局,李亚农为书记。(来源:《中科院上海分院大事记》)——樊波成注

亚农推荐名单为李四光和竺可桢①）。但是总的来说，陈老总是很支持他的。后来父亲身体不好，办事处想要干部，由于当时地方普遍缺少干部，军队干部也不愿意去知识分子扎堆的地方，所以华东办事处一直要不到，也是陈老总帮忙开绿灯，于是父亲要来了王仲良等一批部队下来的老干部。

知识分子政策能否得以正确执行，中国科学院是承上启下的重要环节。拿建院60年以来最具人望的老领导张劲夫副院长（时任科学院党组书记）来说，他和父亲是同为陈老总部下。1956年年初，中央调他到科学院工作，张劲夫请示政治局分管领导陈老总怎么做今后的工作，陈老总说："各个学科的学术领导人，是科学元帅，绝不要从行政隶属关系来看待，要从学术成就来看待。尊重科学，首先要做到尊重学者。中国的科学家是我们的宝贵财富，一定要发挥科学家的作用。"老院长在回忆文章中提到，父亲凡听到陈老总类似的坦言宏论，总是兴奋不已，回去就传达，得到不少著名老科学家的赞佩（由于后来工作的关系，本人亲身感受了为共和国科学事业立下不朽功勋的几代科学家他们发自内心的对老院长的景仰，这种感念之情也深深地教育和激励了我）。老院长张劲夫可谓深得陈老总思想之精髓，为了保护各学科领域有成就的领军学者免受运动冲击，甚至直接跑到毛主席那儿，"公然讨要"庇护政策，连主席都说他"胆子不小"。后来他搞了一个"科技十四条"，被小平同志赞誉为"科学宪法"，相当完整准确地体现了党的知识分子政策，对国家当今的科技创新仍具有着重要的指导和现实意义。

---

① 樊鸿业、王德禄、尉红宁：《黄宗甄访谈录》，《中国科技史料》2000年第4期。——樊波成注

还有比较幸运的就是,除了上面提到的陈毅、聂荣臻二位老总和张劲夫老院长,往下一直到基层华东分院(办事处)及所属各研究所,应该说是一根"红线"上下贯穿。陈毅、聂荣臻的开明和远见卓识固然很重要,但在"极左"的大环境里,哪一个层面或环节掉链子都会出问题。①当年的华东分院(办事处)内部,和其他系统一样也有不少受"极左"思潮影响的干部,且能量不小。但居于主导地位的领导如父亲、王仲良、边伯民、刘梦溪以及巴延年、罗登、王芷涯、万中汉等(分)院、所级干部都十分开明,有一份历史的担当,不惜牺牲个人的仕途来换取科学事业的进步。在那样的年代里,运动一个接着一个,我们的高研(副研究员以上)没有一个被打成右派,这在全国其他地方简直是难以想象的。相对宽松的政治环境,全心全意服务科学家、服务科研一线的氛围,使华东分院成为国家科学重镇,并且科研成果居于全国前列,这绝非偶然。②当时岳阳路大院产出的重要科研成果可能也是全国范围内最多的,如获国家自然科学一等奖、至今与"两弹一星"并提的人工合成胰岛素,以及人工合成核糖核酸、人工单性生殖等等。而其实国家当年的投入相当有限,生物口研究所每年的科研经费大约在两三百万上下(折合今日三千来万),与当今年度科研经费动辄上亿相比,不得不令人深思感慨。

---

① 罗登先生也持此观点。参见熊卫民:《五六十年代的科研管理干部与科学家——罗登先生访谈录》,《中国科技史杂志》2005年第3期。——樊波成注

② 沈善炯回忆道:"在张劲夫、王仲良等人的保护下,科学院划的右派相对较少。在我的印象里,上海地区自然科学方面的研究所似乎没有高研人员被打成右派……柯庆施保护科学家? 没那回事! 黄鸣龙等人都是王仲良在柯庆施面前据理力争保下的,这件事我知道。柯庆施当时就批评王仲良'右倾',后来基于这个原因把他调离了科学院……我比较幸运,碰到几个领导,李亚农啊,王仲良啊,都对我非常好,所以我对他们没什么意见可提。"熊卫民:《科学离不开民主,民主离不开科学——听沈善炯谈民主与科学》,《民主与科学》2010年第1期。——樊波成注

还应该提及的是王仲良伯伯。他部队转业前是华东野战军的卫生部政委,具有丰富的政治思想工作经验,而且资历老、骨头硬,作风正派,无私无畏,对党的科学事业忠贞不渝。虽然只有高小文化,但勤奋好学,作为一个外行,他花了不少心思与科学家打成一片,比如打桥牌、下围棋、组织郊游等,关系之融洽,在科技界传为美谈。听王仲良的儿子讲起,他父亲生前曾说,如何办研究所、怎么搞科研,他受了不少我父亲的影响。他们之间彼此信任、无话不谈,记忆中有时甚至一谈就是通宵,周末晚上来,第二天清晨让单位派车把他接回去。不过王伯伯毕竟是政治工作出身,更善于,也更注重将科研任务与政治思想结合。父亲有些观点他也并不完全同意,可能在他的眼里,父亲还是过于"右"了些。作为一个"外行",王伯伯领导起内行来毫不逊色。有些科研方面的事他确实不懂,但正如殷宏章院士的女婿、原植生所副所长王天铎常说的,他知道向谁去请教,与谁讨论,听取谁的意见。当时科技界曾一度大张旗鼓地批判"白专"道路,批判成名成家的资产阶级腐朽思想。主持华东分院党委工作的王伯伯,顺势掀起了培养和造就大批"又红又专"的科技工作者的运动热潮,其中的政治智慧,可圈可点。在一次市委常委会上,讨论和研究科学院运动中出现的事关政策性的问题,王仲良在会上力陈科学家是爱国的,是国家不可多得的人才和宝贝,建议市委要保护朱洗等一批卓有成就的科学家。柯庆施警告王仲良:"你的意见从策略上是可以的,但是你的思想是右倾的!"不久就把他调离了。当时科学家们听说这位与他们朝夕相处的老朋友、运动中为他们遮风挡雨的老领导要调离,还激起了不小的震动和波澜。冯德培先生为此还只身前往市委反映,言众人之不敢言,代表大家极力挽留王仲良,这段感人的情景在沈善炯院士回忆录里面也提及了。一位"老分院"告诉我们，父亲去世那几天，他们听到王院长在自己的办公室痛哭失声，或许是为自己少了一位挚友和知音吧。

三　与"时代"不合拍的李亚农

由于父亲管理华东地区科研机构的思路和理念都是按照国际通例的，在当时免不了被说成是"右倾"的和资产阶级的。其实不仅是在管理科研机构方面，在其他问题上，父亲也从不人云亦云，他当时对斯大林晚年错误、对"大跃进放卫星"、大炼钢铁、急躁浮夸风等都有他自己的看法，对所谓的"三面红旗"也多有讥讽。特别是"大跃进"灾难性后果逐渐显现，通晓中外历史的他更是忧心忡忡、心急如焚。曾有一段日子，他私下与母亲商量，要给主席进言，想当然地认为只要在专门寄去的书中，划出"治大国，若烹小鲜"这一段，相信主席一定能明白——一派读书人的天真，在母亲苦劝之下方才作罢，后来母亲常对我们说，是她救了父亲。

因为父亲讲话少有顾忌，在管理科学院的时候又被认为有资产阶级思想，所以每次有政治运动，我们家就没有人来了。等到运动的风暴渐渐平息，才陆陆续续有人上门走动。由于父亲和大人们谈话，一般并不避开我们小孩，放学回家到书房请安，总能似懂非懂地听到他和朋友们谈论国事和政治形势，听后那种莫名的紧张至今记忆犹新。母亲为此长期担惊受怕，唯恐连累朋友、祸及家人。这些言论要是放在其他人身上，无疑是要被打成右派的，不过历次运动还是有惊无险。

陈老总对父亲始终是理解和信任的，父亲的意见依然受到他的关注和重视。在一次政治局会议上，陈老总转述了父亲反映的科学家意见,无非是一些单位,在执行知识分子政策中出现了一些偏差,在一些有影响的科学家当中引发了不满和牢骚,于是父亲希望中央给予关注。柯庆施听后大为恼火,当即在会上回应说这是"李亚农造谣"。[1]不知是谁的安排,一位记者来父亲这里做"钓鱼式"采访,之后发了内参。柯庆施看后当然大为不满,在市委常委会上发脾气将父亲痛批一顿,称之为典型的右派言论。

20世纪80年代去美国读学位的一位邻居、发小,说起在华人报上看到一篇原上海历史研究所老人撰写的文章,提到父亲政治上颇有胆识,学术方面有见地、有思想,管理上也懂行,但所内的同仁都认为,父亲和"上面"的思路明显不一致。父亲最终没有被打成党内"右派",还在一定程度上推行了自己的办所主张,大家都觉得不可思议,至今还仍是个谜。"文化大革命"动乱,国无宁日,来我们家的亲朋好友、长辈们,几乎不约而同提到,亏得你们父亲不在了,以他的脾气和身体,必然给整死无疑。

四 视学术为生命的历史学家

早在20世纪50年代初,父亲身体就每况愈下,特别是心脏有问题,经历了多次抢救。而他又兼任多个单位的党政一把手,不堪重负。1955年前后,市委宣传部陈其五副部长代表市委找父亲谈话——他和

---

[1] 1961年夏,李亚农去北京休养,安排其住在西山亚洲学生疗养院,陈毅亲自看望。李亚农转述了科学家们的意见。陈毅向柯庆施提出,柯庆施认为是李亚农"造谣"。(洪延彦:《李亚农先生片忆》,《往事掇英——上海社会科学院五十周年回忆录》,上海社会科学院出版社2008年版,第265页)——樊波成注

父亲在新四军军部就相熟。谈话的大致内容是市委考虑到父亲的身体，征求父亲意见，是否愿意负责组建历史研究所，今后主要搞些学术研究，分院的工作，拟安排时任市委组织部的王一平部长接任。父亲听后欣然同意，因为即便在政务繁忙的日子，父亲依然放心不下手头的学术研究，这也是他一辈子真正的兴趣所在，最急的还是想写的东西。

《欣然斋史论集》中的第一本书[①]，父亲写完之后交由北京，希望他们能出版。但是北京的范文澜不同意此书出版，因为与其观点不一致，于是此书的出版被搁置下来。父亲很生气，写信投诉到中宣部。中宣部给了他一个很短的回复，表示学术研究应允许自由争论。后来在副市长潘汉年的帮助下，这本书才交由上海出版，这些材料后来在"文化大革命"中被我母亲销毁了。顺便一提的是"杨树达先生出书"公案，我们家人注意到学术界流传一种说法，认为是杨先生的大作因没有通过父亲和唐兰先生的评审而无法出版。试想，在当时的环境下，同属马克思主义史学研究范畴的父亲，因学术观点与党内权威范文澜有异，专著尚且不得出版，作为旧学术、唯心史观的代表人物的杨公，其著作出版受阻，则更不难理解；而且父亲出书的遭遇本身也说明父亲根本没有拍板出版的权力。关于《欣然斋史论集》改名为《李亚农史论集》一事，是在父亲去世以后，由时任市委宣传部副部长的杨永直（后曾任上海社科院院长）约见我母亲，他们希望此书能够再版。出于好意，他婉转地告

[①] 即《中国奴隶制与封建制》，华东人民出版社版1954年版。此书1952年10月31日在史学会（李亚农为会长）会议上讨论，12月28日李亚农又在海光图书馆答辩两个半小时。（顾颉刚：《顾颉刚日记》，联经出版有限责任公司2007年版，第329页）后来，此书"曾送北京有关学者征求意见，上海人民出版社询问北京有关出版社，答复道'谁也不同意他的观点，你们也不宜出版此书'"。（参见张玫：《关于〈李亚农同志传略〉》，《史林》1987年第1期）——樊波成注

诉我母亲,希望能把"总序"拿掉,并把书名改为《李亚农史论集》。"总序"中的一些观点,在当时被视为与马克思主义史学研究的正统不合,对康德评价又过高。而现在看来,序文纵然谈古论今、争鸣于学林,但多半是一些常识性、涉及人类共同文化价值的东西,放到今天,或许还会被当今的学术界贬之为"左文"和概念化的东西。

父亲后来身体越来越差,最后癌细胞扩散得很厉害,已经到了脑部,但是他特别着急要写东西,身体越来越差,想写的东西越来越多。因为心脏无法忍受上海的黄梅天,那年出不去,就住在衡山宾馆的高层,好像是九层,印象中是市里帮助安排的,因为父亲呼吸有困难,气压高一点就舒服一点,父亲也是在那里去世的。当时他已经离不开氧气瓶,人瘦得几乎和骷髅一样,体重只有五六十斤,已经拿不动书了,只得专门让科学院的小工厂制作了书架,一边插着氧气,一边看书、写东西,直到他去世。据随父亲南下进上海接管中央研究院的万钟汉叔叔回忆,病入膏肓的父亲见到他,就操着四川官话口音说:"人啊,应该心肠热,头脑冷。现在不对了,是头脑热,心肠冷。"一边说还一边比划着。当时万叔叔并不理解,等到他真正理解此话的含义,近半个世纪过去了。

李亚农(1906—1962)

1962年9月2日那天,我印象很深刻,那时正值9月初开学,我一回到家里,马上有电话来叫我到衡山宾馆去,到了那里已经是哭声一片,我大哥守在父亲床边。父亲患有很严重的肺癌,但导致他去世的直接原因是急性心力衰竭,也就是当年在日本监狱里患上的老毛病风湿性心脏病。华东医院的解剖报告里面说,父亲的肺癌细胞已广泛转移扩散到脑部、肺门、肠系膜、胃小弯、纵隔障、右锁骨上淋巴结、左心室及左肾上腺等多处,大脑组织都呈豆腐渣状。后来据说市委领导看了这份报告,得知父亲在这样恶劣的身体条件下,还在玩命地看书、写东西、修订旧著,生命不息、研究不止,似乎也有了些许感动,对父亲的脾气和言论多了一些理解。

(原载《史林》2011年增刊,2011年8月30日;上海市历史学会编《上海史学名家印象记》,上海:上海人民出版社2012年版)

徐家汇藏书楼怀旧

方诗铭

时间须拨回到近半个世纪之前,这是 1956 年。

当时,肇嘉浜刚被填没,徐家汇也颇为杂乱,香烟杂货、饭摊面店,比比皆是。这里又是天主教会的聚居区,还可以看到徐光启的坟墓。历史研究所就在这里开始筹备,所址是向天主教会租用的。严格说,徐家汇还不完全是历史所开创之地,最早是在高安路,与当时的哲学社会科学联合会在一起,不过时间很短。

这是一幢四层的红砖建筑,还记有年代,似乎是 1901 年,义和团运动的第二年,够古老的。这是第一幢,与之相连的较小的第二幢,却是钢筋水泥,显然是后来建造的,较第一幢为新,也许是 20 世纪二三十年代的建筑吧。两幢楼房是这样分配的:第一幢底层是中国科学院上海分院的图书馆,主要收藏社会科学图书,第二层是历史研究所,第三、四层是经济研究所;第二幢是科学院的单身宿舍。因此,不但历史所,经济所也是在这里诞生的。应该说,这里是未来上海社会科学院的发祥之地。

就是在这一年,国务院制定了全国自然科学和社会科学的 12 年长期规划,提出了向科学进军的口号,举国欢欣鼓舞,特别是知识分子。

如果按照当时人们所表述，这是迎来了学术文化界的春天。当时，中国科学院哲学社会科学学部即着手在上海筹建历史和经济两个研究所。历史所的筹建机构称为中国科学院上海历史研究所筹备委员会（先为筹备处）。为什么称为"上海历史研究所"，因而有人问，这是不是专门研究上海历史的？当然不是，历史所有研究中国古代史，也有研究近现代史的任务，并非专门研究上海史。因此，"上海历史研究所"应该是上海的历史研究所，即中国科学院设置在上海的研究所，并非研究上海历史的研究所。但这样提问，或如此理解，也并非完全不可。自鸦片战争以来，上海有其特殊地位，不但是中国近现代经济、文化的中心，若干重大的政治历史事件，也发生在这里。作为这个地区的历史研究所，当然应该以中国近现代史或近现代的上海史，作为研究重点，筹建期间出版的《上海小刀会起义史料汇编》《鸦片战争末期英军在长江下游的侵略罪行》即是如此，迄今也仍然如此。

最初，徐家汇的所址在蒲西路，与徐汇中学同一条弄堂，仅一小门出入。蒲西路很短，似乎只有 2 号，1 号在天主教堂旁边，不用说外地人，就是上海人也可能不完全知道。当时有一位苏州博物馆的同志来历史所，遍寻不得，打电话来问，我只好告诉他，先在徐家汇问明徐汇中学所在，找到徐汇中学即可以找到历史所。不知为何，不久这扇小门又封闭了，改在漕溪北路大门进出，门牌是 20 号。

作为科研机构，当时历史所的所址是相当理想的：面对一大片草坪，老树掩映，环境幽静。一间大办公室，仅有两位同志，而且图书馆即在底层，十分方便。有时凭窗眺望，花木扶疏，绿草如茵，给人以清新之感。更为有利的是，紧邻即是徐家汇藏书楼，最初通过草坪，还有一条小径可以直接出入。藏书楼图籍丰富，特别是以所藏中外文报纸期刊驰誉遐迩，可能是国内首屈一指。其中有最早的中文报纸《上海新报》，19世纪50年代发行，正是太平天国时期，报道了不少关于太平天国的新闻，我曾在上面发现太平天国英王陈玉成的《自述》。至于外文报刊就更丰富了，创刊初期的英文《北华捷报》，同样是在太平天国时期创办的，不但有太平天国的报道，还刊载了上海小刀会从起义到失败的全过程，这里很多是中文史料所没有的，翻译过来，就构成《上海小刀会起义史料汇编》外文史料部分的框架。藏书楼收藏的中外文报刊，对历史所的研究工作实在太重要了。

当时，藏书楼不完全对外开放，历史所是科研机构，又是紧邻，彼此关系很好，因而藏书楼对历史所全部开放。管理人员对藏书十分熟悉，如数家珍，只要几分钟，所借的报刊就放在前面了。后来，彼此感到当天借书还书，这种手续没有必要，就特别为历史所辟了专室，所借阅的报纸等都放在这里，暂不归库，完全成为我们的研究室。藏书楼还为历史所复印所需的资料，如《上海小刀会起义史料汇编》所收《北华捷报》，即是管理人员义务送往南京路上海图书馆复印的。《捷报》开本大，数量多，但他们没说过一句话，只按工本收取费用。至今思之，我犹为之感动。

1957年冬，方诗铭在历史研究所

1958年，上海社会科学院成立，经济所并入，历史所则并入复旦大学，称为复旦大学历史研究所，但仍挂着中国科学院上海历史研究所筹备处的牌子。当时我们正在为纪念"五四"运动40周年,编辑《五四运动在上海史料选辑》一书,部分同志未到复旦大学工作,仍留在徐家汇,理由很简单,要查阅抄录"五四"期间的报纸,离不开徐家汇藏书楼——藏书楼的《申报》《新闻报》《民国日报》都是完整的,英文《字林西报》也是完整的。经过短短的一年有余,《五四运动在上海史料选辑》终于如期问世。到第二年,历史所的筹备阶段结束,正式成立,是在一个颇为盛大的会上,由市委宣传部的一位副部长宣布的,同时宣布历史所脱离复旦大学,也脱离中国科学院,从此成为上海社会科学院历史研究所。

由中国科学院到复旦大学,再由复旦大学到上海社会科学院,隶属的单位虽然三迁,但历史所的所址未动,仍然在漕溪北路20号,仅是从第一幢红砖大楼迁到钢筋水泥的较新的第二幢而已。那座红砖大楼由其他单位使用,两幢大楼仍然相通,也仍然从一个大门出入。待部队的一所医院迁入,这才筑了一道围墙,完全隔离开来,历史所改从旁边的小门出入,这就是漕溪北路40号。但徐家汇藏书楼与历史所的关系一如既往,此后的《辛亥革命在上海史料选辑》《五卅运动史料》等书,同样是取资于藏书楼的。

尽管我此后还利用过藏书楼收藏的法国汉学家沙畹的《斯坦因在东土耳其斯坦考察所得汉文文书》一书(这是罕见的西籍珍本),完成了我的《敦煌汉简校文补正》,但已不再研究中国近代史,与藏书楼逐渐疏远,终于不去了。前几年我在上海市文物管理委员会开会,一位市文化局分管图书文物的副局长说,这个古老的藏书楼基础松动,岌岌可危。由于我对这个紧邻情结甚深,曾为之忧虑,后来听说已及时采取措施,这才放心了。

前尘梦影,往事如烟。对已消逝的历史所的旧址,对安然无恙的徐家汇藏书楼,怀旧之感,仍不能自已。

(原载上海社会科学院工会编《跨越不惑:我与上海社科院征文选》,1998年印)

我对上海社会科学院历史研究所的点滴回忆

唐培吉

1958—1961年我曾在上海社科院历史研究所工作，就此跨入了历史研究的大门。

反右斗争后，中央认为人文社科院校出了不少右派，于是就把全国政法学校全部撤销，政法系统的干部从部队中调派，并在工农积极分子中选拔，青年学生毕业后只能到法庭当书记员，不少人当了中学老师或做其他工作。华东政法学院的教职工大部分被分配到上海社会科学院下属的各研究所。与此同时，上海财经学院亦被撤销，教职工被分配到上海社会科学院。这两所学校的教师，教哲学的到哲学所，教经济学的到经济所，教中国革命史的到历史所，教法律的到法学所，上海社会科学院就是这样全面建立起来的（原来没有上海社科院，只有直属于中国科学院的经济所和历史所）。时为1958年。

我是华东政法学院中国革命史的教师，所以与另外几个干部被分配到历史研究所，原华东政法学院中国革命史研究室主任（李茹辛）担任现代史研究组正组长，我原是副主任，所以任副组长，有的则担任了所的办公室主任（吕书云）。与此同时，上海财经学院也有些教师调到历史研究所,如张有年、张启承、沈幽蕡等。历史所是老所,是 1956 年成立的,当时因初建不久,人数不多。我们到所时,记得所长是李亚农(因病不到所上班),由副所长徐崙主持日常工作,还有些副所长是兼职的,如复旦大学历史系的周予同。研究人员则更少,只有杨宽、程天赋、汤志钧等数人。1958 年到 1960 年,由各方面调入历史所的人员,一是高校的,如华东政法学院和上海财经学院等十几个人;二是部队来的数人,奚原、洪廷彦、刘仁泽、宋心伟等;三是上海市委党校的刘振海、市团委的任建树等;四是反右派斗争后受处分的领导干部,如薛尚实(原同济大学党委副书记)等;五是分配来的高校毕业生,有吴乾兑、倪静兰、王天成、金曾琴等;六是从上海市总工会系统调来的工运史研究人员,由沈以行领导的姜沛南、徐同甫、郑庆声等人;还有其他方面调来的方诗铭、章克生等。一时人丁兴旺,组织机构逐步健全,既有古代史、近代史、现代史、工运史等研究组(后改为室),还有富有特色的编译组,里面聚集有许多懂各种外语的研究人员,如章克生、王作求、沈遐士、吴绳海、顾长声等,当时他们的主要任务是翻译老上海公共租界工部局、法租界公董局的档案资料。我对编译组的研究人员还是很敬重的,因为他们都是旧社会过来的,都有一定的社会经历和一技之长,是所里不可多得的人才。其他所里没有这样一支队伍,这与所领导的战略考虑有关。历史所还招收了一个研究生班,有 10 名研究生,还有 1 人是杭州市委党校委托培养的,其中毕业后留所的有张铨、吕继贵等。历史所的领导亦发生过变化,记得有主持工作的副所长沈以行,总支书记吕书云,办公室主任刘成宾。我们的现代史组也是人才济济,有老干部薛尚实、李茹辛,青年研究人员沈幽蕡、刘运承、王天成、张铨等。应该说 20 世纪 60 年代初是历史所的一个黄金时段,如果后来没有发生"文化大革命",那历史所定能涌现出一大批杰出的研究人才,出版许多高质量的史学著作,为历史科学做出应有的贡献。

1959年历史研究所的内外景

历史研究所的环境气氛与华东政法学院不太一样。我在华政时,要备课、讲课,要与学生联系,还要做教研室的工作,甚至有共青团的工作,如规划组织生活内容、组织团日活动、发展团员与教育团员等等,很繁忙亦很热闹,我是"忙得不亦乐乎"。可是,我到历史所上班后,就是去隔壁的徐家汇藏书楼翻旧报纸、做卡片,只听见"哗!哗!"的翻报声,各人做各人的,很少有说话声。中午休息一会儿后再赴藏书楼翻旧报纸、做卡片,直到下班。人员之间的联系活动是很少的,不像华东政法学院那么活泼热闹,生气勃勃。当时历史研究所实行坐班制,几个月天天如此。我开始有点不习惯,后来渐渐体会到这是研究工作的基本功,报纸是搜集资料最主要的来源之一,有了资料才可能进行研究。当时正逢与中国科学院历史研究所第三所南京史料整理处合作编写《1919—1926年大事史料长编草稿》,我年少气盛,感觉这么慢吞吞地翻翻写写,何时能完事!那是"大跃进"的年代,大家都在"挑灯夜战","指标翻一番"。于是我就提出"三天革个命"的口号,把余下的报纸一气翻完,提早完成了任务。历史所领导表示赞赏,于是我就到经济研究所去挑战。我还曾带领参加这一项目的人员,三天三夜没睡觉,总算完成了任务,但质量是粗糙的。毕竟研究工作是不能这样干的,我犯了"左"倾幼稚病。吃一堑长一智,我开始理解"板凳要坐十年冷"的道理。

历史所使我长知识的第二件事是所里的资料室,藏书很广泛,古今中外都有,要比华政图书馆丰富许多,我借阅了一些图书,这使我对历史学越来越感兴趣了。而且资料室的杨康年老师博学多才,对室里的图书又非常熟悉,你只要向他请教有关方面的资料,他很快会帮你找到。在他身上,我学到了必须博览群书,才能触类旁通,熟能生巧。

20世纪50年代末期的唐培吉

我在历史所的第三件事是下国棉二厂(原日商内外棉纱厂,顾正红烈士就是该厂的工人,是"五卅"运动的爆发点)体验生活、调查、研究、编写厂史。我负责带领一批研究生到厂,住在厂里,跟班劳动,采访座谈,由此深深体会到了工厂劳动的辛苦。纺纱车间里声音很响,轻声讲话根本就听不见。职工们要不断地跑过来、跑过去,忙着接头。而织布车间里声音更响,特别潮湿闷热,不一会儿衣服就湿了,时间一长头昏脑胀,四肢无力。在访问许多老工人后,我深感他们从旧社会过来,对新社会有着朴素深厚的感情,生产积极性和政治觉悟提高很快,确实是党和政府的依靠力量。这对我的政治思想亦很有影响。经过近三个月的工厂生活,我收集到了不少资料,特别是有关"五卅"运动中的斗争。最后,大家终于编写出了《国棉二厂厂史》初稿。可是当时的所领导徐崙审阅后,认为太粗糙,不能出版。回想起来,我觉得当时历史所的领导对出版著作是看得很慎重的,历史所当时的主要任务是搜集汇编各种资料,所领导与老同志都认为必须在占有详细资料的基础上,经过深入研究,才能编写著作并予出版。所以当时所里出版的,基本上都是资料汇编。后来,我离开了历史所,《国棉二厂厂史》就由张铨同志负责修改。总之,这件事使我初次体会到下基层、体验生活、调查访问、收集资料,亦是进行研究的一个重要途径与方法。

20世纪60年代初,沈以行同志到所主持工作,他带领一批原在上海总工会上海工人运动史料委员会的同志,把"上海工人运动史"的研究项目带到历史所。而我也曾被抽调到新成立的工运史组参与研究解放战争时期的上海工人运动。但不久之后,我又被调往中共中央华东局宣传部理论班工作。

在历史所的这几年(包括在中国人民大学学习一年半)使我对历史学科有了一些认识(因为我原来是学政法的),也有了兴趣,初步学习与掌握了一些中国现代史、中共党史的知识,开始懂得了如何从事历史研究,并结识了一批老少学者。这是我在历史所的主要收获。之后,我就成了一个史学研究者,亦是教育工作者,并终其一生。

(原载张剑、江文君主编《现代中国与世界》,第2辑,上海:上海书店出版社2019年版)

转 业 地 方

徐鼎新

1958年8月中旬的一个上午,我把解开的行李重新再捆扎起来,准备告别部队,去新单位报道。这已是第二次告别,部队里的同志也是第二次为我送行了。我前后两次与共同战斗多年的战友们告别,是完全不同的两种感受。战友们为我的因祸得福,走向人人仰慕的科学研究机构,纷纷发出他们内心真诚的祝贺。这一天,我的心情也特别好,话也特别多,前几天那种郁郁寡欢的神情已一扫而空。师领导特地派了一辆吉普车把我们三人送到目的地,我和张锡铎同志首先向位于岳阳路的中国科学院上海办事处组织部报到,接待我们的组织部部长巴延年同志告知我们两人将要去的工作单位:张锡铎同志在上海生理化学研究所负责该所人事工作,而我则分配到位于徐家汇的上海历史研究所任秘书。上海历史研究所与同在一幢楼里的上海经济研究所是中国科学院在上海地区仅有的两个从事社会科学研究的机构,当时尚处于筹备阶段。部队的吉普车把我送到了历史所,我向办公室递上了行政介绍信和经科学院办事处接转的党员组织关系介绍信,一位名叫卢志杰的办公室主任满面笑容对我表示欢迎,并介绍我与办公室的其他两位同事认识,一位是负责人事工作的女同志,叫李峰云;另一位是会计徐新良。我的具体工作是秘书,这个工作对我来说,当然并不陌生,但工作环境不同,工作的性质和内容无疑会有很大的区别。卢志杰同志带我去见了具体掌管全所工作的两位党员副所长,一位是原任南京军区政治部秘书长,最近刚从部队转业来此任职的奚原同志,另一位是对中国近代史研究有一定学术造诣的徐崙同志,他们对我这个军队转业干部的到来都表示由衷的高兴,同时简要介绍了本所的筹办情况、人员配备、研究内容、机构特点等,说这里是知识分子成堆的地方,不像部队那么单纯,希望我能在所里发挥一个共产党员、转业干部应有的作用。第一天见面,所领导便表示了对我的期望和信任,我确实有一点受宠若惊。刚从部队转业到地方工作,不免有一点失落感的我,此时听到新的工作岗位上的领导一些殷切期望的话,我的满腔热血似乎又要沸腾起来了。而且办公室为了妥善安置好我的家庭生活,还在清真路科学院宿舍给我安排了一间约 14 平方米的房间,这样,我们总算有了自己的真正意义上的新家了。

当时的历史研究所荟萃了一批研究历史学的国内知名专家、学者,著名的中国古代史、甲骨文研究专家李亚农同志,是位大革命时期在日本参加中国共产党的老党员,1932 年回国后,曾任中法大学教授及孔德研究所研究员,抗日战争期间担任过新四军敌工部副部长,上海解放后,他随军入城,参加接管上海文博机构的工作,又被委任为中国科学院上海办事处主任,并兼任历史研究所筹备委员会主任,后任该所所长。副所长有四人,除前面提到的奚原、徐崙同志外,还有两位党外人士,一是著名经学史研究专家、时任复旦大学教授的周予同先生,另一是著名先秦史研究专家、时任上海博物馆副馆长(曾兼任过复旦大学教授)的杨宽先生。此外还有一大批具有中国古代史和近现代史研究专长的人才,具有英、日、俄、法等国语言文字的翻译专长的人才,来自部队转业的研究人才,以及从国内各大学历史系毕业生中挑选的优秀人才。一个在当时仅有几十人的小研究所,集中了这么多老、中、青三代历史研究人才,应该说是该所筹备工作的显著成绩。我这个对历史研究尚一无所知的门外汉,能跻身于这样的科学殿堂,是我的莫大荣幸,也是我的潜在机遇。

办公室的秘书工作是很简单的,我几乎不需要花多大的精力便能处理得有条有理,平时我还参加所里一些高层次的会议,担任会议的记录,包括所务会议、所的党总支会议、学术委员会会议,以及某些重要研究课题的会议等等。通过这些会议,我不仅很好地完成了工作任务,而且也从中了解到研究所的工作安排、发展规划、研究项目、人员结构、各个研究课题的进展情况和存在的问题,使我学到了不少知识,也与所内的一些专家、学者和青年研究人员逐渐熟悉起来,建立了良好的关系。

青年时代的徐鼎新

当时历史所的第一部在社会上有重要影响的大部头著作,是在徐崙同志直接领导下,由方诗铭先生担任主编的《上海小刀会起义史料汇编》,全书近百万字,很多重要历史资料是文言文体,语言艰深。按当时出版社的规定,书稿出版之前,作为编著单位一方,要负责进行两次文字校对。由于工作量大,所内发动了一批青年研究人员参加校对,当时我在所内已同几位副所长和不少研究人员有了较多的接触,大家对我的文字水平有了一些了解,所以也请我参加该书的部分校对工作。在校对过程中,我发现书稿清样中一些明显漏字,一一做了校正,其中有一些文言句读上的错漏字,也未能逃脱我的眼睛,而这恰恰被所内几位科班出身的青年研究人员忽略了,一些专家因此也就更加对我刮目相看。自此以后,我在所内有了更多参与学术会议的机会,除了原有的行政方面的秘书工作之外,又要我兼管所内一部分学术方面的秘书工作。与此同时,我同上海历史学会的联系也逐渐多起来了。通过一次次联系,认识了上海几所名牌大学历史系的一部分教授和社会上一些著名历史学家。大约在1958年秋冬之交,经当时中共上海市委研究决定,中国科学院在上海地区的两个社会科学研究所分别与两所高校合并,但同时挂两块牌子。上海经济研究所与上海财经学院合并,而我们上海历史研究所则与复旦大学历史系合并,对外统称上海历史研究所筹备处、复旦大学历史研究所。由于我们这个历史研究所当时的地理位置紧靠徐家汇藏书楼,查阅有关历史资料有得天独厚的条件,而正在紧张进行的几个重大研究项目又都需要花大力气在藏书楼查阅与研究项目有关的大量中英文资料,许多研究人员,包括几位年逾古稀的老学者,除了到所里参加会议外,几乎天天在藏书楼上下班,所以对市委这个决定存在一定抵触情绪,迟迟不愿迁入复旦校园。而实际上如果把历史所整体搬迁到复旦大学校园,也确实会给所内的研究工作带来极其不利的后果。可是,这个决定又是由时任中共上海市委第一书记柯庆施提议下形成的,纵然当时并不人人赞同,但谁也无法改变。最后在市委宣传部的一再催促下,我所决定将近代史组迁到复旦大学1000号楼的楼上,与楼下的历史系同楼办公。实际上这仍然是所领导在当时左右为难的情况下做出的一种表面文章,为了向市委表明履行"合并"

的决定,采取了一些实际的行动。当时迁到复旦的有近代史组的十几只大书架和一大批资料书,但该组的研究人员却基本上仍在徐家汇原地办公,每星期到复旦一次,坐一个上午就走了。奚原同志因为兼任历史系、历史所合并后的党总支书记,所以来得勤一些。复旦大学召开的一些会议,有时也安排所内研究人员参加。而终日坐镇在复旦大学1000号楼的,实际上就只有我一个人了。

我整天守着复旦大学1000号楼二楼几个大房间,当然有点冷冷清清,但满满几个书架上的历史书,却给我形成了极大的诱惑力,也是给我提供了极为难得的学习机会。没有任何工作任务的干扰,没有人来人往的影响,而有的是充裕的时间和成千上万册专业书籍,可以任我尽情徜徉于浩瀚的书海之中。我从书架上选取一批批有关中国近代史方面的书籍,潜心研读,凡稍有心得,便做笔记,一个多月下来,我差不多把几只书架上的书籍都翻阅了一遍,有些重要书籍中的内容还经过反复咀嚼,制成若干资料卡片,这也可说是我学习和研究中国历史的第一步。尽管当时我还没有成为名正言顺的研究人员,但多姿多彩的中国历史画卷已深深地吸引了我,使我在浩如烟海的书籍记载中流连忘返。古人云:"近朱者赤,近墨者黑。"自从我转业到历史研究所之后,终日耳濡目染的都是有关中国历史事件和历史人物的研究,一个个真实而有趣的历史故事,一幅幅惊心动魄的历史画面,一件件在历史上为国家为民族英勇献身的先烈们可歌可泣的爱国事迹,都使我的内心产生强烈的感染力和驱动力,驱使我对自己祖国的古老而又漫长的历史发生浓厚的研究兴趣,企盼着有朝一日能踏进历史科学的研究领域,成为一名在这个领域内辛勤耕耘的新中国史学工作者。

不久,中共上海市委又做出新的决定,为与新建立的中国社会科学院的建制相匹配,上海也成立社会科学院,原来隶属于中国科学院的历史、经济两个研究所,改归上海社会科学院领导。与此同时,又相继成立了哲学、政法等研究所,也归属上海社会科学院建制。于是,我所与复旦大学历史系的短暂"联姻"也就宣告结束。随着一批批书架、书籍的回归,我也奉命回到徐家汇的所本部。此后,所内人事关系有了新的变动,由于一位长期从事上海工人运动史研究的沈以行同志调入担任历史所副所长,新建立了工运史组;又从上海政法学院、上海财经学院调进一批教师,分别充实各个研究组;还有一批政法学院的应届毕业生被选送来所,专门为他们成立了一个研究生班,我被调任该研究生班的政治辅导员兼党支部书记,由此我又与历史科学有了更多的接触机会。这个研究生班不过十几个人,只有两位共产党员,连我在内,组成以我为书记的三人党支部。我的具体任务是抓同学们的政治思想工作,同时也为他们解决学习、生活方面的一些问题。整个教学大纲及课程安排,由一位筹备委员程天赋同志(女)分工负责。担任讲课的除我所几位党内外专家、学者以外,还延请复旦大学、华东师范大学历史系的几位名教授来所讲学。每次讲课,我也参加旁听。有时我还带领全班研究生到复旦、华师大听课。此外,现代史研究组到上海第二棉纺厂进行厂史调查,研究生班也参与其间,我也作为这个调查组的成员深入车间、班组做有关技术革新和生产之间关系的专题调查,还写出了一篇调查报告。这是我具体参加社会调查的一次尝试,所写出来的调查报告,当然还不能登大雅之堂,只能算是在老师耳提面命下黾勉从事的一份答卷罢了。

研究生班只存在了一年多时间便结束了。所有的同学分别分配到各个研究组工作。就在研究生班解散的前后,我向奚原同志表达了自己希望离开办公室的工作岗位,参加科研工作的愿望。作为军队转业干部的奚原同志是很理解我这个同样是军队转业干部此刻的心情,他问了一下我的年龄,我说我已经将近"而立"之年了,虽然部队九年的实际工作锻炼,政治思想方面有了一定的提高,工作能力也有一定的长进,但转业到地方以后,越来越觉得自己知识的贫乏,我不希望自己长此虚度年华,碌碌无为,而愿意把后半生献给历史科学的研究事业,请让我在这个研究领域内从头学起,我相信自己的决心和毅力,给我几年时间,一定会做出一些成绩来。当时奚原同志被我的一番表白和决心打动了。他面带微笑,频频颔首,表示嘉许,问我准备参加哪个组的研究工作,我毫不犹豫地回答:"古代史。"这个回答为奚原同志始料所未及,因为中国古代史研究,要接触大量古代典籍,尤其是先秦(即秦以前商、周、春秋战国时期)古籍和甲骨文、金文等上古文字,一般历史教学、研究工作者都视为畏途,而我这个不是历史科班出身的人竟然不畏古代史治学之艰难,立志进入古代史研究领域,确实有一点语出惊人。奚原同志见我意志坚决,也就不再说什么,并郑重地对我说,搞历史研究,一定要静下心来,甘于寂寞,准备坐几年冷板凳。现在古代史组已有杜庆民、王修龄两位青年,他们都是从政法专业改学历史,基础还没有打好,以后你们三人要分别拜所里两位党外老专家为老师,虚心向他们请教。你们不要以共产党员、共青团员自居,而应该恭恭敬敬做一个小学生,把老专家的知识学到手,这就是组织上交给你们的任务。根据所领导的安排和征询老专家的意见,杜庆民同志师从周予同教授,攻读中国经学史,而我与王修龄同志则同时师从杨宽教授,攻读先秦史。此后我和王修龄同在一个办公室,朝夕相处,同窗共读,经常交流学习心得,或讨论切磋,度过了一段极其融洽、愉快的时光。我们三人还经常陪同周予同先生到复旦大学为历史系学生讲课,并参加旁听。上海历史学会凡有重要的学术活动,我们也从不缺席。在这一段时期内,我们以西周、春秋、战国史为学习和研究的重点,认真阅读了《尚书》《诗经》《周礼》《礼记》《左传》《国语》《战国策》《论语》《孟子》《大学》《中庸》《老子道德经》《墨子》《韩非子》《管子》《吕氏春秋》《吴越春秋》《越绝书》《竹书纪年》《史记》《汉书》《资治通鉴》等书,还阅读了《甲骨文存》《两周金文辞大系》等代表性著作。还有当代历史学家的先秦史著作,如郭沫若的《奴隶制时代》《青铜时代》和由他担任主编的《中国史稿》第一册,范文澜的《中国通史简编》第一卷,李亚农的《中国奴隶制与封建制》《殷代社会生活》《西周与东周》《中国封建领主制和地主制》,杨宽的《战国史》,童书业的《春秋史》等等。杨宽先生还专门为我和王修龄做过几次专题演讲,并要我们在学习理解的基础上命题作文,以锻炼自己的写作能力。20世纪60年代初,社会科学界学术空气一度比较活跃,历史学界也就某些问题展开大讨论。对孔子的评价就是其中的一个重要议题。然而讨论中也出现了一些复古倾向,有些学者的文章把孔子这个在我国奴隶社会向封建社会过渡时期的儒家代表人物的思想加以抽象化,极力鼓吹他的超时代的地位和作用,甚至联袂到山东曲阜孔庙顶礼膜拜,社会各界对此颇有訾议。这次尊孔复古的代表作,是已届耄耋之年的金兆梓先生发表于《文汇报》上题为《孔夫子平议》和《学术月刊》上题为《评价孔子的我见》两篇文章。在这两篇文章中,作者一开始便怒气冲冲地对历史学界进行发难,他对许多学者根据孔子所处春秋时期的社会存在着尖锐的阶级矛盾和阶级斗争这一基本事实来论证孔子其人其事,表示极大的不满,认为这是"形式逻辑的演绎法""有凭主观扣帽子的嫌疑"。他反复宣称"孔子实实起码是个庶民",孔子做过的"像管仓库,管牛羊,做家臣一类的职务,都是舆、台、皂、隶之流,在奴隶占有制社会中……孔子的阶级成分还可能是个奴隶"。随后,他用大量篇幅宣扬孔子鼓吹的"礼"与"仁",认为孔子一生"利用礼乐组织群众而大有作为",利用"仁"的思想"要搞好人与人的关系以贯彻原始意义的礼的团结作用"等等。面对这般日益泛滥的尊孔复古思潮,历史所的领导经过研究,认为历史研究工作者决不能袖手旁观,要组织文章展开批判,展开辩论。这个任务便落到了我这个初出茅庐的后学者的身上。经过一年多时间的学习,我对孔子所处的那个时代的社会背景,孔子一生的经历和他的思想言行,基本上已有所了解,尤其是与孔子思想言行有关的史籍如《论语》《孟子》《左传》《国语》等,我已精读好几遍,还认真做了笔记,进行过一些考证,对某些有争论的问题也以不同方式表明自己的见解,所以我认为自己有条件、有能力写好这篇带有论战性质的文章,因而欣然接下了这个任务。我感谢组织上对自己的信任,这是我有生以来写的第一篇学术论文,也可以说是对我前一阶段学习成绩的一次检验,一次考试。我足足花费了两个多月的时间,写成了一篇长达1.2万多字的论文,经过多次修改,才最后定稿。我的这篇论文题目是《评价孔子必须坚持阶级观点——评金兆梓〈孔夫子平议〉》,全文共分四个部分:第一部分列举大量历史事实,证明早在孔子出生以前400余年即被孔子称颂的"礼乐征伐自天子出"的西周时代,阶级斗争就已经十分尖锐了。到了春秋以后,特别是孔子所处的那个历史时期内,阶级斗争一直就是连绵不断地进行着,而且遍地燃烧着人民反抗斗争的怒火。只要不是出于偏见,就不会在确凿的历史事实面前视而不见。第二部分针对金兆梓先生文章中认为孔子是所谓"庶民""奴隶"的谬论进行了有力的批驳,指出孔子一生不但"四体不勤,五谷不分",而且穿的是"紫衣羔裘""黄衣狐裘",吃的则盘中常有鱼肉,他对这样优厚的生活还十分挑剔,稍不如意,便罢餐"不食"。请问这样的生活方式,有哪一点可以表明其"庶民""奴隶"身份的迹象,又从哪里可以推论出孔子的所谓"庶民""奴隶"阶级成分和所谓的"革命性"呢?无论金先生把孔子说成什么成分,也总不能改变孔子是知识分子这一基本事实。在阶级社会里,物质关系上的统治阶级一定也是思想关系上的统治阶级,知识分子就是根据一定阶级根本利益的需要,从思想关系上表达和贯彻本阶级的意志。孔子正是以这样的身份和面目出现在当时的政治舞台上,用他从统治阶级利益出发取鉴历史教训而总结起来的一套政治主张和道德伦理观念,作为提供当时统治者使用的一种精神工具,来为当时的政治服务。第三部分具体分析孔子的"礼"和"仁"的主张,指出孔子在当时是以持有某些改良主张的贵族代言人的面目出现,他风尘仆仆,往来奔走于各诸侯国家之间,无非为了重整那名存实亡的王室和公室政权的残局,幻想回复到"礼乐征伐自天子出"的历史时代。这样,孔子"为谁辛苦为谁忙"也就容易理解了,他的阶级立场和政治态度也就非常清楚了,他的"礼""仁"思想的阶级内容也就不难发现了。第四部分对论文的主旨进行了概括和总结,指出我们对待历史文化遗产,必须严格地区别精华和糟粕,对于孔子思想中在一定程度上反映人民意愿、客观上有利于社会发展的积极成分,应该批判地继承下来,而对于那些完全为统治阶级利益服务的封建性糟粕,则必须坚决予以扬弃,任何以承继古代历史文化遗产为借口,在孔子所用的一套陈旧概念上面,涂上所谓"革命性""人民性"的敷粉,以此为掩盖,重新鼓吹"尊孔复古""复兴礼乐"等等论调,都是和社会主义革命和建设的要求完全不兼容的。

论文打印后,送请所内几位领导审阅,并分发所内各研究组征求意见,从回馈的信息来看,我的处女作获得了很大的成功,几乎所有的阅读者,包括几位所领导在内,无不异口同声称赞此文写得好,说理透彻,层次分明,论据充分,语言生动,颇有文采,是一篇难得的好文章。奚原同志曾专门抽时间逐字逐句看了我的文章,并约我到他家,用了半天时间谈文章的修改意见,对我的努力和进步大大赞赏了一番。在他和程天赋同志的竭力推荐下,《文汇报》决定以一整版的篇幅发表我的文章,上海历史学会古代史组把已排出的清样分送一部分理事,请他们提出批评意见,理事中如复旦大学历史系的蔡尚思教授、谭其骧教授,华东师范大学历史系的吴泽教授,以及上海师范学院历史系青年教师裴汝诚等对我的文章都赞赏有加,吴泽先生还特地约我去他家,占用了他大半天的时间,从文章命题、结构,到论点、论据、内容安排、分析论证,一直到文字写法等等,详尽地谈了他的看法。此生何幸,我的一篇很不成熟的文章,竟得到了如此多的名师的指点,我真有点受宠若惊了。但是这篇文章最终还是没有公开发表,原因是《文汇报》在发表重要文章之前,按规定必须送请上海市委宣传部审阅通过,而当时担任市委宣传部部长的石西民同志却以此文发表后可能会对金兆梓老先生以精神上的刺激为理由,硬是压住不让发表。于是已届临产的这篇文章不得不胎死于母腹之中。

我经过好几个月呕心沥血写成的第一篇学术论文被莫名其妙地剥夺了发表的权利,当然是不无遗憾的,所内一些同事们也为此感到大惑不解,我只能以一种坦然处之的态度面对无情的社会现实。反正我只是个刚刚踏进历史学门槛的初学者,在当时的史学界论战中初试锋芒,便获得众多专家、学者的青睐,确实是获益良多,从这个意义上说,我是成功的,也是幸运的。未来的日子还很长很长,只要我顺着这条道路坚定地走下去,终有事业有成的一日。

就在这个时候,因病长期在家休养的历史所所长李亚农同志正在抱病进行中国美术史的专题研究,急需配备一位助手,所领导研究再三,最后选中了我,决定由我临时担任李亚农同志的秘书,暂离古史组,到他家做一些学术方面的辅助工作。某日上午,奚原同志带领我到亚农同志家,出来迎接我们的是他的夫人江元直同志。她带我们轻步上楼,扣开了书房门,只见里面一阵熏香扑鼻吹来,一只香炉内有几炷清香正发出袅袅青烟,两只书桌摆成"丁"字形,上面堆满书籍。李亚农同志在书桌后正襟危坐,身后的墙壁上挂着一幅幅名人字画,两边还有几排书橱,里面整齐地放着许多藏书,这一切,反映了主人与众不同的身份。主人见我们进来,只略微点了点头,依然端坐在椅子上纹丝不动。奚原同志和我在江元直同志的招呼下,坐在进门的一只沙发上,远远隔着几张书桌与主人对话。我在部队多年,也见过不少军、师级的高级首长,无论是工作中的应对,或是日常生活中的相处,一般都充满了革命同志间的融洽关系,我怎么也想不到在一位曾经担任过新四军敌工部副部长的老共产党员、老专家的家里,竟有这样一种令人望而生畏的排场。由于彼此相隔太远,讲话声音又低,所以奚原同志不得不一再起身到主人座椅旁边回话,大有战战兢兢、如临深渊、如履薄冰之感。说实话,这次见面给我的印象是很不好的,奚原同志好像看出了我的心思,在回来的路上,他再三向我说明李亚农同志过去待人接物是非常和气的,但病后脾气变得异常古怪,而且经常会信口开河,发泄对现实、对某些领导人的不满情绪。他特别叮嘱我要理解亚农同志,做好自己的分内工作,给予亚农同志以应有的尊重,并尽力关心其身体,帮助其完成正在研究中的长篇论文。亚农同志在先秦史研究方面有较深的学术造诣,他的几部著作也在史学界有一定影响,但当时他突发奇想,忽然对中国美术史发生浓厚的兴趣。我去他家当秘书的时候,他正为自己刚从画贩子手里购得一幅据说是宋代画家钱舜举亲笔绘就的名为《折枝梅》的古画悉心进行考证。从当时展示的画面上看,上面画着一枝刚从树上折下的绽放着几朵梅花的树枝,其折断处还隐约可见滴露珠,布局新颖别致,画的落款有钱舜举的题名和印鉴。为了论证这幅画的真实身份和历史价值,当时李亚农同志和上海一位著名的书画鉴赏家谢稚柳先生就该画的真伪问题产生了意见分歧,双方各执一词,争论不休。当时,李亚农同志交给我一个任务,即要我立即到上海博物馆把该馆收藏的钱舜举其他画卷上的题名和印鉴,一一翻拍成照片带回来,以便与《折枝梅》画卷上的钱舜举题名和印鉴进行比对。借助于李亚农同志的地位和声望,我当时很顺利地办好了这件事,也因此取得了他的信任。那个时候,亚农同志的病情正日益加重,但他却狂热地对这幅画进行反复考证,前后花费了大约一年多的时间和精力,写成了洋洋洒洒长达数万字的论文。由于工作进展顺利,他的心情变得异常兴奋,常常不听人家劝阻,连续几个小时伏案写作,似乎完全忘记了自己是一个病人。亚农同志对论文的写作要求甚严,无论是文章的内容或文字的表述,他总是字斟句酌,反复推敲,虽几易其稿,但仍然觉得不甚满意。而他的身体条件已不容许进行过度的工作,到后来,沉疴在病床上的李亚农同志望着堆满桌上的文稿,自感力不从心。直到在他弥留之际,家人才按照他的嘱咐,把这篇文稿送交《中华文史论丛》编辑部,可是等到文章在《中华文史论丛》上刊出的时候,李亚农同志已经与世长辞了。这篇文章发表后,学术界有人对他的论证提出质疑,但此时长眠于地下的李亚农同志已经不可能进行任何答辩了。

我在亚农同志家几个月的时间内,由于较多地和他接近和交谈,彼此也有了更多的了解。我感觉到亚农同志并不像我想象的那样可怕,他虽然有一点怪脾气,但相处日久之后,便会觉得他的可敬、可亲之处。他一身傲骨,不媚权贵。时任上海市委副书记的王一平同志、时任上海市委宣传部副部长的陈其五同志、时任上海市委统战部部长的陈同生同志,都是他在新四军工作时的老战友,而且这几年他们又有收藏名人字画的共同爱好,所以常有一些交往。而且李亚农同志病后生活方面的一些难题,如外出休养、临时迁居宾馆、配备特别护士、使用小轿车等等,都有赖于他们的鼎力相助。每年的五六月间,是上海的黄梅季节,湿度大,气压低,对于患有严重心脏病的李亚农同志来说,是很难承受得住的,所以所领导为此特地向市委打了报告,请求适当予以照顾。当时在王一平同志的关心、帮助下,把他从长期居住的永嘉路的低矮小洋房里搬出来,临时迁居在衡山宾馆九楼一套高级房间内,这里临近衡山公园,阳光充足,空气新鲜,有电梯上下,外出也比较方便。由于他们一家临时迁居,我也随之而同到衡山宾馆九楼办公,工作条件也大大改善了。平时遇到晴好天气,李亚农同志游兴大发时,我和江元直同志便一起推着亚农同志坐的轮椅车下电梯到衡山公园内休闲半个小时或一个小时;有时则一起乘坐小轿车到专供中央首长来沪暂住的西郊宾馆做短途旅游,欣赏那里的景色和网球场等设施。在冬天,亚农同志外出常戴一顶高高耸起的黑色皮帽,加上他一身黑色毛皮大衣和一张瘦削的脸,端坐在轮椅上,活像京戏《智取威虎山》中的座山雕。我和江元直同志一起悄悄地议论着,又禁不住偷偷地笑个不停。这一下子可把亚农同志惹火了,他不容许我们讥笑他戴的心爱的黑色高皮帽,并且板起面孔指着我戴的黄色军帽连连说:"你戴的帽子才是'丑恶''丑恶''丑恶'!"他一连叫了三个"丑恶",说明他真的是生气了,我们赶紧把话题岔开,让他平静下来以后,又故意讲了一些笑话,在说说笑笑的气氛中驱车返回衡山宾馆。

1962年6月间,我们第二个孩子出生了,他是个男孩,是我们的儿子。我也给他取了个单名,叫"徐弋",这个名字的含义是希望他生在上海,但志在四方,长大以后在辽阔的天地间尽情游弋,成为祖国建设的有用人才。这个时候我们的女儿徐芹已经六岁,她两岁时进了中科院上海办事处的托儿所,受过正规的幼儿教育。在托儿所里,她学会了很多儿歌,其中有一支名叫《年老公公》的儿歌是我们至今难忘的,其歌词是:

"年老公公,白发蓬蓬,一个不留心,跌在路当中。过路的小朋友,看见了,双脚跳,高声叫'车走开,马走开',双手扶起老公公。(问)'老公公,老公公,一跤摔得痛不痛?'(答)'不痛,不痛,还好,还好!''年老公公,我们送你回到家中','谢谢,谢谢,你们真是新中国的好儿童。'"

此歌不仅词曲写得好,反映了新中国儿童尊敬老人、乐于做好人好事的优良品德,而且舞蹈动作也富有童趣。那个时候,她到哪里,就会把歌声带到哪里,不管是上海的亲友,还是乡下的亲友,都十分喜欢她。我们的儿子出生以后,与姐姐一起住在外公外婆家,那里还有一大群表姐、表哥,也都喜欢这个年龄最小的弟弟,常常拿他开玩笑,但这些大哥哥大姐姐们也总是保护着自己的小弟弟。当时正是三年自然灾害期间,物资十分匮乏,居民生活也比较困难,我们这个孩子寄放在外公外婆家里,每月就要贴补一些生活费。而这时我父亲与继母在一起单独居住,在生活上也不能不有所照顾,因此我们两人每月工资的三分之二要用于补贴双方父母,其余三分之一用于日常开支,总感到入不敷出,不得不在各自单位里借互助金以应不时之需。所以一到年关,孩子们欢天喜地迎接新年,而我们则常常愁肠百结。一年当中节衣缩食仅有的几十元储蓄便全部用完。所以那个时候我们夫妻两人上要赡养双方父母,下要抚育两个子女,是非常辛苦的。所幸我的妻子洪仁菊对我十分体贴,不仅自己含辛茹苦,毫无怨言,而且对两家老人都很孝顺。甚至当我继母糖尿病并中风后到上海治疗时,她能像对待自己亲生母亲一样为我的继母洗脚洗澡,陪同看病和锻炼,使我继母十分感动。我也为有这样的好妻子而感到无比的幸福。

1964年开始,随着"阶级斗争为纲"的不断升级,"左"的思潮也进一步蔓延。我们所的正常研究工作被一股所谓"要做无产阶级的战士,不做资产阶级的院士"的歪风打乱了。原来提倡的"板凳要坐十年冷"的甘坐冷板凳的研究精神,被斥之为"两眼不问窗外事,一心只读圣贤书"的资产阶级书生气;原来提倡的"向科学进军",被批判为"资产阶级成名成家思想"。而此时一种片面、浮躁的风气正严重地侵入社会科学领域,我们所内也掀起了所谓"一炮十响""三天革个命"等等严重违反科学研究规律的做法,发动大批青年搞短期突击,日以继夜赶抄卡片,匆忙结束原有的研究项目,以此作为"献礼"内容,实在使人哭笑不得。在完成了这样一番"革命"举动之后,绝大部分的研究人员被赶下乡去,搞所谓的农村"四清"运动,以工作队、工作组的名义,在农村开展社会主义教育,同时也让我们这些知识分子在运动中接受贫下中农的再教育。

1964年4月初,院部统一组织的"四清"工作队在松江县进行了几天的短期集训,即分赴该县所属的佘山公社各个大队,我们历史所一行十余人集中在离公社十多里的新奇大队,由刘仁泽同志和我担任正副组长。这次下乡搞"四清"运动,我们按上级指示,要坚持与贫下中农同吃、同住、同劳动。我虽然出身于农村,但实际上从未真正做过农活,这次下乡,我决心以贫下中农为师,不怕苦,不怕脏,不怕累,脚踏实地向贫下中农学习。农历三四月的天气,乍暖还寒,在松江集训时还是艳阳高照,气温升高到20摄氏度以上,可是当天下午一声惊雷,紧接着一阵瓢泼大雨过后,气温便急转直下,此后整整半个多月,一直是阴雨绵绵,冷得人非得把早已脱下的棉衣重新穿上才能经受得住。而阴雨天的农业生产劳动比平时要艰苦得多,我随同贫下中农们赤脚下田,只觉得一股寒气从脚底直往上冒,越是站着不动,就越是觉得冷,但只要经过一段时间劳动之后,全身热量增加,便不觉得冷了。第一天劳动便使我悟出了这个道理,我心里非常高兴。凡事都是如此,农业生产劳动也不是可怕的事,只要真正放下架子,虚心向贫下中农学习,就一定学得会。此后我还学会了插秧、耘稻、挑猪榭(猪粪)、平整稻田等农活,许多贫下中农纷纷称赞我学一样,像一样,与我一天天亲近起来,对我无微不至地关心照顾。那个时候,我们工作组开展"四清"运动,主要是在充分发动群众的基础上进行深入的调查研究,通过查账,了解大队和生产队干部的问题,然后找干部个别谈心,或通过回忆对比,启发他们自觉地放下思想包袱,交代自己的多吃多占、侵公肥私及其他经济问题,所以运动进展得还比较正常、健康,有这样那样问题的干部放下了思想、经济包袱之后,心情都比较舒畅,干群关系也有了一定的改善。当我们结束"四清"任务离开新奇大队的时候,当地的许多干部和贫下中农都纷纷为我们送行,帮我们送行李,并派专人摇船一直把我们送到佘山公社所在地陈坊桥。此情此景,确实感人至深。

但是政治形势风云突变,忽然从上面下达了一个推广"桃园经验"的文件,这个所谓"桃园经验",实际上是用"极左"的做法在河北某县的桃园大队搞"四清"后整理出的一套"经验"。它过分夸大了当地的所谓"敌情",竭力宣扬工作队一进驻桃园大队便感到当地"敌情"十分严重,干部都充满了对工作队的"敌意",周围都有一双双不友好的眼睛。工作组处于这种草木皆兵的气氛里,在当地贫下中农"扎根串连",寻找所谓的"根子",并依靠这些"根子"联系群众,发动群众,揭发干部的"四不清"问题。当地大队和生产队的干部,完全被撇在一边,也不找他们谈话,而生产方面则依然要他们负起责任,不许有任何消极对抗的表示。一旦工作队认为群众已被充分发动起来以后,便召开大会对犯有所谓"四不清"错误的干部进行批判斗争,即使出现过激、过火场面,也认为是群众得到充分发动的标志。所谓"桃园经验"通过党中央以"红头文件"向全国层层转发,也就是为全国各地开展"四清"运动树立了一个"样板",把前一时期进行过并取得一定成效的"四清"做法当作"右倾"而要求推倒重来。于是我们上海社科院、所已解散了的工作队又被重新组织起来,在院党委的直接带领下,一支人数大大超过前次的工作队,浩浩荡荡地开赴金山县,以所谓"纠偏"的名义,进行所谓"大四清"的运动。

我们所也组成了以党总支副书记、办公室主任吕书云同志为首的工作队,"四清"的主要对象是金山县廊下公社新建江大队。这一次,我们完全仿照"桃园经验"的做法,所有的工作队成员在分工负责的生产队里一个劲地搞所谓"访贫问苦""扎根串连",除了督促大队、生产队干部抓好生产以外,不与当地干部们接触。在选择贫下中农"根子"时,当地一些品行不端或曾经犯有小偷小摸错误的人往往因受过批评或处罚而对某些干部有较大意见,在运动开始时表现得最为积极。如果我们工作队不加分析,认为凡是敢向干部提意见或进行批判斗争的就是"积极分子",就是运动的"依靠对象",那势必会助长某些怀有私怨的人利用运动向干部进行泄愤报复,从而把运动引入歧途。这一点,当时我们工作队几位领导人的头脑基本上还是清醒的。在召开大会之前,我们总是反复向贫下中农交代政策,在会议期间又尽力引导群众摆事实,讲道理,帮助干部提高认识,改正错误。然而在会上,我们仍然未能阻止过激、过火的情形发生。记得有一次在全大队范围内召开批判大会时,当会议进行到高潮时,群情激愤,曾与某个生产队长积怨较深的几个人,把事先准备好了的碎碗片拿出来,放在地上,逼迫该队长跪在上面,还不时上前推推搡搡,甚至动手打人。面对这一事件的发生,我们当即站出来进行劝阻,不让群众的过火行为进一步升级,并搬过来一只小木凳,让这个队长坐下认真听取群众的揭发和批判。一场很可能酿成悲剧的事件总算平息下来。由于我们当机立断,有效地把运动引入正常轨道,整个新建江大队的"四清"运动才没有出现大的偏差。然而在当时的政治气候下,我们的工作队还是免不了受到"右倾"的指责,与那些轰轰烈烈地搞"四清"运动,几个回合便清出一大把贪污、盗窃等"四不清"数字的工作队相比,我们工作队实事求是地清查"四不清"问题,倒反而像做错了事一样,在会上有点抬不起头。这是因为在当时"极左"思潮泛滥成灾的形势下,谁如果不紧跟"左"的步调走,谁就会被当作"右倾"的典型而受到责难。反正我们自己感到问心无愧,对得起当地的干部和贫下中农,也就心安理得了。

然而历史终究做出了公正的结论,我们结束在金山地区的"四清"运动不久,党中央又下达新的指示和被称之为"二十三条"的文件,纠正了"桃园经验"的错误做法,要求各地工作队重新到农村进行善后工作,实际上也就是对前次贯彻所谓"桃园经验"过程中用错误的斗争手段被伤害的干部做出实事求是的结论,并进行必要的抚慰,对人为造成的干群之间的紧张关系进行必要的疏解和沟通。因此我又不得不随队第三次到农村搞"四清"运动。这一次我们所只派出了一个十几个人的工作组,由我担任组长,目的地是我们熟悉的松江佘山公社新奇大队。对于这个安排,我是很满意的,因为那里曾留下我第一次参加"四清"运动的足迹,留下我与当时不少干部、贫下中农的友谊,我非常了解他们,他们也很了解我,这是我顺利开展工作的有利条件。听说我们上次离开后,那里也有新的工作队进村贯彻"桃园经验",大搞逼、供、信等等"左"的那一套,本来比较融洽的干群关系变得十分紧张。这次听说又要来新的工作组,无论是当地干部或是贫下中农群众,都纷纷打听是谁带队到来。当他们知道是我将以工作组组长的身份重返新奇大队的消息,无不奔走相告,喜形于色。等到我们工作组到达佘山公社,准备启程去新奇大队时,这个大队已派专船等候着我们,把我们连人带行李一起送到目的地。我们一到大队部所在地,各个生产队的贫下中农闻讯蜂拥而至,男男女女、老老少少,纷纷向我热情地打招呼,有些社员还抢着请我住到他们的生产队,这样的亲人般的欢迎,真使我感动万分。为了与更多的干部和贫下中农接触,我没有住在上次住过的生产队,而准备在各个生产队轮流居住,以便于对当地情况有更全面的了解。我一连几天与大队、生产队干部和一部分贫下中农促膝谈心,了解前一时期的"四清"情况和他们的看法与要求,听取他们对下一步搞好"四清"收尾工作的意见和建议。我也要求分布在各生产队的工作队员本着同样的愿望深入各家各户,摸清干部和社员的思想情况,进行有针对性的调查研究。在相互沟通、真诚相待的基础上,组织干部和贫下中农积极分子认真学习党的方针、政策,并再一次运用政治思想教育行之有效的武器——回忆对比。有不少干部在回忆对比大会上动情地说,解放初期,共产党领导人民推翻了三座大山,让贫下中农翻身当家做了主人,我们经过党的教育,有强烈的翻身感,把全部精力都用于为广大贫下中农办事、为农业合作化出力。那个时候,一天到晚都在忙着搞土改,分田地,与贫下中农一起商议如何发展农业生产,自己小家庭的事几乎完全不管,被家里人骂为"野客鬼"。而现在随着生产的发展和生活的改善,劳动观念和群众观念都淡薄了,私心也重了,所以犯了这样那样的错误,实在对不起贫下中农。有的干部说着说着禁不住泪流满面,在场的贫下中农对他们进行了中肯的批评,并给予他们热情的鼓励。会议开得十分成功,大部分干部和贫下中农都感到这样搞"四清"运动才真正体现我们党一贯倡导的对犯错误干部以教育帮助为主,惩前毖后、治病救人的正确政策。看到那里的干部和贫下中农基本上消除了隔阂,增进了了解,彼此有说有笑,高高兴兴谈论新奇大队未来的农业生产发展规划,我们的心中似乎都有一种"将功补过"的宽慰。

三次下乡参加"四清"运动,三次有不同的感受。我无法评定这场"四清"运动的功过是非,历史将会对它做出应有的结论。但从我个人来说,有得,也有失。这两年来我得到的是走出了书斋的狭小范围,来到了农村的广阔天地,让我进一步认识新中国的农民和农村基层干部,让我初步学到一些农业生产知识。而我失去的则是我本来不很扎实的历史科学专业基础又被运动冲击得支离破碎。原以为"四清"运动过后我们研究所将恢复往日的宁静,我们又可以专心致志地埋头进行历史科学的研究,重再徜徉于书海之中,以加倍的努力来弥补过去几年失去的时间。可是谁又能想到,一场更为剧烈的"文化大革命"的风暴正日益临近,我们苦苦等到的不是国家安定、科学昌明的社会环境,而是为祸极其惨烈的动乱岁月。

(原载徐鼎新著《七十周年风雨人生路——徐鼎新自传》,上海彩世电脑制版印务有限公司 2008 年印。有删节)

在上海社会科学院历史研究所的日子

华士珍[1]

一、群众性的科研运动

1958年"大跃进"是由群众运动推动掀起的,"大跃进"运动又使群众运动进一步高涨,什么事情都兴"大搞"。本来科学研究是一项艰苦的脑力劳动,更多的是一种个人的行为。但在"大跃进"年代,提出了群众性大搞科研的口号,人们看惯了"大干××(月或天),向××('七一'、国庆、元旦或党)献礼"的标语。北大和复旦中文系的学生奋战几十天,写成并出版了《中国文学史》,被作为典型例子加以宣传。

这种情况持续到1960年,1960年2月底至5月中旬,我在顺昌机器厂劳动的时候,感受到的还是"跃进"的气氛。

我从顺昌厂回校后,正遇上群众性搞科研的热潮。当时新版《辞海》的编写已经启动,系里也分到了任务,大概上面催得紧,就将任务分

---

[1] 1940年生,上海南汇人。1960年5月至1961年5月曾来上海社会科学院历史研究所做合作研究,1961年夏毕业于上海师范学院历史系,后在川沙县虹桥中学(今唐镇中学)、南汇县瓦屑中学(今周浦育才学校)任教,1996年被评为特级教师,2000年退休。——华士珍注

发到年级。我们班也领受了一些条目,但只是让我们过了一下目,后来就没有下文。记得这些条目是属于官制一类的,印象深的是"廉访司"这一条目,现在知道是元朝的官制,而当年我未曾听说过,到现在我还记住。

在之前,大概1958年年底1959年年初,系里曾组织编写了《中国纺织机械机厂厂史》。朱永康老师带领,四五位同学参加,最后由朱老师执笔写成五六万字的稿子,几个人分头刻印。我手头有过一本,后来弄丢了。为此,我曾去中机厂,做过一点调查专访,但具体已回忆不起来。这自然属于群众性搞科研的成果。

过不多时,我就接到通知,让我参加一个项目,是《上海人民革命斗争史》的写作。《辞海》条目编写,说说而已,但这次写作任务,却是系里安排和上海社会科学院历史研究所的合作项目。说老实话,我并没有感觉多少兴奋,因为我知道我还不具备这种能力参加到这个项目中去。试想,我们连中国近现代史都没有好好学,也没有经过学术写作的训练,一篇小论文都没有写过,有什么资本去写什么著作。但在那种"跃进"的气氛下,所有的计划打算都用不到科学论证,有的只是大胆的设想,至于这些设想能否实现,这不是你要考虑的问题。

后来的事实也确是如此,计划一年内出书,最后只是写了几篇文章。现在我们看到的由熊月之主编的《上海通史》,煌煌15卷,600万字,是集几代人的学术研究成果,而非一朝一夕所能写成。当年我们处初创阶段,筚路蓝缕,确实不易,但那种一年写就的大话是实在不能说的。

系里当然是看重我,因为被选上的只有八人:一班的严灵修、廖志豪,二班的沈渭滨、陈书林、王高胜、季国忠,三班的李茂高、华士珍。不知什么原因,严灵修在一个月后退出,只有他一个党员,估计组织另有安排,实际是七人。廖志豪、沈渭滨、李茂高是调干生。李、廖年龄较大,李茂高长我12岁。沈渭滨参过军,是团员,由他做我们七人小组的组长。我则负责生活,与学校膳食科打交道,将粮票、油票、肉票、鱼票、糖票、饼票等各类票证,七人每月的伙食费领回,分发给每个人;又与系主任秘书打交道,将每天的车票汇总后报销(后来每人买月票)。总之是考验我耐心和细心的一项工作。

5月底6月初的一天,我们一行由夏笠老师带领,来到徐家汇漕溪北路40号的历史研究所。夏老师原是上海市东中学历史教师,后被调入师院搞历史教学法。除他之外,还有教我们中国近代史的王明枫副教授,和从华东师范大学历史系毕业不久的马洪林老师。历史所向我们表示热烈欢迎,由副所长徐崙主持开了一个圆桌会议,先互相熟悉。经过介绍,我们知道一起的有三位研究员:汤志钧先生、方诗铭先生和刘力行先生,还有四位青年研究人员:黄霞、余先鼎、刘恢祖和汪济潼。

上海史的范围非常宽泛,现在限定在人民革命斗争,这就将范围缩小了。从时间来看,设定在1840年鸦片战争开始到1919年的五四运动,即中国革命史的前半段。这是考虑到研究人员的实际力量,能写专著的其实只有历史所的汤志钧、方诗铭和刘力行三位。四个青年研究员,黄霞是华东师范大学出身,余先鼎来自东北人大,刘恢祖和汪济潼刚从华东政法学院毕业,余、刘、汪三位专业不对口。师院的三位老师系里有任务,夏、王两位每周来一两次,后来干脆不来了,马老师来得多一点。主要是我们几个学生,但也顶不了事。

根据设定的计划,所有人员被分成几个组,1840—1864年为第一组,人员为方诗铭、王明枫、王高胜、华士珍。1864—1898年为第二组,人员为刘力行、李茂高、余先鼎。1898—1911年为第三组,人员为汤志钧、黄霞、沈渭滨、廖志豪。1911—1919年为第四组,人员为马洪林、陈书林、季国忠。

接着的工作便是列出写作提纲,也就是全书的目录。因为限定了人民革命斗争,这个提纲的制订就颇费周折。首先是关于"人民"的界定,它和历来的"国民""公民"不同,在我国,被用来作为和敌人相对。按毛泽东的说法,不同历史时期,人民的范围是不同的。比如同是一个蒋介石,在抗战期间,属于人民的范畴,但在内战期间,他便是敌人了。现在考察上海近代历史,哪些可以归入人民革命斗争的呢?要说上海的无产阶级,到19世纪末,还只是在形成过程中,数量也有限。所谓底层人民的斗争,也就是市民的斗争。19世纪末20世纪初,随着民族工业的发展,资产阶级开始诞生,而且慢慢成为一支重要的力量,出现在政治舞台上,要不要写,能不能写资产阶级,也成为一个问题。在理论界,此时"左"风还刮得很盛,有了1957年的教训,思想禁锢得厉害,资产阶级成了不敢碰的东西。但如果撇开了资产阶级的活动,那么可写的内容则很有限了。从时间的维度上来说,有一大段的年份只能留于空白,那么,史也不成其为史了。

这个事情拖了一段时间,也很难解决,到9月中旬终于决定暂缓写书,每个时期找题目先写几篇文章。我们这一组涉及鸦片战争和太平天国,鸦片战争时期上海人民的斗争就是陈化成将军领导的抗英战争。除此之外,还有1848年发生的青浦教案。太平天国时期,上海发生了小刀会起义,和太平天国相呼应,规模也很大,是一个很好的素材。比起其他几个时期,我们的论文题目比较好定。就这样从9月底起,我们的目标就比较明确了,即要将这些内容写成文章,交稿审阅通过。

二、《一八四二年上海抗英战争》一文的写作

我们这一组五个人,王明枫老师系里有事,他来得很少,实际是方诗铭先生和刘恢祖、王高胜和我四人。按照分工,我和刘恢祖负责鸦片战争这一段,方先生和王高胜负责太平天国这一段。要论材料,太平天国这一段的材料比较丰富,除小刀会起义外,还有太平军进攻上海。历史所已经出版了《上海小刀会起义史料汇编》,中外文资料非常丰富,要做文章选题较容易。方先生虽是搞古代史的,但这时俨然成了小刀会史专家,我很羡慕王高胜跟着方先生。

我和刘恢祖就搞鸦片战争这一段,陈化成的抗英是我们要写的第一个课题。刘恢祖原是华东政法学院法律系毕业的,但是学非所用。1958年,华政被撤销,和其他几个单位合在一起成立上海社会科学院,从此不再招生,原有的学生大都被分到中学做政治老师。恢祖是党员,被分到历史所。他原是调干生,苏州某小学的老师,1956年考入华政。听口音是苏北人,父亲应是新四军的一个地位很高的干部。他长我六七岁,爱人也是小学教师,所以他每周都回苏州。因为有这样一个背景,他在历史所任党总支委员,实际主持工作的副所长徐崙对他另眼相看。

恢祖很谦虚,他说不是专业出身,如何写作,可以一起讨论,但由我来起稿。其实我和他还不是一样,王明枫老师给我们上中国近代史,没有作业,没有考试,实在没有留下多少印象。现在他要我执笔,我也没有推托的理由。当时放在我们案头的是像砖块一样的六册《鸦片战争》,中国史学会编的资料丛书,但有关陈化成的抗英资料其实不多,主

要取自道光朝的《筹办夷务始末》。历史所自己编译了一本《鸦片战争末期英军在长江下游的侵略罪行》,资料则很丰富,是当年几个参加作战的英军舰长的回忆,还汇集了一些中文资料。

1840年6月开始至1842年8月结束的鸦片战争,在两年多时间中,真正作战的时间不长。先是1840年6月英军从广州海面北上,在占领定海后,直抵大沽口,道光帝连忙将抗战派林则徐、邓廷桢革职,派耆英去广州和英军谈判。为取得更大的权益,1841年8月,英军第二次北上,攻厦门,陷定海、宁波,1842年5月18日占领乍浦。这回英军根据传教士的情报,趁清军兵力集中在大沽,而长江下游疏于防范,于是决定侵入长江,控制南北运河和南京,切断清朝的漕运和商业运输线路,逼清政府就范。但自6月至8月,英军却费了两个月的时间,方始抵达南京,在上海、镇江都遇到了清军的顽强抵抗。6月16日,英军发起吴淞之战,陈化成战死。我们要写的就是陈化成的抗英战争。

陈化成(1776—1842),福建同安人。他行伍出身,由于作战勇敢,经不断历练,1830年晋升为福建水师提督,驻守厦门,为从一品边疆大员。1840年鸦片战争爆发后,他被派驻上海,任江南水师提督。他到任后,即购置大炮,整顿军备,在吴淞口的东西两岸、东沟口的黄浦江两岸与苏州河外滩、陆家嘴两岸组建3道防线。英军攻占乍浦准备侵袭上海时,两江总督牛鉴主张投降,遭陈化成坚决抵制。6月16日上午,英军十余艘军舰向吴淞炮台发起进攻,陈化成沉着指挥,击中多艘敌舰。在宝山城内的牛鉴见状便想邀功,乘着大轿出宝山城,敌舰便向他开火。牛鉴丢下轿子慌忙逃跑,致军心大乱。敌人从蕴藻浜登陆,占领东炮台,对陈化成的西炮台呈包抄之势,致西炮台被攻占,陈化成英勇战死。据英军将领称,中国守军炮火很厉害,作战亦英勇,是他们还未曾见过的。英军在攻破了两道防线后,进入上海城,在大肆骚扰了几天后,企图沿黄浦江去往苏州,但未获成功,遂沿长江向西进犯。

这是1842年上海抗英战争的大致经过。面对现有的资料,如何将它组织成文,如果以前有过学术论文的训练,自然要轻松一点,但在进校后的几年时间,我们一篇习作都没有,即便是两三千字的小论文,也未曾写过,不知如何动手。王老师系里有课,开始一段时间还来所,后来就不见人了。方先生很少说话,只见他成天都在做卡片,我们也不好意思向他讨教。我和恢祖商量后决定根据事件的发展进程,列出几个标题,先写出来再说。

进师院后,我接触了一些学术论著,很少有感兴趣的,大都枯燥乏味。唯独郭沫若的学术论著,与别人不同,不是板着面孔和人对话,带有文艺性,我读得较多,如《甲申三百年祭》,文风活泼,能打动人。在不知不觉中,我似乎也受了他的影响,于是也想将文章写得活泼一点。其实,郭老功底深厚,只有像他那样富于才华的人,方能挥洒自如,哪里是像我这种初学者能学得了的。大约10月中旬文章成稿后给恢祖看,他没有说什么。不过我自己也觉得不满意,于10月底又修改成二稿,给副所长徐崙,他看过之后,说了几点。大意是学术论文和散文不同,讲究科学性,必须论述清楚,逻辑严密。他的意思很明确,还是老老实实地做文章。他又说,上海抗英战争是鸦片战争中的一个战役,必须简单地交代这一战役发生的背景,重点是要讲清陈化成领导吴淞抗战的过程,宣扬其英雄主义,鞭挞牛鉴等人的投降行为,还要说明上海抗战的历史地位。当时关于中国近代史的权威著作,是著名历史学家范文澜的《中国近代史》(上),这是他延安时期的著作,囿于资料,关于上海战役,他做了"不战而溃"的结论,这显然是错误的。我们必须在文章中将这一点说明，但范文澜的名字就不提了。

按照徐崙的意见，我进行第三稿的写作，大约11月初写成后给恢祖，他说了一些想法。我根据他的想法做了一些修改，于是又去找徐崙。徐崙对我的三稿还是不满意，而这时《学术月刊》已计划将我们的课题在12月号上发表。徐崙大概觉得让我修改没有把握，就以我的稿子为基础，他自己动手另起稿。大概已到11月下旬，他用毛笔写的十几页文稿终于完工。我对照了一下，他动得多的是开头和结尾的部分。文章开头是交代吴淞抗战的背景，我不会简略，写得啰唆。结语部分也是同样的毛病，他将我评论的部分全部去掉，文字非常简洁。关于战役的整个过程，他嫌我的叙述不太清楚，引用材料不够，特别是英国几位舰长的回忆，是很能说明问题的，但我不敢大胆引用。所以在事实部分，他添加了一些材料，次序排列上做了调整。看了他写的，我明白了学术论文应该使用怎样的语言。他写好后，为了帮助青年研究人员学会写作，将他和我写的两篇文章都打印出来，让大家讨论。汤志钧、方诗铭、刘力行三位先生的发言是有相当水平的，于我而言，是一个极难得的学习机会。

《学术月刊》编辑乔彬来了几次，问何时能交稿。我们交给他已是12月初。几天后他要我和恢祖一起去编辑部校对。编辑部在高安路，离历史所不远，记得我和恢祖去的时候已是半夜，等了约一个小时，清样才出来。我们费了三四个小时逐字逐句仔细核对，到天快亮时，感觉没有问题了，才在晨曦中回到历史所。做编辑的也真辛苦，乔彬已有点年纪了，也陪着我们一起熬夜。

杂志是12月10日出版的，作者署了恢祖和我的名字。当时我们觉得有点说不过去，明明是徐崙捉刀帮着搞出来的东西，只有署他的名才合情理。这倒姑且不论,但后来稿费的处理更让我们难以释怀。乔彬将稿费送到所里后,办公室的同志给我们,我和恢祖认为应该给徐崙,但徐崙坚辞不收,要我们收下。后来恢祖给我说,不要推了,因为以前有过好几例,徐崙帮青年研究人员写成文章发表后,他都是这样处理的。当年的稿费为千字 8 元,全文约 10 700 多字,送来稿费 86.1 元,恢祖将 43.05 元给了我。

我拿到这笔钱之后,找到李茂高,他原是我班的班长,我对他很信任。我请他帮我做一件事,让他将这笔钱交到系主任办公室。我的理由是,我是系里派到历史所,属于实习一类的,系里已经给了我别人得不到的机会,我不能再要这笔钱,让系里收下,我就安心了。大约过了一个星期,李茂高对我说,系里说这钱无法入账,因为入账要有名目,现在说不出名目,你还是拿着吧。过了几十年,我现在想想,当年没有创收之类的说法,放现在,列一个创收的名目不就可以了吗?既然如此,我也无法再推。须知 43 元在当时算是一笔钱,我还没有参加工作,却拿到了一笔钱,自然也很高兴。我想想再过半年就要参加工作,走上讲台,总要像一个教师的样子,于是花了大约 20 多元买了一双皮鞋。因为是困难时期,物资已很紧张,本来不到 20 元的皮鞋,我则花了 20 多元。

《学术月刊》是上海社会科学联合会的机关刊物,在学术界的地位很高,它刊登文学、史学、哲学、经济学、法学等人文学科类的学术文章,每月一期。作者主要是上海从事社会科学研究的专家学者,他们集中在复旦大学、华东师范大学、上海师范学院以及上海社会科学院所属的几个研究所,人数不会少于 1 000 人。而当年文科类的刊物实在少得可怜,除《学术月刊》外,就是复旦、华东师大、上海师院三所大学的学报,能容纳的作者和文章极少。以《学术月刊》来说，每期发2篇历史论文，全年24篇。大学学报一般是季刊，能发的数量也有限。另外《文汇报》也刊登一些学术文章，为数也不多。总之一句，发文章很难。大学助教、讲师都很难发文，不要说是一名大学生了。和我们同期发表的另一篇史学论文《论"四权"和中国古代农民战争的关系》，署名作者为陈嘉铮和龙德瑜。本来不知道这两位到底是谁，前两年，看朱永嘉博客，才知是复旦大学历史系六个人的合作。其中陈嘉铮是陈守实、朱永嘉和朱维铮的合称。陈守实是复旦历史系二级教授，其排名次于周谷城和周予同，两朱当年都是助教。后来朱永嘉成为上海市委写作组罗思鼎的负责人，姚文元的《论〈海瑞罢官〉》的文章，没有朱永嘉是写不出来的。"文化大革命"期间朱永嘉为上海市委常委，"文化大革命"结束后获刑16年。朱维铮后来成了中国思想史领域最为中外学界瞩目的人物。但当年他们的文章还要陈守实先生领衔，由此可见一斑。回看现在，各种各样的杂志，五花八门，只要你愿意写，不愁没有发表的地方。我自问还无独立写作的能力，文章的发表只是在短时间内稍微兴奋了一下，很快就平复了下来，因为还有下一个写作任务要我们去完成。

大概是1961年1月，上海历史学会年会在南昌路科学会堂举行，徐崙说我们的这篇文章要提交给年会，讨论前要我们做一个说明，主要是讲写作目的，以及写作经过，听取专家的批评。恢祖和我商量后，他没有推托，由他做说明。对上海史素有研究的胡道静先生对我们的文章看得很仔细。关于陈化成布防的三道防线，他说其实只有一道防线，亦就是吴淞口两岸。东沟口和陆家嘴这两处，陈化成有这打算，但实力不够。因为只要攻破吴淞炮台，英军可以从陆上，经江湾到苏州河，占领上海城，不必动用军舰。他这话给了我们启发，徐崙认为也有道理。胡道静的父亲胡怀琛是国学大师,早年父子俩协助柳亚子先生创办上海通志馆。柳亚子有搞上海史的打算和计划,成立通志馆的目的是聚集人才和搜集资料。历史所有通志馆的期刊和资料,我曾翻阅,对胡道静也不陌生。所以,追溯起来,柳先生才是上海史研究的开拓者。胡道静先生后来则成了《梦溪笔谈》的研究专家,蜚声中外,和英国著名学者李约瑟有密切交往,为中国科技史学科的建设做出了杰出的贡献。这自然是后话。

现在看来,这篇文章还是有一点意义的。之前,上海人知道陈化成,城隍庙供有他的塑像,将他和城隍放在一起供奉,但对他的事迹不是很清楚。倒是豫园里的小刀会起义司令部,因为是农民起义,经过大力宣传,人们都知道了刘丽川和陈阿林。对陈化成,人们还有一点顾虑,他是江南水师提督,是统治阶级营垒内的人物,能不能大力宣传?所以我们文章的题目也就用《一八四二年上海抗英战争》,而不用"陈化成抗英",但主要还是宣传他的英勇事迹。现在几乎所有的关于陈化成抗英的宣传,包括吴淞的陈化成纪念馆采用的,大体是我们文章提供的资料。我们引用的外文资料,英国军舰"复仇神"号、"摩底士"号、"皋华丽"号、"哥伦拜恩"号、"西索梯斯"号的舰长和军官——柏纳德、奥特隆尼、穆瑞、利洛、康宁加木等——的作战日记是以前人所未见的。陈化成的名字现在和关天培列在一起,成了第一次鸦片战争抵抗英国侵略者的著名将领。

三、青浦教案的研究和写作

1960年12月底起,我就转入青浦教案的研究和写作。

发生在1848年3月8日的青浦教案是基督教新教传入中国后的第一个教案。基督教的历史很复杂。它在公元1世纪创立后有过两次分裂。公元11世纪它发生第一次分裂，以伊斯坦布尔为中心的，称为"东正教"，以罗马为中心的，称为"天主教"。公元16世纪，天主教发生分裂，分裂出的派别称为"新教"，主要在英美和北欧地区。相别于新教，天主教也被称作旧教，主要在西欧、中欧、南欧大部地区和拉丁美洲。

早在唐朝，基督教就在中国传播，当时称为"景教"，西安碑林有一块"大唐景教碑"，但不成气候，佛、道的势力太大。直至明朝末年，天主教传教士利玛窦来中国，用儒家学说宣讲基督教义，还走上层路线，找徐光启这样的"高知"，然后进到皇宫，影响权力中枢，于是局面渐渐打开。清朝时，天主教传教士汤若望已官至钦天监，康熙身边还有两个法国传教士，专门教他数学、天文、物理。但后来因为罗马教廷改变过去利玛窦的做法，不允许中国教徒"敬天法祖"，被康熙下了驱逐令。天主教一度在中国沉寂，直到鸦片战争之后，天主教势力重又恢复发展起来。

新教的传播是后来的事，大体是乾隆晚年马戛尔尼使华之后。而传教士的大批来华则是鸦片战争所致。1842年英国强迫清政府签订《南京条约》后，1844年法国也强迫清政府签订《黄埔条约》，传教活动从此合法，基督教传教士，无论旧教、新教都大批前来中国。

教案大都发生在传教士、教民和中国底层群众之间，除了文化上的差异之外，还涉及实际利益。1848年3月8日凌晨，英国伦敦会布道士麦都思、慕维廉和雒魏林三人去青浦布道，在城隍庙附近散发宣传材料，和滞留在青浦的漕运水手发生冲突。雒魏林挥舞手杖伤了水手，水手持篙问罪，遂起冲突。麦都思被打伤，青浦知县金镕闻讯后即赶到现场，急忙派人护送三人回沪。其作为教案，不典型，严格说来，只能说是一个事件。整个事件过程很简单,但后果很严重。

《南京条约》将广州、厦门、福州、宁波、上海列为商埠,向英国开放后,涉及外来人员的管理问题。1843年的中英《虎门条约》列出细则,规定外人在上述五个城市的活动领域,以一天内来回为限。后来法国人、美国人也照此规定执行。按当时的情况,实际也只是一天内的步行距离,自然只是指白天,最多十多个小时的时间。活动也就被限制在城市近郊的30里路的范围。麦都思等三人雇了小船,从小东门沿江去青浦,行程约90里,来回180里,岂是用十来个小时就能做到的呢。这是理亏在先,但后来三人强词夺理,将一天说成是指24小时。道台咸龄曾参加《南京条约》的签订,见过面,据理力争,认为传教士有错在先,水手斗殴在后,现在他去麦都思处已表示慰问,事情应该就此结束。但英国驻上海领事阿礼国是个极蛮横的人,在他的威逼下,咸龄答应捉拿"肇事者",但他却不肯善罢甘休,下令英商拒付关税,又让军舰横在黄浦江中,不让运粮的漕船进出,还派副领事去南京向两江总督李星沅施压。抗税影响政府的财政收入,封锁江面影响漕粮的运送,在阿礼国的恫吓下,清政府将咸龄革职查办,10名水手受刑,3名传教士获300两银赔偿。第一次鸦片战争后,清政府在对外交涉中,变得越来越软弱无能。

和陈化成抗英一样,青浦教案的中文资料很少,《筹办夷务始末》《上海县志》和《青浦县志》中有一些零星的记载,现在已发掘出李星沅的私人档案,但当时还没有。我和恢祖提出能否从外文资料中去找一点这方面的材料。历史所有一个编译组,专门有一批人从事翻译。现在研究所都已不设编译组,研究人员一般都通一国,甚至多国外语。当年历史所的编译人员力量强大,约10人左右,有通英语、日语、法语等各种语言的人才。涉及上海史的外国档案，不可计数，不依靠外档资料，无法进行研究。搜寻的结果是，叶元龙先生在英国下院蓝皮书中有所发现，这就是阿礼国和英国外交大臣巴麦尊的来往函件，约有20万字。叶先生曾任重庆大学校长、联合国救济总署安徽分署主任，1949年后是上海财经学院教授。我曾写过两篇文章回顾他的一生。所总支书记张有年告诉我们后，我们就等他的翻译资料。这时已是春节后。叶先生的翻译速度很慢，每天只得1 500字，一星期约1万字，每周送一次。大约3月中旬，我向张有年提出，能否让我和叶先生合作，由他口译，我做记录，好让速度加快一点。叶先生工作场所在徐家汇藏书楼，就这样，阳春三月的时候，我来到藏书楼，和叶先生、马博庵先生、雍家源先生一起，在藏书楼底层入门处的廊下，放四张学生用的小课桌，开始我们每天八小时的工作。叶先生一面翻看，一面可以不假思索地口述，我按他说的化为文字。然后我读给他听，得他的认可后，再继续下一段内容。一天下来，可得6 000字。他非常高兴，说我的文字能力不错，这自然是他对我的鼓励。后来知道先生那时已患有心脏病，他是力不能逮。其时我才20岁，他的年龄三倍于我，气血已经不足，还能要求他有速度吗。我和他合作了约一个月，到4月中旬，大概已译出一半多，10来万字。我对叶先生说，留下的部分，你看如觉得重要，选一部分译。我们将那10来万字消化一下，看能否做成文章。

本来4月中旬离放假还有两个多月，但传出消息说，系里让我们5月上旬结束所里的事情，回校去听一些课，参加毕业考试。原来我和恢祖打算根据现有资料，花一个月的时间，可以完成青浦教案的写作，但我们的打算最终还是落空。

5月初，我们离开历史所回到了学校。在校的同学已经过两个多月的实习,并且在听中文系老师的课,据说是准备改行。我们也就跟着一起听了20多堂课,主要是中国现代文学,中国现代史的课没有听,但要参加考试。就这样我们在一种无序的气氛中结束了学业。

青浦教案的研究,恢祖没有搞下去。过了二三十年,《辞海》虽经修改,出了再版,关于教案的措辞还是那么几句话。直到10多年前,我才看到关于教案的几篇文章,其中一篇是马洪林老师的,他和我们一起在历史所,他知道这个课题。中国近代史上发生的教案,何止百千,青浦发生的这件事实在太小了,但并非因其小而可以忽视。这主要是因为有以下几个原因。首先,青浦教案是1840年鸦片战争后的第一个教案。其次,大多数教案涉及的是天主教,而很少涉及新教,青浦教案是为数极少的新教教案中的一个。最后,教案导致租界的扩张。1848年11月,阿礼国挟青浦教案的余威,逼迫上海道台麟桂,将英租界由河南路向西扩至泥城浜(现西藏中路),向北由李家场(现北京东路)扩至苏州河。租界面积由830亩扩至2 820亩。1849年4月法国驻沪领事敏体尼,则逼迫上海道台麟桂,将洋泾浜(现延安东路)至城区的狭长地段,约986亩的土地租借给法国,这就是法租界的由来。从此上海有了两个租界。

青浦教案中的三位传教士,从教案中的表现来看,主要是违反了有关规定。青浦的漕运水手正处于失业状态,生活无着,心中积满怨愤。当天传教士带的宣传品不多,是传单之类,而水手争着一定要经书,未能被满足要求,混乱之中,起了冲突。本也不是一件大事,但后来水手持竿棒追打,始酿成大祸。主要是阿礼国借此发难,如果清政府强硬对付,他是占不了便宜的,说来说去,是清朝政府的软弱和不争气。

上海开埠伊始,来华外人不多,其中在上海有影响者,只20来人。

教案中的这三位均列名其中。被打伤的麦都思(1796—1857)是伦敦布道会资深牧师。他早年曾习印刷术,后投身宗教,来华之前在印尼的巴达维亚(现雅加达)建印刷所。他是第一批来华的传教士,曾任英军翻译,1841年脱离军队,来上海传教。与此同时,他购买了位于现福州路和广东路之间,山东路以西的一片土地,于1843年创建墨海书馆。这块地被称为"麦家圈",后来又成为仁济医院的所在地。书馆引进西方的印刷技术,翻译西方政治、科学、宗教书籍,是中国最早的现代出版社,也可说是中国近代最早的外资企业。墨海书馆培养了一批通晓西学的学者,如王韬、李善兰。王韬成为维新思想的先驱,对康有为、梁启超有直接影响,李善兰则成为著名的数学家。麦都思本人则留下多种译著,成绩斐然。为纪念他做出的成绩,布道会专设麦伦书院,后更名为麦伦中学,亦即现在继光中学的前身。

那个挥舞手杖误伤水手的雒魏林(1811—1896)兼具传教士和医生的双重身份,是英国皇家学会外科学会会员,专眼科。他随麦都思一起来华,曾在广州、澳门行医,后至舟山创立医院。1843年来上海,他在麦都思的帮助下,于1846年在麦家圈(占地5亩半)创办仁济医馆,亦即仁济医院的前身;后又赴北京创办医院,兼任英国公使馆医生。我每次去仁济医院,见二楼的大幅墙面,陈列的是医院的院史,赫然在目的是一张雒魏林医生的图片,总要想起1848年3月8日在青浦城隍庙的那一幕。

慕维廉(1822—1900)也是伦敦布道会派出的牧师,只是到上海已是1847年,隔不多时,便发生了青浦教案。说起来,他与宋氏家族还有一点关系。宋庆龄的外祖父,即宋母倪桂珍的父亲倪蕴山,早年学修鞋、制鞋,20岁左右在南京路北的盆汤弄(现山西路、福建路之间)借房开鞋店,1858年入耶稣教,为他行受洗礼的正是慕维廉牧师。后来倪蕴山到麦家圈,给伦敦会的传教士当厨师,不久升任天安堂(在麦家圈旁边)牧师,成了一名上海早期的宗教工作者,这是其人生的一大转折点。此后,几个子女,包括倪桂珍在内,以贫苦教徒子女身份进校读书,并享受免费食宿和生活费。

当年我对麦都思稍有一点了解,知道他有一个儿子,一般称为"小麦都思",曾做过英国驻上海领事,为示区别,将他翻译成麦华陀(1823—1885)。麦华陀曾创办"格致书院",亦即格致中学的前身。现在的泰兴路还曾以其名命名,称麦特赫斯脱路。其他两位的情况,一无所知。

主要原因还不是资料的缺乏,不了解他们的生平经历,而是受流行思想的支配。1960年10月,《毛选》第四卷出版,我们政治学习的内容就是《评白皮书》的几篇文章,如《"友谊",还是侵略?》《丢掉幻想,准备斗争》《别了,司徒雷登》,对于帝国主义的文化侵略,保持高度的戒心。传教士被认为是文化侵略的急先锋,还有什么好肯定的呢,自然是全盘否定了。

改革开放以来,学术界发生了巨大的变化,史学领域更为明显。史学界对最早到上海的一批外国传教士,进行了实事求是的研究分析,对他们在传播西方文化方面的贡献,给予了充分的肯定。

四、说说徐崙、马老和雍老

在历史所只有一年,但对它,我们都很有感情,直到现在已经过去快60年了,还一直想起它。漕溪北路40号那幢4层大楼,坐北朝南,南面就是藏书楼,再过去是天主堂,这些建筑,和土山湾孤儿院、徐汇公学(现徐汇中学)一起,构成了徐家汇天主教建筑群。1960年6月,我们刚进所的时候,那幢大楼一分为二,临漕溪路的东半部是市农委,另一半,即西半部,是历史所。两个单位食堂是一个,我们和市农委的人一起吃饭。过了几个月,两个单位分开,我们不从东门出入,而是和市农委隔开,另设一南门,由南门出入,食堂也分开。

我们进所时,人员还不多,连我们在一起,不到30人。青年研究人员很少,只六七人;中年研究人员,只三四人;更多的倒是五六十岁的一批,是编译组人员,近10人;还有六七位行政后勤人员。编译组人员大多是1949年前在大学任教,即将退休,不适合做研究工作的,如叶元龙先生、马博庵先生和雍家源先生。还有是共产党的领导干部,运动中犯了错误的,也被安排到研究所。如曾是同济大学校长兼党委书记的薛尚实,资格很老,在白区搞工人运动时,一度受刘少奇直接领导,解放初,曾任青岛市委书记。到上海后,他和柯庆施意见相左,遂被打成右派,后被安置到历史所。这种情况和张闻天、顾准、黄逸峰他们被安置到研究所,如出一辙。薛尚实每天夹着一个皮包,到所里上班,搞工人运动史。1949年前,他领导工人运动,现在他将过去的实践拿来做理论研究。

从1956年建所到现在,已经60多年,最近翻看历史所的纪念册,除了对徐嵛、汤志钧、方诗铭几位略有记叙外,余则一笔带过。这里,我想着重说几位。

先说一说徐嵛(1910—1984)。徐嵛是历史所初创期的主要人物。所长李亚农曾任新四军敌工部副部长,是中科院学部委员、上古史专家。像他这样的党内史家也只有范文澜、翦伯赞和吕振羽。他和郭沫若关系也很好,但因病长期住在华东医院,实际主持负责所里工作的是徐嵛。他的资格很老,是北大国文系出身,1937年以平津流亡学生的身份,参加以山东泰安为中心的徂徕山根据地创建,长期在新四军搞敌工和宣传。他 1949 年任华东军区政治部宣传部副部长，1950 年任华东军政委员会文教委员会秘书长（由政务院批准任命），后在上海市委党校讲社会发展史，并写了《什么是原始社会》《什么是奴隶社会》《什么是封建社会》等小册子，发行量很大，影响很广。1956 年他协助李亚农筹建上海历史研究所。他瘦长个子，头发差不多已全白，额头布满皱纹，我以为他年过 60，后来才知道 50 还不到。他烟抽得厉害，一根接一根，手指全被熏黄了。全所人员对他都很敬重，不但是因为他的资历、学识，更因为他平易近人。所里人的称呼，除了几位 60 岁左右的老先生以某老相称外，不分年龄大小，都在姓氏前冠以老字。我年纪最小，但恢祖却称我"老华"，他称方先生为"老方"。我很不习惯，因在学校，方先生一辈，是以"老师"相称的，现在我就改称方先生。但独有徐崙，几乎是约定俗成，大家都叫他徐崙同志。

徐崙善言辞，历史所的人都喜欢听他讲话，不嫌其讲得长，反嫌其讲得短。因他讲话富于哲理，风趣幽默，这和他阅历丰富有关。在革命战争年代，他长期搞宣传，还从事敌工工作，来历史所前，又在市委党校讲课，练就了讲话的才能。自然，和他北大中文系出身，还有他那一口京片子，这都有关系。我这一生，听报告无数，在教政治课后，每学期都要听市委领导做报告，但听来听去，论讲话水平，只有市委原宣传部部长陈其五可与他相颉颃。大约是 1960 年十一二月间，他每周用两个晚上时间给我们讲中国革命史，这是他的业余时间。我们为他准备一瓶开水，他一面抽烟一面讲，两

徐　崙（1910—1984）

个小时时间很快过去,我们好像还没有听过瘾。他香烟一支接一支不断,到讲课结束时只剩下半包。我对中国革命史本来就有兴趣,听他讲后,兴趣更浓。

按徐嵛解放初期的职务,不管是华东军政委员会文教委员会秘书长,还是华东军区政治部宣传部副部长,级别都已很高,前一职务由政务院(即后来的国务院)任命,后一职务由中央军委任命。两个职务的顶头上司,文教委员会主任、政治部部长都是舒同(后来的山东省委书记),所以,他最起码是局一级干部。他后来怎么被弄到市委党校做教员,又被安排到历史所任副职,最多也就成了处一级干部呢?这是我们心中的一个疑团,但内情却不得而知。后来知道,许多领导出了问题,有一条出路,就是到研究所。我们心中也就做此猜想,徐嵛大概在某次运动中出了问题,否则,按其资历和才能应是市委部长的角色。

他有一女儿,给我们讲课时有几次曾把她带来,约10岁,活泼可爱。据说徐嵛的爱人是新四军重要领导人罗炳辉的遗孀,担任上海第二医学院党委副书记。

离开历史所后,我一直关注徐嵛的动态。知道他写了《徐文长》一书,曾听说他是徐氏后裔,为先人作传是他的一桩心事。他还在做张謇研究。他学术水平很高,但事务繁杂,不允许他有更多的时间和精力去搞学术。"文化大革命"开始后,我一直打听他的情况,他在历史所也遭到批斗,但我想所里的人毕竟都不是学生,情况总要好一点。"文化大革命"结束后,他领导历史所拨乱反正,开创了历史研究的新局面,可惜他已到生命晚期,不允许他做出更大的成绩。1984年,他与世长辞,享年74岁。

还有马博庵(1899—1966)先生和雍家源(1898—1975)先生,他们互称马老和雍老。

历史所政治学习时，编译组的几位老先生被分到各个组。马、雍两位先生就和我们一起。每周一次的学习，两个小时，就这样，我们算是认识了。后来因为我和叶先生一起搞英国下院蓝皮书的翻译，到藏书楼，大约一个月的时间，每天都在一起，这样就更熟识了。1960年九十月间，《毛泽东选集》第四卷出版，这是配合形势的需要，政治学习就以此为内容。第四卷收录的是毛主席在第三次国内革命战争时期（人民解放战争时期）的著作，这是共产党和国民党的最后决战阶段，贯穿这整个时期的毛泽东思想是要敢于斗争，善于斗争，敢于胜利，善于胜利。在这场斗争中，绝无第三条道路可走。当年的政治舞台，除了国、共这两家外，还有以民盟为代表的第三种势力，他们企图走中间道路，毛泽东在多篇文章中批判了这种思想。我们的学习以评白皮书为主要内容。

我们这一组，发言多的是马老和刘力行先生。刘力行好像也是老革命，原是山东师院的教务长，不知怎么也到所里来了，他的理论水平很高，讲话很有水平，一讲就是一大篇。他烟也抽得凶，我发现他将吐出去的烟圈还要吸回去，真是一毫也不肯放松。我喜欢听他发言。

马老是喝过洋墨水的，只知道他是哥伦比亚大学出身，衣着打扮和徐崙、刘力行迥然不同，冬天是毛皮衬里的西式大衣。他一口扬州话（江苏仪征人），一句是一句，出口成文，记下来就是一篇很好的文章，这种功夫不是常人能学到的。现在关于他的材料多了，才知道他确实有骄人之处。他去美留学，先在芝加哥大学攻读历史，后在哥伦比亚大学学国际法、外交史。取得博士学位后，回到他的母校金陵大学，任历史系主任兼政治系主任。1939年，他应江西省政府主席熊式辉之邀，去江西泰和（战时省会政府所在地）创办中正大学（现南昌大学前身）。熊式辉是蒋介石倚重的政学系人物，在主政江西后致力于弘扬文教，时江西无高等学府,故着意兴办大学。他经人介绍与马博庵接触后,发现马是个干才,故将筹办中正大学的事交由他和晏阳初主持。晏阳初和梁漱溟、陶行知都被称为平民教育家,声望很高。中正大学筹委会由晏任主任,马任副主任,实际由马负责。在克服了种种困难后,中正大学于1940年10月正式开办。著名学者胡先骕任校长,马博庵任文法学院院长。筹办期间马曾赴重庆面见蒋介石。抗战胜利后,蒋将熊式辉派往东北任东北行营主任,统管东北三省。马博庵随熊去东北,任内政部东北特派员。抗战期间,蒋经国基本上是在赣南地区,和熊式辉关系很深,故被任命为东北外交特派员。1948年熊式辉离开东北后,马博庵至无锡任江苏省立教育学院教授、代院长,后任东吴大学法学院教授。他原先还搞社会学,从事县乡政建设,做过许多专题调查。1951年他被派往香港、曼谷、日本、菲律宾等地进行农村建设方面的考察和研究。1955年他回上海,1957年被分到历史所搞研究、编译。

有这样的一段履历,特别是经过1957年反右运动后,马老自然处处小心。他在一次发言中就说,他就是毛主席所讲的民主个人主义者,在抗战胜利后,像他这样的人都希望组成一个以国民党为主体的联合政府,让共产党和民盟参加。他们都很钦佩周恩来,认为周恩来是行政院长的最好人选。他对于延安方面发的文告中用的措辞——"你的(指蒋介石)政府"——很不习惯,因为政府就是一个,也就是还在重庆的中央政府。总之,他每次发言都很有内容,我喜欢听他讲话。

他是一个有点幽默感的人。大约已是1960年的岁尾,在一次会议上,我记得是徐崙宣布吴乾兑和倪静兰结婚的消息。因为不在一组,我只知吴乾兑是归国华侨,搞近代史;倪静兰搞翻译,也不知是何语种。其他人不说话,独有马老提出要两位介绍恋爱经过。两位都是老实人,被马老说得不好意思。马老就自问自答,你们知道吗,你们是靠无线电(吴乾兑谐音),弄得大家都笑了起来。1960年冬是物资最困难的时候,什么都凭票证,也无法分糖。我们年级有两对结婚是同样的情况,结婚程式的简单,现在的人已无法想象。

我见过他翻译的文稿,他的钢笔字很漂亮。中国最早的报刊是外文报纸,1850年英国人在上海创办的《北华捷报》。上海小刀会起义时期(1853—1855),曾发布许多文告,所用均文言,《北华捷报》用英文将其发表。历史所组织搞小刀会起义史料汇编时,马老将英文回译成中文,所用也是文言。多年后原文被发现,将它和译文对照,竟一字不错,可见他的语言文字的功力。但就是这样一位学识渊博,又具行政干才的学者,在"文化大革命"初期,因受惊吓,突发脑溢血而死,享年67岁。他太极拳打得很好,技法纯熟,在藏书楼,他和雍老上下午各打一遍。对像我这样的年轻人,他总面带笑容。想不到只过了几年,就遭此无妄之灾,最终离开了我们,行文及此,也不禁悲从中来。

和马老不同,我们难得听到雍老的声音。政治学习时,他正襟危坐,不苟言笑,从未听他发过言。后来知道他曾是伪国大代表,也就知道他为什么不讲话的原因了。"国大",即国民代表大会的简称,分"制宪国大"和"行宪国大"。叶元龙先生是1948年的行宪国大代表,1957年讲了几句话被划成右派,对雍老来说,可谓前车之鉴。不过人的性格各有不同,雍老大约属于内向,不是喜怒皆形于色的那种。其实国大代表这个群体是需要加以分析的。这里有几种,有党派代表,有各省提名代表,还有特邀代表。查当年《申报》,才知道叶元龙先生是由他籍贯所在地安徽歙县推出的,雍老是作为社会贤达被推出的。所谓社会贤达是不属于任何党派,而具有广泛社会声望的人士,不是某一个党派说了算,要社会公认。他们大都是学者、教授,是各个专业领域的领军者。雍家源是会计界的名人,在20世纪中国十大会计名家中,位列第四。上海的中国会计博物馆列出18位中国会计名人,潘序伦列第一,雍家源位列第六。1946年的制宪国大,他是作为会计师团体被列入,是其中的五人之一。

这自然和他的经历有关。他六岁进私塾,花八年读完"十三经"。17岁进金陵大学,先学英文,后攻经济。金大毕业后,应廖世承邀请,在东南大学附中任教。后去美国西北大学攻读,回国后任中央大学教授、会计系主任。1933年出版的《中国政府会计论》,他曾三易其稿,45万字,是作为"大学丛书"出版的。他是中国现代政府会计制度的最早设计者。1940年,他和马寅初等一起,被推荐参加第二届中央研究院评议员(即后来的院士)选举。所以,他和马老还有些不同,马老还不纯粹是学人,他和政界有联系,有些事,在运动到来的时候,往往说不清。雍老在南京国民政府做过审计协审,审计院改名为审计部后做过审计兼总务长,1949年前夕做过南京市政府会计长,都是一些技术性工作。他大部分时间是在大学任教,1949年9月至1952年院系调整前任复旦大学会计系主任,后在上海财经学院任教。但面对一个新的政权,而且运动不断的时候,国大代表这个头衔本身,让他怎么可能若无其事呢!有一次,刘力行在发言中说到伪国大选举时说,有的人跳了窑子,入了火坑,失了贞操,不知他是否有所指?但在雍老,那学习,不就如坐针毡,那发言,不就如芒刺在背吗!

虽然我们在一起学习,又在藏书楼一起个把月,很少听他说话,他只是一门心思地翻译。他是1958年下半年进所的,"文化大革命"期间历史所陷于瘫痪境地,如果算到1966年,他实际工作只有7年,但就是这短暂的几年,除了集体合译外,他独力完成了100万字的翻译任务。所里的人对他这种勤勉的精神都很钦佩。1966年8月1日,他被抄家,从晚11点直至凌晨5点。后又被安排到奉贤农场劳动,1972年退休。1975年去世,享年77岁。

近60年前在藏书楼的"三老一少","三老"中,马老走得最早,接着是叶先生,最后是雍老。"一少"呢,再过几个月,也已是八旬老人了。他们三位,物质上,衣食无虞,甚至还可以说处于大众的最高层。1956年工改时,雍老被评为三级教授,领导对他解释说,他是应该评二级的,但由于种种因素,只好委屈了。是的,会计师一行,他在国内,不是排在第四,就是第六,担任过中央大学、复旦大学的会计系主任,他不评二级,谁评?但他却说,工改前,他拿220元,现在按三级,他可以拿250元,他感到很满足了。还有两位的工资肯定也不低。但对他们来说,重要的并非是物质,倒是要有一个良好的政治环境,能在学术上有所创造发明。他们是学人,学人不做学问做什么?雍老是中国现代政府会计制度的设计者,在南京政府时期,他在多处搞审计、会计,想实现他设计的理论,但总是行不通,往往以辞职告终。这不是理论有问题,而是政府还不是"现代政府"。新中国成立后,他利用讲坛宣讲他的理论,不料到1958年,他和叶先生一起,被安排到历史所。两位经济学家,不搞经济学而去搞翻译,搞翻译也不到经济所,令人啼笑皆非。

再说马老,他不但是历史学者,而且是社会学家。他的研究方向和梁漱溟相同,是如何搞好县、乡政建设。我看过他在江西搞的调查报告,对乡镇一级的调查,列项很细,每一项都有调查统计。和他一起搞的还有著名社会学家雷洁琼。但1949年后,他的这一套自然行不通了,也只能转任翻译了。

五、结　　语

　　回校后,我曾去王明枫老师处,因为在历史所,也算熟悉了。我曾去过两次。他住教师家属宿舍楼的底层,大概很少有学生去看他,所以每次我去,他都很高兴,抓一把糖来招待我。第二次去时他告诉我一个消息,说所里本来要将我们这几个留下,但中央刚发布"调整、巩固、充实、提高"的八字方针,城市要消肿,各单位要精简人员,所里原先的方案无法实现。在历史所,除了师院外,华东师大和复旦也有几位学生和他们合作课题。但比较起来,他们认为我们这几个最卖力,也就是说,像做学问的样子。做学问的一个重要条件是,心要静得下来,"板凳要坐十年冷"。到所里后,我们看方先生,汤先生,坐几个小时是常态,杨宽先生坐在那只可转动的圈椅里,不见他有出来的时候。受了他们的影响,我们的"坐功"也就练出来了。

　　我们都刻苦自励。1960年下半年,是最困难的时期,历史所食堂伙食比学校要好一点,估计与和市农委合在一起有关,但油水总还不足,饥饿感是常态。就是这样,我们热情仍然很高。那一个冬天,我每天晨起拖着木屐去浴室洗冷水澡,然后和几位同学一起长跑,从学校大门出去,沿桂林路、漕宝路,到漕河泾甚至到中山西路,再乘43路到历史所。我去报销车费时,系主任秘书张企贤问我怎么有不少5分车票(应该是1角车票),我笑着回答她说,我们给系里省钱。就这样,我们上午7点离校,晚六七点回校,然后去图书馆,凭参阅证进参考室,看一点所谓的内部资料,往往过11点才回宿舍。

　　我们都做出了一点成绩:沈渭滨写了《试论辛亥革命时期的社会主

要矛盾——与夏东元先生商榷》,刊在1961年第4期《学术月刊》上。方先生和王高胜合写了一篇太平天国的文章,发在《解放日报》1961年1月11日上。陈书林、季国忠和马洪林老师一起写的文章是后来在《史学月刊》上发表的。所里的青年研究人员不多,我们这几位也合他们的意,想把我们留下,也很自然。但形势似乎比人强,好事多磨,最终未能如愿。

我们这一届的毕业分配很晚,到8月底才将我们送出师院。大约100多人的一个年级,有八人留校。我们七人,无一人入选,这是很奇怪的一件事。既然我们去历史所的时候,是经过挑选的,为什么要留人的时候,就想不到了呢?现在别人不说,无论怎样,沈渭滨是应该要留校的。他不但文字功夫好,理论水平高,且富于思辨能力。1962年,他要我一起去考研究生,我知道自己不够格,加上学校工作任务重(上两门课,兼高三班主任),没有去。他其实是考上了,华东师大的陈旭麓也要他,陈旭麓是著名的中国近代史学者,在国内享有盛誉。但七宝中学却借故不放,做了一件缺德的事情。但过了10多年,他最终还是被复旦要了去。

现在我们七人中,沈渭滨于四年前离我们而去。王高胜也于前年去世,走前一星期我曾去岳阳医院看他。大概是他生前曾关照,要把留下的书送我,他夫人曾来过两次电话,但我自己的书都无处堆放,他的研究方向又和我不同,我只好婉言谢绝。季国忠和我最谈得来,他被分在普陀区新会中学,分开后我和他通过几次信。后来我听说他已不在世,却说不清原因。2002年我到普陀区进华中学上课后,就托人打听,回答说是走失了。"文化大革命"大串连,乱得很,人走失了找都找不到。他很老实,平时不多话,但我知道他古文很好,文笔也不错,表达能力很强。他离世的时候30岁还不到,真是太可惜了。李茂高今年92

岁,八年前聚会还参加,以后就不见身影了,听说身体也不好。廖志豪回到苏州后没有音讯,据说进了苏州博物馆。陈书林和我都在南汇,我和他见面的机会最多,他身体还不错。

历史所培养了我对科研的兴趣,如果留在所里,也就是向故纸堆里讨做文章。民国时期著名报人曹聚仁,有一年在杭州西湖文澜阁整理《四库全书》,他说是成了蠹虫,过着"发霉的生活"。我后来做了教师,和搞研究比较,到底孰优孰劣,实在很难讲。几十年教师做下来,我觉得倒也不错,因为每天面对的是一个个活泼可爱的生命,在精神上是愉悦的。我到现在还和不少早年的学生保持联系,享受着这种精神上的愉悦。但不管怎样,我对历史所怀有感恩之情,在这短短的的一年中,它让我接受了初步的学术训练,知道怎样去做课题研究。我现在还保持这样的习惯,

华士珍

即发现问题后,便去收集资料,写一点小文章。我还常常怀念徐崙同志、方先生、汤先生、老刘(恢祖)和三位民国时期的学人——叶先生、马老和雍老,也常常怀念我的这几位老同学。他们对我都很关照,我对他们都怀有感恩之情。

2020 年 1 月 3 日

历史研究和史料整理

——"文化大革命"前历史所的四部史料书

汤志钧

历史研究是要占有充分资料的,只有充分占有资料,进行去伪存真、去粗取精,才能获得科学的结论。"文化大革命"前,历史所出版了《鸦片战争末期英军在长江下游的侵略罪行》《上海小刀会起义史料汇编》《五四运动在上海史料选辑》《辛亥革命在上海史料选辑》四部资料书。这里就这四部书的编辑、出版,谈一些体会。

一

1956年3月,国务院成立了科学规划委员会,着手制订1956年至1967年全国自然科学和社会科学12年长期规划。接着,中国科学院哲学社会科学学部着手在上海建立社会科学的直属研究所。上海经济研究所、上海历史研究所率先成立筹备委员会。历史所由李亚农为筹备委员会主任,他"因患心脏病,难以操劳该所的具体筹建工作,五位筹备委员中周予同、杨宽、程天赋三位尚未离开原单位的职务,因而罗竹风、徐崙两位便成为实际工作的主要领导。初创时的条件十分艰苦,社联、《学术月刊》编辑部和历史所三个单位挤在高安路的一幢小楼里,人手也很少"①。

历史所初建,确定以中国近代史为重点、上海史为中心,制订了历史所第一个富有上海地区特点和突出从资料入手的研究规划,并于1958年9—10月间,率先出版了《上海小刀会起义史料汇编》和《鸦片战争末期英军在长江下游的侵略罪行》两部约100万字的资料书。

解放初,中国近代史研究,侧重于中国人民革命史和帝国主义侵华史方面,历史所编辑上述两书,也是围绕着这方面定位的。由于方诗铭曾在原上海历史与建设博物馆接触到《上海小刀会起事本末》,我曾写过《鸦片战争时期江苏人民的反侵略斗争》,从而由我们两人分别搜集、整理上述两书的资料。

《上海小刀会起义史料汇编》,共分六部分。第一部分"小刀会起义文献",包括上海小刀会起义文告、上海附近各县起义文告;第二部分"上海小刀会起义期间的记载和战况报道",主要从《北华捷报》中翻译出来;第三部分"清朝封建统治阶级镇压上海小刀会起义的档案",除一部分未见中文记载而从《北华捷报》中选择出来外,其余中文资料,如《忆照楼洪杨奏稿》《平粤纪闻》是根据抄本录载的,也有从已经出版的档卷、奏稿辑录出来的;第四部分"外国侵略者干涉上海小刀会起义的档案和记载";第五部分"其他有关上海小刀会起义的资料";第六部分是"上海附近各县人民起义资料"。末后附录:其一,《上海英美租界在太平天国时代》,是从蒯世勋所编节录;其二,"主要译名对照表"。共计1 032页。

上海小刀会是在太平天国起义后两年起义的,首领是刘丽川。1853年9月4日,周立春、徐耀等率军从青浦出发,绕道直奔嘉定,占领

---

① 奚原:《修竹清风为人民——怀念故友罗竹风》,见《罗竹风纪念文集》,上海辞书出版社1997年版,第35页。——汤志钧注

县城，以"义兴公司"名义告示安民。9月7日，在刘丽川领导下，上海小刀会发动起义，占领县城。1855年2月17日，在清政府的镇压和外国侵略者的干涉下失败。这方面资料，过去虽有零星记载，却未辑集，今编为《史料汇编》，我认为有几点值得注意：

第一，本书是为整理上海近百年史和补充太平天国历史资料而编成的专题史料汇编，包括档案、报刊、私人论著、笔记等。这些资料有一定的历史价值。对各该资料，注明出处、版本、内容予以介绍，在当时是一部比较完整的小刀会史料汇编。

第二，本书所收外文资料，除少数采用前人译本外，多数是从英文、法文书刊中选译出来，如《北华捷报》（*North China Herald*）是美国人在上海创办的周报，本书选择了16万字。其中有中文遗失的文献，有比较详细的战况报道，有帝国主义侵占海关和租界的记载，选译时还参考上海小刀会文告的中文风格，力求译出本来面目。又如梅朋（C. B. Maybon）、傅立德（J. Frédet）合著的《上海法租界史》，是在法国外交部和上海法租界公董局的支持下编写的，有些资料也有参考价值。至于采用前人的译本，对人名、地名也力求与已经出版者相同。"附录"还有"主要译名对照表"。

第三，本书中文资料，除汇集已刊书报外，还有一些未经刊布的稿抄本，如《上海小刀会起事本末》抄本，藏上海市历史与建设博物馆；毛祥麟《三略汇编》稿本，藏上海图书馆；《忆照楼洪杨奏稿》抄本，藏南京图书馆，均具参考价值。将上海以及邻近的县志、镇志、厅志，如《青浦县志》《宝山县志》《罗店镇志》《川沙厅志》《太仓州志》《娄县续志》等有关小刀会记载汇集，给学者提供了方便。

本书由方诗铭搜集中文资料，章克生、马博庵等译校英文，倪静兰校译法文。为了向国庆献礼,刘力行、方诗铭因去工厂,不在所内,徐崙主持定稿时,嘱汤志钧率同编辑同志去中华印刷厂边校边印,终于在国庆前夕出书。

1980年7月,《上海小刀会起义史料汇编》再版,内容有所增加,中文资料有《苟全近录》《漏网喁鱼集》《镜湖自撰年谱》等;外文方面,有《三桅巡洋舰帖拉达号》《阿利国传》《晏玛太传》等,其中中文资料也略有抽换。参加修订工作的有徐崙、方诗铭、章克生等。

和《上海小刀会起义史料汇编》差不多同时出版,同样参加"国庆献礼"和获奖的,是《鸦片战争末期英军在长江下游的侵略罪行》。

鸦片战争的最后一次战役,从1842年6月13日英国侵略军攻入长江口开始,至8月29日在南京议和签订中英条约为止。英国侵略军把这次侵略中国长江下游的军事攻击称为"扬子江战役"。《鸦片战争末期英军在长江下游的侵略罪行》共分四部分,下加附录。第一部分是"1842年英军侵略长江的供状",包括:其一,《英国侵略军发动"扬子江战役"的阴谋》,其二,《英国侵略者在长江沿岸散发的"布告"和"照会"》,其三,《英国侵略分子的亲供》,包括柏纳德(W. D. Bernard)、利洛(Grannille G. Loch)、奥特隆尼(John Ouchterlony)、穆瑞(Alexander Murray)、康宁加木(A. Cunynghame)的"扬子江战役"随军"作战记",这

《上海小刀会起义史料汇编》书影

些作者都曾参与"扬子江战役"。第二部分是"清政府对英国侵略军妥协投降的档案资料"。第三部分是"沪宁地方官兵抗英战争的历史资料",包括靖江、无锡、江阴、松江、杭州、仪征的抗英斗争等。最后是"汉英译名对照表"。

本书第一部分,都是英国侵略分子的亲历记录,对了解英国侵略者的行为及其在华作战情况,可说是第一手资料。关于这方面的记载,中国史学会主编的《鸦片战争》中,只有宾汉所著《英国在华作战记》,其实英军亲历记录还有很多,上海图书馆徐家汇藏书楼就藏有多种,本书就是从这些《航行作战记》《在华作战末期记事》《对华作战记》等选译出来的。不仅使我们更深刻地体会到英国侵略者是怎样侵略中国的,而且供述了侵略军的烧杀掳掠勒索的罪恶行为。同时,从英国侵略者在长江沿岸散发的"布告"和"照会"中,也可看到他们发动"扬子江战役"的阴谋。

其次,本书也辑录了一些过去从未发表的稿本和未为人注意的史料,如乔重禧的《夷难日记》,是向未公开的稿本。当英国侵略军侵占吴淞、宝山、上海时,作者曾目击侵略军的残暴罪行,按日记载,比较详细,有参考价值。松江、镇江清军抗英资料,也从有关书籍上辑出。长江下游人民抗英斗争,瓜洲、仪征盐民的抗英斗争,也从多种书籍、方志录出,尽管有的比较零星,但汇集一起,还

《鸦片战争末期英军在长江下游的侵略罪行》书影

是可以勾画出反侵略战争的迹象的。

《鸦片战争末期英军在长江下游的侵略罪行》,于 1958 年 10 月出版,此后,又陆续搜集到一批资料,曾予汇集,拟作补编,但"四人帮"粉碎后,此书再版,"补编"未能辑入。

二

20 世纪 60 年代,上海历史所继续出版了《五四运动在上海史料选辑》和《辛亥革命在上海史料选辑》。

1959 年,为纪念五四运动 40 周年,上海文化局等举办"五四运动历史文献展览会";上海哲学社会科学学会举行"五四运动 40 周年纪念会",同时责成上海历史研究所将上海人民在"五四"运动中的革命斗争历史资料编辑出版,所编之书,就是《五四运动在上海史料选辑》。

当时,历史所虽在编辑出版《上海小刀会起义史料汇编》和《鸦片战争末期英军在长江下游的侵略罪行》中积累了一些经验,但在短时期内编成《五四运动在上海史料选辑》,却非易事。

首先是时间太匆促了。历史所大约是在 1959 年 1、2 月间承担这项任务的,距离"五四"不到半年,我们除可利用上海图书馆徐家汇藏书楼的大量中外报刊外,还需外出探究。这样,刘力行和汤志钧就冒着严寒,赶赴北京,在北京图书馆、北京大学图书馆、中国科学院图书馆探寻,因时日过短,当时又只能手抄,未能进一步查询。

其次,有关"五四"运动资料,中国社会科学院近代史研究所已编有《五四爱国运动资料》,且已付排,它将《青岛潮》《学界风潮记》《上海罢市实录》《民潮七日记》《上海罢市救亡史》《章宗祥》《曹汝霖》《上海公共租界工部局警务处档案》汇编成书,即将出版。①"五四运动""上海三罢斗争"是高潮,《五四爱国运动资料》中很多资料都和上海有关,编辑《五四运动在上海史料选辑》,既要避免重复,又要具有特色,怎么办?我们只有利用上海报刊比较众多的特点,将"五四"运动爆发、上海人民响应以至"三罢"斗争、拒签和约等做纵向排列,再把"五四"时期上海社会各团体的政治态度,中外反动派的破坏横向处理,分为上、下编。

上编五部分:第一部分"五四运动爆发的历史条件和原因",分四章。一,《第一次世界大战前后中国民族工业的进一步发展和中国工人阶级的成长》;二,《日美帝国主义加紧对中国的侵略》;三,《十月革命对中国革命的影响和新文化运动的发展》;四,《我国在巴黎和会外交的失败和人民反帝爱国运动的兴起》。第二部分是"五四运动在上海的展开";第三部分是"上海人民在'六三'以后举行三罢斗争";第四部分是"上海人民继续进行拒签和约的斗争";第五部分是"上海人民反帝爱国运动的继续展开和马克思主义的进一步传播"。

下编两部分:第六部分是"五四运动时期上海社会各团体的政治斗争",包括《上海学生联合会在五四运动中的政治动态》《上海"工界"各团体在五四运动中的政治动态》《上海商业公团联合会在五四运动中的政治动态》《上海日报公会在五四运动中的政治动态》《国民大会上海事务所在五四运动中的政治动态》;第七部分是"中外反动势力破坏上海人民五四运动的罪行"。

《五四运动在上海史料选辑》虽然编写匆促,又受到同类资料汇编先走一步的影响,我认为,还是有其应用的价值:

---

① 中国科学院近代史研究所编:《五四爱国运动资料》,1959年5月版,作为《近代史资料》1959年第1号,总24号。——汤志钧注

首先，本书分为上、下两编，上编以"五四"运动的发生、发展为序，既搜集其发生的背景材料，又整理"五四""六三"以至"巴黎和会"的次序逐卷编集，使读者对"五四"有比较完整的了解，对上海人民在"五四""六三"中的斗争及其影响也能从这些资料中抉择清理；下编将"五四"运动时期上海各团体的政治动态，中外反动势力对"五四"运动的破坏专门编集，也有利于对各该专题的探求。

其次，本书充分利用上海图书馆徐家汇藏书楼收藏报刊丰富的特点，又因"五四"到"六三"是重点，时日不长，从而将这时主要中外文报刊尽量搜集、抉择、编录，刊种繁多，中外均备，如《民国日报》《申报》《时事新报》《时报》《新闻报》，以至英文《沪报》《北华捷报》《大陆报》《中法新汇报》等，还有《工部局警务日报》《工部局公报》《上海法租界公董局1919年报告》及《美国外交档案》1919年、《日本外务省档案》等均予寻求，这在当时可说是来之不易。

《五四运动在上海史料选辑》编辑历时四个月，除第一部分"五四运动爆发的历史条件和原因"是根据领导意见，后来由我补辑外，大体于"五四"前夕编成，正式出版，则在1960年6月。

《五四运动在上海史料选辑》书影

《辛亥革命在上海史料选辑》是为纪念辛亥革命50周年，于1960年下半年开始编辑的。

由于1949年后已经出版了大量辛亥革命史料，为避免重复，故以上海为中心，从中国同盟会中部总会、光复会以至上海光复为核心，以在上海举行的南北议和为综结。全书分为八部分。

第一部分是"上海光复前的政治动态"，分《中国同盟会中部总会》《光复会》《武昌起义后上海光复前报章言论辑录》《武昌起义后清政府上海道、上海县的动态》四章。第二部分是"上海光复、会攻南京和支援北伐"；第三部分是《南北议和中上海舆论的反映》《评论》《通电、宣言》几章；第四部分是"沪军都督府文献资料"；第五部分是"辛亥革命期间上海的群众活动"；第六部分是"上海光复后各政治团体的动态"，包括中国同盟会、光复总会、各省都督代表联合会、共和建设会、中华民国联合会、统一党、中国社会党、中华民国工党、女子参政同盟会、女子同盟会、中华女子共和协进会、神州女界共和协济会等几十个团体。第七部分是"上海政治活动中的主要人物"，收录孙中山、黄兴、宋教仁、章炳麟、陶成章、陈其美、李平书、沈缦云、张謇、梁启超、熊希龄、岑春煊、赵凤昌。第八部分是"帝国主义在辛亥革命期间的破坏"。最后是"大事记"。

《辛亥革命在上海史料选辑》虽然起步较晚，阻力不少，但它却自具特色，颇为学术界注目，因为：

第一，民国成立后，上海因屡遭战乱，又经日寇侵华、汪伪统治，致清季民国档案，当时未能找到，也没有看到沪军都督府档案。本书从报刊中将当时简章、文告等广泛搜集，编成"沪军都督府文献资料"，包括：一，上海军政府告示、宣言、檄文；二，沪军都督府简章、条例、人员名单；三，沪军都督府、沪军都督文告函电，下分政治、军事、经济、对外关系等目；四，沪军都督府民政总长等文告函电：将民政总长、制造局总理、江苏都督及民政司长、财政总长、工商总长等文告函电分别列目；五，其他机关资料,包括上海县、上海市政厅、闸北市政府、吴淞军政分府等一一列目。这样,基本上将上海光复、沪军都督府及所属"档卷"分类恢复。这项资料,是吴乾兑同志搜集整理的。

第二,《赵凤昌藏札》的发表。

赵凤昌,江苏武进人,曾入湖广总督张之洞幕,寓上海南阳路10号惜阴堂。辛亥革命时期,受袁世凯指使,与唐绍仪、张謇、程德全密切联系,和革命党人黄兴、宋教仁、章炳麟等也有联系。南北议和的秘密会议,常在他家举行。留有《赵凤昌藏札》,共109册,现藏北京图书馆,实为研究辛亥革命,南北议和的重要资料。这宗材料,原藏上海图书馆,后奉调北京。我是从顾廷龙馆长处知道的,当时只知调往北京、不知藏所,经商请中华书局张静庐先生,经他热心支持,将其中第107至109册以及其他有关函电抄录寄所。其中第107册共22件,第108册共20件,第109册共30件,均为上海光复至南北议和期间的函电文稿等。第32、104各册中也有一批1902年的资料,第1册是1913年宋教仁被刺后讨袁战争期间的函电。从这些藏札中,可以看出袁世凯和立宪派对革命派斗争的秘密活动,也可以看出他们在南北议和时幕后策划的情况,这些函札,向未公开,本书引录发表,自然引起学术界的注视。

第三,本书将上海光复以至会攻南京、支援北伐,到沪军都督府成立、南北议和的资料汇集,对辛

《辛亥革命在上海史料选辑》书影

亥革命期间上海的群众运动、政治团体以至有关人物分别辑存,对帝国主义的破坏活动也有揭露。这些资料的汇集,也是很有价值的。

"四人帮"粉碎后,因本书初版只印2 000多册,不能满足各方面的需要,从而重印出版,"大事记"经吴乾兑重新增订,"重版说明"和"编辑说明",则由我拟定和修订。初版时的《前言——辛亥革命在上海举行的南北议和及其经验教训》则被删去。1981年本书在"辛亥革命七十周年"前夕重印出版。

三

《上海小刀会起义史料汇编》《鸦片战争末期英军在长江下游的侵略罪行》《五四运动在上海史料选辑》《辛亥革命在上海史料选辑》于"文化大革命"前先后出版,在社会上是起了一定影响的。但前两书从编辑到出版,只花了一年多时间;后两书却迟迟待出,除了前两书主要编者有基础和社会原因外,是否还有其他原因?总结这四部书编写的经验教训,对历史研究和史料整理提出一些看法,也是十分必要的。

首先,历史研究要有正确的理论导向,也要有长期的资料积累。马克思主义从来是强调资料在历史研究中能起作用的。恩格斯说过:"即使只是在一个单独的历史实例上发展唯物主义的观点,也是一项要求多年冷静钻研的科学工作。因为很明显,在这里只说空话是无济于事的。只有靠大量的、批判地审查过的、充分地掌握了的历史资料,才能解决这样的任务。"这说明只有充分占用资料,去粗取精,去伪存真,由此及彼,由表及里,才能得到科学的结论。我们从事中国近代史、上海史的研究,不能脱离资料的搜集和整理。

其次，要从资料实际出发，不能凭臆断想象。搞资料不能从主观愿望出发，要从实际史料情况入手。编写《鸦片战争末期英军在长江下游的侵略罪行》时，我也曾想到"人民抗英斗争"，以为广东有三元里平英团，长江中下游如有这样的史料，那该多好。可是事与愿违，所得不多。这是因为广东和外国人接触较早，和上海的情况不一样，不能以彼例此。又如20世纪五六十年代，中国近代史强调太平天国、义和团、辛亥革命"三大革命"，"中国近代史资料丛刊"也率先出版了《太平天国》《义和团》。对上海来说，太平天国起义，上海有小刀会；义和团运动时，是否也有类似组织？结果在报刊上只有个别打拳的表现，没有"义和团"那样的记载，这是因为北方早有"义和拳""梅花拳"那样民间秘密结社，流行于山东、直隶地区。1900年，八国联军侵略北京，义和团组织了保卫天津的廊坊和紫竹林战斗，和上海的情况不同，所以不能以彼例此，主观臆测。

第三，编辑资料要有自己的特色。鸦片战争以后，上海作为通商口岸之一，编辑上海史有关资料，只能以己之长，克服自己之短。由于上述四部资料，编辑时间都较为短促，有的还是为纪念活动而匆促编集。然而有些资料需长年累月积累，如清宫档案在北京，民国档案藏南京，我们搜集，就没有北京、南京的同志那样便捷，只有利用本地的特点。上海报刊资料、外文资料比较丰富，可以互相补充，上海开埠以来，各地稀有资料也时会流传上海，只有以己之长克服所短。至于稿本、抄本，也不能只视其中"稀有"而全部视为宝藏，有的稿本也要具体分析，如毛祥麟的《三略汇编》，是稿本，但它的"三略"，除小刀会是亲历外，鸦片战争、太平天国却非亲历，而得自传闻和转录其他志书，这样就不都是"稀有"了，因而我们只在《上海小刀会起义史料汇编》中收录了"三略"中的

"一略"。又如清末民初上海的档卷当时未能找到,就从报刊中搜集补排,使之基本恢复原形。

第四,编辑资料,是为了研究的需要,而不是单纯的搜集编辑。这方面我们做得很差,除小刀会起义,方诗铭写成一书;"五四"运动在上海,徐崙、刘力行、汤志钧写了几篇论文外,就没有继续钻研,深入探讨,这除社会原因外,我们自己也是有责任的。

"四人帮"粉碎后,历史所叫我负责和分管近代史研究,"文化大革命"前,还有一些译稿没有处理,从事翻译的马博庵、雍家源又已逝世,因此将马博庵译的《北华捷报》资料,请章克生、吴乾兑校订后,交由上海人民出版社,于1983年2月出版,名曰《太平军在上海——〈北华捷报〉选译》。又将其他有关太平天国的译文,经章、吴两同志校阅后,编入王庆成同志主持的《太平天国史译丛》第2、第3辑,由中华书局分别于1983年、1985年出版,也算是对已故旧人的一个交代吧!

至于《上海小刀会起义史料汇编》《鸦片战争末期英军在长江下游的侵略罪行》所以成书迅速,出版及时,《五四运动在上海史料选辑》《辛亥革命在上海史料选辑》却迟迟待出,除由于社会原因,如上山下乡,参加运动外,还有人为因素。一部书总该有个主编,以所中负责人主其事也是无可非议的。但具体编写的人至

20世纪50年代后期的汤志钧

少也花费了几个月,甚至更多时间才能编成,对资料的取舍也有其一定原则。而主其事者却未亲历编写,而是等待别人编成后再"审改定稿",一般两三天就将几十万字的书稿"审改"完成,将原稿每有删节,对标题、说明也时有改动,删节前没有事先和原来编写人员沟通,这样删非所应删、改非所应改的情况即时有存在。向领导提出又会不被接受,不提出又心有未安,这样,多少影响了原编写人员的积极性。当然,主其事者对稿件还是审阅的,比挂了主编之名,只字未阅的,不可同日而语,但不虚心接受意见总是令人不安。编写人员的积极性受到影响,也就影响了定稿的进程。有时,主其事者看到书稿中的未刊资料,急于引援撰文,也多少延迟了全书的定稿。此外,书稿有些提法,还有待请示,如《五四运动在上海史料选辑》编写时距离"五四"只有40年,亲历的老人很多还健在,可以调查访问,徐崙同志和我就专程访问了一位亲历的老同志,内容很重要。将访问记录整理后交给市委宣传部后,直到书籍出版还没有接到批示,如今记录稿也没了,真是遗憾。我们编《辛亥革命在上海史料选辑》时,对人物取舍也曾"请示"过,现在回忆往事,真感出版不易。

"文化大革命"前历史所出版的四部资料书出版曲折,教训不少,回顾旧尘,可能对今后从事历史研究和史料整理有一些教训吧!

(原载《史林》2006年第5期,2006年10月20日)

是领导，也是兄长
——记与奚原同志的交往

洪廷彦

"成熟的领导干部，可以相互交心的兄长"，这是我与奚原同志长期接触总的感受。他是安徽滁州人，欧阳修说"环滁皆山也"，但他温文尔雅，不像山里人的样子。他在南京念过中学，当时社会上有"读书救国"的高论，他写文章说：如果死读书，而且读的是坏书，则是"死读书，读死书，读书死"。他后来在京沪、沪杭甬两路工作，这个时候他常替别人传送书报文件，可能就在这个时候参加革命组织，他未曾明说。他后来到了延安，在中央办事机构的速记股工作，也因此养成了日后开会都做记录的习惯。他爱好文艺，办过刊物，刊物名叫《山脉文学》，请毛泽东写了刊头，毛的手迹他一直保留着。在新四军时，他办过一份叫《拂晓报》的油印报纸，上面都是抗击日本侵略军的史料，可惜现在很难找到。

新中国成立后，他被调到南京军区，任宣传部副部长。他多次向组织上表示想搞研究工作。1957年春，他调任上海历史所副所长。所长李亚农长期因病不上班，两位党外副所长周予同、杨宽也不管事。所务大多是奚原同志操办。我和他接触最多，因为我是学术秘书（所长助理），又和他同住靖江路（两家大人孩子常在一起）。除了所里的事，他还担任上海历史学会党组书记，而我是副秘书长（正秘书长不管事）。另外，我们两人酒量都很大，他常叫我去他家吃晚饭。

在这里，还应讲一下我们共同抵制柯庆施的事情。柯庆施要把上海历史研究所和复旦大学历史系合二为一，要历史所的党员都到复旦去讲课。我反对到复旦去，是想摆脱一个难对付的局面，因为我若到复旦，不能不积极"批周谷城""批周予同"。奚原同志知道这个情况，坚决反对让我去复旦，他说："平时叫你做两位周先生的统战工作，现在要你去面对面批判，这怎么行？""实在不行的话，你就借口整理徐家汇藏书楼的报刊，可以不到复旦去！"此时，担任上海市委教育卫生部副部长的杨西光改口要奚原同志去当复旦副校长，奚原同志不答应，杨西光就组织学习班批评他（后来奚原同志到了军事科学院，杨去北京就请他吃饭，表示道歉）。奚原同志之所以不愿去复旦，主要是看到当时上海的政治气氛十分"左"，完全无法搞文化搞教育。

田家英过去在延安认识奚原同志，当他知道奚原不愿到复旦去，就要奚原同志到北京来，帮助他编一本中国近代史。奚原同志被借调到中央政研室，他向田家英建议把我和宋心伟也调来。1964年，政研室扩大成为马列主义研究院。奚原同志要我向田家英说，他已决定到军事科学院去，田家英同意了。

1974年左右，马列主义研究院解散，我被分到河北农业大学，在那里待了半年。这之中我回北京办事，每次都住在奚原同志家。后来我回到北京，调到历史博物馆工作，与奚原同志见面的机会就更多了。奚原同志负责《中国大百科全书·军事》的工作后，曾叫我去给编辑组做了一次报告，题目是《中国通史中的诸多重要战争》，我讲了半天，反映还不错。

奚原同志写过不少文章,最后编成一厚本,书名叫《奚原九十文选》,他送了一本给我。奚原同志为人很谦虚,集子里的许多文章在发表前,往往让我看一遍,我也曾提过不同意见。例如,他对"甲骨文是成熟的汉字"这句话的理解就不对,他以为现代汉字,汉朝时,甚至是甲骨文里都有了。实际上,汉字是不断发展,不断增加的。我告诉他,《康熙字典》里的字,比《说文解字》多得多。奚原同志欣然认可。

2010年的奚原

奚原同志去世了,我很难过。我与他认识近60年,如今与他交往的往事常常像过电影一样,历历在目,令人难忘。

(原载中国军事百科全书编审室等主办《军事百科特刊:怀念奚原同志专辑》,2016年2月)

马爷爷的转椅

孔大钊

今年 2016 年，50 年前马爷爷辞别尘世，远远地去到了天国。

小时候，我最喜欢去马爷爷家。马爷爷全名马博庵，是父亲的老朋友，年龄比父亲大一辈，我们小孩子称呼他马爷爷，见到他叫一声"马爷爷"，他那和蔼的脸便露出我们孩子般的笑容。彼时父亲忙于工作少有闲暇，但仍会忙里偷闲去一街之遥的老朋友马博庵家小坐，这总让还在幼儿园的我内心弥漫着异常的欢乐兴奋，因为父亲也定会把我带去，我便有了与马博庵爷爷的外孙、我幼儿园的同班同学、发小玩伴一起去玩耍的机会。以后长大读小学了，我便独自常去马爷爷家找发小愉快地玩乐。马爷爷的书房内写字台前有张转椅，这是专属于马爷爷的，通常马爷爷就坐在那张转椅中神情专注地伏案阅读、执笔书写，这时我们小孩子是不会进入书房去打搅他的。我与发小很喜爱玩马爷爷那张转椅，时常溜到马爷爷书房外贼头贼脑地向内探视。若马爷爷还坐在转椅上，便念叨：马爷爷，啥时能离开一会，让我们偷玩一回您的转椅。若马爷爷不在，我就趁机一个箭步冲进去，一屁股坐到转椅上，使尽浑身解数，用力一推写字台，在反作用力下转椅便快速旋转起来，眼睛一闭，双脚一收悬在空中，惬意地享受起来，然后神不知鬼不觉地溜出书房。

看来可爱的马爷爷一直没察觉我们小孩子们玩的"鬼花招"。

1966年,"红色恐怖"风暴席卷大地,荒唐且疯狂。马爷爷,因为曾经是留美博士,一级研究员,自然而然地一夜之间蜕变为"阶级敌人",成为这场风暴袭击的对象。虽然他年近古稀,曾出生入死为国效劳,却仍难逃惨遭侮辱、批斗、抄家……是年9月,秋色肃杀的上海,法国梧桐树在刚刚消逝的酷暑中还曾绿叶成荫,遮阳纳凉,这时已经凋零,光秃秃孤零零地立在路旁。散落一地的枯叶狼藉地蜷缩在马路边缘的角落里,一阵狂风刮来便消失得无影无踪。马爷爷的生命伴着随风飘去的落叶逝去了……此刻,我的家庭也愈来愈烈地被革命……我这个"黑五类"的小学生也越来越"黑"了。我很想再去马爷爷家找发小玩伴,却又不敢,以避免我们遭致更多的麻烦。马爷爷家,一街之隔近在咫尺,却是那么遥远,曾经去马爷爷家的快乐已被恐惧替代,日渐积累的恐惧将两家的距离相隔得越来越远,我很久一段时间没去了。后来的某天下午从小学放学回家,我终于忍不住悄悄地再次去了马爷爷家找发小。进门上楼,当我来到曾经马爷爷的书房外,一瞬间似乎感到双腿凝滞了,不听使唤,挪不动。我停顿了片刻,低头缓缓地朝马爷爷的书房走去,穿过门厅进入书房,一抬头书桌前那张熟悉却久违、曾经快活地偷玩过无数次的马爷爷的转椅跃入眼帘,转椅依旧,座中空空如也,转椅的主人,活生生的马爷爷早已离去,不再归来。我驻足呆立,静默无语,鼻子酸酸的,双眼盯着那张转椅,没敢触摸。窗外阴森森的天,不见一缕阳光,空气在颤抖。刺骨寒风透过微微打开的窗缝嗖嗖地窜进屋内,无情地冲撞着马爷爷的转椅,冲撞着我,欲将屋中的一切摧毁,我不禁打了几个寒战,一股悲凉裹着莫名的恐惧直刺我幼小的心窝……

1959年马博庵(左二)与历史所同事们在一起

  时光如箭,我屈指数来再也没见到马爷爷已悄然50个春秋了。前些日子,人们还沉浸在清明时节的氛围中,我收到了马爷爷的外孙寄来的"马博庵——百度百科"。读着读着,那些文字渐渐地化为幼年时的记忆又漂浮在眼前,恍恍惚惚中我又蹑手蹑脚地走到了马爷爷的书房外,探头探脑往里张望。那张熟悉的马爷爷的转椅仍在书房内,但我却看不真切转椅中是否马爷爷正坐着,睁大了眼睛也看不清,用手揉一揉双眼还是看不清,这时才感觉手指有些湿湿的,眼眶里的泪花模糊了我的视线……我心中默默地祷念:马爷爷,我愿意您有自由的权利,坐在那张属于您自己的转椅中,不要离去。

2016年4月18日

  [原载马军编著《史译重镇:上海社会科学院历史研究所的翻译事业(1956—2017年)》,上海:上海社会科学院出版社2018年版]

记忆中的那栋楼

汤仁泽

中科院的"发小"们

漕溪北路40号上海社会科学院历史研究所的那栋楼,总能唤起我幼年的美好回忆。

1956年年底,通过国务院招聘委员会,父亲汤志钧调入中国科学院上海历史研究所筹备处工作。次年,举家搬迁至斜徐路中科院职工宿舍。

中科院下属机构齐全,连职工幼儿园也不缺,有半托和全托,我和妹妹仁清是半托,弟弟仁济是全托,周六被接回家,周一再入园。1958年,中科院职工子弟小学被创办,我入园一年多后,直升小学,成为首届学生。学校条件十分优越,就在岳阳路320号中科院内,校舍是靠西南角的一幢花园洋房,洋房改成了教室,花园很大,成为操场。随着每年招生人数及班级的增加,原先的洋房不够用了,就在南面紧靠肇嘉浜路沿,盖起了三层敞亮规整的教学楼,与共青中学的楼宇相邻。

"一期"学员中,有几位历史所初创时的职工的子女,如李小骊(李亚农之子)、奚小双(奚原之子)、洪诗律(洪廷彦之子)、刘星(刘力行之子)、史小迅(李峰云之子)等。还有张海安(徐崙之子)、罗平(刘仁泽之女)在"二期",和我妹妹仁清是同学。更多的是中科院职工子弟,如王幼云(王仲良之子)、彭海(彭加木之子)等。有些在幼儿园时就同班了,是真正意义上的"发小"。吕雪蓉老师自幼儿园起一直教导我们至小学毕业,她像辛勤的园丁一样,精心培育我们成长。发小们以"一期"老大自居,还依仗老师的宠爱,时不时对低年级的弟妹横眉竖眼、耀武扬威。学生中调皮捣蛋的也不少,没少给中科院及学校添麻烦。如有一年课间,低年级一熊孩子玩火把隔壁的仓库点燃了,火势迅速蔓延,爆炸声不断,库内的试验器材及用品付之一炬。我不久前与李小骝谈及此事,他说当时吓到腿软。学生们忽见大火冲天,惊恐万状,腿软站不稳的不在少数,在老师们的引导下,连滚带爬地四处疏散。这也着实让院、校领导懵圈和烦恼——都是本院职工子弟,能不又爱又恨又无奈吗?淘气是孩子的天性,但"一期"发小终究没给学校和老师丢脸,报考初中时,我们班上29人中,有7人考取五十一中学,另有考上南洋模范中学、市二女中的共12人。奚小双以优异成绩,迈进北京101中学的大门。进入市重点中学的比例极高,居徐汇区各小学之首。一所民办小学也能"土鸡变凤凰",惊动了区教育局,据说局长还专门设宴招待校长居锦如,以讨教办学经验。后经李小骝证实,1964年至1965年连续两年,中科子弟小学升学及考取市重点中学的比率,均为全市第一。

弟弟却没有享受到中科小学优质的教学资源,理由很简单——历史研究所已不归中科院管了。

漕溪北路 20 号

进入小学后,我家住乌鲁木齐南路,出门几步就是肇嘉浜路。这条东西双向道路，中间是行人专用的林荫大道，自打浦桥直达徐家汇。大道两边栽花植树，分段建筑亭台长凳，是上海有名的街心花园。我和姐姐仁泳、妹妹仁清遇到下午学校没课，会结伴走在这条景观道路上，蹦蹦跳跳，唱着"小鸟在前面带路，风儿吹向我们，我们像春天一样，来到花园里，来到草地上"，直奔漕溪北路20号而去，那种童真的快乐感，至今还能回味悠长。我们去历史所，一是因为母亲郁慕云也在所里工作，等到父母下班后一起回家；二是去参加历史所的"集体活动"，和伯伯叔叔阿姨们互动。

历史所初名"中国科学院上海历史研究所筹备处"，所址在高安路9弄3号，不久迁至蒲西路6号甲，大约在1957年下半年迁至漕溪北路。40号是历史所与武警医院分开后，出入门南移才新编的门牌号，最初为20号。

漕溪北路20号与北面的徐汇中学一墙之隔，南面是徐家汇藏书楼。20号大门很气派，中间两扇大门，另有边门，进门的右侧是传达室。我们去历史所，从大楼东边的门洞进入，踏上10多级台阶，然后穿过一条长长的由东往西的走廊，穿过一整排楼宇才能到达。我记得这排建筑物与历史所的那栋楼很相似，而且连成一体，其楼面和窗檐墙角都有装饰，一层楼面离地面较高，底层是空置的。徐汇中学1918年竣工的崇思楼也是这样，都具欧式风格，虽非高楼大厦，但也精巧雄伟。历史所那栋楼原先是天主教修女院，其他楼宇或许都与宗教有关。

整排楼宇的南面，是一片草坪，有假山树木和健身设施，比起中科院内的大草坪和小河浜来，显得十分渺小，但对孩子来说，有地方玩耍都一样。我有时也是奔着玩来的，不仅是草坪，还有历史所二楼会议室的乒乓球桌，趁着叔叔阿姨们在办公室忙碌，可与姐姐妹妹打上几局。

母亲在图书资料室做编目工作，历史所正处在初创阶段，新购买的图书量大,需要及时编目并制作卡片。制作卡片是先在蜡纸上刻写书名、著者、出版社、出版年月、编号等,然后用油墨印刷在卡片上。蜡纸放在钢板上刻写,时间长了,钢板上沾满了蜡,只有用火烧除,母亲不厌其烦地把钢板带回家,在家里的煤炉上烘烤。卡片按笔画顺序放入卡片箱,时间久了,对常用字的笔画记得滚瓜烂熟,我们时常问起某字有多少笔画,母亲应对如流。资料室在一楼,五六人一起办公,有喻友信和杨康年。喻友信曾留学美国,外文书籍的翻译和编目非他莫属。父母和杨康年都是无锡国专毕业的,国文基础很扎实。杨康年熟悉古籍图书的版本,父亲说他是版本学家,他却始终不在乎评级晋升,淡定努力地工作,上班提前,下班延后。喻、杨两位先生施展出自己最大的优势,为资料室贡献卓著。有时他们会问我们学习情况,喻友信年纪较长,和蔼可亲,一口普通话,说话慢条斯理的;杨康年说上海话,嗓门较大,隔间办公室都能听见。

参加"集体活动"也有多次,如所里组织看电影,父母时常带上我们,多半是附近的衡山电影院。所里为职工举办婚礼,也"邀请"我们参加。吴乾兑和倪静兰的婚礼在二楼会议室举行,会场张灯结彩,桌上摆满糕点、糖果和香烟,在那个年代,算是十分隆重和铺张的。参会的职工子弟边吃边玩,还被邀请上台表演节目。我怕献丑,鼓动妹妹上,妹妹毫不胆怯地表演童声独唱,博得叔叔阿姨们的一阵喝彩。我记得还有另一次,但记不清伉俪的姓名了。

漕溪北路 40 号

1964 年 9 月,我考入徐汇中学,开始了初中生涯。

那时历史所的那栋楼已与东边楼宇分隔开来,楼和草坪归属武警医院。出入门只是在围墙上开个口子,供人员和车辆通行,门牌号是翻了番,为40号,但气派与20号形成鲜明对比,还要拐上两道弯,才能到达历史所。

曾有一段时间,我几乎每天中午都要到隔壁的历史所报到,是去食堂吃午饭的。历史所大楼的南面,盖有一间简易平房,作为食堂使用。学校要到12点下课,我来所里就餐较晚,所里职工用餐后都回办公室了,食堂里就我一人。炊事员老裘端出饭菜,通常是油煎带鱼、排骨等,再加素菜,我吃得津津有味。

进校不到两年,轰轰烈烈的"文化大革命"开始了,学生们行动起来,书写批判老师的大字报,一墙之隔的历史所也是"山雨欲来风满楼"。

运动初期,我从母亲处得知,父亲在单位受到批判。有一夜晚,早过了下班时间,父亲却迟迟未归,母亲心事重重,不知发生了什么。姐弟四人围坐在母亲身旁,欲说无言,一直等到下半夜,母亲说:"父亲可能被隔离审查了,不要等了,都去睡觉吧。"那时人身自由被限制,是不用通知家人的。

第二天去学校,进了大门就能看到历史所办公楼,我环视一楼至四楼的所有窗户,仔细看了几遍,希望能从窗户内见到父亲,但许久也没看到。不久,家里来了几人,有几张熟悉的面孔,原先和善亲切,突然变得冷漠,甚至凶狠起来,要我们必须站稳立场,划清界限,勇敢揭发父亲,写批判材料。

我作为初二学生,从记事起,就知道父亲夜以继日地伏案写作,也不关心他写些什么,也不会懂得,直到很多年后,才知道父亲受批判的原委。

父亲曾对《澎湃新闻》记者说:"'文化大革命'一开始,周予同就被打倒了。我跟他一起写过文章,所以第一批就轮到我了,所谓'反动学术权威',和我一起挨批的还有杨宽。历史所也有造反派,管理我们这些'牛鬼蛇神',让我们打扫厕所,还给我戴纸做的高帽子上街游行,高帽子是白色的、很高的,写着'打倒反动学术权威汤志钧'。"[1]

母亲也因家庭出身和海外关系受到牵连。外公郁元英经商,1948年携郁慕明和慕南去了台湾,造反派勒令母亲交代"海外关系"。1968年,历史所全体人员到市郊奉贤县东门港的上海市直属机关"五七"干校参加劳动,并继续开展批斗运动。次年1月,我赴安徽界首县农村插队落户前夕,学校打电话通知"五七"干校的父母,要求回家帮我打理行装,父亲被隔离出不来,母亲匆匆赶回,三天后我就踏上行程,母亲和姐姐送我到火车站。仅过数月,姐妹俩也去了安徽凤阳农村插队落户,家中只留下13岁的弟弟,生活难以自理,无奈之下从常州请来年迈的祖母照料。一家六口分隔四地,唯有书信往来。

直到1978年10月,上海社会科学院历史研究所重建,父亲被起用,重返漕溪北路40号,主持近代史研究室工作;母亲被调至中国纺织大学图书馆工作,告别了辛勤工作20多年的漕溪北路40号。

施恩不求回报

幼年记忆中,我对周予同先生、奚原先生、徐崙先生、洪廷彦先生都有印象。周先生家住靖江路,父亲曾带我去做客;奚先生和洪先生的公子与我同学,我曾去过他们家玩,也在靖江路;徐崙先生受邀在中科小

---

[1] 钟源采访、整理:《汤志钧:我的学术生涯》,《澎湃新闻》2019年6月10日。

学做过报告,讲历史故事,全体师生都参加了。彭加木先生也做过报告,讲述自己工作和生活情况,当时他的感人事迹刚被披露,大家都在学习他战胜病魔、努力工作的精神。

但我真正熟悉、受益良多的是章克生先生。章先生在历史所辛勤译作,劳不告倦,贡献卓著,我就不多说了,用马军研究员的话说:"在历史所编译组前后近30年的历程中,贯穿始终的章克生无疑应居首功,他是最重要的组织者和实践者。"①我要说的是这位资深翻译家鲜为人知的一面。

都说"远亲不如近邻",章先生和章师母宽厚待人、助人为乐的品质,是作为邻居后深刻体会到的。乌鲁木齐南路396弄3号是中科院宿舍,我家住一楼,章家住三楼,章先生、章师母经过一楼时,我们姐弟都会有礼貌地齐声问好"章先生、章师母",他们也会亲切回应。章先生常来家里与父亲探讨学术问题,特别是外文资料的翻译和应用问题。章家小哥章行先,比我大几岁,我们常在一起玩,章家大哥已是清华大学的学生了。

夏季的周末或周日晚上,中科院经常在大草坪放映露天电影,我们不会错过这样的机会。有一回我和姐妹加小哥兴致勃勃地去了,见大门口人头攒动,原来是想看电影的人太多,门卫只准持工作证的人员进入,孩子必须由大人携同。我们只能闷闷不乐地回到家中,章先生见状,二话不说,带着我们直奔中科院,出示证件后我们如愿进入,章先生却回去忙他的工作了。我记得《鸡毛信》《地雷战》《平原游击队》等影片,都是在大草坪上看的。有时人多拥挤,我们一群孩子就到银幕后面观看,影片内容不变,但左右反观,辨字困难。弟弟仁济上小学,午饭在

---

① 马军编著:《史译重镇:上海社会科学院历史研究所的翻译事业(1956—2017年)》,上海社会科学院出版社2018年7月版,第11页。——汤仁泽注

家吃,由于父母工作忙碌,有时来不及做饭,就委托章家照顾,章先生和章师母像对待自己孩子一样,让弟弟吃上荤素好几样。受人之惠,不忘于心,直到今日,只要提起此事,我们总有说不完的感激和感恩,那时正值物资匮乏、凭票供应的困难时期,吃饱吃好是一件多么不容易的事啊!

我在留学之前,章先生还为我辅导过英语。每周四下午,我会准时来到曾经居住过的楼房三楼,向章先生请教英语,章先生放弃午休,为我认真讲解,前后进行了数次。那是1983或1984年,章先生已是古稀之年,但仍坚持勤奋工作,他说翻译工作是不受年龄限制的。

拜师章先生门下,是我的幸运和荣耀,但更多的是敬重和感激。

在"文化大革命"那个特殊年代里,每个人都会在运动中留下真实的身影。有人高呼"打倒一切牛鬼蛇神",并落实到行动中。有人则保持自己善良和正直的为人。父母提起郑庆声先生,总会说"郑庆声是好人,'文化大革命'时从不欺负人"。在那个年代,当人落难时,有落井下石的,也有坚持正道的,没经过那场疾风暴雨,不知道"好人"的难能可贵。我进历史所时,郑庆声先生已经退休了,每当新年团拜会,只要遇见郑先生,我都会重复说那句话,郑先生也总是一笑了之。"我父母说您是好人",虽然只有短短几个字,却是人格魅力的高度总结,也包含着我对郑先生的真挚感激。

怀念和珍惜那段经历

我幼年时受到熏陶,加上身边人的潜移默化,再加上与历史所的缘分,在不知不觉中改变了自己。恢复高考后,我选择了历史专业,进入安徽师范大学历史系学习。毕业后,在阜阳师范学院任历史教师,接着留学深造，于 1996 年回国，入职单位就是历史所。作为历史所早期的旁观者和体验者（恕我自夸），我对历史所一点也不陌生，还更容易接近它。

再游徐家汇，我总爱驻足寻求，探个究竟。时过境迁，历史所的办公楼和武警医院已被东方商厦和各家商户取代，所幸母校仍在，但原先与漕溪北路 40 号大门并排而立的头道门及鹅卵石走道、二道门等，都已荡然无存。新校门迁至虹桥路 68 号，与商业门店融为一体，印象中壮观的崇思楼被周边的摩天大楼"围困"，有喘不过气来的感觉。周边一派繁华景象，盖过了昔日的宁静。闹中取静谈何容易，学生们穿梭在车水马龙间，看服饰才能区分谁是学生、谁是游客和行人。徐家汇就是徐家汇，商业效益胜过一切。

历史所办公楼和徐汇中学崇思楼都是徐家汇文化圈内重要的建筑物，而如今前者消失，后者改观，难道不是个缺憾吗？即便崇思楼存在，过去的教师、学生都去了哪里？物换星移几度秋，事物变化瞬息间，但我还能将过往和情感清晰还原，因为实在是怀念和珍惜那段经历啊！

汤志钧、汤仁泽父子合影

我和任建树

郑庆声

几个月前，我退休在家，突然传来了噩耗，原上海社会科学院历史研究所现代史研究室主任、研究员，中国共产党第一任总书记的传记《陈独秀大传》的作者任建树同志于2019年11月3日晚病逝。得知这一消息，我十分悲伤。任建树是我的挚友，他晚年多病，住在华山医院治疗，不习惯医院的生活，病情稍有好转，即想回家休养。不久前，他回家后，我曾和他通过电话，但他口齿不清，含糊其词，我即担心他的脑血管恐怕出了问题。据他女儿晓冰对我说，过去别人听不清他的话，她能听懂；现在别人听不懂的话，她也听不懂了。听她这样一说，我心里"咯噔"一声，看样子建树的病情加重了，但没有想到，这次他这么快就离开了我们。最近，我常常回想起我和他相处的点点滴滴。

我和建树相识是在1961年年初，即我随历史研究所副所长沈以行调入该所工作以后。记得1960年12月，我在北京参加由中华全国总工会出面召开的第一次全国工人运动史工作座谈会的筹备工作。在筹备工作即将完成之际，任上海市文化局党委常委、上海革命历史纪念馆筹备处主任的沈以行从上海赶到北京赴会，我去火车站接他。在去中华全国总工会招待所的车上，他对我说，中共上海市委宣传部已任命他为上海社会科学院历史研究所副所长,还说他已写报告给市委宣传部主管人事的常务副部长陈其五,要求调姜沛南、徐同甫、倪慧英和我四人随他到历史研究所工作。北京的座谈会结束后,我即返回上海,市委宣传部已经批准沈以行的报告,我和姜、徐、倪四人随即一起到了历史研究所报到,并带去原上海工人运动史料委员会在1952年至1958年期间收集整理的约1500余万字资料。随即,我们和历史研究所正在编写国棉二厂厂史的吕继贵、张铨等同志一起组成了历史研究所工运史研究组,从事上海工人运动史料的收集和整理工作,为日后编写《上海工人运动史》做准备。当时,历史研究所另有一个现代史研究组,组长是任建树。工运史研究组和现代史研究组在业务上是分开的,但两个组的党员编在一个支部里,就在这时我认识了建树。我听说建树在上海解放后,曾在中国新民主主义青年团(即共青团的前身)上海市委员会担任过宣传部副部长。1956年中央号召"向科学进军",科班出身的干部要归队,建树过去在大学的历史系念过书,所以当时上海成立历史研究所后,他就归队了,可以说他是历史研究所的元老之一。我还听说,他和刘仁泽、傅道慧(女)三人很长时间曾被借调到北京,参加编写1927年前中共党史大事记,那时刚结束了在北京的工作,回上海历史研究所。建树给我的印象是话不多,很稳重,我们两人也没有多少交流。但这种情况在随后几年起了变化。

从1964年起历史所分批派人下乡参加农村的"四清"运动,建树首批去了金山

青年时代的任建树

县新建江大队，我没有去。1965年，我先后参加了松江县佘山公社新奇大队和天马公社西泾港大队的"四清"运动，先后担任过工作组的副组长、组长。在天马公社，我见到了建树，他是"四清"工作队的副队长，但他分管公社的企事业，我们在农村的生产大队的工作组归工作队的队长张淑智（经济研究所）管。虽然我们在公社能见面，但说话的机会不多。1966年6月的一天，我刚从公社开过工作组组长会议，回到西泾港大队（那里交通不便，西泾港大队在公社的西北面，比较偏僻，到公社开会，要走十几里路，单程要步行一个多小时），突然又接到通知，明天上午又要到公社开会。当时我心里很纳闷，既然第二天又要开会，为什么不留我们在公社过夜，而要我们来回奔波呢？要知道一个来回，就要走三个小时啊！第二天我们再到公社，才知道不是在公社开会，而是回社科院开会，院部的一部卡车已停在那里，社科院的人统统上车，建树是和我们一起上车返回院部开会。到了万航渡路院部，我们一下车就看到已有人贴出不少大字报，有贴院长李培南的，也有贴历史研究所副所长徐崙和所内其他当权派的。原来，社科院的"文化大革命"开始了！

1968年年底，上海社会科学院，包括历史研究所，全部人员下放奉贤近海的上海市直属机关"五七"干校，边劳动边搞斗批改。1970年年底，大批人员又被抽调去市区工厂战高温。建树也在其列，记得好像是到一家水泥厂工作，我则在干校留守。1971年我调入上海市总工会，1976年粉碎"四人帮"，1978年恢复社科院和历史所。有一次我到科学会堂参加上海历史学会1982年年会，在会场门口遇见时任上海社会科学院副院长兼历史研究所党委书记的陆志仁，他一把抓住我的手不放，好像怕我逃走似的，拉着我穿过会场内长长的走道，登上主席台，把我拉到幕后才开口对我说："你回历史所来工作好吗？"我说我没有意见，关键是总工会放不放人。他说他已和总工会方面的张祺谈过,张要他拿另一个人来换我。大约没有人愿意到总工会来换我,此事就被耽搁下来。1983年沈以行申请编写的《上海工人运动史》被列入了上海市哲学社会科学重点科研项目,当时任建树和刘仁泽两人曾多次对沈以行说,现在工人运动史研究室除姜沛南外,其余人都未搞过工运史,"上海工人运动史"是市里的重点项目,任务很重,你赶快去把郑庆声调回来吧。后来据沈以行自己也对我说,由于任建树和刘仁泽竭力主张把我调回来,他才连写三封信给总工会方面的领导人张祺、李家齐和王关昶,要求调我回历史所。就这样,我终于在1985年年底回到历史所。

回所后,在沈以行的指导下,在姜沛南的大力支持和配合下,我和工运史研究室的诸位同仁,以及中共一大会址纪念馆原馆长任武雄和《上海纺织工人运动史》主编谭抗美通力合作,共同完成了"六五"上海哲学社会科学重点科研项目《上海工人运动史》上、下册(108万字)。该项目和"七五"上海哲学社会科学重点项目《中国工运史论》(论文集,30万字),均获得了理论界的好评,获得了上海市哲学社会科学优秀著作三等奖。这一切都和建树对我的关心,力争调我回历史所,以及支持我们完成"六五"和"七五"两个重点科研项目是分不开的。

晚年时的任建树

回所以后,有一天,我在任建树的办公室聊天。他对我说,想写一本陈独秀的传记。陈是中国共产党第一位总书记,但这是个有争议的人物。他对我说,如果将来发生什么事,挨批了,你帮我流几滴眼泪。我则安慰他,现在研究、写作的环境和条件已经与过去大不相同了,你就放心写吧。因为他在北京整理过建党初期中共党史大事记,对陈独秀的资料比较熟悉,我想他肯定能写得好的。后来他终于写成了50万字的《陈独秀大传》,颇得理论界的好评。他是离休干部,但他离而不休,仍笔耕不断,《陈独秀大传》就是他在离休后写成出版的。

建树比我年长10岁,今年虚龄97岁了,这几年他的身体越来越差,后来住进华山医院治疗。我因右眼深静脉血栓,行走不便,一直没有去看望他,真是大大的遗憾。

建树走了,留给我的是深深的怀念,但愿建树在天堂里好好安息吧!

2020年2月4日灯下草就,时年虚龄87岁

历史研究所的几位老同人合影,从左至右依次为刘运承、郑庆声、任建树、刘修明、齐国华、张铨、吴乾兑

(原载《上海史研究通讯》新刊第2辑,2020年11月。有删节)

人生的路、探索的路

刘修明

西方人求职,一生大概改变七八次,中国人则几乎一辈子"钉"在一个岗位上(现在也学会了"跳槽",这是进步)。我就是这样,20世纪60年代大学毕业后被分配到上海社科院,30多年一直待在这里。即使在"文化大革命"动荡时期,工资关系也隶属原单位(那时改称市直机关干校六兵团,后来"四个面向",人少了,改称六连)。看来我还要在社科院办退休。从当年进院时阅世不深的一个青年,至今两鬓斑白,面临人生黄昏,沧桑感在所难免。30多年是历史的瞬间,对一个人却是不算短的历程。

当时到万航渡路的院部报到,我们这批从复旦历史系毕业的共有8个人(现在只留存我1个),院领导对我们进行的启蒙教育是"要当战士,不要当院士",说白了,就是只能当无产阶级理论战线上的战士,而不许当资产阶级的科学院院士。口号是当时上海市委一位宣传部部长提出来的。按这个革命口号的要求,社科院是不能搞学术研究的,否则就可能走向"白专",遭到批判。在"左"的思想路线左右下,社科院学术道路之艰难曲折,研究人员思想之彷徨苦闷,现在的青年学者很难体会。当时有5个研究所,拿得出的"名牌"成果是一"大"一"小"。"大"

者,陕西南路经济研究所的大隆机器厂研究;"小"者,徐家汇历史研究所的小刀会研究。而当时社科院有500多人。

那个年头,谁敢放开思想写文章啊!好几位从国外归来的成绩斐然的老学者,在当时那个特定的时间空间里,竟然不再有论著问世。是他们江郎才尽?不是,是无形而严酷的思想禁锢束缚了学者无限的创造力。那时也组织写文章,那是领导布置、命题的批判文章,此即"战士"之谓也!如果你自由写文章,即使合乎风向,文章也达到发表水平,也必须由院所党委盖上公章证明作者"政治合格"才有效(这是1957年反右以后的不成文规定)。现在每年都要统计研究人员的研究成果,多少篇,多少字。那时是不允许研究人员多写论著的。不许写文章,干什么?编资料!成年累月抄报刊,编材料。从青年到中年,人人如此,老年学者也得上下班抄资料。厚厚的资料书出版了,论著却写不出。出版的资料书成为外国和港台学者唾手可得的资料库,他们据此写出了一厚本一厚本的专著,我们只有眼睁睁地看着。那羞愧,那怨愤!极"左"路线挫损、埋没了多少人的青春和才华!

1958年进复旦读书时,就看到高年级的学生激昂慷慨地批判我们的老师:周谷城、周予同、谭其骧、田汝康……进社科院后,被打上无产阶级旗号的文化专制主义的"大批判"也从未间歇过。有思想、有成就的学者不得不三缄其口。以集纳6本专著的《欣然斋史论集》而著名的史学家、第一任历史所所长李亚农,因为为史论集写了总序《论承前启后》,

青年时代的刘修明

肯定了康德，而遭到批判。他还写了一本有独特见解的太平天国史的专稿，因为担心流传出去再遭批判而不得不烧毁，冲进了抽水马桶！

"噤若寒蝉"和"狂呼乱叫"是"文化大革命"那个特殊岁月中思想理论界和文化艺术界以声波形式表现出来的两极。上海社科院从上海市区被迁到奉贤海边的"五七"干校，再打散到工厂、农村、北大荒。残存的几十个人，或在大批判的长夜中苦熬，或在大海边呼啸的北风中守岁。"无产阶级全面专政"的履带彻底碾烂了本来应该是姹紫嫣红的文化艺术和学术理论的百花园。理论杂志停刊，书店里买不到几本学术书。然而，地火在岩层下燃烧，思想在寒流中升华。人的思维运动是无法禁抑的。事情走向极端一定要转化。历史辩证法在无声无形无象中潜在地左右着历史的发展，以量变到质变的不可抗拒性，等待着历史的转折。作为一个进社科院以后基本上没有时间也没有条件搞学术研究的青年研究人员，我也在这长达十多年的岁月中，浮沉、思考、积蓄，等待着科学的春天到来！

人类文化史上的创造时期，都是在思想解放的特定时代条件下到来的。欧洲的文艺复兴、中国春秋战国时代的百家争鸣、"五四"以后的思想解放和学术文化的繁荣，都是在摆脱了形形色色的文化专制主义的羁绊后，才迸发出无限的创造力。随着"文化大革命"及其发动者成为历史和客观上造就的"否极"的思想基础，新一轮的思想解放运动和文化学术的繁荣成为不可阻挡的趋势。十一届三中全会以后中国理论学术界也迎来了百花争艳的春天。虽然还有乍暖还寒的寒潮侵袭，民主、科学、自由、宽容的大趋势是任何力量也阻挡不了的。

大的环境气候的改变，给上海社会科学院带来新的生机，进入了真正意义上的新时期。老骥伏枥的老专家焕发了青春，新生的力量开始培养造就。经历过苦寒的人真正热爱春天,丧失了宝贵岁月的人才知道时间的可贵。作为一个开始步入中年的理论工作者,我以夜以继日的努力在学术园地里耕耘、播种。20多年来,我几乎没有星期天,也没有节假日。我要像夸父追日般追回时光。当年历史所的杨宽先生大年初一还在著书立说。彼能为,我何不能为?学术耕耘只有劳而不获而没有不劳而获的。我只有用更多的努力,来弥补并不太聪敏的大脑的不足和丧失的时机。我相信,只要坚持不懈,方向正确,方法对头,苍天不会辜负辛勤的耕耘者。

这些年来,社科院成果之丰硕和社会影响之广泛,每使我这个过来人感到振奋。无论在基础理论建设还是应用研究上,上海社科院已用成果和成绩确立了她在全国学术理论界的影响,涌现了一批有知名度的学者。院领导又及时提出"精品意识",这是非常正确的。科研成果的一定数量是质量存在的基础,但是数量不能代表质量。矿藏的品位和含金量才是第一位的。学术理论应该是思想的结晶,须经得起时间和考验。

社会人生的路,是不断探索、追求真理、造福人民的路。这就决定一个学者应该是安贫乐道的。心浮气躁、急功近利的人不能成为真正的学者。只有能静得下心、坐得下来、联系实际、勤于思考、不赶浪潮、不求浮名的人,才算得上一个真正的学者。在商品大潮汹涌、社会分化剧烈导致学者心态不平衡时,强调这点,对一个学者也许不是多余的。如果说,中华人民共和国建国初期学者的一本专著可以买一套不错的房子的话(杨宽先生1957年出版的24万字的《战国史》得稿酬7 500元),那么,今天学者即使笔耕不止也不可能发财。学者这一职业注定必须付出多而回报少,即使有回报也是对社会的回报,对学术的贡献,对文化的积累。对"安贫乐道"的"道"的追求和顿悟,是他真正的幸福和快乐。这使我想起隐居乡间的德国大哲学家康德和明清之际静思山村的大思想家王夫之,想起我们院里许多辛勤耕耘、不问报酬、不求闻达的俭朴的学者。他们没有名利的羁绊,不受利禄的诱惑,但他们不会丧失对国家、社会和民族的道德担当,也不会沉湎象牙之塔而忘却社会责任。"生有涯、知无涯"的认识论也使他们恰当地估量自己。即使著作等身,他也不会志得意满。因为他懂得在探索真理的大海边上,他至多只能拾得几颗彩贝。狂妄的自我标榜者没有资格成为学者。

(原载上海社会科学院工会编《跨越不惑:我与上海社科院征文选》,1998年印)

从"五七"干校到中国轴承厂[1]

徐鼎新

上海是"四人帮"的基地,他们夺取了上海的党政大权,把上海这座国际大都市搞得乌烟瘴气,许多干部在造反派的肆意妄为下,遭受到人格的侮辱和人身的严重伤残,有一部分干部在暴力逼供之下,以自杀对造反派进行抗议。我那时也时刻面临更严重的批斗或抄家的威胁,当我在历史所里被压抑得透不过气来,或被强迫做各种重体力劳动,拖着疲惫不堪的身躯回到家中的时候,看着惊慌不安的妻子,实在有点于心不忍。但我不得不告诉洪仁菊,如果我有一天没有回来,那就是我已被造反派隔离审查,也有可能因此被抄家,要她做好思想准备。但这一切最终并没有发生,历史所的造反派的主要攻击目标是几位所的领导干部,他们把我从文汇报社揪回来之后就认为目的已经达到,不再与我过多纠缠。所以我还真的幸运地当了一段时期的"逍遥派"。但不久便结束了这样轻松的日子,造反派宣布:上海社会科学院已"砸烂",所有干部、职工全部到位于奉贤的上海市直机关"五七"干校,编为该"五七"干校的第六兵团。这样,我不得不再一次与妻子和两个孩子告别,远赴东

---

[1] 本文标题由本书编者所起。

海之滨的"五七"干校去进行一种特殊方式的锻炼和改造了。

上海市直机关"五七"干校原是海滨农场的所在地,左邻五四农场,右近燎原农场。当我们来到这里的时候,当地仅有几座砖木结构的平房,一下子要容纳数千人是很困难的,所以我们一到目的地,便奉命自己动手建造住房。我们建造的全都是简易的草房,以粗大的毛竹做支撑的房柱和房梁,铺上竹席,再在上面盖上稻草,四周用砖砌墙,在墙上涂一层厚厚的泥土,等干燥后就可以住人了。草房内可放12只双层床,住24个人,倒也十分热闹。我们每天除了学习之外,就是种田。我们历史所与哲学所合编成一个连,每个连都有专人负责农田生产的安排和指导工作,包种包管包收。海滨的土地都是盐碱地,不能多用化学肥料,而要求大量施用有机肥料,所以我们要到周围农场的养鸡场或养猪场里去运鸡粪和猪粪。我们还用船到附近的小河里挖河泥,运回时,组织人力一路背纤,船到田边后,我们又得一担担把船上的河泥挑上岸。这些累活脏活,我几乎全都做过,而且都坚持下来了。我们种的一般都是棉花田,种棉花是一门并不容易掌握的农业学问,从翻地、平整、播种、移苗、锄草、施肥、喷洒农药、打铃,到采摘、翻晒、分拣、打包、装运,道道工序都要有条不紊,来不得半点马虎。经济所有一位平时能说会道的研究人员,他带领一班人负责的几亩棉花田,不按科学规律办事,结果只收到二两棉花,在干校和周围农场中传为笑柄。

"五七"干校集中了上海市直机关各单位的隔离审查对象,每个审查对象都有一个专案组,对他的问题进行内查外调。历史所也成立了不少专案组,具体负责专案工作的当然是造反派,但造反派的人数毕竟有限,特别是外出调查需要配备一些共产党员,因此更缺乏相应的人力,所以他们不得不起用一批所谓"逍遥派"的党员干部参与外调。于是我也被点名参加某个专案组的工作,这就使得我有机会以"外调"的名义走出干校,遨游于天南海北的山水之间。我与我的同行者先后到过江苏、浙江、江西、广东、广西等地,上过庐山,去过百色,还数次到海宁,顺便到盐官观潮,真有点儿飞出牢笼、悠哉游哉的感觉。但我们在进行外调的过程中,对被审查对象的问题,总是本着实事求是的原则,尽可能弄清事实,不轻易下调查结论,因为这关系到一个人的政治生命。造反派为了他们不可告人的政治目的,在被审查对象的头上任意加上种种不实之词,我们决不能对造反派随声附和,而必须完全依据调查研究所得的材料,重证据,不轻信口供,更不轻信大字报上那些捕风捉影的揭发材料,以及造反派强行逼供之下的所谓"证词"。我们所接手的几个专案,经过对每一个线索的外调取证,把大部分的重要疑点都一一弄清,否定了原有的所谓"特务"或"叛徒"等的嫌疑。由于有了这些有力的证据,造反派也不得不撤销了对他们的隔离审查。

在"五七"干校劳动整整干了两年多时间,"四人帮"在上海的余党一声令下,大批干部将要在所谓"四个面向"(即面向工厂、面向农村、面向边疆、面向基层)的名义下分散到四面八方,首先号召大家报名到祖国北大门——黑龙江漠河地区,用以考察每个人的改造态度,在这样的气氛下,所有人都写了用词坚决的申请书,我当然也不能例外。为此,我又把这个消息告诉了洪仁菊,这一次,我的妻子不像上次那样紧张,因为在"文化大革命"的动乱岁月里,个人和家庭的命运都不掌握在自己的手里,所以只能任凭命运的安排。几天后,我忽然接到了女儿徐芹写来的一封信,信里的话不多,记得大意是:"亲爱的爸爸:听说你已报名要求到黑龙江去保卫祖国的北疆,我和妈妈都支持你,希望你自己保重身体,你的女儿小芹。"

这封信一下子在宿舍里传开,并刊登在油印的快报上,整个连队很快都知道我有个13岁的女儿支持父亲面向边疆的事迹。但是当批准去黑龙江的名单公布时,却并没有我的名字,这才使我长长地舒了一口气。说实话,尽管在干校造反派的监督之下,人人都会把"面向边疆"的口号叫得震天响,但谁又是真正愿意抛妻别子远离大上海,到冰天雪地、人烟稀少的北国边疆去受那份罪呢?那些日子里,干校内整日锣鼓喧天,一辆辆大卡车送走了一大批去黑龙江的干部,接着又有大批干部被分配到上海各中、小学去当老师或其他工作人员,还有较多的干部则被安排到上海的一些工厂里去进行所谓"战高温"的重体力劳动,我的名字也进入了"战高温"的行列。于是我结束了两年多在"五七"干校的劳动,转入在当时还非常陌生的工厂里,开始了我人生道路中的一次特殊的里程。

我要去的工厂是位于上海蒙自路的中国轴承厂(当时已改名为"东方红轴承厂"),这是一家由众多小厂合并组成的专门制造各种型号滚珠轴承的中型工厂。我被分配在三车间的热处理小组(淬火间)当工人。金属预制件必须经过高温淬火之后才能达到规定的硬度和坚韧度,所以热处理在冶金工业中是一道很重要的工序,也是一门重要的学问。我对这门学问可以说是一无所知,对热处理的工艺操作也是一窍不通。当时这家工厂的制造工艺还非常落后,热处理没有一台流水线,完全是繁重的体力劳动。具体工作规程是:工厂的一车间将翻砂成型的轴承内外钢圈进行初步表面磨光加工之后,送到热处理小组,我们组就要把送来的各种内外钢圈预制件用特制的工具串起来,然后把一串串轻则几斤、重则十数斤的预制件分批放进温度高达1 000多摄氏度、烧得通红的盐浴炉里,在规定的时间里进行高温淬火,然后从盐浴炉内取出预制件,放入油柜中冷却,之后再装入钢丝篓里进行清洗。所有这一切,全部是手工操作,劳动强度很大。我初来乍到,什么也不懂,老师傅们手把手来教我,一些进厂不久的青年工人也对我很友好,所以几天下来,我基本上已经能够从事一些简单的工艺操作了。我戴上蓝色的工作帽,穿上蓝色的工作服,又换上一双高帮的工作鞋,俨然是个产业工人了。一个星期下来,我已和小组里的工人师傅们搞得很熟,无论是老师傅或青年工人都与我很谈得来,不久就成了好朋友。车间领导也很看重我,要我帮助几位青年工人定期出黑板报,在车间组织的学习班上做中心发言,写辅导材料。后来工厂领导也看上了我,把我抽调到政宣组,为他们出墙报,并为工厂党支部书记准备在全厂大会上的发言稿等等。实际上我并不习惯厂部的工作,因为在上层,我随时可以闻到造反派争权夺利的那种令人生厌的气息,而在小组里,则充满了阶级兄弟般亲密无间的人情味,所以我一有时间就往车间、小组里走,只要车间、小组的干部或工人师傅们看到我的身影,大家就会像老朋友似的围拢上来,问长问短,亲热得不得了。人间自有真情在,即使是在"文化大革命"动乱岁月里也是如此。离开了"夺权""造反"之类的喧嚣,离开了尔虞我诈的是非之地,在中国轴承厂的三车间和热处理小组里,我又寻觅到了人间的一份真情。

在中国轴承厂前后劳动了近两年时间,我又被抽调去参加《江南造船厂史》(通俗本)的编写工作。这段时间内,我有幸结识了复旦大学经济系的郭庠林、陈绍闻,上海社会科学院经济研究所的唐传泗、蒋淑芳、黄逸平等同志,以及来自工厂的几位青年同志。在这过程中,我们编写组成员全部集中在江南造船厂工作,频繁地进行查档、访问、讨论、写作,差不多经历了一年多时间,到1975年9月间,该书才正式定稿出版。

这本书的读者对象,是广大工厂干部和工人,所以内容通俗易懂,图文并茂,是一种普及性质的历史读物。但在那个是非颠倒、黑白混淆的动乱年代,要完全超脱"文化大革命"的负面影响是不可能的,所以这本书也就不可避免地会带上一些"左"的痕迹。但编写《江南造船厂史》,使我对经济所长期从事经济史研究的一部分同志有了较多的接触,尤其是对唐传泗这样一位学识渊博、品德高尚、乐于助人的老学长,更使我由衷地产生敬佩和好感。正是在合作编写《江南造船厂史》的过程中,唐传泗同志像良师益友一样真诚地给了我多方面的帮助,包括专业方面的知识、有关历史资料收集整理及研究的知识、统计知识等等,从而使我对中国近代经济史的研究产生了浓厚的兴趣。所以当万恶的"四人帮"继林彪反革命集团覆灭之后被一举粉碎,在中国前后折腾了10

1968年历史研究所部分人员在"五七"干校海滩合影

年之久的"文化大革命"宣告结束,已被强行解散的上海社会科学院又重新建立起来的时候,我的未来去向成了我面临的一道新的难题。因为它将直接关系到我今后的专业研究方向和命运归属,何去何从,正等待着自己理智的抉择。

那时,各个研究所在位于上海淮海中路的上海社会科学院新址分别召开会议,正当我在历史研究所与经济研究所之间进行选择而举棋不定的时候,唐传泗同志竭力鼓动我到经济研究所工作,并一再向经济研究所的领导郑重举荐,称赞我是一个"不可多得的人才"。他的热心举荐,不仅打动了经济研究所的领导,也深深地打动了我,于是我毫不犹豫地放弃了返回历史研究所的想法,而走进了经济研究所的行列。

(原载《七十年风雨人生路——徐鼎新自传》,上海彩世电脑制版印务有限公司 2007 年印)

忆漕溪北路 40 号的史学家们

翁长松

漕溪北路40号原是上海市社会科学院历史研究所所在地。当年上海历史研究所这幢办公室大楼,坐落于漕溪北路的西侧,在今徐家汇藏书楼和徐汇中学之间,楼高四层,坐北朝南,钢筋混凝土的西式结构建筑,宽敞明亮,气派雄伟,又地处徐家汇,是一处难得的闹中取静的黄金地段。当年这里云集了一批沪上著名史学家。

一

1974年年初,我作为《文汇报》的通讯员,在当年《文汇报》理论部主任张启承先生(1989年起他担任《文汇报》党委书记兼总编辑,直至1995年到龄退休)推荐下,从沪上一家企业进入历史所学习。作为一位普通青工,脱产学习的机会很难得,我心情异常激动。报到时接待我的是丁凤麟先生,他也是后来和我们朝夕相处、组织我们学习和辅导写作的老师之一。当年丁凤麟也不过才36岁,却已是《解放日报》资深编辑。1961年他从华东师范大学历史系毕业后又师从陈旭麓先生攻读中国近代史研究生,不仅史学造诣颇深,而且思路敏捷,是个能说能写的好手,著有《薛福成评传》等多种专著。市里派他来组织和指导我们学习与写作,是个比较胜任和优秀的老师。

历史研究所底层是大堂和书库,库内所藏的古籍线装本数量颇为丰富,倪慧英老师专门负责书库事宜。我们需要找资料时,除了问倪老师外,还常去请教所资料室的古籍版本学家杨康年先生。杨先生为人热情,经常为所内的专家学者提供各类古籍善本书,瘦长的身材,苍白的脸色上长年戴着一副老式的眼镜,有点弱不禁风的样子。他从小嗜好古旧书,13岁起就出入坊间、书肆、淘书、购书,成年后更是倾全力搜罗典籍,家中古籍善本不下万卷,具有深厚的文献版本学功力。1944年7月,他毕业于无锡国学专修学校(沪校)三年制国学科。新中国成立后,进入上海社会科学院历史所资料室工作。为了充实历史研究所的藏书,他呕心沥血,四处奔波,常常出入于各大旧书店和文物仓库,不怕脏不怕累,挑书选书,整批整批地往所里运。他嗜书如命,不仅工作在书海里,还长年沉浸于家中所藏的古籍珍本中,胸中藏书百万,凡问到书的版本问题,他没有答不上来的。所里的老学者们谈及早期历史所时常会竖起大拇指,一致赞道:杨康年是所里古籍版本专家第一人。我去资料室借书,一待就是数个小时,除了找书和翻书,大多数时间是和他聊着有关版本目录学的问题,我从他那里真是长了不少见识和学问。

当年我被分在隋唐史组,一次方诗铭先生对我说,要熟悉唐史,除要读《旧唐书》《新唐书》《资治通鉴》外,还必须读一下唐代史学家刘知几的《史通》。我找到了杨先生,向他借阅该书。他待人真诚,听说我要借阅《史通》,先给我讲解了一番:"《史通》是史学经典,凡学史者必读,它在唐代已经流传。但《史通》的宋刻本已不可见,流转至今的最早本子系明刻宋本。所里现藏有可借阅的是清浦起龙释的《史通通释》光绪十九年(1893年)文瑞楼石印本。你真要读,我会想办法的!"他的这番话,令我对其深感钦佩。我连连点头:"好的,谢谢!"隔了两天他就为我带来了一套八册线装本的《史通通释》,让我爱不释手。杨先生为人之热情及对古籍版本的深厚学识,经此一事,给我留下了深刻的印象,也为我以后重视清代古籍版本的研究播下了种子。

二楼是阅览室和会议室。阅览室足有200平方米之大,室内宽敞明亮,窗明几净,书架上分门别类地排列着学术期刊和20世纪五六十年代新版的古籍文献,学员可以任意选择和阅读。会议室也是教室,我们16位来自工矿和农场的学员,经常在这里聚集,聆听史学名家的授课。

这些老师都是沪上著名学者,记得为我们讲授先秦史的是复旦大学著名教授杨宽先生,早在20世纪50年代,他就以《战国史》一书而享誉史坛。他讲授的是春秋战国的历史演变史,重点放在秦统一六国上,并对秦始皇的功过是非做了精辟的分析和点评,使我第一次领略到名教授的授课魅力和风范。讲授两汉三国史的是所里的研究员方诗铭先生。先生早年师承顾颉刚、陈寅恪等史学大师,其个子不高,戴着一副深度的眼镜,虽身形瘦弱,却聪明睿智,学识精湛,时常发前人之未发的学术见识,如在授课中指出《三国志》中有许多地方为贤者讳忌之处,就颇有独到见识。方先生著作甚丰,也是我最爱戴和景仰的老师。讲授魏晋南北朝史的是复旦大学谭其骧教授,他是研究中国历史地理学领域最著名的教授,也是一流的魏晋南北朝史专家。他讲授魏晋南北朝史,条理清晰,脉络清楚,尤其是鲜卑拓跋部的崛起、孝文帝的改革,讲得精彩纷呈,印象深刻。讲授经学史的是所内研究员汤志钧先生,他早年读于无锡国专,抗战胜利后,来沪入复旦大学深造,1947年毕业。他在学术上最大的成果是对戊戌变法史和经学的研究,还是1949年后第一位应邀赴台湾讲学的大陆著名学人。

此外,还有徐崙先生讲授社会发展史,马伯煌、刘修明和陈旭麓先生,分别为我们讲授宋史、先秦诸子百家和中国近代史。刘修明先生是当年授课学者中最年轻的一位。他对春秋战国诸子百家的代表人物的研究更是了如指掌,超凡脱俗,很有个人的学术思想和见解,如在授课中讲到老子的生平和思想中,充分展现了他个人的学术观点,他讲:"有人问我:司马迁在《史记·老子韩非列传》里称'老子者,楚苦县厉乡曲仁里人,姓李氏,名耳,字聃,周守藏室之史也',那么既然姓李,为什么又要叫老子呢?"他凭着自己多年的研究和考证,接着自问自答说道:"老、李原是一个姓。这是古代声韵转变的结果,原来称老,后来才变成李。所以把老子称为老聃或李聃是一样的,但人们习惯称老聃。"听了他的这番论述,不得不承认,李聃和老聃是同一个人。刘修明1963年毕业于复旦大学历史系,后进入上海社会科学院历史研究所从事中国古代史的研究。1974年年初,在所里见到他时也才34岁,修长身材,眉清目秀,鼻梁上架着一副淡雅色的眼镜,典型的知识分子形象。他是当年所里最年轻的史学工作者,也是个天赋极高的写作高手,文章史料扎实,而且文字流畅,语言精美活泼,绘声绘色。当年我读到过他发表在《学习与批判》杂志上的《孔丘传》一文,其旁征博引,文采之美,可与余秋雨发表于同一刊物上的《胡适传——五四前后》相媲美。"文化大革命"后,他以出众的史学才华和成果,不仅被提升为研究员,还出任上海《社会科学报》常务副主编,主持日常编辑出版工作。这期间也是他史学研究成果展露的黄金时期,先后有《雄才大略的汉武帝》《汉光武帝刘秀》《从崩溃到中兴——两汉的历史转折》《儒生与国运》《毛泽东晚年过眼诗文录》等十余种著作出版。

讲授近代史的陈旭麓先生也是一个以文笔见称学界的著名史学家。1945年24岁的他就写出了《初中本国史》。20世纪40年代后期开始在上海大夏大学和圣约翰大学授课。50年代初,两校合并为华东师范大学后,他除"文化大革命"中应邀参加上海市委写作组为毛泽东标点注释古文工作之外,就一直没有离开过华东师范大学的历史系。五六十年代,当多数前辈学者沉默的时候,他的写作热情却很高。从1949年10月至1965年8月,他在各类学术刊物上发表了59篇论文。他还是撰写新中国第一本辛亥革命史专著《辛亥革命》的作者。一生致力于中国近代史研究,致力于近代精英思想与思潮演进的剖析,以思辨的深邃和识见的卓越,享誉史学界。在此我还想补充一点,即1974年在历史研究所和他有过一次近距离的交谈和接触。那天我在所里阅览室翻阅报刊,偶然遇见陈先生,我就当面向他请教了有关《南京条约》五口通商后对上海的影响。他说道:"《南京条约》是不平等条约,使近代中国从封建社会沦为半封建半殖民地社会,这是民族的耻辱,但对上海经济发展有催化剂作用。"我对他的这一说法很有感触,便说:"您说得有道理!从辩证法的角度看,五口通商对中国小农经济带来了冲击,却也结束了中国社会封闭的状态,为上海的城市发展注入经济和文化的新元素。"他听了后很高兴,鼓励我道:"有思想、会思考,很好!学史和治史,关键要善于思考,思则灵、思则通,就会出成果。"他的这一句"善于思考",深刻地印在我的脑海中,也成了我后来学习和治学的座右铭。

二

1974年在"读书无用论"还甚嚣尘上的氛围中,我有机会能聆听到如此多的史学家的课,与他们做近距离的接触和交往,是我人生最快乐、最幸福的事。当年历史所老师们授课场景,虽然距今已有40余年,但在我脑海中却依然历历在目,难以忘却,也时常激发我在史学道路上的不懈探索。

当时我们学员的主要任务是边学习,边写文章。这对仅有初中文化程度的我来说,有压力,但更多的却是兴奋和向上的动力。当年历史所的三、四楼是研究人员的工作室,我们的到来打破了这里的平静,为了给我们创造学习环境和条件,他们腾出数间房屋用作我们的宿舍。

后排右二系本文作者翁长松

我们16位学员八男八女,其中八位女生学员住在三楼,我们男生学员住四楼,都是两人一间。与我同住一室的是来自港务局的茅伯科,他也是1967届初中生,和我是同龄人,不过当年他已是一家基层企业的党支部书记。他热爱读书,也是一个史学爱好者。他和我及来自手工业局的冯丹枫、东海农场的黄龙珍四人组成了隋唐史学习小组。我们除一起听课外,主要以自学为主,通过边学、边啃原著,互相交流,共同进步。针对隋唐史的学习,老师多次强调我们要在迅速掌握中国通史的基础上,重点要读懂、收集和掌握《隋书》《新唐书》《旧唐书》及《资治通鉴》有关隋唐史中有用的史料。

我很珍惜这次学习的机会,一头扎进故纸堆里。当年《隋书》《新唐书》《旧唐书》《资治通鉴》,这四部史书还没有中华书局标点本,我在阅读时颇感头痛和吃力,不仅读得慢,效率不高。好在不久,我找到一条学习和研读的新途径。我在图书馆发现了陈登原著的两册本《国史旧闻》(《国史旧闻》全书共四册,第一册,1958年三联书店出版;第二、三册,1962、1980年分别由三联书店出版;第四册,2000年在合并前三册的基础上,由中华书局推出全套四册本。所以1974年我在所里能读到的仅仅是前二册),这是一套很适合我阅读和使用的书。全书是集古籍介绍和通史札记为一体的读物,文字流畅,条理清晰,通俗易懂。我花了数周时间,边读《国史旧闻》有关隋唐的章节,边对照着读《隋书》《资治通鉴》等四史文献记载,又做些读书札记,日积月累,对隋唐时期社会政治经济文化有了粗浅的认知。

除了隋唐史,我对先秦战国史及诸子百家中的法家学说也情有独钟。记得来此学习的前一年,即1973年年初,我曾结合《史记》中有关商鞅生平的记载及他传世的《商君书》作品反复研读,试着撰写了一篇数万字的《论商鞅》,还将稿件试着投寄给上海人民出版社历史组的冯菊年先生。没想到时隔一个星期我就接到冯先生来电,他邀我去出版社面谈。坐落绍兴路的上海人民出版社距离我的工作单位仅隔两条马路,所以接电话后的第二天下午我就去拜访了冯先生。先生看上去50来岁的样子,一对炯炯有神的眼睛,儒雅端庄,慈祥和蔼,大有长者和学者的风范。他见到我后说道:"想不到,你还这么年轻!"他首先肯定了我的《论商鞅》一文,认为该文史料扎实,有观点有思想,但篇幅太长,建议我在此文的基础上压缩成约4 000字的文章,试投给《文汇报》刊用。其次,他邀我成为上海人民出版社历史组的通讯员,以后可以参加社里举办的各项通讯员活动,还可为出版社写通讯稿和提点建议。我愉快地答应了。后来,我也曾多次参加出版社举办的活动,还定期收到社里寄赠的通讯读物和出版物,开拓了我的视野,增长了见识。

遵循冯先生的建议,不久我在《论商鞅》长文的基础上浓缩成《围绕变法问题的一场大论战——读商鞅的〈更法〉》一文,寄给了《文汇报》理论部的张启承先生。寄出去不久就得到了张先生的亲切接见,他对我的稿件给予充分肯定,认为稿件有史料、有思想,文字也流畅,并建议我对该文做进一步的修改,修订后再寄给他,可考虑发表。张先生还鼓励我要多写稿和投稿,并邀我成为报社理论部的特约通讯员,于是我又成了《文汇报》通讯员。好事连篇。进了历史学习班数月后,一次张启承先生来所里联系工作,顺便提醒我将《读商鞅〈更法〉》尽早修订后寄给他。在老师和其他学员的帮助下,我完成了对该文的修订。1974年6月15日这篇一改再改的文章在《文汇报》上以通栏整版形式发表了。受此鼓励,我又于1974年6月17日和同年11月13日在《解放日报》上刊发了有关隋末农民起义等小文章。当年我们发表文章偶然署有作者实名,大多采用笔名,其中用的频率最高的笔名叫"曹思峰"或"晁思峰",寓意"漕溪北路40号初试锋芒"。我这届历史学习班集体撰写和创作的"青年自学丛书"之一《儒法斗争史话》(上海人民出版社1975年7月第1版)发表出版时所署笔名也即曹思峰。现在看来,这些文章的观点大有商榷的余地,甚至是荒谬的,但对当年才20岁出头的我而言,能在上海主流媒体党报上发表处女作,无疑是一种有益的尝试,增强了我以后撰文写作的信心。

当年这幢四层高的洋楼顶上还筑有宽敞明亮的大晒台,这也是个读书的好地方,只要是阳光明媚的好天气,我也会在晒台上散步,有时还会带上书和椅子在晒台上坐着看书。除周末我们可以回家休息一天外,其余六天基本上吃住都在40号这栋楼内,偶尔也会去沪上大专院校或康平路141号听讲座或开会,还会抽时间深入工厂企业和农场参观学习和交流,增长见闻的见识。

三

20世纪70年代中后期我住在徐汇区建国西路619弄30号,与方诗铭先生家的距离较近,所以只要有时间我常会去他府上探望和求教,每次见面先生除指导我读书学史外,还叮嘱我要继续深造。正是在他的鼓励下,我在20世纪80年代先后完成中文系大专和历史系本科的学历教育;也是在他的推荐和介绍下,我1989年成为上海市历史学会最年轻的会员。汤志钧先生对我的鼓励和帮助也不小,当获悉我要考研究生时他也积极为我奔波和提供信息,当知道我要出版《名人和书》时,他在百忙之中为我撰写了一篇热情洋溢的序文,为我的著作增色颇多。

后来汤先生还将该序文收入《汤志钧史学论文集》中。

在他们影响和熏陶下,我养成了读史治学的习惯。这段难忘的学习岁月,是我人生最重要的一个时期。它为我打开了一扇通向史学的大门,在这里,我能够系统地学习并初步掌握了史学的研究方法,为我以后考大学进一步深造以及在史海扬帆奠定了基础。更重要的是,在这段岁月里我不仅能够聆听史学大家们的教诲及近距离接触,甚至还与他们中的一些学者结成忘年之交。这是我人生最大的幸事。如今我也已过花甲之年,回顾自己数十年的人生历程,无论是在何种工作岗位上,我始终没有丢掉读史、治史和撰述的爱好和习惯。这种读书和治学的爱好,不仅使我著有《书友斋笔谈》《名人和书》《聊不完的话题》《旧平装书》《漫步旧书林》《漫步旧书林续集》《话书说游集》《书里书外小记》《清代版本叙录》等十余种专著,还使我的晚年生活变得更加丰富多彩,颇有成就和愉悦感。

首届历史学习班 1975 年 3 月结束后,大多数学员都回到了各自原先的工作岗位。为了不忘记这段师生的友情,在这届学习班即将结束时,我们学员和部分老师还合影留念,这张老照片我至今还完好地保存着。值得称道的是这届学习班的 16 位学员,没有辜负老师们的教诲和期望,后来个个继

1989 年春,翁长松(立者)与方诗铭合影

续努力学习和工作,学有所长,成材有为,有曾担任华亭集团党委副书记、华亭宾馆总经理的孙绣华,《上海港口》杂志主编的茅伯科,有成为上海大学教授、社会学家的胡申生,上海市社会科学院研究员的王国荣,上海古籍出版社编审的姜俊俊,《文汇报》资深编辑的韩天宇及上海市历史学会、上海市作家协会会员的翁长松等学者、作家和高级优秀管理人才。

(原载《钟山风雨》2018年第3期,2018年6月10日)

记培养中青年的热心人章克生

王 鲁[1]

章克生先生是历史研究所的学术委员、编译组负责人,他毕业于清华大学外国语文学系,长期从事于编译方面的专业工作,精通英文,通晓法文、俄文,并有丰富的历史知识,对古汉语造诣也较深。

自1957年调历史研究所工作以来,由他经手编辑、翻译和校订的译稿在100万字以上。即使在1971年起被迫退休后的七年内,他也没有停止对外文史料的整理和选译工作。1978年10月历史所恢复以后,他重新进所工作,在领导编译工作和培养中青年等方面苦心孤诣,做出了成绩,得到中青年同志的赞扬和推重。

给中青年压担子,在使用中培养

在编译组15位工作人员中,近半数是中青年。有些同志过去多年学非所用,进所后迫切要求提高翻译水平,但一时之间,他们只忙于打字、抄写和做卡片工作,偶尔翻译一些零星材料,他们感到不满足,认为

---

[1] 黄芷君笔名。——编者注

"打'杂差'多,翻译的锻炼太少,业务水平提不高",要求领导给他们压担子。去年8月,所领导提出对编译组的要求,除为各研究室提供译作、资料外,正在于通过老一辈编译人员培养出新的一代来,更好地为科研事业服务。这对章先生有启发,他认为抄写、打字、做卡片等基础工作是需要做的,更重要的是培养后辈在编译外文资料上的独立工作能力。他分析了组内各青年同志的情况,根据各人的基础和能力,分别安排了翻译任务。他给吴、李二位安排翻译《中国现代革命领袖人物》中的"陈独秀""李大钊"等每篇达两万余字的文章,完成后,又翻译《上海——现代中国的锁钥》一书的部分章节;给小苑翻译《中法新汇报》有关"四明公所"事件的史料;其他同志也各有安排。章克生打算,首先提高他们的翻译水平,然后,锻炼其勘探和选材的能力,即在浩如烟海的外文史料中,环绕本所的中心任务与项目要求,选择研究工作上所需要的资料,进行整理编译。他曾经恳切地说:"我们已是70岁上下的人了,5年、10年以后,编译工作的担子全靠你们了,希望你们尽快地把担子挑起来!"中青年同志压上了担子,学习和工作的劲头比过去更足了。有的同志说:"接触了实际工作,更感到自己的知识不足,学习就有了紧迫感。"在工作中的那股钻劲也加强了,在翻译中遇到了疑难问题,不光是请教老师,而且自己到图书馆阅览室找资料,查根据。老师热情指导他们,他们也热心地为老师做一些借书、打字等事务工作,以减轻老辈的负担。

认真指导,一丝不苟

章克生多次说过,作为一个历史专业的编译人员,除了政治条件外,在业务上要做到:一、透彻地理解外语原著,译述时忠实反映原意;二、熟练地掌握汉语,译文务求通顺、畅达,尽可能表达原文的体例和风格;三、通晓专业知识,译文要符合历史专业的要求。为此,他要求中青年同志注意学习,打好基础,还特地借了一批近现代史方面的书籍,供他们学习,又督促他们积极参加院部组织的外语学习班。该组多数中青年同志先后参加过外语班学习,有的至今在大学里进修专业课程。

　　章克生对中青年的指导极为认真细致。吴竟成、李谦去年翻译"陈独秀""李大钊",是第一次翻译两万字以上的长篇著作,其中涉及历史事件、历史人物和某些专用术语如何领会与翻译,有不少困难。章克生尽力为他们辅导,并特地邀请近代史室主任汤志钧为他们讲解。徐肇庆老师也常常给予指点。吴、李终于译出了初稿。章克生为他们花了很大的工夫逐字逐句地校订,不仅将译错之处改正,而且在有些地方还加上眉批,说明为什么要这样修改,从而使吴、李看到了自己不足之处,懂得了应该怎样翻译才合乎要求。经校订的第一稿誊清后,章克生又进行第二次校订,这一次着重看中文是否畅达,文字是否规范化。有些同志平时写字比较随便,字句中常常夹一些习惯用的简写字,如把"副",写成"付","建",写成"占"等等,章克生要求中青年在译稿中严格按《新华词典》的简体字书写。经过二次校订的译稿,大体上可以做到忠于原著,译文畅达,用字准确。出版社曾表扬:"经章克生校订过的稿子,我们比较放心。"在章克生等老师的耐心指导下,李谦、吴竟成进步很快,业务水平有所提高,一年来,两人已翻译史料近 30 万字。有人对章克生说:像你这样花工夫,还不如自己翻译快一些。但章克生着眼于人才的培养,认为"开头花工夫多改改,以后就可以少改些,将来可能不必改了"。

关心全局,为全所培养队伍贡献力量

　　章克生和编译组的几位老同志经常谈到提高科研人员外语水平的重要性,认为每个研究人员应努力掌握外语,以适应研究工作的需要。他们不仅口头这么说,而且也这样做了。凡各部门有同志在外语方面有疑问或不解前来请教,他们都能热情指导,尤其是章克生和徐肇庆两位老同志,百问不厌,耐心解答,为许多同志解决了疑难问题。今年,本所有一批中青年同志在院英语学习班学完了《基础英语》第四册,希望能结合专业,继续学习,以提高阅读能力和翻译水平。所领导同意本所可自己酌办外语提高班。章克生和徐肇庆尽管担负着繁重的编译任务,但仍积极承担了教学工作。章克生从当代报刊和历史专著中选择教材,确定入学考题,做好准备。这个学习班已于1980年11月28日开学,除讲解课文外,要求学员每周翻译一篇材料,学员反映这样的学习有帮助。

　　历史所有些同志因为研究工作的需要,自己翻译了一些材料,编译组的老同志总是热情地为他们校订。例如,章克生曾为我所研究生卢汉超校订其英文《谈谈上海社会历史沿革》的译稿(2.5万字),还为黄芷君、张国瑞两同志翻译的《斯巴达克为什么逗留在意大

章克生(1911—1995)

利?》(3.5万字)校订,指出译稿中的问题,既帮助提高翻译水平,又保证了译稿的质量。

(原载上海社会科学院历史研究所编《史学情况》第18期,1980年12月26日)

今 生 难 忘

罗苏文

我进上海社科院历史所工作至今已有20年。回首往事,老沈(即沈以行同志,他自1978年秋历史所恢复重建以来即担任主持日常工作的副所长,20世纪80年代中期离休)留给我印象也许是今生难忘的。

进所之初,我被安排在学秘室工作,在老沈的直接领导下一干就是6年。回想起这段相处的经历,对一些琐事细节的记忆依然那么清晰。老沈的领导方法似乎有些特别,布置工作时习惯用商量的口气,好像在最后决定前还希望听些意见,以便做出更好的选择。他对我们整理或起草的文稿、材料在审阅时极为仔细,用词、标点有误都不放过,修改意见总是字迹工整,行文中有时使用询问、商讨的语气,我们在传阅这类意见或批示时,常会忍不住笑起来,好像他正与我们面对面在谈工作。记得一次岁末的工作会议,当我们带着笔记本在他办公室大会议桌前坐下时,他拿出一纸包椒盐花生米,让大家边吃边谈。他先表示感谢大家一年的辛苦工作,让我们谈了自己的想法,再简单布置来年的工作安排。他是位令人敬而不畏的领导,在他领导下工作,我在精神上感到自由、轻松,我们对他的尊敬简化到只需两个字"老沈"。这一称呼与他那和颜悦色的神情,不紧不慢的举止,略带苏州腔的口音,构成了一位宽厚可亲长者的形象，活生生地印在我的记忆深处。

老沈敬业尽职的精神令人钦佩。他对所务处理举轻若重，事必躬亲，这对我们是无言的示范。1980年年初，为加强历史所学术信息交流，老沈让我们编一份不定期内部简报——《史学情报》（后改名《历史所简报》）。他为此倾注的精力和热情是少见的。记得他对刊名字体、套色都有过具体意见，反复比较，力求办得漂亮一些。对每期内容的增删修改，他都亲自动笔，审定把关，并时用笔名写些短评、补白。即使在简报打印阶段，他有时也会加入我们的流水作业线，不厌其烦地多次校核蜡纸，以求减少错字。在简报装订时，他总希望先睹为快，随即逐字阅读，一旦发现有错字，便打电话让我们在分发前予以更正。他还留心记下一次次错字率，提醒我们下次要注意改进。他这种一丝不苟的工作态度，对我是一种永久的鞭策，在工作中不敢有丝毫懈怠。

当时老沈已是花甲之年，作为一位早在20世纪30年代即投身中共领导的上海工人运动，建国初期曾参与主持上海工人运动史料搜集、整理研究工作的老同志，编写一部上海工人运动史是他的夙愿。在多年研究基础上，由他组织力量众手成书，当时已水到渠成。但在1980年初期老沈身负重托，只能将主要精力放在处理繁杂的所务上。他曾无数次修改、起草各类与个人学术研究无关的报告、材料、说明、评语之类的文稿，我们在为他抄写、复写、打印校核这类文稿时，不难体察他对一些文字表述再三推敲的良苦用心。从他对所内同志学术水平的公正中肯评价，对青年人在"文化大革命"中的表现持实事求是、政治上高度负责的态度中，我们对他正直、厚道的品格深感叹服。在我的记忆中这些同志似乎与老沈并无特别密切的个人关系，老沈在办理这类琐事时也从未流露丝毫抱怨之言。即使是他患重病卧床不起时，对以往的奉献也并不挂在嘴边,直到他的生命的最后一程,他依然平静坦然得似乎没有一丝自炫。

学秘室的工作气氛使我感到和谐舒畅,但我更希望有机会尝试史学研究工作,故不时有调动岗位的念头。老沈对此从无训斥,而是支持我在不妨碍学秘工作之余搞科研。他对他人兴趣的理解与尊重,使我在他面前能畅所欲言。记得我曾冒昧地给所领导写过一个报告,提出自己的研究设想,希望给我3年时间,如不能胜任科研工作,我愿意再回到学秘室工作。这一设想未能如愿,但老沈仍以自己的方式给我鼓励和帮助。于是我有了一次次机会,练习写作,外出参加学术讨论会,对科研工作积累了最初的体验,开始了解自己,增添了进取的勇气和信心。其间,我逐渐了解到学术研究是一种须付出长期艰苦劳动的创造

20世纪80年代初,罗苏文(左四)陪同所领导沈以行(左一)、唐振常(左三)接见外宾

性工作,感受到学者为求知、传知而无所顾惜,毕生追求真理的人格魅力;也意识到在学者行列的背后,有着一批敬业尽职从事科研服务工作的同志,包括老沈这样具有奉献精神、人格高尚的长辈。1984年秋,在老沈任内,我被调到历史所中国现代史室工作。不记得转岗时老沈对我有过什么赠言,此后与他个人接触的机会也日渐减少。在新的岗位上我时时感到自己站在永无止境的前沿,我认定自己的选择,无怨无悔。而老沈的形象总使我得到一种激励。

如今老沈已去世4年,偶尔夜静时我会自问:如果不在上海社科院,如果没有遇到老沈这样的领导,我今天会是什么样?我想,也许我仍会设想实现自己的梦想,但不会走得这么顺当、舒畅、充实。想到这些我为自己庆幸,也对今天的岗位倍加珍惜。

(原载上海社会科学院工会编《跨越不惑:我与上海社科院征文选》,1998年印)

不惑之寿

唐振常

"文化大革命"结束之后,我原来决定去北京工作,连组织关系也已转出,不料忽被通知,上海要恢复社会科学院,院里自然有历史研究所,是否可以不去北京,而去上海社科院的历史所。没有经过多少考虑,我接受了,由此就进了重新创建的上海社科院历史所,至今20年。虽在6年前退休,我毕竟还算是上海社科院的人,历史所的人。回头看一生,虽然只是在那么三四个地方服务过,并没有在很多单位谋食,动荡之中仍称稳定,但在上海社科院服务的时间,则是最长了。而且,20年之间,我尽管在这里并非始终愉快,毕竟未曾有萌退与思迁之心。可以说,我愿意在这里工作下去。

这是什么原因?一句话可以回答:我爱我的研究工作,这里的研究条件虽然并非就是最好,只要自己奋力为之,总可以做出成绩。小环境总为大环境所决定,20年来,大环境并非没有折腾,山雨欲来甚至已来之势亦有。影响所及,小环境的学术界和社会科学院,也就免不了风风雨雨。这种情况最是对学术研究不利,侮食自矜,曲学阿世,只能害了学术。好在这种状态为时不长,未成大气候。20年来,学术研究相对而言,在稳定之中运转,没有更多地受到政治的干扰。事实证明,这正是上海社会科学院的学术工作得以有成的原因所在。

但是,我们总不能满足于此,还应该有所前进,有所创造。庆祝上海社科院建院 40 年,检讨 40 年,明确目标,重定规划,为社科院当道诸公之责,非我所得而言。作为一个研究人员,20 年工作于兹的过来者,我想,提高学术水平,乃为根本之根本。愿于此稍发所思。

昔年蔡元培办北京大学,开宗明义,他要把大学办成为研究高深学问的地方,数年之间,成绩斐然。他并不以此为满足,又办了一个中央研究院,人文科学与自然科学并重,基础科学与应用科学并重,同样是研究高深学问的地方。蔡元培看得很清楚,大学和研究院毕竟有所不同,二者并存,相得益彰,中国的学术便得以弘扬,高深的学问乃得以发展。蔡元培办中央研究院的思想来自德国,中央研究院英文名字中的 Academic 就来自德文。我们各地的社会科学院,包括上海社科院,都定名为 Academy,同字同义,老祖宗是蔡元培。办院方针参考蔡元培当年所订,也是当然的,社科院同样应该是研究高深学问的地方。如果社科院的各个所、各门学科都舍弃高深学问而不研究,未必可取。

如何发展学术,特别是高深的学问?蔡元培当年所坚执,且成为北京大学和中央研究院传统的,唯兼容并包,学术自由是守。舍此不足以言研究与学术。

上海社会科学院走过了 40 年,已届不惑。不惑,就是坚执有守,不为五色所迷,抱定宗旨走下去,终必有大成。昔年中央研究院寿蔡元培联云:"萃中土文教

唐振常(1922—2002)

革命于身内,泛西方哲思蔓延之物外。"蔡元培确可当此赞。作为一个学术研究机构,一个研究高深学问的机构,亦应以此联所倡作为自己的抱负,虽不能至,心向往之,谨为寿。

(原载上海社会科学院工会编《跨越不惑:我与上海社科院征文选》,1998年印)

历史所的那栋楼

卢汉超

从徐家汇广场往南,上了漕溪北路就有点到了郊区的感觉了,20世纪70年代末,这里马路宽阔、行人稀少,只不过有几辆公共汽车或驶往西南郊的卡车经过,连喜欢按喇叭的司机也很少在这一带呼啸而过。沿着漕溪北路西边的人行道走不到三分钟,有个不显眼的小弄口。右拐进了小弄,却也不是上海一般的狭窄的居民弄堂,其宽足以容两部小轿车对开。这里没有一家住户,左右两道粉墙,左墙后面是上海图书馆的藏书楼,右墙后面是一个部队医院。最有意味的是这小弄虽然貌不扬众,一进弄口,靠左右围墙处却巍巍然各有一棵古老的银杏树,其中左边的那一棵更是枝叶茂盛,可称参天大树,不必是专家,一望便可知是百年古树。据说当年太平天国忠王李秀成进军上海,曾在这棵树下系马小憩。据考证李秀成曾率军三千从松江进军上海,于1860年8月18日抵达徐家汇,就在天主教堂外设司令部,准备进攻九公里之外的上海县城,这个传说并非空穴来风。1979年我进了历史研究所,师从唐振常先生,1981年毕业后留所,在这楼里先后学习和工作了七年,常在赤日炎炎的七八月间进出这条小弄,得庇于银杏之荫,有时也不免做思古之想。

过了这两棵古树,沿着这条笔直的小弄走约50米便到底了,左边仍是藏书楼的围墙,此路不通;右边却又豁然开朗,只见另一条小路引向藏在小巷深处的历史研究所。最特别的是这条小路的左边是一排断断续续的矮篱笆,围着几隙菜地,菜地后边是一排平房,即上海人所称的本地房子。这菜圃其实就是这些平房的前院,常见一二居民在那里小坐,另一二人则坐在屋檐下晒太阳聊天,一派农家乐的样子。这地方百年前称作土山湾,这大概是土山湾居民的遗风了。在中国第一大都市里,忽然见到这么一块袖珍田园,令人耳目清新。

历史所所在的是一栋坐北朝南、四层红砖的西式楼房。楼的周围有些灌木丛和几枝腊梅,每年深冬初春时绽开。在底楼办公的林会计有时喜欢剪几枝插在办公室的花瓶内,生机盎然。这栋楼很大,原来是徐家汇天主教堂修女宿舍,但此时已被割成两部分。靠街(即漕溪北路)的这部分较大,大约是原楼的三分之二,此时为部队所占用,做了医院,前面还留有一个有半个足球场那么大的空地。历史所占了靠里边的另外三分之一,每层都在走道上与部队医院砌墙分开,但无论是在外观上或人在楼内走动,似乎都没有被一切为二的感觉。这楼建得十分结实,地板上铺的木条硬如铁石。记得有一次我们要在地板上钉几个钉子固定东西,不知是那时钉子的质量太差,还是这木头太硬,总而言之,一个个钉子都弯了,这木头地板却纹丝不动,结果只能作罢。这是我经历过的唯一一次木器打败铁器的小战役,可见这楼的建筑材料之好。

这栋楼最迷人的所在是底层的图书馆,进门后往左有个小门,进了小门有几个往下的台阶,走下台阶后一条小道通向另一扇门,这便是图书馆的书库了。社会科学院总部的图书馆在华东政法学院(校园即在有名的原圣约翰大学)内,历史所的图书馆算是一个分部,但是它是总部图书馆以外藏书最丰富的。我至今不知历史所这个图书馆的藏书量,大约不会超过10万册。对在文化禁锢极严时代成长的我们这一代研究生来说,只觉得这里的藏书是浩如烟海,丰富到有令人窒息之感。回想"文化大革命"时期,我正十五六岁,学校停课闹革命,无书可读,有时借到一本欧洲古典小说,往往第二天就要还。记得有一次借到一本《茶花女》,下午4点到手,第二天一早就要还。傅雷翻译的巴尔扎克《高老头》一书,我是从头到尾抄了一遍,7分钱一本的练习簿用掉了十几本,自己装订成册,视为珍本。如今跨入这小楼,文学作品满满几架,欧美翻译小说应有尽有,简直令人手舞足蹈。当然此时已没有时间也无心看这类"闲书"了。还有许多民国时期出版的书籍,用图书馆业的行话来说叫作"旧平装",随着年代的推移而弥足珍贵。印象最深的是这里有不少20世纪三四十年代上海西式学校的毕业纪念册、同学录之类的出版物,似乎以教会主办的女校的居多,都是图文并茂,用道林纸精印,故几十年了视之犹新,使我母亲这一代的风貌在这静静的书库里悄然活了起来。这里原来应该是修女们做祷告的地方。西南方的墙上有高高的、镶着彩绘玻璃的窗户。这是修道院的遗物,经过"文化大革命"浩劫而幸存了下来。下午的阳光透过彩绘玻璃折射进来,洒落在地上、书架和满架的汉青之间,给这静谧的书库平添了一种温暖灿烂的气息。

　　研究生宿舍兼办公室在四楼405房间,长方形,约十五六平方米,放两张单人叠床,两张书桌,还稍有空间。虽然安排四个研究生在这里住宿,其实我们都不常在此过夜。如果照年龄相排,四人中最年长的黄绍海,跟汤志钧先生念经学史,我们称他为大师兄,时已结婚,家有娇妻幼子,当然不会在这里住宿。二师兄郑祖安,与我同师,家住南市区顺昌路,在我印象中是一辆轻骑独来独往,也极少在此过夜。住得最多的是家在虹口区的三师兄周殿杰。周兄在江西插队多年,似乎习惯了独立生活,大概家中也拥挤,加上殿杰读书很用功——当时是师从方诗铭先生读隋唐史——在办公室看书晚了,回家乘车路上要一个多小时,不如在此过夜,省了往返之苦,故经常住在宿舍里。我家在静安寺,骑自行车不过20来分钟可至,本不必住宿,但有时作为生活调剂,或想有个静静的地方看书,也在此住上几天,说得夸张一点,仿佛当作近郊别墅。如周兄正好亦在此,两人便各据一床,虽无古人在晨钟暮鼓下读书之雅,却也可以在南窗下就着晨曦晚霞,海阔天空地聊天。在一般居民住房极为拥挤的上海,这也可算是一种奢侈的生活方式了。后来这里做了办公室,熊月之兄与我在此并桌为邻,常有机会促膝而谈,从中获益匪浅,直至我离开历史所,此是后话。

四楼上面的大平台,上海人称作晒台。但上海一般居民住房的晒台只有10来平方米,只可放几张凉椅,这个平台却差不多有半个篮球场那样大。这里是另一片天地。当时徐家汇一带几乎没有高楼,站在这西式楼房第五层的平台上就可以"极目楚天舒"了。天主教堂、藏书楼、徐汇中学的崇思楼,还有徐镇老街里的简屋陋巷都历历在目。当然历史所门前的那块颇有风味的小农庄,也清晰可见。但平台给人最舒服的感觉是这里似乎空气特别新鲜。大约是因为徐家汇已靠近郊区,这里周围又没有高楼大厦,故在开阔的平台上常常有清风徐来、远离尘嚣的感觉。已故的倪静兰老师(《上海法租界史》一书的翻译者)在那里晾衣服、种盆花、打太极拳。

人的记忆是有选择性的。我这里写的是否是一种择其善者而"忆"之的怀旧?近年来随着经济的发展,上海高楼崛起、交通发达,真正是日新月异。用我在美国的一位研究中国问题的同事的话来说,上海在近一二十年中可以毫不夸张地说是在摧毁整个城市(literally destroy the entire city),这里"整个城市"当然指的是改革开放前的上海。随着老城的消失,怀旧风油然而起。有关老上海,特别是20世纪30年代上海的各种出版物在巨大的上海书城里占了满满的一个角落,可见怀旧风之一斑。而且老上海变得大有商业价值,有名的新天地就是港商利用怀旧牟利的杰作,现在已经成了上海标志性的建筑,也算为已逝的老上海留了一个假古董。石库门的局促、尴尬和破旧似乎已淡忘了,有的只是对旧上海《东京梦华录》式的怀念。

去年夏天,我在成都四川大学的一个中国都市文化国际研讨会的闭幕式上就此唱了一点反调。我说与欧洲城市的情况不一样,20世纪前半叶,中国兵荒马乱、灾祸连连,一直处于求温饱的阶段。以居住而言,大部分城市居民在建造时就偷工减料、粗制滥造,后来又住上超过原设计好几倍的居民,加上长期没有好好地维修,到了八九十年代,这些房子其实绝大部分都已破旧不堪、垂垂欲倒,没有多大的保留价值了。当今的怀旧之风,除了有些是借此谋利之外,是否有脱离实际之嫌,不经意之间当了21世纪的遗老?不料此言一出,即遭"围攻",虽然并无人能真正提出令人信服的观点,但会上许多发言者都声言愿当遗老,那种"誓死捍卫祖国文化遗产"的态度令人印象深刻。我虽遭围攻,心中却在窃喜,尤其是见到声明"愿当遗老"者中有不少所谓"70后""80后"的年青学人,更令我宽慰,显然至少在学术界,重视文化遗产者后继有人矣。

再回到历史所的那栋楼。20世纪80年代中期就盛传这楼要拆了,因为这块地皮给港商看中,要建现代化大商场。当时主持历史所工作的唐振常先生力顶,部队医院也不愿意搬。但"现代化"是趋势,来头很大。拖了几年,这里终于还是拆掉了。后来就在大致相当于原来部队医院的这部分盖起了那座东方商厦,里面的装潢也就是美国普通的 MALL 的标准,出售的却是上海市民很少消费得起的高档百货。去年回沪,有人请我在梅园邨酒家晚餐,我在如今已是车水马龙、处处霓虹灯的徐家汇,转弯抹角地找到了这家酒楼。我仔细地看了一下这地方,不禁吃了一惊:从还保留在那里的藏书楼做坐标,这楼所在地完全是历史所那栋楼的原址。如今这里已是轿车进进出出、堂而皇之的高级酒店,进得门去,上到七楼餐厅,一路金碧辉煌,侍者彬彬有礼。回想当年历史所那栋楼的书卷气,真令人有不胜今昔之感。

因为我是学历史的,所以不禁想得远了一点。如前所述,明清时期,这一带原来叫土山湾,是徐家汇的一个村落,应该也是个水田粼粼的鱼米之乡。五口通商后来了洋人,因徐家汇地处水陆交通要点,离县城不远,又靠近后来开拓的法租界,所以法国天主教士们在这一带购地建屋,盖了不少教堂产业。想当年土山湾的村民们对此一定是愤愤不平的。这是史有明证的:1847 年发生的徐家汇教案——有些史书称它为中国近代史上第一起教案——就是因为当地居民聚众,企图阻止法国教会在此购地建造教堂而引起的。但在当时的上海县衙门的庇护下,闹事的民众在政府的威胁下离去,教堂还是建了起来。不久徐家汇这一带成了远东少有的天主教文化中心。到了 1910 年,又有了那座有名的双尖顶十字架的哥特式大教堂。历史所的那栋楼,不过是当年建筑群的一点遗绪而已。沧海桑田,向来如此,现在又轮到商业楼盘来横扫一切了。想到这里,我不禁自嘲起来,如今我的怀旧,是否与当年土山湾老农一样的心情?

巧合的是,我所任教的乔治亚理工学院在 1995—1997 年间曾应复旦大学之请,为上海市政府培训过两批处局级干部,我也参与其事。一次与其中一位带队的陈兄聚餐聊天,想不到他当年在市委外贸部门任要职。历史所被拆一事,正是此兄负责。"你们历史所顶得厉害。"他对我说,显然对此事印象深刻。虽然那时还没有"钉子户"这个名称,历史所显然是当了几年钉子户,后来是市委第二书记亲自拍板才拔掉了这个钉子。"历史所顶得厉害"的原因,在当时大概无非是因为这里交通便利、楼宇宽敞,但从文化遗产保护的角度而言,在这一带造商业楼是短视的。如果将天主教堂、藏书楼、徐汇中学(其前身即创办于1849年的徐汇公学)、天文台、徐光启墓、土山湾居民、土山湾画馆(建于1862年)等修复重建起来,形成一个徐家汇文化公园,其经济效益不会输给东方商厦和附近的几个酒楼饭店,而文化价值更不可同日而语,这样的文化遗产保护对提升整个上海的形象和国际地位绝对会有举足轻重的影响。虽然这份文化遗产也许会因天主教的原因而有点敏感,但总的来说,它已超越了宗教而成为近代上海乃至中国走向开放和进步的一个缩影了。

我与陈兄言及此,他不甚了然,也只能不置可否。又十多年过去了,徐家汇这一带如今是天翻地覆,它的繁荣是改革后上海建设的骄傲之一。历史所那栋楼的消失,看来只是一个小小的牺牲。它算不算牺牲、该不该牺牲,更只是一个学术问题了。对在实际部门工作

卢汉超

的人们而言,学术问题是有点遥远而不切实际的。不过我想,上海社会科学院是国内将学术课题与现实问题相连的重要机构,以历史所那栋楼的消失为例,举一反三,检视近年来在城市发展和文化保护上的一些问题,大概也不完全是杞人忧天的。值此上海社会科学院成立50年华诞之际,作此小文,也算是心香一瓣,在大洋彼岸祝母校更上一层楼。

(原载上海社会科学院校友会编《绿叶对根的思念:上海社会科学院校友回忆录》,2008年9月第1版)

回忆在漕溪北路 40 号住宿、学习与工作的时光(1983—1991)[①]

施扣柱

(一)

我是 1983 年夏大学毕业分配来到历史研究所工作的,彼时历史所在漕溪北路 40 号一幢独立的四层大楼内。该楼曾是修女院,其室内朝向走廊一侧的窗子都是气窗,开在靠近房顶的高度,超过绝大多数人的身高,所以在走廊内只看到两边墙上一扇扇厚厚的木门,看不到室内的任何迹象,室内的人也看不到走廊上人员的走动,据说这样好像比较有利于修女安心修行。当然,室内并非完全暗无天日,相反,每个房间都有比较宽大的一排钢窗,几乎占据了整个外侧墙面,所以室内的光线是相当不错的。不过,有修女院的历史时期,漕溪北路一带绝不像现在这样市声扰攘、车水马龙,那时在倚窗而立、静思反省的修女眼眸中呈现的,不是鳞次栉比的高楼广厦,而是枝木扶疏的田园风光,以及近在咫尺的徐家汇藏书楼、天文台、天主堂、徐汇公学等教

[①] 本文若干细节采纳了罗苏文、蔡建国两位老师的指正,特此鸣谢! ——施扣柱注

会建筑群。

这幢大楼的砖石墙体相当厚实,一个显而易见的现象是:每逢夏季,无论气温多高,天气多么闷热,只要一走进楼内,一股凉意就扑面而来,那是一种舒爽自然的凉,轻拂过皮肤表面,不像空调制造的凉,那么硬,有点冷到骨子里(直到20世纪90年代初历史所拆迁之际,空调在沪上也还远未普及)。

这么一幢独立的四层楼房,估计有大小房间50多个吧。彼时全所科研人员加上党政与后勤人员大概也就百余人,空间是绰绰有余的(况且科研人员是不坐班的,只需每周二、周五到所)。记忆中,半地下一层是本所的独立图书馆①,收藏了不少创所时期辛勤搜集的史籍和期刊,在那个资讯不甚发达的年代,基本上可以满足全所科研之需。其不足部分,本所享有一个极为优越的条件可以补偿:毗邻著名的徐家汇藏书楼(漕溪北路80号),近到下小雨前往无须打伞。藏书楼对本所非常友好,不但开放其丰富馆藏,而且开辟了专供本所科研人员使用的特别阅览室,创造了极其便利的史料搜集与阅览条件。

40号楼第一层有所办公室、会计室、文印室和一个相当宽敞的全所大会议室,还有所办公室刘成宾副主任的家庭宿舍②。第二、第三层主要是党委书记、正副所长和科研人员会议室,以及大部分研究室,如工运史、现代史、党史、上海史都各居一个大房间,古代史和近代史则分散在较小的几个房间。各研究室似乎还有大小不一的资料室。此外,学

---

① 据说在上海社会科学院,拥有独立图书馆的只有本所和经济所。时至今日,可能只有本所还顽强地保留着这个传统。(尽管名义上叫作资料室,其实藏书量真不亚于一般中小型图书馆呢)——施扣柱注

② 刘副主任是南下干部,为人非常热情谦和,大家都亲切地称他为"刘大爷",称他的妻子为"刘大娘"。——施扣柱注

秘室、人事室各居一个小房间。①第四层除少量研究室如世界史之外,大部分做了所内外地来沪无房人员、市区住房困难人员和有各种原因外来借居者(与本所多少有些因缘)的宿舍②,还有一个公用厨房,厨房内放了几个煤饼炉子,切菜的长条桌放在厨房附近走廊上。四层楼顶是一个开阔的平台,可以晾晒衣物,亦可观景远眺。

40号大门内,除了这幢楼房外,还有一个小院子,院子里有一个传达室,某段时期内还有一大间平房,曾做过历史所的食堂③。后来不知什么原因,食堂停止开放了,员工们相继到一墙之隔的徐汇中学食堂,以及再远一些的某单位食堂去搭伙。

对刚走出校门的我而言,40号楼男女合用的卫生间是最令我不习惯的。每一层走上楼梯即可迎面见到隔着宽敞走廊的卫生间(进门到底层也有几级阶梯),卫生间内两侧分别各设四个隔间,每侧靠进口那个隔间都是洗浴室(左侧的是淋浴,右侧的有浴缸),其余六个隔间各有抽水马桶。所有隔间的门均"上不封顶下不保底"。刚进所那段时间内,对如此卫生间格局感觉很是别扭,总想等到里面空无一人的时候。后来听说隔间使用有"不成文法":一般是左侧女用,右侧男用,渐渐地

---

① 新闻所建立后,第三层曾拨出几间房作为他们的办公室和资料室。——施扣柱注
② 当时在所内居住的主要有吴乾兑老师,以及周武、叶斌、朱玲玲、饶景英和笔者等。吴老师自20世纪50年代末建所初期和倪静兰老师结婚后一直住在所内宿舍。周、叶、朱和笔者都是"文化大革命"后高校历史系、国政系本科或研究生毕业分配来所的青年。饶老师是"文化大革命"前毕业的大学生,1978年恢复建所时期进所,初因无房、后因住房远在松江而借住所内。除常住者外,从部队转业来沪的黄玉妹会计也小住过一时。世界史硕士毕业、体质较弱的俞新天则常来女员工宿舍午休。此外,"文化大革命"前曾在本所工作的刘炳福老师,其时已到复旦分校任教,因学校不分房,全家依然住在历史所内。瑞金医院女护士一家也长期住在四楼。——施扣柱注
③ 据罗苏文老师告知,她1978年11月进所时午餐是到徐家汇居民食堂解决的,后来所里招办起了食堂,还买了洗衣机,方便住宿同事的生活。——施扣柱注

也就"入乡随俗"了。

刚进所时,"刘大爷"就告诉我说,所里有员工宿舍,目前住满了,不过有位女员工马上要结婚了,她搬出去后你就可以入住啦。果然,没过多久,我补上了这位女员工的宿舍床位。这样,我就大大节约了越江隧道开通前浦江两岸堪称长途往返的通勤时间(彼时我家已从浦西迁徙至浦东),而且除周二、周五全所科研人员上班时间之外,这栋楼房是相当安静的,在偌大、热闹的上海城市中,是一个难得的可以安心读书、写书的好地方。

(二)

所里的员工宿舍在朝北的房间内,冬天是比较寒冷的,夏天则比较阴湿。幸运的是,若干年后,我考取了著名历史学家唐振常先生的在职研究生①,进入上海史研究室工作。唐先生当时和任建树先生合用一个不大的办公室,在两张大办公桌、两个书橱和一个长沙发之外,没有多少空地了。但房间朝南,天气晴好时,满室阳光,房间不大反而显得更加温暖。唐先生主动对我说:"朝北房间缺乏日照,对身体健康不利。周二、周五之外,你到我们办公室来看书吧。我和任建树说好了,他完全同意的。"说着就把房门钥匙交给了我。说实话,我完全没想到看起来不怒自威的唐先生居然这么关心学生,令我感动万分!从此,一周七天内,我有四五天可以独享这个朝南房间,鹊巢鸠占。一般情况下,每

---

① 彼时研究生有三种:全脱产自费研究生、在职研究生和单位委培研究生。在职研究生和单位委培研究生其实都是在职读研,区别在于:前者必须与全脱产自费研究生一样参加全国统一的研究生入学考试,并且成绩合格,国家教委按在职研究生人数向入读高校拨款;后者则可放宽入学考试成绩标准,由所在工作单位向入读高校支付委托培养研究生的全部经费。在职研究生和单位委培研究生毕业后,都必须返回原单位工作。

到周一、周四晚上,我会把我堆积在两位先生办公桌上的书籍和资料搬回自己的宿舍,第二天一早打开办公室房门,便于两位先生进门办公。但有几次入睡晚了,上班时间到了我还未醒,害得唐先生没有钥匙无法进自己的办公室,他就在走廊上唤道:"小施啊,又睡懒觉!"我被惊醒后赶快起身开门,一面把钥匙递给唐先生,一面致歉。唐先生则接过钥匙笑言:"昨天又开夜车了吧?快去补觉。"现在回想起来,我甚是可笑,当时怎么就想不起来去增配一把钥匙呢?

唐先生不仅关心学生的生活,对学生的专业学习教育和管理也是既严格又开明。他教导我们搞历史研究不仅态度要认真刻苦有毅力,还要注重方法论,他要求我们好好研读梁启超的《中国历史研究法》等史学名著,仔细领会其要义精华,并努力贯彻到个案研究中。他还非常注重书本学习和科研实践相结合,使我以在读研究生身份,有幸参与了"七五"国家重点课题"近代上海城市研究"中教育史的相关部分,虽然写得比较稚嫩,但这种"越过泳池阶段直接在科研之海中学习游泳"的办法,锻炼了我寻找史料、提炼观点的独立研究与写作能力。对于具体的历史研究计划,唐先生并不硬性规定一定要听从他的安排。例如关于我的硕士毕业论文,他一开始就推荐了清末上海教育改革这个题目,我却不知天高地厚地说想做北洋时期的上海教育。居然这么不听话!他听了未置可否,估计大概是等我自己回头换题目吧。摸索了一段时间后,我觉得现有史料似乎不足以支撑一篇硕士论文(以那时纯手工的史料检索条件而言),而且从教育改革角度看,北洋时期远不如清末历史大转型期具有那么绵长悠久的影响力。于是我不好意思地对唐先生说:我还是想回过头来做您推荐的题目。唐先生笑了,没有任何只言片语的批评之词。我再次被感动!

此时距离答辩时间只剩下四个月不到了！时任某副所长说，你怎么来得及！

说起来，年轻人就是拼得动啊。那段时间，我日夜颠倒着过：吃过晚餐后，在那间被我"鸠占"的朝南"鹊巢"内通宵达旦①，吃早餐后小睡到中午，午餐后到隔壁藏书楼或南京西路黄陂路口的上海图书馆翻阅、抄写史料②，晚餐后再按上述程序周而复始。等到史料整理告一段落，只剩下一个多月时间就要答辩了。赶快开写！那时脑子里只有毕业论文，悠悠万事唯此为大，时事新闻不去管它了，黄梅天准备换洗的床单放在脸盆里忘记了（等我写完毕业论文，可怜的床单已经发霉了），吃饭时散步时脑子里也不停地在构思。有意思的是，那时的思路特别顺畅，一路写来没有停顿卡壳。现在想来，我虽然动笔晚，但相关问题一直在关注、在思考，相关外围史料也一直在搜集、在积累，加上前述那段直接参与"七五"国家重点课题真刀真枪的科研实战演练，这些都在无形之中帮助了论文的具体写作。

功夫不负苦心人，我终于顺利赶上了毕业论文答辩，论文获得了全体答辩委员的高度好评（两名来自复旦大学：陈绛先生为答辩委员会主席，沈渭滨老师为委员；三名来自所内：唐先生为答辩委员会副主席，沈恒春、谯枢铭两位先生为委员）。被评为"优秀"的这篇毕业论文，在唐先生的推荐下（他亲自撰写了按语），全文发表在《上海研究论丛》第7辑（1991），此后还被《新华文摘》摘要发表、人大复印报

---

① 上早班的清洁工姜阿姨经常问："小施，你这么早就起来啦？"我则答："还没休息呢。"——施扣柱注

② 彼时国内拥有复印机的单位极少。进所前我曾带领实习小组跟随工运史研究室警察史小组的许映湖老师、王仰清老师在市公安局实习查档，见过该局复印档案，常因复印数量较多，复印机使用时间较长而冒出明火燃烧起来！——施扣柱注

刊资料全文转载①，更荣获了本院青年优秀论文奖、上海市哲学社会科学优秀论文二等奖，从此真正开启了我对上海教育史的研究历程。

在硕士毕业论文答辩会上，沈渭滨老师说，他曾经也想做这个课题，已开始搜集史料，但发现史料实在过于分散，就停下了。没想到我在唐先生指导下把它完成了，他认为非常有意义。同时他也提出了两个希望我继续深入思考和研究的课题：一个是上海教育发展中的中西教育文化之关系，一个是上海的城市教育行政管理。不久，在承担上海市教委委托课题、多卷本《上海教育史》②中的民国卷写作任务时，我主动提出希望这次不做实体学校而尝试研究民国时期的上海教育行政。借此机会，我对此期上海教育行政的主要内容和基本特点做了初步梳理和研讨，为今后的继续深入探究打下了应有的基础。这也算是对当年沈老师提出的一个课题有所交代吧。至于他提出的另一个课题——上海教育发展中的中西教育文化之关系，因为兹事体大、涉及面较广，目前尚未系统付诸实施，期待在条件成熟之时全面研讨之。

在唐先生、陈绛先生和沈老师等各位前辈的关怀鼓励下，硕士毕业后，我在上海教育史领域继续耕耘，参写了"八五"国家重点课题"东南沿海城市与中国近代化"中有关教育史部分。不久，我跟随华东师大教育系的张瑞璠先生攻读在职教育史博士③，毕业回所后，相继参加了更

---

① 一则因为此文发表时间早于现行史学数据库入藏文献起始时间，二则前几年本院图书馆依据研究生部学术档案补充上传数据库时，据说没找到我那篇硕士毕业论文油印稿，所以目前读秀、知网和硕博士论文库均查不到它。——施扣柱注

② 《上海教育史》共4卷，1991年开题，2015年定稿，2019年由上海教育出版社正式出版。——施扣柱注

③ 本来是想继续跟随唐先生读博的，但据院研究生部告知，关于唐先生博导资格的两次报批都未获得有关部门允准。第一次回复是：社科院主要是自己做研究，博导名额要向高校倾斜。第二次回复是：已过年龄线！——施扣柱注

多的重量级课题:除前述上海市教委委托课题"上海教育史"民国卷之外,主要有国务院立项、中央文史馆牵头、上海文史馆组织实施的国家重大课题"中国地域文化通览"上海卷,以及教育部第五批人文社会科学重点研究基地重大项目和上海哲学社会科学规划项目——上海城市社会生活史丛书中的独立专著《青春飞扬:近代上海学生生活》等。此外,我还撰写了自己深感兴趣的上海教育史相关论文。综合起来,主要涉及的研究课题有:一市三治的城市教育格局,互不统属的三大教育系统,上海教育发展中的民间参与,上海学生生活研究,上海城市教育管理中的法规化与制度化,等等。通过这些研究,我在近现代上海城市教育史综合研究方面形成了自己的特色,获得了一定的发言权。但是,和硕、博士阶段两位研究生导师——唐先生和张先生的殷切期待相比,还存在着相当大的距离,需要继续孜孜不倦地努力探索。

(三)

归纳起来,当年在漕溪北路40号的经历可谓生活、学习、工作三位一体,其风格介于住校和居家之间。

说和住校类似,是因为居住在学术机构,大楼内外、桌椅板凳都充满着、发散着书香,人际交往更是"谈笑有鸿儒,往来无白丁"。不仅所内科研人员皆为史学从业者,来访者大多也是学术圈内人,仅常来探访吴乾兑老师的著名历史学者就有闵杰、朱宗震、虞和平、唐文权等。他们每一次来访,几乎都会带来最新的研究和思考,令人受益匪浅。在大多数没有来访者的日子里,我们也有自己的学术交流方式。尤其在炎热的夏夜,我们几位夜猫子喜欢聚集在吴乾兑老师的办公室内,吹着电扇,吃着西瓜,聆听满腹经纶、中英文俱佳的吴老师用他那带着浓重海南口音的普通话畅谈历史,高论迭出;在史学界已露头角的周武与尚在学秘室蓄势待发的叶斌,也时有灵光闪现。那样的交流方式其实很是让人享受,比正式的学术讨论会更自然更有趣,往往聊着聊着不经意间就到了深夜,大家不约而同相视大笑:太晚了,休息吧,然后彼此道别。

说和居家相似,首先是因为住在所内,其次是因为幸运地遇到和我父母年龄接近的两位长者:吴乾兑老师和饶景英老师。痛失爱妻的吴老师没有子嗣,饶老师则周末才回松江家中。在生活上,吴老师和我都不善厨艺,饶老师则烧得一手好菜,这样我们就自然而然地搭起伙来。学习和工作之余,我们常去附近宜山路露天菜市场购买各类食材,回来后一般是我当助手,饶老师主厨①,简单可口的饭菜烧好后,我们仨就一起其乐融融地开吃啦。不知道的,看着我们很像是一家子吧?其实,长年累月相处,我们真有些不是一家胜似一家的情感呢。

不过有一次,饶老师却对我颇有些"意见"。那是在1984年我刚入所不久,很少地震的上海地区有了震感。②某天夜晚,我和饶老师在宿舍里刚入睡,突然间门窗尤其是门框震动起来,就像有人在门外猛烈施以撞击。饶老师用带着粤语口音的普通话高声询问:"谁敲门?谁敲门?"无人应答。过了一会,门窗又震动起来。我意识到可能是地震!想起20世纪70年代后期在某区教育局工作时曾听过市地震局专家的报告,记得类似的现象顶多是专家所说的三四级有感地震,一

---

① 记得有一次买了老母鸡,饶老师吩咐我抓住鸡腿,她动刀宰杀。我忐忑地抓住鸡腿,待刀一碰到鸡脖子,鸡腿就猛烈动弹挣扎,吓得我立即松手,如是者几次三番。无奈,饶老师只好一面自己设法夹住鸡腿,一面用刀割鸡脖子。我吓得逃离厨房很远,自嘲"君子远庖厨"!——施扣柱注

② 事后听说沪上有高校学生从三四层宿舍楼往下跳,导致骨折。——施扣柱注

般没有大的危险性。①所以我并未起身,也没有告诉饶老师我的判断。第二天新闻播报基本证实了我的预感,上海并非震中,是南黄海地区6.2级地震带来的震感。饶老师知道事情"原委"后,非常生气地说:"你知道地震为什么不告诉我?为什么不告诉我?"我说怕她担心,她更生气了:"你胆子太大了!地震居然自己不跑,还不告诉我!"后来我也感觉自己此举有些不可思议,大概一是那时因年轻而无惧生活中的危险,二是性格中可能有些大大咧咧的假小子成分,三则是对自己的判断力充满高度的自信吧。

锦瑟年华,如白驹过隙。而今,漕溪北路40号楼及其附近的若干楼房已然在城市开发的急切脚步中不见了踪影,但它自身的厚重历史

1986年12月,历史所若干同人在漕溪北路40号大楼前合影

---

① 记得那位地震专家说过,上海地区并不在地震带上,不大会有大地震,可能最大的风险不是来自直接的地震,而是相关地区大地震带来的海啸。——施扣柱注

传说,大楼内那些曾经鲜活的人与事,连同它那不会发声却默默为人们遮风挡雨的砖石墙体,将兀自沉淀在我们记忆的脑海中,永不磨灭,万物皆有灵。

谨以此文深切悼念远在天国的恩师唐振常先生,以及陈绛先生、沈渭滨老师、任建树先生、吴乾兑老师和刘成宾副主任、许映湖老师,愿他们在天之灵安息!也以此文致谢如今在康养院安度晚年的饶景英老师,年过七旬依然思维敏捷的王仰清老师,退而不休依然奋战在学术界的俞新天老师,和远在大洋彼岸的朱玲玲老师,祝他们快乐祥和,万事顺意!亦以此文致谢当年曾在历史所集体宿舍夏夜漫谈、如今早已成学界栋梁的周武和叶斌两位博士,祝愿他们康健喜乐,为史学界做出更多更大的贡献!

撰于 2021 年 3 月底

历史所怀旧

王少普

我不愿逛商场,拥挤的人流、混浊的空气,带来的多是疲惫。有点空闲,愿意到郊外或者公园,对一池绿水、满坡野花,享受宁静。特别在黄昏时,夕阳在树梢轻柔地铺洒余晖,除鸟鹊归巢的啁啾声,仿佛整个宇宙都别无声息。处此情此景中,整个心灵都沉浸于静远之中。

但也有例外,每每路过位于上海繁华西南的东方商厦,有事无事都想进去看一看,不是钟情于商厦伟岸的建筑,不是流连于商厦精美的商品,而是因为现在耸立商厦的这块土地,曾经承载我进入社科研究领域的第一个单位——上海社科院历史研究所。在这块土地上,我度过了难以忘怀的 8 年时光。

我是 1979 年进入历史所的。那时,历史所所在地徐家汇还带有浓重的城乡接合部痕迹。除了教堂昂首指天的升腾式建筑外,没有其他高楼大厦,多的是江南风味的砖瓦平房。历史所便处于几排砖瓦平房的拱卫之中。这是一幢建于 20 世纪初叶的欧式 4 层小楼,据说原来是修女院。可证此说的是这幢小楼各层的洗手间中都无男式小便器。小楼和拱卫于它周围的几排砖瓦平房位于由藏书楼和徐汇中学校舍围成的一葫芦形地块之间。地块边高墙俨立,墙面被岁月剥蚀得斑斑驳驳,大片绿苔如翠眉绿须般悬附于上。地块内冬青成排,瓜豆满架,更有两棵高大挺拔的银杏比肩而立,树龄总在百年以上,春夏时凤尾似的碧叶亭亭撑开,送遮天绿荫给世间,秋冬际把碎金般的黄叶款款洒地,赠一地暖意于众人,进此地块,颇有入世外桃源之感。对需坐冷板凳、耐得寂寞的史学界来说,这实在是做学问的好地方。

但究其实,世外桃源并不平静。我进历史所,正值拨乱反正之际,历史所接二连三为在特殊时期受冲击乃至自杀的人员召开平反或追悼会。家属泣不成声的回忆,同事扼腕垂泪的叹息,将昔日惊心动魄的斗争一一展现在人们眼前。那时,人们既为我党纠错和前辈追求真理的勇气所振奋,同时也深感中国传统中负面影响之顽强和残酷。心有余悸者甚至表示今后只整理资料,而不写文章,以免再被深文周纳、无辜挨整。

这种沉重的气氛,随着改革开放的深入,逐渐淡薄。学者们在日趋宽松的学术环境中,以极大的热忱投入研究。与其他社科研究一样,历史所研究中的禁区也一个个被打破,不少实事求是地总结历史经验的好成果问世。在此潮流推动下,我第一次在中国史学界权威杂志《历史研究》上发表了论文——《论曾国藩的洋务思想》,全文一万多字。为了这一万多字,我看完了曾国藩的全部文集、日记,做了大量卡片。曾国藩是中国封建社会最后一个集大成者,对诸子百家未涉猎者少,特别是儒、法、道更成其安身立命之本。难得的是,他已顺应时代变化,开始关注西方文化。民风强悍的湖南乡间生活、翰林院晨诵夜修的苦读、屡败屡起的血战、领兵于野防忌于朝的遭际、曲折的外事交涉、领风气之先的洋务活动,构成了曾国藩极为复杂的阅历,也造成了他极为复杂的性格。这是一个以"打掉牙和血吞"的超人毅力维护封建统治的卫道者,又是一个敏锐主张并实际引进西方工业技术,以求缩小中西方差距的先行人。如果说范文澜先生当年在延安因斗争的需要,而主要从某一侧面对曾国藩做了简单概括，那么，到了20世纪80年代，历史已使我们具备了更全面地研究曾国藩的条件，我们便不能再简单，而应全面对此人物做出分析评价。唯有如此，我们才能真实地揭示中国在鸦片战争之后的转变，科学地总结中国近代化的规律，从而为当代中国的发展提供正确的借鉴。论文发表后，在史学界引起较大反响，《新华文摘》全文转载，人民出版社将其收入《洋务运动论文集》。

虽然以现在的眼光看，此论文还有值得修改之处，但这毕竟是我较早的学步之作，所谓敝帚自珍，书中只想略表我对历史所及我的历史研究生涯的怀念。

其实，这种怀念并非仅系于学术。8年时光中，在历史所我感受过纯洁而真挚的友情。湖心亭内品新茶，银锄湖中荡木舟，书生意气，纵论五千年，评判环球事，至今历历在目。

而今，历史所将迁去新大楼。宏伟建筑、现代化设备，是我们当年在曾供修女悟道的小楼内做梦都未曾想过的。这是历史所的进步，上海社科院的进步，不也是我国整个社科研究进步的一种表征吗！遗憾的是，历史所旧楼已荡然无存，后人无法再从直观上感受这种巨大的变化。在这个意义上讲，我们这代人是幸福的，因为我们亲身体验了这种巨大变化。

王少普

（原载上海社会科学院工会编《跨越不惑：我与上海社科院征文选》，1998年印）

沈以行与工运史研究

郑庆声

1949年之后,在我国社会科学的许多学科中,都有一批从业务部门转入科研队伍的专家。上海社会科学院历史研究所原副所长、顾问,上海历史学会副会长沈以行便是其中的一位。

沈以行同志在1949年前即投身于工人运动。20世纪50年代初,他开始了工人运动史的研究工作,一手创建了历史研究所的工运史研究室,并应邀到复旦大学和华东师范大学为高年级学生开设工人运动史选修课,把一般作为政治宣传的工运史引进了科学研究的领域,其着眼点在于区分中国工运史与西方的不同点。

1958年,沈以行编著的《上海工人在几个历史时期的革命斗争》一书出版,被推荐为鲁迅读书运动之读物,但他认为这本小册子仅做了一般的叙述。现在,他把历年来的学术论文、学术报告等,择其要者,汇编成《工运史鸣辨录》一书,作为《史林》丛刊第一种,已由上海社会科学院出版社出版。这是国内第一本工运史的论著。

沈以行不但将上海工人运动史做了比较系统的论述,而且深入研究了工运史中的若干理论问题。举其要者有:

有的学者,包括国外的学者,往往用西方工人运动的观点来研究中国工人运动史,其突出的表现之一,是把1926—1927年上海工人三次武装起义"归于中心城市武装起义夺取政权的范畴,归到了巴黎公社、十月革命的一类",做了过高的评价。沈以行则提出了马克思主义工运理论中国化问题。他认为以上对三次起义的评价"离开了中国革命以农村包围城市,武装夺取政权这一发展道路,等同于西方的道路,因而也就不符合历史的实情"。他在肯定上海工人三次武装起义的历史地位和作用的同时,指出了它区别于巴黎公社、十月革命的特点——为响应北伐进军而举行起义。

他还进一步将中、西方工人运动的发展道路做了比较,又结合上海工人运动(在中国工人运动中有代表性)之成败反复,做了比较研究,用大量的史实论证了中国共产党关于白区工人运动的正确方针,即在中国,不是像西方那样,由中心城市的工人武装暴动来夺取全国政权,而是采取农村包围城市的战略,城市的工人运动在以人力、物力支援革命军队和根据地的同时,开展群众性的斗争,牵制敌人,打击敌人,积蓄力量,最后配合农村武装斗争,夺取城市,进而取得全国性的胜利。他的这一见解,为我们正确理解和探索中国工运不同于西方工运的规律性,提供了钥匙。

在中国工运史的论述中,学术界有人批评列宁关于从外向工人灌输马克思主义的观点"是一个错误","是理论上的失误"。沈以行从列宁所著《怎么办》一书产生的背景、欧洲各国工人运动的发展过程,联系到中国工人运动的特点,论证了列宁提出的"工人本来也不可能有社会民主主义的意识,这种意识只能从外面灌输进去。各国的历史证明:工人阶级单靠自己本身的力量,只能形成工联主义的意识"的正确性,反映了他勇于探索、追求真理的精神。

经过长期研究,沈以行提出了罢工斗争、组织活动和思想教育三位一体的工运史体系,而且据此进一步提出了《编写〈上海工运史〉的八点要求》,这对工人运动史、产业史和工厂史的研究和编写工作,都具有指导意义。

沈以行治学态度严谨,言必有据;又能服从真理,不固执己见。他对中国工人阶级从自在到自为的转变问题,曾三易其观点,最后认定经过1922年罢工工潮,马列主义通过知识分子的传播而深入于工人活动中,方使中国工人阶级具备了"自为"形态。他曾自称改变这种观点,是他逐步摆脱流行的"左"的倾向的记录。"老骥伏枥,志在千里",沈以行目前正在为完成他主编的数十万字的《上海工人运动史》而努力。我们期待着他在工运史研究方面继续做出新的贡献。

沈以行代表作《工运史鸣辨录》

1988年6月21日

(原载《文汇报》1988年6月21日,第3版;施宣圆主编《中华学林名家访谈》,上海:文汇出版社2003年版)

方诗铭与简牍研究

罗义俊

提起上海社会科学院历史研究所名誉所长方诗铭研究员,学术界对他的印象,是博闻强记,知识面广。确实,他治学从不自囿范围,书肚子宽,而且凡所攻治,均有建树。他在近代史研究领域中所取得的成绩,尤其是20世纪60年代撰写《上海小刀会起义》驰名中外。在先秦秦汉三国史和郭沫若史学研究上的造诣,亦素为人知。最近,又有清史研究新著《钱大昕》(同周殿杰合著)问世。

然而,他博而有专,治学面广但不失重点。他用心最久,用力最巨的,是中国古代简牍研究。他自20世纪40年代在成都齐鲁大学就读时,就在劳干的指导下研究简牍,其成果亦曾为劳干所称引。简牍研究被近现代学术界视为高层次的新的研究领域。所谓简牍,用敦煌汉简释文的第一个作者法人沙畹的话说,就是"纸未发明前的中国书"。方诗铭的简牍研究自出机杼,他认为简牍研究决不应仅限于敦煌、居延汉简,而以简牍研究始于孔好古、沙畹、马伯乐以及罗振玉、王国维,则更是一种误会。他认为早在西晋武帝咸宁五年(公元279年)汲郡汲县(今河南汲县)战国魏墓出土的竹简,以及荀勖、和峤、束皙等人的整理研究,才是古代简牍发现、研究之始。这是他的简牍研究的主要见解,也就是认为简牍研究原是中国传统史学长河中的一部分。他还认为简牍就其内容构成来看,应当包括两大类,一类是官方文书,如敦煌、居延汉简即是;一类是文献书籍,如汲郡出土的《竹书纪年》即是。这是他研究简牍的另一个重要见解,他首先把简牍明确划分为文书和文献两大类。这两个见解实是他对简牍研究的贡献。他把简牍研究的视野从纵横两方面打开了,使之进入了一个悠长宽阔的新境域。

他自己就驰骋在这个境域中。正是为了阐发这两个见解,他在20世纪40年代获顾颉刚点拨的重辑《纪年》的基础上,对《纪年》做进一步整理研究,遍阅两晋至北宋以前之古籍,发愤著书,完成出版了专著《古本竹书纪年辑证》(得王修龄协助)。1982年《中国历史学年鉴》对它极为推崇,说它"比前人的工作更加细腻,也更加准确"。香港《大公报》和内地刊物也专门发文评介,赞它"考证精审,有独到见解"。此书是《竹书纪年》研究的一本总结性专著,并丰富了简牍研究。他还写了《西晋初年〈竹书纪年〉整理考》等文,论述晋初对《纪年》整理研究的情况。因为汲郡出土的毕竟还只是文献竹书,所以他又进一步指认,即使是文书竹简,北宋时亦已有所发现,所以,就是官方文书类简牍的考释也远非自近代开始。

方诗铭的简牍研究还有一个特点是文史兼及。通常简牍研究从两方面进行,一是简牍本身的研究,包括文字的解释,这可以说是简牍研究的基本功。这一方面,他近几年来发表了《敦煌汉简校文补正》等文。另一方面是史的研究,即

方诗铭(1919—2000)

用简牍来研究古代历史。他认为这是主要的。他在《评陈梦家著〈汉简缀述〉》中表述了这个观点,并付之实践。《古本竹书纪年辑证》涉及先秦史、汉简研究,更涉及汉史,一些汉史论文也往往用汉简作为论证的史料。这个以简证史的方法,用他《从出土文物看汉代"工官"的一些问题》一文中的话来说,叫作"地下史料(出土文物)和文献史料相结合"。这个两结合的方法,不仅是他简牍研究的基本方法,其实也是他治史的基本方法。

1987 年 2 月 10 日

(原载施宣圆主编《中华学林名家访谈》,上海:文汇出版社 2003 年版)

唐振常与上海史研究

海 客[①]

日本的上海史研究者称唐振常为"上海史研究第一人"。如今,上海史研究成为海内外学术界的"热点",的确是同唐振常和他的同事与学生辛勤耕耘分不开的。

1978年,荒芜十多年的学术界开始复苏。在酝酿制定全国史学规划的时候,北京的黎澍写信给他的好友唐振常,建议他组织一个班子,写一部《上海史》。翌年年初,在成都举行的全国史学规划会议上,《上海史》的编写正式被纳入计划,并落实到上海社会科学院历史研究所。其时,振常在历史研究所担任常务副所长,院领导要他主持其事。从此,这位与史结缘不久的报人开始"下海"了。

十多年来,振常苦心经营,上海史研究室不仅推出一大批丰硕成果,而且为上海史研究培养了一支坚实的队伍。振常作为上海史室的创始人和上海史研究的"带头人",身体力行,写出了一批突破性的上海史论文。租界史研究,是上海史研究中的"禁区",以往的著作,一涉及租界问题,或简单地斥之为"国中之国",或称之为罪恶的渊薮、冒险家

[①] 施宣圆笔名。——编者注

的乐园。20世纪80年代初,振常在一篇论文中,运用恩格斯在《路德维希·费尔巴哈和德国古典哲学的终结》中关于"恶是历史发展的动力借以表现出来的形式"的论断,全面地、客观地分析租界现象,率先提出租界具有"两重性"的著名观点。虽然这一观点曾经引起一些人的非议,但历史毕竟是历史,今天这一观点已获得学术界人士的共识。在振常精心组织和策划下,88万字的《上海史》于1989年问世了。这部填补了上海史研究空白的巨著,把上海史研究推上新台阶。因此,《上海史》获得1990年上海社会科学优秀著作奖。此后,他又参加另一大部头《近代上海城市研究》主编工作,该书也获得上海社科院的优秀著作奖。振常主编的《近代上海繁华录》新近在香港和台湾出版,列名排行榜首。其论文集《近代上海探索录》即将出版,收入该书的《市民意识与上海社会》一文,在美国报告讨论及中文本发表后,均获高度评价,被誉为社会史和文化史之力作。

在从事上海史研究之前,振常研究的是中国近代史,他的第一篇史学论文《论章太炎》,发表于刚刚复刊的《历史研究》(1978年第一期),此文一发,立即赢得海内外学术界的高度评价,正是这一篇文章,确定了他后半生职业的转换。他曾经自谦地说他研究了"三个半近代史人物",即章太炎、蔡元培、吴虞和半个吴稚晖。其《蔡元培传》和《吴虞研究》皆为得奖之作。而那篇长达三万字的论文《苏报案中一公案——吴稚晖献策辩》则使得《辞海》修改了吴稚晖在苏报案中密告的"定论"。

文如其人。振常为人胸襟坦荡,风雅率真,每多傥论,常有翻案文章之作。他的翻案文章旁征博引,史料凿实,论证公允,令人叹服。他常常说:"历史研究是科学,掺不得虚假,更不能为外界所左右。""治史者须是法官铁面无情,方能得其真。"尤其难能可贵的是振常的学术论文没有枯燥的八股味和哗众取宠的新名词。"史论结合，文情并茂"——这就是振常学术论文的风格。

振常生于1922年成都的一个书香门第。祖父和舅父辈都是四川的著名学者，他从小耳濡目染，深受熏陶。在燕京大学时，他主修新闻，副修历史，曾师从陈寅恪、吴宓诸大师。前半生从事新闻及文学工作，写的各类文章自己也不知有多少。在新闻界，他有"多面手"之称，亦有"快手"之誉。近年来，他的散文、杂谈、随笔常见于报刊。时人称之"文史两栖笔下常有妙文，胆识兼备史坛堪称一杰"。

近年来，振常多次应邀赴澳、美、日和中国香港等国家和地区讲学和参加学术研讨会，无论是论文还是发言，常常以独特的见解而语惊四座。香港大学近年设有查良镛学术讲座，每一年度邀请世界各国及地区著名学者前往主讲，振常为大陆应讲之第一人。他同时担任香港大学校外考试员，多次审查该校博士及硕士研究生的论文评审。现在振常的学术成就已为中外学术界注目，他的名字多次被选入英国剑桥人物传记中心和美国人物传记研究所的世界名人录。

唐振常主编之《上海史》
（上海人民出版社1989年版）

1994年1月2日

（原载施宣圆编《中华学林名家访谈》，上海：文汇出版社2003年版）

英年早逝的明史专家王守稼

施宣圆

我怀着激动的心情读完了我的好友王守稼的遗著《封建末世的积淀和萌芽》。守稼生前是上海历史研究所副研究员,英年早逝。这本论文集是他临终前嘱咐他的好友刘修明先生汇编的,由上海人民出版社出版。论文集中收有中国封建社会的周期性危机、封建硬壳的突破性试验、晚明江南知识分子和社会思辨、封建末世的人口问题以及内外矛盾的交叉和对外关系有关论文近20篇。

善于思辨,勇于探索,这是守稼研究学问的一大特点,在这本论文集中得到充分的体现。在读大学时,守稼兴趣于明中期"倭寇"问题的研究。"倭寇"的基本队伍究竟是中国人还是日本人?戚继光、俞大猷的御倭战争属于什么性质?他不囿于成见,搜集了大量的资料,分析思辨,深入探索,在论文集中的三篇有关倭寇问题的论文,可见其治学之严谨、见解之精辟。在他看来,所谓倭寇大多数是明代社会中不断产生出来的破产、失业的流民和形形色色的社会渣滓。当然,其中也不乏日本海盗。御倭战争与其说是反对外国侵略者的战争,还不如说主要是国内战争更确切。近年来,当他看到有人发表文章说倭寇头目王直是代表明代"思想最解放的一部分中国人"时,他激情难抑,奋笔疾书,详尽地分析王直倭寇集团对东南沿海的浩劫，给人民带来的灾难，指出王直等倭寇头目绝不是"历史的功臣"，而恰恰是"民族的罪人！"

中国封建社会长期延续的原因是什么？中国封建社会的周期性危机及其特征如何？这是20世纪80年代初学术界争论较多的一个重大课题。守稼积极地投入这一争论。他抓住问题的实质：中国"始终没有达到西欧9世纪以后的封建程度"吗？封建化与专制集权制是互不相容的吗？中国封建社会陷入"万劫不复的境地而无法自拔"吗？"游牧生存圈"是"中、西历史大相异趣的关键因素"吗？旗帜鲜明地提出自己

《封建末世的积淀和萌芽》书影

的观点：中国封建社会的"周期性危机"，实际上"是由于社会再生产的周期性中断和阶级矛盾定期激化引起的"社会危机。他的观点作为一家之言，引起学术界的广泛注意。

令人钦佩的是他对明清时期上海地区的研究和明清时期人口问题的研究。这两个专题过去几乎都是"空白"，守稼开辟了新的领域。这部遗著留给我们的有明清时期经济最发达的上海地区资本主义萌芽及其历史命运，有松江府在明代的历史地位，有朱元璋的人口政策与人口思想，明代的宗室人口问题，以及乾嘉道时期人口的飞跃增长等。在这些论文中，我们可以看到守稼研究的艰难步履和不同前人的真知灼见。他开辟这些新的领域，探索这些新的问题，旨在帮助人们认识中国的国情。

守稼研究历史是为了现实,为的是对现代化建设提供某些借鉴或启示。即使写考证文章,他也基于这样的思想。记得他在撰写《"争贡事件"故址考》时,曾经对我说,明嘉靖二年在宁波发生了震惊中外的"争贡事件",日本两派贡使为争夺合法贡使地位,在宁波发生大械斗。发生大械斗的故址在何处?历来没有人弄清楚。当时,汪向荣教授对他说:对这个问题的研究,中国学者不要落后才好,否则将会给人产生一种中国史学研究落后的印象。守稼利用他在老家宁波养病的时间,到天一阁查书,四处寻找"争贡事件"故址,终于把这个历史疑案弄清楚,得到汪教授和日本学者的好评。他就是这样怀着强烈的民族自尊心,为使祖国史学在国际学术界取得应有的地位而呕心沥血、勇于探索的。

王守稼(1942—1988)

1990 年 10 月

(原载施宣圆著《我与学林名家》,上海:中西书局 2016 年版)

忆念唐振常

汤志钧

我和振常兄同时担任历史所副所长,又同时卸职,退休的时间也相近,彼此有过愉快的合作,也有过不愉快的争论。

我和他的争论,有时是学术问题,有时也是工作中的问题。他到所之前,发表了一篇《论章太炎》的论文,认为"举国尽苏联,赤化不如陈独秀;满朝皆义子,碧云应继魏忠贤"是章太炎的《挽孙中山联》。但根据当时报纸和后来收入《菿汉大师联语》的《挽孙中山联》却不是此联。当章太炎听到孙中山逝世,次日清晨即到孙府致唁,还担任追悼会筹备处干事,"领衔发布治丧事务所广告",他即使过去和孙中山有芥蒂,也不致筹备悼孙,挽联反孙,更不会把孙中山比作魏忠贤,自己甘认"阉党",还把它悬在务责筹备的追悼会"灵璧"。

我把这些看法告诉振常,他说"考虑考虑"。当然,他也不是没有根据的,此联载于小报,还录入《中国现代文学史》。但我总存有怀疑。两年后,我在苏州章氏故居,发现章氏《致报馆书》手稿,内云:"数年中或有假借鄙人名义伪作挽联,登之报纸者""流传人口,淆乱听闻",对小报的"诪张为幻,变乱是非",特予申明。可知伪造挽联时有发现,否则也不会愤而登报了。我从而确信"满朝皆义子"是伪联之一,告诉了他,并撰文在《光明日报》发表。他也考虑我的意见,在第一次"结集"时把这一段删去了。此后,我听说他仍以为"此联为真"。学术上有不同意见,这是正常的,我们虽有争论,但没有影响交谊。

我和振常的激烈争论,是在一次所长会议上,为了"突破"评定一个人的职称而引起的。此人在杂志上发表了一篇论文,振常看中了,把她引进历史所,还要"破格"把她"升"为副研究员,我没有同意,并就文章本身提出了看法。彼此还是心平气和地"摆事实,讲道理",各抒己见的。谁知另一个副所长发言了,说什么:"北京某专家都写了推荐书,我们也准备签名上报,您为什么不同意?"我立即反驳:"你对论文提不出意见,而用北京某人来压人,这就不对。评定职称,是要经过学术委员会讨论的,哪有三个副所长签名就可了事,我不签名。"后来听说他们上报后没有批准,振常和我也视若路人。如果不是那位副所长插一些不三不四的话,我们是不会一两个月不讲话的。

随着时间的推移,我和振常也早释前嫌,友好如初。后来,我们相继退休,见面的机会少了。记得只有两次评审书稿,我们都带了妻子住进宾馆,大家谈笑风生,天南地北,我劝他戒烟,并以自己戒烟的经历告诉他,他总是笑着说:"您家有贤妻啊。"除此之外,我们就只有在每年一次的体格检查时相晤了。1999年体检,我没有看到他,听说是到香港去了。次年体检,他手持烟卷,姗姗来迟,检查完毕,他迟迟未返,说是"X光摄片后,还需再查"。不久,我听说他住院了。我到医院看他,精神和平常一样,问他"还吸烟否?"说是"刚进来,在室外偷吸,现在戒了"。

这年冬,我因前列腺增生住院,和他朝夕相晤,看到他在化疗,知道患了肺癌,还能手持新出的书翻阅,情绪却不大好。他的夫人每天送菜肴和药物来,他吃得不多,说:"这是冬虫夏草,假的,也只好吃。"思路还很清晰。一个月后,我进入手术室,住进监护室,旬日后,赶到楼上看他,气色已不如前,桌上也不见书本了,忽然对我说:"刚才谭其骧来看我。"我吃了一惊,谭公逝世多年,怎会看他。护工告诉我:"唐先生脾气不好,经常骂人。"我也只好叮嘱护工好好照顾。振常虽然有时讲些奇怪的话,还是清楚的时间居多,哲学所的傅季重也住华东医院,我去看他,傅说:"想改服中药,这里可否请外面的好中医?"我看到振常曾由中医会诊,立即去问振常,他说:"我请的中医是专治癌症的,不是治傅的病的。"我探望他不知有了多少次,从未提到"癌"字,他却自道绝症了,还说:"我没有听您的话早些戒烟,现在来不及了。"他曾回家一次,两天就回院了,身体也更加虚弱。我出院时,特地向他告别。他含着眼泪,把我的手紧紧拉住,说:"我真羡慕您,我不知能否出院!"我说:"我出院后,两个星期要来检查一次,会来看您的。"此后,听说他曾回家,长期住院,的确是很难受的。

2001年1月28日,我到历史所参加新春宴会,返后不久,接到电话,说是振常去世了。我没能去告别,只是打电话请他夫人节哀。我和振常20多年的交谊,也就从此结束。

振常思维敏捷,勇于开拓,承担了《上海史》的编写任务,培养了一批中青年学者,做出了显著成绩。振常兄,安息吧!

唐振常

(原载汤志钧著《汤志钧史学论文集》,上海:上海社会科学院出版社2013年6月第1版)

回忆张敏两则

一个普通的人走了

程念祺

一个普通的人走了,甚至连她的名字也是这样的普通——张敏。

我跟张敏认识了20年,从同学到同事,却很难说是真正了解她的。她总是面带微笑,朴朴素素,没有大惊小怪,没有丝毫的夸张做作。她律己很严,做人做学问都是如此。三年研究生同学,八年同事,我们只偶尔聊过几次,但每一次都使我记忆深刻。三年多前,她病了,病得很重。我心里很难过,去看过几次。每次去之前,我心情都很沉重,但每当看到她时,心情就轻松了,感觉不到她是个重病人。我们还是像过去偶有的几次聊天那样,聊得很好,我走的时候心情也很好,觉得她肯定能够好的。我心里真佩服她,心想自己要是得了这么重的病,恐怕吓也吓死了。人不可貌相,海水不可斗量。就这么一个普普通通的女子,善良而平和,有时候还有些琐碎,却在死亡面前表现得如此镇定。她非常想要活下去,三年多时间里,动了三次手术,做了三十几次化疗。但每次我见到她时,总还是看到她面带微笑,说话的神态一如既往,使我感到了一种力量,一种做人的尊严,一种坚毅,一种美德。

张敏走了。她走的时候,也许最放心不下的就是她的小儿子——她唯一的儿子。张敏结婚晚,孩子小,今年刚刚考上高中。张敏被发现患了绝症时,这个男孩还在预初。就是这样一个孩子,三年多来陪着父亲,陪着奶奶,陪着外公外婆,为妈妈的生命担惊受怕,为妈妈的病痛而痛苦。刚才,也就是在参加张敏的追悼会时,我看见这孩子始终痛哭。张敏老父母的哭,丈夫的哭,兄弟姐妹的哭,已使我悲伤,但一个半大的孩子的哭,是最刺痛我心的。母亲没有了,谁还能像母亲那样疼爱他!又有谁的疼爱,能代替母亲的疼爱! 我们这一代人,经历坎坷,等到终于把自己安顿了,结了婚,有了儿女,除了努力工作,就是爱孩子。我们这一代人的孩子,哪一个不是宠大的。现在,张敏的孩子捧着他母亲的遗像,从此天人永隔了!

我跟张敏当年同在黑龙江呼玛县插队,但我们并不认识。她插队的那个屯子,我也曾经去过。后来我们同学、同事,聊起过当年在呼玛插队时的事情,都觉得有很多话可聊。在我的印象中,张敏好像从来不刻意与人交往,也不是那种善于与人交往的人。我想,她大概是没有很多朋友的。可是,自从她被检查出患了重病,我才发现有那么多当年一起插队的朋友在真诚地关心她。我去看张敏,常听她念叨这些朋友,讲起当年插队的往事,竟讲得非常动情。张敏生病以后,所里的同事也非常关心她。她住得很远,但去看她的人很多。同事们闲谈之间,也常常谈起她。张敏是个有感情的人,是个很愿意帮助人的人。有一个时期,我的孩子体质很弱,张敏就让我带孩子找她的妹妹看看。见到她的妹妹时,她已经知道了我孩子的很多情况,我才知道张敏其实是非常关心别人的。张敏的妹妹是中医,找她看病的人很多。看到她对病人那种耐心仔细的样子,我心里总是在想:这就是一家人。

我是在为张敏所致的悼词中才了解到,就是在过去三年多与疾病做生死搏斗的日子里,张敏仍整理发表了《晚年王韬述论》《略论辛亥时期的上海报刊市场》和《晚年王韬心影录——介绍王韬散见书札文稿》等论文。张敏的学术论文,总是写得平实而有个性。她的《辜鸿铭与张之洞》《晚清上海地区学术史述论》《试论晚清上海服饰风尚与社会变迁》《晚清新型文化人生活研究——以王韬为例》《从稿费制度的实行看晚清上海文化市场的发育》等论文,就是以这样的风格而为同行所称道。张敏还参与了像《上海通史》这样鸿篇巨制的撰写。张敏师从著名的陈旭麓教授学习中国近代史,多年来,她一直很努力,本该是出更多学术成果的时候,然而却病倒了。但就是在这样的情况下,她仍不能放弃对历史的思考。学术研究对张敏而言,不是衣食所寄,而是生命的事业。她是一个具有顽强敬业精神的人,但如果不是她病成这个样子,我们是很难了解到这一点的。她做学问,就跟她的为人一样,不事张扬,不弄玄虚。她是一个普普通通的人,只是默默地读书、思考,把生命投入进去。

张敏终于走了,带着很多很多的遗憾。但是在生病期间,不仅家人、朋友和同事们关心她,历史所的领导和院领导也非常关心她,组织上对她的治疗、生活和学术研究以及孩子入学,都给予了很大的支持和帮助。在与病魔作殊死抗争的时候,张敏不是孤独的求生者,历史所的领导和院里的领导一次又一次地去看望她,给她送去组织的补助,甚至自己掏钱助她一臂之力。虽然,这样的关爱,并不能最终挽救张敏的生命,却能够永远滋润她那颗善良的心。在张敏的追悼会上,当我们无可奈何送她而去时,的确也感到了一种安慰:这不是一个人情冷漠的世界,一个热爱生命也热爱他人的善良的人儿,也带着他人的爱走了。

张敏,安息吧!你的小儿子会健康长大,也会有出息的。这是我们所有活着并热爱你的人的最大期望。

草于 2005 年 9 月 3 日张敏追悼会后,修改于 9 月 4 日

张敏啊,张敏……

沈志明

按照当年时兴的话,我和张敏应曾是一条战壕里的战友,只是这条战壕长了点,她在北国,我在南疆。多年前我因眼疾严重在家休养,一个冬日的下午,张敏特地来看我,午后的阳光很温暖,我们坐在窗下聊天。不经意间,记忆力流淌出的多半是上山下乡的往事。彼此的话都滔滔不绝,兴致所至,一向文质彬彬的张敏还会时不时地放亮声音抢话头。对于曾经的艰苦劳累,她没有丝毫的抱怨,时至今日,所聊往事之细节已经模糊,可平平常常的话语里,你分明还能感受到她那"位卑未敢忘忧国"的虔诚情怀。她当年的一位插妹曾亲口告诉我,下乡时的张敏是倍受赞誉的。确实,她以真诚的劳动和青春的激情,为磨难一时的共和国航船背过纤。

临了,我送张敏到公交车站回她浦东的家。黄昏时分寒风凛凛,见一辆空调车驶来,我催她快上去。她抬手拂了拂寒风吹打起的短发,笑

了笑没有挪步。我好像忽然悟到了什么,但笑不起来。车又来了,挥手间我瞥见张敏飘动的短发下浅浅的笑脸朴实而精神,和蔼得如同一位刻刻关心你的大姐。

三年前的一个春天,多时不见的张敏突然在电话里告诉说她病了,很倒霉的。语气淡淡的却令人忐忑。我一打听方知她查出了恶疾,要尽快手术,于是慌忙跑去医院看她。她静静地靠在床头休息,见来人了赶忙起身相迎。她浅浅的笑依然和蔼,只是略显疲惫。我责怪她都病成这样了,前两天还去参加院职工运动会的太极拳表演,甚至奔前忙后地为大家买点心搬饮料。她笑笑说:"那是早就答应好了的,不去不好,扫大家的兴。""我是工会干部,都是分内事,应当的……"她又说:"怕是今后少有机会了。"她缓缓地补充道,神情像是歉疚又透出些许无奈。我赶紧拦住话头问她的病、问治疗的方案,可三言两语之后不知怎么地又扯到了工作上。她说她作为重点学科组成员,本来就诚惶诚恐,这一病倒给别人添了负担,原先接好的为研究生授课的事也耽误了。我静静地听着,没敢再插话,那平实的声音,隐隐地似乎有种期待。此刻我心里直想哭,自己也说不清为什么。

张敏的奋发努力,作为同龄人的我自叹不如。她是百年名校上海中学"文化大革命"前的毕业生,要知道当年考入上海中学的可都是出类拔萃的勤奋学生。"文化大革命"后恢复高考,她是那时追赶时间继续学业的大学生。尔后她做了高校教师,可她不歇步,又苦读研究生。从此她埋首浩繁卷帙,孜孜以求,潜心学术,成为学有专攻的科研骨干。在病重病危期间,她还在撰写学术论文。至于谋划自己的生活,直到快奔40了她才真正开始。我辈本来如同误点的火车,可张敏是执着要赶正点的人,一站也不肯落下。她的人生一路奔波,在农村,在学校,在研究所,她真诚地劳动、忘情地工作,从不懈怠。然而,就在要接近理想目标时,她的机车轰然倒下了。我想,如果她不去"赶正点"呢? 她的勤奋,她的执着,以及她倒地的机车都令人扼腕。

在病魔缠身的日子里,她的那些插兄插妹常常伴着她,大家为她访医寻药,遍搜偏方,募款守候,直到她生命的最后一刻,想见张敏为人之本色。在张敏最后的日子里,她总说她欠大家的太多了,言语间充满了感激之情。她说即使为了这些,她什么苦都能吃。其实张敏对别人的关心是始终如一的,即便是病重期间,她还惦记着同样病重的同事家人,时不时地传授疗病的心得,介绍用过的偏方、尝过的草药,甚至想方设法为之购买送去。她铭记同事们对她的关心,她说她很想念大家,盼望能和大家一起吃顿饭,当面说句感谢的话,不料这于她只能是个永远的梦。

我和张敏最后一次说说话记得是在一个炎热的下午,其实张敏已经病危,再次住进了重症病房,但精神尚可。那天她兴奋地告诉我关于她和儿子的故事。她说她知道自己来日不多,未成年的儿子是她最大的牵挂。一天她为激励儿子,佯装生气地责备他说:"妈妈病成这样,你还老惹我生气,真是不懂事⋯⋯""你猜我儿子怎么说?"张敏扬起脸故意问我。我笑笑示意她讲了下去。她说儿子告诉她是故意不把她当病人,像往常一样对妈妈,是想让她减少精神负担。说到这儿,张敏自个儿笑了,笑得有点灿烂。紧接着她连连说:"儿子

张敏(1953—2005)

长大了,真的长大了。"作为母亲的满足和荣耀,张敏仅此而已。在张敏的追悼会上,我看见她儿子的眼睛是红肿的,兴许在冥冥之中,那红肿的泪眼和灿烂的笑脸是他们母子永远的牵挂。

张敏走了,我莫名地感到自己似乎有些什么东西也入了土,然而只要我一闭上眼睛,一头短发下,那浅浅的笑脸和最后的"灿烂",依旧生动着。

(原载上海社会科学院历史研究所办公室编《历史所简报》2005年第3期,2005年9月20日)

忆我的父亲陈正书先生

陈 明

听母亲说,父亲儿时是一个调皮又聪明的孩子,因为他叫正书,所以大家都叫他"大头BOOK"。父亲从小生活在柳林路的一栋公寓式的小楼里,他是家里的幼子,所以大家都非常喜欢和疼爱他。我记得奶奶家很大,七转八弯的很适合躲猫猫,还有一个很大的露台,在上面能看到车水马龙的淮海路。父亲的哥哥、姐姐学习都很好,姑妈是上海小学的优秀老师和教导主任,伯伯也是上海市政设计院的高级工程师,所以在大哥、大姐的影响和熏陶下,父亲很顺利地考上了复旦大学历史系。大学毕业后,他被分配到上海第二十五中学当老师,是高三毕业班的班主任,同时教历史、语文和英语,基本上就是一位文科的全科老师了。他的教学水平很高,上历史课就像是讲古今中外的历史故事,所以学生们都非常喜欢听他的课。他带的毕业班有一大半的学生都考进了心仪的大学。父亲还经常和学生聊天,开导他们,让他们建立正确的人生观。说到"陈老师",大家都会竖起大拇指。我们家以前住老房子的时候,每年过年都会有很多学生来看望他。

后来,父亲调到了上海社会科学院历史研究所,任职期间发表、出版了许多文章、论文和书籍,他还时常会给研究生上课,参与一些国内外有关中国历史的学术研讨会。他为了执着于编纂《上海道契》这套书，甚至带着铺盖住进了上海市房地局的档案馆里，每月只回一次家，就这样一干就是七八年的光景。在这段时间,他翻阅了大量的资料,静下心来做深入的研究工作。档案馆里大量的库存资料都存放已久,有很多的灰尘和螨虫,以致影响了他的身体健康。曾有记者采访他,问他为什么这样拼命工作,他回答说:"我不死,谁死？总要有人去认真完成这些资料的整理和撰写工作,我愿意做历史的奠基人。"他就是以这样认真的工作态度和宁愿做科学奠基人的心态,让所有人看到了一位优秀共产党员的付出,和一个为事业奋斗终生的光辉形象。

在我们这个三口之家,父亲绝对是个好丈夫、好爸爸,是现在大家都羡慕的上海好男人,一个真正的暖男！我们家一直过着美好而平凡的生活,每天的早餐都是父亲精心准备好的,有切好的油条,有粥,有鸡蛋,有酱菜,虽然家里钱不多,但是过着人很精致的生活。记得每年的中秋节,父亲总会把每块月饼一切为四,有豆沙的,有椰蓉的,有火腿的,整整齐齐摆放在漂亮玲珑的玻璃碗里,可爱又诱人。

陈正书（1941—2010）

椰蓉月饼是我和老爸的最爱，所以当他发现椰蓉月饼被我偷吃了，少了小半块以后，他总会去母亲那里告御状，说有人偷吃了他的月饼。我母亲是个喜欢看电视的老好人，从不参与我和老爸的嬉闹，她总是和我们不在一个频道上，淡定优哉，自得其乐。我平日里还是和老爸最要好，也最亲，我们会一起品茶，品月饼，聊天，一遍一遍听他说着小时候的故事。老爸就是那种典型的好男人，是一个工资全部上交的妻管严，但是他也经常会把一些稿费偷偷地夹藏在他的书里，然后塞给我当零钱用……

父亲烧菜的手艺也很好，会烧很多好吃的，上海酱鸭、重油烤麸、葱油芋艿、冰糖蹄髈，都是他的拿手小菜。每年清明节的晚上，他总会拿出爷爷奶奶、外公外婆的相片放置好，把好吃的都整整齐齐在前面摆好，然后祭拜。那时的我真的还不懂，总觉得这只是一个仪式和流程而已，还不太明白他思念父母的心绪！

陈正书和妻女合影

现在每年清明祭祖的时候,在这些照片里又多了一张——我最最敬爱的父亲,这才让我真正理解了,明白了,体会到了,懂事了!所以每年清明我都会亲自下厨,烧几个小菜,让他们都尝尝,告诉他们:我永远爱着他们……

一切是那么遥远,又是那么宁静,"清明时节雨纷纷,路上行人欲断魂"。我一定要永怀父亲,多多关爱母亲,且行且珍惜!

撰于 2021 年 3 月

纪念任建树老师

罗苏文

2019年11月3日,我得知历史所任建树研究员已于11月2日去世的噩耗,并不感到太突然,但心情沉重。几天后我得知所里信息:遵从死者生前意愿不开追悼会,仅举行家属告别会。近日我回忆往事,任建树研究员曾是我的直接领导,在我眼里也是所里一位可敬可近的前辈,谨以短文表达对老任的敬仰、纪念。

可敬的老师

1978年11月下旬,我走进漕溪北路40号,成为上海社会科学院历史研究所的新成员。我被安排在学秘室工作,负责人是黄芷君,组员是孟彭兴和我。我们在常务副所长沈以行同志领导下开展工作:分头联系研究室,为老沈编写不定期的《史学情况》,提供所学术报告会简况初稿等。工作之余,我也凭兴趣写些有关历史人物的短篇文章。

引领我踏入史学研究之门的第一位老师是老任。

1984年11月,我如愿调入中国现代史研究室,室主任就是老任。他安排我的第一项"任务",是用半年时间集中看书,系统学习。但在

"执行"读书任务时,我并未向他请教读书学习的重点书目、篇目,也未汇报自己的心得,只是大量借书、快速周转,对个别极有兴趣的闲书也抽空翻阅。老任见我办公桌上借的书较多,曾婉转提醒我注意。

半年一晃就过去了,一天下午,我向室里的同志们汇报读书心得,由于没有围绕某个主题展开具体内容,只是泛泛而谈,自己听着也感觉不太对,但老任还是微笑着给予鼓励,这让我很感愧疚。

大约在1984年末,历史所决定于1985年5月召开"纪念五卅运动60周年"学术讨论会,这也是1978年历史所恢复后第一次召开全国学术讨论会。当时,中国现代史室有多位学者正在参与编纂《五卅运动史料》第一卷的工作。老任遂向大家布置任务,撰写参会论文。

我当时没有其他课题,自报的论文题目是《五卅期间的戴季陶主义》。在浏览"五卅"时期的《星期评论》、1925年《民国日报》(上海版)的《觉悟》副刊后,我摘录汇总了戴季陶1925年发表的有关言论后匆匆写出了初稿,送到老任的办公室请他审阅。记得他略翻几页,就针对我文中的某些提法、表述提出了一些疑问。我一听就意识到,自己表述中明显有漏洞,不能成立,就立刻站起来不好意思地说,"我再去改"。几经梳理思路,调整、删补、誊清,文章最后分为3个部分,就戴季陶主义的酝酿过程、基本主张及"五卅"期间共产党人对戴季陶主义的认识与批判予以概述。对于"文章是改出来的"的说法,我也有了最初的体会。

我写的另一篇论文《五卅时期的上海总商会初探》,通过对上海总商会董事会35名会董的身份信息,及其所代表的主要行业基本经济联系的初步考察,探讨了"五卅"期间上海总商会的阶级属性及其在运动中的表现。当时市工商联保存、整理上海总商会的史料已有多年,尚未对外开放。得益于郭太风先生的协助[1],我综合有关信息,写成了此文。此时,室里同志们的与会论文被集中送到院印刷厂排版、铅印、装订成单篇抽印本。

1985年5月27日至31日,历史所主办的"纪念'五卅'运动60周年"学术讨论会在上海举行,国内外近百人出席会议。其间,中国现代史室的同志们既是代表,也是会议工作人员。老任要求每天出一期简报,汇总讨论要点。这次讨论会对我是一次多方面的实践机会:写论文、参加学术讨论、参与会务工作等。会后,我的两篇文章先后发表在当年的《党史资料丛刊》[2],我初次分享到史学研究工作的乐趣,了解了自己的差距及努力方向,深深感激老任的悉心引导、指教。当时老任已是年过六旬的离休干部,却依然默默在史学研究的第一线耕耘、奉献,我对他更添崇敬之情。

1985年夏,历史所中国古代室年仅36岁的陈建敏在华山医院突然病逝,他是历史所1978年恢复重建以来第四位英年早逝的研究人员(也是这四人中最年轻的)。当时在所里中青年同事中引起了一阵强烈、复杂的心灵震撼。作为陈建敏的同龄人,当时我似乎隐隐感到头上也悬着一把随时可能落下的利剑,无形中既有尽力工作、学习的紧迫感,也留意了解相关的疾病常识。当时,老任曾和我聊起此事,问大家有什么想法,我说大家是更不敢拼了。他脱口长叹:"那就完了!"我心情复杂,一时无言以对。

---

[1] 当时他在市工商联参加整理上海总商会的档案资料,他让我去工商联看档案,并提供了上海总商会会董名单、登记表的复写件。——罗苏文注

[2] 《五卅时期的戴季陶主义》,《党史资料丛刊》1985年第1辑,上海人民出版社1985年版;《五卅时期的上海总商会初探》,《党史资料丛刊》1985年第3辑,上海人民出版社1985年版。——罗苏文注

1988年,《现代上海大事记》一书被列入上海市哲学社会科学"七五"规划的重点项目,由老任担任主编。中国现代史室多位人员参与,分段逐日翻阅《申报》影印本,选录有关内容,梳理其间上海发生的大事、要事的始末;选阅华界、租界辖区内政府、党派、重要社会团体的有关档案,以及有关书刊、年鉴。老任制定了"编辑说明""进度要求",将所图书资料室藏的相关书籍集中放置在现代史室便于查阅。该项目进行期间,老任多次开会,讨论问题、交流信息,历时八年,于1996年由上海辞书出版社出版,总计142.3万字。它是汤志钧主编的《近代上海大事记》125.8万字的姐妹篇。这两大部资料性工具书将近现代上海的发展进程以大事记的形式贯串始终,留下了一份完整的记录。其间,老任虽于1991年离休,但他仍一如既往、敬业尽职。

1988年秋,上海社会科学院召开"近代上海城市研究"国际学术讨论会。我提交的论文《1920—1927年国共两党在上海的政治影响》,评论人是任建树老师。他对我的文章进行细致分析,提出了中肯的意见,既举例指出我对史料的解读忽略了特定时段,论述欠周密等,又给予我很多鼓励。他指出我的论文:

> 力图阐明20世纪20年代国民党和共产党在上海各自代表的不同的社会基础及其利益,及因此导致的冲突。论文涉及的问题相当广泛而且复杂,其中着重论述的是两党的社会基础,尤其对共产党在上海的社会基础做了细致的分析。
>
> 作者指出在20世纪20年代初,国共两党的革命主张是不相同的,中共主张直接进行社会主义革命,这符合史实。但未曾明确指出这一主张仅限于中共发起组成立至1922年"二大"时为止,因

此,容易使读者误认为好似中共在20世纪20年代是一直主张直接进行社会主义革命的。中共在"二大"上制定了反对帝国主义、反对封建主义的民主革命纲领,这是国共两党之所以能合作的政治纲领……两党的合作,意味着他们所代表的社会基础既有其一致性,又有差异性。因此在"四一二"政变之前,国共两党的冲突是联合阵线内部的冲突。论文忽略了两党的联合,因而对联合阵线内部的冲突,就难以做出充分的论述……

罗苏文剖析了20世纪20年代上海社会的各个阶层,并指明是哪些阶层主要受到共产党或国民党的影响,细致地分析了上海工人中的三个阶层,而后做出正确的论断,中共的主要的基础在非技术工人,"非技术工人扮演了工人运动的主角",这无疑是作者的独到之见。

文章在论述中共早期骨干力量来源的问题时,说"主要是来自自然经济社会瓦解中无力把握自己命运,带有较大流动性的辍学青年",并指出这些青年的特征:(一)反抗封建包办婚姻,或由于从事政治运动遭学校开除,或追求新教育,求职谋生,由外地来到了上海;(二)这些青年"无力自筹学费……不易进入上海的高等学府"。我认为第一点,他们渴望进步,向往革命是本质性的;而第二点并不具有普遍性。中共在北方的主要骨干就正是来源于全国的高等学府北京大学。

本文的第三部分,论述欠周密。作者强调了罢工所造成的经济损失,却未能充分地重视20世纪20年代上海工人在经济上、政治上严重地遭受剥削和压迫的状况,他们毫无权利,一些非技术工人甚至连人身自由的权利也没有获得。因此,20世纪20年代上海工人斗争兴旺发达,自有其经济的、政治的客观原因。作者认为共产党"频繁使用"了罢工斗争这一武器,但未曾对罢工进行具体的分析,就得出的这一贬义的论断,是值得商榷的……

对共产党领导20世纪20年代上海工人罢工斗争的策略及其成败得失,是个很值得进一步研究的课题。在研究这一课题时,除了应当注意一次罢工的直接结果,还应当从20年代的中国革命的全局,考察上海罢工斗争的作用和意义。20年代的上海固然是国共两党进行角逐的重要阵地,然而毕竟不是唯一的阵地。

罗苏文的文章,提出了一个很重要的研究课题,并做出有益的研究,应当受到欢迎。[1]

会后,我根据老任的意见修改了论文。这次会议论文在《上海研究论丛》分两辑发表,各组评论人的评论也予刊出,老任的评论成为我意外的珍贵收获。

可近的领导

在我印象里,老任是一位形象特征鲜明、风趣可近的前辈。我进所之初,他的外貌特征颇鲜明:一头浓密的白发、戴着眼镜、身材硬朗、严肃寡言。后来我是中国现代史室的一员,他是室主任,办公室在二楼(与刘仁泽合用),现代史室的办公室在三楼,而且研究室人员每周二、五、六到所。所以初期我与老任的接触并不多,一般只是他说我听,他

---

[1] 任建树:《评论》,《上海:通往世界之桥》下(《上海研究论丛》第4辑),上海社会科学院出版社1989年版,第173—175页。——罗苏文注

问我答。

记得一天下午,我一个人在现代史研究室看书,老任进来,他坐在我办公桌前排的座椅上,随意问我在看什么书?我简单回答。他仰面看着我,轻声慢语问道:"老蒋(所办公室主任)让你做会议记录,你为什么不记呢?"我即答:"那次是他主持的全所人员的政治学习会,要大家发言,他事先关照叫我坐在后面记录,但我没记。"我为自己辩解的理由是之前所里政治学习时老刘(仁泽,所党委委员、前任所行政负责人)总是说,学习讨论会欢迎大家发言,不戴帽子、不记录、不汇报。但这次老蒋却要我坐在后面记录大家的发言,我不能接受。老任听了不响,随即转聊其他话题,此后也未提及此事。

大约在20世纪80年代后期,老任的母亲来沪常住他家,四世同堂、其乐融融。一次我去他家也见到了他老母亲,是位慈祥健朗的九旬老太太,虽是小脚,但在室内独自走路依然很轻松。有时老任也会与我聊些家常话。他曾笑着告诉我,他老母亲有一个观点:老人要多吃好的,小孩倒不必吃得太好,因为小孩以后还有的吃了……记得老任曾笑着问我:"你爸爸对你们怎么样?"我脱口而出:"重男轻女。"他听后大笑,当时我也暗暗有些吃惊,竟然如此随便回答老任的问话。

记忆中老任与现代史室的同事之间总是平等相待,大家都习惯称他"老任"。20世纪80年代历史所工会曾组织大家去温州旅游,老任同去,还与室里同志们多次合影。1986年历史所30周年所庆活动也留下了他与室里同事们的合影,促成拍摄这些合影的起因或许更多是老任的安排。大约是2015年历史所退休人员春节聚会时,年过九旬的老任到会并发言,大意是他参加这次聚会主要是想见见同志们,以后可能走不动了。2019年春节前夕,我去博爱医院看望他,当时他与老伴同住一室,有一位护工照顾。我带给他一张历史所退休同事春节聚会的合影,他静躺着,我将照片放在他眼前,指着照片告诉几位他熟悉的老同志的姓名,他边看边低声回应,似乎都还记得。

史学研究的高龄"志愿者"

1991年老任办理了离休手续,但他继续从事陈独秀研究,我也多次收到他赠送的新书,他的字迹也一如既往。老任在中共党史、陈独秀研究领域默默耕耘近50年:1956—1966年、1978—2018年,合计50年。其间,1984—1991年因历史所工作需要,他推迟7年离休(60—67岁);1991—2018年他办理离休手续后成为一位史学研究的高龄"志愿者"(67—94岁)。大约在2018年春节前后,我和张培德曾去老任家探望他,意外得知他已安装心脏起搏器,我有些吃惊,他却毫不在意,书房依然堆满书籍,还赠送给我们他的新著。

任建树(1924—2019)

老任1991—2018年的27年间,即他67—94岁发表的研究成果是论著三部:《陈独秀传:从秀才到总书记》(1996年)、《陈独秀大传》(1999年)、《陈独秀与近代中国》(2016年);编著两部:《陈独秀诗集》(1995年)、《陈独秀著作选编》(2009年);主编出版《中国共产党七十年大事本末》(1991年)、《现代上海大事记》(1996年)。2018

年秋,他因腿部骨折住医院卧床治疗。我曾多次听到老任引用历史所老领导徐崙同志的话"史学研究不是种鸡毛菜",当时只觉得这个比喻很通俗,没有多想。2014年他在接受一次访谈时曾给青年史学研究者留言:"很希望我们年轻的科研人员能够超脱一些,千万不要浮躁,不要太过于追求什么职称和课题,而是扎扎实实地将科研基础打好,学好一门甚至更多门外语,静下心来,钻研进去,以期取得更大的成绩。"①他对史学研究鞠躬尽瘁、死而后已。

---

① 上海社会科学院老干部办公室、上海社会科学院历史研究所"老专家口述历史"课题组编:《岁月无痕,学者无疆:上海社会科学院老专家口述史》,上海社会科学院出版社2018年版,第120页。——罗苏文注

刘修明:才华横溢的史学家

翁长松

我和刘修明先生相识于47年前1974年的上海社会科学院历史研究所。那年他34岁,是所里最年轻的研究人员,留在我脑海里的印象:修长身材,白质肤色,鼻梁上架着那副素色眼镜折射着睿智灵动的眼神,风度翩翩,文质彬彬,尽显文人本色。

1963年刘修明从复旦大学历史系毕业后,便进入历史所从事史学研究工作,直至到龄退休,与历史所结下了不解之缘。他天赋极高,思路敏捷,又关心国家时势和变化,凭着聪明睿智,不久便在《解放日报》头版上发表了长文,《红旗》杂志紧接着转载了,这也充分展示了他长于撰文的才华。1969年年初他被调入上海市委写作组历史组工作,同组有来自复旦大学的王守稼、许道勋、董进泉,历史研究所吴乾兑等人。历史组先在国际饭店对面上海图书馆(今上海市历史博物馆)老大楼东楼的2014室办公,后迁到了康平路182号7楼。"文化大革命"期间,他也常来历史所查阅史料,撰写上级交办的写作任务,比如《鲁迅批孔的资料汇编》及毛泽东晚年所阅古典文学"大字本"的注释工作。"文化大革命"结束后,他又回到历史研究所,从事科研工作。他凭借笔头快、能写的特长,接连在全国史学权威杂志《历史研究》上发表了《中国封建社会的典型性与长期延续的原因》《两汉的历史转折》等三篇文章,接着又在《中国史研究》上发表了七八篇学术论文,这在当年的上海史学界是比较罕见的。因为这些论文主题围绕秦汉史,使得他在全国秦汉史研究领域的学术声誉越来越高,被选为中国秦汉史学会副会长。

刘修明是个才华横溢,能撰文又长于编纂的史学家,而且也是个为人真诚谦和、平易近人的学者。我和他一见如故,很谈得来,所以即使我离开历史所后,我们也是联络不断。在上海史学会开会或学术研讨会议上,我们都有碰头、交流及聊天。后在他出任上海《社会科学报》常务副主编后,他还多次邀我为他主编的报纸撰文,例如《〈诗经〉与服饰》(《社会科学报》1992年5月7日)等。这种友情直到我们先后退休后还不褪色,始终保持着。晚年我们碰头除在学术会议上外,还相约一起拜访史学前辈或老师,例如2012年12月29日下午,我们相约同去80余岁高龄的史学家朱永嘉府上探访,重叙友情,交流读书和治史的心得。斗转星移,人生易老。近年来,因修明年事已高又患帕金森症,手脚不便了,好在他脑子依然清晰、思维敏捷,不忘读书和思考。所以晚年我们经常电话交流,除互相问候外,还推荐读经典。记得他曾向我推荐读冯友兰先生的《中国哲学简史》。冯友兰曾经书写一副对联以叙生平,联曰:"三史释今古,六书纪贞元。""三史"即《中国哲学史》《中国哲学简史》和《中国哲学史新编》,六书则是指在抗日战争时期"贞元之际"所著的六本书。从时间上来看,《中国哲学简史》成书于"贞元六书"之后,冯友兰的"新理学""新儒学"体系已经完成,而又在冯先生经受建国初期的动荡变迁之前,可以说是其一生哲学研究成就的巅峰时期。因而《中国哲学简史》也理所当然成了冯友兰流传最广、影响最大的著作。读了修明推荐的这部冯著哲学史,我仿佛在中国上下几千年的思想海洋中畅游了一番，耳边时时回荡着先哲对于事物的认知与表述，或睿智机辩，或哲理洋溢，令我获益匪浅。我们甚至还联手撰文，2019年10月7日我们撰写和发表了《董其昌其人其事》长文，很受好评。唐代著名史学理论家刘知几曾提出史学家必须具备"史才三长"的观点。所谓"史才三长"，包括：史才、史学、史识。所谓"史才"，是指写史的能力；"史学"是指具有渊博的历史知识，掌握丰富的历史资料；"史识"是指对历史是非曲直的观察、鉴别和判断能力。这点我们可从刘修明撰写的著作和编纂的作品中可窥见他的史学才华。现在让我接着来谈谈刘修明所撰写的史学成果吧！

他是史才和史识精湛、史学著作甚丰的史学家

1998年刘修明在《人生的路、探索的路》一文中，颇有感触地说：

> 社会人生的路，是不断探索、追求真理、造福人民的路。这就决定一个学者应该是安贫乐道的。心浮气躁、急功近利的人不能成为真正的学者。只有能静得下心、坐得下来、联系实际、勤于思考、不赶浪潮、不求浮名的人，才算得上一个真正的学者。在商品大潮汹涌、社会分化剧烈导致学者心态不平衡时，强调这点，对一个学者也许不是多余的。如果说，建国初期学者的一本专著可以买一套不错的房子的话……那么，今天学者即使笔耕不止也不可能发财。学者这一职业注定必须付出多而回报少。即使有回报也是对社会的回报，对学术的贡献，对文化的积累。"安贫乐道"的"道"的追求和顿悟，是他真正的幸福和快乐。这使我想起隐居乡

间的德国大哲学家康德和明清之际静思山村的大思想家王夫之，想起我们院里许多辛勤耕耘、不问报酬、不求闻达的俭朴的学者。他们没有名利的羁绊，不受利禄的诱惑，但他们不会丧失对国家、社会和民族的道德担当，也不会沉湎象牙之塔而忘却社会责任。"生有涯、知无涯"的认识论也使他们恰当地估量自己。即使著作等身他也不会志得意满。因为他懂得在探索真理的大海边上，他至多只能拾得几颗彩贝。狂妄的自我标榜者没有资格成为学者。

言者心中，字字珠玑，反映出作为新时代学者刘修明感恩国家、感恩人民的高尚思想境界和崇高使命意识。他是这样说，也是这样做的。他长期挑灯苦读、刻苦钻研、埋头撰写，硕果累累，著作甚富。在我的印象中，他先后著有《雄才大略的汉武帝》《汉光武帝刘秀》《中国古代的饮茶与茶馆》《从崩溃到中兴——两汉的历史转折》《老子答客问》《儒生与国运》等多种，特别是后三种让我拍案叫绝，印象深刻。

刘修明所著《从崩溃到中兴——两汉的历史转折》（上海古籍出版社1989年12月第1版），是他赠我的第一种著作，也是本很有特色的史学读物。用他自己的话说："作者试图在继承和学习中外古今一切优秀著作优点的基础上，对中国古代社会的一个重要转折阶段——两汉之际的历史，从纵横两方面尽可能恢复它生动活泼的历史面貌，再现它壮阔、雄伟又曲折、坎坷的历史场面。"（第1页）同时，他又指出："历史应当成为全民族的精神财富。唯其这样，才不致于使历史成为少数人醉心其中的象牙塔，也不是少数人研究'治术'或'权术'的教科书。当全民族的大多数人都自觉要求学习历史、了解历史并吸取历史经验、展望未来的时候，这个民族的现代化、科学化、民主化的进程就会加快。"（第

5页)这段话不仅精准地展现了他研究历史的目的和意义,而且时过数十年也不过时,并与习近平总书记所倡导的学历史、学"四史"的指导思想极为吻合,可见刘修明也是个具有远见卓识的史学家。

早年我聆听过他讲授春秋战国百家争鸣的课,精彩纷呈,知晓他对这段历史了如指掌很有研究,学术造诣极深。这从后来他的《老子答客问》(上海人民出版社1999年版)中,也可进一步领教和认识到他的史识精湛。书中他以问答形式,巧妙地揭示了春秋时代思想家老子的种种疑点问题。比如老子是什么年代的人?《老子》究竟是谁撰写的?这些问题在既往的我国史学界存在长期的争论,难以统一。现经刘修明多年深入研究和考证,基本揭开了谜底,达成了共识。书中他以老子的口吻答道:"我(老子)是春秋时代的人,《老子》书是我在春秋晚期所写的书。说《老子》书不是我写的,而是战国时代别人整理的我的语录,那是一种假设。只要从《老子》书中包容的春秋时代的时代特色和其中所反映的社会内容来分析,就可推定它的时代。它是我的专著而不是后人的纂辑。"(第22、23页)他寥寥几句,用幽默的口吻,巧妙地破解了这个难题。

当然刘修明留给我印象最深刻的著作当数《儒生与国运》。据他对我说:"这本书是我用心最勤、下功夫最深、最有思想和学术价值的一本研究古代知识分子的专著。该书构思于1987年,十年磨一剑,直到1997年1月才由出版社正式出版。为了完成这本书的写作任务,多年来我闭门苦读,上下求索,收集史料,反复推敲,几乎花尽了我数十年学术研究的知识积累,洋洋洒洒地写出了这本58万字、展现中国古代知识分子和国家共命运波澜壮阔的历史巨著。"书出版后很受学术界的好评。2014年1月他又推出修订本,由花山文艺出版社出版。全书共六大章 30 个小章节。卷前有他 2013 年重阳节撰写的《自序》："这是一本有关中国古代知识分子的著作，又包含着为近现代知识分子寻'根'的意义。中国知识分子历史道路之悠长曲折以及他们的东方特色，在世界文化史上有一定的代表性。现实使人追溯历史，对尘封史籍的翻检又会反馈现实，引发历史与现实的共振和反思。中国有句老话叫'斯文一脉'，相当准确地表述了中国古今知识分子的内在联系。我的立足点和出发点是现实，归结于当代知识分子。"（《儒生与国运》，花山文艺出版社 2014 年 1 月第 1 版，首页）可知他撰写这本书，不仅是一项学术研究，更是一项富有现实政治意义的研究工作，力图通过对中国古代知识分子的剖析、研究，以及对发展轨迹的探索，尝试着为中国知识分子寻找出一条富有思想启迪的发展道路和处世做人的基本准则。他认为中国知识分子从开始形成的那天起，由于没有独立的经济地位而成为了统治阶级的依附体，但他们也是一个与时俱进，对世界、对社会、对人生不断做出积极探索，并伴随社会的变化而不断分化的活跃阶层和群体。

他以丰富和扎实的史料，以及优异的史识和严谨的文字，为我们展现了这个群体中的优秀分子代表的多彩形象，比如他不仅描绘了作为春秋末期第一位具有代表性的知识分子和儒家学派创始人孔子的"追求与挫折""理想与思想"和心系天下、忧国忧民的信念，还展现了他孜孜以求，"以教育使命终结余生"的思想教育家的人物风采。他在书中还常有不同凡响的史才和精湛见解，不仅阐明了儒家的学术思想，还为我们叙述和展

《儒生与国运》书影

示了儒者绝不是文弱书生,许多还是有血性和敢于担当的贤臣良将。他认为中国的知识分子理应成为国家和社会栋梁,南宋末年爱国者文天祥就是个"为天地立心,为生民立命",敢于担当的贤臣良将。

在读史热日灼一日的今天,人们也许并不需要更多新鲜的内容与素材,需要的是如何看待历史的新视角和新方法,需要考察和研究历史对现实的影响和启迪作用。修明在《儒生与国运》中就是以全新的视野,用柔和丰富的史料及史识,展示了中国古代知识分子的是非曲直、别样风采和历史沧桑。同时,《儒生与国运》也是他自己数十年中出版的个人史学著作中最珍爱的一种,更是他多年倡导"理论、历史、现实,三者一定要紧密结合"治史理念的代表性史学经典。古为今用,期望读者,尤其是广大的知识分子在读完此书后,能从中感悟和汲取历史的经验和教训,成为无产阶级民本思想的倡导者和实践者。

他是史学知识渊博、呕心沥血编纂史学经典的学者

刘修明是写作奇才,也是编纂高手。自 1990 年起他先后编纂完成了《封建末世的积淀和萌芽》《话说中国》《毛泽东晚年过眼诗文录》等多种。

记得他的好同事、好朋友、史学家王守稼先生英年早逝后不久,他对我说:"守稼是个很有才华的史学家,他英年早逝太可惜了。我再忙也要尽力收集好他的作品和遗稿,为他编本史学遗作,以告慰和纪念他。"他说到也做到了。1990 年秋,当我迁入上海西区新居后不久,一天我正在"书友斋"中夜读,突然电话铃响了,是修明打来的。他告诉我:"告诉您一个好消息!为王守稼编纂的《封建末世的积淀和萌芽》出版

了！书中还请谭其骧先生作了题词,又请顾廷龙先生挥毫为封面题了签。我手里留有几册,准备送一册给您,以做留念!"我如闻佳音、如沐春风,快乐地答道:"好,谢谢!"两天后,我收到了书。如饥似渴翻阅起来,该书为上海人民出版社 1990 年 8 月第 1 版。全书包括关于中国封建社会的周期性危机、封建硬壳的突破性试验、晚明江南知识分子和社会思潮等个五部分,是一本研究我国古代社会,尤其是明代社会和江南知识分子的力著。卷前有修明 1990 年 2 月撰写的"序言":"我和守稼相处近二十年,他的史学论文我读了很多。俗话说,文如其人,守稼似乎'文胜其人'。谦诚的微笑,朴实的语言,内向的性格,就是这样一位温文尔雅、舍而不露的一介书生。他的文章字里行间饱含着一种对科学、对真理热情追求的信念,文字表现形式也有一种不同凡响的新风格,具有一种勇往直前的雄浑而又清新的气势。更重要的是,他对历史的发掘和创新,每每能从人所常见的材料中,得出别人没有得出又能为人信服的结论。在编辑、整理他的遗著时,我不时感受到他那睿智之见的启示,真像炎夏掠过额头的习习凉风,令人精神为之一振,不由得击节称赏。"修明以热情而真诚的语言,恰如其分地道出了他和王守稼的深情厚谊,也道出了王守稼是个具有"温文尔雅"文人秉性的学者。同时,当年王守稼也是我们学员学习写作的辅导老师之一,也是大家公认老师中的写作高手。记得 1974 年在上海历史所与他相识时,他也才 32 岁,风华正茂,意气风发,剃着一个朴实的板刷头,鼻梁上架着一副再普通不过的眼镜,透过镜片他那灵性的眼神,给人一种睿智、坚毅和富有知识分子风范的感觉。谭其骧教授称赞他:"王守稼同志温文尔雅,忠诚恳笃,治学博览慎思毋意毋必。一辈子与人为善,一辈子为钻研历史科学而勤苦学习述作。不问时势处境如何,不断地奋志于探索历史真实。

在大学读书时代，就为老师所器重，同学所钦佩。工作20余年，著作数十万言，取材翔实，论证精核，为海内外许多知名史学家所一致肯定。这样一个具有卓越才学，崇高的奉献精神的优秀知识分子代表人物，天不假年，竟以四十余岁，遽尔谢世，这是近年中国史学界的一大损失。"（王守稼著《封建末世的积淀和萌芽》，上海人民出版社1990年8月第1版，第1页）谭其骧是王守稼在复旦大学读书时的老师，老师对学生的这段评语，足以反映出王守稼道德文章的精彩和人格的魅力。守稼自幼好学，天资聪慧，勤于思考，大学时代，对明史的研究已初露头角。他读史勤奋扎实，每读古籍都会抄录资料和卡片，甚至不厌其烦地做好读书札记，为史学研究打下了扎实基础。守稼虽然走得有些早，令人惋惜，但足以告慰的是他的音容笑貌始终留在同仁和朋友们的心中。他的著作不算多，却篇篇有思想、有新意，绝不人云亦云，所以有一本精品作品存世也够了，也足以告慰人生了。

　　刘修明的作品在我脑海中印象深刻的还有他编纂的《毛泽东晚年过眼诗文录》。修明对我说过，1972年10月至1975年6月，他和上海的几位学者、专家，例如谭其骧、杨宽、王守稼、许道勋、董进泉、吴乾兑等，在党中央的要求下，按照毛泽东主席的布置和要求，校点和注释了一批古代历史文献，共计86篇，皆打印成大字本，直接呈送毛泽东主席。为了纪念毛泽东诞辰100周年，花山文艺出版社曾于1993年5月出版了《毛泽东晚年过眼诗文录》排印本。该书得以出版完全是刘修明策划和奔波努力的结果，他也颇以此为自豪，曾对我真情流露地说："回顾自己60余年的学术生涯，也出版了不少学术著作，然而让我最足以为荣和感到自豪的是为《毛泽东晚年过眼诗文录》出版做出了贡献。"确实如此。花山文艺出版社前任总编辑娄熙元2011年4月8日在《〈毛泽东晚年过眼诗文录〉印行记》中也坦言说:"认识了上海社会科学院院刊主编刘修明先生,才有了《毛泽东晚年过眼诗文录》一书的问世。"该书出版后,立即引起了社会各界的广泛关注,尤其受到一些老同志和国内外毛泽东研究者的重视。修明为此专门撰写了《从印刷"大字本"古籍看毛泽东晚年的思想和心态》研究文章,阐述了毛泽东晚年的思想、心态和情感。他说前后近四年共 86 篇的大字本,按时期和内容划分,大致可分为三个阶段:1972 年 10 月至 1973 年 7 月为历史传记借鉴期——这期间共选注了《晋书》《旧唐书》《三国志》《史记》《旧五代史》等史书中的 23 篇传记。另有屈原的《天问》、柳宗元的《天对》两篇古典哲学文献。1973 年 8 月 5 日至 1974 年 7 月为第二个阶段——这期间共选注了自先秦至近代的"法家著作"26 篇,包括了《商君书》《韩非子》《荀子》,以及晁错、柳宗元、刘禹锡、王安石、李贽、王夫之、章炳麟等人的著作文。1974 年 5 月 10 日至 1975 年 6 月 14 日为辞赋诗词阅读期——这期间共校点注释了包括庾信、谢庄、谢惠连、江淹、白居易、王安石、陆游、张孝祥、陈亮、辛弃疾、张元幹、蒋捷、萨都剌、洪皓、汤显祖等人的辞赋、诗词、散曲共 35 篇。这三个阶段大体相衔接,又有所区别。结合这三个阶段的历史背景,可以清楚地看到毛泽东在他生命的最后四年(不含 1975 年 6 月以后的一年多时间)中关注和思考的问题,当时某些政治行动和方针政策的"历史触发点",以及他在黄昏岁月的复杂心态。

《毛泽东晚年过眼诗文录》排印本出版

《毛泽东晚年过眼诗文录》书影

了一万册,在较短的时间内便告售罄,所以花山文艺出版社2008年6月又出版了宣纸线装影印版的《毛泽东晚年过眼诗文录》(仅印1 000册)。我收藏的就是这套珍贵收藏本。全书装帧为"大字本"仿宋16开、玉版宣纸手工线装开本,共计两函10册本。高档礼品盒装内附有该书"影印出版说明"及刘修明撰写的《前言》《〈毛泽东晚年过眼诗文录〉篇名总目时间表》《从印刷"大字本"古籍看毛泽东晚年的思想和心态》《影印出版后记》等。在版权页"校点注释"中,注明:"(按姓氏笔画排列)王守稼、吴乾兑、许道勋、董进泉、刘修明,参加本书部分注释工作的还有:谭其骧、杨宽、王运熙、顾易生、章培恒、邹逸麟、王文楚、李霞芬、潘咸芳等。"遗憾的是那时参加校点、注释的学者谭其骧、王守稼、许道勋等先后逝世了。好在当年修明还健在,经他尽心努力,使该书得以出版传世,可谓功德无量,也是为逝去的学人、学友,做了件很具纪念价值的好事。至于说起这部书的价值,刘修明在《前言》中也做详尽而透彻的介绍,大致可归纳为五点:一、这套"大字体"是毛泽东亲自指定篇目,专供毛泽东本人阅读;二、"大字体"印数极少,一般只印5—7份,最多时不过20余份;三、"大字体"是毛泽东通过专门途径布置,在极为保密的状态和条件下,由上海的专家学者校点、注释完成的;四、"大字体"一些篇目前面有内容提要和作者简介,是按毛泽东的指示和意图写的,毛泽东针对一些篇目的注释,提出了自己与众不同的观点;五、"大字体"与毛泽东晚年关心和思考的一些重大政治、历史、现实问题,以及思想情感的活动轨迹密切相关。尤其是第五点,极为可贵。本书是研究毛泽东晚年思想和心态不可多得的珍贵文献。在这一点上修明在他1994年撰写发表的《从印刷"大字本"古籍看毛泽东晚年的思想和心态》(见《当代中国史研究》1994年第2期)长篇宏文中已做详尽又透彻、精辟又生动的阐述介绍,似乎无须我再赘言了。

当读完《毛泽东晚年过眼诗文录》后,我却依然浮想联翩,难以释怀,不得不承认毛泽东晚年在吸取中国古代的历史经验,为现实服务上是颇具匠心、独树一帜的。他以政治家兼诗人的气质,通过阅读古人的史传、政论、辞赋、诗词、散曲等抒发自己的情怀和思想,所以联系当时的历史背景分析研究这些古典文献,可以在深层次上探讨"文化大革命"后期老人家的思想、心态和相关的许多问题。从某种意义上可以说,"大字本"是研究晚年毛泽东的直接或间接的第一手材料。当这些文献和一位关系到中国前途和命运的伟大人物在特定历史时期的活动相联系时,其所包含的内容和意义,就超出了它们的本来价值和原有意义,而具有重要文献的价值。

行文至此,我有话要说:"感谢修明!"因为他的友情、慷慨,使我能成功地收藏了这套书。清楚记得修明得到样书后,就打电话通知我说:"长松,出版社给了我两套《毛泽东晚年过眼诗文录》,我知道您爱藏线装书,我决定将其中一套送您留念!""您的这套书我是喜欢和欣赏的,也想收藏,但我要出钱买!"接着他答道:"宝剑赠英雄,马鞍赠骏马,这套书送您是我心目中最合适人选,请不要推辞了!"我坚持要出钱购买。谁知不久他就派小儿子开着车将这套书送到我府上,让我难以推辞了。我感激不尽,也再次领教了他的友情和真诚。

修明始终是个富有时代使命感的史学家。记得20世纪后期,他对我说,新中国成立以来,我国史学界前辈已编纂出版了多种中国通史,为我国高校开展通史授课教育和普及中国史知识起到了积极作用。可综观当今有关中国历史文化的出版物,主要分为两类,一类是如同白寿彝《中国通史》这样的理论研究巨制,这是一种阐释精深、鞭辟入里的高端读物,它满足了专业历史研究者的需求;另一类如同20多年前出版的《上下五千年》这样的历史普及读物,它以通俗浅显的内容与形式,曾经获得了以青少年群体为主的读者的青睐。介于这两者之间,既立足学术,又着眼大众,具有现代意识和表现手段、能够符合广大读者需求的历史文化出版物,是一个空白。为此他根据时代的呼声和要求,立志要编纂一套符合广大读者需求的历史文化出版物。有志者事竟成,不久他应邀出任《话说中国》主编之职。他不畏艰辛,精心撰稿,严苛审阅,呕心沥血,历时八年,从满头乌发到白发如霜,在孟世凯、许倬云、葛剑雄、朱瑞熙、陈高华、熊月之、杨善群、陈祖怀、程念祺、江建中、汤仁泽等一批史学专家参与和编撰下,胜利地完成了这项任务——《话说中国》由上海文艺出版社于2005年4月出版问世了。这套15卷本大型历史通俗文化图书,展示了3 000多张历史图片,讲述了1 500多个故事,涉及的历史文化知识点7 500多个,总计4 800页。书中对我国各朝各代的社会、文化、经济都有涉及,非常全面;既有影响时代的事件和人物,也有经济、文化层面的有趣故事,可读性强,启迪心智,便于读者接受。《话说中国》出版后,专家学者、社会各界与广大读者好评如潮。中国史学会会长、教育部历史学教学指导委员会主任李文海评价说:"《话说中国》这套书很不错。全书的编辑意图很明确,就是要把中国的历史,比较准确地,但又是非常生动地表达出来。而且其形式上很讲究、很精美,是一个精品。

刘修明主编的《话说中国》

所以《话说中国》出现了这么一个现象,群众喜欢看,对于专家学者来讲,也是一个参考资料。在两方面都有它的作用,很了不起。"不久该书又被列入中宣部"民族精神史诗出版工程"。

《话说中国》之所以能受到读者好评和欢迎,关键是在内容上实现了三大突破:一是突破了以往大众历史读物主要讲述大历史事件、政治斗争、朝代更替、制度沿革等内容的局限,有细节、多方位、全面地展示中国历史。史学专家李文海教授说:"历史要具体、生动,否则就没有生命力,没有价值。"对历史细节内容的重视,使《话说中国》形成了依靠大量丰富的细节来调动读者阅读时的情感,带领读者在文化的传播和渗透中认祖归宗的鲜明特色。

二是突破传统的历史观,及时将中国史学界新观点、新成果生动地加以反映。刘修明他们在编辑过程中强调不但要有现代意识,还要有科学意识,不但要参考已有的史料,还要及时收集新的信息。2003年春,陕西眉县杨家村出土了窖藏西周青铜器,其中一个四足附耳盘上的铭文达370多字,追述了文王至厉王12代周天子的业绩等,是1949年以来出土的铭文最长的西周青铜重器。作者就及时地把这条信息补充进了《话说中国》,纠正了以前的一条不正确的判断,此举得到了西周史专家许倬云教授的高度评价。

三是突破了单一的叙事模式,以多种表现手法,多角度、全方位地展现历史生活。比如在讲述赤壁大战时,本书就配有当时将领们的年龄表格,还有军队所用的战船模型图等。另外在许多细节上,本书也想办法进行知识拓展,如在页面左边,记录了故事发生的时间和中国发生的大事,而在右面相应位置,则告诉读者,世界当时发生了什么大事。本书通过中国和世界大事记的对比,展现出中国和世界文明比较发展的脉络,给读者提供了更宽阔的阅读视野。

《话说中国》的成功出版,对当今学术界同样具有深刻的启示作用。主编刘修明很有感触地谈道:"《话说中国》出来后,拿到样书的作者这才感到几年的辛苦没有白费。一部有巨大文化价值有创意的精品,让学者们通过'转规改制',为历史学回归人民作出了贡献。这比起评上教授职称,或者论文刊登于《历史研究》权威刊物,何尝不是学者的荣幸?"他此话也道出了参与《话说中国》编纂的学术同仁的共同感受,也是他数十年治史的理念和精神追求。刘修明的人生就是个能"静得下心、坐得下来、联系实际、勤于思考、不赶浪潮、不求浮名",心系国家和人民,对社会、对学术有卓越贡献的史学家的一生。

春去秋来,人生苦短。刘修明先生2021年2月17日驾鹤西去,享年80周岁,史学界失去了一位极具才华和影响力的学者,也使我失去了一位良师益友。俗话说:"雁过留声,人过留言。"他为我们留下的史著和数百万字的精彩文字,必然惠及后来,让人难以忘怀。

2013年刘修明(图左)与本文作者合影

历史研究所前的古杏

章念驰

1979年我进入了"高等学府"——上海社会科学院历史研究所,开始是从事我祖父太炎先生的专题研究,后从事两岸关系研究,这些研究工作吸干了我所有精力。记得刚入社科院时,领导训话说:"你们这些科研人员,如果做做其他事,在报纸上写写小文章,只好请你们另谋高就——去中学教书吧!"这句话吓得我只好夹着尾巴做人,割了美术爱好的这条尾巴。

但有一次我应工会要求,给院员工美展交作品,画了幅《历史研究所前的古杏》。我每天进出历史所,小径旁有三棵古杏。冬天,杏叶尽脱,古杏露出张牙舞爪的枝条,密密茂茂,企图挡住去路,它们既见证了

章念驰的作品《历史研究所前的古杏》

历史,但也无法阻挡历史。我用张黑板纸用蓝色油画棒涂满底板,上端是一个昏黄的大太阳,三棵枯枝银杏挡在太阳与天空之前,树与树枝是我用刮刀刮出来的,层次分明,树枝有力,似冬似春……这幅作品在上千人的社科院中竟获得了一等奖。但这也是我最后一幅绘画!

20世纪80年代,章念驰(后排左二)与同人在徐家汇历史研究所大楼前合影

(摘自章念驰:《我与绘画》,http://www.whb.cn/zhuzhan/bihui/20210302/393591.html)

"文化大革命"后的编译组人员

吴竞成口述，马军整理

我原来是中国人民解放军洛阳外国语学院英文专业的大学生，毕业后被分配到中国唱片厂工作。1978年，我来报考历史研究所的英文翻译，章克生先生出面接待。他问我为什么要来报考，原来是哪个部队的等等。要我用英文写下来。以后我就在历史所编译组从事英文笔译工作。我原来军校的同学李谦，毕业后在第三制药厂工作，在我的引荐下，他后来也来了编译组，成了我的同事。

编译组的负责人章克生，人品好，学问也好，工作勤勤恳恳，对年轻人诲人不倦，手把手教，一句一句讲。我翻译的《陈独秀的一生》和《包身工》都得到章老先生悉心指点。他虽已故去，但我永远铭记他的恩德。

吴绳海是搞日文的，所以我和他接触不多。有一个名叫冯正宝的年轻人，大概比我小五六岁，他一直跟吴绳海搞日文翻译。冯正宝原来是码头工人，没有学历，但他自学日文，被吴绳海看中后招到所里。后来冯去了日本。

王作求是个自顾自的人，他总是将译文搞成长句子，不太通顺。

倪静兰当时因病在家，基本上不来编译组上班。但她和吴乾兑的家就在漕溪北路40号历史研究所大楼的四楼，编译组的办公室则在三楼靠西，可以说是一上一下。

徐肇庆原来是某中学的退休老师；林永俣是基督教三自爱国会的，人蛮好，有些本事，但做事不太多；袁锟田和章涌麟是典型的上海人，看上去像"上海小开"，不知道原来是什么单位的。这四个人是外面请来的，并不是历史所的正式员工。

朱微明原来是某中学的政治教师，她尽管是编译组人员，但不做具体翻译工作。

丁大地是经我安排进编译组的，但不久就出国了，他的父亲好像是教会里的头头。我们编译组的人员曾到他家吃饭，发现他家条件很好，有煤气，这在当时是很少见的。

苑晔的父亲苑光明是社科院的领导。她跟随倪静兰搞法文翻译，但时间不长也出国了。

编译组还有顾竹君。

后来，编译组的人员退休的退休，出国的出国，去世的去世，于是就撤销了。我先调往工运史研究室，后来又调往办公室从事行政工作。

电话采访于2016年7月24日星期日上午8时半

（原载马军编著《史译重镇：上海社会科学院历史研究所的翻译事业(1956—2017年)》，上海：上海社会科学院出版社2018年版）

新松恨不高千尺

俞新天

1982年秋当我研究生毕业时,上海社科院成为我去向的首选。我们这一代人在十年浩劫中沉淀了太多的想法,渴望在学术园地中耕耘,为中国的现代化效力。上海社科院纯以研究为业,加之重新组建,陈旧的包袱少,创新的空间大,深深地吸引了我。

由于过去极"左"路线的摧残,国内研究几乎被列入"封资修"而一片凋零,国外研究更冠之以"帝修反"而成为荒漠。然而,一个国家的现代化首先需要社会科学的现代化,而一国越发展,越需要了解世界。幸运的是,上海社科院的领导高瞻远瞩,具有世界眼光,国外研究,包括世界史从小到大地兴盛起来。当时历史所的老所长沈以行同志,长期从事工运史研究,却热情地支持成立世界史研究室,在几年内便吸纳了近10名硕士。院里还特地聘请了华东师大历史系主任陈崇武教授来指导,从理论到方法进行传帮带,倡导了"兼收并蓄"的学风。随着形势的发展,在上海成立世界史所的呼声渐高,我们希望向院领导汇报一次。张仲礼院长立即同意召见潘光同志与我,饶有兴趣地与我们探讨成立的可能性,并强调外国研究的重要性。这对我们这些学术新兵鼓舞极大,使我们十分珍惜机遇。每当一个人外出开会时,大家都会互相提醒,不仅去介绍自己的学术观点,而且要宣传上海社科院,要体现上海社科院的形象。1984年社联召开学术座谈会时,我们与会四人:潘光、倪培华、魏楚雄和我,每人从各自的研究领域出发,发表对于社科趋向的看法。复旦和华师大的同行们都很赞赏,说社科院的人才整齐,很有实力,可见上海社科院在培养人才方面环境更佳。甚至后来有人将我们戏称为"四条汉子",现在回想起来,还会忍俊不禁。

浓厚的学术气氛,自由探讨的风气,多学科并存的优势,真正是海阔天高,任你驰骋。中国的世界史学科很年轻,但中国史研究却源远流长,底蕴丰富,是一个取之不尽用之不竭的宝库。我们与研究中国史的中青年会上讨论,会下切磋,彼此取长补短,碰撞出思想的火花。熊月之等同志给我们介绍了陈旭麓先生的社会新陈代谢论,从此我们拜读了陈先生在《历史研究》上发表的每一篇佳作,为其击节喝彩,而且产生强烈的冲动,我们也应当拿出高水平的成果。黄仁宇的《万历十五年》很快从中国史同行传到我们手中,令人感叹,历史也可以这样写。我们也把兰格的实证主义、法国的年鉴学派和美国的计量史学介绍给他们。交流融合对我们的影响是无法估量的。

现代的学术研究越来越强调跨学科的整合研究、比较研究,要求我们走出自己的狭小天地。当我在进行历史哲学的研究时,便想到哲学所去获得启发。我随便进入一扇敞开的房门,与一位哲学家通报姓名,原来是赵鑫珊同志。我谈到历史研究一定要升华到哲学的思考,我已经翻译了卡尔·雅斯贝斯的名著《历史的起源与目标》。赵鑫珊同志立即拿出他的文章《雅斯贝斯之我见》,谈了他的研究心得。当我决定从事现代化比较研究之后,深感需要改善自己的知识结构,我便向社会学所的陈烽、钟荣魁、费涓洪等同志请教,邀请他们来参加我们的课题论证，共同翻译国外的现代化理论，承担丛书的撰写。当"改革与开放研究中心"成立时，也邀请我加入。他们希望现实问题的研究不仅侧重于经济，而且有广阔的社会文化背景。我也希望历史研究不仅是基础性的，而且能更密切结合于现实提出的要求。所有的合作都拓宽了我的视野，使我受益匪浅，而且结交了学业的朋友与伙伴。

上海社科院一直实行公平、公开和公正的竞争原则，为中青年提供了各自国内外发展的机会。1988年为纪念十一届三中全会10周年，李华兴副所长来征求论文，我便把为现代化比较项目所写的论文《马克思主义与社会主义现代化》报了上去。有一个周二我在室里主持活动，潘光同志去院里开会，中午回来时说院里安排征文作者介绍自己的观点，并把我排在上午发言，但由于历史所在外面，未及通知我。我只得吃过午饭赶到院部，作为下午最后一名发言者。散会之后，好几位同志对我说，发言时间限定为15分钟，但主持的姚院长放宽让你讲了半小时。我大吃一惊，深为超时而不安。第二天在院部召开妇委会，严瑾书记对我勉励有加，说她作为评委听了一天，所有发言者中只有我一名女性，而且博得好评，她很为此高兴。在院部的推荐下，又经过全国的委员会黑箱投票，李君如、陈烽和我的论文入选了全国纪念十一届三中全会10周年理论讨论会。如果院里没有"新松恨不高千尺"的意愿，我们这些名不见经传的小人物就不可能走上全国的领奖台。

很多同行都羡慕，上海社科院的中青年出国深造机会多，这在一些论资排辈的单位是难以想象的。但他们不知道，我院在推选出国人员时也采纳了公平公开的原则。1990年美中国际关系研究委员会主席斯卡拉皮诺教授来面试，我是几名候选人之一。待我被选中之后，院领导专门为几个即将出国的中青年聘请了外籍教师，举办了英语强化班。

陈燮君、沈祖炜、杜恂诚等同志成了我的同学。教师开设了听力、口语、精读、速读、写作等课程,冒着酷暑实实足足训练了3个月。训练尚未最后结束我已拿到签证赴美。到达纽约后,我读研究生时的同学陪同一位美国教授到机场接我。一上车,美国教授便迫不及待地问我中国情况,从政治、经济一直到学术界看什么书,能不能看到外国电影。当时外国对中国的偏见很深,我尽量详细地介绍了中国改革开放不会逆转的情况。他听后说与传媒宣传的不同,甚至萌发了到中国考察的念头(后来确到中国任教1年)。下车后同学对我说:"士别三日当刮目相看,没想到你的英语进步很快,把美国教授的问题都应付下来了。"此时,我更感激社科院花费重金对我们的培养,思绪悠然飘向上海。

上海社科院即将迎接她的40华诞,而我进入社科院也近16年了。人生能有几个16年!我们这代人也可称为"失去的一代",失去了正规学习的机会。我曾在内蒙古锡林郭勒盟任过6年新闻记者,在欢送我时,同事们说我已经把青春中的青春献给了草原。如果不是改革开放的政策,我们不可能弥补学业,走上研究岗位。我们的学术生涯开始得很晚,上海社科院张开臂膀,把我们拥入她的怀抱,把我们从学步培养为成熟。我们生命中的黄金时代已经与社科院的发展轨迹重合,这是我们自己书写的历史。据说吴祖光先生给人题词,无论男女老幼,皆为4字:生逢其时,其间包含了无限的感受。当我随夏禹龙副院长赴越南考察时,他曾非常生动地讲述他的学术历程:"运动"不

俞新天

断,帽子沉重,有时痛苦万分,有时啼笑皆非。如今已是天翻地覆,春风杨柳。上海社科院对中青年的关爱将一如既往,而中青年也会源源流入,奋力拼搏,给社科院以优秀成果的回报。这将是上海社科院永葆生机的奥秘,也是迈向更加辉煌的 50 年大庆的根本。

(原载上海社会科学院工会编《跨越不惑:我与上海社科院征文选》,1998 年印)

《史研双峰》序

陈祖恩

20世纪80年代的历史研究所,位于徐家汇的漕溪北路40号,曲径通幽处,有一幢罗马风格的建筑物,庭园树木繁盛。据说这里曾是修女们的宿舍公寓,除了资料室与会议室外,四层上下均是小房间,研究人员两三人一组,倒也非常自在。只是一切的公共设施似乎都是为虔诚女性服务的,时时可以觅见修女们昔日的生活痕迹。

历史研究所的历史早于其上级单位的上海社会科学院,这早已不是什么秘密。1956年,历史所作为中国科学院在上海的社会科学研究机构而诞生,三年以后才划归给新成立的上海社科院。首任所长是有"革命家兼学问家"之称的李亚农先生,他制订的办所方针有两条,一是寻求真才实学的研究者,二是建设一个好的图书馆,同时主张排除对科研人员的一切干扰,让他们静心研究。历史所后来的发展之路,证实了领导懂行的重要性。

1978年,历史所在"文化大革命"劫难后重生,新的人员大部分是从各处调来的,有的是蜚声海外的名学者,如唐振常先生,有的是饱经风霜的学界"老运动员",也有一批名校历史系的历届毕业生,在经历各种杂业以后重新回归专业。那些幸存的编译组老头也回来了,如日本京都帝国大学毕业的吴绳海、清华大学外语系毕业的章克生。编译组具有英、法、日、俄等多种外语的厚重功力,"文化大革命"前编译出版了四部重要的资料书籍:《上海小刀会起义史料汇编》《鸦片战争末期英军在长江下游的侵略罪行》《五四运动在上海史料选辑》《辛亥革命在上海史料选辑》,还留下200多万字的未刊译稿。但是,在书籍的封面上,人们看不到他们的姓名。重新复出后的那些民国老人,微笑待人,依然低调平和,骨子里的傲气凝聚在学术译著的信达中。其实,对外文史料的勘探和选译也是研究的过程,编译组的工作是历史所研究与翻译两大主线的独特表现,也是对中国近现代史,特别是上海史研究的重大贡献。

国际都市上海,是近代中国社会发展的一个缩影。上海的重要事件与重要人物,无不对近代中国产生过影响。上海的地位,决定了上海史研究的重要性。恢复后的历史研究所,生机勃勃,其制定的第一个科研规划,便是将上海史列为首要项目,并由副所长沈以行、研究员唐振常亲自组织参加,于是便有了《上海史》《上海工人运动史》这两本被称为"史研双峰"的集体著作。

《上海史》于1989年问世,这是100多年来第一部由中国学者通力合作写出的自古至今的上海通史著作,对许多重大历史事件和人物,对租界问题均提出了一系列独到的见解,次年获上海社会科学优秀著作奖。

《上海工人运动史》于1991年出版上卷,五年以后完成下卷,为1949年以来第一部研究上海工人运动历史的学术性专著。上海是中国工人阶级最为集中的地区,上海在中国工人阶级的发生、发展史上有着举足轻重的地位和作用。所以,对上海工人运动史的全面研究具有不可低估的意义。

上述两部是历史研究所最早的中大型集体学术著作,而马军先生编纂的这本《史研双峰》则借历史所的各种档案史料,为我们提供了两书是如何写成的历史,也向世人公布了那个时期历史所研究工作的秘密所在。

有关历史所学术的那点事儿,本人认为有以下三方面的因素值得关注。

1. 丰富的史料积累与非同一般的资料室

历史所在 20 世纪 80 年代能够取得上海史研究的大型集体性成果,得益于首任所长李亚农先生制定的长期研究规划,即积极引进人才,广泛收集历史研究资料,从而奠定了历史所的"所格"与几十年的发展方向。

历史所的资料室,其实是一个小型图书馆,有 20 多万册藏书,无论中文、外文,旧籍、珍籍均不在少数,在学术界颇负盛名。不少中外学者专程来此查阅史料。当年为了收集史料,所里每年都有一笔不菲的购书款,资料管理员与研究者一起经常出入市内外的旧书店和文物仓库,挑书选书,整批整批地往所里运,有一次甚至拉回了一卡车,在短短几年内就极大地丰富了史料藏书。例如宗方小太郎文书,系日本近代大间谍"中国通"宗方小太郎遗留在中国的手稿及其他相关文书,内容包括日记、海军报告、诗稿、杂著、书信、藏书、传记资料、照片等,总页数超过一万页。这批文书是资料室相关人员于 1957 年在苏州书肆购得的,据说花了 100 元,装了一麻袋运回的。据本人所知,资料室还有一些珍贵的日文书籍,都是花两三元在旧书店买来的。如若干年份的

《支那在留邦人人名录》(上海金风社编辑),现存数量极少,在日本也不易看到。

在上海工人运动史的资料方面,由沈以行为首的"上海工人运动史料委员会"在广泛搜集上海工人运动和革命斗争史实的过程中,积累1 000多万字的文献手稿、报刊摘编、调查材料、会议记录、口述资料,以及从两个租界档案中翻译的相关史料,为上海工运史运动打下厚实的基础。该委员会主要科研骨干和大部分资料后来都移至历史所,为此而建立工人运动史研究室。《上海工人运动史》史料详尽、确凿,不仅采用报刊文献中有关资料,而且重视口述史料,其中涉及数以百计的老工人访问记录。

此外,历史所与徐家汇藏书楼毗邻而居,彼此关系良好。藏书楼为历史所研究者提供便利,甚至开辟专用阅读室。那时,逢到赴所的日子,上午在所里开会、讨论,下午到藏书楼查阅史料,成为研究人员的工作常态。令人难以忘怀的是,当时藏书楼提供的近代报刊都是原件,泛黄的纸质触感,带有历史的特殊气息,与现在读复印件、电子版是不同的感受。

20世纪80年代,几十人的历史所,拥有20多万册图书的资料室,隔壁就是开放的藏书楼,得天独厚的研究环境,是造就上述研究成果的有利条件之一。

2. 史学"三老"与懂行的领导

熟悉历史所的人,都知道那里的三位资深学术大师,即"方、汤、唐"。方诗铭,1945年毕业于齐鲁大学历史系。1956年进所工作,曾任古代史研究室主任、所长、名誉所长。虽然长期从事中国古代史的研究,但也有上海史研究的成果,如《上海小刀会起义》(1965年)等。

汤志钧,早年就读于无锡国专,1947年毕业于复旦大学。1956年进所。1978年任近代史研究室主任,1982年又任副所长。历史研究所确定以上海史研究为全所科研项目的重点之后,即组织近代史室对上海史资料的调查,并主编《近代上海大事记》,于1986年出版。该书注视全国历史的发展线索,侧重近代上海的大事记述。

唐振常,1942年就读于燕京大学,曾任《大公报》记者、电影厂编剧、《文汇报》文艺部主任。1978年到历史所工作,为上海史研究室创始人和上海史研究的"带头人"。继《上海史》后,他又参与《近代上海城市研究》的主编工作。其主编的另一部书《近代上海繁华录》在香港和台湾出版,列名销售排行榜首。唐先生是新闻、文艺、史学的"通才","史论结合,文情并茂"。同时,他吃遍上海名馆,有"美食家"之誉。记得有一年,他请我们年轻人到位于十六铺的"德兴馆"吃饭,点的都是上海名菜,其中一道"虾子大乌参",色泽乌光透亮,汁浓味鲜而香醇,软糯酥烂,真是绝品。现在的一些百年老店,徒有虚名。职人已逝,职业精神已亡,金字招牌只是挂挂而已,不必当真。由此想到,唐先生既有繁华都市的生活阅历,又有对这块土地的人文情热,其上海研究的视野与文字才真是令人信服。

除了"方、汤、唐"三位史学大师外,当时主持历史所工作的副所长沈以行先生也是难得的一位懂行领导。

沈以行,1931年"九一八"事变后,积极投入抗日救亡运动,主编由中共江苏省委工人运动委员会主办的工人刊物《朋友》《劳动》《生活通讯》。解放初期,他从事工会宣教工作。1953—1958年任上海工人运动史料委员会副总干事，积极倡导、组织工运史研究，访问近千人，编印公用、棉纺等行业的工运史27种，计160万字，编辑《上海工人运动历史资料》丛刊六辑。1960年11月起调任上海社科院历史所副所长。1978年历史所恢复后，虽然依然是副所长的名称，但实际上是主持工作的所长。他除了主编《上海工人运动史》外，也出版专著《工运史鸣辨录》（1987年）。

从《史研双峰》的资料里，我们可以看到，沈以行先生绝不像某些领导那样热衷于当挂名主编，而是积极组织、参与研究，并给予指导。在当年的《历史所简报》里，他在两个月里连续写了四次述评，"就我能看出的问题，提出意见，以供编写者思考修改，在指导思想上逐步靠拢、统一"。他对于《上海工人运动史》撰写的八点意见，被美国学者作为研究上海工运史的代表性论文，收入英文《中国史研究》（季刊）杂志。

3. 开放的学术研究成果

1978年，中国共产党举行了十一届三中全会，进行拨乱反正，开启了改革开放和社会主义现代化建设的新时期。在这历史巨变的转折关头，历史所的命运也开始发生变化，科研人员能在开放的学术氛围中进行研究。

恢复伊始，沈以行副所长就指出："党的十一届三中全会以来，出现了风调雨顺的景象。现在也刮风，叫改革之风，那和以前不一样，不以整人为目的，而是鼓励我们搞专业。"唐振常先生也直言：当此举国昌言与坚持改革开放之际，一部上海近代史应该有很多经验可以提供，很多教训可以借鉴。今后研究历史的指导思想应该是实事求是，尊重历史。

要冲破禁区,解放思想,才能搞好上海史研究工作。

正是在这样的学术研究氛围里,历史所的研究成果才得以精彩呈现。在上海史研究的筹备阶段,历史所先后举行了三次上海史志的学术、工作情况交流座谈会,活跃了学术研究的空气,同时对于海派文化与租界问题做出了新的评价。海派文化,是在近代西方文化输入后才开始产生的。所谓海派文化,并不就是洋泾浜文化,也并非就是"洋场恶少""惨绿少年"的同义语,其勇于吸取与创造的精神,应为研究文化史者所注意。上海史研究者对于租界问题,提出双重影响说的新见解:租界的双重影响,主要是由中国与西方的矛盾所决定,一是侵略与被侵略的矛盾,二是工业文明与农业文明的矛盾。这两方面的矛盾导致了租界对上海近代化过程同时产生着两种深刻的影响:租界的存在,便利和加强了外国资本主义对中国的侵略;与此同时,租界的存在又提供了一个近代西方资本主义政治制度、生产方式、生活方式和文化形态的"展览馆",便于中国人走出中世纪,迈向近代化。在告别长期思想禁锢的20世纪80年代,《上海史》正是将上述见解作为近代上海崛起的一个重要原因并贯串于全书有关部分的,在一定程度上体现了改革开放带来的研究成果。

在工人运动史研究方面也是如此,其避免了与中共革命史雷同的通病,在结构框架上有所创新,建构了具有工人运动史特点的体系。有些篇章不仅突出了上海的地方特色,还为全方位研究中国工人运动史进行了有益的探索。以黄色工会为例,一般是指大革命失败后国民党所控制的工会,以往对它缺乏明确、具体的分析。《上海工人运动史》以上海邮务工会的演变为例,指出"中国特色的黄色工会"具有三个特征:一是以国民党的政治势力建立和维护工会的统治地位。二是在组织上依靠帮会社团势力,控制工人群众,强化工会统治。三是在政治上反共,在经济上施行小惠。这就具备了黄色工会的基本形态。依据上述分析,该书认为由于不具备产业发达的经济基础,旧中国的黄色工会是不多的。一般史书上把黄色工会写得多如牛毛,并不符合史实。

本书编纂者马军先生于 1992 年进历史所工作,现在是历史所"中国现代史"创新型学科团队的首席专家,也是活跃在德、法、日、澳、韩以及中国香港、台湾地区的上海学术新秀。近年来,本人多次在东京、奈良等地的有关上海史国际学术会议上与他相逢,日本学者对其评价颇高,认为他是上海最优秀的年轻学者之一。

马军先生对历史所所史资料的保存与研究具有一定的使命感,此书是其继《重会海外汉学界(1979—1983)——〈史学情况〉集粹》《史译重镇:上海社会科学院历史研究所的翻译事业(1956—2017 年)》之后的又一本资料集,既是学术史、功劳簿,也是教科书,既为历史所所史留下了珍贵的记录,也为见证 20 世纪 80 年代的历史提供了新的思考。

《史研双峰》书影

(原载马军编《史研双峰》,上海书店出版社 2019 年 11 月第 1 版)

1989—1991：关于恩师李华兴教授的记忆拼图

王泠一

"康有为、梁启超的书你一本都没看过！你在李华兴那里是很难混到毕业的！"和我说这话的人是大学本科同学吕健，他大学四年居然通读了"十三经"和前四史。现在他是上海古籍出版社副社长。吕健吓唬我的时候是 1988 年 9 月底，我正在办理复旦大学至上海社科院的免试直升研究生手续。我是没认真读过什么圣贤书，但推荐我的两个历史学家都是公认很有学问的大师。一个是历史系主任明史专家汤纲教授，另一位是后来我的博士导师陈绛教授。他俩热情推荐我的理由只有一个，就是我每门课结束时都会提个问题让老师无法回答，而当时名教授都给本科生上课，他们也一致认为我适合去研究所，自己去解答自己提出的问题。

一、我最初的历史教育

"你最初接触历史是在什么时候？"这是 1988 年年底，我和恩师在历史所第一次见面时他问我的第一个问题。"小学二年级。"我不假思索地回答。"小学？学了什么？"李老师有点吃惊。"是的,我对历史的最初兴趣就是小学时候形成的。我虽然自幼家教很严,但在学校里的表现总是让老师们头疼,只有历史课上才不捣乱。""你的小学叫什么？谁给你们上课？有教材吗？"李老师很感兴趣。

我补充了以下的回答:我1974年就读的中山西路第一小学(在上海长宁区的武夷路上,现已被并),也是我父母的母校。我的校长也就是我父母的班主任,不知何故居然给我和同学们开设了历史课——记得课名叫"儒法斗争史",教材就是同名的系列连环画(俗称"小孩书"或"小人书")。我那个时候大概只认得500多个字(现在小学一年级孩子普遍认得1000多个字),但驻校的工宣队老让我和同学们写"大字报"。校长不让我们瞎写(如批判哪个老师或者跟风起哄"批林批孔"),让我带头写学习历史上著名法家的心得。我的"大字报"经常得到校长和工宣队头头的表扬,如"学习秦始皇的厚今薄古思想""刘邦是如何防止吕后复辟的""曹操保卫国家北方边疆的措施"。我得到的奖励是参观上海自然博物馆和一本图书《铁道游击队》。在博物馆听到解说"历史学家考证北京猿人已经有50多万年历史"时,觉得历史学家很了不起,于是和校长说长大了要当历史学家。"你的校长是个教育家呀！小学启蒙很重要！"李老师对我的小学校长评价很高。我当时不清楚李老师为什么对小学很有感觉,直到2011年3月参加他的葬礼,才知道恩师"1946年1月上海申培中学毕业,同年3月至1949年2月在上海市立体专附属师范读书;1949年6月至1952年11月在上海延平路小学、共和新路小学、华康路小学任教……"在这之前,我只知道师母是小学老师。

"当历史学家要坐几十年冷板凳！你能做到吗？"恩师听了我儿童

时代的理想后这样发问。"没问题!"我当时的回答斩钉截铁;现在想想很是感慨,当时是根本不懂"啥叫学问,啥是冷板凳"。"这就是面试!"这还是我父亲告诉我的。

二、为什么选择历史所?

第一次见面没多久,我得到通知"被录取了"。接着,我很开心地修改我的本科毕业论文。指导我写毕业论文并且教会我写作的是祖籍广东的美食家杨立强教授,1993 年至 1996 年我在复旦攻读博士学位时他是历史系系主任。因为我小时候看过十几遍电影《甲午风云》,毕业论文就胡乱地自定了个题目:《论北洋海军的后勤建设》。1988 年的暑假,我写出初稿:当时用 500 格字的稿纸写作,初稿 4 000 字用了 8 张。杨立强教授花了两周帮我理出第二稿时,就已经是 8 000 字了。他又让我把他有关甲午战争的藏书看完再动笔第三稿。1989 年 1 月,我完成了第三稿,杨老师说还要"打磨打磨"。我很乐意傍晚去他家"打磨打磨",因为两个小时后的伙食总是很好。我只是觉得稿纸很贵,李老师知道后马上资助了我一大批稿纸,当时让我产生了发财的感觉。这批稿纸我用了两年。接着在我大学的最后一个寒假里,我完成了第四稿。杨老师说可以定稿了,李老师看后则说已经达到了发表水平。后来,杨老师说可以定稿了,李老师看后则说已经达到了发表水平。后来,杨老师推荐给《军事历史研究》季刊,这是地处五角场的空军政治学院的学术刊物,我的毕业论文就刊登在 1990 年第一期,这也是我发表的第一篇论文(文章)。当时,刊发我论文的张云教授原来也是历史系的教师,和李老师也很熟,我听过他的课。现在,张云教授是上海中共党史研究会会长。

张云教授邮寄给我刊物的同时,还寄了80元稿费给我。当时物价较低,我一个月生活费也就是40元。那时,在社科院读研究生还有津贴,硕士最初一年是每月87元。我自然想请李老师吃饭(也就是在食堂里点几个菜),却被他婉言谢绝了,说是以后一起发表论文拿了稿费再吃饭。杨老师也没有接受我请客的建议,但他毕竟很有成就感,于是在自己家里烧了几个菜款待我,还开了瓶茅台!吃着喝着,我突然想起李老师所说的"冷板凳"问题,便问杨老师:"我用一年时间写作,又用一年时间才发表,算不算冷板凳?""不算!以前南京大学历史系有位教授,用10年时间研究洪秀全有没有胡子,结论是有!这才叫坐冷板凳!"杨老师回答得很干脆。"用十年时间研究洪秀全有没有胡子",这样的研究有意义吗?没几天我又产生了新的疑问,遇到李老师就脱口而出。"意义有时代性,以前史学界非常重视农民起义,开会纪念太平天国时需要挂像,需要洪秀全的面部特征。但是,目前有人研究杨贵妃的尿盆,这就毫无价值了。"李老师这样回答。

"你为什么会选择历史所?"1989年社科院研究生部秋季开学典礼结束那天李老师向我发问。"是我父亲帮我选择的,一年多前我还不知道有历史所这个研究机构呢。他是中国科学院上海生理研究所的研究生部主任,不但熟悉社科院,还主张学术上不要近亲繁殖。"我回答得老实。"很有道理。交流会扩大视野,我也是从复旦历史系交流到社科院的。那么,你读复旦大学历史系也是你父亲帮你填的志愿?""是高三文科班班主任陆广田,他是历史老师,复旦历史系毕业的。""陆广田?我认识,会打篮球,和你大学班主任张广智本科是一届的。""你考大学前没有考虑过北大历史系?""高三时我不知道有这个大学,我还以为北京大学是北京所有大学的统称呢。""哈哈!以后你应该找机会去北大游学,北大历史系和复旦历史系各有特色与强项。北大也是我国学术殿堂,能去演讲者都是成功者,希望以后你也出现在北大的演讲席上。"李老师要言不烦,那天就说这些话。

三、接触一些社会现实也很好

开学典礼之后,我虽然住进了淮海中路社科院新大楼(现为商务楼)六楼的宿舍,却没有如期开学。因为那一年春夏之交的风波,让中央决策部门认为文科生普遍缺乏对中国国情的了解,专门下了文件要求文科应届硕士生(除外语专业外)都要到基层"锻炼一年"。我在复旦历史系继续读硕的同学如蔡琪(现为湖南大学新闻系教授)、范兵(现为《文汇报》文汇时评栏目主编)等人,就去了吴淞口的宝山检察院担任文书。社科院那时研究生还是精英式教育,1989年包括博士在内各专业累计录取17人,像我这样从校门到校门的文科应届生只有六人。我们六人曾经被研究生部安排到食堂帮厨,我很乐意,因为吃饭可以不花钱。但没多久,这一安排就被当时社科院院长张仲礼取消了,他亲自主管研究生教育。李老师向我介绍他是"一个国际知名的泰斗级人物,历史、经济皆通"。

张院长话不多,先安排我在院长办公室做学术秘书。我每天第一件事去打开水,然后到收发室去取院办的报纸和信函,并分发给各位院领导。一开始他们都有自己的会议,谁也不吩咐我干什么活,研究生部的课我也不能去听,倍觉无聊。于是,有一天李老师建议我一定要学会看报纸,另外除了《历史研究》《新华文摘》《中国社会科学》等主要学术期刊,还有那些内刊类的学术性资料也值得一看。这招很管用,通过内刊我了解到了理论界的不同观点和改革开放中的很多顾虑，尽管对这些顾虑我并不完全理解。报纸方面，李老师要求我多看《解放日报》和《文汇报》的理论版，如果还有时间可以浏览《光明日报》。同时，《上海社会科学》《社会科学报》等院内刊物，李老师也建议尽快熟悉，而如有见解深刻的文章一定要告诉他。这样，每天的上班时间就过得很充实了，我由此也形成了仔细看报的习惯，直到现在。李老师自己喜欢看《解放日报》和《文汇报》，他自己也会在报纸上根据形势或安排发表千字文。每次我都会告诉我父母让他们也看看，但李老师自己总是戏称"豆腐块"，不必大惊小怪。李老师常说报纸上有思想养料和学术动态，有时还能看到学生、同事、老朋友的成果就更高兴了，就是在他退休后也是每天阅读并做笔记和剪报，还常常打电话和我就某个话题展开讨论。只是，他在报纸上发表的文章几乎都是在20世纪八九十年代，21世纪的10年他几乎不给报社投稿。

我认真看报和仔细阅读理论刊物的"好学"状态，引起了院里领导们的关注，他们也会推荐文章或者调研报告（这是我在大学里不接触的）给我一读，并且询问我的见解。张院长经常给我看一些他收到的美国学者评论中国改革的文章，我看不懂的时候居多，词典也不管用。张院长每天比上班时间会早到半小时，我集中的疑惑他会约定某天早晨一起讲解。他很注重让我跟踪一个话题，如深圳特区、工资改革、台湾问题等。然而，美国学者在1989年至1993年（我硕士求学期间）对我国的评价极为负面，对我国改革的预测都是失败乃至悲剧。张院长总是让我看明白主要内容，对其观点或判断本身很少再做评价。这是他见多不怪的释然。我有一阵看了愤愤不平，就去和李老师说了"那些反共反华分子"的"反动言论"，李老师却说"敌方营垒对我方缺点的看法往往比我们自己深刻",只是那些武断的结论可以不必理睬。"我们自己的报纸包括党报发表的长篇理论文章,也有教条甚至是上纲上线,你也要注意识别过头的话。"李老师还这样提醒过我。

"光看报纸和调研报告怎么行,你自己也要参加社会调研啊!我们社会科学院是上海市委、市政府的思想库和智囊团,除了理论动态就是在调研中发现问题,在报告中提出对策。"和我说这番话的长者是当时的常务副院长、经济学家姚锡棠。当我表示不知道如何参加社会调研时,姚院长马上介绍我去了他创立的院改革开放研究中心。那时,中心主任是院长助理顾肖荣兼任的,他后来是上海著名的法学家,担任过社科院法学所所长和市人大代表的职务。中心的常务副主任朱金海,后来成为有名的决策咨询专家,擅长对工业项目进行预测性评估,现在是市府发展研究中心的副主任。顾肖荣是个雷厉风行的人,说话速度也很快。他安排我参加农村调研,给了我 100 元经费(这是我的第一笔科研经费),让我去和已经在松江县、上海县(不久后撤销,行政划归闵行和徐汇)的调研小组会合。

现在看来,这是让我很快融入社科院文化,适应社科院工作方式的关键安排,对我意义等同于杨立强教授教会我写学术论文。我出发去莘庄报道前(那时没今天地铁那么方便,半小时就到莘庄),顾肖荣在办公室(现在是我的办公室)里和我谈心——说是要做好吃苦的心理准备。"你要通过调研掌握第一手资料(这话我熟悉),还要多多发表文章,可以是内刊,也可以是报纸和杂志。"顾肖荣这样嘱咐我。"多多发表文章?我复旦的老师说一年能够发表一篇论文就很了不起了。再说写出来在哪里发表呢?"被复旦历史系培养了四年的我这样反应。"那是复旦,是人文学科,和社科院不一样的。我们现在强调的是应用性学科,要为领导部门提供决策服务的。同时,社会各界包括舆论界也有强烈需求。任务紧的时候,一个星期之内就要拿出一篇3 000字左右的专题文章或者有调研基础的分析性报告呢。"他向我解释了"任务观念"和"服务意识",当时我不是很明白。

1989年我去莘庄,先坐市内公共汽车到徐家汇,然后再换郊区长途汽车。到徐家汇转车前,我去看望李老师,告诉他我将参加的调研任务。"这个机会很好,你是应该去接触一些社会现实。何况农民不脱贫,国家富裕的美好目标就不可能实现。我年轻的时候,也曾去农村和农民同吃、同住、同劳动,但只是了解了民间疾苦,没有留下调研报告。你这次去郊区调研农民生活水平,还会涉及社会学和经济学的知识和方法,是个学习的新途径。如果形成调研报告,也给我看看吧。"李老师还认为"历史学科的学生不能只读圣贤书,必须关心窗外事"。走出历史所握手道别时,他还率性地说了一句:"中国革命的成功起点是从农村开始的,中国改革的起点也是从农村开始的。改革是否成功,就要去了解农民的真实状态。"现在看来,迄今为止的改革当然是成功的,农村改革就是十一届三中全会以来中国改革成功的起点,虽然改革是一项没有终点的事业,但起跑线上赢得很漂亮。

四、从农村到城市:体验改革的艰难

参加农村调研很愉快,当地干部朴实无华,我们住在招待所里,每顿四菜一汤。和当地人的每次交流都做记录,也去田野调查。晚上统计当天的入户问询数据,数据多了就要有分析。虽然我没有学过社会学和统计学,但现实能让人明白很多道理。调研持续了一个月,每天都过得很充实,这也是我最长的一次野外调研。中途曾经回社科院休息一天,特地去向李老师汇报:松江农村已经基本脱贫,水利建设正在让位于道路建设;人们已经不穿打"补丁"的衣服,农民家里每周都能够吃几次肉和蛋;乡镇企业比原先的副业更重要,是农村集体富裕的主要力量。

"以前松江和上海县的农民进城往往到龙华赶庙会,要坐大半天的船呢。现在他们的交通条件怎么样了?"显然,李老师在"文化大革命"前去过我调研的这些地方。"现在各镇和主要集散点都有郊区班车,20分钟一班;每家几乎都有自行车,个别富裕家庭已经有摩托车了。""那么,电视机和收音机普及吗?""收音机普及,电视机已经彩电化,冰箱和洗衣机也不稀奇!""那你发现郊区农村社会还有什么问题吗?""文娱生活不丰富,农民不看报,只看电视,但反映农村题材的电视连续剧很少,业余时间基本上靠打麻将消磨。""唉!城乡差别不只是收入呀!"

那是1989年年底的富裕农村,后来我还给李老师看过在中国社会科学院农村经济刊物上发表的完整报告,他看得十分仔细。那真是集体劳动的成果,我没做很多工作,但课题组把我名字也列入铅字序列。这个课题组成员除我之外,都是部门经济研究所农村经济研究室的骨干。10多年之后,他们成为更高领域的科研精英和知名人士。如张兆安研究员,目前是全国人大代表、民建上海市委专职副主委,我现在还和他保持着政策研究的交流关系。又如洪民荣,当时刚刚当爹,毕业于复旦经济系,现在他儿子洪流也在加拿大本科毕业了,和我也算是忘年交了。

转眼就是1990年,城市里的改革也进行了三年多。李老师希望我有可能还应该去企业看看,很快姚院长就给了我机会。现在我们都知道当时的上海,其实处在经济滞胀阶段,工业品和消费品的市场竞争力比不过广东以及苏南地区。姚院长从市政府领到调研上海手表厂的任务,交给了朱金海,并让我跟着他去干活。我们去的时候快过年了,因为亏损,很少的职工奖金也是借钱发的。厂部的伙食不如社科院食堂,和松江比更是差远了。朱金海很快就发现了"人浮于事"的问题,但是下岗"还只是南方的事"。他说"劳动生产率和深圳特区不能比"。我和技术员们讨论下来,还发现两个非技术性原因:一是年轻人对手表的要求很简单,就是看时间,因此电子表大举占领了市场;二是走私表(机械表)要比上海牌手表便宜一半。李老师戴的就是120元的上海牌手表,当初花了两个月的工资,但价格几十年未变。我最后把调研报告的大致内容和他汇报后,他久久地沉思着。

我还调研过上海火柴厂,劳动生产率比手表厂要高,但原材料成本上扬而无法消化。当时的零售价是2分钱一盒(内装火柴100根),李老师觉得可以调整到3分钱。我把李老师的意见告诉厂长后不久,厂长就很沮丧地回复我说:市政府拒绝这个方案,因为火柴是日用消费品,这个方案老百姓不会认为是涨"1分",而是认为涨"50%"。要扭亏就得另外想办法,我曾和李老师说起"少装30根"的设想,他认为不够光明正大。后来我参加了父亲学生的婚礼,发现火柴头都是"红"的,一问是在农村自己粘的,而商店里只有"黑"的。于是,我马上告诉厂长。厂长自己也是工程师,去农村取经"火药染色"后,还将火柴棍加长、加粗,自然还加了价钱。这个调研结束时,厂长还送了我不少彩色的火柴,我把红的都给了李老师,其他的像宝贝一样到同学面前去炫耀。但为什么老百姓对新品涨价就没意见呢?姚院长告诉我这个行为,"一是适销对路,二是提高了性价比"。

五、教学相长与学科交叉出新知

很快我结束了一年的学术秘书角色。这一年算工龄,我也就是从 1989 年开始成为社科院的员工。这一年,我自学了经济学的基本道道,也得到了多位经济学家的指点。我还认识了很多其他领域的学者和机关干部,如真正悟到李老师学术精髓并对冷板凳甘之如饴的吴前进,她是我在院办开始"锻炼"不久后就认识的。吴前进的父亲是老革命,1949 年前是地下党。她的全家我都认识,她的哥哥和姐姐分别叫吴乘风、吴破浪,三人联名就叫"乘风、破浪、前进"。吴前进比我早四年到社科院,她是上海大学社会学系的高才生,本科毕业后先在社会学所工作,后来院部根据市委要求组建亚洲太平洋研究所,她就投奔了这个新鲜机构。

我在复旦认识的一个师姐叫徐铮,当时也在亚太所工作,我去聊天时邂逅了吴前进。其实她比我在学术上更熟悉李华兴老师,因为 1985 年至 1989 年间是恩师学术成果勃发的巅峰期,已经工作的吴前进完整地读过这些作品,而我一篇都未曾接触。吴前进在一进亚太所就初步确定了"华人华侨研究"的科研方向,她想继续深造,特别是想补充历史学方面的修养。但是,她在一个大单位四年居然不认识李华兴教授,这让我很不理解。于是,我马上带她去历史所和恩师结识。在他们兴致勃勃的交谈中,我知道李老师正在试图从社会史角度去解释上海租界时期的一些现象。正好社会学在改革开放后属于新兴学科,师资力量不够,李老师曾去上海大学社会学系支过教。和我父亲的观点一样,李老师认为学科交叉能够形成学术上的新增长点,很欢迎吴前进报考他的硕士。跨个专业其实还是有难度的,留给吴前进的时间也只有两个多月,但天道酬勤,加上常年的积累,她以高分被录取了。

我和吴前进于是一起开学,我又参加了一次开学典礼才开始听课。除了英语和政治是大课,专业课就是开小灶了,均由恩师精心设计。吴前进被录取的1990年,还有两个年青人考上了哲学所,一个也是上海人易兵,他毕业后先在社联工作了很长一段时间,现在一家房地产公司身居要职;另一个是浙江人应奇,他性格内向,很少言语,但在攻读硕士学位之前已经通读过当时传入中国的所有尼采和叔本华的著作。现在的人们常说我是"怪才",其实我没什么才,应奇才是真正的怪才,他在研究生部宿舍里很快迷上了康德。哲学所所长要求易兵和应奇两人,和我们一起听李华兴教授的中国近代思想文化史专业课。应奇到历史所去听课的时候,总是带着《纯粹理性批判》,偶尔换本《小逻辑》。李老师讲课讲到神采飞扬时,应奇会突然来上一声蒋介石口音的评价——"深刻的!"这时候,主张教学相长的李老师就会停下来,听应奇讲讲自己的见解。应奇引经据典,还会扯到朱熹和王阳明,这时李老师还会很认真地做笔记。而吴前进和易兵也特用功,他们后来告诉我李老师的课完整地记录下来,就是出色的文化史精品。可惜,当时我们并没有出版的条件。而怪才应奇满腹经纶之后回了浙江,现已杳无音讯。

各门功课最用功的吴前进,最后选择华人华侨作为其硕士论文的主题。1993年夏季她顺利获得硕士学位之后,她持之以恒地按照导师李华兴的嘱咐,日日月月地积累着华人华侨的历史文化素材,还每年上门请教。十几年之后形成专著出版,导师很自豪地写了序言。后来,吴前进研究员的专著获得了上海社会科学成果评比一等奖,如果算上求学之前和拜师期间的笔记,可以说是20年磨一剑了。吴前进自然也是亚太所的主力骨干,她更是恩师李华兴晚年最大的光荣和骄傲。

六、博采众家之长的荣幸

李老师在我面前一直是乐呵呵的,只有一次不知道谁惹他不高兴了,正好我去所长室送一个会议请帖,他很严肃地对我说:"文人相轻要不得!什么老婆是别人的好,文章是自己的好!每个人都有自己的优势和不足。作为我的学生,你一定要学习或者欣赏每个老师的优点。有的老师口才好,有的老师黑板上能写一手漂亮的字,有的老师古汉语功底特别扎实,有的老师历经坎坷仍对生活充满热情……""刚才谁让你生气啦?""这你别打听!作为所领导,在机会不能平均的时候,我一向主张适当照顾年长者,因为大家都会老,年轻者在职称评定、出版自主和出国进修等方面总是相对还有机会。"1997年退休后他才让我知道,当时他花了很多时间在协调这些事情,经费匮乏、机会诱惑和历史欠账,困扰着这位主持工作的常务副所长,如出国方面就是一个极大的诱惑。当时历史所已经和日本学术机构建立了交流关系,1989年至1991年,正处日本经济发展的巅峰,日本政府对国内学术以及国际文化交流的资助力度空前加大,日本学术机构给予中国访问学者每天的津贴,相当于其在中国国内一个月的工资。这不比现在,请我都不会去,现在我一遇到出国任务就有思想斗争——要抛弃国内优厚的生活条件好多天呢!

除了亲自给我们上课,李老师还请出历史所各位大家给我们拓展学术视野。先是刘修明研究员给我们讲"古代中国人的信仰",他的讲稿不久就出了部专著。他很快将课的内容延伸到了"当代中国人的信仰",并认为没有信仰实在很可怕。他听到社会上有人篡改《社会主义好》这首歌,很愤怒。为什么呢?因为歌词变味成这样:"社会主义好,社会主义好!社会主义国家干部地位高!反动派,没打倒!帝国主义夹着皮包回来了!全国人民热爱'大团结',兴起了吃喝玩乐新的高潮、新的高潮。"这里的"大团结"指广为流通的10元人民币纸币上的图像。"夹着皮包回来了",指城市建设需要资金而推出了土地出让政策。令人惊奇的是,当年上海租界时期的势力范围居然就是投资目标区域,如巴黎春天要到淮海中路陕西路交界处投资,而淮海中路原来就是以法国陆军总司令名字命名的霞飞路,我们单位上海社科院附近就是当年的法租界,还有汇丰银行想回外滩,等等。刘修明老师的课堂上自然也没有答案,而关于租界历史地位的再认识问题成了话题。

接着,李老师请出熊月之先生讲述"上海史研究的要义"。那时,熊月之老师的著述已经很多,李老师办公室里都有。按照李老师的布置,我先把熊老师的各类研究成果先通读一遍。1990年以前,熊老师的研究特别注重对上海历史档案的梳理,那是功夫活,"就像农民播种前对种子颗粒的熟悉一样琐碎"——我这样和李老师谈过阅读体会。后来熊老师给我们上课时,还特地拿出他在海外各大图书馆手工抄录的厚厚资料,解释不同时期的上海租界历史场景。1991年春节后熊教授开讲时,准备庆祝中国共产党70周年的气氛已经很浓了。"租界的存在,客观上是有利于中国共产党的生存和早期活动的",熊老师向我们阐述的观点在当时是独具一格的。当然,不只是对租界的全新认识,对于上海在中外文化交流史上的地位、晚清以来的上海社会生活方式变迁、西方教会在上海近代发展进程中的角色,他已经做好了完整的积累。这为后来《上海通史》的编撰奠定了学术基础,而熊老师总负责的这套多卷本图书——"不仅为历史所在全国史学界,也为上海社科院在全国社科界赢得了声誉,也奠定了上海学术界在国际中国学领域中的地位",李老师退休后在家里这样和我说起熊老师总负责的这项工程。而关于熊老师的评价,退休后已无顾忌的恩师说道:"熊很刻苦,也能吃苦,有时还能吃亏;他不是最聪明的,比他聪明的人有,有的还聪明过头了;集体项目、拳头产品需要担当意识、大局胸怀,熊的最高素质就是组织和协调能力。""你不要以为总编是好当的!"李老师向我强调这一观点时,我还没有实际感受,而现在,我经历了科研处的岗位,也负责过大型研究项目,才体会到"总编不是好当的"。

1990年下半年到1991年上半年,我算是安心地读了一些思想家们的原始著作,也聆听了不少著名历史学家对自己最新科研成果的亲自解构。当时的历史所在徐家汇,就是现在的东方商厦。历史所的图书室,也曾经是我经常借阅图书的地方。历史所的邻居就是徐汇中学,2010年诞生160周年的时候出版了熊月之先生主编的《徐汇校史稿》,我于2011年暑假陪徐汇教育代表团访问南开中学时赠送给了对方。现在,每当我怀念当年的历史所时,我就会找借口到徐汇中学去做客。而从1988年认识恩师,到2011年春节我最后一次和太太一起去李老师家中拜年,虽然没有什么成绩,但快乐是主基调,如果说有什么遗憾,就是没有多多宴请他。

我其实并不适合撰文纪念我的恩师李华兴教授,因为实在没有什么学术成就,更谈不上发扬老师的学问,虽然我是他的关门弟子。最适合以李华兴教授为主题进行写作的是吴中杰教授,他是我太太要英的博士导师。吴中杰教授小我老师几岁,大学毕业后一直在复旦大学中文系任教,文史从来不分家,他对同校的历史系熟悉得很。吴中杰教授博闻强记,和很多复旦名流有几十年的交情,和历史学家金重远还是多年的邻居。他的传世之作《复旦往事》,描述的是新中国成立以来的学校风云和各类典故。李老师生前最后几年,最喜欢看的就是这本吴中杰的《复旦往事》,但觉得写历史系的文字太少,再版或者出版续集时应该补上。我曾经把李老师的意见转告给吴老师,但他升级为外公之后的写作动力大大下降了。现在,熊月之教授督促我撰文纪念恩师,我只好斗胆动笔写下以上一些和恩师交往的片段。2012年9月10日第28个教师节我动笔,算是写给天堂的恩师。

李华兴(1933—2011)

(原载上海市历史学会编《上海史学名家印象记》,上海:上海人民出版社2012年版)

土山湾在悲泣

郑庆声

日前,途经徐家汇,我突然发现分叉路口右侧的武警医院已成废墟一片,废墟上停着两辆坦克车式的吊桩车。我一打听,说和武警医院毗邻的上海社科院历史研究所的一幢四层大楼也将被拆除,这里将盖宾馆、商场、商住两用房。在中央三令五申停建、缓建楼堂馆所,本市宾馆已达饱和状态的当口,居然还有人敢如此大兴土木,不仅使人愕然。

徐家汇这一带原称土山湾,开埠以后,成为天主教会活动区,除了南段的天主教堂,还有藏经楼(今上海图书馆藏书楼)、修女院(今历史研究所)和一所中学(今徐汇中学)。几个建筑连成一片,可算是一个文化区。1949年以后,这里基本上仍保持原来建筑风貌,也属文化区,北有交通大学,南有万体馆,颇为相称。

可是,在近年"全民皆商""只讲赚钱"之风刮起后,本市有关部门在香港开设的某实业公司忽然对此"宝地"发生了兴趣,于是出现了本文开头所说的场面。据说,动迁者振振有词:某实业公司是官方的,在港注册便是港商,它的投资就是外资,因此一律都要搬家。这些人拿着"官方""港商""外资"压人,不禁使我纳闷:现在不是谈官商要分家,公司要与官方脱钩吗?怎么还拿"官方"的帽子来吓人?即便是官方的,为何要在港办实业公司呢,莫非是要去占领香港市场,赚外国人的钱,叫作"外向型经济"吧! 怎么现在不在香港赚外国人的钱,反倒回到上海来,赚中国人的钱了呢? 至于说"港商"投资就是"外资",此话实在荒唐。我很怀疑说这话的人是不是中国人,香港自古就是中国的领土,中国人办的实业公司怎么成了"外资"? 实在使人费解。

现在武警医院已拆了,接下来要拆历史研究所,而后还要拆藏书楼。一位拆房老工人面对历史所的四层大楼说:"可惜啊! 这么好的建筑也要拆掉。我们现在恐怕还很难造出这么坚固的大楼。"历史所大楼既然要拆,那个实业公司答应另盖新楼补偿,但不知这新楼是否也在停建、缓建之列! 如果亦在其列,我真不知道历史所的那些先生们将在何处安身?

郑庆声

也许过几年,这里将高楼林立,顾客盈门,好端端的土山湾文化区将不复存在。土山湾在悲泣,不知道这泣声能否唤醒那些赚钱赚昏了头的人们?

写于1991年

附　　录

全体工作人员花名册(1963年4月)

组别	姓　名	籍贯	性别	年龄	参加工作年月	文化程度	备　注
古代史组	周予同	浙江	男	66	1949年6月	北京高等师范	副所长
	杨　宽	上海	男	49	1949年6月	光华大学	副所长
	程天赋	四川	女	46	1935年	金陵研究院历史系	
	徐鼎新	江苏	男	32	1949年8月	中学	
	蒋德乾	上海	男	30	1951年	中学	
	张绍复	上海	女	29	1950年4月	复旦大学历史系	1961年9月毕业
	王天成	辽宁	男	32	1957年9月	复旦大学历史系	
	杜庆民	安徽	男	32	1959年9月	上海社会科学院	
	王修龄	福建	男	26	1960年4月	上海社会科学院	
	郭庆昌	云南	男	34		大学	1960年复旦研究生毕业来所
	朱人瑞	江西	男	53	1949年8月	武汉大学	
近代史组	徐　崙	北京	男	52	1938年	北京大学	副所长
	方诗铭	四川	男	44	1949年6月	齐鲁大学历史系	
	汤志钧	江苏	男	39	1952年2月	无锡国专历史系	
	马博庵	江苏	男	65	1950年3月	金陵大学历史系	
	沈遏士	浙江	男	48	1952年2月	美国西北大学	
	雍家源	江苏	男	65	1949年8月	美国西北大学	

续表

组别	姓　名	籍贯	性别	年龄	参加工作年月	文化程度	备　　注
近代史组	吴绳海	云南	男	58	1957年12月	日本京都大学	
	黄　霞	江苏	女	32	1952年8月	华东师大教育系	
	吴乾兑	广东	男	31	1954年9月	北京大学历史研究部	
	余先鼎	四川	男	28	1956年8月	东北人大法律系	
	梁友尧	福建	男	28	1951年	复旦大学历史系	1961年9月毕业
	刘恢祖	安徽	男	28	1954年	上海社会科学院	1960年4月毕业
	蒋光学	江苏	男	27	1960年4月	上海社会科学院	
	胡文龙	上海	男	28	1960年4月	上海社会科学院	
现代史组（工运史）	沈以行	江苏	男	49	1938年	中学	副所长
	薛尚实	广东	男	60	1929年1月	东亚大学	
	姜沛南	江苏	男	44	1949年6月	大学	
	徐同甫	浙江	男	32	1950年5月	中学	
	郑庆声	湖北	男	28	1950年5月	中学	
	倪慧英	上海	女	39	1953年1月	中学	
	吕继贵	山东	男	28	1959年9月	上海社会科学院	
	张　铨	江苏	男	29	1951年8月	上海社会科学院	1959年9月毕业
现代史组（侵华史）	张有年	江苏	男	33	1950年4月	上海财经学院	
	傅道慧	四川	女	39	1949年6月	复旦大学历史系	
	顾岐山	上海	男	34	1951年5月	上海财经学院	
	沈幽贲	上海	女	36	1951年8月	上海财经学院	
	王作求	浙江	男	54	1949年9月	明华大学	
	章克生	浙江	男	52	1949年6月	清华大学	
	叶元龙	安徽	男	66	1952年11月	大同大学英文科	
	汪绍麟	浙江	男	36	1951年	震旦大学	
	顾长声	江苏	男	44	1956年6月	湘雅医学院	
	金亚声	浙江	男	57	1949年9月	大同大学肄业	

续表

组别	姓　名	籍贯	性别	年龄	参加工作年月	文化程度	备　注
现代史组（侵华史）	刘运承	安徽	男	30	1957年8月	人民大学法律系	
	倪静兰	江苏	女	30	1957年12月	北大西语系	
	叶庆俊	江苏	男	26	1960年4月	上海社会科学院	
现代史组（大事记）	刘仁泽	江苏	男	43	1938年3月	初中毕业	
	任建树	河北	男	39	1951年6月	中央大学历史系	
	沈　翔	江苏	女	34	1952年1月	上海财经学院	
	金曾琴	江苏	女	28	1957年7月	复旦大学历史系	
	齐国华	浙江	男	29	1957年7月	复旦大学历史系	
	刘福海	江苏	男	30	1958年9月	华东政法学院	
	简秉璇	福建	男	26	1959年9月	上海社会科学院	
	夏永孚	河南	男	28	1952年12月	复旦大学历史系	1961年毕业
思想史组	奚　原	安徽	男	46	1937年12月	高中	副所长
	刘力行	河北	男	51	1941年1月	北大史学系	
	宋心伟	江苏	男	37	1943年7月	中学	
	洪廷彦	浙江	男	40	1949年7月	复旦大学历史系	
	张启承	浙江	男	31	1953年4月	上海财经学院	
学术秘书组	曾演新	浙江	男	37	1950年3月	东吴大学	
	臧荣炳	江苏	男	30	1951年3月	华东政法学院	
	江　涛	山东	女	45	1937年7月	师范学校	
图书室	李茹辛	江苏	女	43	1943年10月	中学	
	姜　明	山东	女	45	1938年2月	中学	
	喻友信	安徽	男	57	1955年	东吴大学	
	王　钢	北京	男	28	1951年1月	华东政法学院	
	杨康年	浙江	男	39	1956年9月	无锡国专	
	杨琇珍	广东	女	43	1953年6月	东吴大学	
	姚景霞	上海	女	28	1956年9月	高中毕业	
	郁慕云	上海	女	35	1960年9月	无锡国专	

续表

组别	姓　名	籍贯	性别	年龄	参加工作年月	文化程度	备　注
行政人员	吕书云	山东	男	45	1944年8月	小学	
	刘成宾	山东	男	43	1944年1月	高小	
	李峰云	山东	女	33	1945年7月	复旦速中	
	周镜秋	江苏	男	29	1958年9月	华东政法学院	
	李森林	上海	男	32	1952年6月	中学	
	吴　珍	江苏	女	34	1956年9月	中学	
	钱昌炽	江苏	男	53	1949年6月	中学	
	徐宽朝	江苏	男	53	1949年10月	小学	
	蒋恒广	江苏	男	37	1949年6月	高小	
	施朝郎	江苏	男	61	1952年9月	小学	
	陈富昌	江苏	男	27	1952年9月	小学	
	裘尚泉	浙江	男	49	1951年7月	小学	

（原载上海市档案馆馆藏号 B181-1-319,"上海社会科学院历史所设组概况及人员情况等有关材料"）

上海社会科学院历史研究所简介
(1988年)

上海社会科学院历史研究所的前身为中国科学院上海历史研究所筹备委员会,成立于1956年10月。1958年曾并入复旦大学历史系,又称复旦大学历史研究所。1959年9月,划归上海社会科学院建制。"文化大革命"期间,被随院撤销,1978年重建。现任所领导为:

名誉所长:方诗铭

副所长:李华兴(主持工作)

   陈崇武(兼)

党委书记:刘鸿英

我所设有中国古代史研究室、中国近代史研究室、中国现代史研究室、上海史研究室、工人运动史研究室、世界史研究室、民国史研究室(筹)以及学术秘书室、图书资料室、行政办公室三个职能部门。

我所现有工作人员89人,其中科研、科辅人员72人,行政人员17人。我所研究人员中,有研究员7人,副研究员13人,助理研究员31人,研究实习员4人,翻译3人,图书馆馆员2人,助理馆员1人。近年来,具有代表性的优秀科研成果有:专著36部,论文313篇,大型工具书和资料书38部,译著26部(篇),古籍整理7部,通俗读物、传记16

本(篇)。

我所图书资料室现有一个专业书库和一个阅览室,共有藏书20余万册。其中精装、平装书计13多万册(包括港、台书籍560册),线装古籍1.1万余函(包括善本、稿本450种),外文书籍7 800册,以及各类期刊4 800册。

我所的研究目标是根据上海地区的特点,开展以中国近、现代史为主,以上海地方史为重点的各项研究,总结历史经验,探索发展规律,为社会主义物质文明和精神文明建设服务。目前本所承担的重点科研项目有国家级项目四个:"明清时期苏松杭嘉湖地区社会经济史研究""近代上海城市研究""上海与香港比较研究""社会主义初级阶段理论研究";市级项目四个:"现代上海大事记(1919—1949)""上海工人运动史研究""中国工人运动史研究""近代上海史研究";院级项目三个:"民国史研究""现代国际关系格局和理论研究""世界现代化进程中若干问题研究"。

目前我所各研究室的主要任务为:

中国古代史研究室着重研究中国封建社会发展的历史特点和基本规律,已出版的有《古本竹书纪年辑证》《钱大昕》《雄才大略的汉武帝》等书,并发表论文多篇。目前正承担的国家"七五"重点项目为"明清时期苏松杭嘉湖地区社会经济史研究",由该室与南京大学历史研究所、杭州大学历史系共同承担。该室负责上海地区部分(基本上为明清松江府)的研究。其他研究课题还有"马克思主义史学理论""两汉政治史""秦汉思想文化史""东汉三国政治史""唐代政治史""青藏文化史"以及"现代史学史"等。

中国近代史研究室主要从事清末民初中国社会和中国经济史的研

究,已出版的有《戊戌变法史》《章太炎年谱长篇》等书,并发表论文多篇。市"六五"重点项目《近代上海大事记(1840—1919)》,年内亦可望出版。在近代中国社会研究方面,目前进行中的为人物研究和专题论著,以及资料整理等,主要有"戊戌变法研究""帝国主义与近代中国研究""晚清官督商办研究""晚清思想文化与社会变革研究"。人物研究主要为孙中山、章太炎、李烈钧、康有为、梁启超等人的研究。资料整理工作正在进行中的有"戊戌变法时期的教育史""辛亥革命资料(补编)"等,"中国经济史研究"亦正在进行中。

中国现代史研究室主要对中国现代史(1919—1949)若干专题进行研究,已出版的有《五卅运动史料》(第一、二卷)、《陈独秀著作选》第一卷、《五卅运动简史》等书,并发表论文多篇。此外,《陈独秀著作选》第二、三卷即将出版。该室目前正承担市"七五"重点项目《现代上海大事记(1919—1949)》的研究。其他专题研究正在进行中。

上海史研究室于1978年新建,以上海地方史研究为重点,已出版的有《蔡元培传》《赫德传》《上海史研究》(论文集两集)、《上海史研究通讯》11辑等书刊。市"六五"重点项目《上海简史》已完成交稿,将由有关出版社出版。该室目前正承担国家"七五"重点项目"近代上海城市研究"(政治篇、文化篇)、"上海与香港比较研究"(历史部分)的研究,以及市重点项目"上海近代史研究"。最近该室正在开拓新的研究课题"上海与她的国际姐妹城市""上海与中国近代化"等。

工人运动史研究室的研究方向为中华人民共和国成立前的工人运动,已出版发表的有《工运史鸣辨录》一书以及论文多篇。现该室已从主要研究上海工人运动史,扩展到对全国工人运动史的研究。承担的市"六五""七五"重点项目为"上海工人运动史"和"中国工人运动史"。

此外,该室正进行的专题研究有"中国工人运动史的研究对象""中西方工运史比较研究""中国劳动组合书记部研究""上海工人三次武装起义研究""中国黄色工会研究""中国工会与国际工会的关系研究"等。

世界史研究室以世界近、现代史(包括战后世界史)的研究为主,以现代化研究和国际关系研究为重点,已出版的有《重要国际问题探源》《外国历史一百名人传》等书,并发表论文多篇。目前该室承担了全国社会科学基金资助的院重点项目"世界现代化进程中若干问题研究"和院重点项目"现代国际关系格局和理论研究",最近又承接了中央下达的"社会主义初级阶段理论研究"项目的子课题:"我国社会主义初级阶段面临的外部挑战"。此外,该室还进行法国大革命史、犹太史、华侨史、印度史、国外史学理论、中东史、英美史、苏联东欧史等方面的研究。根据上海社会科学院的"七五"规划,已确定在近期内改建为"世界史研究所",现正在努力筹建中。

民国史研究室(筹),目前以研究民国教育史为重点。

本所出版物为《史林》杂志(季刊),由著名学者、本所名誉所长方诗铭任主编。

《史林》是历史专业学术刊物,是贯彻"双百"方针、理论联系实际、开展对史学领域诸问题认真探索、自由讨论的学术园地。《史林》以推动历史学术研究、提高历史专业的学术水平为宗旨,欢迎国内外专家学者投稿。

《史林》自1986年创刊以来,每期载有中国古代史、近代史、现代史、工运史、上海史、世界史论文多篇,推出所内外专家学者近期最新科研成果,获得有关科研机构及专家学者的好评。

本所现设有硕士研究生(近拟招收博士研究生)招生点六个,计11

个专业方向：中国古代史（先秦、两汉、隋唐、明清），中国经学史，中国近代思想文化史，维新运动史，中国地方史（上海史、沪港城市比较研究），世界近现代史（各国近代化道路比较、近现代国际政治格局研究）。指导教师有方诗铭、李华兴、陈崇武、汤志钧、唐振常等著名研究员、教授。辅助导师有吴乾兑、王守稼、刘修明、刘运承、熊月之、潘光、郑祖安等研究员、副研究员、副教授，以及相当数量学有所长的助理研究员（讲师）配合教学工作。

自我所恢复重建以来，先后有三届硕士研究生毕业，目前尚有三届在读。

我所为使学术繁荣昌盛，愿竭诚为社会服务，为世界各国学界服务。欢迎国内外有志于史学事业的专家学者来访和从事进修研究工作，同时招收国内外研究生、留学生和自费代培生，并为之提供必要的便利。

各研究室情况简介

一、中国古代史研究室

中国古代史研究室设置于 1956 年，现有科研人员 10 人，其中研究员 1 人，副研究员 5 人，助理研究员 3 人，研究实习员 1 人。方诗铭研究员学识渊博，论著甚丰，现为历史研究所名誉所长，是国内著名的历史学家。其他一些四五十岁的研究人员，也都成为科研骨干，有的在史学界有一定的知名度。

本室的研究方向，着重研究中国封建社会发展的历史特点和基本规律。目前所承担的重点课题为《明清时期苏松杭嘉湖地区社会经济史》一书。这是全国社科"七五"规划的重点项目，由本室与南京大学历史研究所、杭州大学历史系共同承担。本室分工负责上海地区部分,目前正在全力以赴地进行研究,可望明年先出一批中间研究成果。其他研究课题还有"马克思主义史学理论""两周政治史""秦汉思想文化史""中唐政治史""西藏文化史"以及"现代史学史"等。

(刘运承供稿)

二、中国近代史研究室

中国近代史研究室设置于1956年,现有科研人员10人,其中研究员3人,副研究员1人,助理研究员6人。其中,汤志钧研究员是国内外著名的历史学家,著述丰硕,对于中国经学史和戊戌维新的研究尤为精深。吴乾兑研究员在帝国主义与近代中国方面的研究,徐元基研究员在晚清官督商办方面的研究,都有相当的功力。

"六五"期间,本室完成了市重点项目"近代上海大事记(1840—1919)",约百万字,今年可望出版。

本室的研究,现主要分为两摊,一经学史,一清末民初的中国社会。其中关于清末民初中国社会的研究,原具体的规划项目分为资料整理、人物研究和专题论著之类。鉴于目前学术性著作特别是资料书的出版十分困难等原因,本室目前正在调整有关项目。原则是:1.一些目前难以出版成果的资料整理项目,停止或取消;2.专题研究力求改变只有研究意向而无具体主题即主题朦胧的情况,继续进行的要明确主题,确定"七五"期间的成果形式,制定年度工作打算;3.积极寻觅和落实新的合适的(即有价值有出路的)研究课题。

(吴桂龙供稿)

三、中国现代史研究室

中国现代史研究室设置于1958年,成员几经变动,现有科研人员

7人,其中研究员1人,副研究员1人,助理研究员4人,研究实习员1人。

该室自建立以来,先后组织了对中国现代史若干专题研究,从搜集资料入手,汇编成书,撰写专著与论文,现已出版的有《五卅运动史料选辑》(第一、二卷,第三卷待出)、《1919—1927年大事长编》(近300万字,油印本)、《五卅运动简史》等。

该室现承担市"七五"重点科研项目"现代上海大事记(1919—1949)"编撰,另有《陈独秀著作选》(第一卷已出,第二、三卷即出)。为了开拓研究领域,该室计划在近年补充青年力量,以改变人员逐年减少的现状,逐步形成若干有特色的研究项目。

(张铨供稿)

四、上海史研究室

上海史研究室是历史所1978年恢复以后新建立的研究室,现有科研人员9人,其中研究员1人,副研究员3人,助理研究员2人,研究实习员3人。现任室主任熊月之,副室主任郑祖安。

该室以上海史为研究对象。1978年后,各研究人员就上海地区的疆域沿革、青龙镇的盛衰与上海的兴起、上海的城市变迁、上海租界的发展等做了深入的研究,于1984年结集出版了《上海史研究》第一辑,在国内外获得了很好的评价。鉴于上海这样的大城市至今还没有一本系统的上海通史,该室将"上海史"定为"六五"市社科重点项目,在四年中,全室研究人员为完成该项目做出了极大的努力,对上海史中以前没有涉及的许多领域进行了探索,对一些重大问题做出了颇有新意的评价,目前该书约70万字已完稿送交出版社,在1988年年底、1989年年初正式出版。

该室在"七五"中承担了国家重点项目"近代上海城市研究"的政治

篇、文化篇，另承担国家重点项目"上海、香港比较研究"的历史部分。在上海市的"七五"社科规划中，该室承担了"近代上海城市研究"，在该总课题下分别将撰写《近代上海市政史》《近代上海文化史》《近代上海科技史》三本专著。近几年来，该室全体研究人员在实施上述项目中，又陆续撰写了一批有特色、有新意的上海史论文，如《苏报案中一公案》《上海租界与晚清革命》《上海近代工业中心的形成》《简论开埠后上海社会与文化的变迁》《近代上海城市地名研究》等。这些论文已结集为《上海史研究》第二辑，于1988年6月出版。

为开拓上海史的研究领域，该室目前又积极地组织新的研究课题。现已初步确定要开展"上海与她的国际姐妹城市比较研究""上海与中国近代化研究""上海与沿海开放城市比较研究"等。

（郑祖安供稿）

五、工人运动史研究室

工人运动史研究室设置于1961年，着重研究中华人民共和国成立前的中国工人运动史。目前，该室承担上海市"六五"哲学社会科学重点科研延续项目"上海工人运动史"和上海市"七五"哲学社会科学重点科研延续项目"中国工人运动史"两个项目。现任室主任郑庆声，副室主任陈卫民。

该室现有科研人员10人（内1人离休聘任），其中，有从事工人运动史研究长达36年、造诣较深的国内有数的工运史专家沈以行；有论著较丰、学术水平较高的研究员姜沪南。此外，还有副研究员1人，助理研究员6人，翻译1人。

该室多年来积累了数千万字工运史资料，发表了一批有一定质量的著作和论文，与国内有关科研单位、高等学校、工会团体均有广泛和密切的联系,与国外(美、法、日、荷)有关学术界人士亦有较多的学术交流。因此,在国内外有一定的影响。

为了完成"上海工人运动史"和"中国工人运动史"这两个市重点科研项目,编写出具有中国特色的工人运动史,该室正在和即将进行的专题研究有"中国工人运动史的研究对象""中西方工运史比较研究""中国劳动组合书记部研究""上海工人三次武装起义研究""中国黄色工会研究""中国工会与国际工会的关系研究"等。

该室的奋斗目标是:争取在若干年内,形成中国工人运动史的独立体系,成为国内工运史研究中心之一。

(郑庆声供稿)

六、世界史研究室

世界史研究室是由原《战后世界历史长篇》编写组的部分同志发展而来的,1979年设置世界史组,1985年正式设置世界史研究室。现有科研人员13人,其中教授1人,副研究员1人,助理研究员6人。现任室主任潘光,副室主任俞新天。

该室目前的科研以世界近现代史(包括战后世界史)为主,以现代化研究和国际关系研究为重点。"六五"期间,该室承担并完成了全国社科重点项目"第二次世界大战起源研究"和"外国历史大事集"的部分科研任务,还单独承担并完成了院重点项目"关于欧洲、中东若干重要国际问题历史根源研究"。"七五"期间,该室承担了全国社会科学基金资助之院重点项目"世界现代化进程中若干问题研究"和院重点项目"现代国际关系格局和理论研究"。最近,又承接了中央下达的"社会主义初级阶段理论研究"项目的子课题"我国社会主义初级阶段面临的外部挑战"。除以上重点项目外,室内同志还在进行法国大革命史、犹太史、华侨史、印度史、国外史学理论、中东史、英美史、苏联东欧史等方面的研究。

该室目前有世界近现代史专业的研究生 3 人,开设有"法国史""英国史""美国史""苏联史""国际关系史""国外现代化理论"等研究生课程。

在周谷城等专家学者的呼吁之下,社科院"七五"规划已确定将世界史研究室扩大为世界史研究所。

(潘光供稿)

主要人员

(按职称和姓氏笔画排列先后顺序)

研究员(含教授、译审)

方诗铭、任建树、汤志钧、吴乾兑、陈崇武、沈以行、李华兴、姜沛南、唐振常、徐元基、章克生

副研究员

王守稼、刘运承、刘修明、齐国华、吴德铎、张铨、杨善群、郑庆声、周永祥、罗义俊、傅道慧、谯枢铭、熊月之、潘光

助理研究员(含翻译)

王仰清、王夔程、邓新裕、刘渭先、许映湖、何泉达、吴桂龙、吴竟成、陈卫民、陈正书、陈祖恩、沈立新、沈宏礼、张统模、张鸿奎、张培德、李飞、李谦、郑祖安、周元高、周殿杰、苑晔、孟彭兴、罗苏文、俞新天、饶景英、施一飞、倪培华、崔云华、章念弛、黄芷君、谢圣智、舒颖云、魏楚雄、李天纲、周锦皼、施扣柱、施礼康、潘家春

(原载《上海社会科学院历史研究所科研成果目录选编(1956—1988)》,1988 年 5 月印)

《史苑往事》[①]所收回忆文章目录

《我和上海社会科学院历史研究所》(汤志钧)

《在历史所讲历史所的历史》(汤志钧)

《六十华诞,三个时期》(张铨)

《上海社会科学院历史研究所世界史学科发展》(潘光口述)

《我与历史研究所二三事》(丁美臣口述)

《办公室工作琐记》(吴竟成)

《点赞历史研究所图书馆》(徐元基)

《图书资料室"三迁"琐忆》(沈志明)

《关于〈辛亥革命在上海史料选辑〉》(汤志钧)

《传统中国研究的传承与发展》(芮传明)

《回忆历史所的工运史研究》(郑庆声)

《攻克重大项目难关》(汤仁泽)

《历史所培育我成长》(齐国华)

《学术生命赖以依托的大树——为庆祝历史所成立60周年而作》(杨善群)

《本人最有价值的一段人生旅程——在历史研究所工作14年的回

[①] 上海社会科学院历史研究所编《史苑往事:上海社会科学院历史研究所成立60周年纪念文集》,上海:上海社会科学院出版社2016年版。

忆》(周永祥)

《步入学术殿堂的经历》(孟彭兴)

《沈以老与我的两三事》(罗义俊)

《陆志仁书记、沈以行所长的关怀使我安居乐业》(王仰清)

《历史研究所和父亲的学术研究》(方小芬)

《历史研究要持之以恒,持之有故》(汤志钧口述)

《唐振常先生与历史研究所——兼怀上海史室已故同仁》(熊月之)

《怀念唐师》(郑祖安)

《"十年磨一剑"——难忘历史所老所长李华兴老师的教诲》(马军)

《悼念上海工运史专家姜沛南先生》(马军)

《不随夭艳争春色,独守孤贞待岁寒——对吴乾兑研究员的点滴回忆》(马军)

《记忆中的章克生先生》(罗苏文)

《终身反对派的书写者》(任建树口述)

《咬定青山不放松,专心致力于工运史》(张铨口述,葛涛采访整理)

《理论、历史、现实三者要结合》(刘修明口述,徐涛采访整理)

《生命存在与文化意识》(罗义俊口述,高俊采访整理)

《过去的学者》[①]所收"本所前贤编"目录

《我们拜谒了李亚农所长的灵藏》

《程天赋女士五十年祭》

《作为上海社科院历史所副所长的周予同先生》

《探寻倪静兰女士的轨迹》

《寻找喻友信》

《"倪阿姨"》

《我记忆中的沈以行先生》

《纪念方诗铭所长百年诞辰》

《回忆唐振常先生》

《"资料室有个杨康年"》

《不随夭艳争春色,独守孤贞待岁寒——对吴乾兑研究员的点滴回忆》

《"上海史"学者陈正书研究员一年祭》

《怀念沈宏礼老师》

《"十年磨一剑"——难忘历史所老所长李华兴老师的教诲》

《真水无味,淡泊是金——悼念袁燮铭老师》

《悼念上海工运史专家姜沛南先生》

[①] 马军著:《过去的学者》,杭州:浙江古籍出版社,即出。

《历史所现代史室离休同人傅道慧去世》
《顾长声先生与上海社会科学院历史研究所》
《缅怀刘运承老师》
《悼念任建树研究员》
《杨馥根:本所历史上一个昙花一现的人物》

1990年10月,历史研究所为参加院工会组织的歌唱会而合影

编 后 记

上海社会科学院历史研究所迄今已经有65年的历史了,它的轨迹和故事需要所内外人士来共同回忆、讲述和建构。借此,编者向所有撰文者表示真挚的感谢!

编者已尽力与绝大多数作者或相关者进行了联络,但仍有个别人士实在联系无着,而佳文又不忍舍弃,故只能在此恭请海涵了,毕竟大家都是为了历史研究所的人和历史研究所的事业!

本书编撰工作中存在的欠缺之处,恭请各方批评。

马 军

2021年4月2日

图书在版编目(CIP)数据

史园三忆 / 马军编． 上海：上海社会科学院出版社，2021
 ISBN 978-7-5520-3648-0

Ⅰ.①史… Ⅱ.①马… Ⅲ.①社会科学院—历史—上海 Ⅳ.①G322.235.1

中国版本图书馆 CIP 数据核字(2021)第 146945 号

史园三忆

编　　者：	马　军
责任编辑：	霍　覃
封面设计：	周清华

出版发行：上海社会科学院出版社
　　　　　上海顺昌路 622 号　邮编 200025
　　　　　电话总机 021-63315947　销售热线 021-53063735
　　　　　http://www.sassp.cn　E-mail:sassp@sassp.cn

照　　排：	南京理工出版信息技术有限公司
印　　刷：	上海信老印刷厂
开　　本：	890 毫米×1240 毫米　1/32
印　　张：	27.5
字　　数：	611 千
版　　次：	2021 年 9 月第 1 版　2021 年 9 月第 1 次印刷

ISBN 978-7-5520-3648-0/G·1116　　　　　　　定价:158.00 元

版权所有　翻印必究